CHRISTOPHER LLOYD

Der wohltemperierte GARTEN

Das unverzichtbare Standardwerk für alle Gartenliebhaber

Aus dem Englischen von Ursula Wulfekamp und Claudia Amor

Mit einem Vorwort von
ISABELLE VAN GROENINGEN

INSEL VERLAG

Die englische Originalausgabe erschien 1971 unter dem Titel
The Well-Tempered Garden bei Collins.

Die Übersetzerinnen danken dem Deutschen Übersetzerfonds
für die Unterstützung ihrer Arbeit.

Erste Auflage 2025
Deutsche Erstausgabe

Umschlaggestaltung: Rothfos & Gabler, Hamburg
Umschlagfoto: Garten von Great Dixter,
Foto: Sabine Bungert, Essen
Satz: Dörlemann Satz, Lemförde
Druck: CPI books GmbH, Leck
Printed in Germany
ISBN 978-3-458-64418-7

Insel Verlag Anton Kippenberg GmbH & Co. KG
Torstraße 44, 10119 Berlin
info@insel-verlag.de
www.insel-verlag.de

INHALT

2 – MEHREN UND VERMEHREN

3 – STRUKTURELEMENTE

4 – FAKTEN, FEHLBARKEITEN UND WIDERSPRÜCHE

5 – SAISONALE HIGHLIGHTS

VORWORT

Isabelle Van Groeningen

Ich muss gestehen, dass ich mich nicht genau erinnere, wann ich Great Dixter zum ersten Mal besucht habe. Vermutlich war es während meiner Studienzeit in Kew, wenn nicht sogar schon ein Jahr früher, nämlich 1983 oder 1984, als ich Praktikantin in Wisley war. Während meiner 25 Jahre in England unternahm ich zahlreiche Tagesausflüge und verbrachte Wochenenden bei Freunden in Kent und Sussex, um einige der vielen wunderbaren Gärten der Region zu erkunden. Sissinghurst und Great Dixter besuchten wir regelmäßig, die anderen Gärten wurden je nach Jahreszeit ausgewählt.

In Great Dixter sah man Christo, wie er von seinen zahlreichen Freunden liebevoll genannt wurde, oft herumwerkeln. Er trug einen seiner berühmten handgestrickten, meist farbenfrohen und etwas zerfledderten Wollpullover und wurde stets von seinen berühmten Dackeln begleitet. In späteren Jahren konnte man ihn oft auf einer Bank sitzend antreffen, die Hunde zu seinen Füßen, während er seinen Garten genoss. Obwohl er sich bei der Pflege des Gartens und der Gärtnerei immer auf einen Stab von Mitarbeitern verlassen hatte, war er selbst ein sehr handfester Gärtner. Die lebenslange Erfahrung in seinem eigenen Garten vermittelte ihm ein beeindruckendes Wissen, das er gerne mit anderen teilte.

Als jüngstes von sechs Kindern wurde Christopher Hamilton Lloyd, Träger des OBE (Order of the British Empire), 1921 in dem Haus in Great Dixter geboren. Er studierte moderne Sprachen am King's College in Cambridge mit einem Masterabschluss. Danach absolvierte er ein Gartenbau-Studium am Wye College in Kent. Er lehrte vier Jahre lang am Wye College, bevor er 1954 nach Great Dixter zurückkehrte, wo er bis zu seinem Tod im Jahr 2006 blieb. An den Garten angrenzend gründete er eine kleine Gärtnerei, die sich bis heute auf Clematis und ein breites Spektrum an ungewöhnlichen Pflanzen spezialisiert. Hier werden die gleichen Vermehrungs- und Kulturmethoden durchgeführt, die er anwandte und in diesem Buch beschreibt, bis hin zur Herstellung der eigenen Blumenerde. Es ist zwar nur ein kleines Geschäft, aber es bietet eine sehr interessante Auswahl an Pflanzen und auch Samen aus dem Garten an.

Schon Christophers Mutter Daisy Field war eine begeisterte Gärtnerin. Sie lebte bis zu ihrem Tod im Jahr 1972 im Alter von 91 Jahren in Dixter, und Christopher kümmerte sich in ihren letzten Jahren um sie. Sie gab nicht nur ihre Liebe zu Pflanzen und Gärten an ihren Sohn weiter, sondern machte ihn auch in jungen Jahren mit Gertrude Jekyll bekannt, deren Ideen zur Gartengestaltung ihn stark beeinflussten. Christophers Vater Nathaniel Lloyd, der bereits 1933 im Alter von 66 Jahren verstorben war, studierte neben seiner Tätigkeit als Geschäftsmann Architektur und freundete sich mit Edwin Lutyens an, dem berühmten Architekten der Arts-and-Crafts-Bewegung.

Christophers Eltern kauften 1910 das Anwesen in Great Dixter: ein Haus aus dem 15. Jahrhundert sowie eine nahe gelegene verfallene Scheune, die abgerissen und neben dem Haus wieder aufgebaut wurde. Mit Lutyens' Hilfe restaurierten sie das Haus sorgfältig und passten es an die Bedürfnisse der großen Familie an. Die gesamte Anlage und all die schönen, aufwendigen Details in Toren,

Mauern und Treppen tragen die Handschrift von Edwin Lutyens. Er beriet sie auch bei der Gestaltung des Gartens, die Bepflanzung wurde großenteils Daisy überlassen.

Christopher Lloyd liebte es, in Kontakt mit Menschen zu sein und sein Wissen weiterzugeben. Ab 1963 erschien seine populäre wöchentliche Gartenkolumne »In my Garden« in *Country Life*, der Zeitschrift, die in jedem Herrenhaus im Vereinigten Königreich zu finden ist. Zweiundvierzig Jahre lang veröffentlichte er pflichtbewusst seine Artikel, selbst vom Krankenhausbett aus. Außerdem war er Gartenkorrespondent für *The Guardian*. Er schrieb mehrere Bücher, angefangen 1957 mit *The Mixed Border*. Die große Rabatte war die Quelle der Inspiration für viele seiner Artikel. Die erste Ausgabe von *The Well-Tempered Garden* erschien erstmals 1970 und erlebte bis heute zahlreiche Neuausgaben. Alle seine Schriften spiegeln seine pragmatische, bodenständige Einstellung zur Gartenarbeit wider. *The Well-Tempered Garden* ist ein Buch mit vielen praktischen Ratschlägen. Ein Buch voller Antworten auf Fragen, mit denen sich die meisten frustrierten Gärtner immer wieder konfrontiert sehen, zum Beispiel, warum Zwiebeln nicht mehr blühen. Ich teile seine Meinung über die zahlreichen Irrtümer, die von Gärtner zu Gärtner, von Generation zu Generation weitergegeben werden. Es gibt zu viele Gartenautoren, die Weisheiten von anderen abschreiben und damit Fehler verbreiten.

Christopher ist ein traditioneller Gärtner der »alten Schule«, lange bevor das Thema des umweltgerechten Gärtnerns überhaupt aufkam. Er gibt seine wertvollen Erfahrungen zu einem breiten Spektrum von Themen weiter, sei es über die Vermehrung von Gehölzen und Stauden, wie man den Garten ganzjährig interessant gestaltet, über Blumenzwiebeln, Schnittmaßnahmen oder einfach darüber, warum Pflanzen nicht blühen. Er nutzte seinen Instinkt und verwendete traditionelle gärtnerische Praktiken. Neben der

Pflege und Verbesserung der Wiesen tat er bereits viel für die Umwelt, indem er unter anderem Kompost aus Gartenabfällen herstellte und organisches Material wieder in den Garten einbrachte, eine breite Palette verschiedener Pflanzen anpflanzte und seine eigenen Substratmischungen herstellte, die in der Gärtnerei zur Vermehrung und zum Eintopfen von Pflanzen verwendet wurden. Aber dieses Buch, das vor 55 Jahren geschrieben wurde, zeigt auch, wie sich einiges dramatisch verändert hat. Im Jahr 1970 gab es zum Beispiel noch wunderschöne alte Ulmen, die das Landschaftsbild zierten. Er schrieb in seliger Unwissenheit und wusste noch nichts von Krankheiten und Schädlingen wie dem Buchsbaumzünsler oder der Kastanien-Miniermotte, die erst in den letzten Jahren zu uns gekommen sind. Ihm wurde beigebracht, sich auf Chemikalien zu verlassen, um Probleme zu bewältigen. Er war dem Einsatz von Pestiziden nicht abgeneigt, und damals gab es viel mehr davon auf dem Markt, und sie wurden großzügiger eingesetzt als heute. Der Einsatz von Insektiziden, die Stoffe wie Organophosphate enthielten, die seit fast 20 Jahren verboten sind, war kein Thema. Heutzutage gibt es viele alternative Möglichkeiten der Bekämpfung durch entsprechende Kultivierung und umweltfreundlichere Bekämpfungsmethoden wie Nützlinge.

Great Dixter war ein Treffpunkt für die Großen und die Guten in die Gartenwelt. Ähnlich wie Karl Foerster erreichte Christopher ein sehr breites Publikum, nicht nur mit seinen Artikeln und Büchern, sondern auch in seinem Garten. Er schuf einen dynamischen Ort, an dem junge Gärtner, die am Anfang ihrer Karriere stehen, sich ausbilden lassen und unschätzbare Erfahrungen sammeln können. Einige der besten Gärtner, die für bekannte Anlagen verantwortlich sind, haben ihre Laufbahn hier begonnen.

Er war außerdem ein großartiger Koch, aß gern gut und hatte einen großzügigen Nutzgarten, in dem er sein eigenes Obst und Gemüse anbaute, sodass es nie ein Problem war, improvisierte Festmahle zu organisieren, wenn Besucher spontane Einladungen zum Essen annahmen. Sein 1997 erschienenes Buch *Gardener Cook* ist nicht sein berühmtestes, aber auf jeden Fall mein Lieblingsbuch, denn es enthält nicht nur seine üblichen praktischen Ratschläge, wie man die Pflanzen anbaut, wann man sie vermehrt und welche Sorten man auswählt, sondern auch, wie man sie zubereitet.

Während des Essens konnten große Diskussionen und ein Austausch stattfinden, was ihm sehr wichtig war. Studenten und junge Gärtner waren an seinem Tisch ebenfalls willkommen, er unterhielt sie gern und nutzte die Gelegenheit zum Gedankenaustausch. Einer dieser jungen Schützlinge war Fergus Garrett, der 1992 im Alter von 27 Jahren nach Dixter kam. Da er ebenfalls Gartenbau am Wye College studiert hatte, kannten sich die beiden Männer schon seit einigen Jahren. Mit Fergus' Ankunft kam frischer Wind in den Garten, und es war spürbar, wie dieser energiegeladene junge Mann Christopher inspirierte und ihn zu Veränderungen anregte. Gemeinsam machten sie sich daran, die Bepflanzung zu verändern und zu verbessern und dem Garten generell neues Leben einzuhauchen.

Einer der größten Eingriffe, der nicht lange nach Fergus' Ankunft stattfand, war die Auflösung des alten Rosengartens. Das sorgte für große Aufregung in der Gärtnerwelt. Die Briten, die Meister der Erhaltung, Restaurierung und Bewahrung der Vergangenheit, konnten sich nicht vorstellen, dass jemand einen Gartenbereich einfach so verändern konnte. Und zwar nicht irgendeine Fläche, sondern ausgerechnet den Rosengarten! Die Rose, die Königin der Gartenblumen, wurde rausgeschmissen. Daisy Fields geliebter Rosengarten wurde durch einen tropischen Garten mit exotischen Pflanzen wie Bananenstauden, großblättrigen Gewächsen und großen, farbenprächtigen vulgären Dahlien ersetzt. Obwohl er die Provokation dieser Tat liebte, gab es einen praktischen Grund für diese Maßnahme. Nachdem die Rosen jahrzehntelang in derselben Erde gewachsen waren, waren die Pflanzen nicht mehr gesund und glücklich. Die prächtige 'Mrs. Oakly Fischer', die ihm Vita Sackville-West geschenkt hatte, war die einzige, die bleiben durfte. Sie wirkte inmitten der zunehmend exotischen Bepflanzung zwar etwas deplatziert, aber gerade diese Skurrilität ist es, die den Garten so einzigartig macht. Im Lauf der Jahre hat sich der tropische Garten weiterentwickelt und ist immer exotischer geworden. Im Spätsommer wächst er zu einem dichten Dschungel heran, in dem man sich leicht verirren könnte, wenn er nicht so klein wäre.

Christopher hat die Besucher seines Gartens gern provoziert, und ich habe bei meinen Besuchen gelegentlich Pflanzenkombinationen gesehen, die, vorsichtig ausgedrückt, ziemlich ungewöhnlich waren. Pflanzen wie große, fette, leuchtend orangefarbene Tagetes, kombiniert mit schlanken, luftigen, leuchtend rosa Nerinen (Guernseylilien). Ich mochte zwar den spritzigen Farbkontrast, aber die Wirkung war die eines einfachen, etwas übergewichtigen Bauern, der zusammen mit einer Primaballerina einen Ball im Ritz besucht. Auch heute noch kann man bei jedem Besuch überraschende Pflanzenzusammenstellungen entdecken. Sei es die Präsentation von getopften Koniferen, die den Eingang des Hauses schmücken, oder die sommerliche Bepflanzung mit Kakteen in den Beeten an der Treppe hinunter zum Alten Rosengarten, dem heutigen Tropengarten.

Der Garten ist berühmt für seine wechselnden Pflanzgefäße, die von den Studenten entsprechend der Jahreszeiten neu gestaltet werden. Alle sechs Wochen werden sie neu arrangiert, wobei eine Mischung aus Gehölzen den Rahmen bildet und Blumenzwiebeln, Stauden, Gräser, Blattpflanzen wie Hosta oder Echium, manchmal auch Kakteen und Sukkulenten, in den Wintermonaten vor allem Koniferen, hinzukommen. Sie dienen nicht nur der Dekoration, sondern sind auch eine gute Übung für Studenten und für Besucher, um den Geist zu schärfen und ein Gefühl für die Gestaltung mit Pflanzen zu bekommen, indem sie ein harmonisches Bild mit kontrastierenden Höhen, Formen, Texturen und Farben schaffen.

Was mich an diesem Garten schon immer fasziniert hat, ist die Tatsache, dass er einerseits große Gartentraditionen aufrechterhält und gleichzeitig an der Spitze der modernen Gartenbepflanzung steht. Das Gärtnerteam und die Studenten in Dixter praktizieren noch immer die wahre Kunst des Gärtnerns. Christopher schätzte die Fähigkeiten, die mit der Pflege eines Gartens verbunden sind, sei es die Vermehrung von Pflanzen, die Herstellung von Kompost, das Einsetzen von Stauden, das Auspflanzen von Beeten oder scheinbar banale Aufgaben wie das Unkrautjäten. So gedeiht bis heute die traditionelle Rabatte mit ihrer Mischung aus Gehölzen, Stauden, Gräsern und Wechselflor ebenso wie der zeitaufwändige Gemüsegarten. Es gibt immer noch Beete, die für extravagante jahreszeitliche Wechselflor reserviert sind und in denen die Pflanzen dreimal im Jahr ausgetauscht werden – etwas, das Gertrude Jekyll getan hätte, sich aber kein anderer Garten im Vereinigten Königreich mehr leisten kann. Außer Great Dixter, denn in der eigenen Gärtnerei können die notwendigen, oft ungewöhnlichen Pflanzen produziert werden, und es sind genügend Studenten vor Ort, um die Arbeit zu erledigen.

Gleichzeitig ist der Garten nach wie vor Vorreiter für neue Denkweisen über Gärten und Gärtnern. Ein Trend, der von Christophers Mutter eingeleitet wurde, die mit ihren Ideen ihrer Zeit weit voraus war. In einer Epoche, in der es in britischen Gärten vor allem um makellos gepflegte, unkrautfreie und in perfekten Streifen gemähte Rasenflächen ging, wollte sie Wildblumenwiesen. Sie umgab das Haus mit Blumenwiesen, die auch ein Jahrhundert später noch existieren und gedeihen. Christopher führte diese Tradition gewissenhaft fort, sodass die Blumenwiesen im Garten heute Oasen der Artenvielfalt sind. Sie enthalten nicht nur viele einheimische Wildblumen, sondern bieten auch einer Vielzahl von

Kleintieren und Insekten eine Heimat. In seinem 2004 erschienenen Buch über *Wiesen* teilt er seine jahrzehntelange Erfahrung bei der Bewirtschaftung der Wiesen in Dixter und erklärt, wie sie ihre Schönheit und ihren Wert für die Tierwelt verbessern.

Heute ist Dixter eine der wichtigsten ökologischen Forschungsstätten, die sich mit der engen Wechselwirkung zwischen Natur und Gärten befasst und viele Mythen über die Abhängigkeit der Tierwelt von einheimischen Arten widerlegt. In den letzten Jahren wurden auf dem gesamten Gelände des Anwesens mehrere umfassende wissenschaftliche Studien durchgeführt, die sowohl den Garten als auch die umliegenden Wälder und Weideflächen umfassten. Diese Studien haben gezeigt, dass der Garten trotz der intensiven Gartenarbeit und der überwiegend exotischen Pflanzen die größte Artenvielfalt aller drei Bereiche aufweist. Die Kombination der vielen verschiedenen Pflanzungen, der Trockenmauern, der Wasserelemente, der Wiesen, der alten Hecken und der uralten Bäume bietet zahlreiche unterschiedliche Lebensräume, die eine beeindruckende Vielfalt an einheimischen Tier- und Pflanzenarten beherbergen, seien es Schmetterlinge, Spinnen, Flechten oder Fledermäuse.

Vor seinem Tod hat Christopher den Great Dixter Charitable Trust ins Leben gerufen, der die Zukunft von Haus und Garten sichern sollte, damit sie für die Öffentlichkeit zugänglich bleiben und seine großartige pädagogische Arbeit weiterleben kann. Fergus leitet diesen Trust als Vorstandsvorsitzender und wird dabei von einem engagierten Team von Gartenfreunden unterstützt. Er hat dafür gesorgt, dass sich Christopher Lloyds Garten und sein Ethos weiterentwickeln und verändern und so den Weg für den modernen Garten bereiten.

Dank dieser Stiftung kann er sein großes Vermächtnis nicht nur in seinen Büchern, sondern vor allem im Garten weiterführen. Der Garten ist nach wie vor der Ort, an den Gärtner – Profis wie Amateure, Jung und Alt – pilgern, um sich inspirieren zu lassen und neue Pflanzen zu entdecken. Sie verlassen ihn mit gefüllten Notizbüchern, unzähligen Fotos, Pflanzen und Samen und vielen neuen Ideen und Informationen, die daheim durch seine wunderbaren Worte unterstützt werden können.

Im Februar 2025

Ich bin Tony Lord zu Dank verpflichtet, der *The Well-Tempered Garden* in der Ausgabe von 1985 las und zahlreiche hilfreiche Vorschläge zur Überarbeitung für diese Auflage machte, insbesondere bezüglich der Nomenklatur. Fergus Garrets Unterstützung kannte, wie immer, keine Grenzen. Zudem möchte ich Erica Hunningher meinen großen Dank aussprechen.

Man darf nicht vergessen: Dieses Buch ist ein Dokument seiner Zeit. Einiges wurde auf den neuesten Stand gebracht, anderes bleibt seiner Zeit verhaftet.

Christopher Lloyd
Mai 2001

VORBEMERKUNG

Im Garten zu arbeiten, ist eine der kreativen Tätigkeiten, die einem das beglückende Gefühl bereiten, etwas zu schaffen. Das Gärtnern ist so vielseitig, dass, selbst wenn alle Gärtnerinnen und Gärtner mit ähnlichen rechteckigen Grundstücken begännen, die Endergebnisse völlig unterschiedlich aussähen. Es ist Wesenssache, ob wir lieber etwas ziehen, das wir essen können, oder etwas, woran uns allein der Anblick erfreut. Ob es uns vor allem darum geht, einzelne Pflanzen wie Chrysanthemen oder Esszwiebeln zum vorschriftsmäßigen Stand der Perfektion zu bringen, oder ob wir Pflanzenmenschen sind, die Pflanzen um ihrer selbst willen lieben, unabhängig von Größe und Raffinesse. Ob unser leidenschaftliches Interesse der Anordnung der Pflanzen und ihrer Beziehung zueinander und zu ihrer Umgebung gilt oder ob uns eher ihre Vermehrung und die Entstehung neuer Pflanzen begeistern.

Die Gartenarbeit erlaubt verschiedenste Vorgehensweisen, und diese ermöglichen es uns, uns selbst Ausdruck zu verleihen. Auf eine bescheidene Art ist sie eine Kunst ebenso wie ein Handwerk. Gleichzeitig bleiben wir durch das Gärtnern in Kontakt mit der Erde, mit den Jahreszeiten und mit jenem Wechselspiel der belebten und unbelebten Kräfte, das wir Natur nennen. Es ist eine Tätigkeit, die uns menschlicher macht.

Die Gartenarbeit war die Triebfeder meines Lebens, und ich hatte Glück mit den Möglichkeiten, die sich mir boten. In diesem

Buch führe ich das Gros der Zutaten zusammen, die – zumindest in meinem Fall – glückliches Gärtnern ausmachen. Vielleicht mag der eine oder andere Leser hier oder da ausrufen: »So viel Mühe!«, oder: »Wer will sich das schon alles antun?« Aber so wenig arbeitsaufwändig Sie Ihr Hobby auch gestalten, man bekommt nie mehr heraus, als man hineinsteckt. Bisweilen lohnt sich der zusätzliche Aufwand womöglich, weil daraus etwas Spannendes entsteht. Dann hat man das Gefühl, etwas erreicht zu haben. Anstrengung ist nur beschwerlich, wenn man sich langweilt. *Der Wohltemperierte Garten* ist für Gärtnerinnen und Gärtner, die zu diesem Zeitvertreib nicht gedrängt wurden, sondern ihm aus Liebe nachgehen.

1

MITTEL UND WEGE

Das Pflanzen

Vorsichtsmaßnahmen und Methoden

Wenn eines ihrer gärtnerischen Projekte gescheitert ist, bitten Bekannte mich bisweilen um eine Post-mortem-Analyse. Die jedoch mit einer irgendwie gearteten Zuverlässigkeit vorzunehmen ist schwer, wenn die Fallgeschichte im Vagen liegt. »Ich habe ein Dutzend winterharter Alpenveilchen gepflanzt«, sagte der eine etwa, »und kein einziges ist gekommen.« Wo sind sie geblieben? Weiß der Himmel. Sie wurden nicht markiert. Möglicherweise wurden sie nicht direkt unter die Oberfläche, sondern in 15 cm Tiefe gesetzt, ebenso möglich ist, dass sie direkt unter die Oberfläche gesetzt wurden und später als vermeintliche Steinchen in einem Korb voll Unkraut landeten. Vielleicht wurden sie verkehrt herum eingesetzt, oder aber sie waren praktisch schon tot, noch bevor sie gesetzt wurden.

Das große Wunder beim Gärtnern ist im Grunde eher, dass überhaupt so viele Pflanzen überleben. Ich habe nur selten Gelegenheit, Privatgärtnerinnen und -gärtnern bei der Arbeit zuzusehen, denn deren Leitmotiv lautet meist Privatsphäre. Bei der Führung ihres Haushalts oder Unternehmens mögen sie der Inbegriff der Effizienz sein, könnten sie aber Gefahr laufen, bei der manuellen Gartenarbeit beobachtet zu werden, sind sie verständlicherweise befangen. Sie warten lieber, bis die Luft rein ist, als die Schnappatmung eines Beobachters zu riskieren, wenn sie mit der Pflanzschaufel eine an überraschender Stelle wachsende Zwiebel halbieren, oder sich dessen Spott und Hohn auszusetzen, wenn sie sich mit der Grabeforke den Fuß aufspießen. Und doch war es ausgesprochen lehrreich, als ich die Studierenden in den verschiedenen Bereichen des Gärtnerns unterrichtete und ihnen beim Arbeiten zusah. Auf jeden Fall bekam ich ein gutes Bild davon, was tendenziell schiefgehen kann.

Einer der wahrscheinlichsten Fehler ist, dass das Loch, das die Pflanze aufnehmen soll, nicht groß genug ist. Zur Lösung dieses Problems drehen manche Gärtner den Wurzelballen praktisch gewaltsam in die Pflanzgrube, sodass er spiralförmig hineingezwirbelt wird. Aber: Wenn sich die Wurzeln natürlich ausbreiten können, ist die Pflanze wesentlich sicherer in der Erde verankert und läuft weniger Gefahr, vom Wind umgeweht oder vom Frost herausgehoben zu werden. Andere Gärtner rammen den Hauptteil des Ballens in das Loch und füllen es schnell auf, während sie mit gesenktem Blick die Würzelchen übersehen, die in der Luft herumwedeln. Hier gilt der Merksatz: Das Loch wird der Pflanze passend gemacht, nicht umgekehrt.

Vorsichtiger Umgang und festes Einpflanzen gehen Hand in Hand. Die Vorsicht ist ratsam insbesondere bei empfindlichen Pflanzen wie dem Sommerflor – bitte, beschädigen Sie Stiele, Blätter und Wurzeln der Pflanzen so wenig wie möglich. Tun Sie Ihr Bestes, damit Wurzeln und anhaftendes Erdreich als ein einziger Klumpen erhalten bleiben. Abbröckelnde Erde enthält viele der kleinsten, für die Nährstoffaufnahme wesentlichen Wurzeln. Wenn Sie in Ihrem Garten also einen Baum oder Strauch versetzen, lohnt es sich, ihn mit Geduld auszuheben und mit so viel anhaftendem Erdreich wie möglich aus selbigem zu holen und wieder einzusetzen. Selbst Pflanzen wie Goldlack danken es Ihnen, wenn Sie sie mit einem Erdballen versetzen.

Gärtnereien müssen häufig Pflanzen mit wenig oder gar keiner an den Wurzeln haftenden Erde verschicken, da sonst die Versandkosten exorbitant würden. Insbesondere bei Bäumen und Sträuchern, die im Freiland gezogen wurden, bedeutet das, dass sie einen Gutteil ihrer Wurzeln eingebüßt haben. Einige wurden möglicherweise aus Verpackungsgründen bewusst abgeschnitten, denn was den naiven Käufer am meisten beeindruckt, sind schließlich ein Stamm und eine Krone, die etwas hermachen. Eine Freundin (warum habe ich überhaupt Freunde?, frage ich mich bisweilen) zeigte mir einmal stolz drei Bäume, für die sie in einem Gartencenter im Abverkauf nur ein Pfund gezahlt hatte. Einer davon war mausetot, die beiden anderen waren abgestorben bis auf die Unterlage, auf die sie aufgepfropft waren, und die trieben Schösslinge. Nachdem ich die Freundin darauf aufmerksam gemacht hatte, beglückwünschte ihr Mann sie, drei tote Bäume für ein Pfund erworben zu haben.

Ein weiterer meiner begeisterten Gärtnerfreunde wollte einen Acker neben seinem Haus in einen Park verwandeln und machte sich vor einigen Wintern daran, das Projekt im großen Stil umzusetzen. Rund sechzig Bäume waren geplant, und sie wurden alle gleichzeitig bestellt, allerdings bei unterschiedlichen Baumschulen. Fast zur selben Zeit trafen sie ein, und zwar ausgerechnet in der einen richtigen Winterphase des Jahres, im Januar. Im Februar, nach dem Frost, war es nass. In aller Eile wurden die Bäume gepflanzt. Mein Freund ist ein Wochenendgärtner, so konnte er die Aktion nicht beaufsichtigen. Im anbrechenden Frühjahr gab es dann zwar keine große Trockenheit, trotzdem ging über die Hälfte der Bäume ein. Auch wenn ich ihr Wurzelsystem bei der Anlieferung nicht in Augenschein hatte nehmen können, war ich mir nach dem Allgemeinzustand der Kronen sicher, dass sich diese hohe Sterblichkeit hätte verhindern lassen.

Ein vermeidbarer Fehler ist, mehr Pflanzen zu bestellen, als man auf einmal bewältigen kann – schließlich kann man um gestaffelte Lieferungen bitten. Und wenn mehrere Gärtnereien im Spiel sind, ist das ohnehin kein Problem.

Wenn die Bäume dann bei Ihnen ankommen, sollten Sie nicht vergessen, dass sie nicht nur lange unterwegs waren, sondern dass in der Gärtnerei zwischen Ausheben und Verschicken vermutlich auch eine gewisse Weile verstrichen war (eine gewisse lange Weile, wenn wir ehrlich sind). Deswegen sollten die Ballen sofort ausgepackt und die Wurzeln kräftig gewässert werden. Wer die Pflanzen anschließend nicht sofort einsetzen kann, sollte sie in durchnässtes Sackleinen einschlagen. Derart versorgt, können Sträucher – und selbst Immergrüne – während der Winterruhe problemlos mehrere Wochen in einem kalten Schuppen überdauern.

Heben Sie Pflanzlöcher nie im Voraus aus. So schön das auch wäre, die Bäume gleich nach der Anlieferung einsetzen zu können – doch entweder füllt sich die Grube mit Staunässe (sie wird quasi zum Teich), oder es gefriert ebenso wie die Erde, mit der Sie das Loch auffüllen möchten. Graben Sie das Loch, setzen Sie Ihren Baum ein und stützen Sie ihn ab, alles in einem einzigen ununterbrochenen Arbeitsgang. Unter dem Rasen ist die Erde selbst bei nasser Witterung meist krümelig oder bröcklig. Sollte sie aber klebrig sein und sich nicht zerteilen lassen, um die Luftlöcher zwischen den Wurzeln richtig auszufüllen, verwenden Sie am besten einen Schubkarren voll trockener feiner Erde oder Drainagekies.

Meist ist bei Bäumen, die Sie von Baumschulen erhalten, die Krone größer als der Wurzelballen. Dann müssen Sie bei laubabwerfenden Bäumen und Sträuchern die zwar unerfreuliche, aber immer lohnende Arbeit auf sich nehmen, die Zweige so zurückzuschneiden, dass sich Oben und Unten die Waage halten. Das bedeutet generell, die Zweige auf rund zwei Drittel ihrer ursprünglichen

Länge einzukürzen. Nehmen Sie den Schnitt direkt über einer Knospe oder einem Knospenpaar vor. Die meisten Gärtnerinnen und Gärtner wissen, dass, wenn es um Rosensträucher geht, die Zweige um rund drei Viertel gekürzt werden müssen. Das Gleiche gilt für alle Sommer- und Herbststräucher, die Blüten nur an neuen Trieben bilden. Aber auch schnell wachsende laubabwerfende Gehölze wie Pfeifensträucher, Deutzien, Weigelien, Forsythien und im Frühjahr blühende Spiersträucher profitieren davon, wenn alle älteren und schwächeren Triebe entfernt werden und nur die kräftigen, unverzweigten stehen bleiben. Wenn es um einen stark verzweigten Strauch wie Flieder geht, sollten Sie rund die Hälfte des Zweigwerks ausdünnen.

Die meisten immergrünen Gewächse haben Faserwurzeln, sodass sie ohne große Wurzelverluste ausgegraben und umgepflanzt werden können. Solche mit einem empfindlichen Wurzelgeflecht wie Becherkätzchen, Säckelblumen, Zistrosen und Ginster werden ohnehin gemeinhin im Topf gezogen, womit das Auspflanzen kein Problem darstellt. Bisweilen kann es dennoch vorkommen, dass Immergrüne beim Versetzen einen ziemlichen Wurzelverlust erleiden. Das ist in ihrem Fall gravierend, da sie durch ihr Laub unablässig Wasser verdunsten. Das Problem kann man zu umgehen versuchen, indem man die Pflanze nach dem Einsetzen gut angießt oder gar einschlämmt – eine Maßnahme, auf die man selbst im November nicht unbedingt verzichten sollte. Danach kann man, wann immer man den Eindruck hat, dass das Laub auf der Oberfläche trocken ist, mit der Gießkanne Abhilfe schaffen. Genügt all das nicht, um die Blätter und Triebe vor dem Welken zu bewahren, hilft nichts, als die Pflanze teilweise zu entlauben: Knipsen oder schneiden Sie die Hälfte der Blätter ab. Die Maßnahme ist keineswegs so drastisch, wie sie aussehen mag, und verringert umgehend die Flüssigkeitsmenge, welche die beschädigten Wurzeln in das Laub transportieren müssen.

Festes Einpflanzen ist ein Rat, den Gärtner bisweilen gerne überlesen, der aber für alle Pflanzen gilt. Wenn Sie eine Rabatten- oder Beetpflanze eingesetzt haben, zupfen Sie anschließend fest an einem Blatt oder kleinen Trieb. Wenn Sie damit das gesamte Gewächs aus dem Erdreich ziehen, haben Sie es nicht fest genug eingesetzt. Jede Pflanze möchte mit der Faustrückseite angedrückt werden, jeweils rechts und links, und zwar mit voller Kraft. Wenn es um einen Baum oder Strauch geht, drücken Sie ihn mit Ihrem ganzen Körpergewicht und einer Drehbewegung der Ferse fest ins Erdreich. Ein Gewächs nicht fest einpflanzen sollte man nur dann, wenn man im Grunde überhaupt nicht pflanzen sollte: nämlich wenn das Erdreich schwer ist und morastartig schmatzt. Sollte bei solchen Bedingungen kein Weg am Setzen vorbeiführen, ist es am besten, die Pflanze in das Loch zu stellen und dann Drainagekies (wie er zum Beispiel in den Substraten von John Innes verwendet wird) über die Wurzeln zu schaufeln, bis sie vollständig bedeckt sind, und das Loch dann mit dem Erdmatsch aufzufüllen. Wenn der Boden sehr nass ist, drückt man Pflanzen nicht fest an, da man nicht die ganze Luft aus dem Boden pressen möchte.

Sonst aber ist festes Einpflanzen die Regel, und zwar aus mehreren Gründen. Zum einen wegen des Frosts: Er kann Pflanzen aus dem Boden heben, und selbst nach festem Einsetzen sollten Sie, wenn Tauwetter einsetzt, die flacher wurzelnden Gewächse genau untersuchen, ob sie nicht wieder kräftig in die Erde gedrückt werden müssen. Festes Einpflanzen hilft den Wurzeln zudem, mit der neuen Bodenumgebung sofort gut in Kontakt zu kommen, und verhindert überdies, dass Bäume und Sträucher im Wind schwanken. Allerdings ist in diesen Fällen zusätzliches Pfählen ratsam. Selbst bei Gewächsen mit Faserwurzeln wie Hortensien lohnt es sich, sie zunächst zu stützen, bis sie gut eingewachsen sind.

Häufig wird der Fehler gemacht, ein neues Gehölz zu tief zu pflanzen im Glauben, es dadurch fest im Boden zu verankern;

dann wird es aber tiefer gesetzt als an seinem vorherigen Standort. Ich möchte nicht behaupten, dass dies immer fatal oder auch nur schlecht wäre. Bei Rosen, die so eingesetzt werden, dass die Veredelungsstelle unter der Erde liegt, wird das Edelreis dadurch zur Wurzelbildung angeregt. Wird Flieder auf Heckenkirsche gepfropft, ist tiefes Einpflanzen unabdingbar, denn wenn sich am Edelreis keine Wurzeln bilden, wird die Pflanze binnen kurzer Zeit eingehen. Auch Heidekraut wird häufig tief eingesetzt, um die Pflanzen anzuregen, Wurzeln an den unterirdischen Stielen zu bilden, sodass man aus jedem wurzeligen Stielstück eine neue Pflanze gewinnen kann. Tiefes Einpflanzen von Clematis kann verhindern, dass sie an einer Welkekrankheit eingeht. Der Welkepilz greift gemeinhin nicht unter, sondern direkt an der Erdoberfläche an und lässt die der Luft ausgesetzten Teile der Pflanze eingehen. Liegt bei einer Clematis der Haupttrieb teilweise unter der Erde, kann er dort einen neuen Schössling bilden und damit der Krankheit ein Schnippchen schlagen.

Aber auch vor dem Hintergrund dieser Ausnahmen bleibt die Gefahr einer hässlichen Krankheit bestehen, und zwar die der Kragenfäule, wie sie anschaulich genannt wird. Wenn Sie einen Baum oder Strauch so einsetzen, dass der Stammansatz beziehungsweise die untersten Zweige und Äste unter der Erde liegen, reagiert er auf eine von zwei Arten: Entweder bildet er an diesen nun unterirdischen Teilen Wurzeln oder, sofern das nicht seine Art ist, er beginnt dort zu faulen. Das passierte mir mit einer prächtigen jungen Traubenkirsche, *Prunus padus* 'Albertii'. Um die Bodenscheibe frei von Gras und Unkraut zu halten, mulchte ich sie den Sommer über mit Grasschnitt. Diese Mulchschicht wurde zu dick, der Stamm begann zu faulen, und das war das Ende des Baums.

Aber nicht nur Gehölze sollten eingesetzt werden, sobald der Boden entsprechend vorbereitet ist, Gleiches gilt bei Beeten und Rabatten. Unbearbeiteter Boden, insbesondere, wenn er bewachsen ist – ob mit Sommerflor oder Unkraut –, lässt sich selbst nach schweren Regenfällen meist noch relativ leicht bearbeiten, doch kaum ist er umgegraben, wird er zum Schwamm mit vielen Hohlräumen, die jede Menge Wasser aufnehmen. Deswegen finde ich es auch bei Rabatten mit winterharten Stauden am klügsten, abschnittsweise vorzugehen und jeweils ein Beetstück zu bearbeiten, das ich größenmäßig an einem Tag bewältigen kann: ausheben, teilen, düngen, umgraben und wieder setzen.

Wenn eine Rabatte wie Kraut und Rüben aussieht, fühlt man sich versucht, zunächst einmal alles abzuschneiden, was nicht niet- und nagelfest ist. Doch das wäre unklug. Bewuchs ist nicht nur ein guter Frostschutz, er verhindert auch, dass die Erde zu nass wird. Zudem vergisst man gern, welche Pflanze wo stand, wie hoch sie wuchs und ob sie geteilt werden musste.

Viele Gärtner umgehen das Problem von Identität und Standort, indem sie die winterharten Gewächse nicht ganz abschneiden, sondern dreißig Zentimeter hohe Stiele stehen lassen. Dieses Vorgehen ist mir zuwider. Eine Staude sollte man entweder bis auf den Boden zurückschneiden oder (wenn sie auch im abgestorbenen Zustand noch hübsch aussieht) stehen lassen. Stielstümpfe werden hart und hohl, dienen Ohrwürmern und Asseln als Unterschlupf und verhindern im nächsten Frühjahr das Ausschlagen neuer Triebe. Zudem sehen sie unschön aus und, am allerschlimmsten, sie verholzen so stark, dass sie dem unbedachten Pflücker langer Blütenstiele im nächsten Sommer hässliche Verletzungen zufügen.

Wenn man ein nasses Bodenstück bepflanzt, hilft einem dabei der bereits vielgepriesene Drainagekies. Er wird in Baumärkten und Gartencentern unter verschiedensten Bezeichnungen angeboten. Drainagekies ist die feinste Körnung von zerkleinertem Gestein und wesentlich nützlicher als selbst sehr grobkörniger Natursand. Hat man sich einmal damit angefreundet, stellt man fest, wie vielseitig er ist, etwa zur Aufbereitung von schmierigen

Böden sowie beim Setzen von Zwiebeln zum Schutz vor Schnecken, Fäule und Staunässe. Drainagekies kann auch im Frühwinter als Abdeckung auf den Wurzelhals von Fuchsien, Zitronenverbenen, Rittersporn und Hostas (man denke an die Schnecken) sowie Steppenkerzen aufgehäufelt werden. Kurzum: Lesen Sie, wenn sich Gartenjournalisten über dieses Thema auslassen, »Asche« als »Drainagekies«.

Pflanzabstand

Ein erfahrener befreundeter Gärtner – und die seltene Ausnahme von der Regel, dass Bauern die schlechtesten Gärtner sind – meinte einmal, die Frage des Pflanzabstands sei ein leidiges Problem, und zwar eines, das zu lösen er nie gelernt habe, ohne zuvor zahlreiche Fehler zu begehen. So bepflanze er eine Fläche mit Sträuchern, die sich regelrecht armselig ausmachten, nur um einige Jahre später festzustellen, dass sie sich gegenseitig erstickten.

Als er mir das erzählte, betrachteten wir einen Gehölzgarten, den er acht oder zehn Jahre zuvor in einem großen, von zwei Hecken gebildeten Dreieck angelegt hatte. Als Blickfang stand im Vordergrund ein Bambus, der bislang 2,10 m hoch gewachsen war, dessen neuen Triebe in dem Jahr allerdings auf 3 m hinaufgeschossen waren. Es handelte sich um einen hübschen, zarten Bambus mit fedrigen Blättern und gemäßigter Wucherneigung – einer, der angeblich als *Fargesia nitida* bekannt ist, doch wer in der Welt der Bambusfans verstanden werden möchte, sollte sich damit begnügen, *nitida* zu wispern. Hinter diesem Prachtexemplar konnte man gerade noch eine 2,40 m hohe *Elaeagnus pungens* 'Maculata' ausmachen, und hinter der wiederum mutmaßte ich eine 3 m hohe *Magnolia* × *soulangeana*; von der restlichen Bepflanzung war nichts zu sehen.

Das Schlaueste, so mein Freund, wäre doch, beim Pflanzen die dauerhaften Sträucher mit sehr großem Abstand zu setzen und die Lücken in den ersten Jahren mit kurzlebigeren Gewächsen wie Ginster, Strauchlupinen und Zistrosen zu füllen sowie mit mühelos zu versetzenden Stauden. Ein theoretisches Konzept nenne ich so etwas, und das ist zweifellos besser als gar keins; andererseits lässt sich ein Gedränge nie ausschließen. Man muss sich damit abfinden, dass man im Lauf der Jahre hin und wieder eine völlige Neuordnung vornehmen muss. Dass eine dichte Bepflanzung einem Beet fast sofort eine ansehnliche Optik verleiht, liegt auf der Hand, aber ebenso offensichtlich ist sie auch verschwenderisch und kostspielig. Andererseits darf man nicht übersehen – und das wird leicht vergessen –, dass dicht an dicht stehende Sträucher sich gegenseitig guten Schutz vor Frost- und Windschäden bieten.

Auf jeden Fall sollten Sie versuchen, den Unbeweglichen von Anfang an einen dauerhaften Platz zuzuweisen, das heißt, allen Hülsenfrüchtlern (die Leguminosen), Walnüssen, Magnolien, Säckelblumen, überhaupt allen Bäumen und Sträuchern mit fleischigen, empfindlichen Wurzeln oder solchen, die sich tief im Erdreich verankern, kurz: allen Gehölzen, die nicht versetzt werden können, wenn sie einmal Fuß gefasst haben. Was die anderen betrifft, versucht man einfach, so wenig Fehler wie möglich zu machen. Die meisten Händler geben in ihren Katalogen die ungefähre Höhe an, die das jeweilige Gewächs erreicht, und einige wagen auch eine Vorhersage bezüglich der ungefähren späteren Breite. Allerdings hängt das alles wesentlich vom Boden und der Behandlung ab. Setzt man Sträucher in einzelne, im Rasen ausgestochene Kreise – was ich, nebenbei bemerkt, für die denkbar schlechteste Art halte, eine Strauchrabatte anzulegen –, dann konkurrieren sie mit dem Gras um Wasser und Nährstoffe, und viele von ihnen werden nicht oder nur im Millimeterbereich wachsen. Andere allerdings, muss man ehrlicherweise zugeben, kommen erst bei halber Kost richtig in Fahrt. *Cotinus coggygria (Rhus cotinus)* und *C. obovatus* etwa bilden in gut gedüngtem Böden viel zu wässrige Triebe aus und gedeihen mitten im Rasen am besten.

Stellen wir doch, ausgehend von angemessenen Bedingungen bezüglich Boden und Düngung, ein paar konkrete Überlegungen an. Bei Bäumen zum Beispiel: Kirschgärten werden gemeinhin mit einer Fläche von jeweils 12 qm pro Baum angelegt, mit Zwischenpflanzung in den ersten Jahren. Wenn Sie also eine vergleichbare Kirsche wie etwa die gefüllte Vogelkirsche (*Prunus avium* 'Plena') pflanzen, sollte der Abstand zu einer weiteren Kirsche mit ähnlicher Wuchsfreude 12 m betragen. Natürlich können Sie dazwischen auch Bäume wie Zierpfirsich oder fruchttragenden Pfirsich von eher kurzer Lebensdauer setzen. Wenn der nächste dauerhafte Baum zu Ihrer Kirsche etwa ein Zierapfel 'John Downie' ist, genügen 9 m Abstand. Dann hätten die Kirsche 6 m und der wesentlich kompakterwüchsige Apfel 3 m Platz.

Zwischen Sträuchern, die wirklich groß werden – etwa *Spiraea × vanhouttei* und *Forsythia × intermedia 'Lynwood'* –, sollten Sie nie weniger als 1,80 m Abstand einplanen. 2,5 bis 3 m wären zwar besser, aber bestehen Sie sich selbst gegenüber zumindest auf den 1,80 m. Wobei: Jeder Gehölzgarten, in dem jede Art nur einmal vertreten ist, wird nolens volens lückenhaft aussehen. Insbesondere niedrigere Gehölze, die keinen Meter hoch werden, müssen in Gruppen gepflanzt werden.

Auch Hortensien entfalten erst in Gruppierungen ihre volle Schönheit. Ausnahmen von dieser Regel bilden nur die wirklichen Riesen, etwa die 3,60 m hohe Sammelart *Hydrangea heteromalla Bretschneideri* oder die 2,40 bis 3,60 m hohe Sammelart *H. aspera Villosa*; aber bereits eine relativ große Kulturvarietät wie 'Blue Wave' kommt in Gruppen von drei oder mehr Exemplaren einfach besser zur Geltung. Das gilt auch für *Caryopteris* und winterharte Fuchsien, ebenso wie für die niedrigerwachsenden Heben, für *Hypericum* 'Hidcote', *Spiraea japonica* 'Anthony Waterer' und viele andere, deren Kontur als Solitär wenig hermacht. Sie alle wirken als Gruppe wie eine Einheit, und es tut nichts zur Sache, wenn die einzelnen Exemplare schon in relativ jungen Jahren ineinanderwachsen. So können Sie sich zwischen den einzelnen Pflanzen einer Gruppe von *Caryopteris* × *clandonensis* auf 90 cm Abstand beschränken und auf 1,20 m zwischen dieser und den nächsten Sträuchern – etwa einer Gruppe von *Potentilla fruticosa* 'Katherine Dykes'.

Sollten Sie den Abstand zwischen Stauden falsch eingeschätzt haben, ist das weniger gravierend, denn die meisten lassen sich problemlos umsetzen.

Im Frühjahr blühende Beetpflanzen werden meist mit zu großem Abstand gesetzt. Gemeinhin geschieht das im Herbst, und wenn sie dann im Frühling ihre Blütentriebe ausbilden, sind sie kaum üppiger geworden. Um ihre volle Wirkung zu entfallten, müssen sie also etwas gedrängt stehen. Sommerblüher hingegen brauchen wesentlich mehr Platz, als ihnen gemeinhin gegeben wird, insbesondere, wenn die Bodenqualität die Bezeichnung Qualität auch verdient. In dem Fall sollten die Pflänzchen aus dem Saatkasten ausgesetzt werden, sobald sie sich berühren und bevor ihnen der Platz ausgeht. Dann nämlich legen sie noch mal einen Wachstumsschub in Breite und Höhe hin, ehe sie zu blühen beginnen, und es kommt sowohl ihnen als auch dem Gärtner zugute, wenn sie sich fast uneingeschränkt entwickeln können, ehe sie in Blattkontakt mit ihren nächsten Nachbarn kommen.

Beetpflanzen werden in dem einen oder anderen Stadium ihrer Entwicklung oft derart kurzgehalten, dass kaum jemand von uns weiß, welches Potenzial tatsächlich in ihnen steckt. Machen Sie sich auf eine Offenbarung gefasst! Das gewöhnliche Fleißige Lieschen etwa, das fast immer im Topf auf dem Fenstersims gehalten wird. Meist ist das eine verzweigte Pflanze von rund 30 cm Höhe und etwas größerer Breite. Setzt man es jedoch in feuchten, nährstoffreichen Boden in einer schattigen, nach Norden ausgerichteten Rabatte, kann jedes Exemplar bis zu 1,20 m hoch und ebenso breit werden. Eine versetzte Reihe davon bildet eine prachtvolle blühende Hecke von derartiger Üppigkeit, dass alle staunend davor stehen bleiben, bis ihnen bewusst wird, dass es sich bei der Wunderpflanze lediglich um einen guten alten Freund in neuer Aufmachung handelt.

Pflanzzeit

Herbst und Frühjahr sind die Jahreszeiten, in denen das Gros aller Pflanzen in die Erde kommt. Die Kataloge der Baumschulen und der Gärtnereien treffen meist gegen Ende des Sommers ein, und im Herbst werden in den Gartencentern viele Setzlinge angeboten. Allerdings können nach einem nassen Herbst und kalten Winter zahlreiche Herbstpflanzungen eingegangen sein. Hat man es mit schweren, zu Staunässe neigenden Böden zu tun, die früh kalt werden, sich spät erwärmen und häufig in einem matschigen Zustand sind, der dem Anwachsen jungen Pflanzen ausgesprochen abträglich ist, ist der Verlust noch größer. Zudem werden derartige Böden gern von Nacktschnecken heimgesucht, und selbst mit Hilfe der Vorbereitungen, die zur Schneckenkontrolle angeboten werden, ist es ein Ding der Unmöglichkeit, in der langen Ruhephase der kleinen schwarzen Nacktschnecken Herr zu werden, die dauerhaft unter der Erde leben und sich an den schlafenden Knospen schutzloser Staudengewächse gütlich tun.

Die immergrünen Pflanzen sind bei den Sträuchern am beliebtesten. Da sie, wie der Name besagt, immer grün sind, fällt ihr Ruhezustand weniger tief aus als bei ihren laubabwerfenden Brüdern und Schwestern. Daher empfiehlt es sich, sie im frühen Herbst zu setzen, wenn der Boden noch warm ist und sie vor dem Wintereinbruch neue Wurzeln bilden können, oder aber im nicht allzu zeitigen Frühjahr, wenn sich das Erdreich bereits wieder erwärmt und sie sich ohne Unterbrechung entwickeln können. Ich persönlich vertrete bei dieser Frage die Ansicht, dass eine Herbstpflanzung zu riskant ist. Man darf nicht vergessen, dass alle großblättrigen Immergrüne (sowie eine Reihe nadeltragender Heidekräuter und Koniferen) aus einem wärmeren gemäßigten Klima als unserem stammen. Sträucher wie *Osmanthus delavayi* oder jede der *Camellia-japonica*-Hybriden mögen einigermaßen winterhart sein, wenn sie sich einige Jahre an ihrem Standort eingelebt haben, doch wenn sie noch jung und neu sind, sterben sie allzu leicht ab. Die besten Chancen haben sie, wenn sie im Frühjahr in den Boden kommen und eine ganze Vegetationsphase Zeit haben, um neue Wurzeln und Triebe nicht nur zu bilden, sondern auch auszureifen. Die einzige Gefahr, die nach einer Pflanzung im Frühjahr droht, ist große Trockenheit, und der ist von allen klimatischen Risiken so mühelos beizukommen, dass sie kein Hindernis darstellen sollte. Möchten Sie es dennoch wagen, etwa eine Kamelie im Herbst einzusetzen, bedecken Sie als Schutzmaßnahme zumindest die Wurzeln mit einer etwa zehn Zentimeter dicken Schicht Drainagekies. Die muss im Frühjahr, nachdem sie ihre Pflicht getan hat, wieder entfernt werden.

Auch bei einer Reihe sommergrüner Bäume und Sträucher ist es ratsam, auf Nummer sicher zu gehen und sie im Frühjahr zu setzen. Widerstandsfähige Arten wie Weigelien, Deutzien und viele Philadelphus sind zweifelsohne unverwüstlich, aber Flieder erliegt gern der Staunässe. Immer wieder höre ich auch von Hamamelis-Sträuchern (*Hamamelis mollis*), die nie aus der Ruhephase erwachten, während laubabwerfende Magnolien mit ihren zur Fäule neigenden Wurzeln für eine Herbstpflanzung überhaupt ungeeignet sind, auch wenn sie in der Jahreszeit vielfach ausgeliefert werden.

Meiner Ansicht nach spricht vieles dafür, neue Bäume, Sträucher und Stauden immer möglichst früh zu bestellen, jedoch um eine Frühjahrslieferung zu bitten. Wenn im Winter das eine oder andere Gewächs eingeht, dann passiert das in der Gärtnerei und nicht bei Ihnen. Sollte sich diese Praxis durchsetzen, wären Gartenbaubetriebe zweifellos wesentlich schwieriger zu organisieren und damit kostspieliger, was natürlich Preiserhöhungen zur Folge hätte. Dennoch würde es sich lohnen, wenn man bedenkt, dass jeden Herbst Abertausende von Pflanzen versendet werden, die wenig später dem Winter erliegen. Alternativ ist natürlich auch möglich, die Pflanzen im Herbst liefern zu lassen, die anfälligeren jedoch selbst geschützt zu überwintern.

Der Nachteil der Frühjahrslieferung besteht darin, den richtigen Zeitpunkt abzupassen. Sind Pflanzen und Gehölze im Freigelände einer Baumschule herangewachsen, gibt es oft nur eine kurze Zeitspanne zwischen der Ruhephase in der Kälte und, nach einigen milden Tagen, dem rasch voranschreitenden Wachstum, sodass die Pflanze schnell nicht mehr transportfähig ist. Aber wir dürfen nicht vergessen, dass wir in unseren Breiten mit dem kühl-gemäßigten Klima einige der wenigen Gegenden auf der Welt sind, in denen eine Herbstpflanzung überhaupt möglich ist. Neuengland etwa liegt zwar rund zehn Breitengrade näher am Äquator, durch die strengen Winter, der dort herrschen, beschränkt sich die Pflanzzeit jedoch auf eine kurze, hektische Phase im Frühjahr.

Unser milderes Klima hingegen gestattet uns, einen Großteil der regelmäßig wiederkehrenden Wartungsarbeiten im Herbst zu erledigen. Es besteht ein himmelgroßer Unterschied zwischen dem Versetzen einer Pflanze im eigenen Garten und dem Einsetzen einer Pflanze, die aus weiter Ferne zugestellt wurde. Man kann Sträucher oder Stauden wie Rittersporn mit einem so großen Erdballen an den Wurzeln und innerhalb so kurzen Zeit versetzen, dass sie den Ortswechsel kaum bemerken. Auch Polsterphlox-Arten, Eisenhut und *novi-belgiie*-Astern können umstandslos im Herbst geteilt werden. Aber während man es riskieren kann, einen Rittersporn oder ein Gras wie *Miscanthus*, ein Diptam oder eine der *Amellus*-Astern mit intaktem, von Erdreich umgebenen Wurzelballen zu versetzen, können sie und andere Stauden die größere Störung, geteilt zu werden, erst im Frühjahr vertragen. Dann sind sie in der Lage, den ihnen zugefügten Schaden sofort wettzumachen und anzuwachsen, anstatt nur herumzustehen und zu faulen, wie es im Herbst der Fall wäre.

Im Frühjahr stehen immer derart viele Arbeiten an, dass wir versuchen sollten, möglichst viele davon in aller Ruhe bei günstiger Witterung im Herbst und selbst bis in den Winter hinein zu erledigen. Fragt man sich aber zweifelnd, ob man im Herbst diesen Strauch versetzen oder jene Staude teilen soll, tut man gut daran, bis zum Frühjahr damit zu warten. Das ist zumindest mein offizieller Rat. Erwarten Sie nicht, dass ich ihn unbedingt selbst befolge, denn ich vertrete auch die Ansicht, dass man eine Arbeit dann erledigen soll, wenn man sie erledigen möchte, unbenommen der Folgen.

Hochsommerliches Ein- und Verpflanzen

Wenn Ende Juni gekommen ist und alle Lücken mit Sommerpflanzen gefüllt sind, neigt der nicht allzu ernsthafte Gärtner dazu, sich in das neueste Modell seines bequemen Gartenmobiliars sinken zu lassen und zu denken, dass die Mühen des Frühjahrs und Frühsommers vorbei sind und in den nächsten drei Monaten keine größeren Anstrengungen von ihm verlangt werden. Ein wenig Zurückschneiden der Hecken und etwas Rasenmähen, vielleicht bisweilen eine Attacke auf das Unkraut, das er problemlos übersehen würde, wenn nicht drangsalierende Verwandte ihn ständig darauf aufmerksam machen würden, aber mehr auch nicht. Ach ja, und natürlich die verblühten Rosen abschneiden, aber das ist Frauensache und kann sogar Besuchern überlassen werden.

In dem Fall ist der Garten ab Mitte August allerdings keinen Blick mehr wert. Verreist man dann weitere sechs Wochen, ist das kein Problem, aber wenn nicht, dann bleibt einem nichts anderes übrig, als in der Julisonne schwitzend zu ächzen und zu stöhnen. Zum einen sind nicht mehr, wie früher, Frühjahr und Herbst die einzigen Zeiten zum Pflanzen – jedes bessere Gartencenter hat eine große Auswahl Sträucher und junger Bäume, die in einer Vielfalt von Gefäßen herangezogen wurden und die man im Sommer ebenso gut pflanzen kann wie in der Ruhephase. Oder vielmehr, solange man die Pflanzen mit genügend Wasser versorgen kann, ist der Sommer die beste Jahreszeit überhaupt, um einen Gehölzgarten anzulegen, denn der Erdboden ist warm (Ihnen wird auch nicht kalt), und die Sträucher können in ihrer neuen Umgebung reichlich Wurzeln bilden und innerhalb weniger Wochen gut anwachsen.

Der Juli eignet sich aber auch herausragend, um in den Rabatten zweijährige Pflanzen und Stauden auszutauschen. Die eine oder andere frühblühende Sommerpflanze wird zu der Zeit oder wenig später das Blühen einstellen. Gehört sie einer Art an, die problemlos zurückgeschnitten und bis zum Herbst an einen anderen Standort versetzt werden kann, dann tue ich genau das. Dazu gehören etwa die Bergenien, Gämswurzen (*Doronicum*), die frühblühenden Schafgarben (*Achillea*) wie 'Moonshine' und die 90 cm hohe *Campanula persicifolia*. Dann müssen die früh im Sommer blühenden Zweijährigen ersetzt werden: Bartnelken, die Marien-Glockenblumen, die Garten-Levkojen und Fingerhüte.

Was kommt an deren Stelle? Es lohnt sich, in weiser Voraussicht eigens dafür im Mai eine späte Aussaat von einjährigem Sommerflor vorzunehmen, der dann im Juli ausgepflanzt wird. Beetdahlien, die um den 1. Mai gesät und auf Töpfe vereinzelt wurden, werden rund zwei Monate später die ersten Knospen bilden und bis in den Herbst hinein blühen. Wenn Sie keine Pflanzen aus Samen heranziehen möchten, dann finden Sie auch in Gartencentern Multitopfplatten mit spät gesäten Einjährigen.

Vielleicht haben Sie in Ihrem Schnittblumen-Garten Chrysanthemen. Viele Arten eignen sich lediglich dazu, gepflückt und ausgestellt zu werden (oder für den Müll), aber die frühblühenden Sorten, die eine üppige Blütenfülle bilden – die so genannte *Rubellum*-Gruppe –, nehmen sich in der Rabatte sehr hübsch aus und lassen sich jederzeit versetzen, sofern man sie vorsichtig handhabt, denn die Seitentriebe sind empfindlich und brechen dort, wo sie vom Stängel abzweigen, leicht ab. Astern lassen sich gut verpflanzen, selbst wenn sie ausgewachsen sind, ebenso wie die Kardinals-Lobelie, *Lobelia cardinalis*.

Das Erfolgsrezept besteht in großzügigem Wässern. Alle betreffenden Pflanzen sollten mehrere Stunden vor dem Herausheben gründlich gewässert werden, damit das Wasser auch wirklich bis zu den Wurzeln vordringen kann. Verteilen Sie am neuen Standort einen schnellwirkenden Dünger und arbeiten Sie ihn in die Erde ein. Ist der Boden noch eher trocken, empfiehlt es sich, jede Pflanze einzuschlämmen: Graben Sie das Loch, stellen Sie die neue Pflanze hinein und kippen Sie fünf Liter Wasser in einem Schwung darüber. Dadurch werden die Wurzeln mit einer Schicht feiner Erdkrumen bedeckt. Sobald das Wasser aus dem kleinen Tümpel versickert, füllen Sie das Pflanzloch mit Erde auf und drücken sie vorsichtig, aber gut an. Diese Arbeit ist doppelt so schnell erledigt, wenn der Boden kurz zuvor von einem der Wolkenbrüche durchnässt wurde, die uns in der Jahreszeit häufig beschert werden.

Die beste Gelegenheit, den Inhalt des gesamten Gewächshauses auszupflanzen und es gründlich zu reinigen, bietet sich gemeinhin im Juli. Viele strauchige Gewächse können dann ihre Freiluftsaison beginnen, und da sie im Kübel wachsen, stellt sich das Problem des Verpflanzens nicht. Man kann sie natürlich mitsamt Topf in die Rabatte setzen, was sich insbesondere bei Lilien anbietet, aber selbst bei ihnen bevorzuge ich, wie bei allen anderen Gewächsen, sie auszupflanzen und im Herbst wieder einzutopfen. Wesentlich ist auch hier, jeder Pflanze mitsamt Topf vor dem Auspflanzen ein gründliches Tauchbad zu geben. Und gemeinhin sollten aus dem Topf oder Kübel ausgesetzte Pflanzen an ihrem neuen Standort eingeschlämmt werden. Zum Austopfen eigenen sich insbesondere Fuchsien, aber auch die Engelstrompete, *Brugmansia suaveolens,* eigentlich *P. auriculata*, mit weißen, nachtduftenden Blüten, die leuchtend orangerote *Streptosolen jamesonii* und die blassblaue *Plumbago capensis* sowie die verschiedenen Vertreter von Abutilon und Hibiskus. Alle kleinblütigen Pelargonien wie jene mit duftenden Blättern lassen sich gut ins Beet auspflanzen, ebenso wie viele Blattpflanzen.

Das Düngen

Dünger: tierisch, pflanzlich, mineralisch

Vermutlich sind wir alle etwas eigen, wenn es um unsere Vorstellungen von Düngen geht. Stellvertretend erwähne ich hier einen jungen Mann, der bei Freunden den Inhalt aller Aschenbecher zu sammeln pflegte, um ihn später seinen Rosen angedeihen zu lassen. Gebrühte Teeblätter werden als Mulchschicht für Kamelien verwendet, einfach, weil der Teestrauch eine Kamelienart ist. Ich wiederum werfe all meine abgeschnittenen Finger- und Zehennägel aus dem Badfenster, um die darunter wachsende Säckelblume mit Horn zu düngen. Da sie mit dreißig Jahren die älteste ihrer Art in meinem Garten ist und nach wie vor blüht, wächst und gedeiht, gratuliere ich mir selbstredend zu meinem klugen Vorgehen.

Allerdings wäre es schade, wenn die Schrulligkeit so weit ginge, völlig auf künstlichen Dünger zu verzichten, allein schon deshalb, weil ein angemessenes rein organisches Düngeprogramm im Garten beträchtliche Kosten mit sich bringt. Ausschließlich und über Jahre hinweg Kunstdünger zu verwenden, ist wiederum schädlich, da damit nicht der in einem Garten unvermeidliche ständige Verlust von organischem Material aus dem Erdboden wettgemacht wird. Doch wenn mineralischer Dünger zusammen mit grobem organischen Material wie Stallmist oder Gartenkompost ausgebracht wird, leistet er großartige Dienste. Im Lauf des März verteile ich auf all meine Blumen- und Strauchrabatten einen ausgewogenen Allzweckdünger, der Stickstoff, Phosphate und Kalium enthält, etwa 115 g pro Quadratmeter, und zwar bevor die zarten jungen Blätter von Stauden, Rosen und so weiter kräftig austreiben, damit der Dünger tatsächlich auf dem Erdreich landet, ohne das frische Grün zu verbrennen. Eine weitere Gabe schnell wirksamen Düngers folgt im Sommer, wenn ich Pflanzen ersetze, etwa, wenn ich die Bartnelken oder Fingerhüte gegen einen Spätsommerflor austausche.

Groben Kompost grabe ich im Herbst oder Winter unter oder verteile ihn, wann immer ein Gartenabschnitt seiner jährlichen Wartung unterzogen wird. Der begehrteste Dünger ist Stallmist, der aus einer Mischung von vorwiegend drei Zutaten besteht: flüssigen und festen Exkrementen sowie Einstreu, meist Stroh. (Im Grunde sollte man Unkrautsamen als vierte Zutat hinzufügen.) Etwa 80 bis 90 Prozent der Nährstoffe im Stallmist stammen aus dem flüssigen Anteil, der natürlich leicht ausgewaschen werden kann. Reichlich Stroh ist also vonnöten, um diese Flüssigkeit aufzunehmen.

Frischer Dung, in dem das Stroh sich noch kaum zersetzt hat, kommt, wie der Name besagt, direkt aus dem Stall. Sein starker

Geruch verliert sich rasch, doch für Pflanzen in der aktiven Wachstumsphase eignet er sich nicht. Allerdings kann man ihn im Herbst problemlos auf ein leeres Beet verteilen, das umgegraben und bis zum nächsten Frühjahr brachliegen soll. Je schneller er vom Stall im Garten ausgebracht wird, desto besser. Bei jedem Wenden verflüchtigt sich nämlich etwas Stickstoff, der auch beim Trocknen durch entstickende Organismen verlorengeht. Die geringsten Verluste entstehen, wenn der Stallmist in den Boden eingearbeitet wird. Müssen Sie ihn zwischenlagern, dann am besten auf einem kompakten Haufen unter einer Abdeckung, damit kein Regen die Nährstoffe auswäscht. Muss er auf dem Erdboden lagern, in den er eingegraben werden soll, dann in einem Haufen. Das Verteilen sollte erst direkt vor dem Untergraben erfolgen. Frischer Mist kann auch problemlos oberflächlich als Mulch während der Ruhephase um Sträucher und junge Bäume ausgebracht werden. Dort sollte er nicht untergegraben werden, um keine Wurzeln zu verletzen.

Reifer Mist, in dem das Stroh völlig zersetzt ist, leistet uns Gärtnern die besten Dienste, denn er ist ungefährlich, geruchsneutral und problemlos in der Anwendung. Zwar hat er unweigerlich einen Großteil seines Stickstoff- und Kaliumgehalts verloren, aber das lässt sich jederzeit durch eine Gabe schnell wirkenden Kunstdüngers beheben. Auch konzentrierter organischer Dünger lässt sich gut zusammen mit dem stückigen Kompost verarbeiten; er gibt seine Nährstoffe kontinuierlich und über lange Zeit hinweg an den Boden ab. Am bekanntesten sind Blutmehl, Hornmehl und Hornspäne.

Der größte Vorteil von Stallmist besteht darin, dass er dem Erdboden organische Stoffe zuführt. Das steigert die wasserspeichernde Kapazität des Bodens, wesentlich bei nährstoffarmen, wasserdurchlässigen Sand- und Kreideböden. Bei schweren Böden verbessert er die Durchlässigkeit, denn er fördert eine Struktur, die das Abfließen von Wasser erleichtert, und zudem den Bestand an

Würmern, die den Boden belüften und damit die Wasserzirkulation unterstützen.

Am Ende der Wachstumsperiode entnehmen Gärtnerinnen und Gärtner ihren Rabatten unablässig organisches Material in Gestalt von abgestorbenem Laub, Unkraut und Pflanzenmaterial, aber auch durch Beschneiden und Ähnliches. Dieser Verlust muss wettgemacht werden, aber da sich nicht jeder mühelos Stallmist besorgen kann, müssen Alternativen herhalten. Dafür eignet sich praktisch alles Organische, das ein gewisses Volumen hat, sofern es sich innerhalb relativ kurzer Zeit zersetzt. Gartenkompost leistet gute Dienste, am allerbesten ist die Matratzeneinstreu aus Hühnerställen, doch die ist so konzentriert, dass man sie nur sparsam verwenden darf. Sie ist pulvrig und trocken, problemlos und angenehm auszubringen und frei von Unkraut. Zudem wird die Einstreu selbst gut zersetzt sein, sogar wenn es sich ursprünglich dabei um sehr festes Material wie Holz- oder Sägespäne handelte. Torfmoos ist wegen des geringen Nährwerts und der fehlenden Substanz im Garten nutzlos.

In einigen Gegenden ist Klärschlamm erhältlich, in anderen Hopfentreber oder Seetang. Dieser kann direkt auf den Boden aufgebracht werden.

Kompostieren und Mulchen

Immer wieder heißt es ja, dass der Gärtner sein Vermächtnis auf dem Kartoffelfeuer verbrennt. Diese Methode, Abfälle zu vernichten, ist natürlich allzu praktisch, dennoch sollten sämtliche organische Abfälle bis auf die Wurzeln von ausdauerndem Unkraut, Holz und Kohlstrünke (die praktisch Holz darstellen) auf dem Komposthaufen landen. Für all jene unter uns, die sich jederzeit zuverlässig Stall- oder Hühnermist besorgen können, mag sich die Mühe des

Kompostierens nicht lohnen, aber die meisten Gärtner leben in einer Stadt oder deren Umgebung, und ihnen ist der Kompostbehälter, sofern Platz dafür ist, heilig.

Um sich zu zersetzen, braucht organisches Material die Zugabe von Stickstoff. Er fördert die Entstehung der Mikroorganismen, die wesentlich am Zersetzungsprozess beteiligt sind. Die anderen notwendigen Zutaten sind Luft und Wasser. Und Kalk hilft zu verhindern, dass das Material im Komposthaufen zu sauer wird.

Um einen Komposthaufen anzulegen, beginnt man mit einer 15 cm hohen Schicht Gartenabfälle, die Fläche darf bis zu 3,6 qm groß sein. Darin enthaltene lange Zweige, etwa von alten Stauden, sollten zerschnitten werden, sonst können sie nicht genügend verdichten. Dann wird der Komposthaufen zu stark belüftet, was die Wärmebildung verhindert. Frischer Rasenschnitt hingegen verdichtet sich zu stark, deshalb sollte man ihn mit sperrigen Abfällen mischen. Wenn sich Rasenschnitt zu stark verdichtet, wird er nicht belüftet, folglich entsteht nicht genügend Hitze, sodass man zum Schluss eher Silage als Kompost erhält.

Diese erste Schicht wird gründlich durchnässt, anschließend wird ein fertiger Beschleuniger (der Stickstoff und Kalk enthält) aufgebracht, ehe die nächste Schicht folgt. Auf diese Art kann der Haufen bis zu einer Höhe von 1,20 oder 1,50 m aufgebaut werden. Nach sechs Wochen muss er umgesetzt werden, das heißt, das Material aus der Mitte wird nach außen gewendet. Dadurch wird dem Kompost auch Luft zugeführt, denn das Material wird sehr kompakt geworden sein und sich stark abgesenkt haben. Wurde ein Komposthaufen auf diese Art korrekt angelegt, kann man den Kompost nach einem halben Jahr verwenden. An Stelle des fertigen Kompostbeschleunigers kann man zwischen den Abfallschichten auch jeweils einmal Ammoniumsulfat und bei der nächsten Schicht Gartenkalk (das ist gemahlener Kalkstein oder gemahlene Kreide, Kalziumkarbonat) aufbringen. Die beiden Stoffe dürfen nicht miteinander in Kontakt kommen, sonst reagieren sie miteinander, und es geht wertvoller Stickstoff verloren.

Bei uns wird der Großteil des Komposts aus Heu gemacht. Haben Sie Ihre Wiese mit Zwiebelgewächsen unterpflanzt, werden Sie sie erst Ende Juni, wenn nicht noch später, schneiden wollen. Ein Spindelmäher zerkleinert ihn in die für den Komposthaufen richtige Länge und Beschaffenheit. Da das Gras vermutlich eher hart und trocken sein wird, sollte es so bald wie möglich zusammengerecht und auf den Kompost aufgebracht werden. Dann muss es reichlich gewässert werden, und zwar nicht nur beim Aufbringen auf den Kompost, sondern wiederholt im Abstand von etwa zehn Tagen.

Wir schneiden unsere Wiese erneut im August und dann im Oktober, damit das Gras nicht zu grob und horstig wird. Dieses spätere Schnittmaterial kann man ebenfalls kompostieren, aber da es gemeinhin wenig Unkrautsamen enthält, kann man es gleich direkt als Mulch ausbringen. Das ist auch mit dem ganzen übrigen Rasenschnitt möglich, aber ebenso kann man mit Stallmist oder reifem Kompost mulchen, mit Laubmulch, Stroh etc. Besteht die Mulchschicht aus nicht verrotteten Materialien wie Stroh oder Rasenschnitt, dürfen Sie nicht vergessen, dass sie beim Zersetzen dem Boden Stickstoff entziehen. Wenn damit also zwischen wachsenden Pflanzen gemulcht wird, sollte man gleichzeitig einen stickstoffhaltigen Dünger wie Ammoniumsulfat ausbringen, und zwar 30 g pro qm.

Wesentlich ist, keine Mulchschicht auf trockenen Boden auszubringen, da sie das Durchsickern von Regen verhindert. Wenn Sie aber auf nassem Erdreich mulchen, bleibt die Feuchtigkeit in der Erde, zudem trocknet sie weniger schnell aus. Eine Mulchdecke hat zudem den Vorteil, dass sie den Aufbau einer guten Bodenfauna unterstützt, Regenwürmer etwa und Mikroorganismen. Und wenn die Schicht entsprechend dick ist, erstickt sie überdies Unkräuter.

In unserem Garten gibt es zwei Bereiche, die ständig unter einer Mulchdecke liegen. Zum einen die Schwarzen Johannisbeeren: Sie werden mit einer Schicht Stroh abgedeckt, und jeden Winter werden ein paar weitere Ballen um sie herum verteilt. Diese Sträucher neigen dazu, ihre Wurzeln sehr oberflächennah zu bilden, und diese Tendenz wird durch das Mulchen noch verstärkt. Deswegen darf man die Praxis auf keinen Fall vernachlässigen, denn dann wären die Oberflächenwurzeln der Johannisbeeren in jeder Trockenperiode gefährdet. Die Beeren sind natürlich nie schlammig, und man braucht weder zu jäten noch umzugraben.

Der zweite Bereich ist der Rosengarten (den wir 1993 in einen Exotengarten verwandelt haben). Früher litt der Boden dort häufig unter Staunässe, aber dank einer großen Wurmbevölkerung ist das Erdreich wunderbar locker geworden und gut durchlüftet. Zudem hat das ständige Mulchen dem Sternrußtau – zu meiner großen Überraschung – praktisch den Garaus bereitet. Allerdings schleudern die Amseln den Mulch bei der Futtersuche ständig auf die Gehwege, sodass im Sommer täglich gefegt werden muss. Bei Rasenkanten wäre das ein unhaltbarer Zustand, dann könnte eine Randbepflanzung mit Buchsbaum Abhilfe schaffen. Es gibt kein perfektes System, stets müssen Vor- und Nachteile gegeneinander abgewogen werden.

Das Schneiden

Sträucher für den Winterschnitt

Eine erstaunlich große Zahl von Sträuchern kann im allertiefsten Winter zurückgeschnitten werden – zum einen, wie bereits erwähnt, Rosen, aber auch andere Sträucher, wie die gängigen Teerosen-Hybriden, bei denen uns gelehrt wurde, sie zu Beginn der Wachstumsphase im März oder April zu schneiden. Allerdings hat es stark den Anschein, als wäre auch ihnen ein Schnitt irgendwann im Lauf der Ruheperiode nicht abträglich. Mir auf jeden Fall kommt es zupass, meine Buddleias früh zurückzuschneiden, schließlich nehmen sie sich in der Winterlandschaft wie Schiffswracks aus – ich meine die herkömmlichen Schmetterlingssträucher *Buddleja davidii* und *B. fallowiana*. Bei diesen sollte man sich nicht zurückhalten und von den 1,80 m langen Trieben des vergangenen Sommers gerade einmal Ansätze stehen lassen. Selbst dann wirken die Büsche nach rund zehn Jahren unschön dürr. Mit einem derartigen Exemplar wagte ich vor einigen Jahren ein drastisches Experiment und sägte es bis ins dicke, alte Holz zurück, sodass lediglich ein Stumpf von sechzig Zentimetern zurückblieb. »Wenn sie eingeht, dann stirbt sie eben«, sagte ich mir, und da ich eine andere Pflanze in der Hinterhand hatte, konnte ich mir diese philosophische Einstellung gut leisten.

Derart herausgefordert, starb sie natürlich nicht, sondern wuchs wie eine alte Weide aus dem Stumpf heraus. Sollte ein Leser sich versucht fühlen, ähnlich vorzugehen, kann er zur Sicherheit von den abgeschnittenen peitschenartigen Zweigen mehrere verholzte, rund 30 cm lange Stecklinge machen, sie jeweils direkt ober- und unterhalb eines Sprossknotens abschneiden und bis zu zwei Drittel in einem abgelegenen Beet in leichte Erde stecken. Sie schlagen rasch Wurzeln.

Jeder andere winterharte Strauch, der im Sommer und Herbst an den jungen Trieben blüht, kann im Winter zurückgeschnitten werden. Ist er jedoch, wie etwa die Bartblumen oder Fuchsien, nicht allzu winterhart, ziehe ich es vor, die abgeblühten Triebe als Art Eigenschutz stehen zu lassen und sie erst im April zu kürzen. Ein solcher Strauch ist auch die schönste aller *Indigofera*-Arten, *Indigofera heterantha*. Bei mir steht ein derartiges Exemplar völlig ungeschützt in unserer gemischten Rabatte, und jedes seiner zwanzig Lebensjahre will es mich zum Narren halten und mir vorgaukeln, es sei abgestorben. Kein Strauch sieht sechs Monate im Jahr toter aus als diese *Indigofera*, und ein Entwarnungssignal gibt sie erst im späten Frühjahr. Ist das überirdische Wachstum abgestorben, treibt sie stark aus dem Wurzelstock aus, aber bei mir ist das nie notwendig. Von Juni bis September ist sie die schönste Pflanze überhaupt und öffnet eine Fülle rosig violetter Blüten, die in kleinen Ähren in der Achsel des nicht minder reizvollen fedrigen Blattwerks stehen. Wie so oft bei Hülsenfrüchtlern schließen sich die Blätter abends und hängen dann herab, wie eine empfindliche Pflanze, die gerade berührt wurde.

Zur anderen Gruppe der Sträucher, die im Winter gekürzt werden kann, gehören all jene, die im Frühling und Frühsommer an Trieben des Vorjahres blühen. Dazu zählen insbesondere die Pfeifensträucher (*Philadelphus*), Deutzien, Weigelien (sowie die beinahe verwandten Kolkwitzien und *Dipelta*-Arten) und die frühen Spiersträucher (zum Beispiel *Spiraea × vanhouttei* und *S. prunifolia*). Ratgeber empfehlen, den Schnitt gleich nach der Blüte vorzunehmen und den sich entwickelnden jungen Trieben, an denen sich die Blüten des Folgejahres bilden, dadurch möglichst viel Licht und Luft zu geben. Dagegen sprechen drei Gründe: Die jungen Triebe sind so zart, dass sie leicht abgeknickt werden können, zudem stehen im Garten zu der Zeit ohnehin viele Arbeiten an, und nicht zuletzt sieht man an einem laubabwerfenden Strauch wesentlich besser, was gemacht werden muss, wenn er keine Blätter trägt.

Wenn Sie die Arbeit im Winter vornehmen, entfernen Sie alle Vorjahrestriebe, an denen Blüten standen. Die erkennt man nicht nur an den alten Blütenständen, sondern auch an der starken Verästelung. Verfolgt man diese Triebe zurück, setzt man den Schnitt dort an, wo sich neue bilden. Das ist ein unverzweigter, stabartiger Stock von warmbrauner Farbe, der keinesfalls beschnitten werden darf. Sind nicht genügend kräftige neue Triebe vorhanden, auf die Sie zurückschneiden können, dann fiel entweder der Rückschnitt in den Vorjahren nicht kräftig genug aus oder die Pflanze ist unterernährt. In dem Fall bekommt sie sofort eine dicke Mulchdecke aus gut verrottetem Stallmist oder Kompost und im Frühjahr eine Schicht Hornspäne, Horn- oder Blutmehl.

Der Rückschnitt von Forsythien gestaltet sich vielfach problematisch. Die häufigste Art ist *Forsythia × intermedia* 'Spectabilis', ein Strauch mit kräftigem Wachstum, der häufig an Stellen eingesetzt wird, wo ihm nicht genügend Platz zur Verfügung steht. Wenn Sie ihn etwas zu stark zurückschneiden, bildet er einen Dschungel dicker, wässriger Triebe ohne jede Blüte. Der beste Umgang mit diesem Gewächs besteht darin, die ältesten Äste – die sich vielfach nach außen spreizen – zu entfernen und die jüngeren, eher aufrechten Triebe stehen zu lassen, ohne sie einzukürzen oder zu entspitzen. Da die alten Zweige gemeinhin voller Knospen sind (sofern die Dompfaffen sich nicht an ihnen gütlich getan haben), stelle ich sie Ende Januar gern in eine Vase, denn in der häuslichen Wärme gehen sie sofort wunderbar auf.

Aus *F.* × *i.* 'Spectabilis' entstand die Varietät 'Lynwood', die meiner Ansicht nach eine wesentliche Verbesserung darstellt. Die Blütenblätter sehen nicht schmal und verhungert aus, sondern sind breit, flach und kräftig. Wesentlich lieber noch aber ist mir *F. suspensa*, und zwar nicht nur wegen der dezenten Farbe, sondern auch, weil die Blüten nicht in Büscheln, sondern paarweise an den schlanken Trieben stehen. Diese Hängeforsythie sowie die noch flexiblere Art *F. s. var. sieboldii* eignen sich bestens, um an Mauern hochgezogen zu werden, und sie kommen auch mit einer nördlichen Ausrichtung gut zurecht. Sie vertragen einen starken Rückschnitt gleich nach der Blüte, ohne dass dies die nächstjährige Blüte beeinträchtigen würde. An Stellen, wo ein weniger ausladender Strauch gefragt ist, bietet sich die relativ neue 'Arnold Dwarf' an oder auch die früh blühende blassgelbe *F. ovata*, der die Aufdringlichkeit der Standard-Forsythie völlig fehlt.

Flieder braucht nicht jedes Jahr zurückgeschnitten zu werden. Viele Gärtner verzichten völlig darauf und entfernen lediglich die abgestorbenen Blütenstände. Dies lohnt sich bei manchen Arten allein schon aus optischen Gründen, insbesondere bei 'Mme Lemoine', deren gefüllte weiße Blüten sich unschön braun färben. Allerdings steigert das Entfernen der abgestorbenen Blüten allen Behauptungen zum Trotz nicht die Blühfreudigkeit im Folgejahr. Das habe ich mehrfach versucht.

Wenn Sie einen Fliederbusch beschneiden, dann aus einem von zwei Gründen, oder aus beiden zugleich: Entweder er ist zu einem Gewirr von überflüssigen, dürren Zweigen geworden, oder er hat es sich zur Gewohnheit gemacht, nur noch jedes zweite Jahr zu blühen. Es ist wohl weder nötig noch ratsam, öfter als alle vier Jahre einen Rückschnitt vorzunehmen, und die richtige Zeit ist der Winter vor einem »Blühjahr« des Flieders. Ob ein solches bevorsteht, können Sie leicht feststellen, indem Sie einige Endknospen halbieren. Sehen Sie dort Blütenrispen, sind sie eindeutig als solche zu erkennen – ein Büschel winziger blassgrüner Köpfchen. Fehlen sie, so ist die Knospe steril und wird lediglich grüne Blätter hervorbringen. In einem Blühjahr hingegen finden sich an jedem kräftigen Trieb Blütenknospen. Alle schwachen Triebe hingegen werden steril sein und sollten herausgeschnitten werden, denn wenn ihnen die Kraft fehlt, um in einem Blühjahr zu blühen, dann wird das auch in Zukunft so bleiben.

Alternanz – das Phänomen, dass ein Gewächs nur jedes zweite Jahr blüht – erfordert beim Rückschnitt ein besonderes Vorgehen. An den Seitentrieben jedes Zweigs findet sich eine ganze Reihe kräftiger blütentragender Triebe. Ein Drittel von diesen (jeweils die kräftigsten) werden bis zu einem Blattknospenpaar zurückgeschnitten. Das bedeutet, die Knospe oder Knospen an der Spitze und vielfach auch das nächste Paar zu entfernen. Das dritte Paar sollte eigentlich auf jeden Fall eine Blattknospe sein, und ebendie muss ermutigt werden, kräftige Laubtriebe zu entwickeln, die im folgenden »Nicht-Blühjahr« Blüten tragen. An den zwei Dritteln der Triebe, die Sie nicht zurückschneiden, sollten für das laufende Jahr genügend Blütenstände stehen. Ich kann Ihnen versichern, dass dieses Vorgehen Erfolg haben wird.

Ein Wort zur Geisteshaltung, mit der Sie den Rückschnitt angehen. Jeder Baum, jeder Strauch stellt ein Problem dar. Wurde er mehrere Jahre nicht beschnitten, ist es ein kniffliges Problem. Sie schauen ihn an und fragen sich: »Wo in aller Welt soll ich bloß anfangen?« Sie betrachten den einen oder anderen Zweig und fragen sich: »Soll der raus oder nicht? Er sieht etwas schwächlich aus, aber es gibt andere, die noch schwächer sind, und wenn ich alles von derart schwachem Wuchs herausschneide, bleibt dann überhaupt noch etwas von dem Strauch übrig?«

Die Antwort in solchen Fällen lautet, das Problem nie bei den Hörnern zu packen. Wenn Sie die Entscheidung über den einen oder anderen Zweig nicht so recht fällen können, lassen Sie ihn einstweilen stehen und nehmen sich das Offensichtliche vor. »Der Ast muss auf jeden Fall raus«, sagen Sie sich, oder: »Du musst auf jeden Fall raus«, wenn Sie lieber den Strauch selbst ansprechen. Wenn Sie dann alle zwingend notwendigen Rückschnitte vorgenommen haben, wird Ihnen schlagartig klar, wie Sie bei Ihrem ursprünglichen Problem vorgehen müssen.

Ich empfehle Ihnen auch dringend, jedes Problem laut mit sich selbst oder dem Patienten zu erörtern. Lassen Sie sich nicht von Dummköpfen beirren, die behaupten, Selbstgespräche seien das erste Anzeichen von Wahnsinn. Der Baum- oder Strauchschnitt verlangt Konzentration, und wenn Sie die Feinheiten der Arbeit durchsprechen, geht sie umso leichter von der Hand.

Rückschnitt als Mittel zum Zweck

Das Thema »Rückschnitt« ist alles andere als einfach. Bis zu einem gewissen Grad lässt es sich auf grundlegende Prinzipien und Methoden reduzieren, womit die Sträucher aber auch kategorisiert werden. Allerdings möchten Sie mit einigen Exemplaren einer Art ja unterschiedliche Wirkungen erzielen, womit sie natürlich anders behandelt werden müssen. Sagen wir einmal, Ihre Deutzie soll möglichst raumgreifend heranwachsen. In dem Fall ist es am besten, sie gar nicht zurückzuschneiden. Sie wird jede Menge schwaches und abgestorbenes Holz bekommen, die neuen Triebe werden nicht allzu kräftig und die Blüten nicht allzu groß ausfallen, aber der Busch wird beträchtliche Ausmaße erreichen und einen zufriedenstellenden Blütenflor tragen.

Vielleicht sollen aber auch Ihre Schmetterlingssträucher, *Buddleja davidii*, Ende Juni, Anfang Juli blühen und nicht wie üblich Ende Juli und Anfang August, weil Sie dann in Urlaub sind? Oder weil die Hauptblüte des Beets, in dem die Sträucher stehen, bereits vorüber ist? Wie auch immer: Bei ihnen – ebenso wie bei Rosen – wird eine frühe Blüte erzielt, indem man auf den Rückschnitt verzichtet. Das zieht weitere Folgen nach sich, kleinere Blüten oder Blütendolden etwa, aber vielleicht ist an dieser Stelle der Zeitpunkt der Blüte ausschlaggebend.

Allerdings möchten Sie ja womöglich auch, dass Ihre Buddleias im September als Kulisse für die im Vordergrund blühenden Herbstastern dienen. Irgendwie müssen Sie ihr Wachstum rigoros eindämmen, um ihre Blütezeit hinauszuzögern, und das erreichen Sie, indem Sie alle Triebe, die im Frühjahr bereits kräftig geschossen sind, stark zurückschneiden. Das sollte irgendwann im Mai geschehen.

Die größten Blüten erzielt man häufig durch einen extrem starken Rückschnitt, wie Rosenzüchtern mit Blick auf Ausstellungen hinlänglich bekannt ist. Sie schneiden ihre Sträucher besonders hart zurück, woraufhin diese ihre Kraft in die wenigen besonders kräftigen Triebe stecken, und diese werden nochmals entknospt (was eine Art von Beschneiden darstellt), sodass die Größe wiederum in die wenigen verbleibenden Blütenknospen investiert wird. Der Preis für die großen Blüten ist, dass die allgemeine Wuchskraft und Gesundheit des Strauchs geschwächt werden. Eine lange Lebensdauer wird ihm nicht beschieden sein.

Auch die prächtigsten Blattwerkeffekte entstehen durch einen starken Rückschnitt. *Ailanthus altissima,* der Götterbaum, ist einer der rußresistentesten aller sommergrünen Bäume und deshalb in London sehr beliebt. Seine gefiederten Blätter erinnern stark an die der Esche, sind aber länger und stärker unterteilt. Wenn Sie eine junge, kräftige Pflanze jeden Winter bis auf den Boden zurückschneiden und in der darauffolgenden Vegetationsperiode jeweils nur einen jungen Trieb stehen lassen, wird jedes Blatt wesentlich größer und bis zu 1,20 m lang, was Ihnen womöglich genau den von Ihnen ersehnten Hauch Exotik im Garten beschert. Die gleiche Behandlung funktioniert auch bei der *Paulownia tomentosa*, deren rauhaarige, herzförmige Laubblätter dann bis zu 90 cm breit werden können.

Durch einen starken Rückschnitt oder ein Entwipfeln (Schneiteln) bewirkt man, dass ein Baum oder Strauch nicht nur im Frühjahr, sondern den ganzen Sommer hindurch weiterwächst. Schließlich wird er zu Mehrarbeit gezwungen, um den Verlust an Blättern und Zweigen wettzumachen, den man mit dem Schnitt verursacht hat. Das hat möglicherweise einen Kollateralnutzen: Das frische Laub ist häufig attraktiver als das ältere. So ist der Austrieb beim Spitzahorn *Acer platanoides* 'Schwedleri' rötlich braun und sieht insbesondere im Gegenlicht hinreißend aus. Im Lauf des Sommers werden die Blätter dunkelgrün, doch nach einem sehr starken Schnitt treibt bis Ende August eine stete Abfolge junger Blätter aus. Interessanterweise empfiehlt Mr Hillier in seinem Handbuch über Bäume und Sträucher einen Radikalschnitt in jedem zweiten Herbst – und nicht, wie zu erwarten, jeden Herbst, denn eine regelmäßige Aufgabe ist leichter durchzuführen, als wenn man Gehirn und Gedächtnis bemühen muss, etwas nur bisweilen zu tun. Der Grund für seinen Rat liegt zweifellos darin, dass ein häufiger Radikalschnitt die Pflanze zu sehr schwächt.

Ich habe festgestellt, welche Vorteile es hat, meine Weinrose, *Rosa rubiginosa* (syn. *R. eglanteria*), jeden Winter ziemlich kräftig zu kappen, anstatt ihr zu erlauben, sich in aller Natürlichkeit auszubreiten. Den intensivsten Duft nach gedünsteten Äpfeln verströmen nämlich die frischen Blätter dieser Wildrose, und ein starker Rückschnitt sorgt dafür, dass bis zum Herbst stetig neue austreiben. Sicher verzichte ich dadurch auf einige Blüten und Hagebutten, aber man kann ja durchaus einige Triebe vom Schnitt ausnehmen.

Bei einem Strauch wie dem Kanadischen Holunder, *Sambucus canadensis* 'Maxima', werden die cremeweißen Blütenstände an den diesjährigen Trieben nach einem kräftigen Rückschnitt bis zu 45 cm groß, doch hat diese Methode ihre Nachteile, selbst wenn sie bei den richtigen Exemplaren angewendet wird. An einem windigen Standort (und davon gibt es auf unseren windreichen Inseln sehr viele) können die Austriebe, die nach einem starken Schnitt sehr zart sind, leicht abgerissen werden, zudem werden die Blätter, zumal, wenn ihre Oberfläche so groß ist wie etwa bei den Paulownien, oft ziemlich gerupft.

Um dem Spanischen Ginster, *Spartium junceum*, zu einem ordentlichen Aussehen zu verhelfen, lautet der offizielle Rat, ihn im Frühjahr zu schneiden und die Vorjahrestriebe auf rund 2,5 cm über dem Ansatz zu kürzen. Das heißt, dass die jungen, weichen Triebe des Buschs erst Ende Juli blühen und nicht bereits Mitte oder Ende Juni, wie es bei einem ungeschnittenen Exemplar der Fall wäre. Diese Verspätung dürfte Sie nicht sonderlich stören; was aber zweifellos jeden Gärtner stört, der es mit einem schweren Tonboden wie meinem zu tun hat oder in einem feuchten Klima, wie zum Beispiel in Westengland lebt, sind die Botrytis-Pilze, die die üppigen Austriebe von radikal zurückgeschnittenen Exemplaren befallen. Sie treten zunächst an den Blüten auf, arbeiten sich auf die zarten grünen Triebe vor und beeinträchtigen dann den Strauch zunehmend massiv. In dem Fall sollten Sie gar keinen Schnitt vornehmen. Dann wird der Strauch im Lauf der Zeit groß und unhandlich und muss gut gestützt werden, es sei denn, Sie lassen ihn bereits in jungen Jahren zur Seite fallen. Nun besitzt eine Gruppe ungeschnittener Ginster zweifellos eine gewisse Robustheit, auch wenn sie nicht ordentlich aussehen mag. Aber wenn das Durcheinander überhandnimmt, kann man die Pflanzen ja jederzeit durch neue ersetzen.

Der Rückschnitt wartet also mit ebenso vielen Tücken wie Freuden auf. Es ist besser, keinen vorzunehmen als den falschen. Die Prinzipien und Theorien hinter der Praxis sind meiner Ansicht nach faszinierend, aber viele Gärtnerinnen oder Gärtner halten dem Theoretiker häufig ein schnippisches »Sag mir nicht warum, sag mir wie« entgegen. Die besten Bücher erklären Ihnen das Wie, alphabetisch geordnet nach Baum und Strauch. Aber einige der detaillierteren Aspekte unterschiedlicher Möglichkeiten, die für ein und dieselbe Art denkbar sind, erlernt man nur durch Erfahrung, durch eine Beschäftigung mit der Theorie und insbesondere durch das Einschalten des Gehirns.

Rückschnitt: Ein Plädoyer für die Freiheit

Es gibt einen psychologischen Unterschied zwischen dem Radikalschnitt und dem Rückschnitt. Letzterer soll dem Wohl des Baums oder Strauchs dienen, Ersterer der Befriedigung des Schneidenden.

Manche Gärtner haben eine Radikal-Mentalität, mein Vater etwa. Kaum machte ein Strauch den Anschein, als wachse, blühe und gedeihe er, erklärte mein Vater, er sei zu groß für seinen Standort, oder, im Fall eines Baums, zu gefährlich, oder er beeinträchtige die kostbaren Eibenhecken oder irgendetwas anderes, welches ein väterliches Gemetzel oder gar die vollständige Entfernung des Gewächses erforderte. Meine Mutter und ich mussten zwangsläufig die Rolle der Bewahrer übernehmen und uns gegen ihn verbünden. Wenn es um Gärten geht, ist es immer von Vorteil, wenn nicht allzu viele Beteiligte ein Mitspracherecht haben, denn sonst kommt es zu endlosen Auseinandersetzungen. Man kann eine erstaunliche Verbitterung empfinden angesichts des Vandalismus, den ein anderes Familienmitglied an einem geliebten Gewächs begangen hat. War ein angeheuerter Schlächter dafür verantwortlich, ist es nicht so schlimm, aber man kann den eigenen Eltern, dem Kind oder Ehegespons schlecht fristlos kündigen.

Viele Sträucher zeigen sich nur dann von ihrer besten Seite, wenn sie sich natürlich entfalten dürfen. *Cytisus battandieri* etwa. Dieser Ginster mit dem seidigen, silbergrünen Laub und den duftenden gelben Blütenkerzen (oder eher Stumpenkerzen, sind sie doch relativ kurz und stämmig) wird häufig vor eine Mauer gepflanzt, wo er sich in der Tat gut ausnimmt. Innerhalb kürzester Zeit jedoch wird er jede durchschnittliche Mauer überragen und zudem raumgreifend bis zu 3 m nach vorn wachsen. Das sieht fabelhaft aus, wenn man ihm das gestatten kann, doch das ist sehr selten der Fall; schließlich bedenkt man beim Pflanzen nie die enorme Wuchsfreude. Dann muss man den Strauch stark zurechtstutzen, woraufhin nichts mehr wird, wie es einmal war, denn danach steht das Gros der Triebe und Blüten oberhalb der Mauer. Am besten, man pflanzt diesen Strauch gleich als freistehendes Exemplar.

Die immergrünen Säckelblumen hingegen gedeihen in der Regel ausschließlich vor einer Mauer. Auch sie wachsen kräftig und legen in ihrer Jugend pro Jahr um 90 bis 120 cm an Höhe zu. Manchmal fragen mich Gärtner, die erst im Vorjahr ein Exemplar gesetzt hatten: »Was kann ich dagegen unternehmen?« Zu gern würden sie das vermaledeite Ding zurückschneiden, dabei verlangt es in diesem Stadium nur danach, dass seine Zweige in verschiedene Richtungen weisend an der Mauer befestigt werden. Diejenigen, die weit unten direkt nach vorn ragen, sollte man bis nach der Frühjahrsblüte stehen lassen und dann abschneiden. Jeder Zweig, der im Herbst von einer Säckelblume entfernt wird, bedeutet im folgenden Frühling mehrere Tausend Blüten weniger. Müssen Sie jedoch an eine ausgewachsene Säckelblume Hand anlegen, damit sie nah an der Mauer bleibt, tun Sie das mit der Heckenschere, und zwar am besten direkt nach der Blüte, um die nächstjährige Blütenpracht nicht zu stark zu beeinträchtigen. Im Herbst sollte die Pflanze aber nie geschnitten werden und auch nie unterhalb des Wuchsansatzes vom vergangenen Jahr, denn sie treibt ungern aus altem Holz aus, sodass Sie, wenn Sie zu radikal vorgegangen sind, nur noch auf abgestorbene Stummel starren.

Immergrüne Ceanothus mögen sich nach einem jährlichen Schnitt im Frühsommer einigermaßen blühfreudig zeigen, beim Feuerdorn ist das absolut nicht der Fall. Das heißt, dass eine an die Mauer zurückgebundene *Pyracantha coccinea* in jungen Jahren eine Augenweide ist, aber so gut wie steril, sobald man den ersten ernsthaften Rückschnitt vorgenommen hat. Vor Kurzem bewunderte ich ein besonders prächtiges Exemplar an einem Haus in Kingston Hill: Es war ein ausgewachsener Baum, der übersät war mit Büscheln orangefarbener Beeren; er hatte wohl einen vernünftigen (oder dem Nichtstun nicht abgeneigten) Besitzer, der ihn nie beschnitten, sondern ihm vielmehr gestattet hatte, zuerst übers Vordach zu wuchern und sich dann bis zum ersten Stock hinauf vorzuarbeiten. Die »geistigen Fesseln« eines zaghaften Gärtners würden eine derartige Üppigkeit nie erlauben. Um noch einmal kurz zur Ceanothus zurückzukehren: Eine Art wie ‘Cascade’ oder ‘Puget Blue’ wirkt nie schöner, als wenn sie eine ähnlich liberale Behandlung erfährt wie der Feuerdorn in Kingston.

Viele Nadelbäume reagieren empfindlich auf einen Schnitt bis ins alte Holz. Das bekannteste Beispiel dafür ist *Cupressus macrocarpa*. Diese Zypressenart war in den 1920er und 1930er Jahren als Hecke und Windschutz ausgesprochen populär, doch dann wurde sie für die meisten Standorte schlicht zu groß. Verzweifelt durchgeführte Verkleinerungsmaßnahmen führten (noch mehr als die harten Winter der ersten Kriegsjahre) zu massiven Verlusten. Heute wird an ihre Stelle gemeinhin die winterharte und noch schneller als *C. macrocarpa* wachsende Leyland-Zypresse × *Cupressocyparis leylandii* bevorzugt. Junge Zweige kann man bis zu 90 cm zurückschneiden, doch einen drastischen Schnitt bis ins kahle Holz verträgt auch sie nicht.

Es ist wesentlich zufriedenstellender, Schwierigkeiten vorauszusehen und zu vermeiden. Die Zypressen und Wacholderbeeren können eine adrette und kompakte Form wahren, wenn sie jährlich ein wenig gestutzt werden, wobei der Schnitt wie bei den immergrünen Ceanothus bis in die Nähe ihres neuen Wachstums gehen darf, aber keinesfalls weiter.

Der Rückschnitt bei Clematis

Die meisten Clematis-Arten werden zwischen Mitte Februar und Ende März geschnitten, je nachdem, ob der Frühling früh oder spät kommt. Diese Aufgabe ruft bei vielen Gärtnern derartigen Schrecken hervor, dass sie lieber an etwas anderes denken, bis es für das laufende Jahr ohnehin zu spät ist. Für diese Zurückhaltung gibt es zwei gute Gründe: Für den Schnitt von Clematis gibt es nicht nur eine, sondern gleich drei Regeln, und das tatsächliche Schneiden kann in einigen Fällen recht langwierig ausfallen, soll es richtig durchgeführt werden.

Als Erstes muss man klarstellen, dass es drei grundlegende Arten des Schnitts gibt, abhängig von der Clematis-Art. Die im zeitigen Frühjahr blühenden Exemplare – mithin *Clematis armandii* und alle Verwandten von *C. macropetala*, *C. alpina* und *C. montana* (einschließlich *C. montana* var. *sericea* [syn. *C. spooneri*] und *C.* × *vedrariensis*) – brauchen nicht regelmäßig geschnitten zu werden. Sollte doch ein Schnitt vonnöten sein, weil die Pflanze zu ausladend und dschungelartig geworden ist, beschränkt er sich darauf, unmittelbar nach der Blüte altes blühendes Holz sowie alles im Lauf der Jahre Abgestorbene (inklusive Vogelnester) zu entfernen.

Da wird es mittlerweile Ende Mai geworden sein. Nun haben die Clematis die ganze Vegetationsphase vor sich, um neue Triebe zu bilden, an denen sie im folgenden Frühjahr blühen können. Wenn, wie es ja häufig der Fall ist, man erst bei den herbstlichen Aufräumarbeiten feststellt, dass »diese Montana wirklich jenseits von Gut und Böse ist«, und man ihr einen altmodischen Bürstenschnitt verpasst, so hat man womöglich recht damit, die Arbeit lieber zur falschen Zeit als gar nicht zu tun, aber man sollte sich vielleicht doch vor Augen führen, dass mit jedem Zweig, den man im Herbst und Winter abschneidet, fünfzig bis hundert potentielle Blüten verloren gehen. Dies ist ein Fall, in dem es sich wirklich lohnt, zum richtigen Zeitpunkt zur Tat zu schreiten.

In die zweite Gruppe fallen all jene Clematis, die an den Trieben von diesjährigem Holz blühen (frisches Wachstum, das zwischen 90 cm und 3,60 m lang sein kann). Um welche es sich handelt, ist leicht festzustellen, ohne sie anderweitig kategorisieren zu müssen, da sie erst nach Mitte Juni überhaupt zur Blüte kommen. Beispiele für diese Gruppe wären bei den Hybriden etwa 'Jackmanii', 'Victoria', 'Perle d'Azur', 'Comtesse de Bouchaud', 'Star of India', 'Lady Betty Balfour', 'Mme Baron Veillard', 'Gravetye Beauty' und 'Etoile

Violette' sowie bei den Arten *C. flammula, C. viticella, C. campaniflora, C. tangutica* und *C. tibetana subsp. vernayi.* Ihr Schnitt ist recht einfach und ähnelt dem aller laubabwerfender, spät im Sommer blühender Sträucher wie der Buddleia. Man schneidet alle diesjährigen Triebe bis auf ein Knospenpaar über dem Wurzelstock zurück. Damit bleibt ein Stumpf zunehmend dicker werdendes altes Holz von 30 cm Höhe zurück. An einer gut eingewachsenen Clematis kann man dies gefahrlos im November machen und damit das ganze unansehnliche Gestrüpp entfernen, aber die offizielle und sichere Zeit des Schnitts ist der Spätwinter.

Soll eine Clematis dieser Gruppe eine große Fläche bedecken und ein Gebäude oder einen Baum 6 m hoch emporklettern, kann der Schnitt weniger stark ausfallen.

Und damit kommen wir zur dritten und einzig schwierigen Gruppe: diejenigen Clematis (allesamt Hybride), die an kurzen jungen Seitentrieben vom letztjährigen Holz blühen. Sie alle bekommen die ersten Blüten im späten Frühjahr oder Frühsommer, zwischen Mitte Mai und Mitte Juni. Zu ihnen gehören die sehr großblütigen Sorten wie 'Lasurstern', 'Lady Northcliffe', 'Marie Boisselot', 'Mrs. Cholmondeley', 'The President', 'Nelly Moser', 'Lord Nevill', 'William Kennett' und 'Beauty of Richmond' sowie alle mit gefüllten Blüten wie 'Beauty of Worcester', 'Vyvyan Pennell', 'Belle of Woking', 'Proteus', 'Daniel Deronda', 'Duchess of Edinburgh' und 'Countess of Lovelace'.

Schneiden wir diese Clematis nicht, wie einige führende Gärtner propagieren, so ersparen wir uns zweifellos sehr viel Kummer und Ärger, und sie würden durchaus auch weiterhin blühen. Allerdings kommen die Blüten dann nicht so gut zur Geltung, sondern stehen gedrängt in einem Büschel zusammen, in dem die einzelne Blüte untergeht. Der Schnitt hat bei diesen Sorten den Zweck, dieses Gewirr zu entflechten, sodass die Triebe über eine möglichst große Fläche verteilt sind.

Wenn Sie eine dieser Clematishybriden wegen des Schnitts in Augenschein nehmen, werden Sie feststellen, dass mindestens die Hälfte des Gewirrs aus abgestorbenem Holz besteht. Das ist selbst dann der Fall, wenn Sie alljährlich gewissenhaft alle abgestorbenen Triebe entfernt haben. Das heißt nicht, dass die Pflanze krank wäre – eine gesunde, wuchsfreudige Clematis bildet in jeder Vegetationsphase wesentlich mehr Triebe, als sie ins nächste Jahr durchbringt. Für Sie besteht die Hauptaufgabe jetzt zunächst darin, alles Abgestorbene herauszuschneiden. Verfolgen Sie jeden Trieb zurück zu einem kräftigen Knospenpaar und setzen Sie den Schnitt direkt oberhalb an. Die beste Jahreszeit hierfür ist der Spätwinter, weder früher noch später, denn dann sind die Knospen groß genug, um gesehen und identifiziert zu werden, aber noch nicht so weit entwickelt, um beim Schnitt verletzt zu werden. Viele Triebe werden Sie bis zu ihrem Ansatz zurückverfolgen können, ohne auf lebende Knospen zu stoßen. Das gehört zum Überfluss dazu, den die Clematis hervorbrachte und der jetzt völlig entfernt werden muss.

Ist einmal alles Abgestorbene herausgeschnitten, können Sie, der Einfachheit halber, die verbliebenen lebenden Triebe nach bestem Wissen und Gewissen am Spalier befestigen. Sollten Sie allerdings nach Perfektion streben, dann durchtrennen Sie alle Ranken, die die Triebe miteinander verbinden, sodass Sie diese schön geordnet am Spalier festbinden können. Eine Clematis dieser Art, deren Schnitt einige Jahre vernachlässigt wurde, verlangt nach drastischen Maßnahmen. Schneiden Sie alles Gewirr ab, ob lebend oder abgestorben, und lassen Sie oberhalb des Ansatzes nur so viele Stiele stehen, wie Sie problemlos ordnen und festbinden können. Die Pflanze wird dann zwar nicht wie üblich im folgenden Frühsommer blühen, könnte aber im Spätsommer oder Frühherbst an den jungen Triebspitzen schöne Blüten bilden, und im folgenden Mai und Juni wird sie zweifellos in üppigster Pracht erstrahlen.

Nach Lust und Laune

Während ich im Garten meiner Arbeit nachgehe, denke ich mir oft, dass ich dieses oder jenes genau zur »falschen« Jahreszeit mache. So schneide ich eine Buddleia etwa im Herbst stark zurück oder teile eine Gruppe Iris im November – so ziemlich die schlechteste Zeit, um sie sich vorzunehmen. Aber allzu häufig ist es ja eine Frage von jetzt oder nie. Wenn Sie eine Aufgabe bis zum idealen Zeitpunkt – von der Warte der Pflanze aus gesehen – verschieben, ist die Gefahr groß, dass Sie sie zum genau richtigen Zeitpunkt nicht erledigen, ob nun aus Vergesslichkeit oder weil Sie mit anderem beschäftigt sind. Und so bin ich zu dem Schluss gekommen, dass die Antwort auf die ewig wiederkehrende Frage des Amateurgärtners: »Wann soll ich?«, und: »Wann ist die beste Zeit dafür?«, neun von zehn Malen lautet: »Wenn Sie daran denken, wenn Sie Lust dazu haben.«

Das ist natürlich das Letzte, was er hören möchte, weil es die Antwort eines Erwachsenen ist, und der Amateur – jedes Fachs – bleibt lange Zeit ein ratsuchendes Kind, das Anleitung in Gestalt eindeutiger Antworten auf seine vielen Fragen und Zweifel bekommen möchte. Zu hören, dass es gleichgültig ist, ist verwirrend. Die freundliche Antwort auf »Wann sollte ich?« lautet: »Am 31. März.« Daran gibt es kein Herumdeuteln.

Das beste Vorgehen für den Neu-Gärtner besteht darin, Arbeiten nach Kalender zu erledigen, bis er genügend Erfahrung, Zutrauen und ganz allgemein ein Verständnis erworben hat, um guten Muts von den Vorschriften abzuweichen, wenn es ihm vernünftig oder notwendig erscheint. Man kann den Fortgang seiner Bildung anhand der Antwort auf die viel erörterte Frage nach dem Zeitpunkt für den Rosenschnitt ersehen. »Wann schneiden Sie Ihre Rosen?« »In der ersten Aprilwoche«, antwortet der Novize. »Warum genau dann?« »Weil es so in meinem Buch steht.« Wenn man sich dann erkundigt, warum er sie nicht mitten im Winter schneidet, erhält man zur Antwort nur einen verständnislosen Blick. Stellt man ihm dieselbe Frage bei etwas fortgeschrittener Bildungsstufe, wird er sich empören: »Mitten im Winter soll ich sie beschneiden? Denken Sie denn, ich möchte meine Rosen umbringen? Dass sie in den ersten milden Tagen austreiben, nur um gleich darauf im wiedereinsetzenden Frost zu erfrieren?« Da hat er die Leserbriefseiten einer Gartenzeitschrift studiert und fühlt sich auf sicherem Terrain.

Viele Gärtner bleiben für den Rest ihres Lebens an diesem Punkt stehen, lesen die Meinungen, die ihre eigene Vorgehensweise unterstützen, und ignorieren alle anderen. Solche, die gern forschen oder experimentieren, entwickeln sich von da ausgehend weiter. »Wann schneiden Sie Ihre Rosen?« »Meistens im Dezember oder Januar.« »Warum dann?« »Weil ich die Arbeit dann erledigen kann, wenn nicht viel anderes ansteht und ich mir mehr Zeit dafür nehmen kann als früher, als ich das im Frühjahr gemacht habe.« »Haben Sie nach einem Winterschnitt denn keine Angst vor Frostschäden?« »Nein, weil ich die noch nie erlebt habe.«

Und dann kommt ein wirklich strenger Winter, und die Antwort auf die letzte Frage muss ergänzt werden: »Na ja, wenn es nach dem Schnitt mitten im Winter wirklich eisig wird, muss ich mir meine Rosen im Frühjahr möglicherweise noch einmal vornehmen und alles Holz ausschneiden, das danach abgestorben ist. Aber das dauert nicht allzu lange, das heißt, der Winterschnitt hat sich trotzdem gelohnt, weil ich den Großteil der Arbeit in der ruhigen Jahreszeit erledigen konnte.«

Diese Entwicklungsgeschichte ist natürlich abhängig von klimatischen Bedingungen und anderen Sonderaspekten, aber was ich damit sagen will, ist, dass Erfahrung einem erlaubt, bei der Gartenarbeit weniger strikt und regelgebunden vorzugehen.

Der Zeitpunkt, zu dem Sie ein Gewächs schneiden, pflanzen oder versetzen, ist wesentlich weniger wichtig als das Wie. Das Gros der

Gärtner geht die Arbeit, einen gut eingewachsenen Strauch oder eine derartige Staude zu versetzen, nicht mit der richtigen Geisteshaltung an. Kaum merken sie, dass hartnäckige Wurzeln sich der Hebelkraft des Spatens oder der Forke widersetzen, werden ihre Augen blutunterlaufen, ihr Atem geht keuchend. »Willst du, oder willst du nicht?«, denken sie sich oder fragen sie lauthals.

Das Opfer wird beim Schopf gepackt, als wäre es ein Knüppel, mit schaurigem Krachen zerreißen Wurzeln, und wenn die Pflanze nicht völlig zweigeteilt wird, bietet sie einen jämmerlichen Anblick. Und weshalb? Nur wegen mangelnder Geduld und Gemütsruhe. Wenn Ihr Gastgeber Ihnen freundlicherweise eine Pflanze aus seinem Garten anbietet, nehmen Sie das Angebot sofort an und verschieben es nicht »auf den richtigen Zeitpunkt«. Und verfolgen Sie auch nicht, wie er Ihr Exemplar ausgräbt, denn Ihr Blick wird ihn nur verunsichern und seine Ungeduld verstärken. Wenn irgend möglich, heben Sie die Pflanze selbst aus. Wenn der Gastgeber hinterher anmerkt: »Das ist ja ein kräftiges Stück«, fühlen Sie sich nicht versucht zu antworten: »Ja, da habe ich wohl doch ziemlich viel ausgehoben.« Ein nichtssagendes Lächeln und ein »Ja, nicht wahr?« ist dem Anlass weit angemessener.

Jäten

Von den Freuden des händischen Jätens

Viele Gärtner werden mir zustimmen, dass das Jäten von Hand keineswegs die grauenhafte Plackerei ist, als die es oft dargestellt wird. Manche empfinden es sogar als eine Art beruhigende Monotonie, die dem Geist Raum lässt, abzuschweifen und die Handlung ihres nächsten Romans zu entwickeln oder an der brillanten Replik zu feilen, die sie auf die kürzliche Unverschämtheit eines Anverwandten hätten geben sollen.

Effizientes Jäten von Hand bedingt, dass man das kniend macht, und zwar möglichst bequem, mit einer weichen Gummimatte und einem guten, spitz zulaufenden Handspaten aus Edelstahl mit scharfen Kanten.

Sie werden feststellen, dass professionelle Gärtner unweigerlich in einer gebückt stehenden Haltung jäten. Sie ziehen das Unkraut an den Haaren heraus (oder brechen es ab) und nehmen kein Schäufelchen zur Hand. Das Jät-Ergebnis ist zwar suboptimal, aber sie bleiben Männer und stolz, wenn auch nicht ganz aufrecht, auf ihren zwei Beinen stehen, während Sie und ich zu Vierbeinern werden, zu Reptilien gar. Der eine Vorteil, den ich den Steh-Jätern zugestehen muss, ist, dass man in der Haltung den geringsten Platz einnimmt und bei enger Bepflanzung somit auch den geringsten Schaden anrichtet.

Wenn man vom Pfad aus arbeitet, gibt es keine Probleme, aber wenn man inmitten von Pflanzen in einer Rabatte kniet, sollte man versuchen, so viel wie möglich von einer Stelle aus zu machen, denn je häufiger man seine Position verändert, desto mehr wird drum herum in Mitleidenschaft gezogen. Es ist also von Vorteil, beidhändig zu sein, um die Schaufel mit einer Hand zu benutzen und mit der anderen das Unkraut einzusammeln. Einige Unkräuter sind grundsätzlich feucht, selbst bei Trockenheit – insbesondere Schlafmohn und Vogelmiere –, so dass die Sammelhand mit Erde verschmiert wird. Übernimmt sie eine andere Aufgabe und bedient zur Abwechslung die Schaufel, trocknet sie bald ab.

Seit einigen Jahren muss ich wegen Hautallergien alle Gartenarbeiten mit Handschuhen erledigen. Ich hätte nie gedacht, dass ich so tatsächlich jäten kann. »Ich muss die Unkräuter doch zwischen den Fingern spüren«, pflegte ich zu sagen, und das sagen meine nicht Handschuhe tragenden Freunde immer noch, und zwar mit einem fast mystisch-religiösen Furor in der Stimme. Also, ich kann Ihnen versichern, das ist Humbug. Jäten mit Handschuhen ist kinderleicht und genauso effektiv. Als positiver Effekt kommt hinzu, dass die Hände sauber bleiben. Der einzige Nachteil ist, dass der Griff von dem benutzten Gerät mit Erde verklebt wird, die sich nicht so einfach abwischen lässt.

Auf Händen und Knien zu jäten heißt, dass die Augen direkt über dem Erdboden sind – am Einsatzgebiet. Sie sollten den Blick immer auf alles direkt vor der Schaufelspitze richten, damit Sie das Ungewöhnliche bemerken, ehe Sie es vernichten. Ich jäte ungern etwas, das ich nicht identifizieren kann. Nicht alle Sämlinge sind Unkraut. Vielleicht sind Sie der Ansicht, dass das Leben zu kurz ist, um einen Sämling im Beet zu belassen, bis man ihn bestimmen kann. Meine persönliche Ansicht ist, dass das Leben zu interessant ist, um den Keim nicht an Ort und Stelle zu belassen, bis man weiß, was er ist. Wenn Sie dieser Ansicht zuneigen, werden Sie sehr bald lernen, Unkrautsämlinge zu erkennen, die gerade einmal ein Blattpaar tragen. Diejenigen, die sich nicht so leicht bestimmen lassen, sind dann in aller Wahrscheinlichkeit Nachkommen einiger Ihrer Stauden oder Sträucher, die Sie vielleicht gern heranziehen möchten.

So ist die elegante, fedrige mauvefarbene *Thalictrum delavayi*, die in einem guten, sehr feuchten Boden wie unserem prächtig gedeiht, eine Staude, die ungern gestört wird und sich ohnehin nicht dazu anbietet, geteilt zu werden. Allerdings findet man im Frühsommer so gut wie immer Sämlinge in der Umgebung alter Pflanzen. Sie können in eine Anzuchtschale pikiert und später ausgepflanzt werden, und nach entsprechender Behandlung bringen sie noch in ihrem ersten Herbst einige Blüten hervor. Auch die *Mertensia pulmonarioides* (syn. *M. virginica*) hat die willkommene Eigenschaft, sich selbst auszusäen. Die Keimblätter haben die Form eines Piks im Kartenspiel und sind blaugrün. Hier können Sie ebenfalls die Sämlinge pikieren; sie entwickeln sich rasch und wachsen noch lange weiter, nachdem die Elternpflanzen für den Rest des Sommers abgestorben sind. Und im folgenden Frühjahr werden sie selbst üppig blühen. *Dicentra spectabilis*, das Tränende Herz, lässt sich vegetativ nicht ohne Weiteres vermehren, aber meist sät es sich selbst aus, und in manchen Jahren zeigen sich recht viele Sämlinge rund um die Elternpflanze. Allerdings sehen die Keime denen des eng verwandten Erdrauchs sehr ähnlich.

Sämlinge sind überhaupt Meister der Täuschung. Das gilt insbesondere für die verschiedenen Vertreter dessen, was ich salopp als kleinblütige Weidenröschen bezeichne. Das sind, wie der Name besagt, kleinblütige, hoch wachsende Arten und natürliche Hybride von *Epilobium*: eine durch und durch promiskuitive Schar, und dreist obendrein. Oft gelingt es ihnen, zu blühen und sich auszusäen, bevor man sie überhaupt bemerkt hat, und sie sind entsetzlich fruchtbar. Im Winter bilden sie kompakte grundständige Rosetten, und man kann fast wetten, dass kein Gärtner, den Sie engagieren, sie – oder jede andere rosettenbildende Pflanze – jemals jäten würde: Sie wirken kostbar. Außerdem sehen sie verdächtig wie kleine Bartnelken aus.

Wenn Unkraut rasch und kräftig wächst, lässt es sich leichter jäten als auf einem Flecken Erde, auf dem es eine dichte Matte bilden durfte und halb verhungert ist. Den Garten reichlich zu düngen, ist also eine gute Idee, selbst wenn man damit das Wachstum von Unkraut befördert. Wenn Besucher sagen: »Ein richtiges Unkrautjahr ist das!« (was sie alljährlich sagen), mache ich sie gemeinhin darauf aufmerksam, dass, wenn das Unkraut nicht wächst, auch nichts anderes gedeiht. Kräftiges Unkraut bildet nicht so rasch Samen aus wie solches, das mit Nährstoffen unterversorgt ist, und damit haben Sie einen längeren Zeitraum, um sich mit dem Problem zu befassen.

Pflanzenstützen

Der moderne Sorgenfrei-Gärtner, der seine Freizeit lieber mit einem motorisierten Familienausflug verbringt als mit Gartenarbeit, hat keine Zeit, um seine Pflanzen zu stützen, und nennt das »noch eine Arbeit mehr«. Und natürlich hat er recht. Es ist eine Arbeit mehr, aber das heißt nicht, dass sie sich nicht lohnt. Es hängt ganz davon ab, was Pflanzen und Gärtnern einem bedeuten. Wenn Sie eine Pflanze lieben und sie auch in anderer Hinsicht ein Erfolg ist, verargen Sie ihr das Bedürfnis nach einer Stütze nicht.

Pflanzenzüchter und Gartenbaumeister sind sich bewusst, dass die Zahl der Sorgenfrei-Gärtner ständig wächst; diese sind zwar durchaus bereit, Geld für Pflanzen auszugeben, doch dürfen diese keine Stütze benötigen. Und so haben wir jetzt eine große Vielfalt von Vertretern aller beliebten Pflanzenkategorien, die als Zwergvariante, buschig oder kompakt bezeichnet werden. Um aus dem erstbesten Katalog zu zitieren: *Antirrhinum* 'Floral Carpet' wird beschrieben als »sehr niedrige und kompakte, buschige Pflanze mit einheitlicher Wuchsform«. Das ist gut und recht und schön, wenn man einen Teppicheffekt wünscht, aber kompakt und einheitlich kann langweilig werden. Auf der Strecke bleiben die natürliche Anmut und Würde einer Pflanze sowie ihre architektonischen Vorzüge. Dafür müssen wir uns (und glücklicherweise können wir das noch) etwa der *Antirrhinum* Rocket-Serie zuwenden. Die hat im Gegensatz zur 'Floral Carpet' nicht nur zwei Blüten pro Stiel, sondern über vierzig an einem 1,20 m langen Stängel (womöglich ist er auch länger, ich schreibe, wie Gärtner es notgedrungenermaßen tun, im Winter und habe keine Pflanze, um sie abzumessen). Aber sie müssen hochgebunden werden.

Und schließlich ist die Zahl der denkbaren Pflanzen, die uns diesen Zeitaufwand abverlangen, nicht allzu groß. Bei einem Besuch des Gartens der Royal Horticultural Society in Wisley eines Aprils ärgerte es mich, dass wirklich alle Pflanzen in den Doppelrabatten mit Reisig umzäunt wurden. Dieses »Auf-Nummer-sicher-Gehen« erschien mir überflüssig sowie wenig intelligent und lehrreich. (Das war vor einigen Jahren, möglicherweise trifft dieser Kritikpunkt nicht mehr zu.) Wenn Sie sich der Aufgabe klug nähern und sie als Kür und nicht als Pflicht betrachten, nimmt ihr das den Stachel.

Wesentlich sind beim Stützen zwei Punkte: Es muss effektiv sein, und es muss unauffällig sein. Die meisten verzinkten Drahtstützen erfüllen die Aufgabe zwar viele Jahre lang, sind aber nicht unauffällig. Ein beliebtes Modell besteht aus einem Ring mit einem oder zwei Stäben. Es ist immer sichtbar und nimmt sich hässlich aus.

Für Pflanzen, die zahlreiche Seitentriebe bilden, wie *Aster sedifolius* (syn. *A. acris*), *Salvia* × *superba* oder Monarden, sind lange, verzweigte Triebe etwa von Hasel, Birke oder Hainbuche ideal. Die Pflanzen und die Zweige verflechten sich ineinander und bilden eine feste Einheit. Derartige Zweige eignen sich auch für vielstielige Pflanzen wie Alstroemerien, allerdings halten sie nur ein Jahr und stehen nicht unbedingt jedermann zur Verfügung. Stangen und eine weiche Juteschnur erfüllen den Zweck ebenso. Achten Sie aber darauf, dass die Schnur ihre Aufgabe auch wirklich erfüllen kann: In den meisten Fällen sollte ein fünffach gedrehter Jutezwirn einen Sommer halten. Eine wirklich schwere Pflanze wie die Wilde Artischocke, *Cynara cardunculus*, braucht kräftige Stützen und isolierten Telefondraht oder etwas vergleichbar Belastbares.

Bambusstangen sind in unterschiedlichen Längen und Stärken erhältlich, und es lohnt sich, viele unterschiedliche auf Lager zu haben. Nichts sieht schlimmer aus, als wenn eine neue gelbe Stange dreißig Zentimeter über die Pflanze aufragt, die sie stützt – und vermutlich auch noch krumm und schief ist. Ganz abgesehen davon, dass Gärtner sie erstaunlich häufig verkehrt in den Boden stecken, nämlich mit dem dicken Ende nach oben (ein Ende ist immer dicker als das andere). Überprüfen Sie alle Stangen, die Sie bereits im Jahr oder den Jahren zuvor verwendet haben, ehe Sie ihnen wieder vertrauen. Versuchen Sie, sie überm Knie zu brechen – es ist wesentlich besser, wenn sie dabei zu Bruch geht, als später, wenn sie im Einsatz ist. Unten verrotten diese Stangen gern. Schneiden Sie das schadhafte Stück ab (wenn Sie das mit einer Gartenschere im »Gelenk« tun, splittert der Bambus nicht), die kürzere Stange leistet an anderer Stelle ebenso gute Dienste. Aber kaufen Sie keine einheimischen Bambusstangen; sie sind nicht so gut ausgereift und haltbar wie die importierten.

Ziehen Sie die Stäbe am Ende der Wachstumsperiode aus dem Boden und lagern Sie sie ein, und zwar sauber und bereit fürs nächste Frühjahr, nicht mit Erdklumpen am Ende. Das klingt leider ziemlich didaktisch, aber wenn Sie in dieser Hinsicht ordentlich sind, dann sind Sie vermutlich auch wesentlich umsichtiger bei der Aufgabe, die Sie mit den Stangen im Beet erfüllen. Allerdings gebe ich zu: Wenn Sie nicht von Natur aus ordentlich sind, werden Sie es auch durch ständiges Nörgeln nicht werden.

Manche Gärtner setzen all ihre Stützstäbe so früh wie möglich, aber ich finde sie optisch nicht ansprechend und erledige das so spät wie möglich. Bei Rittersporn etwa sind die Form und die hellgrüne Färbung der frischen Blätter so hübsch, dass ein Steckenwald nur davon ablenken würde. Außerdem sind Fußabdrücke auf dem Beet höchst unansehnlich; wenn Sie also das Setzen der Stangen mit einem ersten Befestigen in geeigneter Höhe verbinden, können Sie die Abdrücke minimieren. Ich warte mit dem Stützen meines Rittersporns, bis er etwa 90 cm hoch ist. Das mag riskant klingen, aber die Blütenrispen vertragen in dem Stadium erstaunlich heftige Windstöße. Wenn aber ihr Standort so exponiert ist, dass die Rispen bereits in einer Höhe von 90 cm abknicken, dann ist diese Stelle für die meisten Rittersporn-Arten ohnehin ungeeignet.

1,50 m lange Stangen oder Stäbe genügen selbst für die höchsten Pflanzen: Die Stützen sollten nie über das Blattwerk hinausragen.

Eine Blütenrispe muss, um ihren Platz im Garten zu verdienen, widerstandsfähig genug sein, um eine gewisse Windstärke zu vertragen. Rittersporn mit aufgequollenen Stielen sind unnütz und sollten entfernt werden, so hübsch ihre Blüten auch sein mögen. Es ist völlig überflüssig, jedem Stängel einen eigenen Stab zu geben. Bei einer Pflanze mittlerer Größe nehme ich zwei kräftige Stangen und binde ringförmig eine weiche Schnur darum, wobei ich alle Stiele zu einem widerstandsfähigen Busch zusammenfasse, der im Wind nachgeben kann. Straffes Festbinden ist riskant, das verursacht schnelle Vibrationen, die gefährlicher sind als gar keine Stütze.

Bei Ochsenzungen genügt meist eine Stange pro Pflanze, das Stützen und Anbinden werden in einem Arbeitsgang gemacht, sobald sich Ende Mai die ersten Blüten öffnen.

Bei vielstieligen Pflanzen wie *Achillea filipendulina* ist es am besten, mehrere Stäbe rund um die Gruppe in den Boden zu stecken sowie einen oder zwei in die Mitte. Dann befestigt man die Schnur mit einer Achterschlinge um die erste Stange, führt sie von einer zur nächsten, wobei man sie jeweils umschlingt, bis ein Fadenspiel aus Schnur entstanden ist, das die Pflanze stützt, ohne die Stängel einzeln festzubinden.

Bei *Lychnis chalcedonica* und auch *Thalictrum delavayi* sind die Stängel selbst kräftig genug, doch neigen sie dazu, direkt über dem Boden umzuknicken. Deswegen genügen bei ihnen recht kurze Stützen, die in etwa 30 cm Höhe umwunden werden. Als Gärtner lernen Sie die individuellen Schwächen und Bedürfnisse Ihrer Pflanzen bald kennen und wissen, welches die windreichen Ecken in Ihrem Garten sind.

Wollen Sie einen neu gepflanzten Baum stützen, dann schlagen Sie den Pflock auf der vorherrschenden Windseite ein und binden ihn kurz unter der Stelle am Stamm fest, wo die untersten Zweige abgehen, und nicht auf halber Höhe des Stamms, weil Ihr Pflock nicht lang genug ist.

Das Abschneiden von Verblühtem

Die Kunst des Ausputzens

Verwelkte Blütenstände zu entfernen, zählt im Sommergarten zu den Tätigkeiten, die wir regelmäßig und laufend erledigen müssen. Vielfach betrachten wir das als leidige Pflicht, aber es gibt gewaltige Unterschiede, je nachdem ob man die Aufgabe gut oder schlecht macht. Die erste Regel beim Ausputzen lautet, immer bis zu etwas Eindeutigem zurückzuschneiden, sei es ein Blatt oder die Stelle, wo ein anderer Stängel abzweigt, oder bis zur Basis. Lediglich die verwelkte Blüte zu entfernen, genügt nicht, denn dann hinterlässt man nur mengenweise hässliche, unnütze Stielenden. Beetdahlien sind ein herausragendes Beispiel dafür. Es ist ein Leichtes, sie einfach durchzusehen und alle welken Köpfe abzuzupfen, aber dann bieten die Pflanzen bald einen hässlichen Anblick, weil hinter jeder Dahlienblüte ein 15 cm langer kahler Stiel steht. Es hilft nichts, man muss ihn vollständig entfernen.

Meist lernt man erst aus Erfahrung, wie viel man von dieser oder jener Pflanze abschneiden muss, um das beste Ergebnis zu erzielen, und einen Leitfaden zu geben, ist schwer. Grob gesagt unterscheidet man zwischen solchen Pflanzen, die lediglich zu dem Zweck ausgeputzt werden, damit sie ordentlich aussehen, und denjenigen, von denen wir uns eine weitere Blüte erhoffen. Dahlien gehören natürlich zu dieser letztgenannten Kategorie, ebenso wie die Bartfaden, deren sich verzweigende Rispen über einen beträchtlichen Zeitraum hinweg blühen. Jede sollte, sobald die letzten Blüten abgefallen sind, in Gänze abgeschnitten werden. Dann bildet die Pflanze rasch Seitentriebe, die relativ bald erneut Blüten hervorbringen.

Salvia × superba wartet unweigerlich mit einer zweiten Blüte auf, wenn sie durch das Entfernen der ersten Blüte dazu ermutigt wird. Die kompakte, 60 cm hohe Zuchtform 'East Friesland' ist in der Hinsicht allerdings weit weniger zuverlässig. Sonnenbraut-Sorten, die im Juli blühen, können häufig dazu veranlasst werden, einen zweiten Flor hervorzubringen. Man schneidet die mittlere Doldentraube ganz heraus, während die äußeren Blüten, die an längeren Stängeln stehen, vorsichtig bis zu den rudimentären Blütenknospen zurückgeschnitten werden; die erkennt man deutlich, wenn man danach sucht, sonst übersieht man sie leicht. Dieselbe Behandlung erfährt *Anthemis tinctoria* mit ihren beliebten Sorten und Hybriden wie 'Grallagh Gold' und 'Wargrave'. Sie gehört, was Ausputzen betrifft, zu den mühseligsten Pflanzen, da jede kugelige Blüte sich in ihren Nachbarinnen verfängt, aber das Ergebnis lohnt den Einsatz.

Ein wuchsfreudiger, kräftiger Staudenphlox wird, wenn man den mittigen Blütenteller entfernt, häufig an kleinen Seitentrieben neue Blüten bilden, doch steht die Staude gedrängt und müsste eigentlich geteilt und umgesetzt werden, bemüht sie sich kein zweites Mal. Bei der Marienglockenblume besteht die richtige Behandlung ausnahmsweise einfach nur darin, die verwelkten Blüten abzuzupfen, aber tragen Sie dabei am besten Handschuhe, sonst ziehen Sie sich zahlreiche farblose kleine Stacheln ein. Nach den alten Blüten bilden sich sofort neue Knospen. Dieses Vorgehen zeitigt ebenfalls Erfolg bei den ausdauernden Beet-Glockenblumen, Zuchtformen von *Campanula persicifolia*. *Spiraea japonica* 'Anthony Waterer' wird beim Verwelken braun, das Ausputzen führt zu einer willkommenen zweiten Blüte im Oktober.

Optischen Zwecken allein, ohne den Lohn einer weiteren Blüte, dient das Entfernen von Verblühtem etwa bei Rittersporn, Monarden, Lupinen, bei *Campanula lactiflora*, den Etagen-Primeln (deren selbstausgesäte Sämlinge sich sonst unkrautartig ausbreiten) und *Cephalaria gigantea*.

Bei bestimmten Sträuchern mit mäßigem Wachstum entsteht ein ordentlicher Eindruck durch einen mit Ausputzen gepaarten Rückschnitt. Alle Angehörigen der Santolina-Tribus, *Brachyglottis* (syn. *Senecio*) 'Sunshine', *Phlomis fruticosa* (Strauchiges Brandkraut) sowie die Ibix-blättrige *Olearia macrodonta* tragen eine Fülle von Blütenständen um einen mittigen belaubten Trieb. Das einfachste und beste Vorgehen besteht bei ihnen darin, jeden Blütenstand mitsamt dem mittigen Trieb abzuschneiden, und zwar direkt unter dem untersten Blütenansatz. Ein paar Wochen sieht der Strauch dann womöglich etwas kahl aus, hüllt sich aber bald in ein Kleid neuer Triebe, und auf die Weise behält er eine kompakte Form.

Es ist erfreulich festzustellen, dass einige der wuchsfreudigsten Stauden sehr gut darauf reagieren, wenn sie direkt nach der Blüte bis auf den Boden zurückgeschnitten werden. Nichts könnte einfacher sein. Dazu gehören der Riesenlauch, *Viola cornuta*, sowie die Bergflockenblume, *Centaurea montana*. Diese blühen am sekundären Wachstum. *Tellima grandiflora*, *Geranium himalayense* und *G. ibericum* bilden innerhalb einer Woche hübsches neues Blattwerk, blühen aber nicht erneut. Bei Alstroemerien empfiehlt es sich, jeden Stängel mit einem festen Ruck herauszuziehen. Er wird rund 15 cm unterhalb der Erde vom Wurzelstock abbrechen, und in die entstandene Lücke können Sie kurzfristig etwas anderes setzen.

Und zu guter Letzt sollte noch erwähnt werden, dass es bei einigen Pflanzen überflüssig ist, die welken Blüten zu entfernen, weil die Samenstände ausgesprochen attraktiv sind. Selbst wenn man im Spätherbst die Beete leerräumt, tut es einem im Herzen weh, die Fetthennen wegzuschneiden. Die geflügelten Samen von Diptam sind immer eine Augenweide, und der Strandflieder bleibt als blassgraue Wolke stehen, bis er von Herbststürmen fortgeweht wird, während Kardonen und Akanthus auch den Winter über ein prächtiges Bild abgeben.

2

MEHREN UND VERMEHREN

Die Vermehrung von Pflanzen ist bisweilen lächerlich einfach und geht manchmal sogar ganz zufällig vor sich, wenn man etwa blühende Johannisbeerzweige in eine Vase stellt und beim Wegwerfen feststellt, dass sie im Wasser Wurzeln gebildet haben. Von allen faszinierenden Aspekten des Gärtnerns ist das Vermehren von Pflanzen die Tätigkeit, der mein besonderes Interesse gilt und die mir am meisten Freude bereitet. Und mit der zahlenmäßigen Abnahme professioneller Gärtner hat eine wachsende Zahl von Amateuren gelernt, sich selbst daran zu versuchen, und die überraschenden und befriedigenden Ergebnisse ihrer Mühen haben ihnen immense Glücksgefühle beschert. Schließlich ist es ziemlich aufregend, wenn man einen wie tot wirkenden Stock in den Boden steckt und einige Monate später feststellt, dass er Blätter und Triebe bekommt. Dann ist es schwer, der Versuchung zu widerstehen, ihn alle paar Tage herauszuziehen und nachzusehen, ob sich auch Wurzeln bilden. Das wäre nicht nötig, wenn unsere Sehorgane »'n paar Patent-Doppelmillionen-Vergrößerungsgläser von Extragüte« wären, wie Sam Weller*

* Zitiert nach: Charles Dickens, *Die Pickwickier*, aus dem Engl. von Gustav Meyrink, Berlin 1953. Sam Weller sagt das im Zuge einer Gerichtsverhandlung.

bei Dickens zu Protokoll gibt, aber da sie bloß einfache Augen sind, ist unser Gesichtskreis beschränkt.

Stecklinge

Sommerstecklinge: Die Feinheiten der Methode

Es gibt keine Jahreszeit, in der nicht der eine oder andere Steckling geschnitten werden kann, aber die wesentliche Zeit ist die wärmere Jahreshälfte, wenn die Pflanzen aktiv und kooperationswillig sind. Zunächst aber beschäftigen wir uns mit den fundamentalen Grundlagen und ergänzen die Details später.

Als Allererstes stellt sich die Frage nach dem Material. Wann immer möglich, schneiden Sie Ihre Stecklinge von einem jungen oder zumindest kräftig wachsenden Strauch. Solche von alten Büschen, die kaum noch wachsen, bilden wesentlich schlechter Wurzeln. Bei der Entscheidung, welche Teile des Strauchs Sie tatsächlich nehmen wollen, vermeiden Sie alles, was zu weich oder üppig ist: Escallonien und Forsythien etwa haben oft eine ganze Reihe sehr wässriger junger Triebe. Ebenso sollten Sie aber auch die Teile des Strauchs vermeiden, die nicht mehr wachsen und an denen die jungen Triebe verkümmern. Irgendetwas dazwischen ist ideal; die Triebe werden in den meisten Fällen an den Enden noch weiterwachsen. Von blühenden Trieben sollten Sie nur im Notfall Stecklinge nehmen.

Im nächsten Schritt müssen die Stecklinge nun geschnitten werden. Aber wo das Messer ansetzen? Bei vielen Sträuchern verzweigen sich die Zweige und bilden alles von zwei bis sieben Trieben. In dem Fall schneiden Sie einfach jeden Zweig unterhalb des untersten dieser Seitentriebe ab und gehen mit ihm an einen Ort, wo sie ihn sich in Ruhe vornehmen können. Beispiele hierfür sind etwa *Daphne odora, D. tangutica, D. × burkwoodii* 'Somerset', Becherkätzchen, Klebsamen, Skimmien, Kurume-Azaleen und weitere kleinblättrige Rhododendren. Andere Sträucher haben einen Haupttrieb, der sich leichter identifizieren lässt und an dem mehrere diesjähriger waagrechter Seitentriebe stehen. Hier können die immergrünen Ceanothus als Beispiel dienen. Auch bei ihnen wird der ganze Zweig mitgenommen, aber nur die kürzesten und unreifsten Triebe werden als Stecklinge verwendet. Möchten Sie hingegen einzelne Triebe von einem Zweig nehmen (ohne ihn selbst vom Strauch abzuschneiden) und dabei einen kleinen Rindenstreifen vom reifem Holz mitnehmen, dann stecken Sie den Daumen in den von Trieb und Zweig gebildeten Winkel, legen den Mittelfinger außen unmittelbar unter die Abzweigestelle und ziehen dann vorsichtig, aber fest nach unten und außen. Bei Erikagewächsen kann man die jungen Triebe mit einer Länge von 5 bis 7,5 cm problemlos ablösen, sie nehmen von selbst das nötige Material mit. Die Gruppe der im Winter blühenden *Erica carnea* bildet besonders leicht Wurzeln. Sie werden bereits von Blütenknospen übersät sein, aber das stellt in dem Fall kein Problem dar.

Alle bisher beschriebenen Stecklinge werden als so genannte Risslinge gewonnen, aber es gibt viele weniger holzige Pflanzen, bei denen Sie die Stecklinge direkt unter einem Knoten des Triebs abschneiden können. Diese Spitzen können Sie von den Büschen zwicken, als würden Sie auf einer Plantage die Spitzen von Teesträuchern ernten. Arten, an die ich hier denke, sind Hortensien, Lavendel, Santolinen, Heben, Fuchsien, niedrige Phlox-Arten, *Lithodora diffusa* 'Heavenly Blue', Aubrietien, *Anthemis punctata* subsp. *cupaniana* und *A. tinctoria, Erysimum* 'Harpur Crewe' und *E.* 'Moonlight'.

Zwischen dem Schneiden der Stecklinge und ihrem Herrichten sollte möglichst wenig Zeit vergehen, doch kommt es aus irgendeinem Grund zu einem Zeitverzug, dann legen Sie sie trocken in einen Plastikbeutel, den Sie oben verschließen. Dort sind sie noch besser aufgehoben, als wenn sie in Wasser stehen.

Und nun zum Herrichten der Stecklinge. Haben Sie einen ganzen Zweig mit einer Anzahl möglicher Stecklinge vor sich, können Sie diese generell einfach mit einem scharfen Messer abschneiden, und zwar dort, wo das untere Ende des Stecklings in den Zweig übergeht und er ein wenig verdickt. Der Rindenstreifen ist nichts weiter als das und keineswegs etwas Größeres. Wurde ein Steckling oder Rissling mit etwas reifem Holz direkt von einem Strauch genommen, muss er unten beschnitten werden, sodass wiederum nur eine Verdickung zurückbleibt. Anschließend werden von der unteren Hälfte des Stecklings alle Blätter entfernt, bis der Stiel völlig glatt ist. Ist der Steckling zu lang – er sollte im Sommer selten länger als 15 cm sein und im Frühjahr wesentlich kürzer –, kann die Spitze direkt oberhalb eines Knotens abgeschnitten werden. Diese Schnitte lassen sich gut mit einem Messer mit austauschbarer Klinge machen, obwohl in manchen Fällen ein Okuliermesser besser geeignet ist, etwa wenn Blätter, die entfernt werden müssen, dicht am Stiel anliegen. Was Klingen betrifft, bevorzuge ich persönlich diejenigen mit einseitigem Schliff, wie Stanley sie anbietet.

Während dieses Arbeitsgangs tauche ich das untere Ende des Stecklings immer wieder in Wasser, damit er nicht austrocknet, ehe ich ihn in die Erde stecke. Wenn Sie ein Hormonpulver verwenden, stippen Sie ihn jetzt kurz hinein, solange die untere Spitze feucht ist, und klopfen Sie überschüssiges Pulver ab. Die meisten Stecklinge wurzeln auch ohne Hormon sehr gut, allerdings beschleunigt es den Vorgang. Wenn Sie bei der Arbeit unterbrochen werden, legen Sie die Stecklinge sofort in den Plastikbeutel zurück, damit sie nicht trocken oder gar welk werden.

Füllen Sie einen 9-cm-Topf mit feuchtem Bewurzelungssubstrat, das Sie mit den Fingerspitzen gleichmäßig festdrücken; der Gießrand sollte höchstens 6 mm hoch sein. Wenn Sie mit Plastiktöpfen arbeiten (die in der Regel ebenso gut sind), brauchen Sie das Substrat kaum anzudrücken.

Bis die Stecklinge Wurzeln geschlagen haben, benötigen sie so viel Licht wie möglich, ohne dass ihre Blätter verwelken oder verbrennen. Einzelne Töpfe kann man in einen Plastikbeutel stellen und mit einem Gummiband verschließen. Eine größere Anzahl Töpfe kommt in ein unbelüftetes Frühbeet, muss aber bei starker Sonne gut beschattet werden. In einem Gewächshaus mit Zerstäubersystem stellen weder Belüftung noch Licht eine Gefahr dar, da die Stecklinge nie austrocknen können.

Sobald die Stecklinge Wurzeln entwickelt haben, können sie in John-Innes-Nr. 2 oder ein vergleichbares nährstoffreiches Substrat vereinzelt werden. Dann kehren sie in ihr geschlossenes System zurück, werden aber durch eine Steigerung der Luftzufuhr allmählich abgehärtet.

So viel zur Theorie, nun zu den vielen praktischen Fragen. Ein Besucher etwa erzählte mir, er sei bei der Vermehrung von Clematis der Anleitung für Wurzelstecklinge in meinem Buch *Clematis* gefolgt und habe jeden Topf mit einem Plastikbeutel abgedeckt, den er unter der Lippe festband. Bei den einfacheren Sorten wie *Clematis montana* sei das Bewurzeln, wie nicht anders zu erwarten, mühelos gelungen, doch die großblütigen Hybriden hätten zwar satt und vielversprechend ausgesehen, solange sie abgedeckt blieben, wären jedoch welk geworden, sobald der Beutel entfernt wurde. Wie solle er, der Besucher, wissen, ob die Stecklinge gewurzelt hätten und wann er die Pflanzen abhärten könne?

Zunächst zur zweiten Frage: So gut wie alle Stecklinge verändern sich optisch zunächst eine längere oder kürzere Weile gar nicht; es ist, als würden sie brüten und sich noch entscheiden, ob sie weiterleben möchten oder nicht. Sie sehen zwar frisch aus, blühen mitunter sogar, weigern sich aber, einen wesentlichen Entwicklungsschritt zu machen. Haben sie sich aber erst einmal zu einer positiven Entscheidung durchgerungen, kann man das erkennen, denn sie bilden junge grüne Triebe aus. Wenn das passiert, können Sie mit ziemlicher Sicherheit davon ausgehen, dass sie Wurzeln gebildet haben, und der Prozess des Abhärtens kann beginnen. Die einzige Möglichkeit, die Bewurzelung wirklich zu überprüfen, besteht darin, den Topf umzudrehen, wobei Sie die Erde im Topf mit den Fingern der linken Hand leicht zurückhalten, ohne die Stecklinge zu beschädigen, mit dem Topfrand sacht gegen etwas Festes zu klopfen, sodass sich der Erdballen löst, den Sie nun mit den Fingern der Linken halten, während Sie den Topf mit der Rechten anheben. Schauen Sie nach, setzen Sie den Topf wieder auf, drehen ihn erneut um, schlagen mit dem Boden vorsichtig auf etwas Festes, und alles ist wie zuvor. Bestand das Bewurzelungssubstrat allerdings aus reinem Drainagekies, funktioniert diese Methode nicht, da er zerfällt.

Wie lange dieses Brüten bei Stecklingen dauert, kann sich je nach Pflanze stark unterscheiden. Arten, die rasch wurzeln, wie etwa *Anthemis cupaniana*, überwinden die Phase innerhalb von zehn bis vierzehn Tagen. Aber die Stecklinge, die ich im Herbst von *Elaeagnus pungens* 'Maculata' mache, störe ich am besten bis zum folgenden März nicht und vereinzele sie erst dann. Sicher, einige werden im Oktober oder November gewurzelt haben, aber sie zu der Zeit zu stören, wo sie ohnehin wenig geneigt sind zu wachsen, erweist sich häufig als fatal.

Das Abhärten muss allmählich vor sich gehen, sonst ist der Kontrast zwischen dem Leben mit einem Plastikbeutel über dem Kopf und dessen plötzlichem Entfernen zu groß. Wenn die Stecklinge Ihrer Ansicht nach gewurzelt haben, schneiden Sie zu deren langsamer Gewöhnung an die Außenwelt die Ecken des Beutels ab, sodass ein klein wenig Luft eindringen kann. Beobachten Sie, wie das ankommt, und sofern die Pflänzchen weiterhin kräftig aussehen, können Sie die Luftzufuhr allmählich steigern. Wenn Sie die bewurzelten Stecklinge dann in einzelne Töpfe mit nährstoffreicherem Substrat pflanzen, müssen sie zwischenzeitlich wieder in ein geschlossenes System mit keiner oder nur wenig Luftzufuhr zurückkehren, bis sie diesen neuerlichen Schock überwunden haben.

Einige Pflanzen bilden eine Ausnahme und leiden unter einem geschlossenen Klima, selbst wenn die Stecklinge frisch geschnitten wurden. Das sind all jene mit filzigen Blättern – *Senecio cineraria* etwa, und *Buddleja fallowiana* var. *alba* –, aber auch Pflanzen mit bereiften Blättern wie Nelken und Rautengewächse sowie *Euphorbia characias* subsp. *wulfenii*. Ein geschlossenes Klima beeinträchtigt die Wachsschicht auf den Blättern, sodass sie häufig verfaulen, ehe die Stecklinge Wurzeln bilden können. Allerdings machen sie diese unschöne Gewohnheit dadurch wett, indem sie weniger schnell welken als die meisten anderen Gewächse und recht gut im kalten Kasten (oder in einem belüfteten Beutel) wurzeln, sofern sie nicht direkter Sonneneinstrahlung ausgesetzt sind.

Gelegentlich ist es ein regelrechter Kampf, Stecklinge in einem geschlossenen, unbelüfteten Klima vor dem Verfaulen zu bewahren. Deshalb werden alle Stecklinge wöchentlich abwechselnd mit drei erprobten Fungiziden besprüht, wobei die Verwendung von unterschiedlichen Mitteln zu verhindern hilft, dass ein bestimmter Pilz eine Resistenz gegen eines der Mittel entwickelt. Eingetragen werden kann der Pilz durch Blüten, die der Steckling bereits trägt, auch wenn er noch nicht gewurzelt hat. Sieht man also beim Schneiden eines Stecklings eine Knospe, sollte man sie sofort entfernen. Bisweilen jedoch entwickeln sich Knospen erst später. Bei *Convolvulus sabatius* (syn. *C. mauritanicus*), *Osmanthus delavayi*, der bereits erwähnten *Elaeagnus*, bei *Genista lydia* und den Scheinulmen kommt das durchaus häufiger vor. Die Blüten verblassen, Graufäulesporen fallen über diese Schwachstelle her und arbeiten sich in das Gewebe des Stecklings vor. Aus dem Grund sollten Sie derartige Blüten rechtzeitig entfernen.

Auch Kamelien blühen mit Vorliebe als Stecklinge. Bei ihnen sollten Sie die Blütenknospen abstreifen, sobald an deren runderer Gestalt erkennbar wird, dass es sich nicht um Blattknospen handelt. Sonst investiert der Steckling seine ganze Kraft in die Blüten und nicht, wie erwünscht, in die Bildung von Wurzeln und Trieben.

An manchen Stecklingen sind die Blätter so üppig, dass sie im Topf zu viel Raum einnehmen und häufig welk herabhängen. Ohne etwas Blattwerk jedoch kann kein grüner oder halbreifer Steckling wurzeln, also ist ein Mittelding zwischen zu viel und zu wenig gefragt. So entfernt man bei Hortensien und Kamelien üblicherweise gleich beim Schneiden der Steckhölzer die Hälfte der Blätter mit einem scharfen Messer. Auch bei großblättrigem Flieder wie 'Fountain' oder 'Bellicent' kann man so vorgehen. Im Fall einer großblättrigen Clematis kann man entweder das mittlere der drei Blätter entfernen oder, wenn sie ungeteilt sind, die Blätter um die Hälfte verkleinern. Bei *Mahonia japonica* steht an der Spitze der Triebe, die sich so herausragend für Stecklinge eignen, häufig ein regelrechter Blätterquirl. Der lässt sich auf zwei oder drei proximale Blattpaare reduzieren.

Dem Erfolg mit Stecklingen geht ein Wettlauf zwischen Verfaulen und Wurzelschlagen voraus, und wir als Schiedsrichter oder vielmehr als Hüter müssen das Einsetzen von Fäulnis mit allen Mitteln so weit hinauszögern, dass aus dem Steckling eine Pflanze werden kann. Das Zentrum eines grünen Triebs ist markig, und generell ist eben dieses Mark besonders anfällig für Fäulnis. Das ausgereifte Holz, das Sie bei einem Rissling freilegen, ist nicht markig, und derartige Stecklinge empfehlen sich bei allen Sträuchern, deren Triebe innen eher breiig sind: Magnolien, Ginster, Holunder sowie viele derjenigen, die eher weiche, üppige Triebe bilden.

Wenn ich Stecklinge schneide, habe ich immer ein Gärtnermesser und ein scharfes Okuliermesser zur Hand, die ich je nach Gutdünken für die beiden anstehenden Arbeiten verwende. Die eine besteht in dem Schnitt, durch den die Basis des Stecklings entsteht, die andere im Entfernen der Blätter von seinem unteren Teil. An dem dürfen keine Vorsprünge oder Ansätze von Blattstielen mehr stehen, nirgends sollte ein Stück Rinde fehlen, denn diese Stellen bieten eine Angriffsfläche für Fäulnis. Wenn sich ein Blatt problemlos vom Zweig ziehen lässt, so ist das schneller und effizienter, als es abzuschneiden. Deswegen lohnt es sich immer zu prüfen, ob man mit dieser einfachen Methode zum Ziel kommt – was bei Pflanzen wie Hortensien, Heben, Fuchsien und Euphorbien gemeinhin der Fall ist.

Euphorbien und einige andere Pflanzen verlieren bei Verletzungen oft sozusagen ihren Lebenssaft und sondern eine milchige Flüssigkeit ab. Verschließen Sie die Verletzungen so rasch wie möglich, indem Sie die Stelle gleich nach dem Schnitt kurz in etwas trockenen Sand oder eine andere pulvrige Substanz tauchen. Auf der Arbeitsbank können Sie dann etwas Staub auf die »blutenden« Stellen streuen, die durch das Abzupfen der Blätter entstehen.

Bei Sommerstecklingen sollte etwa die Hälfte des Triebs blattlos sein, die andere Hälfte Blätter tragen. Wenn Sie den Steckling in das vorbereitete Pflanzloch setzen, muss das untere Ende auf das Substrat auftreffen, das unterste Blatt sollte direkt über der Oberfläche des Substrats liegen. Hier möchte ich noch einmal betonen, dass jeder Teil eines Blatts oder Blattpaares, das im Bewurzelungssubstrat begraben ist, ein Risiko für Fäulnis darstellt. Blätter waren noch nie für ein Leben im Untergrund bestimmt.

Einiges Material ist so weich, dass es bereits auf dem Weg von der Mutterpflanze zur Werkbank zu welken beginnt und sich kaum mehr handhaben lässt – oder haben Sie schon einmal versucht, eine Schale voll verwelkter Stecklinge von *Convolvulus sabatius* (syn. *C. mauritanicus*) einzutopfen? Hier leistet uns wieder der

Plastikbeutel gute Dienste. Legen Sie die Stecklinge mit ein paar Tropfen Wasser für eine Stunde in die Tüte, danach sind sie sozusagen wieder taufrisch.

Ist die Spitze eines Stecklings zu weich und wurzelt das Material ohnehin nicht bereitwillig, ist es möglich, dass er von der Spitze ausgehend zu faulen beginnt. *Genista lydia* etwa bringt erst im Juni, nach der Blüte, neues Wachstum hervor, und erst im August oder September ist dieses fest genug, um Vermehrungszwecke zu erfüllen. Allerdings wachsen die Spitzen immer noch kräftig weiter, zumal bei sehr feuchter Witterung. Dann ist es notwendig, die Spitzen bereits beim Herrichten der Stecklinge zu entfernen, um späteren Schwierigkeiten vorzubeugen.

Generell eignet sich ein Bewurzelungssubstrat, das zu einem Teil aus Humus, zu zwei Teilen aus Torf (die Alternativen müssen sich erst noch bewähren) und zu drei Teilen aus Drainagekies besteht. Der Humus liefert einige wenige Nährstoffe für die Zeit zwischen dem Wurzeln und dem Umtopfen, der Torf fungiert als Wasserspeicher, und der Drainagekies gewährleistet, dass sich keine Staunässe bildet.

Einige Pflanzen, die sehr stark zu Fäulnis neigen, benötigen ein noch durchlässigeres Substrat, und andere, wie etwa Kamelien und Scheinulmen, neigen bei jedem nicht extrem durchlässigen Substrat dazu, große Kallusse anstatt Wurzeln zu bilden. Für derartige Pflanzen wird ausschließlich Drainagekies verwendet, wobei man nicht vergessen darf, dass man dieses Substrat kaum überwässern kann, es aber andererseits sehr schnell austrocknet. Zudem muss man gewahr sein, dass es keinerlei Nährstoffe enthält, sodass man die Stecklinge, sobald sie die ersten Wurzeln bilden, vor dem Verhungern bewahren muss. Perlit allein oder zu gleichen Teilen mit Drainagekies gemischt, kann wie ein Schwamm Wasser binden, ohne dass sich die Luftlöcher verschließen, womit die Gefahr von Staunässe gebannt ist. Aber auch Perlit enthält keinerlei Nährstoffe.

Sommerstecklinge: Einige Sonderfälle

Davon ausgehend, dass der Sommer im Mai beginnt und sich bis zum September hinzieht, möchte ich jetzt die eine oder andere Tücke einzelner Pflanzen oder Pflanzengruppen erörtern, wenn sie durch Stecklinge vermehrt werden. Häufig sind die Empfindlichkeiten einer bestimmten Art auch für andere aussagekräftig.

Es ist nun einmal so, dass eine ganze Reihe von Sträuchern sich am einfachsten vermehren lässt, wenn die Triebe noch krautig sind, mithin im Mai. Wenn sie zu dem Zeitpunkt Wurzeln bilden, hat man im Herbst bereits eine durchaus ansehnliche Pflanze, etwa bei *Caryopteris* und *Perovskia*. Nehmen Sie Anfang Mai die rund 4 cm langen grünen Seitenschösslinge der Mutterpflanze als Risslinge, dann werden diese bereits im August und September mit einer wahren Blütenpracht aufwarten. Derartig gewonnene junge *Caryopteris clandonensis* verwende ich in der Jahreszeit gemeinhin als Beetpflanzen.

Mai ist auch eine gute Zeit, um Hortensien aus ihren jungen Trieben zu vermehren. So früh im Sommer können Sie vermutlich den ganzen Rissling verwenden und brauchen nicht einmal die Blattgröße zu reduzieren. Im Herbst dann sollten in 12,5-cm-Töpfen bereits kräftige Pflanzen mit jeweils etwa drei Trieben wachsen, an denen sich Blüten für das nächste Jahr gebildet haben. Pflanzen Sie sie aber erst im folgenden Frühjahr aus, denn noch können sie den Winter nicht ohne Schutz überstehen.

Sie können die Spitzen von Hortensientrieben allerdings bis zum August als Stecklinge schneiden. Dabei ist es nicht einmal nötig, den Schnitt dafür direkt unter einem Knoten anzusetzen, da Hortensien auch aus den Lentizellen (den seltsamen rötlich lilafarbenen Verwerfungen) an den Stängeln Wurzeln bilden können.

Weitere Sträucher, von denen ich im Mai grüne Stecklinge schneide, wiewohl erst gegen Ende des Monats, sind der Zitronenstrauch, *Aloysia triphylla* (syn. *Lippia citriodora*) sowie einige Fliederbüsche beziehungsweise die Zuchtformen der *Prestoniae*-Hybriden (mit rosafarbenen, nach Heckenkirschen duftenden Blüten) und *Syringa vulgaris*. Erstere wurzeln bereitwillig, während Letztere – der beliebteste und typischste Flieder – heikel sind. Manche, wie etwa 'Messina', sind dennoch weniger anspruchsvoll als zum Beispiel die weiße 'Mme Lemoine'. Nehmen Sie grüne Risslinge, wenn das Holz halbreif zu werden beginnt; ein kleines Gewächshaus mit Zerstäubersystem erleichtert das Anwurzeln.

Zahlreiche Sträucher bilden jederzeit zwischen Mai und September bereitwillig Wurzeln aus mehr oder weniger krautigen Seitentrieben: Weigelien, Deutzien, Escallonien, *Olearia*-Arten, Forsythien und Pfeifensträucher. Je früher man sie abschneidet, desto kräftiger können die jungen Pflanzen vor Wintereinbruch werden.

Die beste Zeit, um Stecklinge von Freiland-Kamelien zu gewinnen, ist gemeinhin Ende Juli oder Anfang Augst. Viel hängt von der Witterung ab (trüb und feucht oder sonnig und trocken), vom Alter des Strauchs (mehr oder weniger kräftiges Wachstum) und von seinem Standort (offenes Gelände oder unter Bäumen). Das Holz des Stecklings sollte biegsam, aber nicht weich sein. Wenn der Strauch lange Seitensprossen ausbildet, können Sie aus jedem mehrere Stecklinge mit jeweils zwei Blattpaaren gewinnen. Das untere Blattpaar wird abgestreift, die Größe des oberen halbiert. Machen Sie dann am unteren Ende des Stecklings mit einem scharfen Messer einen etwa 2,5 cm langen schrägen Schnitt; er soll ein ganzes Stück unterhalb des unteren Blattpaares enden. Beide Blattknoten müssen intakt bleiben.

Mit einer Bodenheizung wird das Wurzeln beschleunigt, aber selbst im kalten Kasten sollten Ihre Stecklinge im nächsten Frühjahr Wurzeln geschlagen haben. Ich arbeite auch mit einem kalten Kasten, allerdings hat er Doppelwände und Doppelfenster. Deren Zweck besteht nicht darin, wie manche meinen, die Tagestemperatur in die Höhe zu treiben, sondern dient vielmehr der Isolation vor nächtlicher Kälte. Die Wände sind aus 5 cm starken Betonziegeln, die in 4 cm Abstand stehen; das wurde eigens angefertigt. Die Außenfenster jedoch sind Standardfenster und liegen mit einer Neigung auf, sodass der Regen gut ablaufen kann. Die Innenfenster können durch Plastikfolie ersetzt werden.

Von *Garrya elliptica*, dem Spalier-Becherkätzchen, nehme ich Stecklinge im September. Zu dem Zeitpunkt haben sich die nächstjährigen Kätzchen bereits gebildet und müssen entfernt werden. Alternativ wählen Sie Triebe mit einer Länge von rund 10 cm, an denen keine Blütenknospen stehen, und nehmen einen Rindenstreifen mit. Bei dieser Spezies empfiehlt es sich, die Stecklinge einzeln in kleine Töpfe zu setzen, da die Würzelchen von Becherkätzchen nicht nur ausgesprochen fragil sind, sondern auch auf jede Störung sehr empfindlich reagieren, sodass es besser ist, sie in dem Stadium nicht umtopfen zu müssen. Empfindlich in der Hinsicht ist auch *Buddleja alternifolia*. Normalerweise setze ich ihre Stecklinge zum Vermehren einzeln in 5-cm-Töpfe, aber der durchschnittliche Gärtner, der lediglich ein oder zwei weitere Pflanzen haben möchte, ist vielleicht besser beraten, bis zum Beginn der Ruhephase im November zu warten und dann 30 cm lange ausgereifte Stecklinge genau dort in den Boden zu stecken, wo der Strauch wachsen soll.

Skimmien gehören zu den unproblematischsten Sträuchern, was die Vermehrung durch Stecklinge betrifft. Diese bilden kräftige, feste Wurzeln, die weder leicht bröckeln noch brechen. Die diesjährigen Triebe stehen in Quirlen von bis zu fünf, von denen jeder, sofern er einen Rindenstreifen hat, wurzeln wird. Skimmien sollten immer auf diese Art vermehrt werden, und zwar von einer Pflanze, deren Geschlecht bekannt ist. Die selbst ausgesäten und damit bestechenden Keimlinge, deren Geschlecht viele Jahre bis zur ersten Blüte unklar bleibt, sind wenig zufriedenstellend. Überdies wachsen aus Stecklingen gewonnene Exemplare rascher heran als Keimlinge. Die mit den Skimmien verwandte Orangenblume, *Choisya ternata*, wächst etwas langsamer an, bildet aber ebenfalls sehr kräftige, dicke Wurzeln aus.

Beim Seidelbast ist die immergrüne *Daphne odora* die einfachste, sie wurzelt ebenso bereitwillig wie eine Skimmie. Die laubabwerfende *D. burkwoodii* muss auf diese Art vermehrt werden, ist allerdings wirklich heikel. Man weiß nie, was man von einer Charge erwarten kann. *D. tangutica* ist sehr langsam, und bei ihr bevorzuge ich Samen, obwohl Pflanzen aus Stecklingen praktisch gleich nach dem Anwurzeln blühen und damit ein oder zwei Jahre früher als solche, die aus Samen gezogen wurden.

Immergrüne Ceanothus-Stecklinge wurzeln unweigerlich problemlos, wenn sie von jungen (idealerweise einjährigen), kräftig wachsenden Pflanzen geschnitten werden, sonst sind sie anspruchsvoller. Die richtige Jahreszeit dafür ist September, und am besten eignen sich Risslinge von Seitentrieben. Sie dürfen aber erst im folgenden Frühjahr auf Töpfe vereinzelt werden, wobei zu beachten ist, dass ihre weißen Wurzeln sehr leicht brechen. Auch die Wurzeln von Zistrosen fallen leicht ab, und wenn die Stecklinge sehr viele gebildet haben, lassen sich die Pflänzchen womöglich nur schwer trennen, ohne sämtliche Wurzeln einzubüßen. Bisweilen hilft es zu versuchen, zerbrechliche Wurzeln in Wasser zu entwirren.

Bei Zistrosen braucht man keine Risslinge, es genügt, die jungen Triebe unter einem Knoten abzuschneiden. Auch die jungen Sprossen der verwandten Sonnenröschen können jederzeit zwischen Juni und September auf diese Art zum Wurzeln gebracht werden. Und da wir gerade bei Pflanzen für Steingärten sind: Aubretien treiben am besten aus den jungen Trieben, die nach dem auf die Blüte folgenden Pflanzenschnitt gebildet wurden (sofern Sie sich die Mühe gemacht haben). Aubretien lassen sich nicht gut teilen, aber Stecklinge von ihren pelzigen Trieben faulen leicht und sollten keinen Moment länger als unbedingt nötig im geschlossenen Klima bleiben.

Teppichphlox ist problemlos, sofern Sie junge Schösslinge nehmen und den Schnitt unter einem Knoten ansetzen; sind die Triebe schon ausgereift, bereiten die Stecklinge allerdings Schwierigkeiten.

Sehr wenige Hobbygärtner versuchen sich an Wurzelstecklingen von *Lithodora diffusa* (syn. *Lithospermum diffusum*) 'Heavenly Blue', obwohl sie eine der beliebtesten Pflanzen für Steingärten überhaupt ist. Wahrscheinlich lassen sich die meisten vom etwas heiklen Vorgang abschrecken, obwohl Gärtnereien ihren gesamten Bestand aus Stecklingen von jungen Trieben beziehen, die mitten im Sommer geschnitten wurden, und zwar ohne magische Hilfe. Entweder faulen die Stecklinge, oder sie haben bis September gewurzelt. Vereinzeln Sie sie auf 9-cm-Töpfe mit John-Innes-No. 2. Werden sie dann abgehärtet, haben Sie im Mai üppige kleine Pflanzen, die unter ihrer Blütenpracht schier ersticken. Kalk vertragen sie gar nicht, aber der Kalk in einem John-Innes- oder anderen vergleichbaren Substrat stört sie nicht.

Die meisten Euphorbien treiben aus Stecklingen aus, obwohl sich für Hobbygärtner, die nur wenige zusätzliche Pflanzen benötigen, andere Methoden anbieten. Bei *Euphorbia palustris* verholzt der Wurzelstock und lässt sich nicht gut teilen, und ich habe nie erlebt, dass ein Exemplar Samen angesetzt hätte, obwohl ich nicht weiß, warum sie das nicht tun sollten. Aber weiche Stecklinge von Triebspitzen wurzeln bereitwillig, allerdings müssen die Pflänzchen, um im folgenden Frühjahr weiterzuwachsen, bis zum Winter einen Basalknoten gebildet haben, sonst sterben sie einfach ab. Je früher im Sommer Sie die Stecklinge also schneiden, desto größer ist die Chance, dass sie tatsächlich durchkommen. Bei *E. griffithii* verhält es sich ebenso.

Ähnliches gilt für eine ganze Reihe anderer Sträucher. Die diversen Zuchtformen von *Hydrangea paniculata* sollten, wenn möglich, im Juni vermehrt werden. Wenn Sie bis August warten, bilden die jungen Pflanzen, so gut sie im Herbst auch gewurzelt haben mögen, im nächsten Jahr gemeinhin keine neuen Triebe. Auch *Celastrus orbiculatus* hat diese Eigenheit. Von diesem Baumwürger sollten Sie grundsätzlich die zwittrige Art pflanzen, die keine zweite Pflanze des anderen Geschlechts benötigt, um Früchte zu bilden, und die Vermehrung des Zwitters kann man nur vegetativ garantieren; die Stecklinge sollten spätestens Anfang Juli geschnitten werden. Stecklinge von Sträuchern sollten nach Ende August nicht mehr ausgetopft werden, sondern bis März ungestört ruhen dürfen, sonst beschert Ihnen der Winter herbe Verluste.

Winterharte Pflanzen von Frühjahrsstecklingen

Mitte März beginnt der verrückte Wettlauf gegen die Zeit. Selbst wenn es noch einmal schneien sollte, ist die behäbige Winterphase, in der wir in aller Ruhe einiges nacharbeiten konnten, vorbei. Jetzt geht es darum, jede Arbeit zu genau dem richtigen Zeitpunkt zu erledigen oder gar nicht.

Das gilt insbesondere für das Gewinnen von Staudenstecklingen. Aber vielleicht gibt es ohnehin nicht so viele Hobbygärtner, für die das von Belang ist. Andererseits war es für sie vielleicht nur deswegen nicht von Belang, weil sie nie auf die Idee gekommen sind. Pflanzen zu teilen ist in den meisten Fällen die offensichtliche und einfachste Art der Vermehrung, allerdings ermöglichen Stecklinge es Ihnen, Ihren Pflanzenbestand sehr schnell zu vergrößern, und bestimmte Pflanzen lassen sich nicht unbedingt teilen: jene wie *Salvia × superba* etwa mit langen Pfahlwurzeln und solche, deren Stängel alle aus einem einzigen harten, unteilbaren Wurzelballen austreiben wie die kleinwüchsigen Nelken, Gypsophilen und Skabiosen.

Sie müssen die Pflanze genau in dem Moment erwischen, in dem sie bereits das blaue Band des Frühlings gesehen hat, aber noch nicht üppig austreibt – das heißt, dass sie nicht mehr nur, wie den Winter über, aus den halb vertrockneten grundständigen Blättern besteht (sofern sie überhaupt welche hat), sondern an jedem Stiel einige neue, frisch aussehende Blätter gebildet hat. Mitte März sind Rittersporn und Lupinen genau so, wie man sie braucht, während andere Pflanzen – Dianthus, Salbei, Nachtkerzen – erst im April so weit sind, und für wieder andere ist ein Zeitpunkt dazwischen der geeignete.

Um den Steckling von der Pflanze zu gewinnen, ist es bisweilen am besten und einfachsten, den Trieb ganz unten mit Zeigefinger und Daumen zu packen (sanft, nicht bärentatzenmäßig) und ihn mit leichten Drehbewegungen vom Muttertrieb zu lösen. Das funktioniert einwandfrei bei allen Fetthennen, bei Nelken, Gypsophilen, *Oenothera macrocarpa* (syn. *O. missouriensis*), *Aster × frikartii* und *A. amellus*, *Heliopsis* und den gelben Schafgarben (*Achillea*). Geben Sie die Stecklinge sofort in einen Plastikbeutel, und unmittelbar bevor Sie sie in das Bewurzelungssubstrat stecken, schneiden Sie auf einer harten Fläche mit einer scharfen Klinge eine sehr dünne Scheibe von der Basis ab. Bei Rittersporn und Lupinen und eventuell auch bei Phlox und *Salvia × superba* empfiehlt es sich, mit einem scharfen Messer die breiige Basis der Triebe abzuschneiden. Wenn Sie das bereits beim Abschneiden von der Mutterpflanze machen, ist es überflüssig, die Stecklinge an der Werkbank noch weiter herzurichten – natürlich nur, sofern die Schnittfläche in der Zwischenzeit nicht angetrocknet ist.

Verwenden Sie das übliche Bewurzelungssubstrat aus einem Teil Lehm, zwei Teilen Torf und drei Teilen Drainagekies. Setzen Sie Ihre Stecklinge fest hinein, ohne sie zu verletzen – entweder in Töpfe oder in Kästen, je nachdem, wie viele Sie geschnitten haben. Gießen Sie sie gründlich und stellen Sie sie in einen geschlossenen kalten Kasten, der genügend beschattet wird, um ernsthaftes Welken bei voller Sonne zu verhindern. Aber je mehr Licht sie bekommen – ohne zu welken –, desto schneller bilden sie Wurzeln. Nelken und Gypsophilen sollten keinen Tag länger als notwendig im geschlossenen Klima bleiben, sonst wird die wächserne Schicht auf den Blättern angegriffen, und sie faulen. Das heißt, sobald Sie erste Anzeichen von neuen Trieben sehen, können Sie davon ausgehen, dass die Stecklinge Wurzeln bilden, und ihnen etwas Luft gönnen. Härten Sie sie wie gewohnt ab und pflanzen Sie sie Anfang Juni ins Beet – etwas früher bei schnell wurzelnden Spezies wie Astern, etwas später bei langsameren wie Gypsophilen.

Die fleischigen Stecklinge vom Mauerpfeffer verlangen nach einer etwas anderen Behandlung, da sie kein geschlossenes Klima vertragen. Geben Sie ihnen als Substrat reinen Drainagekies (den man unmöglich übergießen kann) und stellen Sie sie ins Freie, es sei denn, es besteht die Gefahr, dass Vögel die Stecklinge herausziehen, was aufgrund ihrer sehr kurzen Stiele relativ leicht ist.

Die Stauden, die Sie aus Stecklingen gewinnen, werden so gut wie alle noch im selben Jahr blühen und in den meisten Fällen auch größere Blüten und Blütenköpfe hervorbringen, als Sie auf jede andere Weise bekommen würden. Manchmal ziehe ich *Anthemis tinctoria* aus Frühjahrsstecklingen eigens, um Pflanzen zu bekommen, die sich stark verzweigen, aber noch lediglich nur einen Stängel haben und entsprechend auch nur eine Stütze brauchen, die 90 cm hoch werden anstatt der 1,80 m hohen eingewachsenen Stauden und die längere Zeit blühen als ältere Exemplare.

Ähnliches gilt für ausdauernde Astern. Die Amellus-Unterarten sowie *Aster × frikartii* haben holzige Wurzelstöcke, die sich nicht bereitwillig teilen lassen, weswegen sich hier Stecklinge zur Vermehrung anbieten. Ebenso verhält es sich bei allen Rittersporнen, die Ihnen ans Herz gewachsen sind, denn die genannten Zuchtformen können eigentlich nur auf diese Art vermehrt werden, auch wenn es nicht unmöglich ist, den Wurzelstock zu teilen.

Bedingt winterharte Sträucher aus Stecklingen

Bedingt winterharte Pflanzen wären weitaus beliebter, wenn wir sie nicht nach jedem strengen Winter neu kaufen müssten. Die Gattung *Hebe* (der zur Unterscheidung vernünftige Name, mit dem die meisten Botaniker die strauchartigen Veronika-Arten im Gegensatz zu den krautigen und einjährigen bezeichnen) ist ein gutes Beispiel dafür. Die in der Blüte ansehnlichsten und interessantesten Hebe-Arten sind gleichzeitig auch die frostempfindlichsten. Deswegen neigen viele Gärtner nach einer Reihe eisiger Winter dazu, ihre Verluste nicht zu ersetzen. Meine Überredungsversuche zielen darauf ab, im Herbst von jeder Art immer einige Stecklinge zu schneiden, sodass es nicht zu schmerzhaft ist, wenn die alten Pflanzen tatsächlich eingehen. Schließlich sind Heben extrem raschwüchsig, und ein junges Exemplar blüht im ersten Jahr oft üppig und über eine extrem lange Zeit hinweg, nämlich von Juli bis Dezember.

Fällt meine inständige Bitte auf taube Ohren, weiß ich, dass das Hindernis eher darin besteht, den Steckling tatsächlich zu schneiden. Ich ignoriere hier die Tatsache, dass viele Gärtner einen Glasschutz der einen oder anderen Art haben – ob nun ein beheiztes Gewächshaus oder einen kalten Kasten – und auch hinreichend mit einem Messer umzugehen verstehen, um einen Steckling zu schneiden. Aber selbst ohne diese Hilfsmittel kann man Stecklinge von empfindlichen Pflanzen durchaus erfolgreich zum Austreiben bringen, und Oktober / November ist ein sehr guter Zeitpunkt dafür, insbesondere, wenn es sich um Immergrüne handelt.

Sagen wir, wir möchten eine Hebe auf diese Art überwintern, und zwar die prächtigste aller Heben überhaupt, 'Simon Delaux' mit ihren lilaroten Blütenähren. Wählen Sie eine Spitze, vorzugsweise ohne Blütenähre, da sie das Wachstum beeinträchtigt. Finden sich keine Triebe ohne Blütenähren – denn diese Hebe blüht wie wild ununterbrochen bis zum ersten strengen Frost –, dann kneifen Sie diese nah der Basis ab. So sollten Sie einen Steckling mit einem oberen Blattknospenpaar erhalten, das noch geschlossen ist, und darunter drei bereits geöffnete Blattpaare. Streifen Sie das unterste ab, es sollte sich glatt entfernen lassen.

Schneiden Sie den Trieb mit der Schere oder dem Messer direkt unter dem Gelenk ab, von dem die Blätter entfernt wurden. Den rund 2,5 cm langen verbleibenden Stängel unter dem nächsten Blattpaar stellen Sie in einer kleinen Vase in einem hellen, frostfreien Raum aufs Fenstersims. Sofern Sie nicht alles Wasser verdunsten lassen, erscheinen im Lauf der folgenden Monate Wurzeln, und die junge Pflanze kann in einen Topf umgesetzt werden oder, wenn das zu mühsam ist, weiter in der Vase bleiben, bis die Frostgefahr gebannt ist und sie direkt in den Garten gesetzt wird. Ein Steckling, der zu früh im Winter Wurzeln bildet, kann Schwierigkeiten bereiten, deshalb empfehle ich, ihn erst im November zu schneiden. Wenn die unteren Blätter sich nicht so glatt abstreifen lassen wie bei der Hebe, sondern eher abreißen und ein Stück des Stängels mitnehmen, müssen sie mit dem Messer abgeschnitten werden.

Einige Sträucher brauchen sechs Monate, um auf diese Art Wurzeln zu bilden, aber das ist Anlass weder zu Sorge noch zu Ungeduld, solange die Blätter grün und gesund aussehen. Sollte das Wasser grün werden und veralgen, muss es gewechselt werden. Alternativ können Sie auch ein Antiseptikum hinzufügen; das bietet sich insbesondere bei Stecklingen mit weichen Stängeln an, die sich leicht zersetzen.

Viele Pflanzen mit silbergrauen Blättern sind nur bedingt winterhart oder sogar ausgesprochen empfindlich. Dazu gehören etwa *Helichrysum petiolare* (syn. *H. petiolatum*) und die nicht minder attraktive *Plecostachys serpyllifolia* (syn. *H. microphyllum*) mit den winzigen Blättern. Dann gibt es noch die Fuchsien. Sie können jederzeit durch die beschriebene Methode vermehrt werden, solange die Mutterpflanze junge Triebe hat. Möchten Sie allerdings im nächsten Juli oder August zu Schauzwecken ein prächtiges Exemplar haben, empfehle ich Ihnen, die Stecklinge Mitte September zu schneiden. Setzen Sie sie im Oktober in 9-cm-Töpfe und stellen Sie sie den Winter über möglichst kalt. Das Thermometer darf auf null Grad sinken, aber nicht darunter. Im März fangen sie kräftig zu wachsen an, und bereits im April können sie in ihre endgültigen 20-cm-Töpfe gepflanzt werden. (Soll das Exemplar zu Schauzwecken dienen, sehen Tontöpfe natürlich schöner aus.) Als Substrat empfehle ich hier John-Innes-Nr. 3. Ab Ende Mai können Sie den Pflanzen wöchentlich etwas Flüssigdünger geben.

Vermehrung durch Wurzelstecklinge

Beim Pflanzenkauf steht man häufig vor der Frage, wie viele Exemplare man von jeder Art erstehen soll. Sofern Sie keine Angst haben, den Gartenfachverkäufer zu beleidigen, fragen Sie vielleicht in einem hoffnungsvollen Ton: »Wahrscheinlich werde ich die Pflanze bald teilen können?« Die Antwort lautet im Fall der meisten Stauden gemeinhin Ja, aber hin und wieder bekommt man es mit einer Art zu tun, die sich nicht auseinanderreißen lassen möchte. Die Pflanze müsste sich das Schild »Bitte nicht stören« umhängen; man kennt von derartigen Gewächsen den missmutigen Ausdruck, den ihr Blattwerk annimmt, sobald sich der Gärtner mit einer Grabgabel in der Hand nähert. Meist haben sie tiefe, fleischige Pfahlwurzeln, und jeder Versuch, sie vollständig zu versetzen, scheitert. Die Stücke, die verpflanzt wurden, schmollen ein oder zwei Jahre, während aus den zurückbleibenden Wurzelbruchstücken allesamt neue Pflanzen entstehen.

Eryngium (Mannstreu) ist ein typisches Beispiel hierfür, ebenso wie der Meerkohl und die ausdauernden *Limonium*-Arten (Strandflieder). Sie lassen sich nicht teilen, werden aber ihre Wurzeln beschädigt, bildet die verletzte Fläche Adventivknospen aus – Triebknospen, die nicht an den Stellen entstehen, wo man sie normalerweise erwarten würde, sondern irgendwo. Diese Eigenart kann man sich zunutze machen und Wurzelstecklinge nehmen. Das wird zwar meist Gartenbauspezialisten überlassen, doch gibt es keinen ersichtlichen Grund, weshalb nicht auch Hobbygärtner so vorgehen können. Und die Winterruhe ist die beste Zeit dafür.

Nehmen wir als Beispiel den winterharten Mannstreu mit seinen stahlblauen oder lilafarbenen Stängeln und den blauen Blütenkuppeln, die jeweils mit einer stachligen grünen Halskrause ausgestattet sind. Graben Sie von einer Pflanze eine Pfahlwurzel so tief wie möglich aus; dabei werden weitere Stücke von der Mutterpflanze abbrechen. Sammeln Sie auch diese »Kollateralstücke« ein, aber legen Sie sie parallel in Ihren Korb, und zwar so, dass die oberen Enden jeweils in dieselbe Richtung zeigen. An der Werkbank angekommen, teilen Sie jedes Wurzelstück mit einem geraden Schnitt in Stücke von 5 bis 7,5 cm Länge, richten sie aber nach wie vor gleich aus. Zur leichteren Erkennung empfiehlt es sich, den Schnitt am unteren Ende schräg anzusetzen, den am oberen Ende gerade, auch wenn Sie dafür zwei Schnitte machen müssen und immer etwas Wurzel einbüßen.

Binden Sie die Stecklinge zusammen, wobei die oberen Enden auf gleicher Höhe sein sollten, und stellen Sie das Bündel in einen Topf, sodass es rundum fest von Vermehrungssubstrat umgeben ist, und zwar so tief, dass Sie es mit einer 1,5 cm dicken Kompostschicht bedecken können. Gießen Sie die Stecklinge und stellen sie dann vorzugsweise in einen geschlossenen kalten Kasten. Aber auch ein belüftetes Gewächshaus oder sogar ein Platz im Freien erfüllt den Zweck.

Einige Wurzelstücke werden viel dicker als andere gewesen sein, aber das tut offenbar nichts zur Sache, denn fast alle werden anwachsen. Im April oder Mai erscheinen die ersten Triebe; man muss nur aufpassen, die Pflänzchen nicht zu feucht zu halten, bis sich neue Wurzeln gebildet haben, was allerdings relativ bald der Fall ist. Zwischen Mai und Juni können die Pflänzchen dann einzeln eingetopft und im Herbst ins Beet gepflanzt werden. Gewächse mit kräftigem Wachstum wie Mohn und Ochsenzungen können sofort in ein leerstehendes Beet gesetzt und dort weitergezogen werden.

Bei Strandflieder, Akanthus, ausdauernden Königskerzen und Türkischem Mohn geht man ähnlich vor, ebenso beim Weißen Federmohn (*Macleaya cordata*) und dem Kalifornischen Strauchmohn (*Romneya*), obwohl Stücke von diesem extrem empfindlich auf jede Störung reagieren und man sie deshalb am besten einzeln in Quelltöpfe setzt. Die meisten winterharten Storchschnäbel (*Geranium* spp.) treiben von Wurzelstecklingen aus, auch wie die zarteren Pelargonien. Japan-Anemonen werden am besten einzeln in 9-cm-Töpfe gesetzt und bleiben den Sommer über dort, ehe sie im Herbst ausgepflanzt werden. Es ist erstaunlich, dass diese Pflanze, die fast zur Plage werden kann, wenn sie einmal angewachsen ist, sich so anspruchsvoll zeigt, wenn man sie auf übliche Art versetzen möchte. Jede Distel kann selbstredend aus Wurzeln vermehrt werden, auch die bestechende alpine Silberdistel (*Carlina acaulis*) sowie *Crepis incana*, die sich bis zur Blüte eher wie Löwenzahn ausnimmt.

Strauchphlox lässt sich leicht teilen, doch aufgrund der vergleichsweise dünnen, aber fleischigen Wurzeln bietet sich auch diese Art der Vermehrung an. Kommerziell ist es sinnvoll, Wurzelstecklinge in sterilem Substrat austreiben zu lassen. Phlox wird vielfach von Stängelälchen befallen, die so winzig sind, dass man ihr Treiben nur an den seltsam verkrümmten Blättern erkennt. Allerdings sitzen die Älchen nicht in den Wurzeln, das heißt, wenn man Pflanzen aus ihnen an anderer Stelle im Garten vermehrt, kann man den Schädlingen ein Schnippchen schlagen.

Ochsenzungen (Zuchtformen von *A. azurea*) blühen in ihrem ersten Jahr stets am kräftigsten, deshalb empfiehlt es sich, sie als Zweijährige zu behandeln. Samen keimen nur bedingt zuverlässig, aber mit Wurzelstecklingen von etwa 7,5 cm Länge klappt die Vermehrung einwandfrei.

Über die Bäume und Sträucher, die auf diese Art vermehrt werden können, habe ich bislang noch nichts gesagt – die Paulownien etwa. Alle Zufallssämlinge von *Paulownia tomentosa* bieten sich an, wenn Sie das Gewächs lediglich des Laubs wegen pflanzen möchten; wollen Sie sich aber im Mai, ehe die Blätter austreiben, an seinen blauen Blütenglocken erfreuen, ist es wichtig, eine blühfreudige Linie zu bekommen. Gewinnen Sie Wurzelstecklinge also von einem Baum, von dem Sie wissen, dass er kräftig blüht. Es lohnt sich bei allen Bäumen und Sträuchern, die gern Schösslinge treiben, eine Vermehrung durch Wurzelstecklinge zu versuchen, bei Losbäumen etwa und vielen Rosen.

Absenken und Ablegen

Triebe absenken

Pflanzen durch Absenken zu vermehren, ist nicht nur die sicherste, sondern auch die angenehmste Methode. Wie Mr G. R. Wakefield in seinem herausragenden Buch über Kamelien sagt: »Absenken und Ablegen machen mir Freude: Es hat etwas sehr Befriedigendes, im wilden Garten draußen zu arbeiten, ganz allein, nur von den Geräuschen der Natur umgeben.«

Das ist eine Arbeit, die man gemeinhin im Winter macht, an einem milden Tag im Januar etwa, wenn der Herzschlag der Natur am langsamsten ist und keine Aufgabe drängt. (Man kann Pflanzen allerdings rund ums Jahr absenken.) Ein weiterer erfreulicher Aspekt dieser Tätigkeit ist, dass sie eine Kür ist und keine Pflicht, lediglich ein nettes Extra, um sich selbst und Freunde mit zusätzlichen Sträuchern zu beschenken. Wenn einem beim Jäten langweilig wird, denkt man an den Strauch, neben dem man gerade gejätet hat, und sagt sich: »Es wäre doch ganz schön, noch eine von diesen Magnolien zu haben. Hier ist eine leere Brachstelle, da kann ich doch einen Absenker machen.«

Bei mir steht eine große *Magnolia × soulangeana* 'Lennei', bei der ich das ziemlich häufig mache, weil sie sich so dafür anbietet. Sie bildet aus der Mitte heraus vielfach kräftige Triebe, die sich dennoch problemlos zur Erde hinunterbiegen lassen und sich im Alter von etwa einem Jahr herausragend zum Absenken eignen. Meist dauert es dann zwei Jahre, bis das abgelegte Stück so gut bewurzelt ist, dass ich es abtrennen und versetzen kann. Das wäre eine lange Zeit, wenn man jeden Tag ungeduldig darauf wartete, aber wenn man es sich zur Gewohnheit macht – wie man es meines Erachtens tun sollte –, hin und wieder beiläufig von jedem schönen Strauch Absenker zu machen, dann fällt einem irgendwann später überraschend der gut bewurzelte Ableger ein, der nun versetzt werden kann.

Um einen Erfolg zu garantieren, muss man einige Dinge beachten. Vergewissern Sie sich, dass die Absenker fest sind. Manche Gärtner legen einen großen Stein obenauf, aber das ist weniger windresistent, als sie mit Holzhaken festzumachen. Außerdem ist es sinnvoll, die erscheinenden Triebe an Stangen zu binden. Zum einem kennzeichnen sie den Ableger, der sonst bei allfälligen Gartenarbeiten leicht übersehen werden kann, zum anderen stützen sie ihn und sorgen dafür, dass er aufrecht wächst. Wichtig ist, dass der abgesenkte Trieb an der tiefsten Stelle einen möglichst scharfen Winkel bildet, da dadurch die Saftzufuhr reduziert wird, was die Wurzelbildung anregt.

In vielen Büchern wird empfohlen, den Absenker an der tiefsten Stelle auf die eine oder andere Art zu verletzen, um die Bewurzelung zu befördern. Das ist allerdings ein wenig diffizil und auch etwas riskant, da man den Trieb dabei allzu leicht ganz abbrechen kann. Außerdem ist es selten nötig. Allerdings sollten Sie in den meisten Fällen relativ junge Triebe zum Absenken wählen; zweijähriges Holz vergleichsweise nah an der Zweigspitze hat meist die richtige Beschaffenheit. Clematis hingegen wurzelt an alten Stängeln am besten.

Ein Strauch, der mir beim Absenken immer wieder Probleme bereitet, ist *Hamamelis mollis*, die Chinesische Zaubernuss. Unsere Pflanzen sind rund 35 Jahre alt, nicht minder alt sind die Zweige, die fast bis zum Boden reichen, und zudem voller Flechten. Bei ihnen schneide ich, meiner Empfehlung oben unbenommen, an der Stelle, die am tiefsten liegen wird, einen 5 cm langen, zungenförmigen Schlitz auf der Unterseite des Zweigs bis in die Mitte und stecke ein Steinchen hinein, damit sich der Schlitz nicht schließt. Zum Glück ist das Holz der Zaubernuss selbst im Alter erstaunlich nachgiebig und bricht nicht so schnell. Während die Verletzung heilt, bildet der Absenker Wurzeln, aber das dauert zwei Jahre.

Einige Sträucher wurzeln jedoch schnell, sodass Sie, wenn Sie sie im Winter absenken, bereits im folgenden Herbst Pflanzen haben, die Sie abtrennen können. Dazu gehören etwa Rosen (der Arten, die die entsprechende Gewohnheit haben), Feigen, Forsythien, Zierquitten (*Chaenomeles*), Clematis und Glyzinien. Zur leichteren späteren Handhabung empfiehlt es sich, die beiden Letztgenannten in große Töpfe (etwa 18 cm Durchmesser) mit einem mit Drainagekies versetzten Humus abzusenken. Sofern die unterirdisch liegende Stelle Blätter trägt, müssen diese entfernt werden.

Veredeln

Veredeln: Besseres und Schlechteres

Viele der von uns käuflich erworbenen Bäume und Sträucher sind veredelt. Bisweilen, etwa im Fall von Kirschen, nehmen wir das als gegeben hin, bei anderen aber betrachten wir es vielfach als Methode des Gartenbaufachmanns, eine schöne Pflanze für den Verkauf zu bekommen, die aufgrund ihrer mangelnden Qualität bald eingeht. Manchmal ist dieser unschöne Verdacht durchaus berechtigt, weswegen es immer besser ist, bei einem Gärtner seines Vertrauens zu kaufen, dessen Ruf darauf gründet, mit seinen Kunden in gutem Einvernehmen zu bleiben, als ohne persönlichen Kontakt auf einem Markt oder in der Filiale einer Handelskette, wo Schnäppchen sich oft als hinausgeworfenes Geld erweisen, das einem nicht ersetzt wird.

An die Frage des Veredelns sollte man aufgeschlossen herangehen. Manchmal sind die damit erzielten Ergebnisse einfach wesentlich besser, als wenn die erwünschte Pflanze aus ihren eigenen Wurzeln wächst. *Viburnum carlesii* aus Wurzelstecklingen etwa wächst nur sehr langsam und schwächelt gemeinhin den Rest seines Lebens. Wie er in seiner Heimat in der freien Natur überlebt, ist mir ein Rätsel. Womöglich wird er im feuchten englischen Klima asthmatisch. Doch wenn er auf unseren heimischen Wolligen Schneeball, *V. lantana*, aufgesetzt wird, bildet er einen schönen Strauch oder einen noch schöneren Hochstamm. Allerdings neigt der europäische Schneeball dazu, Schösslinge zu bilden. Wenn Sie also denken, dass Ihr *carlesii* plötzlich herausragend wächst und seine Größe binnen Jahresfrist fast verdoppelt, dann seien Sie auf der Hut! Es ist nämlich so, dass bei diesem und etlichen anderen Sträuchern das Laub und das allgemeine Aussehen der Unterlage denen des Edelreises sehr ähnlich sind und man sie nur mit einem »botanischen Blick« unterscheiden kann. Das gilt auch für jeden Rhododendron, der auf *Rhododendron ponticum* aufgepfropft wird. Die Blätter vieler der beliebtesten Hybriden sind denen des *R. ponticum* zum Verwechseln ähnlich. Achten Sie auf Schösslinge, die aus der Erde sprießen. Bemerken Sie diese erst, wenn die *ponticum*-Triebe so groß sind, dass sie ihre helllila Blüten entfalten, ist bereits großer Schaden entstanden. Wesentlich besser ist es, diese Rhododendren durch Stecklinge oder Ableger zu vermehren. Stecklinge sind dank moderner Vermehrungstechniken eine wesentlich gangbarere Methode als noch vor wenigen Jahren, aber wenn die Nachfrage nach einer Zuchtform wie 'Pink Pearl' so enorm ist, müssen wir uns damit abfinden, noch viele Jahre veredelte Pflanzen zu kaufen. Stecklinge dieser Hybriden mit den großen Blättern müssen in einem Gewächshaus mit Zerstäubersystem wurzeln, was kosten- und platzintensiv ist, das Veredeln kann jedoch meist im Freien vor sich gehen. Kostspielig dabei ist lediglich der Fachmann.

Es lohnt sich immer, Ihren Gärtner zu fragen, ob die Sträucher, die Sie kaufen, veredelt sind, und wenn ja, auf welcher Unterlage; dann wissen Sie nämlich, worauf Sie achten müssen. Nehmen wir einmal Flieder. Varietäten von *Syringa vulgaris* – das heißt, alle namentragenden Arten des herkömmlichen im Frühjahr blühenden Flieders – wurden entweder auf wilden *S. vulgaris* aufgepfropft oder auf Heckenkirsche; alternativ wachsen sie aus ihren eigenen Wurzeln. Derartiger Flieder bildet bisweilen Sprösslinge, die sich gut als Geschenk für Gartenfreunde eignen. Auch auf wilden Flieder aufgepfropfte Pflanzen bringen Sprösslinge hervor, allerdings in großer Zahl und allesamt von der wilden Art. Erlaubt man ihnen, überhandzunehmen, überwältigen sie die Zuchtformen, sodass man glaubt, sie seien zurückgeschlagen. Flieder und Heckenkirsche sind nur bedingt kompatibel, und ein Aufpfropfen auf eine Heckenkirsche-Unterlage kann sich nach einigen Jahren als fatal erweisen, wenn das Edelreis nicht tief genug eingepflanzt wurde, um eigene Wurzeln zu bilden. Nur dann ist der Flieder gesund. Dies ist ein Beispiel für Wurzelbildung vom Edelreis, und es lohnt sich, das zu unterstützen.

So gut wie alle Kirschen – die Zierkirschen ebenso wie die Obstbäume – sind auf einen ausgewählten Klon der Vogelkirsche, *Prunus avium*, aufgepfropft. Viele Zuchtformen weigern sich rundweg, auf ihren eigenen Wurzeln zu wachsen. Einige tun es zwar, sind aber durchweg nur gepfropft erhältlich. Ich habe mehrfach versucht, die Winterkirsche *P.* × *subhirtella* 'Autumnalis' zum Wurzeln zu bringen, sowohl mit 25 cm langen Stecklingen von ausgereiftem diesjährigem Holz, die ich im Winter schnitt, als auch mit grünen Stecklingen von Ende Mai. Ein erstaunlich großer Prozentsatz von ihnen bildete Wurzeln, unabhängig von der Methode, aber die anschließende Schwierigkeit bestand darin, dass sie kaum neue Triebe, sondern nur Blüten hervorbrachten, und zwar den ganzen Sommer hindurch, jedoch keine Seitensprossen und nur sehr wenig Laub. Bisweilen nimmt der eine oder andere irgendwann Vernunft an, aber das ist die Ausnahme. Höchst merkwürdig, das Ganze.

Auch die Zierformen von Äpfeln, Birnen, Pflaumen und Pfirsichen werden auf die gleichen Unterlagen gepfropft wie ihre essbaren Verwandten. Einer der entzückendsten Vertreter des Pfirsich-Tribus ist wohl die gefüllte Form von *Prunus triloba*. Sie wird nach der Blüte alljährlich stark zurückgeschnitten und bildet dann einen 1,20 bis 1,50 m hohen Busch mit Trieben, die an Zauberstäbe erinnern und im nächsten Frühjahr ringsum und über ihre ganze Länge mit rosafarbenen Blüten aufwarten. Sie ist völlig winterhart, und trotzdem habe ich in diesem Land gerade einmal zwei schöne Exemplare gesehen: eines, das als Spalierstrauch in der Nähe der Vermehrungsabteilung in den Royal Botanic Gardens in Kew gezogen wird, das andere in einem mittlerweile überbauten Garten in Birmingham. Das Problem mit diesem Strauch ist, dass er wie verrückt Schösslinge bildet, und früher oder später leidet die Unterlage darunter. Allzu häufig wird er auf einen Wurzelstock mit einer besonderen Neigung, Schösslinge zu bilden, gepfropft, sodass früher oder später der Wurzelstock durchschlägt. Dabei kann der Strauch problemlos auf seinen eigenen Wurzeln wachsen, und man sollte bei erster Gelegenheit versuchen, bei einer neu erworbenen Pflanze einen Zweig abzusenken. Das empfiehlt sich zumal dann, wenn man Probleme mit Schösslingen erwartet. Natürlich geht das nur, sofern man es mit einem Strauch und keinem Baum zu tun hat. Wenn die Zweige nicht von selbst Richtung Boden wachsen, damit man sie absenken kann, kann man sich behelfen, indem man das Gehölz in Schräglage einpflanzt.

Birnen werden heute fast ausschließlich auf Quitten gepfropft, da diese kleinerwüchsig sind. Bei ihnen kann man Schösslinge der Unterlage sofort erkennen, da die Quittenblätter weich und pelzig sind. Früher wurden als Unterlage häufig wilde Birnensämlinge verwendet, und bei uns im Garten stehen noch viele dieser Art; die Schösslinge, die sie bilden, sind außerordentlich stachlig und störend. Als Wurzelunterlage verwendet, entsteht aus der Birne für den durchschnittlichen modernen kleinen Garten und den durchschnittlichen ungeduldigen modernen Gärtner ein viel zu großer, wachstumsfreudiger und langsam ausreifender Baum.

Glyzinien sollten auf Glyzinien-Keimlinge gepfropft werden. Die Wurzeln des Keimlings versorgen das Edelreis mit Feuchtigkeit und Nährstoffen, bis dieses eigene Wurzeln gebildet hat, woraufhin die Wurzeln des Keimlings eingehen. Weniger gewissenhafte Gartenbaubetriebe verkaufen die Keimlinge selbst, und sie finden Absatz, da die Nachfrage nach *Wisteria sinensis*, die zu Recht beliebteste Art, das Angebot stets übersteigt. Das Veredeln ist bei dieser Pflanze deshalb wesentlich, weil Glyzinien sehr variabel sind und aus Keimlingen fast immer viel Unbrauchbares mit kleinen, blassen Blüten und spärlichen Trauben entsteht. Beim Veredeln hingegen können Sie sichergehen, nur eine gute Kulturvarietät zu verwenden. Absenken ist eine weitere Möglichkeit.

Veredelte Clematis sind ebenfalls auf Sämlinge gepfropft, und zwar auf die von *Clematis vitalba* (der Gewöhnlichen Waldrebe) oder von *C. viticella*. Laut einer vor vielen Jahren begründeten Tradition, die bis heute in Büchern und Artikeln zum Thema fortgeschrieben wird, darf Clematis nicht veredelt werden, weil derart gezogene Pflanzen anfälliger für die gefürchtete Welkekrankheit sind, die so viele Hybride befällt. Forschungen am Glasshouse Crops Research Institute haben allerdings nachgewiesen, dass die Welkekrankheit von einem Pilz hervorgerufen wird und dass dieser keine Vorliebe für veredelte Gewächse hat, sondern wahllos zuschlägt. Allerdings dringt er an verletzten Stellen in die Wirtspflanze ein.

Wahl der Unterlage für spätere Augenveredelung

Eine Augenveredelung an den eigenen Bäumen durchzuführen, ist ausgesprochen faszinierend. Wie man dabei vorgeht, wird mit Zeichnungen in jedem Buch beschrieben, das sich mit Pflanzenvermehrung befasst, und ist auch keine Hexerei für Menschen, die ein Messer zu verwenden verstehen, um damit Stecklinge abzuschneiden oder Kartoffeln zu schälen. Wenn Ihnen eine Unterlage über den Weg läuft (und das wird unweigerlich passieren), können Sie sich den Spaß machen, sie mit einem interessanten Edelreis zu verbinden. Es gibt in Großbritannien wohl selbst in Städten nur wenige Gärten, in denen keine selbst ausgesäten Weißdorn-Keimlinge zu finden sind, die sich als Unterlage eignen. Und Sie brauchen sich nicht darauf beschränken, eine der zahlreichen Arten und Varietäten von *Crataegus*, der Weißdorn-Tribus, aufzusetzen. Auch Mispeln werden meist auf Weißdorn gepfropft. Bei uns im Garten stehen zwei davon. Die ältere wurde in einer Höhe von 1,80 m auf einen Weißdorn okuliert, sodass der Stamm Weißdorn ist. Das wirkt sich offenbar eher beschränkend auf die Pflanze aus, obwohl vermutlich auch der Boden seinen Teil dazu beiträgt. Die andere, knapp über dem Boden auf Weißdorn übertragen, hat einen typischen Mispel-Stamm und ist recht wuchsfreudig. Mispeln können ebenso auf eine Unterlage von Birne oder Quitte okuliert werden, wobei die Birne zu einem hohen Wachstum führt. Man kann Sämlinge von beiden einfach aus den Kernen ziehen.

Weißdorn war aber auch die gängigste Unterlage für all die verschiedenen Ebereschen. Allerdings ist es, wenn möglich, besser, eine Eberesche auf einen Ebereschenkeimling zu okulieren, und jeder, in dessen Garten eine Eberesche steht, wird viele Sämlinge von ihr finden. Die andere *Sorbus*-Gruppe, die Mehlbeeren, werden am besten auf Mehlbeerensämlinge okuliert. Einmal nahm ich einige derartige Beeren aus der Cheddar Gorge mit, allerdings wächst sie (*Sorbus aria*) wild auf den meisten unserer Kalk- und Kreideböden. Es dauerte eineinhalb Jahre, bis die Beeren keimten, aber wenn man die Samen zuvor von der Fruchtmasse befreit (die ein keimhemmendes Hormon enthält), sie im Herbst aussät und den Topf so aufstellt, dass sie Frost bekommen, sollten die meisten Samen von Ebereschen und Mehlbeeren im folgenden Frühjahr keimen.

Es spricht vieles dafür, Rosen aus dem eigenen Bestand durch Stecklinge zu vermehren. Einige Arten jedoch bilden keine Wurzeln oder wachsen auf den eigenen Wurzeln nur sehr schwach. In dem Fall kann man sehr günstig fünfzig oder hundert Keimlinge von Hundsrosen (*Rosa canina*) kaufen und während der Winterruhe pflanzen. Im nächsten Sommer sind sie bereit zum Okulieren. Allerdings ist das eine recht stachelige Angelegenheit.

Aber es macht Spaß, seine Hochstamm-Rosen selbst zu züchten, und ist weitaus bequemer, weil man dabei stehen kann. Dafür sollten Sie, ausgestattet mit einem scharfkantigen Spaten, auf die Suche nach Hochstämmen gehen, und zwar in den beiden letzten

Monaten des Jahres, aber nicht später, weil die Ruhephase bei Rosen nicht lange währt. In buschigen Wäldern, auf Brachen oder an Feldrändern sollten Sie Hundsrosen finden, die lange, kräftige, unverzweigte Triebe entwickelt haben. Diese sind dunkelbraun und bis auf etwa 2 m Höhe mit Stacheln bewehrt. Diese gräbt man aus (das ist heute allerdings verboten, bitten Sie vorher den Landbesitzer um Erlaubnis!) und schneidet alle anderen Schösslinge direkt am Ansatz ab. Dann wird jede Rute auf etwa 1,20 m eingekürzt. Damit haben Sie nun einen geraden Stamm, der unten in einer einseitigen knubbeligen Verdickung endet. Wurzeln als solche hat er keine, aber wenn Sie ihn einpflanzen, wird er welche einwickeln.

An diesen Ruten bildet sich eine ganze Reihe von Trieben, die Sie auf zwei oder drei unterschiedlich ausgerichtete im obersten Bereich reduzieren. Dann wird im Juli oder August in die Oberseite dieser Zweige ein Auge okuliert, etwa 5 bis 7,5 cm über der Stelle, wo sie vom Hauptstamm abgehen.

Wenn Sie eine Unterlage benötigen, um eine Zierkirsche zu okulieren, findet sich in Ihrem Garten vielleicht eine Kirsche, die dort, wo ihre Wurzeln verletzt wurden, Schösslinge austreibt; das passiert relativ häufig. Trennen Sie diese mit einigen Wurzeln von der Mutterpflanze ab, pflanzen Sie sie ein und schneiden Sie auf etwa 30 cm zurück. Im nächsten Sommer können sie okuliert werden. Pfirsiche und Aprikosen werden meist auf eine Pflaumenunterlage übertragen, und die Pflaumenschösslinge, die dieser Pfirsich treibt, können wieder abgetrennt und für die Augenveredelung der meisten Zuchtarten von Pflaume und Pfirsich verwendet werden, gleichgültig, ob Zier- oder Obstbaum. Pfirsichkeimlinge findet man häufig unter einem Spalierpfirsich, dessen Früchte nicht alle aufgesammelt wurden, bevor sich die Wespen über sie hermachten. Bei diesen Keimlingen lohnt es sich selten, sie als Frucht tragenden Baum heranwachsen zu lassen, aber als Unterlage für einen Pfirsich von bekannter Qualität sind sie ideal.

Keimlinge sind gemeinhin virenfrei, Schösslinge von alten Kirschen, Pflaumen und derlei mehr sind hingegen häufig von Viren befallen, die Ihre Edelreiser beeinträchtigen und damit das Wachstum beschränken und auch anderweitig die Qualität des jungen Baumes mindern.

Samen, Saatgut-Tabellen und Pflanzen aus Samen

Eigenes Saatgut gewinnen

Es hat etwas außerordentlich Befriedigendes, Pflänzchen aus selbst geernteten Samen zu ziehen. Wann immer man dann die daraus entstandenen Pflanzen betrachtet, denkt man an den Moment zurück, als man die Kapseln gepflückt hat und der ganze Schöpfungsakt, so gesehen, begann.

Heutzutage wird Saatgut zumeist im eigenen Garten gesammelt, im Grunde sollte es also sehr einfach sein, dies zum richtigen Zeitpunkt zu tun. Und doch ist es erstaunlich, wie oft man die Gelegenheit versäumt, weil man in Gedanken anderswo ist, und wenn es einem dann schließlich einfällt (höchstwahrscheinlich in der Badewanne), muss man ernüchtert feststellen, dass man die Chance für das laufende Jahr wieder einmal vertan hat.

Eine Pflanze, bei der ich diesen kritischen Zeitpunkt immer wieder verpasse, ist die weiße Form von *Cyclamen hederifolium*. Alpenveilchen sind selbstbefruchtend und werden nur sehr selten fremdbestäubt, und da diese bestimmte Pflanze bei mir zudem abgelegen in einer Ecke des Rosengartens wächst, weiß ich, dass all ihre Nachkommen ebenfalls weiß sein werden. Aber die Dauer bis zur Reife der Samen ist schwer abzuschätzen und beträgt knapp ein volles Jahr. Bräuchte sie ein ganzes Jahr, wäre das kein Problem, denn dann würde die neue Blüte mich daran erinnern, die Früchte des vergangenen Jahres zu ernten. Sinnvoll wäre es wohl, jeden neuen Kalender gleich nach dem Kauf mit Terminen zu spicken, wann welche Samen vermutlich reifen werden.

Mein frühester Eintrag wäre vermutlich der Tag der Arbeit, 1. Mai, und zwar für die Winterlinge. Natürlich kann man fragen, ob sich die Mühe überhaupt lohnt, schließlich könnte man sie ja auch der Selbstaussaat überlassen. Das mag in Ihrem Garten durchaus funktionieren, doch sind Winterlinge heikel und gedeihen in einigen Gärten prächtig, während sie in anderen eher Kümmerlinge sind, unter anderem in meinem. Darauf zu hoffen, dass sie sich selbst aussäen, würde bedeuten, das Gros, wenn nicht all ihre Samen zu vergeuden. Die Samen von Krokussen aller Arten, ob sie nun im Herbst, Winter oder Frühling blühen, werden etwa Ende Mai oder Anfang Juni reif. Die Kapseln stehen an rund 5 cm langen Stängeln über der Erde, und man muss quasi wartend danebenstehen, um sie aufzufangen.

Haben Sie sich je überlegt, *Iris unguicularis* (syn. *I. stylosa*) aus Samen zu ziehen? Die faserigen Kapseln liegen am Boden, sind aber nicht zu übersehen, wenn man im späten Frühjahr zwischen den Horsten jätet. Zwei Pflanzen, deren Samenreife ich Ende Juni, Anfang Juli nur zu gern verschlafe, sind *Euphorbia myrsinites* und *Pulsatilla vulgaris* (*Anemone pulsatilla*). Erstere, eine wunderschöne Liegende Wolfsmilch, samt großzügig aus, dennoch finde ich von ihr in meinem Garten seltsamerweise keine selbst ausgesäten Sämlinge. Man kann ihre Samen aufbewahren, und nach einer Aussaat im April keimt sie üppig. Küchenschellen säe ich neu aus. Daraus entstehen Pflanzen, die Ende August groß genug sind, um vereinzelt zu werden. Auch Alpenveilchen sollten sofort ausgesät werden. Sie keimen im Frühbeet innerhalb von vier bis sechs Wochen und wachsen den gesamten Winter hindurch.

Im Großen und Ganzen gibt es aber nur wenige Samen, die direkt nach der Gewinnung ausgesät zu werden brauchen; es ist einfach lästig, sich den ganzen Winter hindurch um Töpfe und Kästen mit Keimlingen kümmern zu müssen. Früher oder später gießt man sie zu viel, dann bildet sich auf der Oberfläche Moos oder Lebermoos, die Sämlinge werden von Keimlingskrankheiten befallen oder können die Pflanzendecke nicht durchdringen. In den meisten Fällen ist es wesentlich besser, bis zum Frühjahr zu warten, wenn man steigende Temperaturen und länger werdende Tage auf seiner Seite hat. Eine generelle Ausnahme sind Arten von *Umbelliferae* (*Apiaceae*): Die wollen sofort ausgesät werden.

Beeren werden am besten im Herbst gesät und an einer Stelle überwintert, wo der Frost die Samen vernalisiert. Der Kälte ausgesetzt zu sein, ist für viele Samen erforderlich, um überhaupt keimen zu können. Christrosen-Samen lassen sich gern viel Zeit, und wenn Sie nicht darauf warten möchten, dass selbst ausgesäte Samen rund um Ihre alten Pflanzen keimen, empfiehlt es sich, sie gleich nach der Reifung im Lauf des Sommers auszusäen und den Topf an einem Ort stehen zu lassen, wo er dem Frost ausgesetzt ist. Diese Methode eignet sich insbesondere zur Vermehrung von *Helleborus niger*.

Große, fleischige Samen, die beim Lagern schrumpfen und runzlig werden würden, sollten ebenfalls am besten sofort ausgesät werden. Das gilt insbesondere für Pfingstrosen. Man sät sie in einen tiefen Topf und bedeckt sie 2,5 cm hoch mit durchlässigem Substrat. Sollte das von Unkraut durchwuchert oder zu nass werden, kann es bis zum März des darauffolgenden Jahres (also 18 Monate später) jederzeit ausgetauscht werden. Pfingstrosen keimen häufig in zwei Phasen: Im ersten Jahr bilden sie lediglich eine lange Wurzel aus, und erst im darauffolgenden Jahr erscheint ein grüner Trieb. Winterblüte, *Chimonanthus praecox*, bildet Samen in unregelmäßigen Abständen, und auch das tun nur gewisse Sträucher. Die Kapseln hängen reif und intakt viele Monate an den Zweigen, müssen aber gleich nach der Gewinnung ausgesät werden (reif werden sie im September), und sie keimen auch rasch, selbst im Frühbeet. Die fleischigen Samen von Magnolien wollen um keinen Preis eingelagert oder getrocknet werden. Einige Arten, etwa *Magnolia wilsonii* und *M. sieboldii*, keimen bereitwillig im folgenden Frühjahr. Die wunderschöne großblütige und kreidetolerante Hybride *M.* × 'Highdownensis' ist erfreulicherweise samenfest und keimfreudig. *M.* × *soulangeana* 'Lennei' entwickelt prachtvolle Kapseln mit leuchtend roten Samen.

Einige Pflanzen verteilen ihre Samen gleich nach dem Reifen, und das mit einem lauten Knall der explodierenden Kapsel. Aus dem Grund ist bei *Alstroemeria-ligtu*-Hybriden Vorsicht geboten. Man sollte die Kapseln pflücken, sobald sie hellbraun werden, an einem sonnigen Ort auf ein Tablett legen und mit einer Zeitung abdecken, um die Explosionen abzufangen. Die dunkelbraunen oder schwarzen Samen der Alstroemeria sind nutzlos, nur die hell orangebraunen werden keimen, halten sich aber bei sachgemäßer Lagerung mindestens drei Jahre.

Bei Schmucklilien ist es möglicherweise erforderlich, die Samenköpfe abzuschneiden, noch bevor sie reif werden, denn häufig sind sie bei Wintereinbruch noch grün. Dafür kann man sie, ebenso wie einige später blühende Lilien und andere Trödler wie die Glockenrebe (*Cobaea scandens*), im Zimmer an einen sonnigen Standort in etwas Wasser stellen, wo sie ausreifen.

Bei einem Großteil der Einjährigen würde ich mir nie die Mühe machen, Samen zu gewinnen. Meist gibt es sie billig zu kaufen, und sofern nicht, handelt es sich gemeinhin um F1-Hybride, die teuer herzustellen sind und bei denen es ohnehin nutzlos ist, die Samen zu verwenden. Andere, wie bestimmte Linien von Kapuzinerkresse, Mohn und Lupinen, schlagen bald zu ihrer wilden Urform zurück, sofern sie nicht sorgsam pikiert und alle Pflanzen mit unerwünschten Eigenschaften vernichtet werden, sobald sie zu blühen beginnen. Aber das ist keine Aufgabe für den durchschnittlichen Gärtner.

Doch gibt es manche Einjährige, bei denen man gern hundertmal mehr Samen hätte, als ein Tütchen enthält, Jungfer im Grünen etwa oder Schlafmohn. Vielleicht träumt man ja von einer großen Kolonie der einen oder anderen Art. Wenn man sehr viele Samen davon zur Hand hat, kann man sie ohne jede Bodenvorbereitung aussäen im Wissen, dass nur ein Prozent der Samen zu keimen braucht, damit man so viele Pflanzen bekommt, wie man Platz hat. Das erspart viel Mühe.

Es gibt noch andere Pflanzen, für deren Samen man nicht unbedingt sofort Verwendung hat, die sich aber mühelos gewinnen lassen und in den kommenden Jahren als nützlich erweisen könnten (etwa, wenn das Auge sich vom Anblick der einen oder anderen Pflanze erholt hat). Nicht zu kleine Samen mit harter Schale halten sich etliche Jahre, sofern sie luftdicht verpackt an einem einigermaßen kühlen Ort gelagert werden – Gläser mit Schraubdeckelverschluss eignen sich ideal. Für kleineres Saatgut bieten sich Papiertütchen an, die gemeinsam in einer Dose aufbewahrt werden.

Wählen Sie zwei oder drei trockene, windstille Tage in zehntägigem Abstand, um das Saatgut zu gewinnen, und wenn Sie es sofort reinigen, sparen Sie sich später viel Zeit. Häufig kann man die Samen einfach aus der Kapsel in die hohle Hand kippen, ohne dass Fremdkörper hineingeraten – außer natürlich Ohrwürmer. Wappnen Sie sich schon vorher, um nicht vor Schreck die Samen mitsamt Ohrwurm fallen zu lassen. Da hilft es zu wissen, dass die Ohrwürmer Ihnen ebenso eilig entkommen möchten wie Sie ihnen.

Sollte das Saatgut viel Spreu enthalten, kann man es in der hohlen Hand worfeln, indem man leicht darauf bläst. So klein die Samen auch sein mögen, die Spreu ist unweigerlich leichter. Wenn sie ganz trocken sind, kommen sie umstandslos in ihren endgültigen

Behälter, andernfalls müssen sie erst auf einem sonnigen Fensterbrett getrocknet werden.

Jene unter uns, die die Öffentlichkeit in ihren Gärten willkommen heißen, wissen, wie ärgerlich es ist, wenn eine lang umhegte Samenkapsel von Besuchern stibitzt wird – häufig, wenn sie noch so unreif ist, dass sie niemals keimen wird. Zu den häufigsten Opfern derartiger Überfälle gehören Lilien und blauer Scheinmohn. Als Gärtner sind wir alle einmal dieser Versuchung erlegen, und in neun von zehn Malen ist das auch nicht weiter schlimm. Aber dieses zehnte Mal verursacht dem Gartenbesitzer großes Leid. Ich habe festgestellt, dass ein kleines Schild mit den Worten »Bitte hängen lassen, wird später geerntet« an einer begehrten Saatkapsel meist seinen Zweck erfüllt – obwohl es bisweilen natürlich auch genau die gegenteilige Wirkung haben kann.

Sämlinge, geschlechtliche und ungeschlechtliche Vermehrung

Dem Gärtner stehen zur Vermehrung seiner Pflanzen im Wesentlichen zwei Methoden zur Verfügung: aus Samen (geschlechtliche Vermehrung) oder durch das eine oder andere vegetative Vorgehen. In dem Fall wird ein Stück von der Elternpflanze entfernt – etwa als Steckling, Wurzelsteckling, Ableger oder durch Ablegen. Häufig sind beide Methoden möglich, und es ist interessant, weswegen man sich jeweils für die eine oder andere entscheidet.

Dem Betreiber einer Gärtnerei ist vor allem daran gelegen, auf einfache Weise die größtmögliche Anzahl verkäuflicher Pflanzen zu bekommen. Dafür bietet sich häufig eine Aussaat an – doch liefern Sämlinge auf lange Sicht nicht unbedingt das beste Ergebnis. Ein Beispiel hierfür ist etwa *Magnolia grandiflora*. Nichts könnte für einen Gartenbaubetreiber einfacher sein, als eine Fülle Sämlinge von importierten Samen zu verkaufen. Der Kunde erwirbt eine schön aussehende Pflanze und glaubt, einen guten Kauf getätigt zu haben. Aber da Sämlinge durch geschlechtliche Vermehrung entstehen, werden sie selbst nicht geschlechtsreif. Und wenn man Pech hat, wächst die Magnolie dreißig Jahre, ohne je Knospen anzusetzen. Ich kenne sogar Exemplare, die in sage und schreibe fünfzig Jahren keine einzige Blüte trugen. Jungpflanzen hingegen, die vom Steckling eines ausgewachsenen, üppig blühenden Exemplars herangezogen wurden, behalten die geschlechtlichen Eigenschaften der Elternpflanze und blühen gemeinhin binnen vier oder fünf Jahren.

Es gibt eine ganze Reihe benannter *M.-grandiflora*-Klone, die bei richtiger vegetativer Vermehrung sehr früh blühen, 'Goliath' etwa, 'Exmouth' sowie 'Ferruginea'. Allerdings ist, was das frühe Blühen betrifft, nicht der Klon das Wesentliche, sondern der Umstand, dass die Stecklinge von einem geschlechtsreifen Exemplar geschnitten wurden, unabhängig davon, ob es benannt war oder nicht.

Kolkwitzia amabilis ist eine Verwandte der *Weigela* und bringt im Frühjahr eine Fülle rosafarbener Blütentrichter hervor; Sämlinge des Strauchs jedoch zeigen sich beim Blühen gemeinhin eher zurückhaltend. Einmal zog ich einen ganzen Schwung solcher Sämlinge heran, und als sie 1,20 m hoch waren und noch immer keine einzige Blüte gebildet hatten, warf ich sie entrüstet auf den Kompost. Hätte ich aber von einem reifen, erwiesenermaßen blühfreudigen Strauch Stecklinge genommen, hätten sie diese erstrebenswerte Eigenschaft beibehalten. Eines der Hauptargumente, das für den Klon 'Pink Cloud' spricht, ist, dass jede Pflanze, die man kauft, garantiert vegetativ vermehrt wurde.

Bei der Passionsblume, *Passiflora caerulea*, befinden wir uns auf ungewissem Terrain. Klone sind nicht zu unterscheiden, und kein Pflanzenzüchter, den ich kenne, behauptet, eine bereitwillig blühende Form anbieten zu können. Wann immer ich diese Pflanze züchtete, zeigte sie sich bei mir ausgesprochen blühfreudig; andere Gärtner aber haben Pech und behalten sie jahrelang, ohne dass sie trotz üppigen Wachstums jemals blühen würde. Die Ursache dafür kennen wir nicht. Ich vermute dahinter den gleichen Grund wie bei *Magnolia grandiflora* und *Kolkwitzia amabilis*. Passionsblumen lassen sich jederzeit aus den Samen in ihren eiförmigen Früchten (die im Garten nur bisweilen angesetzt werden, wohl aber unter Glas) vermehren. Womöglich hängt es also mit der Geschlechtsreife zusammen.

Bisweilen aber müssen wir uns mit Sämlingen begnügen und aufs Beste hoffen – etwa bei zahlreichen Rhododendron-Arten und insbesondere jenen mit großen Blättern. Sie bringen an einem Strauch schlicht nicht genügend Triebe hervor, um durch Stecklinge, Absenken oder Veredeln in solchen Mengen vermehrt zu werden, dass die Nachfrage befriedigt würde. So wünschte ich mir sehnlich ein Exemplar der F. C. C.-Form von *Rhododendron macabeanum*, deren Blüten von einem besonders intensiven Gelb sind im Gegensatz zum üblichen eher verblichenen Cremegelb. Wie ich entdeckte, war es nicht nur eine Frage des Geldes, das man für eine solche Pflanze hinlegen musste, sondern man musste sich auch auf eine Warteliste setzen lassen und würde womöglich erst viele Jahre später ein Exemplar bekommen. Angesichts dessen beschloss ich, mich auf einen von der F. C. C.-Form gezogenen Sämling einzulassen, in der Hoffnung, dass er in vielleicht zehn Jahren blühen würde – und mit etwas Glück sogar in der gewünschten Farbe. Eine Garantie dafür gab es aber nicht. Wie der Zufall es wollte, setzte er bereits nach fünf Jahren Blüten an, deren Farbe sich beim Öffnen aber als ein verwaschenes Rosa erwies.

Allgemein gilt, dass die Sämlinge aller ausdauernden Pflanzen (einschließlich der Bäume und Sträucher) gemeinhin später geschlechtsreif werden (das heißt, Blüten bilden) als Pflanzen derselben Sorte, die vegetativ vermehrt wurden. Heben (die strauchigen

Veronika-Arten) säen sich bereitwillig selbst aus, aber wer je einen Sämling heranzog, weiß, dass meist drei oder vier Jahre vergehen, ehe sich die ersten Blütenähren zeigen, während ein vom Wurzelsteckling herangezogenes Exemplar innerhalb eines Jahres blüht.

Das Kapkörbchen, *Osteospermum jucundum* (*Dimorphotheca barberae*), das Polster bildet und von Mai bis zu den ersten Frösten rosa-mauvefarbene Blüten hervorbringt, lässt sich zu jeder Jahreszeit durch Stecklinge vermehren, die sofort blühen. Aus Neugier zog ich einmal Pflanzen aus Samen, die allerdings nur sporadisch und in guten Jahren gebildet werden. Die säte ich im Frühjahr aus, sie keimten rasch und wuchsen schnell zu großen Pflanzen heran, bekamen aber erst mit gut einem Jahr Blüten.

Viele der bei uns beliebtesten Staudengewächse sind ausdauernd, auch wenn wir sie als Einjährige behandeln und im Herbst entsorgen. In der guten alten Zeit wäre uns das nicht möglich gewesen, vielmehr hätten wir die Mühe auf uns nehmen müssen, im Herbst Stecklinge zu schneiden und die Pflänzchen frostfrei unter Glas zu überwintern. Die schönsten benannten Varietäten der Löwenmäulchen mussten vegetativ vermehrt werden, ebenso wie die Begonien mit Faserwurzeln, die von *Begonia semperflorens* abstammen, sowie Beet-Verbenen (bei einigen von ihnen, 'Lawrence Johnston' etwa, ist das nach wie vor der Fall). Bei den meisten dieser Arten wurden große Fortschritte erzielt, und jetzt sind gemeinhin Saatgut-Linien erhältlich, aus denen sich garantiert einheitliche und optisch vorhersagbare Blüten entwickeln.

Von all unseren beliebtesten Beetpflanzen beharren wohl nur die Zonal-Pelargonien (Geranien) auf eine Vermehrung durch Stecklinge. Allerdings sind selbst hier dank amerikanischer Versuche mittlerweile auch Hybride erhältlich, und es steht uns eine relative Bandbreite an Linien zur Verfügung, die innerhalb einer Wachstumsperiode vom Samen zur Blüte gebracht werden können und erstaunlich einheitliche Exemplare hervorbringen. Allerdings benötigen ausdauernde, aus Samen gezogene Beetpflanzen meist eine relativ lange Zeit, um geschlechtsreif zu werden, was bedeutet, dass wir diese Pelargonien, ebenso wie Begonien, »einjährige« Nelken (die im Grunde mitnichten einjährig sind), Heliotrop, Löwenmäulchen sowie einige andere bereits zeitig im Jahr, sprich: spätestens im Februar, aussäen müssen, damit wir im Frühjahr ein relativ kräftiges Pflänzchen in den Garten setzen können.

Manche Bäume und Sträucher tragen in ihrer Jugend (als Sämlinge) optisch sehr anderes Laub als in der Reife. Diese Jugendblätter, wie sie genannt werden, sind bisweilen ausgesprochen attraktiv, was gartenbautechnisch gefördert wurde. Die Eukalypten sind bekannte Vertreter dieses Phänomens, seit sie Eingang in die Blumenbinderei gefunden haben. Alle *Eucalyptus*-Arten werden ohnehin aus Samen gezogen; ihre Jugendblätter haben meist eine rundliche Form. Bei *E. perriniana* etwa bildet jedes Blattpaar eine perfekte Scheibe um den Stängel oder Stamm. Eine aufsteigende Reihe solcher Scheiben, die zur Spitze zulaufend ständig kleiner werden, sieht außerordentlich reizvoll aus. Kein Wunder also, dass die Geschlechtsreife des Baums dem Besitzer wenig Freude bereitet, ist das adulte Blatt doch länglich und schmal und erinnert an eine Weide – wie die meisten Gummibäume. Allerdings kann man die Jugend verlängern, indem man den Baum als Strauch behandelt und ständig zurückschneidet; so werden erneut Jugendtriebe gebildet.

Auch bei den Koniferen-Sämlingen unterscheidet sich das Jugendblatt auffällig vom adulten. Bei der Gattung der Scheinzypressen, *Chamaecyparis*, wurde diese Eigenschaft bewusst genutzt: Werden von der Elternpflanze abgetrennte jugendliche Triebe vegetativ vermehrt (meist mittels Stecklingen), dann, so stellte man fest, behielten sie bis ins hohe Alter die jugendliche Optik bei und wuchsen zu wesentlich kleineren, aber ausgesprochen attraktiven Pflanzen heran, die sich insbesondere für Steingärten eigneten. Diese Jugendarten werden bisweilen Retinospora genannt.

Einen bedeutenden Vorteil hat die Vermehrung durch Sämlinge allerdings doch, nur fand der bislang kaum Erwähnung: Durch Samen werden die wenigsten Viruskrankheiten übertragen, was bedeutet, dass die meisten Sämlinge bei bester Gesundheit ins Leben starten. Viruserkrankungen sind weitaus häufiger, als der Laie sich vorstellen kann. Bei vielen Pflanzen wurde ihre Existenz noch nie untersucht und kann lediglich aufgrund des Auftretens typischer Virussymptome vermutet werden. Beispielhaft nenne ich hier die Clematis.

Viruskrankheiten stellen für professionelle Rosenzüchter ein ernsthaftes Problem dar (was der Amateur aber nur selten weiß); zudem sind sie bei Obstbäumen und Beerenobst weit verbreitet, ebenso wie bei Kamelien, Seidelbast, Blumenzwiebeln, Gemüsen und vielen Einjährigen. Es gibt nur wenige Pflanzen, die nicht von Viruserkrankungen befallen werden, und auch wenn diese nicht immer tödlich verlaufen, beeinträchtigen sie meist erheblich die Wuchskraft. Somit ist es ausgesprochen vorteilhaft, wenn man etwa Lilien und Pelargonien – die beide vielfach Viren zum Opfer fallen – aus Samen heranzieht und mit gesunden Exemplaren an den Start geht.

Mehrjährige Pflanzen aus Saatgut

Der Ruf der großen Saatgutunternehmen beruht vorwiegend auf ihren einjährigen Pflanzen, oder zumindest auf den Mehrjährigen, die als einjährig behandelt werden können. Allerdings haben sie Samen der unterschiedlichsten Pflanzenarten auf Lager, und es könnte sich lohnen, als Gärtner einmal auf die dort angebotenen Sträucher und mehrjährigen Stauden zu achten.

Man muss sich immer wieder vor Augen halten, dass man einen Garten sehr schnell und preiswert bepflanzen kann, indem man eine kluge Auswahl dieser Sträucher und Mehrjähriger trifft und sie dann aus Samen zieht. Würde man für eine Pflanzengruppe, sagen wir, fünf Mehrjährige kaufen, würden sie ebenso viel kosten wie zehn oder zwölf Samenpäckchen. Daraus könnte man genügend Pflanzen ziehen, um die Rabatte zehnfach zu bestücken, und es blieben noch immer welche übrig.

Typisch für eine gute Samenlinie ist *Coreopsis* 'Sunray'. Auf *C. grandiflora*, von der alle mehrjährigen Formen abstammen, verzichte ich schon seit Langem wegen ihres ausufernden, unordentlichen Wuchses, und der Schnittblumen-Cultivar 'Badengold' hat noch dünnere Stängel und blüht sehr zurückhaltend, sofern er nicht regelmäßig umgesetzt wird. 'Sunray' hingegen wächst zu einem kompakten Busch heran, der keiner Stütze bedarf, nur etwa 60 cm hoch wird und eine üppige Fülle einfach gefüllter goldgelber Blüten hervorbringt. Womöglich neigt er ein wenig zum Wuchern, aber dann wollen wir vielleicht nicht alle in einem zurückhaltenden, von Tabakpflanzen geprägten Ambiente zwischen Silber, Grau und Zartrosa flanieren – einige von uns bevorzugen einen leuchtenden, kräftigen Sonnenton mit reichlich Beigabe.

Meines Erachtens sollte man Herbstastern nie aus Samen ziehen, weil die besten benannten Varietäten wesentlich besser sind und zudem recht kostengünstig, wenn man bedenkt, dass eine Pflanze gleich nach dem Kauf in fünf oder sechs Teile geteilt werden kann und sie einem diesen Aufwand dankt. Ganz anders hingegen verhält es sich bei der gerade einmal 30 cm hohen *Aster alpinus*, die im Frühsommer blüht. Sie bildet kleine Polster und findet häufig in Steingärten Verwendung, eignet sich aber ebenso gut als Vordergrund in einem Juni-Beet. Die Blüten stehen aufrecht an kräftigen Stängeln, und ihre lavendelblaue Farbe hebt sich vor dem großen gelben Blütenkorb aufs Schönste ab. *A. tongolensis* (syn. *subcoeruleus*) ist ähnlich, hat jedoch einen kräftig orangefarbenen Korb.

Buphthalmum salicifolium, ein weiterer Korbblütler, ist jedem vertraut, der einmal Sommerurlaub im Alpenraum machte; dort wächst das Ochsenauge nämlich wild auf Magerrasen und in lichten Wäldern. Es wird rund 60 cm hoch und hat kräftige, drahtige Stängel, die sich vielfach verzweigen, dazu reizende, leicht borstig wirkende Blütenblätter. Es sät sich selbst aus, ohne je zur Plage zu werden.

Die Heide-Nelke, *Dianthus deltoides*, ist schon vor meiner Geburt in unserem Garten gewachsen. Von den Rissen im Pflaster, wo sie ursprünglich eingesetzt wurde, hat sie sich im Lauf der Jahrzehnte von selbst in andere Risse und zwischen langstielige Pflanzen am Rand der Rabatten ausgesät. Sie bildet grüne Polster und kleine, aber sehr zahlreiche und leuchtend pinkfarbene Blüten auf 15 cm langen Stängeln; jede Blüte hat einen schmalen, dunkleren zentralen Ring, der ihr ein Gesicht verleiht. Nachts und bei trübem Wetter schließt sie sich. Die *deltoides*-Hybride 'Brilliant' trägt ihren Namen ganz zu Recht, die Blüten sind größer und auffälliger.

Eine mehrjährige Pflanze, bei der es womöglich überrascht, dass sie aus Samen gezogen werden kann, ist *Salvia × superba*. Die Linien, die schon lang angebaut und meist durch Stecklinge vermehrt werden, sind gemeinhin unfruchtbar, aber vermutlich hat jemand auf die Elternpflanze *S. nemorosa* zurückgegriffen, um eine samenbildende Linie zu erhalten. Nur wenige ausdauernde Pflanzen stehen länger in Blüte als diese, insbesondere, wenn man die erste Blüte nach dem Welken entfernt. Eine weitere Mehrjährige, bei der man möglicherweise nicht an eine Vermehrung durch Samen denkt, ist *Euphorbia polychroma*, die Vielfarbige Wolfsmilch, die bis in den Oktober hinein attraktiv anzusehen ist, wenn sie häufig warme Herbstfarben annimmt. Ende April, Anfang Mai leuchten ihre frisch gelben, grün durchsetzten Trugdolden zwischen den Frühlingsblühern.

Jeder Gärtner ist dankbar für eine mehrjährige Pflanze, die bereits im Jahr der Aussaat blüht. Zwar beschränkt sie sich dann auf eine Blüte, doch die gibt einen verheißungsvollen Ausblick auf künftige Freuden. Genau eine solche ist die Ballonblume *Platycodon grandifloras*: Nach einer Blüte im ersten Sommer ist Schluss. Diese Pflanze eignet sich wunderbar für den Randbereich einer Staudenrabatte, sofern sie nicht monatelang in durchnässter, wenig durchlässiger, tonreicher Erde stehen muss. Der Grund dafür sind ihre fleischigen Wurzeln, die grundsätzlich eine gute Drainage benötigen. Diese Art ist rund 60 cm hoch und weniger auffällig und großblütig als der Cultivar 'Mariesii'. Dieser fällt rein aus Samen sowohl in der blauen und der weißen Form, wobei erstere von einem kräftigen Glockenblumen-Blau ist, letztere von einem Französisch-Grau, das auf der Außenseite der Blütenblätter etwas dunkler ist. Die dicken, ballonartigen Knospen öffnen sich zu 7,5 cm großen Sternen mit einem vertieften Kelch. Die Pflanzen werden etwa 30 cm hoch, und die Stängel fallen ein wenig auseinander, was allerdings nicht weiter stört. Mir ist klar, dass Clematis bei mir auf unterschiedliche, eher ungewöhnliche Art wachsen, dennoch war ich überrascht, als sich ein Besucher eines Sommers nach dem Namen einer blauen Clematis erkundigte, die in einem bestimmten Teil des Gartens am Boden wachse. Diese erwies sich als eben eine Ballonblume. Vor der Sorte 'Roseum', die bisweilen als zartes Rosa beschrieben wird, möchte ich Sie noch kurz warnen: Sie ist von einem ebenso schmutzigen, verwaschenen Lila wie der ähnlich irreführend benannte »rosa« Lavendel.

Ballonblumen sehen nicht nur so aus, sie gehören mit ihren fleischigen Wurzeln tatsächlich zu den *Campanulaceae*. Das gilt auch für die *Codonopsis* – der Wortteil *codon* bedeutet ebenfalls »Glocke«. Botaniker spielen alle Möglichkeiten mit dieser Bezeichnung und der gleichbedeutenden *campana* durch, um eine glockenförmige Blüte zu benennen. Die *Codonopsis* blüht bald nach der Aussaat und ist leicht heranzuziehen, aber bisweilen weniger einfach zu platzieren, da sie von eher zarter Statur ist und keinesfalls von kräftigen, extravertierten Nachbarn überwältigt werden darf. Zudem haben die Blüten oft exquisite Farben und sind im Inneren der Glocke apart gezeichnet, was heißt, dass sie idealerweise über Augenhöhe stehen sollten, sofern das möglich ist, auf der Krone einer Stützmauer etwa. Am gelungensten macht sie sich allerdings im Steingarten. *C. clematidea* ist die bekannteste Art: rund 45 cm hoch mit einer Abfolge milchig blauer Glocken, die innen kräftig gezeichnet sind, unter anderem in Orange und Blauschwarz. Allerdings möchte ich nicht verschweigen, dass sie einen stark fuchsigen Geruch hat. *C. convolvulacea* ist zwar krautig, neigt aber zum Klettern. Vor einen kleinen Strauch gepflanzt, werden die zarten Stängel nicht beschädigt; besser ist es jedoch, sie in einen großen Topf zu setzen und mit einem 1,20 m hohen Wigwam aus Zweigen zu stützen. Die blauen Blüten öffnen sich gegen Ende des Sommers und im Herbst und machen sich gut vor dem Hauseingang oder auf der Terrasse, zumal umgeben von Töpfen mit *Lilium speciosum* und *L. formosanum* mit ihren weißen Trompeten. *C. ovata* sieht ebenfalls bestechend aus und bleibt relativ niedrig.

Incarvillea zählen zu den überraschendsten winterharten Mehrjährigen. Sie gehören zur Familie der *Bignoniaceae* und sind somit verwandt mit der Catalpa. Die Blüten von *Incarvillea grandiflora* sehen allerdings aus wie die der Gloxinie, und wenn sie im Mai im Frühjahrsgarten blüht, glaubt man fast, sie habe sich verirrt – zumal ihre Stängel viel zu kurz wirken für die Trauben rosafarbener, weit geöffneter Trompeten. Allerdings ist dies eine der Incarvilleen mit den klarsten Farben, und im Juni haben die Stängel auch schon an Höhe gewonnen. *I. delavayi* sieht man häufiger. Die Pflanze wird größer und trägt kleinere Blüten in etwa 60 bis 90 cm Höhe, doch sind sie meist von einem unschön schlammigen Pink-Violett. Alle Arten haben sehr fleischige, dicke Wurzeln, weswegen man sie nach dem Einsetzen in gut durchlässigen Erdboden am besten einfach stehen lässt. Außerdem empfiehlt es sich, die Pflanzstellen zu markieren, da sich die Stauden von Herbst bis Mai völlig in den Boden zurückziehen und erst eine oder zwei Wochen vor der Blüte wieder austreiben. Eine Vermehrung ist im Grunde nur durch Samen möglich; Blüten erscheinen allerdings erst im dritten Jahr. Im ersten Jahr können die Sämlinge bei geeigneter Größe in einen Kasten vereinzelt werden; in dem Stadium sind die Wurzeln oberflächennah und stumpfartig. Im zweiten Jahr dürfen sie ungestört in diesem Kasten weiter heranwachsen, bis sie im zeitigen Frühjahr ihres dritten Jahres an ihren endgültigen Platz kommen.

Asclepias tuberosa ist ein weiteres Beispiel für ein winterhartes Gewächs, das zu einer vorwiegend tropischen Familie gehört – den Seidenpflanzengewächsen, *Asclepiadaceae*; bekannte Sorten sind die im Gewächshaus kletternden Porzellanblume, *Hoya carnosa*, und Kranzschlinge, *Stephanotis floribunda. A. tuberosa* blüht im Frühjahr des zweiten Jahres nach der Aussaat. Auch bei ihr zeigt sich das erste Wachstum erstaunlich spät, weshalb sie gut gekennzeichnet werden sollte. Aber im Gegensatz zu den bislang genannten Arten behagt ihr mein steifer Boden offenbar; Kalk jedoch verträgt sie nicht. Sie wird rund 45 cm hoch und trägt im Juli und August Dolden üppiger orangefarbener Blüten von einer außergewöhnlich intensiven Färbung. Die einzelnen Blüten sind zwar nur 2,5 cm groß und sternförmig, wirken aber besonders interessant aufgrund der auffälligen Prägung ihrer Staubblätter. Die Stängel sind am Ansatz etwas schwach, weshalb sich eine dezente Stütze in niedriger Höhe empfiehlt.

Diese Seidenpflanze passt besonders gut zu den kräftig blauen Rispen des Mexikanischen Salbeis, *Salvia patens*. Wenn Sie die Pfahlwurzeln dieser eher empfindlichen Mehrjährigen frostfrei in leicht feuchter Erde überwintern, blüht sie zu genau der richtigen Zeit für die Asclepien. Ebenso leicht lässt er sich aber auch aus Samen zur Blüte bringen und kann als einjährig behandelt werden. In dem Fall zeigt er sich nach einer Aussaat im April in den Monaten August und September von seiner schönsten Seite.

Die Alpen-Mannstreu, *Eryngium alpinum*, gewinnt allmählich, wenn auch verspätet an Beliebtheit – sie eignet sich großartig für eine Randbepflanzung sowie für Blumenarrangements. Sie wird 90 cm hoch und hat große blaue Blüten, im Gegensatz zu den meisten Stranddisteln jedoch keine unfreundliche Halskrause stachliger Hochblätter, sondern trägt diese in mehreren Reihen, die wie Spitzen wirken und erstaunlich weich sind. Ich zog meine ursprünglich aus Samen, und wenn ich mich recht erinnere, keimten diese im zweiten Frühjahr. Man sollte sich also keinesfalls wundern, wenn sich im ersten Jahr nichts tut. Die Saatschale benötigt keinen Winterschutz und sollte an einer Stelle stehen, wo sie dem Frost ausgesetzt ist.

Die Silberdistel, *Carlina acaulis*, ist eine weitere ausgefallene Pflanze für Floristen, zumal sie lange hält. Auch wenn ihr Name vermuten ließe, dass sie keinen Stängel hat, wird sie selbst in freier Natur rund 30 cm hoch. Das Blütenkörbchen, das beim Heranreifen reinweiß wird, hat einen Durchmesser von etwa 5 cm und ist von 2,5 cm langen Hüllblättern umgeben, die vertrocknen und dann silbern glänzen. Die Silberdistel eignet sich gut als Gartenpflanze, zumal ihre Blüte im Spätsommer zahlreiche Schmetterlinge anlockt. Samen keimen innerhalb von zwei Wochen nach der Aussaat, zudem kann man eingewachsene Exemplare bei Bedarf durch Wurzelstecklinge vermehren.

Veratrum nigrum, der Schwarze Germer, wurde bereits 1596 aus seiner südeuropäischen Heimat bei uns eingeführt, ist aber nach wie vor relativ selten anzutreffen, da er sich nur sehr langsam vermehrt. Gut eingewachsene Horste stellen im Garten einen Blickfang dar, und die Pflanze ist winterhart. Der Germer gehört zur Familie der Liliengewächse und ist mit dem Strauß breiter, hellgrüner und gefalteter Laubblätter bereits im Frühjahr attraktiv; sie erinnern ein wenig an die der Hosta und erfreuen sich bei Schnecken ähnlicher Beliebtheit. Aus diesem Blattkranz schiebt sich ein etwa 150 cm hoher Stängel empor, der sich stark verzweigt und Dutzende winziger sternförmiger Blüten hervorbringt. Diese gleichen in ihrer Farbgebung dem üppigen bräunlichen Purpur der dunkelsten Tulpen. Die Blüten entwickeln sich zu gelappten Kapselfrüchten und sehen dann so ansprechend aus, dass die Stängel gern zu Dekorationszwecken in die Wohnung gebracht werden. *V. viride* ist optisch ähnlich, in der Blüte allerdings nicht so auffällig, im Gegensatz zu *V. album*, dem Weißen Germer, der größere Blüten hat und sehr effektvoll wirkt.

All diese Germer bilden reichlich Samen, und werden diese im Frühjahr ausgesät, wurzeln sie rasch; das erste Blatt zeigt sich dann im Frühjahr des darauffolgenden Jahres, und ein weiteres Jahr später können die Sämlinge vereinzelt werden. Das heißt, dass sie die ersten zwei Lebensjahre ungestört in ihrem Saattopf verbringen müssen. Auch danach entwickeln sie sich nur langsam weiter; einen Blütenstängel vor dem Ablauf von fünf Jahren zu erwarten, ist eher unrealistisch. Sollten Sie also zu dem Schluss kommen, sich diese Mühe zu ersparen und eine ausgewachsene Pflanze zu kaufen, sollte es Sie nicht überraschen, wenn sie Ihnen eher teuer erscheint.

Melianthus major, der Honigstrauch, ist nicht so winterfest, wie man es sich als Gärtner wünschen würde, wegen seiner großen, gefiederten meergrünen Blätter aber so hinreißend, dass sich ein gewisser Einsatz mehr als bezahlt macht. Wobei: Die Pflanzen werden fast unweigerlich jeden Winter direkt oberhalb der Erde abgeschnitten, trotzdem überlebten sie in meinem Garten die starken und sehr lang anhaltenden Fröste des Winters 1963 ohne jeden Schutz. Allerdings hemmt sie das in ihrem nächstjährigen Wachstum, sie treiben zu spät aus, um noch ansehnlich zu werden; deswegen ist es ratsam, die Pflanzen mit einer dicken Schicht Farngestrüpp abzudecken. Eingewachsene Exemplare bekommen meist mehrere kräftige Triebe von 90 bis 120 cm Länge, bilden am Boden aber auch Schösslinge aus, und von diesen kann man im Spätsommer Stecklinge schneiden. Sie keimen gut in reichlich Wärme, und die jungen Pflanzen wachsen rasch heran. Der Honigstrauch ist überall in der Rabatte ein schöner Lückenfüller, mir persönlich gefällt er allerdings am besten, wenn sich seine gefiederten Blätter, die eher horizontal abstehen, vor den Rispen einer dunkelblättrigen Canna abheben – vorzugsweise einer der fast wilden Art, bei der die eher schmalen Blätter wesentlicher sind als die kleinen roten Blüten.

Bäume und Sträucher aus Samen

Eine der ausgefalleneren Listen, die mir jährlich zugestellt wurden, war die des italienischen Gartenbauers Barilli & Biagi aus Bologna, der Saatgut von Bäumen und Sträuchern anbot. Sie traf – im Gegensatz zu den meisten anderen Saatgutlisten – im Herbst ein, und man wünscht sich nur, dass die bei den Lieferanten aufgegebenen Bestellungen ebenfalls im Herbst ankämen, denn die Samen vieler Sträucher und Bäume verlieren rasch an Keimfähigkeit; man denke nur etwa an Magnolien und Pfingstrosen. Bis deren Samen uns im Frühjahr erreichen, sind sie tot. Andere Samen benötigen zum Keimen wiederum eine oder mehrere Frostphasen, und die erfahren sie auf natürliche Weise, wenn sie im Herbst ausgesät werden. Zu dieser Kategorie gehören die meisten Vertreter der Rosenfamilie – von Äpfeln bis hin zu Zwergmispeln – sowie die Spindeln. Doch deren Samen treffen erst im neuen Jahr ein.

Die Liste wurde natürlich vorwiegend von Gartenbaubetrieben verwendet, obwohl es keinerlei Beschränkung auf Großhändler gab; allerdings wurde das Saatgut nur pfundweise verkauft und nicht per halber Unze oder in Tütchen. Und dann traf es in adretten Baumwollbeuteln ein, die, wie sich beim Öffnen herausstellte, nicht nur die Samen, sondern auch die ganzen Kapseln, Hülsen oder, im Fall von Koniferen, die Zapfenschuppen des Fruchtkörpers der Pflanze enthielten. In einigen Fällen jedoch war das Saatgut gereinigt, und mit einem Pfund davon (etwa bei *Arbutus unedo*, dem Erdbeerbaum) kam man dann sehr weit.

Bestellungen unter vier Unzen, so lauteten die Geschäftsbedingungen, wurden nicht angenommen. In manchen Fällen ist das gut und recht und schön, etwa bei der Manna-Esche, *Fraxinus ornus*, die sich billig verkaufen lässt. Mit vier Unzen davon hat man sehr bald genügend Material für eine Anpflanzung von zwei, drei Hektar zur Hand. Aber als ich eine Lieferung von *Indigofera heterantha* haben wollte, war ich erschrocken, dass ein Pfund £ 66 kostete.

Wenn ich mich recht entsinne, wurden drei Viertel aller Sämereien unter veralteten oder falsch geschriebenen Namen angeboten, und im Großen und Ganzen kam mir die ganze Liste ausgesprochen willkürlich vor. So fanden sich darauf viele Pflanzen, bei denen man sich wunderte, dass irgendjemand sie haben wollte, andererseits fehlten offensichtliche Kandidaten wie *Acer griseum*. Und dennoch war die Liste faszinierend, wie es wohl jede dieser Art ist für all diejenigen unter uns mit der zwanghaften und unvernünftigen Manie, Sträucher und insbesondere Bäume aus Samen zu ziehen; eine Manie, der man schlicht hilflos ausgeliefert ist. »Aber was wollen Sie mit den ganzen Exemplaren bloß machen?«, ist eine Frage, bei der wir die Ohren auf Durchzug stellen. Es könnte ja sein, dass wir von einem Erdbeerbaum-Wäldchen träumen. Stellen Sie sich nur vor, an einem lauen Herbsttag zwischen deren rostroten Stämmen zu wandeln, wenn die Zweige eine Fülle sowohl von Früchten als auch von wächsernen weißen Blüten tragen, an denen sich Rote Admirale laben.

Wenn Sie Baumsamen aussäen, müssen Sie sich in Geduld und Hingabe üben und die Sache mit abgeklärtem und verträumtem

Blick betrachten. (Orientieren Sie sich an der allwissenden Erde aus Wagners *Ring*.) Entweder keimt alles oder nichts, oder (eine weitere Möglichkeit, die einen rätseln lässt) nur ein einziges Exemplar. Ich säte 115 g Catalpa-Saat (gelistet als *Bignonia catalpa*), und aus der bekam ich genau einen kräftigen, aufrechten Sämling. Da ich keine Catalpa haben wollte und kürzlich eine aus meinem Garten entfernt hatte, genügte mir ein Sämling. Dann säte ich je 115 g von *Magnolia × soulangeana* und *M. denudata* (gelistet als *M. Yulan*). Ergebnis: ein Sämling, ich weiß nicht mehr, wovon, denn in der Folge ging er ein. Ein Gartenbauer aus meiner Bekanntschaft erhielt von derselben Quelle eine schöne Schar *soulangeana*-Sämlinge, allerdings in einem anderen Jahr. Vielleicht lag es also nur an mir (aber das sage ich natürlich im Scherz).

Alle sehr harten Samen sollten vor der Aussaat ein oder zwei Tage in Wasser eingeweicht werden, und es hilft, sie einzeln mit dem Messer anzuritzen, sonst sind sie derart effektiv vor ihrer Umgebung geschützt, dass sie die für die Keimung nötige Feuchtigkeit nicht aufnehmen können. Das gilt für die Mehrzahl der Leguminosen: *Sophora, Gleditsia, Genista* und andere Schmetterlingsblütler unter den Sträuchern. Samen vieler Bäume, die im britischen Klima häufig gar nicht angesetzt werden oder nicht ausreifen, liefern bessere Ergebnisse, wenn sie aus dem Mittelmeerraum kommen, unter anderem der Judasbaum, *Cercis siliquastrum*, dessen Heimat ursprünglich ja diese südliche Region ist.

Werfen Sie den Inhalt Ihrer Saattöpfe niemals nach nur einem inaktiven Jahr weg. Bewahren Sie sie auf, bis alles grün ist vor Moos und Lebermoos, denn viele Samen lassen sich reichlich Zeit.

Hier gab es Schwarze Maulbeeren zum Genießen, es gab Oliven, um einen eigenen Hain anzulegen, Granatäpfel, um sie an die Lippen des Liebchens zu drücken, und Gummibäume, um ihm einen Hain aus duftenden Zweigen zu bauen. Für Unternehmungslustige war das die reinste Fundgrube.

Die Qual der Wahl aus Saatlisten

Für mich ist es Schwerstarbeit, Saatlisten durchzugehen – vergleichbar dem Fischen mit sechs Angelschnüren zugleich. Es lohnt sich, die Kataloge von etwa einem halben Dutzend Gärtnereien zu studieren, denn jede hat andere Stärken. Die Schwierigkeit besteht stets darin zu wissen, worauf man verzichten kann. Sobald der Frühling einsetzt, läuft einem ohnehin die Zeit davon. Einen Berg Samentüten zu bewältigen, ist anspruchsvoll genug, aber mit der Fülle der daraus entstehenden Sämlinge zurande zu kommen, endet gemeinhin damit, dass einige so lange in ihren Töpfen bleiben, bis sie schließlich nutzlos geworden sind.

Wenn wir unsere Wahl treffen, ist das Alte ebenso verlockend wie das Neue: Pflanzen wie Reseda, die man, wie einem plötzlich bewusst wird, seit Jahren nicht mehr gesetzt hat und an denen man unbedingt wieder einmal schnuppern möchte, oder Altbewährtes wie *Hunnemannia fumariifolia* (von Thompson & Morgan), das einem zeit seines Lebens lediglich dem Namen nach vertraut war – ein Gewächs, das man immer außer Acht ließ, weil die zwei Namensteile erschreckend klingen, bei dem man jetzt jedoch stutzt. Kann etwas, das *Hunnemannia* heißt, wirklich schön sein? Doch, das ist möglich: eine Art Kreuzung zwischen Türkischem und Kalifornischem Mohn mit großen, hellgelben Blüten, die sich vor zarten graugrünen Laubblättern abheben.

Geht es um Novitäten, müssen sie auf der gedruckten Seite überzeugen. Liest man etwa »Neue, verbesserte Tetra Snaps Giant Ruffled Tetraploids«, hat das nicht unbedingt die gewünschte Wirkung. Und womöglich dreht sich alles in einem um, wenn einem »Löwenmäulchen, Double Formula Mixed« angeboten werden. Dem Bild können wir entnehmen, dass die Formel in der Tat gemischt wurde. Zuvor war mir nie klar gewesen, dass Löwenmäulchen Eingeweide haben, aber hier werden sie uns en detail vorgeführt.

Einige der neueren, höher wachsenden Linien sind allerdings durchaus reizvoll: Hybriden der ersten Generation etwa, die F1-Hybriden. Sie entstehen durch die Kreuzung von zwei sehr reinerbigen Inzuchtlinien und zeichnen sich durch große Wuchskraft und hohe Qualität aus. Einen Vorbehalt habe ich in bestimmten Fällen bei ihnen doch, und so auch im vorliegenden. Die Samen sind teuer in der Herstellung und damit kostspielig, was noch in Ordnung wäre. Allerdings bekommt man in einem Tütchen so wenige davon, und sie können so winzig sein, dass man bei der Aussaat und der weiteren Pflege ungemein genau und sorgsam vorgehen muss, um überhaupt ein Ergebnis zu erzielen, ganz zu schweigen von einem, das die Investition wert ist.

Hohe Löwenmäulchen sind in Rabatten ausgesprochen nützlich. Sie werden 90 bis 120 cm hoch, und auch wenn sie eine gewisse Stütze benötigen, so gibt es doch nur wenig andere Gewächse, die uns derart hohe, attraktive Rispen bescheren. Ein hoch gewachsenes gelbes Löwenmäulchen nimmt sich vor den blauen, tendenziell horizontalen Linien von *Eryngium × oliverianum* sehr schön aus, kann aber auch helfen, die zarten, leicht magersüchtigen Blütentriebe der ebenfalls blauen Perowskien auszufüllen.

Ich habe es immer bedauert, dass die kleinsten Vanilleblumen (Heliotrop) mit den schönsten Farbtönen benannte Varietäten waren, die allesamt im Herbst durch Stecklinge vermehrt und bei einer Temperatur von mindestens 10° C überwintert werden mussten. Sämtliche Samenlinien lieferten, unabhängig von der Beschreibung im Katalog, grundsätzlich eine wilde Mischung von Gewächsen mit einer Höhe von 90 bis gar 120 cm und einer verwaschenen Farbe. Doch mittlerweile gibt es eine Linie namens 'Marine', die wirklich fast alles hält, was sie verspricht: ein üppiges, dunkles Lila mit sehr dunklem Laub und höchstens 60 cm Höhe. Allerdings zeigt sie, entgegen der Beschreibung, keine Neigung, sich zu verzweigen, und ihr Duft ist für eine Vanilleblume relativ schwach, doch eine etwas größere Anpflanzung gibt einem mehr als eine Ahnung von ihrem Parfüm. Sie ist eine weitere Pflanze, zu der helle Löwenmäulchen einen schönen Kontrast bilden. Die Heliotrop-Linie 'Regale', die kräftiger und buschiger wächst, ist mit ihrer Mischung von malven- bis lilafarbenen Tönen auf ihre Art ebenfalls ansprechend.

Die einjährigen Rudbeckien sind eine ungemein prächtige Tribus schwarzäugiger Sonnen und bringen von August bis Herbstende ununterbrochen eine Fülle von Blüten hervor. Die größeren halten sich länger, müssen aber mit ihrer Höhe von 90 bis 120 cm gestützt werden, und zwar am besten mit einem Stab pro Trieb. Die Sorte 'Gloriosa Daisy', die bisweilen getrennt gelistet wird, ist gefüllt, allerdings fehlt ihr der für Rudbeckien typische Blütenkorb als Auge. Dafür empfiehlt sich, bei einer gewünschten Höhe von 90 bis 120 cm, eher 'Irish Eyes' (von Sutton's), deren Blütenkorb grün ist. Wenn man diese neben weiße Japan-Anemonen setzt, erzielt man einen entzückenden Effekt aus Grün, Gelb und Weiß. Bei 'Mon Plaisir' ist das Auge schwarz, und 'Marmalade' hat eine gelbe Blüte mit schwarzem Auge, ist jedoch kleinwüchsig. Das ist für Rabatten zwar vorteilhaft, doch sind die einzelnen Pflanzen alles andere als kräftig.

Gemischte einjährige Rubeckien-Linien wie 'Rustic Dwarfs' haben mahagonifarbene Bereiche und Streifen, was die Blüte für mich persönlich unattraktiv macht – vor lauter Buntheit bemerkt man das Auge kaum. Ich möchte keine 'Rustic Dwarfs', die mir um die Knöchel streifen.

Lilium formosanum ist hinsichtlich Wuchs und Winterhärte variabel: je kleiner, desto winterfester. Sie ist mit ihrer Bach-Trompeten-Form die eleganteste der Trompetenlilien, und ihre schmalen, grasartigen Blätter sind weit ansprechender als das eher derbe, breite Laub von *L. longiflorum*. Selbst die hohen Linien (bis zu 100 cm Höhe) sind für die meisten englischen Gärten ausreichend winterfest, ihren größten Wert entfalten sie jedoch als Topfpflanzen: Drei Zwiebeln in einem 18- bis 20-cm-Topf bilden im Frühherbst einen hinreißenden Blickfang. Im ersten Jahr nach der Aussaat tragen sie möglicherweise eine Blüte, im zweiten bringt jede Zwiebel fünf bis sechs weiße Trompeten hervor, die abends wunderbar duften. Die alpine Form *L. f.* var. *pricei* wird bis zu 30 cm hoch, ist ausgesprochen winterhart und bildet im lichten Baumschatten regelrechte Kolonien. Beide gibt es bei Chiltern Seeds.

Zwei Jahre in Folge zog ich die frühe Bartnelken-Linie namens ‘Messenger Mixed’. Sie zeigen die ersten Blüten rund zwei Wochen früher als die herkömmlichen Sorten und sind im Juni am schönsten. Der in meinen Augen große Vorteil einer früh blühenden Linie ist, dass man sie in der ersten Juliwoche durch eine einjährige (im Mai ausgesäte) ersetzen kann, die dann im Spätsommer und im Herbst ihre Pracht entfaltet. Diese später blühenden Bartnelken lassen ihren Nachfolgern kaum genügend Zeit, sich zu ihrer ganzen Herrlichkeit zu entwickeln.

Somit sind die Messenger-Bartnelken ein Schritt in die richtige Richtung, allerdings bedarf es noch einiger Verbesserungen an der Linie, damit sie mit ihren späteren Verwandten mithalten können. So ist die Farbpalette begrenzt, es gibt keine Lachsrosa-Töne, und die einzigen rein kräftig scharlachroten Blüten bilden sich auf Pflanzen, die erst dann blühen, wenn die anderen bereits im Abblühen begriffen sind. Das widerspricht natürlich dem ganzen Zweck der Übung.

Ich züchte seit Jahren den Fingerhut ‘Excelsior’, der für mich eine herausragende Linie darstellt. Dennoch bin ich neuerdings zum traditionelleren ‘Giant Spotted’ zurückgekehrt und zu dem Schluss gekommen, dass er mir besser gefällt. Die Vorteile der ‘Excelsior’-Linie sind, dass die Blüten rund um den Stängel angeordnet sind und fast waagrecht abstehen, sodass man ihren getupften Innenkelch gut sieht. Das klingt geschrieben etwas unbeholfen, ist optisch aber das Gegenteil. Trotzdem ist eine einseitige Anordnung anmutiger, und wenn die Pflanzen kräftig wachsen und ihre

Höhe von 180 cm oder noch mehr erreichen, sieht man ebenfalls ohne Probleme in die Kelche. Zumal der 'Giant Spotted' prächtige dunkellila Flecken hat.

Der Tradition verhaftete Saatanbieter folgen bei der Verwendung von Pflanzennamen in ihren Katalogen erstaunlichen Konventionen. Sie nennen Wicken, Goldlack, Silberblatt und Aster in der Hauptüberschrift anstatt *Lathyrus, Erysimum, Lunaria* und *Callistephus*, bevorzugen jedoch *Antirrhinum, Aquilegia* und *Digitalis* vor Löwenmäulchen, Akelei und Fingerhut. In einigen Gruppen wird gemischt: Die Marien-Glockenblume wird als solche geführt und nicht als *Campanula medium*, alle anderen Glockenblumen stehen jedoch unter *Campanula*, und zwar ohne jeden Verweis auf die Marien-Glockenblume. Bestimmte Nelken findet man unter *Dianthus*; *D. barbatus* und *D. caryophyllus* hingegen muss man unter Bartnelke und Garten- oder Schnittnelke suchen. Levkojen werden als solche gelistet, die Nachtduftende Levkoje jedoch als *Matthiola longipetala*.

Gefüllte Gänseblümchen stehen bisweilen unter Maßliebchen, häufiger und würdevoller aber unter *Bellis perennis*. Womöglich vergisst man darüber leichter die Verwandtschaft zu unserem Rasenunkraut.

Bei den Studentenblumen wird ausgesprochen merkwürdig vorgegangen. Die meisten *Tagetes*, bis auf einige der kleinblütigen, werden unter Studentenblumen geführt. Und die Pflanze, die ich in meiner Kindheit als eigentliche Studentenblume kennenlernte, wird als *Calendula* bezeichnet.

Zweifellos wird so gut wie jeder Gärtner, der der Fackellilie einen alternativen Namen geben möchte, korrekterweise *Kniphofia* verwenden, Saathersteller jedoch beharren auf dem antiquierten Synonym *Tritoma*.*

* In den vorhergehenden vier Absätzen entspricht vieles nicht mehr den dt. Gepflogenheiten. [A. d. Ü.]

Die eigene Anzucht von Beetpflanzen

In diesem Land gibt es einen florierenden und ständig wachsenden Markt für Beetpflanzen. Bereits jetzt werden jährlich 280 Millionen Pflanzen angeboten, und laut einer Studie gehören über 40 Prozent aller Haushalte mit Garten zu den Abnehmern. Es wäre interessant herauszufinden, welcher Prozentsatz zumindest einige selbst heranzieht. Den meisten von uns ist klar, dass wir durch den Eigenanbau von Gemüse eine bessere Qualität erhalten, als wenn wir uns auf die tief gefrorenen, konservierten oder auch »frischen« Produkte im Supermarkt verlassen. Gleiches gilt für Beetpflanzen.

Welche Qualitäten gute Beetpflanzen auszeichnen, wurde von einem bekannten Pflanzenzüchter vor einer ausverkauften Beetpflanzen-Konferenz definiert. Seiner Ansicht nach sind dies:

1. Gute Entwicklung unter vielfältigsten Bedingungen
2. Lange Blüh- und/oder Laubphase
3. Optische Attraktivität zum Zeitpunkt des Verkaufs
4. Gute Transport- und Auspflanzungseigenschaften
5. Problemlose Anzucht und Kultivierung
6. Große Widerstandskraft gegen Krankheiten

Betrachten wir diese Maßgaben doch einmal aus der Warte des Gärtners. Die Punkte 1 und 5 sind quasi identisch. Eine gute Beetpflanze muss auf Sand ebenso gedeihen wie auf Ton, in einem trüben, feuchten Sommer ebenso wie in einem heißen, trockenen, im geschützten Klima einer besseren urbanen Katzentoilette ebenso wie in der gesundheitsförderlichen Atmosphäre eines windgepeitschten Seebads. Nun ist es zweifelsohne nicht schlecht, all diese Aspekte im Hinterkopf zu behalten, aber eher könnte man sich den Mond auf Erden herabsehnen als die Erfüllung all dieser Wünsche. Und jedes Gewächs, das alle Gärtner in jeder Hinsicht gleichermaßen zufriedenstellt, muss per Definition etwas recht Langweiliges sein. Ein Gärtner aber, der seine Pflanzen selbst heranzieht, hat wesentlich bessere Voraussetzungen. Er wird sehr bald herausfinden, welche Spezies in seinem Garten gut gedeihen. Und was das Wetter betrifft, so spielt er einfach auf Risiko, bei Petunien etwa, und wägt die Möglichkeit des Scheiterns gegen seine Liebe zu ihnen ab.

Der zweite Punkt, also die lange Blühdauer, liegt uns allen am Herzen, denn der Hauptgrund, weshalb wir Sommer-Beetpflanzen überhaupt setzen, ist ja deren ausgedehnte aktive Phase im Vergleich zu etwa Zwiebelblühern oder dem Großteil der Stauden. Dennoch besticht eine Fülle von Elfenspiegeln oder von einjährigen Mittagsblumen durch eine Frische, die der beständigen Studentenblume einfach fehlt. Die kurze Blüte der Nemesia wird auf eine Art und Weise wettgemacht, die man nicht ignorieren sollte, und auch dem samensäenden Amateur sollte es nicht schwerfallen, auf deren Pracht im Juni und Juli einen späteren Blickfang aus spät ausgesäten Einjährigen folgen zu lassen.

Punkt 3, die Attraktivität zum Zeitpunkt des Verkaufs, beschränkt sich allzu oft darauf, dass die Pflanze bereits in Blüte stehen muss, wenn sie in den Verkauf kommt. Dann sieht der Kunde, was er erwirbt – oder glaubt es zumindest. Was er nicht sieht, ist, dass lediglich allzu gedrängtes Wachstum bei Unterernährung die Pflanze dazu getrieben haben, früh Blüten zu bilden. Und hat sie die einmal gebildet, gibt es nur eine geringe bis gar keine Chance, dass sie einen Schritt rückwärts macht und zu einer kräftigen, buschigen Pflanze heranwächst, ehe sie die nächsten Knospen bildet. Ein Vermarkter von Beetpflanzen könnte sich darauf beschränken, ein verlockendes Farbfoto der in Bälde blühenden Pflanze neben einen Topf mit einem gut entwickelten, noch rein grünen Exemplar zu stellen, aber im Handel gewinnt meist die Versuchung die Oberhand, auf die Leichtgläubigkeit der Massen zu setzen.

Der vierte Punkt verlangt, dass die Pflanze sich gut transportieren und einsetzen lässt. Aber man bedenke: Einige der in der Handhabung heikelsten Pflanzen sind diejenigen, die sich, sobald sie im Garten eingewachsen sind, am wertvollsten erweisen. Welche Zukunft kann es für Mittagsblumen, Portulak-Arten, Kalifornischen Mohn und dem verwandten Türkischen Mohn als vermarktbare Beetpflanzen geben? Welche Zukunft für Rittersporn, Kornblumen, Mentzelien und *Arctotis*-Arten? Dabei wäre es doch entsetzlich, dauerhaft auf sie verzichten zu müssen, nachdem man sich einmal an ihrem Reiz erfreut hat!

Dem Wunsch nach großer Widerstandsfähigkeit gegen Krankheiten kann aus keiner Hinsicht widersprochen werden.

Eine heutige Mode, die bei dieser Konferenz betont wurde, sind Pflanzen im Kleinformat. Diese Beobachtung bestätigt sich rasch bei einem Blick in die Saatliste der kultivierten Varietäten eines jeden Saatgutvermarkters. Dort häufen sich Beifügungen wie »kleinwüchsig«, »kleinbleibend«, »kompakt«, »Zwerg-« und »niedrig«, und ich hoffe sehr, dass es sich dabei um eine reine Modeerscheinung handelt. Man braucht nur an die Vorgärten zu denken, an denen man im Sommer vorbeifährt und die ausschließlich im Zwergenformat bepflanzt sind, um zu erkennen, dass ihnen jeder Charakter und jede Individualität fehlen. Derartige Pflanzen erheben sich nie über Bodenhöhe und bleiben reine Farbtupfer.

Wer also nicht der Mode folgen will, muss bereit sein, auf eigene Ressourcen zurückzugreifen, seine Beetpflanzen selbst heranzuziehen und damit die Vielfalt und Palette zu erhalten, die unserer Liebhaberei ihren besonderen Reiz verleihen.

Jeder hat seine eigenen Vorstellungen von der Anzucht Einjähriger, darum will ich mit meinen nicht hinter dem Berg halten. Mittlerweile verzichte ich im Großen und Ganzen darauf, Blumensamen gleich dort auszusäen, wo sie blühen sollen. Das klingt zwar, als wäre es das Einfachste auf der Welt, ist es aber mitnichten. Man erwischt das Erdreich genau im richtigen Grad von Trockenheit und zerkleinert es sorgsam durch steten Wechsel von Rechen und Festtreten. Damit bereiten Sie ein Samenbeet, das zwar ideal ist für Ihr Saatgut, aber ebenso ideal für die ganzen Unkrautsamen, die bereits in der Erde waren. Ziehen Sie gerade Sä-Rillen, um die Unkrautsämlinge besser identifizieren zu können, werden die geraden Reihen Ihnen den Rest der Blühsaison unliebsam ins Auge fallen. Ein weiterer Aspekt, der gegen das Vor-Ort-Säen spricht: Regnet es nicht, freuen sich Spatzen über ein Staubbad in der so liebevoll vorbereiteten Erde, und man muss Drahtnetze oder eine andere Abwehrmaßnahme installieren. Regnet es nennenswert, wird die feine Erde zum Schlammbad und trocknet dann zementhart aus – alles andere als perfekt für einen kleinen Sämling.

Und so ist es ratsam, alle Aussaaten unter kontrollierten (und angenehmen) Bedingungen vorzunehmen. Selbst bei Kornblumen, Reseda und Kalifornischem Mohn, die keine Störung ihrer Wurzeln vertragen, kann man wenige Samen in ein Töpfchen säen, dann zu einem einzigen Sämling ausdünnen und später an der ausgewählten Stelle einpflanzen.

Dabei sollte man keinesfalls zu früh säen. Sirenenstimmen in der Gartenpresse und anderen Medien, die die gärtnernden Massen im Blick haben, drängen einen ständig, sich zu beeilen. »Bedingt winterharte Einjährige sollten unverzüglich ausgesät werden«, raten sie Anfang März, während Lloyd die Aussaat Anfang April vornimmt und später nichts zu bereuen hat. Sieben Wochen von der Saat bis zum Aussetzen ist für die meisten raschwüchsigen Einjährigen ein genügend langer Zeitraum, und ideal ist es, wenn die Pflanzen genau dann ausgesetzt werden können, wenn der Boden und das Wetter dafür bereit sind. Das ist selten vor Ende Mai der Fall.

Ziel des Gartenhandels ist es verständlicherweise, das Denken der Kunden auf gärtnerische Belange zu lenken und sie im Frühjahr so zeitig wie möglich in eine tatkräftige Kauflaune zu versetzen. Kommerzielle Geschäfte, die in diesen frühen Februar- und

Märzwochen nicht gemacht wurden, werden in der unvermeidlichen Hektik um Ostern nie wieder aufgeholt, was aus der Warte des Verkäufers bedeutet: »Je früher, desto besser.« Das ist, wie gesagt, durchaus nachvollziehbar, doch als denkende Individuen möchten wir nicht in Panik versetzt werden.

Der Fehler, den man beim Säen in Töpfen und Schalen am leichtesten begeht, ist, die Samen mit zu viel Substrat zu bedecken – mehr als samenkornhoch ist unweigerlich von Nachteil. Obwohl ich das genau weiß, begehe ich den Fehler aber bisweilen immer noch, kürzlich bei Samen von *Salvia patens*. Diese neigen dazu, alle gemeinsam zu keimen und die gesamte obere Substratschicht wie einen Deckel anzuheben, quasi, als würde ein Corps de Ballet auf ausgestreckten Armen ein gigantisches Tablett über den Köpfen aller balancieren. »Euch werde ich's zeigen«, dachte ich mir und bedeckte die Samen mit zusätzlichem Substrat. »Ihr könnt euch einfach durchbohren durch das Ganze, anstatt es auf dem Kopf zu tragen.« Nicht einmal versucht haben sie's.

Einige Gärtner machen sich beim Wässern der Töpfe und Schalen große Mühe und halten sie in Wasser, damit die Feuchtigkeit langsam von unten nach oben hochsickert. Meines Erachtens ist das überflüssig. Wässern von oben mit einer feinen Gießkannenbrause genügt vollauf. Doch da die ersten und letzten Tropfen aus einer solchen Brause schwer und dick sind, sollte man das Gießen in einiger Entfernung zu den Sämlingen beginnen und beenden. Zudem sollte man darauf achten, dass die Substratoberfläche keine Sekunde überflutet wird, indem man mehr gießt, als das Substrat sofort aufnehmen kann. Durch eine solche Überflutung verändern die Samen ihre Position und werden alle zusammengeschwemmt. Eine leichte Hinundherbewegung der Kanne wirkt Wunder.

Das Pikieren wird am besten vorgenommen, sobald die Sämlinge eine handhabbare Größe erreicht haben – je früher, desto weniger werden die Würzelchen beschädigt. Viele Menschen haben bei solch diffizilen Arbeiten zwei linke Hände, aber für alle, die einen Faden in ein feines Nadelöhr fädeln und andere derart präzise Handgriffe ausführen können, stellt das kein Problem dar. Meine Mutter übernahm für mich alles Pikieren, bis sie neunzig war, und versetzte Sämlinge, die so klein waren, dass Besucher im Gartenschuppen erklärten, sie könnten sie nicht einmal sehen. Alles eine Frage der Übung. Man muss jeden Sämling vorsichtig an einem Keimblatt fassen und darauf achten, den Stiel und die Wurzeln nicht zu verletzen, wenn man ihn mit der Spitze des Pikierstabs einsetzt.

Und damit kommen wir zur Frage des Abstands. Gekaufte Beetpflanzen werden in Schalen zu 54 Stück (9 × 6) angeboten, doch da wird am falschen Platz gespart, das ist allzu gedrängt. Bei mir sind es gemeinhin 28 (7 × 4), außer bei sehr langsam wachsenden Pflanzen wie Portulak und Leptosiphon, bei denen man auf 40 (8 × 5) erhöhen kann. Eine tiefe Schale von mindestens 6 cm Höhe ist am besten, denn dann kann man beim Auspflanzen jedes Exemplar mit reichlich Substrat an den Wurzeln von seinem Nachbarn lösen. Oder man verwendet gleich unterteilte Schalen, bei denen sich das Problem von selbst erledigt.

Wenn man die bestmöglichen Pflanzen zieht, indem die Saat zur richtigen Zeit erfolgt, die Sämlinge früh pikiert werden und ihnen in der Schale reichlich Platz geboten wird, hat man Ende Mai derart kräftige Exemplare, dass man nur ein Viertel so viele auszusetzen braucht, wie wenn man die Sämlinge auf die allzu übliche, verhungerte Art gezogen hätte. Zudem stört das Auspflanzen sie weniger, als wenn sie aus einer gedrängten Schale kämen, was heißt, dass die jungen Pflänzchen sofort durchstarten können.

Samen für eine Mai-Aussaat

Der fehlgeleitete Enthusiast sät seine Zinnien im März im Gewächshaus aus und pikiert sie Anfang April. Und was dann? Wie viele andere empfindliche Einjährige hassen Zinnien das kühle Wetter, das im Mai früher oder später unweigerlich herrscht. Dann sehen sie ausgemergelt aus, ihre Blätter vergilben, und sie neigen zur Umfallkrankheit. Bei einer März-Aussaat sind die Sämlinge einen Monat vor der Zeit zum Auspflanzen bereit. Ihre Wurzeln werden in den Töpfen und Saatkästen unter Glas eingeengt, was sie später überflüssigerweise in ihrem Wachstum beeinträchtigt.

Die erste Mai-Hälfte ist die ideale Zeit, um Zinnien zu säen. Haben Sie ein beheiztes Gewächshaus, in dem sie keimen können, umso besser, dann zeigen sich die Sämlinge nach vier Tagen und können eine Woche später pikiert werden. Solange sie klein sind, lassen sie sich einfacher versetzen, das heißt, nehmen Sie sich die Arbeit vor, sobald Sie die Sämlinge anfassen können. Zu der Zeit des Jahres genügen den Samen aber auch die Bedingungen in einem kalten Kasten oder ungeheizten Gewächshaus; durch die fehlende Wärme verlieren Sie nur wenige Tage. Eine Matte, die abends über den kalten Kasten gelegt wird, trägt dazu bei, die Sonnenwärme des Tages bis weit in die Nacht hinein zu bewahren; das ist für derartige Samen ebenso empfehlenswert wie für krautige Stecklinge.

Auch *Tithonia rotundifolia*, eine Verwandte der Zinnie, sollte spät gesät werden. Bei guten Witterungsbedingungen hat sie im August eine Höhe von 180 cm erreicht. Petunien können ebenfalls spät gesät werden, sie eignen sich dann insbesondere, um Anfang Juli Zweijährige, die im Frühsommer blühen, zu ersetzen. Sollten Sie mit einem ganzen Beet einjähriger Mittagsblumen, zum Beispiel, einen Blickfang gesetzt haben, schießen sie Ende Juli ins Kraut und können durch im Mai gesäte Petunien oder andere Einjährige – etwa Levkojen – ersetzt werden.

Generell kann man dafür sorgen, dass auf kurzlebige Einjährige eine andere Art folgt. Zugegeben, das macht ein gewisses Maß an Arbeit, und allzu häufig werden Sie das kaum tun wollen, aber bisweilen bereitet es einem solche Freude, alte Lieblinge zu sehen, dass man die Mühe bereitwillig auf sich nimmt. So könnte man im Mai Nemesien säen, um eine frühere Gruppierung von Shirley-Mohn, einjährigen Schleifenblumen oder Godetien zu ersetzen. Wurden die Nemesien aber früh gesät, für eine erste Blütenpracht, sät man etwas anderes, um sie im Spätsommer zu ersetzen, Sommerastern etwa oder die dunkellilafarbene Vanilleblume 'Marine'.

Ich ziehe immer relativ viele Bartnelken und Fingerhüte, und es würde von wenig Unternehmungsgeist zeugen, nicht etwas anderes auf sie folgen zu lassen. Kosmeen setzen bald Blüten an, und noch Mitte Mai könnte eine späte Aussaat erfolgen. Cleome, die Spinnenpflanze, sollte um den 1. Mai gesät werden, und ihre Wurzeln dürfen vor dem Auspflanzen nicht durch den Topf beengt werden. Wie bei Zinnien und Thitonien braucht man den Haupttrieb nicht auszugeizen, damit er buschig wird. Die Spinnenpflanze blüht bald üppig am Haupttrieb und verzweigt sich kräftig, sofern sie genügend Platz hat.

Arctotis fastuosa (syn. *Venidium fastuosum*) ist eine weitere Einjährige, für deren Gedeihen eine späte Aussaat ausgesprochen vorteilhaft ist; frühes Säen führt fast unweigerlich zu Misserfolg. Dieser aus Südafrika stammende Korbblütler mit klebrig filzigen Blättern und Knospen hat leuchtend orangefarbene Blütenblätter mit einem glänzenden, pechschwarzen Korb. Er wird rund 60 cm hoch und neigt zum Wuchern, braucht aber beim Auspflanzen nur entsprechend gestützt zu werden, um kräftig zu wachsen.

Sind derartige spät ausgesäte Einjährige bereit zum Auspflanzen, ohne dass ihr endgültiger Standort sie schon aufnehmen kann, können sie einige Wochen in einem 12,5-cm-Topf überdauern, sofern sie wöchentlich mit einem gängigen Flüssigdünger genährt werden. Das Wichtigste ist, dass ihr Wachstum nie ins Stocken gerät – dann bekommen Sie Pflanzen, die jedes Gärtnerherz erfreuen.

Früher dachte ich immer, dass die einjährige Kletterpflanze, die gemeinhin Himmelblaue Prunkwinde, *Ipomoea tricolor* (syn. *rubrocaerulea*), genannt wird und aufregend blaue, große trichterförmige Kelche hat, in dem Zustand, in dem man sie meist sieht, an einer Viruskrankheit leidet: Die Blätter sind häufig verkrüppelt und gelb, das Wachstum gestört. Aber dafür ist kein Virus verantwortlich, vielmehr ist das die Folge von niedrigen Temperaturen. Das kann auf einfachste Art und Weise umgangen werden, indem sie erst gesät und ausgepflanzt wird, wenn keine Kälte mehr herrscht. Dem unbenommen muss man einräumen, dass diese Pflanze bei uns im Garten nur in den seltenen Jahren mit großer Sommerhitze wirklich gut gedeiht. Trotzdem ist es besser, jedes Jahr hoffnungsvoll eine Aussaat vorzunehmen, als zu spät festzustellen, dass man Erfolg hätte haben können, hätte man denn rechtzeitig gehandelt.

Eine verwandte Kletterpflanze, die genau die gleichen Bedingungen und die gleiche Behandlung verlangt, ist *Ipomoea* (*Mina*) *lobata*, die Sternwinde. Ihre Rispen röhrenförmiger rot-orange-gelber Blüten sind faszinierend.

Die Pyramiden-Glockenblume, *Campanula pyramidalis*, vergisst der Gärtner meist, bis es zu spät ist: Wenn sie im Juli und August in Blüte steht, haben Sie die Möglichkeit für eine Pracht im folgenden Jahr bereits versäumt. Schließlich müssen die Samen im Frühjahr gesät und die Pflanzen als Zweijährige behandelt werden.

Die malvenfarbenen und weißen Linien sind nicht minder attraktiv, doch lohnt sich bei dieser Glockenblume wirklich nur eine Haltung im Topf, denn dann hält ihre Schönheit mindestens drei Wochen und kann mit den bis zu 2,10 m hohen gestaffelten Spitzen aufsehenerregend architektonisch wirken. Die Pflanzen selbst sind winterhart und können die kalte Jahreszeit in ihren endgültigen 25-cm-Töpfen im Frühbeet verbringen. Der Grund, weshalb sie sich im Garten weniger schön ausnehmen, ist der, dass dort die Blüten von Bienen bestäubt werden, woraufhin sie innerhalb von drei Tagen und nicht drei Wochen verwelken. Alle Glockenblumen sind ähnlich bienenempfindlich und eignen sich daher insbesondere als Topfpflanzen für den Innenbereich. Die verhältnismäßig seltene zweijährige Sorte *C. formanekiana* ist mit ihren meergrünen Blättern und den weißen Blüten höchst ansprechend.

Im Frühjahr keimende Sämlinge

Am Ende unseres Gartens steht ein ganzer Gürtel von Eschen, der bei der Anlage der Gärten vor neunzig Jahren als Windschutz gepflanzt wurde. Dies ist eine unkluge Entscheidung, wie Landschaftsgärtner sie häufiger treffen, meist aufgrund mangelnder Kenntnis bezüglich der Pflanzen. An einem Abend im Frühjahr jätete ich sage und schreibe 807 Eschen-Sämlinge aus einem Beet mit zwei Dutzend Edelrosen. Die Aufgabe war keineswegs unerquicklich und nahm auch nur eine Viertelstunde in Anspruch, denn in diesem Stadium braucht man lediglich die Spitzen der Sämlinge abzuzwicken, ohne sich um die Wurzeln zu kümmern. In einem gepflasterten Garten sind derartige Selbstaussäer allerdings ausgesprochen ärgerlich, wenn etwa Steingarten-Pflanzen in den Fugen den Einsatz von Unkrautvernichtungsmittel unterbinden, oder auch in einer Hecke, wo Eschen-Sämlinge zu einer beträchtlichen Größe heranwachsen können, ehe man sie entdeckt, und da bereitet es dann häufig schon viel Mühe, sie zu entfernen.

Der Eschengürtel zieht sich entlang der Westseite des Gartens, und wenn die Bäume Ende Mai schließlich und endlich belaubt sind, freuen wir uns sehr über den Schutz, den sie vor dem Wind bieten. Im Herbst allerdings weht bei uns häufig ein Südwestwind, und ich erinnere mich nur allzu gut an einen Herbststurm, der den

Garten unter einer Schicht geflügelter Eschensamen begrub, die wie die Leichen von Heuschrecken aussahen. Kommen die Stürme in der Jahreszeit aus dem Osten, bescheren sie uns eine Überfülle von Ahornsämlingen von der gegenüberliegenden Gartengrenze. Ahornbäume tragen regelmäßig zahlreiche Früchte, jeder Baum ist alljährlich zuverlässig ein Samenträger. Eschen hingegen setzen in manchen Jahren überhaupt keine Samen an, zudem tragen viele Eschen ausschließlich männliche Blüten, sodass sie keine Früchte ausbilden.

Das einzig Gute bei Esche und Ahorn ist, dass ihre Samen immer im Frühjahr keimen, wodurch wir ein ganzes Jahr Zeit haben, um der Fülle Herr zu werden, ehe die nächste Ladung kommt. Wenig Unkräuter sind derart zurückhaltend, mit Ausnahme des Efeu-Ehrenpreises, *Veronica hederifolia*. Das ist eine weich behaarte liegende einjährige Pflanze mit winzigen, verwaschen blauen Blüten, der der Reiz der meisten anderen Ehrenpreis-Arten fehlt. Er kann zwischen niedrigen Frühlings-Beetpflanzen wie etwa Stiefmütterchen ausgesprochen lästig werden, doch mit dem Hochsommer erledigt sich das Problem von selbst. Hat er sich einmal etabliert, ist er kaum mehr aus dem Garten zu tilgen, aber die Samen sind schwer und haben keine besondere Verbreitungsmethode, sodass man das kleine Unkraut meist mit etwas Umsicht auf einen Teil des Gartens beschränken kann.

Das Frühjahr ist auch die Zeit, wenn Heerscharen von Veilchensämlingen erscheinen, aber die können nur begrenzt als Ärgernis bezeichnet werden. Dem wilden Duftveilchen sollte man im Garten wirklich mehr Platz gewähren. Es ist schattentolerant und wächst harmlos am Fuß aller möglichen Sträucher, wo nichts anderes gedeihen würde. Es lugt unter Hecken hervor, zaubert zwischen Pflastersteinen lilafarbene Bänder und bildet in der Wiese Kolonien. Die typische veilchenfarbene Art ist diejenige, die jederzeit zwischen Herbst und Frühjahr blüht. Allerdings gibt es auch eine deutlich rosafarbene, eine weiße und eine aprikosenfarbene Art. Sie kreuzen sich bereitwillig untereinander, und ihre Nachkommen haben eine unendliche Palette mehr oder minder ansprechender klarer oder verwaschener Farbtöne.

Die nordamerikanische *Viola cucullata* ist eine wunderschöne Pflanze und samt sich noch bereitwilliger selbst aus als andere Veilchen-Arten. Zugegeben, sie duftet nicht, aber man kann nicht alles haben. Ihre Blüten sind sehr groß und breiter als hoch, wodurch sie üppig und gut genährt wirken. Die einzelnen Blüten sind weiß, tragen im Kelch aber eine Zeichnung mauvefarbener Streifen. Im Winter verliert die Pflanze alles Laub, sodass ein Gärtner, dem die Art weniger vertraut ist, denkt, sie sei eingegangen. Doch mitnichten – sie ist an niedrigere Temperaturen als unsere gewöhnt, und zum Beweis für ihre Existenz braucht man nur nach einem Stück verbundener fleischiger Rhizome direkt an der Erdoberfläche zu suchen. Sowohl die Blüten als auch das erste Laub zeigen sich Anfang Mai.

Bei den Edeldisteln oder Mannstreu handelt es sich vorwiegend um eine Tribus ausdauernder Pflanzen mit Pfahlwurzel; der Riesenmannstreu, *Eryngium giganteum*, jedoch ist monokarp. Es kann zwei, drei oder auch vier Jahre dauern, bis ein Exemplar die für eine Blüte erforderliche Größe erreicht, abhängig vom Platz, der für das Wachstum bereitsteht, doch nach der Blüte stirbt es ab. Jede Menge Samen werden angesetzt, aber aus diesen entstehen erst zwei Jahre später weitere blühende Pflanzen. Das mag sich für einen friedliebenden Gärtner nach allzu großer Mühe anhören, doch hat sich einmal eine Kolonie dieser herrlichen Pflanze angesiedelt – die auch unter dem Namen Elfenbein-Mannstreu bekannt ist –, könnte sie nicht weniger Arbeit bereiten, übernimmt sie doch selbstständig alles Aussäen und Wachsen. Unsere Aufgabe als Gärtner besteht lediglich darin, die vielen Scharbockskraut-ähnlichen Sämlinge nicht zu jäten oder sie höchstens etwas auszudünnen.

Der Elfenbein-Mannstreu ist eine stämmige, sich verzweigende Pflanze von etwa 90 cm Höhe (mithin keineswegs ein Riese) mit blaugrünen Blüten in der Form von großen Zylindern, die von dem wirklich attraktiven Teil umgeben sind, nämlich der Krause silbriger Hüllblätter. Die Pflanze eignet sich, ob frisch oder getrocknet, herausragend für Arrangements.

3

STRUKTURELEMENTE

Einjährige, Mehrjährige und Beetpflanzen

Sinn und Zweck von Einjährigen

Es ist schwierig, einen Schritt zurückzutreten und den eigenen Garten mit einem objektiven Blick zu betrachten – unweigerlich wird sich Unkraut oder Abgeblühtes in den Vordergrund drängen. Aber bisweilen können wir uns zumindest mental zurücknehmen, wenn wir unseren Garten nämlich nur im Geiste vor uns sehen, und dann können wir uns gewisse Fragen stellen. Beim Lesen eines Gartenbuchs oder -katalogs etwa machen wir uns Gedanken. In seinem praktischen Ratgeber über Gartenblumen nannte Mr Percy Thrower als seinen Hauptgrund, Einjährige zu pflanzen, dass sie schneller und billiger als jede andere Pflanze ein Farbenmeer bildeten, und auch die Tatsache, dass sie in so gut wie jeder Erde gediehen. Ja, sie dürfe sogar um keinen Preis zu fett sein, schrieb er, sonst würden die Pflanzen viel zu viele Blätter zu Lasten von Blüten ausbilden.

Als ich diese Empfehlungen las, dachte ich, da fehlt etwas. Wäre das alles, würde keiner von uns einige Jahre nach der Anlage eines Gartens noch Einjährige pflanzen. Dabei haben viele von ihnen etwas Frisches, Fröhliches an sich, das zumindest ich besonders ansprechend finde. Das soll nicht heißen, dass andere Pflanzen diese Aspekte nicht besitzen, aber die Einjährigen zeichnen sie am vorrangigsten aus. »Hier sind wir«, sagen sie uns. »Wir bleiben nicht lang, darum erfreu dich an uns, solange wir hier sind.« Ich glaube, unsere Kindheitserinnerungen an Einjährige sind mit die stärksten. Nie werde ich die Blüte des Seidenmohns vergessen und wie meine Schwester und ich jeden Juni-Morgen vor dem Frühstück in den Garten gingen und abwechselnd die neu geöffneten Blüten auswählten und pflückten: Noch heute sehe ich das Leuchten der seidigen Kelche, auf denen der Tau funkelte, deutlich vor mir, ebenso die bootsförmigen Kappen, die am Rand eines Blütenblatts hafteten.

Ich werde mir immer Einjährige in meinem Garten wünschen, ob als Lückenfüller, in Bereichen, wo es an Pepp fehlt – oder einfach aus Freude. Natürlich sind nicht alle makellos und frisch. Die Studentenblumen haben so viel Frische an sich wie das Leder eines neuen Fußballs, aber ohne die Eigenschaft, dass man sie einfach aus der Bahn treten kann. Das führt mich allerdings zu einem weiteren Aspekt, den ich zugunsten der Einjährigen anführen möchte: Mit ihnen kann man mühelos Veränderungen herbeiführen. Wenn Sie einer Staude oder, schlimmer noch, eines Strauchs überdrüssig sind, erfordert es meist beträchtliche Willenskraft, ein Element aus dem Garten zu entfernen, das ja doch relativ eingewachsen ist. Aber wenn Sie die Saatlisten der neuen Saison durchblättern, können Sie nach Herzenslust Ihr Bedürfnis nach Abwechslung stillen.

Mr Throwers Maxime, Einjährige dürften keinen fetten Boden haben, muss man meines Erachtens stark relativieren. Ein großer Teil der Einjährigen, den man in Privatgärten sieht, leidet unter Mangelernährung oder litt in einem frühen Lebensstadium darunter. Unterdüngung ist meiner Erfahrung nach häufiger als Überdüngung. Selbst einjährige Sukkulenten wie *Mesembryanthemum criniflorum* (korrekt *Dorotheanthus bellidiformis*) oder *Portulaca grandiflora*, die aussehen, als würden sie bei einer Hungerkur florieren, danken es Ihnen zehnfach, wenn Sie sie in ein nährstoffreiches Substrat setzen, in das Sie auch Ihre Teerosen pflanzen würden. Sicher, ein einjähriges Gewächs wie die Kapuzinerkresse bildet bei Nährstoffüberfluss vor allem Blätter aus und verbirgt seine wenigen Blüten dahinter, doch einige der modernen Sorten wie die kompakten, blühfreudigen Jewel-Kapuzinerkressen gehen bisweilen halbwegs durch den Sommer an Erschöpfung ein, wenn sie an einer Stelle wachsen, wo selbst Kreuzkraut nur wenige Blüten ansetzen würde.

Für Einjährige, die im Juli am schönsten sind und danach ins Kraut schießen, kann ich mich nicht begeistern, wohl aber für die spät Blühenden, namentlich die Astern. Es ist sogar so, dass die Pflanzen, die ab Mitte August in meinem Garten das meiste Interesse erregen, diejenigen sind, die im Frühjahr aus Samen gezogen wurden. Auf eine Frage hin brauche ich aber nur zu erklären, dass dieses oder jenes Gewächs eine Einjährige ist, schon schwindet die Wissbegier schlagartig. Vermutlich gibt es noch Gartenfreunde, die ihre Einjährigen selbst ziehen, aber leider sind sie offenbar in der absoluten Minderzahl.

Die meisten Einjährigen zeigen sich nur in einem einigermaßen schönen Sommer von ihrer besten Seite. Ein Unterschied von zwei Grad in der Durchschnittstemperatur bewirkt meist auch einen großen Unterschied im Wachstum, und zu viel Regen während der Blüte verwandelt die Flor in Matsch. Zum Glück jedoch sind schöne Sommer weitaus häufiger, als die allgemeinen Klagen vermuten lassen, und das englische Wetter eignet sich immer für eine Geschichte über Pleiten, Pech und Pannen – man kann vieles darauf schieben. Doch dieselben Jahre, in denen ein guter Rotwein erzeugt wird, sind gemeinhin auch gute Jahre für Einjährige.

Experimente mit neuen Einjährigen

Man tut gut daran, darauf zu achten, dass der Garten nie stereotyp wird, und ebenso wenig sollte man eine Pflanze oder Pflanzengruppe im eigenen Garten für gegeben hinnehmen. Selbst Sträucher sollten in regelmäßigen Abständen einer kritischen Prüfung unterzogen werden, und bei Einjährigen ist es ein Verbrechen, dieselben Sorten jahrein, jahraus an derselben Stelle zu pflanzen, bloß weil sie beim ersten Mal so gut dort gediehen.

Ich probiere jedes Jahr einige, die für mich völlig neu sind, und hier mache ich nun ein paar Vorschläge, die überhaupt nichts Originelles an sich haben – schließlich sind es alte, seit langer Zeit gezüchtete Gewächse. Dennoch würde es mich überraschen, wenn sie den Leserinnen oder Lesern alle vertraut wären, es sei denn, Sie gehören zu den wenigen professionellen Gärtnern, die ich an den Fingern meiner zwei Hände abzählen kann.

Tithonien und Cleome habe ich bereits erwähnt, doch verdienen sie eine ausführlichere Würdigung. Ich pflanze die beiden häufig gemeinsam. Die Tithonien können (wenn sie eine gute Starthilfe bekamen) mit einem Abstand von 90 oder gar 120 cm ausgepflanzt werden, die Cleome mit etwa 60 cm; das heißt, Sie brauchen nicht so viele Sämlinge heranzuziehen, um eine durchschnittliche Rabatte zu füllen. Doch da die Pflanzen üppig und stattlich werden, empfehle ich für jede Tithonie einen dickeren, 150 cm hohen Stab und einen weniger dicken, 90 bis 120 cm hohen für jede Cleome.

Tithonia rotundifolia (*speciosa*) ist eine Verwandte der Zinnie und stammt wie diese aus Mexiko. In den Tropen hat sie sich quasi von selbst ausgebreitet und gilt dort bisweilen als Unkraut, doch wer diesen Vorbehalt nicht kennt, muss zugeben, dass es sich um eine schöne Pflanze handelt. Die großen herzförmigen Blätter sind zwar rau und schlaff, aber die sombreroartigen Blüten zeigen wunderschöne, leuchtende blutorangerote Töne und sitzen auf den langen Stängeln wie die Kerzenhalter eines sich verzweigenden Kandelabers.

Sofern sie nicht falsch behandelt wird, bereitet diese Einjährige keine Mühe. Sie verabscheut kalte Frühlingsnächte, und unter diesen Bedingungen werden junge Pflanzen gelb und verkrüppeln. Ebenso wenig goutiert sie jedes Stocken ihres sehr schnellen Wachstums, wenn sie einmal in Gang gekommen ist. Sie sollte Anfang Mai gesät werden, die Sämlinge werden sofort in kompostierbare 12,5-cm-Töpfe vereinzelt und Ende Juni oder Anfang Juli mitsamt Topf ausgepflanzt, um eine Zweijährige wie Fingerhut oder Marien-Glockenblume zu ersetzen.

Die Spinnenpflanze, *Cleome hassleriana* (syn. *C. spinosa*), erfährt genau die gleiche Behandlung. Es gibt im Wesentlichen zwei Cultivare: ‘Pink Queen’, ein kräftiges Pink, und die weiße ‘Helen Campbell’, die sich vor Tithonien besser ausnimmt. Die Laubblätter sind in diesem Fall ein großer Pluspunkt, denn sie sind fingerförmig unterteilt, wie die der Rosskastanie, und leuchtend grün. Allerdings ist die Pflanze auch mit scheußlichen hakenförmigen grünen Stacheln bewehrt, die man erst bemerkt, wenn sie sich einem in die Haut gebohrt haben, ein behutsamer Umgang mit ihr ist also ratsam.

In den vergangenen Jahren waren Cleome in London häufig in den Parks zu sehen, und auf dem Kontinent werden sie für einfallslose Rabattenbepflanzungen verwendet. Doch wenn ein gut gewachsenes Exemplar an den optisch passenden Platz gesetzt wird, ist die Cleome eine Bereicherung und zudem so stattlich, dass sie häufig für mehrjährig gehalten wird. Die unregelmäßigen Blüten haben eine faszinierende Form, und ihre heranreifenden Samenkapseln erinnern an lange grüne Würste, die horizontal auf noch längeren Stängeln sitzen.

Zu den majestätischsten Tabakpflanzen gehört *Nicotiana syl-*

vestris. Ihre Blätter sind nicht minder ansehnlich als der elegante Aufbau der langen, röhrenförmigen weißen Blüten. Sie wird bis zu 180 cm hoch, wenn nicht noch höher, hat aber einen so kräftigen Stängel, dass selbst nach einem Unwetter nur wenige Pflanzen eine Stütze benötigen. Sie können mit einem Abstand von 70 cm gesetzt werden, womit sie insgesamt eine Einjährige von geringem Arbeitsaufwand ist. Tagsüber werden die Blüten zwar ein wenig schlaff, doch nachts verströmen sie einen exotischen, cremigen Duft – sehr anders als der Duft der Tabakpflanzen, die wir gemeinhin anpflanzen und die von *N. alata* (*affinis*) abstammen. Deren Duft ist zwar reizvoll, enthält aber auch eine gewisse herbe Komponente.

Die modernen niedrigen Tabakpflanzen bleiben selbst an sehr heißen Tagen präsentabel, wenn auch nicht ganz kraftvoll. Bisweilen sieht man an ihnen Hummeln, generell werden sie jedoch von nachtaktiven Faltern angeflogen. Die F1-Hybridserie Nicki ist sehr klein und unglaublich blühfreudig. Was mich an diesen modernen Beetsorten insbesondere beeindruckt, ist ihr schnelles Wachstum. Wenn sie im Mai gesät und – als Nachfolger von Zweijährigen – Anfang Juli ausgepflanzt werden, stehen sie am Ende des Monats bereits in voller Blüte und füllen das ganze Beet.

Ipomopsis rubra ist als Pflanze höchst außergewöhnlich. Sie wird zwischen 150 und 180 cm hoch, wächst aber als schlanke Säule und sollte daher dicht – es empfiehlt sich ein Abstand von rund 20 bis 25 cm – und mit vielen anderen Exemplaren gesetzt werden. Die Blätter sind zart gefiedert und hellgrün. Die Blüten – die in Größe und Form denen des Phlox ähneln, zu deren Familie sie auch gehört – öffnen sich Ende August oder Anfang September und sind von einem wunderschönen klaren, warmen Rotton mit helleren Tupfen zur Mitte hin. Es ist ausgesprochen erfreulich, diese auf Augenhöhe betrachten zu können, ohne sich bücken oder gar auf Hände und Knie sinken zu müssen wie bei den bekannteren Sperrkrautgewächsen. Der Preis dafür ist eine individuelle Stütze, am besten mit dünnen, 1,20 m hohen Stangen.

Man kann *Ipomopsis rubra* als bedingt winterharte Zweijährige behandeln, den Samen Anfang September aussäen und die vereinzelten Sämlinge unter Glas überwintern. Dadurch erhält man kräftigere Pflanzen, die auch früher blühen, allerdings neigen die Sämlinge zur Umfallkrankheit.

In einem Jahr legte ich eine Hecke aus *Impatiens-walleriana*-Hybriden (syn. *I. holstii*) an, die Pflanze, die man gemeinhin als Fleißiges Lieschen kennt. Die Wuchskraft, die diese so gängige Pflanze entwickelt, wenn sie in gutes Substrat gesetzt wird, hat mich (und zahlreiche Besucher) völlig überrascht. Die Hecke wurde 1,20 m hoch und noch breiter, und hätte ich geahnt, welches Wachstum die Pflanzen hinlegen können, hätte ich sie mit einem Abstand von 60 cm gesetzt. Die Lieschen-Blätter sind zwar etwas rau, aber die Blüten in einer Vielzahl von leuchtenden und sich wunderhübsch beißenden Tönen von Rosa, Orange, Karmesin und Rot verargen schlechtes Wetter nicht. Im Gegenteil, die Pflanzen schienen in der Trübsal eines feuchten, sonnenarmen Sommers und Herbsts bestens zu gedeihen. Sie fingen Anfang August zu blühen an und blühten in einem fort weiter, bis zu den letzten Oktobertagen. Zudem zeigten sie eine erstaunliche Widerstandskraft gegen starken Wind. Ich gab den Pflanzen keine Stütze. Immer wieder wurden sie umgeweht, in der Hecke taten sich üble Lücken auf, und jedes Mal dachte ich: »So, jetzt ist es wirklich um sie geschehen.« Doch innerhalb von zwei Tagen hatten sich die Lücken wieder geschlossen, die Hecke war wieder blickdicht. Nur eines erträgt die Pflanze nicht: Trockenheit. Das bedeutet aber auch, dass sie selbst in einer sehr feuchten Rabatte ohne jede Sonneneinstrahlung blüht und gedeiht.

Die Sommerblumen, die ich bislang vorgeschlagen habe, werden alle relativ hoch (obwohl moderne *Impatiens*-Linien meist niedrig sind) und blühen spät. *Anagallis monellii* subsp. *linifolia* 'Phillipsii' (auch als *A. grandiflora* var. *coerulea* geführt) hingegen ist niederliegend und blüht ununterbrochen von Juni bis Oktober. Sie eignet sich ideal als Beeteinfassung. Ständig werde ich nach ihrem Namen gefragt, aber ich brauche ihn nie auszusprechen (besonders schön ist er wahrlich nicht), sondern nur zu sagen: »Sie ist einjährig«, und schon schwindet das Interesse. Tatsächlich ist sie mehrjährig und sieht entsprechend aus, wird aber als einjährig behandelt. Sie ist ein leuchtend blau blühender Gauchheil, der sich bei günstiger Witterung sofort öffnet und sonst wenig Ansprüche stellt. In unserem Klima setzt er nie Samen an, was von Vorteil ist, da er folglich immer weiterblüht.

Anthemis arabica ist einfach hübsch. Noch ein gelber Korbblütler, sagen Sie vielleicht, aber für die bin ich immer zu haben, schließlich besitzen sie reichlich Individualität. Dieser unterscheidet sich von seinen Vettern durch das ziselierte blaugrüne Laub und sein Wachstum, denn er verzweigt sich mehrfach direkt unterhalb jeder Blüte. Jeder Stiel bringt eine neue Blüte hervor, sodass in Kürze kunstvolle Kandelaber entstehen, rund 45 cm hoch und sehr buschig. Am besten setzt man die Pflanzen mit einem Abstand von 60 cm.

Experimente mit saisonalen Beeten

Die schönsten saisonalen Beete in einem Privatgarten sind die unauffälligsten, das ist zumindest der Schluss, zu dem ich gekommen bin. Kleine Beete, die aus dem Rasen geschnitten wurden, sehen unweigerlich etwas fehl am Platz aus. Selbst in einem Formgarten wie dem unseren machen sich saisonale Beete am schönsten, wenn sie neben dauerhaften Elementen wie Büschen und Stauden angelegt sind. Dann gerät man auch seltener in die Gefahr eines Zuviel. Die saisonalen Beete können zudem die Eintönigkeit auflockern, die die Stauden womöglich angenommen haben. Am besten zur Geltung kommen saisonale Beetpflanzen in einem nüchternen Nebeneinander mit Sträuchern außerhalb deren Blüte. Dabei ist mein Motto ein informelles Bepflanzen der Beete.

Bei Beetpflanzen denkt man meist an leuchtende Farben, obwohl das natürlich Entscheidungssache ist. Auf jeden Fall züchten die Gartenbauer vor dem Hintergrund, eine möglichst kompakte Pflanze mit möglichst vielen Blüten auf den Markt zu bringen, leuchtende Farben in kräftigen Blöcken. Die leuchtenden Farben sind wunderbar, das Störende sind die Blöcke. Man denke nur an die beliebteste florale Interpretation der patriotisch-britischen Kombination Rot, Weiß und Blau: roter Salbei, weißes Steinkraut, blaue Lobelien. Das muss nicht zwingend so sein. Man kann etwa *Salvia coccinea* 'Lady in Red' anstatt *S. splendens* 'Blaze of Fire' verwenden, deren Rot nicht minder leuchtet, aber eher in Tupfen als in Blöcken, da ihre wenigeren Blüten kleiner sind und auf langen Stängeln stehen. Sie sind ebenso hinreißend wie das Steinkraut, wenn man es nicht in einer Abfolge symmetrischer Klumpen pflanzt, die eher an Bälle denken lassen, sondern es sich selbst in Steinritzen oder auf Kies aussäen lässt.

Den Lobelien gewähren wir Freiheit, indem wir die hängende Variante verwenden, die für Blumenkästen und Hängekörbe empfohlen wird. Aber geben Sie ihnen einmal die Gelegenheit, am Boden zu wachsen! Ich setzte einmal die Sorte 'Blue Cascade' zusammen mit *Diascia barberae*, einer Nemesia-artigen Pflanze mit rosa Blüten, die wie kleine Elfenhüte aussehen und einen Doppelsporn tragen – kein Wunder also, dass sie »Elfensporn« heißen. Die Idee an sich war hinreißend, und anfangs auch die Wirkung. Allerdings wurden die Lobelien von einem dieser vermaledeiten Bodenpilze heimgesucht, die einige Sommerblumen befallen, andere aber nicht. Eine Pflanze nach der anderen erlag dem Pilz, bis am Ende des Sommers nur noch Elfensporne blühten. Ich muss für dieses wunderhübsche und unproblematische Gewächs eine andere blaue Begleitung finden – vielleicht *Felicia amoena* (syn. *Aster pappei*).

Ich gehe nach Möglichkeit so vor, dass ich meine Beetpflanzen nicht durcheinander setze, sondern in Gruppen nebeneinander. Eine wirkungsvolle Zusammenstellung, so empfahl mir ein Freund im Samenhandel, sei *Verbena canadensis* mit der Studentenblume (*Tagetes*) 'Petite Lemon Drop' – ein Name, der für mich unwiderstehlich ist. Also wagte ich einen Versuch. Doch da mir beide Pflanzen nicht vertraut waren, wusste ich nicht, welche größer würde, und mithin, welche ich vor die andere setzen sollte. Also beschloss ich, sie kunterbunt durcheinanderzupflanzen. Das Ergebnis war zum Lachen. Die Verbene wuchs strikt aufrecht und wurde rund 35 cm hoch, also das Doppelte von der Tagetes. Allerdings war das vielleicht von Vorteil, denn Letztere fiel um etliche Nuancen kräftiger orange aus, als ich mir unter »Lemon« vorgestellt hatte, und wirkte entsetzlich neben dem schrillen Magenta der Verbenen. Ich muss allerdings gestehen, dass ich eine klammheimliche Vorliebe für Magenta habe, an den richtigen Stellen, heißt das, und ich kann mir die Verbene noch immer wunderschön vorstellen, wenn sie mit einem wirklich zarten Himmelsschlüssel-Gelb gepaart wird.

Mehr Erfolg hatte ich mit der einjährigen 'Chabaud'-Nelke namens 'Giroflée', als Gruppe hinter einem dauerhaften Polster von *Senecio cineraria* 'White Diamond' gepflanzt. Diese kann als ersetzbare Beetpflanze gezogen werden, ist aber (ebenso wie 'Ramparts') die frosthärteste Art des Gewächses (auch als *Cineraria maritima* bekannt), und da sie den Winter 1962/63 überstand, betrachte ich sie mittlerweile als Dauereinrichtung. Alle Pflanzen mit grauem Laub entwickeln sich am schönsten – sprich, haben die blassesten Blätter – auf mageren Böden, und einige Gärtner unterstützen diese Neigung sogar noch und geben ihnen Töpfe, in denen die Wurzeln beengt sind und die Hungerkur dem Laub eine »interessante« Blässe beschert. Ohne eine derartige Behandlung und selbst auf meinem fetten, schweren Boden ist 'White Diamond' ausgesprochen blass, außer einige Wochen direkt nach dem starken Rückschnitt (bis ins alte Holz) im Frühjahr; dann ist das neue Laub – vor allem, wenn es regen- oder taunass ist – recht kräftig grün.

'Giroflée' hat zarte Magenta-Schattierungen, die eher ins Lilafarbene tendieren – was im Katalog als »violett-pink« bezeichnet wird. Es ist ein warmer, leuchtender Farbton, der sich großartig vor dem grauen Laub abhebt. Die meisten kräftig leuchtenden Farben kommen am besten mit Grau zur Geltung, allerdings nicht, wenn man Letzteres als Tupfer in einer Einöde von Salbei verwendet, wie man es so häufig in öffentlichen Gärten sieht. Je leuchtender die Farben, desto mehr Grau ist vonnöten. Wenn Sie scharlachroten Salbei bevorzugen, nimmt er sich am besten in kleinen Gruppen vor einem grauen Hintergrund aus, der drei Viertel der insgesamt zugedachten Beetfläche bedeckt. Bei rosa-weißen Begonien hingegen, deren Farben insgesamt weniger kräftig sind, kann das Verhältnis umgekehrt werden, sodass je drei davon mit nur einem Heiligenkraut, wahlweise einer *Centaurea cineraria* (syn. *C. gymnocarpa*) oder was auch immer gepflanzt werden können.

Mit die ansehnlichste Weise, die ich kenne, um das schockierende Pink der so beliebten efeublättrigen Pelargonien zu dämpfen, ist, sie mit *Helichrysum petiolare* (syn. *H. petiolatum*) zu paaren. Aufgrund der wuchernden Neigung beider Arten eignen sie sich sehr gut für Fensterkästen und große Töpfe, aber auch in der Ebene machen sie sich schön, wo die Strohblumen mit ihrer gewissen Starrheit ansprechend nach oben ragen und an weiße Schaumkronen auf dem bewegten Meer erinnern (ansprechend zumindest für den behaglich am Strand sitzenden Betrachter). Wer sich hie und da etwas mehr Höhe wünscht, kann jederzeit eine der Pflanzen hochbinden. Die Pelargonie blüht dann in einer gewissen Höhe, die Strohblumen werden bei der Behandlung zu kleinen Bäumen mit einem Haupttrieb und symmetrisch angeordneten horizontalen Ästen. Ihre filzigen Blätter sind herzförmig und rund 2,5 cm breit.

Eine allzu beliebte efeublättrige Pelargonie ist *Pelargonium* 'Galilee', deren Blüten von einem »Zahnpasta-Rosa« sind, wie es genannt wird. Aber man braucht sich gar nicht mit dieser knalligen Farbe abzugeben – die blass rosafarbene 'Mme Crousse' wächst zu einem üppigen Blickfang mit einem wesentlich hübscheren Farbton heran. Diese grau-rosa Mischung könnten Sie noch mit Lila in Gestalt von *Verbena* 'Loveliness' ergänzen. Sie neigt zu einer wunderbaren Polsterbildung und hat die lange Blütezeit der kirschroten 'Lawrence Johnston', darüber hinaus duften ihre großen Blüten noch stärker, doch ihrem kräftigen lila Farbton fehlt die Aggressivität von *V. rigida* (*venosa*).

Bei den Beet-Verbenen lassen sich einige schöne Farbton-Linien aus Samen ziehen, aber insgesamt könnte das Angebot mühelos noch größer werden; gegenwärtig zumindest müssen 'Lawrence Johnston' und 'Loveliness' als Pflanzen gekauft und im September oder Oktober durch Stecklinge fürs folgende Jahr vermehrt werden. Zudem gibt es einen betörend roten Cultivar namens 'Huntsman', eine Verbesserung gegenüber dem älteren 'Firefly', denn er verzweigt sich kräftiger und hat größere Blüten. Beide stammen ab von der niederliegenden *V. peruviana* (*chamaedrifolia*), die man im Sommer bisweilen in Steingärten sieht; keine von ihnen duftet. In einem Jahr setzte ich 'Huntsman' vor eine Gruppe von *Salvia patens*. Ein sehr kräftiges Rot vor einem sehr klaren Dunkelblau könnte überwältigend wirken, doch mehrere Faktoren minderten diesen Effekt: Keine anderen Sommerblumen standen in der Nähe, in der Umgebung dominierte kühler Wacholder, und die Pflanzen haben selbst sehr viel Grün, einmal abgesehen davon, dass *Salvia patens* ihre blaue Pracht ohnehin eher sparsam einsetzt, öffnen sich doch selten mehr als zwei Blüten eines Stängels gleichzeitig.

Bartnelken sind allerorten Lieblingsblumen – allerdings nicht, wenn es darum geht, sie zu ziehen, denn das ist recht aufwändig. Die Samen sollten am besten Anfang April unter Glas in Kästen gesät, dann vereinzelt und den Sommer über in Reihen ausgepflanzt werden, um schließlich im Herbst an ihren endgültigen Standort zu kommen. Werden Bartnelken zu spät gesät, blühen sie im folgenden Jahr nicht richtig, sondern erst im Jahr darauf. Mischungen mit einem hohen Anteil unterschiedlicher Blüten sind sehr wirkungsvoll, während Mischungen der Arten mit Aurikelaugen, bei denen bereits die einzelnen Blüten gemustert sind, in der Menge ein einziges Durcheinander bilden. Allerdings kann man sie für eine frühe Pracht dicht zwischen Tulpen pflanzen. Alle sollten in der zweiten Julihälfte abgeräumt werden, um durch spätblühende Sommerblumen ersetzt zu werden.

Einjährige Nelken und Sommerastern

In den letzten Jahren gab es große Entwicklungssprünge, was einjährige Nelken als Gartenschmuck betrifft. Jede Sorte, die über 35 cm hoch wird, muss gestützt werden, etwa die Linien 'Chabaud' und 'Enfant de Nice'. Auf ihre Art sind sie nicht schlecht, zumal, wenn sie in getrennten Farben erhältlich sind, aber in Zukunft werde ich auf sie verzichten.

Zwergsorten mit offener Bestäubung, etwa 'Dwarf Fragrance Mixed', sind in jeder Hinsicht eine bunte Mischung, nicht nur bezüglich der Farbe, sondern auch der Blütenform. Dafür ist ihr Duft, der für mich ebenso zählt wie die Optik, gemeinhin herrlich, und es stört mich auch nicht, dass ihre Stängel recht kurz sind. Eine Schale voll kurzstieliger Nelken ist ebenso entzückend wie jedes anspruchsvollere Arrangement, in dem langstielige Blüten lediglich eine Komponente darstellen. Es stört auch nicht, wenn wir mit jeder offenen Blüte zehn Knospen pflücken (fest geschlossene Knospen öffnen sich im Wasser übrigens nie) – wenn man fünfzig Exemplare in einer Reihe pflanzt, kann man sie bedenkenlos plündern, es wird immer reichlich Nachschub geben. Frisch aufgeblüht, halten sie sich in der Vase etwa fünf Tage.

Mittlerweile gibt es F1-Hybriden. Auch diese Sorten bilden kleine, aufrechte Pflanzen, aber jede einzelne Blüte ist schön geformt und hat zahlreiche Blütenblätter. Ich hoffe, dass wir auch künftig getrennte Farblinien von ihnen bekommen werden, denn dann können wir sie für eine geplante Beetbepflanzung verwenden, ohne Sorge zu haben, es könnte farbliche Ausreißer geben.

Bei einigen, der dunkelroten 'Knight' etwa, ist der Nelkenduft stark ausgeprägt, bei anderen wiederum gar nicht. Als Beetpflanzen muss man bei ihnen Abgeblühtes regelmäßig entfernen, denn die Blüten sterben ab, ohne die Blütenblätter zu verlieren, und sehen dann unschön aus.

Keine Nelke ist wirklich einjährig; alle mit dieser Bezeichnung unterscheiden sich von den anderen lediglich dadurch, dass man sie im Jahr der Aussaat zur Blüte bringen kann. Allerdings blühen sie erst relativ spät; aber je früher man sie sät, desto schneller zeigen sie sich in ihrer Pracht, und zwar fast bis zu den ersten Frösten. Können Sie sie dazu bewegen, die ersten Blüten bis Ende Juli zu öffnen, werden Sie bis Oktober Ihre Freude daran haben (außer in nassen Sommern, dann werden die Blüten häufig von Grauschimmelfäule befallen). Dafür empfiehlt sich eine frühe Aussaat. Gemeinhin säe ich meine (sofern ich daran denke) im Oktober und vereinzele sie, sobald sie groß genug sind, in John-Innes-Nr. 1. Den Winter verbringen sie im Frühbeet.

Nelkensamen keimen bereits bei Temperaturen ab 5° C, und eine Aussaat im Februar zeitigt fast ebenso gute Erfolge wie eine im Herbst. Je früher man sie im Frühjahr aber ins Beet setzt, umso besser; April ist der ideale Zeitpunkt.

Am Ende der Wachstumsperiode, im Oktober, haben die Pflanzen möglicherweise noch viele blättrige Triebe, die keine Blüten hervorgebracht haben. In dem Fall lohnt sich ein Versuch, sie zu überwintern, insbesondere bei F1-Hybriden, deren Samen im Einzelhandel schier unerschwinglich sind. (Wenn möglich, kaufen Sie sie im Großhandel, vielleicht über einen gärtnernden Bekannten. Dann kommt es Ihnen wenigstens nicht vor, als würden Sie mit jedem F2-Saatkorn einen Goldklumpen vergraben.)

Einen milden Winter überstehen diese blattreichen Pflanzen auch ohne Schutz und blühen dann wesentlich üppiger als im ersten Jahr (ein drittes ist allerdings nicht möglich). Sicherer ist es jedoch, sie mit Hauben abzudecken oder sie – oder zumindest einen Teil von ihnen – in Töpfe zu setzen und im Kalthaus zu überwintern.

Schleierhaft ist mir immer noch, warum manche Menschen die einjährige Sommeraster *Callistephus chinensis* derart mit Verachtung strafen. Es gibt einige wunderschöne Sorten und eine große Vielfalt an Farben, Wuchs- und Blütenformen. Am zufriedenstellendsten sind im Beet vielleicht die Princess-Astern. Diese Exemplare verzweigen sich stark, erreichen eine Höhe bis zu 60 cm und danken es Ihnen, wenn sie hochgebunden werden; wenn das Wetter in der Blütezeit mitspielt, kann man allerdings auch darauf verzichten. Ab Mitte August werden reichlich Blüten gebildet. Sie sind kompakt, die Zungenblüten sind flach, die Röhrenblüten lang (das Körbchen ist wie bei Anemonen). Eine Saatmischung enthält eine große Bandbreite an kräftigen und auch dezenten Farben.

Sommerastern bilden einen Blickfang, wenn sie einzeln in 20-cm-Töpfe gesetzt werden; dafür sind allerdings die größeren Linien am besten geeignet. In einem Jahr entschied ich mich für die Sorte 'Mammoth', bei der die zehn Zentimeter großen Blüten bis zur Mitte ausschließlich aus Zungenblüten bestehen. Mein einziger Kritikpunkt an diesen war, dass innerhalb der Mischung bläulich magentafarbene Töne vorherrschten – was der Saatguthersteller »leuchtend rosa« nennt. 'Ostrich Plume' weist häufig eine schöne Farbpalette auf.

In Sommern, die gegen Ende sehr nass werden, sind großblütige gefüllte Astern häufig anfällig für Schimmel; da zeigen die ungefüllten all ihre Vorzüge. Vielleicht gefallen Ihnen die einfachen Blütenkörbchen ohnehin besser – ich für meinen Teil räume ihnen alle paar Jahre gern einen Platz im Garten ein.

Rund um die Levkoje

Ich liebe Levkojen, deswegen möge man mir verzeihen, dass ich ihnen hier viele Seiten widme. Führen sie denn ein Schattendasein? Müssen sie überhaupt angepriesen werden? Vermutlich nicht. Allerdings stellte ich mit Ingrimm fest, dass Percy Thrower in seinem Ratgeber *Practical Guide to Garden Flowers* (der Sommerblumen und Stauden gleichermaßen abdecken soll) die Levkojen mit keinem Wort erwähnt, abgesehen von der kleinen nachtduftenden *Matthiola longipetala* (syn. *M. bicornis*). Sie ist entzückend, und ich verarge ihr die Erwähnung nicht, aber, aber, aber …

Nein, Levkojen sind beliebt, doch als Gartenpflanze werden sie häufig nicht gut gehalten. Sie erfordern eine gewisse Erfahrung, ich selbst fange ja gerade erst an, sie zu verstehen. Kein Zweifel: Ihr warmer Duft ist ebenso hinreißend und nostalgisch wie der der Reseda, wobei ihre Blüten weit lebendiger wirken. Selbst die ungefüllten sind von einer ansteckenden Fröhlichkeit, und die Farbpalette der Levkojen mit dem Gewicht auf Lila und Karminrot ist sauber und klar. Wobei die weißblütigen Levkojen ebenso charakterstark sind wie die anderen.

Die einjährige Levkoje kann ausgesprochen holzig werden und innerhalb weniger Wochen einen kräftigen, aufrechten Stamm bilden. In England und Wales kommt sie sehr bisweilen in freier Natur vor und wächst dann an Meeresklippen, darf aber nicht mit der Strand-Levkoje (*Matthiola sinuata*) verwechselt werden, auf die wiederum die Levkojen der Großblumigen Prachtmischung zurückgehen. *M. incana* ist der Hauptelternteil unserer Gartensorten, aber *M. i.* var. *annua* aus dem Mittelmeerraum veranlasste das jährliche Wettrennen der im Englischen »Zehn-Wochen-Levkojen« genannten Sorte, die binnen zehn Wochen vom Samen zur Blüte gebracht werden kann (meines Erachtens kein so großartiges Verdienst).

Im Garten werden Levkojen herkömmlich entweder als Ein- oder Zweijährige behandelt. Letztere können sich in Bauerngärten, wenn sie nach der Blüte nicht zurückgeschnitten werden, als ausdauernd erweisen. Allerdings werden sie früher oder später schwächer und von einer Mosaikvirose befallen, die auch ihren Cousin heimsucht, den Kohl, ebenso wie den Goldlack. Bei diesen sowie bei den Levkojen zeigt sich der Virusbefall oft durch Farbstreifen in den Blüten – wie bei den ebenfalls dadurch gestreiften Tulpen, nur weniger reizvoll.

Levkojen bevorzugen ein gut gedüngtes Substrat, und keine Pflanze zeigt durch stockendes Wachstum oder eine frühe Blüte schneller Anzeichen von Mangelernährung. Noch wesentlicher aber ist, dass sie eine Vorliebe für leichte, gut durchlässige Böden haben – Gärtner, die auf sandigen oder kreidehaltigen Böden arbeiten, sind da eindeutig im Vorteil. In schweren Böden, die zu Staunässe neigen, wie mein Tonboden in Wadhurst, sind Levkojen wesentlich anfälliger für Pilzbefall, und es ist fast unmöglich, die Pflänzchen der zweijährigen Sorten im Freien zu überwintern – meist verfaulen sie.

Es gibt eine schier unendliche Vielzahl von Synonymen für die verschiedenen Levkojensorten. Jeder Gartenbaubetrieb gibt seiner eigenen Linie einen schicken oder neu klingenden Namen, obwohl es sich im Grunde lediglich um eine weitere Brompton- oder einjährige Levkoje handelt. Das sorgt für reichlich Verwirrung.

Die schönsten einjährigen Sorten als Beetpflanzen heißen gemeinhin Mammuth oder Beauty (als Kurzform von Beauty of Nice). Das sind große und auffällige, buschige Pflanzen mit einem mittigen Haupttrieb und zahlreichen Seitentrieben; sie sind insgesamt wirkungsvoller als die kleinen und eher unscheinbaren Zwergsorten fürs Beet. Der einzige Vorteil von diesen ist, dass sie meist nicht abgestützt zu werden brauchen, während die anderen vorsichtshalber hochgebunden werden sollten. Übrigens muss keine Levkojensorte beschnitten werden, sie wächst von selbst buschig. Sollte das nicht der Fall sein, dann nur aufgrund von Mangelernährung. Eine Ausnahme stellen die Stangenlevkojen dar, die lediglich einen Haupttrieb ohne Abzweigungen entwickeln; sie werden ausschließlich als Schnittblumen gezogen.

Die größte Farbpalette bieten die Mammuth-Sorten. Werden sie im März oder gar noch früher gesät, müssen sie womöglich bereits im Mai ausgepflanzt werden, wenn weder der Boden noch die Witterung ihren Bedürfnissen entspricht. In ihren Töpfen aber leiden sie unter Mangelerscheinungen, entwickeln vorzeitig Blüten und werden keine Zierde ihrer Art mehr. Am erfolgreichsten war ich immer mit einer Aussaat am 1. Mai; dann ist keine zusätzliche Wärme mehr nötig, und sie können direkt ins Frühbeet gesät werden. Später vereinzele ich die Sämlinge auf 9-cm-Töpfe. Das mag mühsam klingen, ist aber kaum aufwändiger, als sie in Kästen zu pikieren, und bewirkt einen großen Unterschied: Bereits in der dritten Juniwoche haben Sie wunderschöne Pflanzen mit viel Grün, die in den Garten gesetzt werden können, wo sie ab Mitte Juli bis etwa Ende September blühen.

Was, fragen Sie an dieser Stelle womöglich, soll ich dann zwischen Mai, wenn die Frühlingsblüher abgeräumt wurden, und Mitte Juni mit meinen Rabatten machen? Angenommen, Sie haben Ihre Levkojen im Mai ausgepflanzt – dann haben sie Anfang August das Ende der Blütezeit erreicht, und Sie stehen vor dem Problem, was Sie bis zum Herbst mit Ihren Rabatten machen sollen. Man kann nicht alles haben, und man kann die Levkojen nicht dazu bringen, die Blühdauer zu verlängern. Wenn Sie das stört, greifen Sie zu Studentenblumen.

Die bekanntesten zweijährigen Levkojen sind die Bromptons. Sie werden in der ersten Augustwoche oder auch etwas früher gesät und bei geeignetem Boden und Klima im Herbst ausgepflanzt, und dort blühen sie im folgenden Mai und Juni. Sind die Böden jedoch schwer und das Klima kalt, müssen Sie die Sämlinge im Herbst einzeln in Töpfe setzen und unter Glas überwintern. Selbst dann werden, sofern Sie kein beheiztes Gewächshaus haben, im Lauf des Winters einige unweigerlich an der Umfallkrankheit eingehen.

Die andere zweijährige Linie ist East Lothian, sie erfährt dieselbe Behandlung. Allerdings kann sie auch einjährig gezogen und früh, etwa im März, gesät werden. Sie braucht eine gewisse Zeit, um Blüten zu entwickeln, und bildet große, buschige Pflanzen, bei denen man aufs Abstützen verzichten kann; die Blüte beginnt dann im Juli / August. Allerdings habe ich auch hier Ausnahmen festgestellt, manche Exemplare bekommen bis zum Herbst keine einzige Knospe, und im Winter gehen sie ein.

Kommen wir zu den gefüllten Levkojen. Bereits 1796 erfuhren wir von Charles Marshall, Vikar in Brixworth, Northamptonshire, und Verfasser von *Introduction to Gardening*: »Die französische Levkoje bildet viele Blüten, die zudem vorwiegend gefüllt sind.« Man möchte ja kein Snob sein – die einfachen Blüten haben durchaus ihren Reiz –, aber die gefüllte Levkojenblüte besticht durch eine zauberhafte Rosette. Selbst Menschen, die behaupten, sie bevorzugten unweigerlich und stets einfache Blüten, geraten bei der Levkoje ins Zögern. In einer Pflanzung vertragen sich die beiden Sorten optisch nicht recht, da die mit einfacher Blüte lange, wuchernde Stängel ausbilden, sobald sie Samen ansetzen, während die gefüllten wesentlich kompakter bleiben.

In einer gängigen Saatmischung sind Einfachblühende und Gefüllte jeweils etwa zu gleichen Teilen vertreten. Durch eine Auswahl im Sämlingsstadium kann der Prozentsatz der Gefüllten auf 70 Prozent erhöht werden. Gefüllt Blühende zeichnen sich meist durch ein kräftigeres Wachstum aus, und es liegt in der Natur des Menschen, die am kräftigsten aussehenden Pflänzchen zu vereinzeln und die schwächsten, bei denen es sich aller Voraussicht nach um Einfachblühende handelt, zu entsorgen. Allerdings können wir das heute noch toppen, denn Snyder und Hansens hundertprozentig gefüllt Blühenden kamen 1951 auf den Markt. Wie mittlerweile bekannt, sät man wie üblich bei einer Temperatur von etwa 10° C, doch sobald sich die Keimblätter gebildet haben, senkt man die Temperatur auf 5° C ab. Nach etwa drei Tagen unter diesen Bedingungen stellt man fest, dass einige Sämlinge dunkelgrüne Blätter haben – das sind diejenigen mit einfachen Blüten –, während die anderen hellgrüne Blätter haben und gefüllte Blüten hervorbringen werden.

Diese Hansen-Linien gibt es für die Mammuth- und die Dwarf-Bedding-(Park)-Levkojen sowie für die zweijährigen Brompton-Levkojen. Diese stellen insofern ein Problem dar, weil sie im Sommer gesät werden und damit zu einer Zeit, wo die Temperaturen niemals unter 10° C sinken. Allerdings zeigt auch das adulte Blatt noch den Farbunterschied, das heißt, man muss die Pflanzen bis zum Herbst weiterwachsen lassen, bis man im Oktober – oder wann immer die erste Kältewelle kommt – schließlich die Auswahl treffen kann.

Bei einer Aussaat im späten Frühjahr bereitet mir das Auswählen bisweilen Schwierigkeiten. Einmal säte ich meine Beauty of Nice erst am 1. Juni. Zwar wurde es in der zweiten Monatswoche etwas frisch, und ich konnte mit zusammengekniffenen Augen ein wenig aussortieren, wenn ich den Sämlingskasten unter den grauen Himmel hielt (Sonnenlicht ist der Farbauswahl abträglich); 15 Prozent allerdings entgingen mir. Nach einer Aussaat am 1. Mai aber können Sie im Lauf des Monats zuverlässig mit einer Kaltphase rechnen, sodass die Selektion mühelos verläuft. Die Hansen-Samen sind in keiner besonders großen Farbpalette erhältlich und entwickeln sich meiner Ansicht nach auch nicht alle zu perfekten Exemplaren. Das bedeutet, dass sie die gemischten Sorten nicht übertreffen, aber sie stellen eine willkommene und bedeutende Ergänzung dar.

Der richtige Zeitpunkt für die Aussaat von Zweijährigen

Im Gartenreich verweist der Aphorismus »Der König ist tot! Es lebe der König!« auf eine Rotation, die insbesondere für Reseda gilt: Wenn die alten Pflanzen gegen Ende Mai abgeräumt werden, kommen die Samen für die nächstjährige Blütenpracht in den Boden.

Wenn Sie Reseda im Garten blühen sehen möchten, lohnt es sich, sie selbst zu ziehen, denn sonst bekommen Sie nie genügend Pflanzen von einer Größe, um sie mit der bei ihnen notwendigen Üppigkeit zu setzen. Die einzelnen Exemplare sind spillerig und staksig und werden von Oktober bis April von Winden und Stürmen gerupft und zerzupft und von schwerem Schnee niedergedrückt. Zudem wachsen Reseda, die im Herbst ins Beet gepflanzt werden, nicht mehr weiter, im Gegenteil, da sie einen Teil ihres überflüssigen Sommerlaubs verlieren, erwecken sie sogar den Eindruck zu schrumpfen. Also müssen sie in aller Üppigkeit dicht an dicht gesetzt werden, sodass die Pflanzen sich gegenseitig stützen. Sie könnten einwenden, dass in dem Fall kein Platz bleibt, um Tulpen dazwischenzusetzen. Hier würde ich vorschlagen, dass die kontrastierende Wirkung von Tulpen wesentlich besser zur Geltung kommt, wenn sie in Gruppen von zwölf, fünfundzwanzig oder fünfzig in die Nähe der Reseda gesetzt werden, entweder dahinter oder in Inseln dazwischen.

Gemeinhin werden Zweijährige zu spät ausgesät, sodass ihnen nicht genügend Zeit bleibt, sich kräftig zu entwickeln, ehe im Herbst ihr Wachstum unterbrochen wird. Dabei sollten sie ihre Größe und Fülle im ersten Jahr bilden, denn im dann einsetzenden Frühjahr stecken sie ihre Kraft vorwiegend ins Blühen. Natürlich besteht bei einigen Zweijährigen nach einer zu frühen Aussaat die Gefahr, dass sie noch im selben Herbst halbherzig blühen und im folgenden Frühjahr dann geschwächt sind. Das gilt etwa für die Brompton-Levkojen, für Stiefmütterchen zur Frühjahrsblüte und bestimmte Königskerzen wie *Verbascum bombyciferum* oder *V. olympicum*. Andere, wie der Fingerhut, die Marien-Glockenblume, Bartnelken, Ochsenzungen und Reseda wiederum können nach Belieben früh ausgesät werden, ohne dieses Problem zu bereiten.

Viele Gärtner mögen mit Fug und Recht bezweifeln, dass es überhaupt die Mühe lohnt, sich mit Reseda abzugeben. Sie sind in Großbritannien Grenzfälle: Als Sommerblumen neigen sie dazu, im Herbst einer allzu großen Nässe, im Winter der Kälte zum Opfer zu fallen. »Aber ich liebe ihren warmen Duft«, wenden Sie vielleicht ein. »Mit ihm ist nichts vergleichbar.« Wie wäre es dann mit folgendem Vorschlag: Reseda sind ausdauernd, sofern ihnen die Möglichkeit dazu gegeben wird. Gewähren Sie sie ihnen! In freier Natur wachsen sie an Klippen und in altem Gemäuer, in Burgruinen etwa, und aufgrund dieses garantiert nicht staunassen Standorts sind sie absolut winterhart. Sie können also ein paar in (oder womöglich einfacher: auf) eine Trockenmauer pflanzen. Andere geeignete Standorte sind der Fuß von Hecken (wo es unweigerlich sehr trocken ist) oder unter einer überhängenden Dachtraufe. Bei uns stehen sie an der Nordseite des Hauses zwischen Farnen. Sie bekommen so gut wie keine Sonne, und trotzdem bleiben sie uns treu erhalten. Im Lauf von fünfzig Jahren sind sie natürlich mehr oder minder zu ihrer Wildform zurückgekehrt, was ihnen meiner Ansicht nach überhaupt keinen Abbruch tut, und häufig tragen sie im März oder bereits im Februar Blüten, die man pflücken und ins Zimmer stellen kann, um sie und ihren Duft in aller Behaglichkeit zu genießen. Sie säen sich selbst aus, und die überalterten Pflanzen können, wenn sie die Senilität erreichen, einfach herausgerupft werden.

Theoretisch sind *Anchusa azurea* (*italica*) und ihre Kulturvarietäten ausdauernd, aber man erspart sich einiges an Enttäuschung, wenn man die Ochsenzunge als zweijährig betrachtet, denn sie blühen sich im ersten Blühjahr entweder zu Tode oder zumindest so üppig, dass es sich kaum lohnt, die abgeblühten Pflanzen zu erhalten. Für eine Blüte im folgenden Jahr sollten Anchusa-Samen im Mai gemeinsam mit Reseda in Reihen ausgesät werden. Meist keimt nur ein geringer Prozentsatz, und so ist jeder Gärtner gut beraten, eine kräftige Sorte durch Wurzelstecklinge für die Folgejahre zu vermehren. Die Reseda-Sämlinge müssen Anfang Juli in ein freistehendes Beet verpflanzt werden, die Anchusas jedoch können an Ort und Stelle bleiben, bis sie im Herbst an ihren endgültigen Standort gesetzt werden.

Ich finde die Linie 'Royal Blue' recht zufriedenstellend. Bislang hat zum Glück zumindest meines Wissens niemand eine Zwerg-Anchusa gezüchtet, denn dann würde die Pflanze die Pracht und Herrlichkeit ihrer großen verzweigten Rispen einbüßen. Allerdings können größere Linien bisweilen etwas ausufernd werden. In den meisten Katalogen wird die relativ niedrige 'Royal Blue' als Ein-Meter-Pflanze beschrieben, doch sofern sie nicht unter Mangelernährung leidet, sollte sie 1,50 bis 1,80 m hoch werden und braucht Stütze: ein Stab und einmal anbinden pro Pflanze kurz vorm Aufblühen.

Eine Verwandte der Ochsenzunge, allerdings von einem helleren, reineren und leuchtenderen Blau, ist *Cynoglossum amabile*, die Hundszunge. Bei einer frühen Aussaat zeigt sie sich als einjährig, bei einer hinausgezögerten Aussaat im Juli jedoch als zweijährig. Dann blüht sie im folgenden Jahr Ende Mai, Anfang Juni und bildet einen wunderhübschen Kontrast zur kräftig rosafarbenen, 30 cm hohen *Lychnis flos-jovis* oder zu zartgelben Sonnenröschen, etwa *Helianthemum* 'Wisley Primrose', im Vordergrund. Die 60 cm hohe 'Blue Bird', die keinerlei Stütze benötigt, ist zuverlässiger zweijährig als die kleinere 'Firmament'.

Myosotis, das Vergissmeinnicht, ist eine weitere Zweijährige aus der Familie der Borretschgewächse. Gärtner kaufen Samen dieser Pflanze nur selten, zumal sie bei der Lagerung schnell an Keimfähigkeit einbüßen. Allerdings muss gesagt werden, dass die Lagermethoden in den vergangenen Jahren wesentlich besser geworden sind. Samen werden im Depot in einer sehr trockenen Atmosphäre aufbewahrt, wo sie sich perfekt halten, und dann in hermetisch versiegelten Tütchen verkauft. Allerdings samen Ihre alten Myosotis-Pflanzen derart üppig, dass sie wie Unkraut keimen, aber es ist ratsam, sich gut um die Sämlinge zu kümmern, damit bis zum Herbst kräftige Exemplare zum Aussetzen herangewachsen sind. Am besten ist es, sie den Sommer über in ein freies Beet zu pflanzen.

Die Mondviole, *Lunaria annua* (früher einmal hieß sie *L. biennis*), auch Silberling genannt, ist eine der hartgesottenen Zweijährigen, die Sie, einmal angepflanzt, nicht mehr loswerden. Sie bringt reichlich Samen hervor, und man braucht lediglich die Sämlinge zu entfernen, die an einem ungewollten Platz auftauchen. Am bekanntesten ist die Pflanze wegen ihrer dekorativen Fruchtstände, die als reife, trockene Schoten sehr hell sind, aber auch in grünem Zustand machen sie sich zu Sommeranfang sehr gut in Blumenarrangements. Die Blüten dieses Kreuzblütlers stehen in dichten Rispen und sind im Mai ebenfalls ein Blickfang. Aber beginnen Sie so, wie Sie fortfahren möchten, nämlich mit einer Linie von kräftigem Pink und keinem blasseren, verwaschenen Lila, das es auch gibt. Die Mondviole mit panaschiertem Laub ist, aus Samen gezogen, sortenrein. Auch wenn die Sämlinge anfangs einfarbig grün sind, ist das kein Grund zu Panik, denn die cremefarbene Panaschierung bildet sich erst später. Ihre Blüten sind helllila, was zwar nicht eindrucksvoll ist, aber zur Farbgebung der Blätter passt. Diese Form ist jedoch rezessiv, wenn sie sich also mit anderen Sorten mischt, ist keine Pflanze der ersten Generation panaschiert, weswegen sie gesondert herangezogen werden muss. Die rein weiße Mondviole ist, aus Samen gezogen, ebenfalls sortenrein, sofern sie isoliert steht, und sie ist bildhübsch, insbesondere, wenn sie eine schattige Ecke aufhellt. Sie eignet sich zudem ausgezeichnet als Schnittblume.

Eine Warnung: Bisweilen zeigen Spatzen eine ausgesprochene Vorliebe für Mondviolen und fressen sämtliche Blütenblätter. Und eine weitere Warnung: Mondviolen sind anfällig für eine Viruskrankheit, durch die die farbigen Linien dunkellila und weiß werden. Zudem raubt sie den Pflanzen Lebenskraft, weswegen es ratsam ist, sie von ausdauernden Reseda- und Levkojenkolonien getrennt zu halten (leichter gesagt als getan), von denen einige unweigerlich Viren in sich tragen.

Stiefmütterchen – ob einfach oder gefüllt – sollten für eine Frühjahrsblüte Ende Juli gesät werden. Sie brauchen natürlich keinen Schutz, trotzdem finde ich es am besten, sie in Saatkästen heranzuziehen, da die Samen recht klein sind; das beugt möglichen Unglücksfällen im offenen Beet vor. Anschließend werden sie bis zum Herbst in Reihen ausgepflanzt.

Einige Gärtner könnten bei Löwenmäulchen womöglich die Vorteile einer Herbstaussaat erwägen. Ich erledige das in der zweiten Augusthälfte, was sich als ganz erfolgreich erwiesen hat. Üblicherweise wird ja im Februar in Wärme gesät, wobei die Temperatur nicht unter 10° C sinken darf – im Februar nicht so ganz einfach zu bewerkstelligen. Zögert man die Aussaat aber bis Ende März oder gar April hinaus, wachsen die Pflanzen nicht früh genug zu einer vernünftigen Größe heran. Diese Probleme erledigen sich mit einer Saat im zeitigen Herbst, die erforderliche Temperatur ist zu der Zeit kein Thema. Im Oktober dann werden die Sämlinge pikiert und sind, wenn die Kälte einsetzt, hinreichend abgehärtet, um den Winter im Frühbeet zu verbringen. Anfang April werden sie entweder ausgepflanzt oder auch, wenn sie auf einen freigeräumten Platz im Beet warten müssen, einzeln in 12,5-cm-Töpfe gesetzt. Dann hat man zu Beginn des Sommers große, kräftige Exemplare, von denen die größer werdenden Arten mit einem Abstand von 40 cm gesetzt werden können und die Anfang Juni in voller Blüte stehen.

Effektvolle Blattpflanzen

Das Problem mit einem eingewachsenen Garten ist, dass er meist vor alten Getreuen überquillt und es unmöglich ist, eine großzügige Geste zu wagen und sich eine gewisse experimentelle Sorglosigkeit zu leisten. Etwas würde ja verletzt werden. Also beschränke ich mich darauf, zu beschreiben, was ich gern tun würde, statt dem, was ich getan habe.

Viele der üppigsten und sommerlichsten Blattpflanzen sind einjährig, zweijährig oder, am häufigsten, ausdauernd, aber nicht winterhart, und genau diesen würde ich gern ein großes Beet widmen, 3,50 m breit, wenn es einseitig ist, oder 5,50 m, sofern es sich um eine Insel handelt. Aber nicht sklavisch ihnen, ich würde Blütenpflanzen nicht prinzipiell ausschließen, ebenso wenig wie einige passende Stauden.

Man könnte einwenden, dass ebendies die Art tropischer Beetbepflanzung ist, die in unseren öffentlichen Gärten und Parks dominiert, und dass deren Gärtner Möglichkeiten haben, die Pflanzen heranzuziehen und zu überwintern, wie sie den meisten von uns nicht zur Verfügung stehen. Das stimmt in gewisser Hinsicht zweifellos, allerdings gefallen mir die Methoden und die Anordnung dieser Anlagen überhaupt nicht, auch wenn ich zugeben muss, dass sie bisweilen sehr gute Anregungen liefern. Mir missfällt etwa oft der Aufbau eines Inselbeets, bei dem ein erhabenes Massiv den Mittelpunkt darstellt, dazu das hektische Durcheinander bei der Verteilung der Pflanzen im Beet. Da herrscht bei mir in der Hundehütte mehr Ordnung. Und was das Heranziehen und Überwintern der Pflanzen betrifft, so käme ich gut mit meinen gegenwärtigen bescheidenen Mitteln aus: ein Keller, Frühbeete und ein kleines Gewächshaus, in dem die Temperatur so kontrolliert werden kann, dass sie auf minus ein Grad herabsinkt, aber nicht darunter.

Die robusten Ausdauernden, die ich im Beet meiner Träume aufnehmen würde, wären *Fatsia japonica*, ein immergrüner Strauch mit großen, glänzenden gelappten Blättern, *Cynara cardunculus*, die artischockenartige Distel mit den ansprechend gefiederten grauen Blättern, sowie bestimmte Gräser und Bambus-Arten. Dazu noch, sofern der Boden gut durchlässig und das Klima nicht zu rau ist, die immergrüne Edeldistel *Eryngium pandanifolium* mit den meergrünen, säbelartigen Blättern. Eine Fatsia würde für einen Sommer genügen, aber was die anderen Pflanzen betrifft, würde ich vorzugsweise größere Gruppierungen von jeder Art anlegen.

Zu den größten dieser Pflanzen, die man als frostempfindlich betrachtet, gehört *Eucaplytus globulus*, einer der Gummibäume mit dem kräftigsten Blauton. Aus im Februar oder März gesäten Samen wächst rasch eine Pflanze von 1,20 bis 1,50 m Höhe heran, und sieben oder acht derartige Exemplare würden eine hübsche kleine Gruppe bilden. Eine noch sicherere Vorgehensweise bei diesem Eukalyptus wären eine Aussaat im Spätsommer, die Überwinterung der jungen Pflanzen unter Glas und ein Auspflanzen im folgenden Mai. Daneben würde sich ein 1,20 m hohes Gras gut ausnehmen, etwa *Miscanthus sinensis* 'Gracillimus'. Diese winterharten und ausdauernden Pflanzen würden Sie übrigens in keiner Weise an einer Frühjahrspracht mit Reseda und / oder Tulpen hindern, sie würden sie höchsten etwas auflockern, was nur von Vorteil sein kann.

In der Nähe der Gräser und der Eukalyptus würden die lilafarbenen, handförmig gelappten Blätter von *Ricinus communis* 'Gibsonii' einen guten Kontrast bilden. Man sät Ende März aus, und zu Ende der Saison sind die Pflanzen – sofern es ein warmer Sommer war – 1,80 bis 2,40 m hoch.

Lilablättrige Canna lohnen sich allein schon wegen ihres Blattwerks, und kräftigere Exemplare können bis zu 1,20 oder gar 1,50 m hoch werden. Zudem steuern ihre Blüten, sofern die Witterung mitspielt, einen prächtigen Effekt bei, etwa die 'Wyoming' mit ihren apricotfarbenen Blüten oder die rote 'Roi Humbert'. Eine kräftige Einjährige wäre, sofern Größe gewünscht ist, *Nicotiana sylvestris*, und das graugrüne gefiederte Blatt von *Melianthus major* bildet einen besonders ansprechenden Kontrast zu den gerade beschriebenen *Ricinus*- und Cannablättern. Davor könnten etwa lilablättrige Dahlien stehen wie etwa die 'Bishop of Llandaff', deren Blüten karmesin oder rot sind. Wenn Sie aus Samen eine ganze Charge heranziehen, erhalten Sie einige interessante Varianten, aus denen Sie die schönsten heraussuchen (und in den folgenden Jahren als Knollen überwintern) können; die anderen entsorgen Sie. Es gibt aber noch weitere Beetdahlien mit interessantem dunklem Laub, etwa 'Yellow Hammer' mit ungefüllten gelben Blüten.

Eher am Beetrand wäre ich versucht, *Onopordum acanthium* und *Verbascum bombyciferum* zu setzen, eine Distel und eine Königskerze, beide mit silbernem Blattwerk. Zudem sind beide zweijährig und erreichen im zweiten Jahr eine Höhe von 1,80 bis 2,40 m. Aber es gibt keinen Grund, weshalb sie nicht als Einjährige verwendet werden sollten, allein wegen ihrer Blattrosette im ersten Jahr.

Etwas panaschiertes Blattwerk macht sich immer gut, sofern es nicht zu wirr ist – wie bei einigen der *Coleus blumei*-Hybriden (heute *Solenostemon scutellarioides*) – oder kränklich aussieht, wie bei den Schönmalven. Panaschierte Kohl-Arten eignen sich als ansprechende Randbepflanzung; eine Art hat weiß gezeichnete, die andere lila gezeichnete Nerven. Das Blatt der Marien-Distel, *Silybum marianum*, ist auffällig weiß getupft – eine natürliche Spielart, keine Aberration. Und dann habe ich noch eine Vorliebe für die grün-cremefarben-blättrige *Hebe* × *andersonii* 'Aurea' –, allerdings nicht als Randbepflanzung oder als Tupfer, wie sie in öffentlichen Anlagen verwendet wird. Zweijährige Pflanzen sehen am schönsten aus, denn sie wirken handfester als die jüngeren, und auch ihre kräftig gefärbten, an Lavendel erinnernden Blütenrispen sind durchaus attraktiv. Die Varietät *H.* × *a.* 'Variegata' ist weniger gelb als vielmehr silbrig, doch sind die Blüten nicht so auffällig.

Skelette im Beet

Bei bestimmten Pflanzen können Gärtner sich immer wieder trefflich streiten, ob sie denn nun als Unkraut betrachtet werden sollen oder nicht. Dazu gehören etwa die Karden-Distel, der Stechapfel und das Schwarze Bilsenkraut, die ebenso durch ihren stolzen, architektonischen Wuchs auffallen wie durch die prachtvollen Skelettstrukturen, mit denen sie am Ende der Wachstumsperiode aufwarten und die sich im Winter herausragend für häusliche Blumengestecke eignen. Allerdings werden sie nur selten dafür verwendet.

Die Wilde Karde (*Dipsacus sylvestris*) ist die gängigste der drei.

Sie steht im August in voller Blüte, und man findet sie gemeinhin auf Lichtungen im niedrigen Gebüsch oder an Flüsschen und Deichen. Die Sämlinge, die im darauffolgenden Jahr blühen, sind unverkennbar, denn sie bilden niedrige Rosetten dunkelgrüner Blätter, deren Oberseite mit kurzen Stacheln bewehrt ist. Wenn Sie einige dieser Exemplare in Ihren Garten versetzen möchten, wählen Sie die kleinsten, denn Disteln haben Pfahlwurzeln und lassen sich ungern verpflanzen. Allerdings sind Samen leicht erhältlich (wie auch vom Stechapfel und Bilsenkraut) und keimen ebenso mühelos wie Fingerhut.

In ihrem zweiten Jahr bildet die Pflanze einen gut 2 m hohen Stängel aus sowie in jedem Knoten zwei lange, sehr glatte grüne Blätter, die entlang der Mittelrippe tief gekerbt ist, sodass sich dort, wo sie sich am Stängel treffen und ihn umschließen, Wasser sammelt. Solange die Blätter frisch und grün bleiben, ist dieses »Reservoir« so gut wie nie leer. Selbst in Dürrezeiten genügt der nächtliche Tau, der auf die kalten Blätter fällt, um es nachzufüllen.

Der Kopf der Karde ist konisch und von einem Saum stachliger, schnurrbartartiger Hüllblätter umgeben. Die Blüten sind lila, wobei mich die Art, wie sie sich öffnen, immer wieder in Erstaunen versetzt: Zunächst erscheint etwa in der Mitte des Kegels ein violettes Band, das sich dann in zwei schmalere Bänder aufteilt, die jeweils in entgegengesetzte Richtungen weiterwandern. Als Allerletztes öffnen sich die obersten und untersten Blüten des Kegels. Wir kennen Rispen, bei denen sich die Blüten von unten nach oben öffnen (und bisweilen, wie bei *Liatris*, auch von oben nach unten), und scheibenförmige Blüten, die sich von außen nach innen öffnen, aber diese Bewegung in zwei entgegengesetzte Richtungen ist wirklich ungewöhnlich.

Ihre ganze Blütezeit hindurch sind sie von Bienen umschwärmt, und einmal sah ich bei uns in einem der Wälder, sehr denkwürdig, eine Ansammlung Wilder Karden, an denen Dutzende Pfauenaugen hingen. Im Winter werden die reifen Früchte zum Lieblingsfutterplatz von Goldzeisigen – hübscher kann sich dieser Vogel nicht zur Geltung bringen. Und so gibt es gleich mehrere gute Gründe, an strategischen Stellen im Garten Karden wachsen zu lassen. Und falls sie eine Vielzahl unerwünschter Sämlinge hervorbringen, lassen diese sich mühelos köpfen, ohne danach wiederzukehren.

Hyoscyamus niger, das Schwarze Bilsenkraut, ist eine weitere zweijährige Pflanze mit Pfahlwurzel. Sobald man den Sämling entdeckt, muss man ihn an die gewünschte Stelle versetzen. In ihrem ersten Jahr ist die Pflanze unauffällig, die Blätter sind sparsam tief gezahnt und von klebrig feuchten Härchen besetzt. Gegen Ende des folgenden Mais öffnen sich dann die ersten fünflappigen Blüten, und bis in den August hinein bringt die Pflanze an den Spitzen ihrer stetig weiterwachsenden Triebe unablässig jeweils ein oder zwei Blütenstände hervor. Sie haben einen Durchmesser von etwa 2,5 cm und sind im Kelch dunkel purpurfarben, davon abgesehen aber gelblich weiß und violett geadert. Kein Hingucker, aber etwas zum Hineinblicken.

Die Pflanze selbst ist eindrucksvoll und gewinnt mit zunehmendem Wachstum immer mehr an Format. Sie wird rund 1,20 m hoch und etwa ebenso breit, und die Triebe entwickeln sich wellenförmig, wie die Tentakel eines Kraken. Die Pflanze ist so verrucht, wie sie aussieht, und hochgiftig. Wenn dann aber die Blätter absterben, zeigt sich das attraktivste Element der Pflanze in all ihrer außergewöhnlichen Schönheit: die Samenkapseln. Sie haben die Form von Federbällen (der ausdauernde Kelch stellt die Federn dar) und bilden auf der Oberseite der bis zu 90 cm langen Triebe Ketten mit Verbindungsgliedern von rund 2,5 cm.

Das Schwarze Bilsenkraut wächst wild und gemeinhin an kieseligen Stellen in Meeresnähe. Wer es in den Garten einzubinden versucht, wird feststellen, dass die Samen sehr unstet keimen, häufig dauert es mehrere Jahre, aber ist ein Exemplar erst einmal eingewachsen, hat man gewonnen. Dann kann man die Samen zu Tausenden über den ganzen Garten verteilen. Früher oder später werden einige davon aufgehen, und wenn Sie die Sämlinge rechtzeitig erkennen und gegebenenfalls entfernen, ist alles in schönster Gärtnerordnung.

Nicht minder unberechenbar ist *Datura stramonium*, der Gemeine Stechapfel. Er zählt ebenfalls zu den Nachtschattengewächsen, ist einjährig und noch giftiger und gedeiht nur in warmen Sommern wirklich gut. Seine Blüten erinnern stark an die des weißen Ziertabaks, sie öffnen sich nachts und duften süß. Sein größter Vorzug sind aber wiederum die Samenkapseln, die die Form und Größe eines Hühnereis haben und mit festen Stacheln bewehrt sind. Unterhalb der zentralen Kapsel zweigen zwei gegenständige Triebe ab, die wiederum in einer Kapsel münden, unter der erneut zwei Triebe wachsen, und so geht es bis Herbstende weiter. Das dann entstehende »Skelett« ist ein stark verzweigter, optisch sehr ansprechender Kandelaber.

Unter den Samenkapseln gehören die des Schlafmohns, *Papaver somniferum*, zu den dekorativsten. Er ist eine winterharte Einjährige, die sich durch Selbstaussaat im Garten verewigt – als Gärtner braucht man lediglich unerwünschte Sämlinge auszudünnen.

Kürbisse zur Zier

Zierkürbisse anzubauen macht Spaß, und besonders freut man sich über sie in der Mitte des Winters, wenn Floristensträuße wirken, als wären sie in unpassender Kleidung bei der falschen Party erschienen. Werden diese Kürbisse auf einer schönen Schale arrangiert, bilden sie einen prächtigen Blickfang, insbesondere, wenn es Ihnen gelungen ist, viele unterschiedliche zu züchten.

Sie haben viele Vorteile, selbst der Dichter John Keats würdigte sie mit einer Erwähnung in der poetischen Aufzählung von Früchten, die zu Porphyros Ehren aufgetischt werden, darunter ein Berg

»kandierter Äpfel, Quitten, Pflaumen dazu, und Kürbis,
Und Gelees erquickend wie das sahnige Gestockte.«

Auch das Taktile des Kürbisses hat etwas – gewichtig wie ein Briefbeschwerer und mit einer kühlen, glatten Haut, wie man sie sonst nur von seiner Verwandten, der Gurke, kennt. Bei den Oliver-Cromwell-Kürbissen weist die Haut Erhebungen und Warzen auf, aber es sind sanfte Unebenheiten von einer eigenen Harmonie. Vielleicht sollte ich erklären, dass ich mit der linken Hand Kürbisse befühle, während ich diese Sätze mit meiner rechten schreibe, meine sinnesmäßigen Einlassungen folgen also einer unmittelbaren Inspiration.

Zudem haben Kürbisse eine ansprechende Form. Die kleineren, die sich für Zierzwecke wohl am ehesten eignen, sind meist kugelrund oder birnenförmig. Einige der größeren Sorten haben eine etwas exzentrischere Gestalt, wobei der nicht von ungefähr so benannte Turban-Kürbis einer der ausgefallensten ist. Die Farbpalette erstreckt sich von Weiß über Cremefarben und Gelbbraun bis hin zu Orange und, bei den Turban-Arten, zu einem kräftigen Ziegelrot, was einen immer wieder in Erstaunen versetzt.

Einige Kürbisse bleiben wesentlich länger grün als andere, und *Cucurbita melanosperma* behält das für ihn typische marmorierte Grün sein ganzes langes Leben bei.

Faszinierend zu sehen ist, wie sich eine Gruppe gemischter Kürbisse verändert und entwickelt. So trägt ein Exemplar etwa feste, dunkelgrüne, birnenförmige Kürbisse mit einer Länge von 10 bis 13 cm, welche, wenn man sie Ende Oktober erntet, nur die Ahnung etwas hellerer Längsstreifen zeigt. Allmählich jedoch werden diese Streifen immer kräftiger und färben sich gelb, während der restliche Kürbis grün bleibt, bis er zu guter Letzt doch insgesamt gelb wird. Am attraktivsten allerdings ist die Frucht in den Zwischenstadien. Andere Kürbisse hingegen zeigen ihre schönste Färbung schon früh, solange sie noch an der Pflanze hängen. Diese Früchte sollte man entfernen und der Pflanze erlauben, ihre Energie in das Herausbilden weiterer zu stecken. Weiße Kürbisse haben ihr Porzellanweiß nur direkt nach dem Ernten, im Lauf der Zeit verfärbt es sich zu einem schmutzigen Cremeweiß. Die Turban-Kürbisse können bereits in relativ farblosem Zustand gepflückt werden; solange die Früchte gesund sind, entwickeln sich ihre grellen Farben ohne die Pflanze. Einer unserer derartigen Kürbisse, eine ziemlich kleine Frucht mit einem Gewicht von nicht einmal einem Pfund, bildete neben leuchtend roten Streifen auch metallisch grüne heraus, was keineswegs ungewöhnlich ist. Die größten können, wenn sie lange Zeit als einzige Frucht an einer großen, blattreichen Pflanze hängen, bis zu 2,7 kg wiegen.

Bisweilen werden Kürbisse lackiert. Zweifellos bekommen sie so einen schönen Glanz, aber mir ist es des Guten zu viel. Zudem verkürzt sich dadurch das Leben der Frucht, denn man darf nicht vergessen, dass ein Kürbis, bis er federleicht wird und alle Farbe verliert, eine lebende, atmende Frucht ist und durch die Lackschicht keine Luft bekommt. Auch kleine Kürbisse sollten unbehandelt einen Winter überdauern, ohne zu vertrocknen, während größere sich vielfach wesentlich länger halten. Einige meiner Exemplare der 2,7 kg schweren *C. ficifolia* (syn. *C. melanosperma*) blieben drei Jahre lang unverändert erhalten.

Zweierlei hält viele Menschen davon ab, Kürbisse zu züchten: Sie halten es für schwierig oder, sofern sie es versucht haben, sie sind enttäuscht von den wenig vielfältigen Ergebnissen mit eher matten Farben. Zunächst möchte ich auf den ersten Punkt eingehen: Kürbisse sind wirklich ausgesprochen anspruchslos. Wenn Sie einen irgendwie gearteten kalten Kasten haben, können Sie sie dort aussäen. Ich säe Anfang Mai jeweils zwei Samen in einen 9-cm-Topf, der ins Frühbeet kommt, härte die Sämlinge ab und pflanze sie im Juni aus. Wenn Ihnen das zu mühsam ist, stecken Sie die Samen Anfang Juni unmittelbar in die Erde oder in eine feste, feuchte Stelle Ihres Kompost- oder Dunghaufens. Wir entdecken jedes Jahr in unserem Abfallhaufen eine Reihe selbst ausgesäter Sämlinge, die hervorragend gedeihen.

Wie alle anderen Kürbisgewächse bevorzugen auch die Kürbisse ein nährstoffreiches Substrat. Zudem mögen sie Sonne satt, um Früchte anzusetzen und richtig auszureifen. Ich erlaube meinen, sich nach Belieben über den Boden auszubreiten; dort bekommen sie das Maximum an Sonnenwärme und sind zudem vor Wind geschützt, was bei einer Pflanze mit großen, feuchten Blättern wichtig ist. Manchmal gelingt es, eine Pflanze über benachbarte Tomatenpflanzen oder eine Hecke ranken zu lassen, was sich hübsch ausnimmt. Wenn man sie an einem Drahtspalier hochzieht, hat das den Vorteil, dass sie weniger Platz einnimmt, nicht vom Erdreich beschmutzt oder von Schnecken angefressen wird und die Früchte zudem keine hellen Stellen bekommen, wo sie auf dem Boden aufliegen.

Es liegt auf der Hand, dass man aus einem Samentütchen eine Vielfalt an Arten bekommen möchte, schließlich haben die wenigsten Gärtner genügend Platz, um mehr als ein Dutzend Pflanzen anzubauen, vermutlich eher weniger, und man möchte doch, dass alle oder fast alle Früchte unterschiedlich aussehen (es sei denn, es geht um Kuriositäten wie Turban- und Flaschenkürbisse). Die Lösung liegt darin, bei einem Saatgutlieferanten zu bestellen, der eine gut sortierte Linie anbietet. Das findet man nur durch Probieren heraus, oder man erkundigt sich bei jemandem, der gute Erfolge hatte, nach der Quelle seines Saatguts. Bei dieser Frage werde ich mich hüten, eine Empfehlung auszusprechen, war ich doch selbst mit keinem Ergebnis je vollauf zufrieden.

Blumenzwiebeln

Im Garten kann man sein Geld auf vielerlei Arten ausgeben, doch die größte Versuchung lauert, zumindest was mich betrifft, immer dann, wenn die Kataloge mit den Blumenzwiebeln ins Haus flattern. Blumenzwiebeln schreien förmlich danach, in großen Mengen eingepflanzt zu werden, und es ist schwer, ihren Lockruf zu ignorieren. Zwiebelblumen können, je nach Art, das ganze Jahr über blühen, doch egal zu welcher Jahreszeit sich ihre Blüten öffnen, sie versprühen immer eine besondere, unwiderstehliche Frische.

Zwiebelblumen für einen bunten Herbst

Herbstblühende Zwiebelblumen verdienen einen Ehrenplatz in unserem Gärtnerherz, schließlich stehen sie in ihrer Makellosigkeit im krassen Gegensatz zu dem Bild des Verfalls, das uns sonst im Herbst umgibt. Nicht, dass wir uns falsch verstehen: Der Herbst hat für mich seinen ganz eigenen Reiz, dennoch helfen Blumenzwiebeln, die Kluft zwischen Herbst und Frühling, zumindest emotional, zu überbrücken.

Von allen Bestellungen, die wir das ganze Jahr über tätigen – sei es für Samen, Zwiebeln oder Pflanzen –, verschlafen wir den richtigen Zeitpunkt für die herbstblühenden Krokusse am ehesten. Der Weckruf erfolgt, wenn wir sie, bereits in voller Blüte, verführerisch in einem anderen Garten stehen sehen. »Solche muss ich auch haben«, nehmen wir uns sogleich vor, um dann beim Durchblättern der einschlägigen Kataloge festzustellen, dass Bestellungen für diese frühblühenden Herbstarten spätestens im August fällig gewesen wären. Das Problem dabei ist, dass sich die Kataloge für Herbstblüher immer an jenen trägen Hochsommertagen ins Haus schleichen, wenn unsere Pflanzlust gerade den Tiefststand erreicht hat.

Für universelle Zwecke ist der anspruchsloseste, günstigste und stattlichste Herbstkrokus der *Crocus speciosus*. Er besitzt große, mauvefarbene Blüten mit einer ausgeprägten dunkleren Aderung, die ihn blauer wirken lässt als jeden anderen Krokus. In deutlichem Kontrast dazu leuchtet die prächtige Narbe in der Blütenmitte in kräftigem Orange. Außerdem verströmt sie einen herrlichen Duft. Die Kronröhre (Otto Normalverbraucher würde dazu vermutlich Stängel sagen) weist eine ungewöhnliche Länge auf, was dazu führt, dass die Blüten meist schon am zweiten Blühtag umkippen. Ich persönlich sehe darin kein Problem, schließlich sind sie auch in elegant zurückgelehnter Pose noch äußerst zauberhaft, doch es soll Gärtner geben, die sich darüber ärgern. Natürlich ist diese Eigenschaft in ungemähtem Gras weniger auffällig. Da ist es ein Glück, dass *C. speciosus* auch auf den rauesten Wiesen bestens gedeiht und mithilfe von Brutzwiebeln auswildert, wodurch sich bereits früh im Jahr ein auffälliger, grüner Blattteppich zeigt, während das normale Gras noch kaum sprießt. Tatsächlich sollte man diesen Krokus vom Steingarten oder anderen Standorten fernhalten, wo kleine, besondere Arten wachsen, dafür macht er sich unter Sträuchern ganz ausgezeichnet. Die Blütezeit beginnt um den 10. September und zieht sich fast bis Ende Oktober.

Der *C. kotschyanus* (auch als *C. zonatus* angeboten) blüht etwas früher. Er ist ebenso günstig und leicht zu kultivieren, jedoch fallen die blasslila Blüten weniger prächtig aus als die größeren, farbig intensiveren Blütenblätter des *C. speciosus*. Zudem ist mir aufgefallen, dass die Horste von *C. kotschyanus* sich zwar gut vermehren und in der Wiese viel Blattwerk ausbilden, aber nur sehr selten blühen. Ich glaube, das liegt nicht so sehr an der Bodenqualität (obwohl es gut möglich ist, dass meine tonhaltige Erde die Blüte erschwert), sondern daran, ob man beim Händler eine blühfreudige Züchtung erwischt oder nicht.

Zu den faszinierendsten Krokussen zählt der *C. nudiflorus*, die einzige herbstblühende Art, die in das englische Standardwerk *Flora of the British Isles* (Clapham, Tutin und Warburg) Eingang gefunden hat: Obwohl es sich um eine importierte Art handelt, konnte sie in vielen Landesteilen im Grasland heimisch werden. Dennoch besteht das Hauptproblem des Gärtners in diesem Fall darin, überhaupt Pflanzgut aufzutreiben. Die Zwiebeln sind meist winzig klein und verkaufen sich vermutlich nicht besonders gut. Vor ein paar Jahren hatte sie ein bekannter niederländischer Händler im Angebot, und ich kaufte eine Zwölferpackung. Davon haben nur zwei ausgetrieben, daher kann ich mir vorstellen, dass auch Kundenbeschwerden dazu geführt haben, dass die Sorte kurz darauf aus dem Katalog verschwand. Dennoch reichte mein mäßiger Erfolg aus, um mir einen Grundstock zu schaffen. Seither haben sich die Zwiebeln gut vermehrt und blühen an ihrem Standort unter dem Lorbeerbaum zwischen winterharten Zyklamen. Die Blütenfarbe ist ein besonders lichtes und herrlich rosiges Flieder.

Als ich einmal in Nordirland Station machte, zeigte mir mein Gastgeber ein Farbfoto von den Krokussen in seinem Garten: Er besaß zwei oder drei riesige Kolonien, die er bereits vor vielen Jahren angelegt haben musste, die sich in diesem Teil des Landes jedoch nicht sehr blühfreudig zeigten. Wahrscheinlich benötigen sie einen richtig heißen Sommer. Eine Besonderheit dieser Art ist die Vermehrung durch unterirdische Stolonen. Und tatsächlich, wenn man im Frühling eine Schaufel voll ausgräbt – was der Mann damals bereitwillig für mich tat –, erkennt man mehr Stolonen als Zwiebeln.

Der *C. ochroleucus* ist ein guter weißblühender Herbstkrokus mit einem gelben Schlund. Die Blüten sind zwar klein, aber zahlreich und stehen hauptsächlich im November, mitunter auch bis Weihnachten auf ihren stabilen Stängeln. Der *C. longiflorus* zeigt etwa dieselbe Blühsaison. Er bringt eine Vielzahl an kleinen, malvenfarbenen Blüten hervor, die leuchtend rote Narben mit einem betörenden Duft besitzen, der dem *C. speciosus* ähnelt. Bei uns im Garten wächst der *C. longiflorus* gemeinsam mit dem *C. ochroleucus* unter demselben Lorbeerbaum, in Gesellschaft des Herbst-Alpenveilchens, *Cyclamen hederifolium*. Auf Wiesenflächen läuft er Gefahr unterzugehen, bei uns jedenfalls würde er der dritten und letzten Mahd des Jahres zum Opfer fallen.

Ein häufiges Problem ist auch, dass der Boden steinhart ist, wenn im September die Zwiebeln eintreffen, die wir in der Wiese auswildern lassen wollen. Hier ist es besser, nicht auf die Herbstniederschläge zu warten, die möglicherweise zu spät einsetzen, sondern den entsprechenden Gartenbereich zu wässern, damit die Zwiebeln so früh wie möglich in die Erde kommen. Meine Erfahrung sagt mir, dass man bei großer Trockenheit die Gartenberegnung für mindestens acht Stunden an derselben Stelle laufen lassen sollte, damit die Erde wirklich gut durchfeuchtet ist. Man kann die Beregnung daher problemlos über Nacht anlassen. Die Sache wird wesentlich leichter, wenn man einen Blumenzwiebelpflanzer mit einem kleinen Durchmesser von nur 5 cm benutzt. Das entstandene Loch ist für die meisten Zwiebeln groß genug.

Die Herbstzeitlose (*Colchicum autumnale*) wird oft fälschlicherweise als Herbstkrokus bezeichnet, kann jedoch im blühenden Zustand einfach unterschieden werden, denn sie besitzt sechs Staubblätter, während echte Krokusse nur drei aufweisen. Auch enthalten die zartlila Blüten der Herbstzeitlosen wesentlich mehr Rosaanteile, als man bei Krokussen je finden wird. Obwohl Herbstzeitlose auf vielen Weiden wild wachsen, lassen sie sich in Gartenwiesen unterschiedlichster Bodenbeschaffenheit nur ungern kultivieren. Die günstigsten Zwiebeln sind fast immer am leichtesten zu ziehen. Bei den Herbstzeitlosen gilt diese Faustregel für *C. autumnale*, doch auch hier ist der Preis dreimal so hoch wie für den *Crocus speciosus*, und obwohl die Herbstzeitlosen in meiner Gartenwiese gut blühen und immer wiederkommen, haben sie sich im Lauf der Jahre nicht vermehrt.

Allerdings kann man sie aus Samen ziehen. Das ist zwar eine sehr langwierige Methode, kann aber lohnend sein, wenn man eine große Anzahl an Zwiebeln zum Auswildern benötigt. Ich mache es immer so: Ich ziehe einen Satz Samen in einem 18-cm-Topf auf und sortiere die Zwiebelchen dann jedes Jahr im Spätsommer aus, wenn sie noch im Ruhezustand sind. Die größten pflanze ich ein, während ich die kleinen pikiere und relativ dicht wieder in Töpfe setze. Das ist ein ständiges, unaufhörliches Ritual, denn die Zwiebeln schaffen es sogar in diesem frühen, jugendlichen Stadium, sich zu vermehren. Teure oder seltene Colchicum-Cultivare sollten nicht einfach der Wiese überlassen werden, wo sie leicht verschwinden. Am besten sind sie an einem sonnigen Standort aufgehoben, in einem gepflegten oder zumindest unkrautfreien Untergrund, wie zum Beispiel am Gebüschrand. Auch hier wird das dichte Blattwerk im Frühling keinesfalls fehl am Platz sein. Die Blüten allerdings dienen den Schnecken als Speis und Trank, was die Optik zunichtemacht, wenn nicht radikal eingegriffen wird.

Herbstblühende Zwiebelblumen schätzen es nicht besonders, wenn man sie ausgräbt und trocknen lässt, selbst wenn die Händler sie bevorzugt so behandeln, damit sie besser in ihren Jahresablauf passen. Eine Zwiebel wie jene der Weißen Zephirblume, *Zephyranthes candida*, bleibt das ganze Jahr über grün, wenn man sie lässt. Trockene Zwiebeln hingegen treiben oft nicht wieder aus. Am besten fährt man, wenn man sie bereits grün austreibend bei einer Gärtnerei, die nicht auf Blumenzwiebeln spezialisiert ist, kauft und im Frühling einsetzt. Im August / September bildet sie eine weiße, krokusartige Blüte, die sich stark vom dunkelgrünen, binsenartigen Laub absetzt. In Gruppen an einen sonnigen Beetrand gepflanzt sind Zephirblumen perfekt aufgehoben. Schwere Böden oder sogar etwas Schatten können ihrer Blühfreudigkeit nichts anhaben, solange der vorangegangene Sommer eher warm war. Die Sommertemperaturen sind entscheidend dafür, wie gut die Jahresblüte Ihrer Zephirblume ausfällt.

Krokusse gehören zur Familie der Schwertliliengewächse, Herbstzeitlose zu den Liliengewächsen und Zephirblumen zur Familie der Amaryllisgewächse, obwohl alle drei Blumen sich über der Erde stark ähneln. Auch die *Sternbergia lutea* (Herbst-Goldbecher) zählt zu den *Amaryllidaceae*: Wenn man sie pflückt, duften ihre Stängel ähnlich wie Narzissen, die ebenfalls zur Amaryllis-Familie gehören. Goldbecher müssen in warme, sonnige Beete gesetzt werden und blühen besonders üppig in wasserdurchlässigen Sand- oder Kreideböden. Ich mit meinem Tonboden war stets höchst unerfolgreich dabei, meine Sternbergia von jener im Handel am häufigsten erhältlichen Sorte zum Blühen zu bringen. Doch dann bekam ich Zwiebeln aus einem Garten mit Kreideboden, wo sie blühten und sich gut vermehrten. Mittlerweile machen sie das auch bei mir. Nach einem kühlen Sommer starten sie später und blühen dann oft bis Weihnachten, aber sie lassen mich nie im Stich. Die Blüten sind dem Krokus ähnlich, aber von reinstem Gelb – ein Anblick, der viel Freude macht. Das Blattwerk erscheint im Winter und stirbt im Mai zur Gänze ab. Dann ist der beste Zeitpunkt für eine neue Pflanzung. Aufgrund der großen Pflanztiefe der Zwiebeln von 15 cm kann man die Kolonien mit schwachwüchsigen Einjährigen wie etwa Portulak überpflanzen, um auch im Sommer anstatt nackter Erde ein schönes Beet zu haben.

Guernseylilien (*Nerine*) gehören ebenfalls zur Amaryllis-Familie, die Ähnlichkeit ist nicht zu übersehen. *Nerine bowdenii* besitzt eine gute Winterhärte und ist für die meisten Gärtner ein Muss. Von Ende September bis November trägt sie hellrosa bis rosa Blütendolden bei einer Wuchshöhe von etwa 75 cm. Sie ist eine exzellente Schnittblume, die sich in der Vase eine Ewigkeit hält. Die einzelnen Blüten sind trompetenförmig, doch die schmalen Blütenhüllblätter wellen sich zur Spitze hin nach außen, was einen frechen, spinnenartigen Effekt erzeugt.

Die beste Pflanzzeit ist im Frühling, sobald das Wachstum eingesetzt hat und sich die ersten neuen Blattspitzen zeigen. Bis zum Herbst sehen die breit-linealischen Blätter unordentlich und schmutzig aus, ohne jedoch abgestorben zu sein; man kann dennoch, ohne der Pflanze zu schaden, das gesamte Laub Ende August abschneiden, kurz bevor die Knospen auftauchen. Es wird immer empfohlen, die Zwiebeln etwa 15 cm tief einzugraben, damit sie vor Frösten besser geschützt sind. Doch schon nach einem oder zwei Jahren werden Sie feststellen, dass die Zwiebeln sich tüchtig vermehrt haben und allesamt an die Oberfläche streben. Hier gefällt es ihnen ganz offensichtlich am besten, daher bin ich dafür, ihnen ihren Willen zu lassen. In besonders harten Wintern kann man sie dann mühelos mit einer Decke aus alten Farnwedeln vor der Kälte schützen. Man würde denken, ein sonniger Standort ist für die Nerinen ein Muss, aber ein befreundeter Gärtner aus dem Nordwesten Schottlands (eine Gegend, die üblicherweise nicht für ihr sonnenverwöhntes Klima bekannt ist) erzählte mir unlängst, dass die Zwiebeln, die er in den Schatten zwischen Sträucher gepflanzt hatte, am allerschönsten blühen. Offenbar macht es keinen großen Unterschied.

Zwiebeln, die früh gepflanzt werden müssen

Herbstblüher sind nicht die einzigen Zwiebelpflanzen, die zeitig im Jahr in die Erde müssen. Es gibt viele Arten, die recht bald, nachdem sie ihre Vegetationsperiode mit der Blüte und der Ausbildung der Samen erfolgreich abgeschlossen haben, als Vorbereitung für die neue Blühsaison bereits neue Wurzeln ausbilden. Der Ruhezustand zwischen den Zyklen ist sehr kurz oder fällt sogar ganz aus.

Wer hier den idealen Zeitpunkt für einen Umzug finden will, muss also früh aufstehen.

Die Madonnen-Lilie und die Isabellen-Lilie (*Lilium candidum* und *L.* × *testaceum*) sind typische Beispiele. Beide blühen Anfang Juli und sollten (wenn es unbedingt nötig ist) bereits Ende des Monats umgepflanzt werden. Denn schon im August zeigt uns *L. candidum* wieder ihr Temperament, indem sie einen Blattschopf hervorbringt, der uns den Winter hindurch als Vorschuss für ihre Blühabsicht im nächsten Jahr dient. Die Zwiebeln sollten nur wenige Zentimeter unter der Erdoberfläche gepflanzt werden. Die meisten Gärtnereien bieten diese Lilien-Arten zwischen Oktober und November an, was für das gute Gedeihen der Pflanze viel zu spät ist. Danach brauchen sie sehr lange Zeit, um sich zu erholen, daher ist es definitiv die bessere Option, sich zum richtigen Zeitpunkt gesundes Pflanzmaterial aus dem Garten eines netten, wohlgesinnten Gärtnerfreundes zu besorgen.

Auch die Kaiserkrone, *Fritillaria imperialis*, ist eine Frühaufsteherin, selbst wenn sie vor dem neuen Jahr keine sichtbaren Triebe hervorbringt. Sie ist eine recht kostspielige Pflanze, doch jede Investition wert. Die gelbe, einfarbige Kaiserkrone entfaltet im Garten die beste Wirkung, aber auch die bräunlich orangefarbenen Sorten haben ihren Reiz. Bleiben sie auf humusreichem, weitgehend schneckenfreiem Boden über eine Zeitspanne von mehreren Jahren ungestört, werden sie sich vermehren und in Ihrem Aprilgarten ein wunderbarer Anblick sein.

Meiner Kaiserkrone steht ein Umzug bevor: Sie wächst am Fuß eines Flieders, dessen Wurzelwerk so gierig und dominant ist, dass die Zwiebeln schon seit Jahren nur noch Blätter hervorbringen. Wenn aber ein Blütenstand entsteht, ist es ein erstaunliches Spektakel, bei dem man sich fragt, wer sich das wohl ausgedacht hat: ein Ring aus glockenförmigen Blüten, aus dem ein ananasartiger Laubblattschopf in den Himmel ragt. Man kann gar nicht anders, als die Blütenbecher hochzuheben, um die wie Tränen schillernden Nektarien im Herzen der Blüte zu bewundern. Leider verströmt die Pflanze diesen abstoßenden Duft – eine Mischung aus Knoblauch und nassem Hund, die vom Wind bis in weit entfernte Nasen getragen wird. Aber der Geruchssinn der meisten Leute ist ohnehin hoffnungslos verkümmert, und notfalls kann man sich immer noch die Nase zuhalten.

Die unkomplizierten Zwiebeln der im Mai oder Juni blühenden Holländischen oder Spanischen Schwertlilien beginnen bereits im Frühherbst auszutreiben. Englische Schwertlilien (die in Wirklichkeit gar nichts Englisches an sich haben) blühen etwas später, zwischen Juni und Juli. Ihr Farbspektrum beschränkt sich auf Weiß, Grau, Lila und Dunkelviolett, ihre breiten Hängeblätter sind wirklich prunkvoll. Sichtbare Triebe entwickeln sie im Januar, aber die jungen Wurzeln werden schon im August aktiv. Je früher man die Zwiebeln dieser drei Pflanzengruppen nach der Blüte einpflanzt oder umsetzt, desto besser.

Vor einigen Jahren hob ich einen eng verwachsenen Horst Reifrock-Narzissen, *Narcissus bulbocodium,* aus dem unkrautfreien Erdreich, in dem sie gemeinsam mit Alpenveilchen wuchsen, und gründete eine neue Kolonie in der Wiese. Der Zeitpunkt, den ich dafür auswählte, war die erste Augustwoche, nach einem kräftigen Regen, der an die 30 mm Niederschlag gebracht hatte und mir erlaubte, mit dem Zwiebelpflanzer zu arbeiten. Jeder, der das Vergnügen hatte, zu sehen, wie sich diese Narzisse teppichartig auf der Wiese der R. H. S.-Gärten in Wisley ausgebreitet hat, muss zum enthusiastischen Nachahmer werden. Da die Zwiebeln recht winzig sind, bekommen sie meist ein besonderes Plätzchen im bearbeiteten Boden. Tatsächlich besitzt die Art jedoch genug Durchsetzungskraft, um auch im Wiesenboden zurechtzukommen, solange genug Feuchtigkeit vorhanden ist.

Reifrock-Narzissen sind eine äußerst interessante und vielfältige

Gruppe. Die am häufigsten vorkommende Varietät ist var. *conspicuus*, mit ihren bis zu 30 cm langen, binsenartig aufrechtstehenden Laubblättern. Sie ist pflegeleicht und kostet nicht viel. Ihre Vegetationszeit ist lang, daher treiben gut eingewachsene Horste schon früh im Herbst aus. Aus diesem Grund ist es so wichtig, sie so früh wie möglich in die Erde zu bringen. In einem gepflegten Beet vermehren sich die Zwiebeln rasant und stehen bald so dicht gedrängt, dass ihre Blühleistung stark beeinträchtigt wird. Pflanzt man sie anstatt der üblichen 5 cm in etwa 10 cm Tiefe, vermehren sie sich weniger schnell. Der zweite Weg aus diesem Dilemma ist natürlich, den Bestand alle paar Jahre herauszuheben und neu zu pflanzen, was ich persönlich bevorzuge. Seltsamerweise stellen die Reifrock-Narzissen ihre Gewohnheit, Zwiebelhorste zu bilden, ein, sobald sie sich in Wiesenböden befinden, wo sie sich hauptsächlich über die Selbstaussaat vermehren. In Farbe und Statur ähneln sie dort so sehr dem Löwenzahn, dass sie zur Mittagszeit, wenn sich beide gleichzeitig zur Sonne strecken, mit Letzterem um unsere Aufmerksamkeit buhlen müssen. Doch am Abend ist die Narzisse klar im Vorteil, denn ihr Konkurrent schließt über Nacht die Blüte.

Wer auf der Suche nach anderen Varietäten von *N. bulbocodium* ist, muss sich an den spezialisierten Fachhandel wenden und damit rechnen, dass die Zwiebeln sehr viel teurer ausfallen. Auf jeden Fall haben sollte man die Varietät *citrinus* mit ihren wunderschön blassgelben, weit geöffneten Trichtern. Allem Anschein nach bildet sie, egal in welchem Boden, keine Horste, sondern Samen aus, mit denen man innerhalb von drei Jahren neue Blüten heranziehen kann. Ihr Laub steht nicht aufrecht, sondern bleibt, beinahe immergrün, stets in Bodennähe. Was sie zusätzlich auszeichnet, ist eine ungemein langanhaltende Blütezeit. Nicht nur, dass die einzelne Blüte drei Wochen lang frisch bleibt – das gilt auch für die anderen Vertreter dieser Art –, die Varietät liefert fortlaufend neue

Blüten nach, und zwar von Anfang April bis in die zweite Maihälfte hinein. Diese Eigenschaft ist überaus ungewöhnlich, wenn man bedenkt, dass sich die Blüten jeder anderen Narzissen-Art oder -hybride normalerweise im Abstand weniger Tage öffnen.

Die *N. poeticus* var. *recurvus*, Pfauenaugen-Narzisse, blüht im Mai, was für Narzissen sehr spät ist, und schon Ende Juni bilden sie neue Wurzeln. Daher sollten sie so früh wie möglich gepflanzt oder vereinzelt werden. Das gilt im Prinzip für die gesamte Gattung der Narzissen, für die Ende September der späteste Pflanzzeitpunkt sein sollte.

Auch das Einpflanzen so mancher früher Gladiolen-Arten kann man leicht verschlafen. Wir haben diese Aufgabe für den Frühling abgespeichert, doch einige der elegantesten und am frühesten blühenden Arten müssen bereits im Herbst gesetzt werden. Sofort erscheinen die neuen Triebe, die Frost vertragen, doch das frische Laub wächst normalerweise erst dann in die Höhe, wenn die Temperaturen ihm nichts mehr anhaben können. Gladiolen brauchen einen sonnigen Standort und einen durchlässigen Boden. Unter diesen Bedingungen werden sie sich mit den Jahren vermehren und müssen nie ausgegraben werden. Zu den lohnendsten Vertretern zählen die *Nanus*-Hybriden. Es gibt vielleicht ein Dutzend verschiedene Formen, doch die hübscheste ist in meinen Augen die Hybride 'Nymph': Sie wird nur etwa 45 cm hoch und trägt ein halbes Dutzend Blüten an jedem der schlanken, gebogenen Schäfte, die ohne Stütze auskommen. Farblich sind sie von hauchzartem Rosa und tragen auf den unteren Blütenhüllblättern ein Muster, das aussieht wie ein karminroter Kussmund. Diese Blume wirkt eher wie eine zarte Orchidee und hat rein gar nichts mit den plumpen Monstern zu tun, die auf ländlichen Blumenausstellungen die Preise abräumen. Eine Varietät, die in meinem Garten vergleichsweise neu ist, sich aber bereits wundersam vermehrt hat, ist 'Robinetta', in Dunkelrot mit weißen Sprenkeln. Die magentarot blühende *Gladiolus communis* subsp. *byzantinus*, ein beliebter Klassiker im Bauerngarten, muss ebenfalls im Herbst ausgepflanzt werden. Wenn sich in Ihren Beeten so viele Zwiebeln tummeln, dass jedes Mal welche zum Vorschein kommen, wenn Sie die Grabegabel einstechen, versuchen Sie einfach, sie ebenfalls in die Wiese zu pflanzen.

Schneeglöckchen mögen es nicht, wenn sie aus der Erde genommen und getrocknet werden. Wie bei der *Zephyranthes candida* sollten Sie auch in diesem Fall versuchen, im Frühling welche zu kaufen, solange sie noch grün und im Wachstum sind. Wenn es aber der Herbst sein muss, dann pflanzen Sie, so früh es geht.

Das Gleiche gilt für den Frühlingsstern, *Ipheion uniflorum*, eine Zwiebelpflanze, die in jedem Garten gut aussieht und auch unter den Namen *Brodiaea, Milla* oder *Triteleia* angeboten wird. Er bildet eine einzige, sternförmige Blüte an der Spitze des etwa 15 cm hohen Stängels, die sich meist im April, manchmal jedoch schon im Februar öffnet. Typischerweise ist die Blüte weißlich, doch es gibt auch blaue Sorten, die sehr schön sind. Das grasähnliche Laub erscheint im Frühherbst und verströmt, wenn man es zwischen den Fingern zerreibt, einen starken Zwiebelgeruch. In gut durchlässigen, sonnigen Beeten entwickeln sich die Zwiebeln am besten, sie sind aber nicht überpenibel. Trotzdem ist es mir nicht gelungen, sie über die Jahre im Wiesengras am Leben zu erhalten.

Ein Lauch für alle Fälle

Ein Mensch, der auf eine vollständige Allium-Sammlung hinarbeitet, muss ein komischer Kauz sein, aber einer von der netten Sorte. Tatsächlich gibt es nämlich um die 750 verschiedene Allium-Arten, von denen viele recht unscheinbar sind, während sich andere zu einer echten Unkrautplage entwickeln können. Doch die Gattung

Allium ist außerordentlich verzweigt und hat auch einige absolute Superstars zu bieten. Der Zierlauch (wie wir diese Zwiebelblumen nennen, um sie nicht mit dem Gemüse zu verwechseln, das wir in der Pfanne brutzeln) kann zwischen Frühling und Herbst blühen. Die Arten umfassen fast das gesamte Farbspektrum, von Weiß und Gelb über Rosa und Karminrot bis hin zu Lila und Blau. Die meisten davon sind Zwiebelblumen, viele der beliebtesten kann man im gut sortierten Gartenhandel erwerben. Andere findet man bei Steingartenspezialisten, und wer Geheimtipps sucht, wird eher bei Samenherstellern fündig. Allium-Arten sind Experten im Ausbilden von Samen, sodass es nicht schwierig ist, neue Generationen heranzuziehen. Bei den meisten Arten dauert es gerade zwei Jahre, bis aus Samen blühreife Pflanzen geworden sind.

Zierlauch ist in jeder Hinsicht unkompliziert, vorausgesetzt man merkt sich, wo er wächst, denn in seiner Ruhephase hinterlässt er eine kahle Stelle. Das ist auch mein größter Kritikpunkt an frühjahrsblühenden Sorten wie *A. karataviense*. Seine breiten, bläulich grünen Blattbänder sehen beim ersten Auftritt fantastisch aus, doch schon sehr bald sterben sie ab, und für den Rest des Sommers stehen nur noch die trockenen Samenstände. Vielen Gärtnern scheinen solche Lücken gar nicht aufzufallen, dabei lassen sie sich so leicht mit einjährigen Pflanzen auffüllen. Alternativ kann man auch eine gemischte Pflanzung aus früh und spät blühenden Zierlauch-Arten vornehmen, damit Letztere übernehmen können, wenn die Ersten verblüht sind.

Der Schnittlauch, *A. schoenoprasum*, muss nicht ins Kräuterbeet verbannt werden, sondern macht sich auch gut als Beetumrandung, sofern man die richtige Sorte wählt! Die am häufigsten vorkommende Sorte ist eine recht unscheinbare Pflanze mit jämmerlich kleinen Blütenköpfen, die keine Samen ausbilden. Der Wilde Schnittlauch, *A. s.* var. *sibiricum*, ist hier die viel bessere Wahl: Die kräftige Pflanze hat einen guten Geschmack und bildet massenweise hübsche Blüten aus, die im Aussehen der Skabiose ähneln. Zieht man die Pflänzchen aus Samen, blüht der Schnittlauch in allen Farbabstufungen zwischen Rosa und Mauve. Vor allem die erste Blüte im Mai ist eine Augenweide. Sobald er langsam verblüht, schneidet man die Halme mit einem Messer bodentief ab, und bereits innerhalb weniger Tage ist eine neue Blattgeneration von mehreren Zentimetern gewachsen, die schließlich eine zweite, wenn auch etwas schwächere Nebenblüte hervorbringt. Wiederholt man den Vorgang, schafft die Pflanze vor dem Herbst sogar noch eine dritte Runde.

Einer meiner Favoriten unter den im Mai blühenden Lauchpflanzen ist *A. neapolitanum*, der nur ca. 25 cm hoch wird, dessen makellos perlweiße Blütenfarbe für mich jedoch der Inbegriff frühlingshafter Frische ist. Mai / Juni ist auch die Zeit für *Nectaroscordum siculum*< (früher *A. siculum*), eine fabelhafte Allium-Art, die sich in der Vase und im Beet hervorragend macht. Die Blütenbüschel werden von schlanken, aber kräftigen, bis zu 90 cm hohen Stängeln getragen. Sie sind nicht kugelig, sondern hängen glockenförmig herab, mit einer zarten Farbgebung aus Cremeweiß und Grün mit rotbraunen Streifen.

A. moly ist eine fröhliche, unkomplizierte Art, die sich für die Pflanzung an wenig aussichtsreichen Standorten wie zum Beispiel unter einer Hecke eignet. Dort wird sie größere Kolonien bilden und im Juni auf bis zu 25 cm hohen Stängeln bereitwillig ihre hellgelben Blüten austreiben. Sie verströmt einen starken Knoblauchgeruch, selbst wenn man sie nicht berührt, und gehört zu den am intensivsten duftenden Allium-Pflanzen überhaupt. Wenn der Dichter Alfred Lord Tennyson die Lotophagen in seinem berühmten Gedicht auf »Amaranth und Moly« bettet, ist es kaum verwunderlich, dass ihnen dabei etwas schwindlig wurde.

Der König aller Allium-Arten blüht im Juni und Juli: der Sternkugellauch, *A. cristophii* (früher *A. albo-pilosum*). Die auf 45 cm hohen Stängeln stehenden Blütenköpfe bilden eine perfekte Kugel von bis zu 30 cm Durchmesser, die besonders fest und drahtig ist. Die Blütenhülle präsentiert sich in einem gedämpften, rosigen Lila und wird nach dem Verwelken stachelig hart. Zurück bleiben am Ende sechszackige Sterne um eine dreiteilige Kapselfrucht, die schließlich ihre kohlschwarzen Samen entlässt – eine ideale Zutat für winterliche Gestecke.

Wenige Gärtner werden mit *Allium oreophilum* (*ostrowskianum*) eine Enttäuschung erleben. Zwar wird die Pflanze nur etwa 25 cm hoch, trägt aber im Juni recht große, leuchtend rosa- bis lilafarbene Blütenstände. Diese Zwiebeln können Sie auch als Zwischenpflanzung einsetzen, etwa am Beetrand, in Kombination mit winterharten, mehrjährigen Pflanzen mit zartem Wuchs wie dem Mannstreu *Eryngium × tripartitum* oder *Platycodon grandiflorum* 'Mariesii', der großblütigen Ballonblume. Eine zierlichere, schlichtere Allium-Art ist der *A. flavum*, der je nach Züchtung 10 bis 60 cm hoch wird. Seine kleinen, glockenförmigen Blüten strahlen in sanftem Gelb. Ein auffälliges Merkmal sind die schnurrbartartigen Hochblätter, wie bei der aggressiveren Art *A. carinatum* subsp. *Pulchellum*, die etwa 40 cm hoch wird und zur selben Zeit recht attraktive rosa-violette Blüten hervorbringt. Angenehm ist, dass die Art sich fleißig in Bodenritzen oder zwischen den Rhizomen der Bartiris aussamt, deren lange inaktive Zeit so leichter zu erdulden ist. Von dieser Art gibt es auch einen Weißling.

Spät blühende Allium-Arten sind besonders praktisch, da sie keine unschönen Lücken hinterlassen, sondern uns während der gesamten Frühlings- und Sommermonate begleiten. *A. cyaneum*, der im August Saison hat, ist eine sehr niedrige Zwergform, deren fadenartige Laubblätter feiner sind als jedes Gras. Um sicherzustellen, dass er nicht verlorengeht, braucht er einen besonderen Platz, wie etwa in einer Mulde oder in einem Steingarten. Die Blüten weisen eine einheitliche, tiefblaue Farbe auf und haben die Form einer Untertasse, würde ich sagen, auch wenn sie im Lexikon der R. H. S. und in diversen Katalogen als glockenförmig beschrieben werden.

Das Blau von *A. beesianum* ist heller, und die nickenden Blüten auf 25 cm hohen Stängeln sind röhrig. Die Pflanze gedeiht gut und bildet nach und nach starke Horste aus. Am allerschönsten ist sie zur Blüte im September. Auch *A. tuberosum*, der chinesische Schnittlauch, bildet Horste und keine wirklichen Zwiebeln. Die doldigen Blüten sind nicht von reinstem Weiß, sondern zeigen in der Mitte etwas Grün, doch die Pflanze hat eine aufrechte, schöne Haltung. Sie wird um die 40 cm hoch und bildet einen willkommenen Kontrast zu Pflanzen, die eher in die Breite wachsen.

Hyazinthen

Hyazinthen zählen zu jenen Pflanzen, die man – sowohl im Haus als auch im Garten – immer in viel größeren Mengen haben wollte, als es die Mittel erlauben. Die Künstlichkeit, die ihnen anhaftet, hat einen ganz speziellen Reiz: Die Blütenblätter sind so adrett gelockt, und selbst wenn manche von ihrem Duft schnell die Nase voll haben, bin ich gern bereit, ihn weiterhin aufzusaugen.

Die Kosten für Hyazinthen müssen nicht zwangsläufig exorbitant sein. Einige Großhändler sind auch im Einzelhandel aktiv, wo sie Hyazinthen mit kleinen Zwiebeldurchmessern zu einem niedrigeren Preis anbieten, als die gleiche Anzahl an Tulpen bei einem Einzelhändler im Durchschnitt kosten würde. Zugegeben, das sind die kleinsten Zwiebelgrößen, die es zu kaufen gibt, aber ich bin sicher nicht der Einzige, der ihre leichteren Blütenstände jenen kopflastigen Monsterblumen, die aus diversen »Prachtselektionen« sprießen, vorzieht.

Alle Hyazinthen im Garten zum ungefähr selben Zeitpunkt zum

Blühen bringen zu wollen, ergibt wenig Sinn. Viel schöner ist es, sie nacheinander von Januar bis März bewundern zu können. Im Topf zeigt die alte Liebhabersorte 'L'Innocence' bereitwillig und ohne viel Zutun ihre weißen Blüten bereits Mitte Januar. Aus irgendeinem Grund geht man immer davon aus, dass weiße Blüten stark duften müssten, aber diesbezüglich ist 'L'Innocence' eine Enttäuschung.

'Lady Derby' wird schon ich weiß nicht wie viele Jahre gezüchtet, zeigt sich aber unverändert in allerschönstem Rosa – einem Ton, der weich ist und nicht schreiend. Ebenso ansprechend ist die Sorte 'Anna Marie', die mit ein wenig Vortreiben merklich früher blüht, bereits Mitte Januar. Hyazinthen, die als »dunkelrosa« beschrieben werden, blühen am Ende meist in einem grellen Kirschton, während 'Jan Bos', eine beliebte als rot vermarktete Sorte, sich oft in allzu knalligem Karminrot zeigt.

Eine rein rote Hyazinthe gibt es nicht, geschweige denn eine scharlachrote Sorte, doch unter allen rötlichen Züchtungen (die unter unserem gelblichen elektrischen Licht, das alle Blaunuancen eliminiert, tatsächlich knallrot aussehen) kommen diesem Ziel die 'Tubergen's Scarlet', auch bekannt als 'Mme du Barry', und die daraus gezüchtete gefüllte Form 'Hollyhock' ('Scarlet Perfection') aus nächsten. Die Blüten sind klein und die Pflanzen niedrig und kräftig genug, um sich selbst aufrecht zu halten. Ihr Duft erinnert an Birnendrops. Illustrationen in fünfzig Jahre alten Zeitschriften bezeugen, dass gefüllt blühende Hyazinthen auch früher weit verbreitet und beliebt waren. Einige Sorten werden seit kurzem wieder gezüchtet und sind mit ihren formellen Rosetten wirklich schön und nicht übertrieben.

Das Problem mit blau blühenden Hyazinthen im Haus ist, dass die meisten elektrischen Lichtquellen ihre Farbe kaputt machen und das Blau in undefinierbares Grau verwandeln. Die dunkelblaue 'Ostara' ist jedoch eine der verlässlichsten Züchtungen für das frühe Gartenbeet. Ebenso früh erscheint die mittelblaue 'Delft Blue', die im Garten besonders stabil und aufrecht steht, während sie im Haus eine Stütze braucht. Sie duftet herrlich.

'Oranje Boven' (oder 'Salmonetta') besitzt einen interessanten Lachston, aber einen viel zu schwachen Stängel. 'Lord Balfour' und 'Amethyst' blühen beide in ähnlichen Fliedertönen: Mit ihren etwas blasseren Blütenrändern und dem dunklen Streifen in der Mitte erinnern sie an die Clematis 'Nelly Moser'. Auch sie verströmen einen außergewöhnlich guten Duft.

Zwei meiner absoluten Favoriten sind 'Distinction' und 'Indian Prince'. Beide sind einander sehr ähnlich, doch Letztere ist weitaus günstiger und zählt zur Gattung Hyazinthella, wobei der einzige Unterschied, den ich zwischen Hyazinthella und normalen Hyazinthen erkennen kann, jener ist, dass Erstere tendenziell lockerere Blütenstände aufweisen. Beide Arten sind mit einer Höhe von ca. 35 cm relativ niedrig und brauchen kaum Stütze. Die Stängel sind sehr dunkel und die (nur mäßig duftenden) Blüten erstrahlen in sinnlichem, samtigem Rotviolett.

Ich setze meine Hyazinthen in John-Innes-Substrat, welches ich auch sonst für Topfpflanzungen verwende, zusätzlich gebe ich etwas Pflanzenkohle in den Topfboden, um die Blühfreudigkeit anzuregen. In dieser Erde lassen sich die Stängel gut abstützen. Das Gewebe der Zwiebeln allein ist nicht fest genug, zudem ist der Nährwert darin zu niedrig, was wenig ausmacht, wenn Sie die Zwiebeln nach der Blüte ohnehin entsorgen wollen, jedoch wichtig ist, wenn nicht. Die Bewässerung erfolgt ganz einfach, indem das Pflanzgefäß ganz unter Wasser gesetzt oder zumindest kräftig gegossen wird. Danach wird der Topf seitlich gekippt, um einen Teil des überflüssigen Wassers ablaufen zu lassen. Geschieht das nicht, ist das nicht problematisch, schließlich können Hyazinthen ja auch zum Blühen gebracht werden, indem man die Wurzeln in klares Wasser stellt.

Was sich jedoch lohnt, ist, die Zwiebeln nach der Blüte gesund zu halten. Man kann sie zurück auf die Fensterbank eines kühlen Zimmers stellen und im März dann hinaus in den kalten Kasten übersiedeln. Später kippe ich sie als Ganzes aus dem Pflanzgefäß und lasse sie ihren Vegetationszyklus an einem freien Plätzchen im Garten zu Ende bringen. Im Juni können sie dann aus der Erde geholt werden. Alle Zwiebeln, die noch einen prallen, gesunden Eindruck machen, können bis September in Papiertüten gelagert werden, bis sie für die nächste Runde wieder in die Töpfe kommen. Ich habe dieses Spiel drei Saisons hintereinander wiederholt, und das Resultat war durchaus zufriedenstellend. Alternativ können die Zwiebeln im Garten ausgepflanzt werden.

Üblicherweise findet man Hyazinthen in Blumenbeeten oder Rabatten, wo sie ungestört wachsen können. Ein besonders geeigneter Standort wäre unter Stauden-Päonien, denn die Hyazinthenblüten, egal welcher Farbe, passen hervorragend zu den leuchtend roten, frischen Trieben der Pfingstrose. Gut geeignet sind auch Standorte in Rosenbeeten, wo sie im März und April brachliegende Flächen beleben können.

Wie gern würde ich es mir leisten können, so viele Hyazinthen in den Garten zu pflanzen, wie es mir gefällt. Tatsächlich habe ich vor Jahren einmal zweihundertfünfzig kleinere Zwiebeln für die Freilandpflanzung erworben, und zwar von der späten, dunkel blühenden Sorte ‘King of the Blues’. Ich wollte unbedingt eine blaue Hyazinthe, weil ich nach dieser Farbe drinnen im Haus aus bereits beschriebenen Gründen förmlich ausgehungert war, und außerdem eine späte Sorte, die erst dann blüht, wenn unser Garten für Besucher geöffnet ist, und nicht schon davor. Die einzige späte Züchtung mit blauen Blüten war also diese. Tatsächlich öffnete sie ihre Blüten im vorhergesagten Zeitraum zwischen April und Mai, auch Farbe und Duft waren ausgezeichnet, doch zu meinem Leidwesen waren die Stängel viel zu schwach, um die Blütenstände zu halten (selbst in dem damals vorherrschenden trockenen und ruhigen Wetter). Als die Stängel dann länger wurden, musste ich jeden einzelnen an einem Stab aufbinden. Inmitten dieser Charge Blumenzwiebeln versteckten sich jedoch auch fünf oder sechs Eindringlinge einer helleren, etwas früher blühenden Sorte, die stramm standen wie Soldaten. Ich muss gestehen, ich habe den Händler dafür verflucht, dass er in seiner Beschreibung im Katalog keine Angaben zu diesem Thema gemacht hat. Tatsächlich wüsste ich aber nicht, wohin man sich wenden sollte, um vollständige und ehrliche Detailinformationen über Eigenschaften und Blühleistung der Blumenzwiebelzüchtungen einer Gärtnerei zu erhalten, speziell wenn es sich dabei um Hyazinthen, Tulpen oder Narzissen handelt. All jene, die ich selbst kultiviert habe, kann ich vollständig beschreiben, doch nicht das ganze, riesige Spektrum. Vor allem holländische Zwiebelhersteller könnten das ohne Weiteres. Doch sie werden sich hüten, ein ehrliches, kritisches Buch zu diesem Thema zu veröffentlichen. Sie sind, wie es scheint, zu kurzsichtig, um zu erkennen, dass ein offener Umgang mit diesem Thema Vertrauen schüfe. Eine individuelle Bewertung aller Vorzüge und Nachteile der am weitesten verbreiteten Sorten wäre eine wahrhaft erfrischende Abwechslung zu all dem vorherrschenden Geschwafel. Schließlich ist allen klar, dass nicht jede Sorte gleich großartig sein kann. Wir brauchen etwas Licht und Schatten in den Beschreibungen, sonst langweilen wir uns damit noch zu Tode.

Meine 'King of the Blues' platzierte ich schließlich zwischen Akeleien, deren junges Blattwerk den Hyazinthenblüten als Schmuck diente. Zwischen Mai und Juni übernahmen diese das Kommando. Nach der Blühsaison grub ich sämtliche Zwiebeln aus und ersetzte sie durch eine Zwergdahlie, die ich Ende April im Frühbeet aus Samen gezogen hatte. Die Hyazinthen waren nach der Entnahme in einwandfreiem Zustand, ohne dass ich etwas dazu getan hätte, und die Zwiebeln waren in etwa gleich groß wie zum

Zeitpunkt des Kaufs. Mittlerweile haben sie in einem blau-gelben Beet in Gesellschaft von Gämswurzen und einer gelben Primelart ihren Platz gefunden.

Tulpen

Zum Glück müssen Tulpen nicht ganz so früh in die Erde wie die meisten anderen Zwiebelblumen. Das heißt, wenn Sie mit den anstehenden Gartenarbeiten im Herbst einmal in Verzug sind, wie es mir regelmäßig passiert, werden die Tulpenzwiebeln Ihnen keine vorwurfsvollen Blicke zuwerfen. An einem kühlen Aufbewahrungsort können sie bis Weihnachten geduldig ausharren, wenn es sein muss. Tatsächlich habe ich einmal welche bis März in meinem Keller vergessen. Ich musste natürlich viele, die zu einem Nichts zusammengeschrumpelt waren, aussortieren, doch der Rest kam Ende März in die Erde und war zwei Monate später putzmunter und blühte zur selben Zeit wie alle anderen.

Im Normalfall ist November eine gute Zeit für das Auspflanzen von Tulpen. Eine lange, schmale Pflanzkelle mit scharfer Spitze ist das beste Werkzeug, um die Anstrengung minimal zu halten und den Boden so wenig wie möglich zu stören. Ich lege schon einmal alle Zwiebeln an die Stelle, wo sie später stehen sollen, bevor ich mit dem Graben beginne, damit sie dann gleichmäßig angeordnet sind. Möchte man dichte Gruppen arrangieren, empfiehlt sich ein Abstand von etwa 10 cm zwischen den Zwiebeln, sollen aber andere Frühlingsblüher dazwischen gepflanzt werden, reichen 15 cm Abstand. Mir persönlich gefallen Tulpen ganz besonders im Zusammenspiel mit Bartnelken. Sie blühen zwar nicht gleichzeitig, aber die Tulpen wirken vor dem dichten, grünen Hintergrund ausgesprochen schön. Danach sind die Bartnelken mit Blühen an der Reihe, während die Tulpen unbemerkt ihr Wachstum abschließen und im Juni in perfektem Zustand aus der Erde genommen werden können, da sie in ihrem gesamten Vegetationszyklus ungestört waren. Wenn man Tulpen zwischen Goldlack oder Vergissmeinnicht pflanzt, ist die übliche Vorgehensweise, die Zwiebeln gleichmäßig zwischen den Pflanzen zu verteilen. In diesem Fall müssen die Tulpen noch in vollem Saft entnommen werden und im Gemüsegarten wieder eingepflanzt werden, damit sie fertigwachsen können. Doch so sorgfältig man auch vorgeht, die Tulpen mögen es nicht und ihr Laub wird von diesem Moment an welken. Als Alternative zu einer gleichmäßigen Verteilung ist es keine schlechte Idee, die Tulpen in Gruppen hinter den Goldlack, die Vergissmeinnicht, die Primeln oder anderen Beetpflanzen, die bei Ihnen einziehen sollen, zu positionieren. Ich finde, dass die Tulpen auf diese Weise sogar noch besser zur Geltung kommen. Wenn es sich um ein naturnah gestaltetes Beet handelt, können außerdem Goldlack und Co. ersetzt werden, während die Tulpen vorerst in der Erde bleiben und erst nach dem Verwelken ausgegraben werden oder aber für die nächste Blühsaison einfach an ihrem Platz bleiben. In diesem Fall können sie im Hochsommer mit einem temporären Lückenfüller überpflanzt werden. Wenn die Grüppchen nur aus etwa einem Dutzend Zwiebeln bestehen, reicht ein expansiver Nachbar zum Ausfüllen der Leerstellen völlig aus.

In den letzten Jahren bin ich dazu übergegangen, in meiner über 60 m langen Rabatte aus gemischten Sträuchern, Stauden und anderen Pflanzen die Tulpen in relativ großen Gruppen anzuordnen, jeweils mit etwa 50 Zwiebeln. Die Hauptblütezeit für dieses Beet reicht von Anfang Juni bis hinein in den Oktober. Doch es füllt sich bereits im Mai mit saftigem Grün, und ich finde, dass Pflanzen mit üppigem Blattwerk – zum Beispiel Rittersporn, Wilde Artischocke, Hosta oder Taglilie, gemeinsam mit einigen frühblühenden krautigen Pflanzen, die ich gewähren lasse, weil sie für lange Zeit attraktiv aussehen, etwa Hornveilchen, Wilder Schnittlauch oder die Sizilianische Kamille *Anthemis punctata* subsp. *cupaniana* – eine wunderbare Szenerie für eher spät blühende Tulpen schaffen.

Die Tulpen können an Orte gesetzt werden, wo später Dahlien, Cannas oder verschiedene einjährige Pflanzen nachfolgen sollen. Natürlich können sie ebenso gut zwischen mehrjährigen Stauden stehen, wie etwa Herbst-Anemonen, deren Wachstum erst spät einsetzt. Und wenn ich mehrjährige Stauden verpflanze, wissend, dass sie danach für ein, zwei Jahre etwas kümmerlich aussehen, setze ich Tulpen dazwischen. Normalerweise begrenze ich sie dann nicht ausschließlich auf den Bereich der Stauden, die sie aufpolstern sollen, sondern lasse sie auch in passende angrenzende Pflanzengruppen hineinreichen.

Eine Schwierigkeit bei Tulpen besteht darin, die Sorten ausfindig zu machen, die man gern mag und die etwa zur selben Zeit blühen. Bei einer Gartenausstellung in Chelsea habe ich mir einige Sorten ausgesucht, die mir gefielen. Doch Hinweise auf die Blütezeit bekommt man auf diese Weise nicht, denn die Blüte kann für diesen Anlass verzögert oder unterschiedlich stark beschleunigt werden, damit sie sich genau zum richtigen Zeitpunkt in schönster Pracht entfaltet. In den Katalogen der Blumenhändler werden die Blütezeiten ebenfalls nur vage angedeutet. Lilienblütige Tulpen sollen beispielsweise Anfang Mai blühen, doch es ist kein Hinweis darauf zu finden, welche davon früher oder später dran sind als die anderen, obwohl es zweifellos Unterschiede gibt. Eine typische Sortenbeschreibung – ich zitiere ein beliebiges Beispiel – nennt den Namen und die Wuchshöhe der Pflanze. So weit, so nützlich. Und dann: »Anmutige Tulpe in warmem Chinapink mit faszinierender Farbgebung und perfekt geformten Blüten, die elegant auf festen, schlanken Stielen stehen. In Gruppen in den Garten gepflanzt übersteigt ihr wunderschöner Anblick alle Erwartungen.« Was kann man denn diesem leeren Gerede entnehmen? Dass die Tulpe pink ist, aber das war's dann auch schon. Was für eine Verschwendung von Druckerfarbe. Beim Durchforsten sämtlicher Tulpenbeschreibungen in einem der besten Kataloge für Blumenzwiebeln stieß ich lediglich auf zwei Arten, deren Blütezeitpunkt als »spät« angegeben wurde: 'Breitner' und 'Dillenburg'.

Klar ist natürlich, dass Blütezeiten niemals absolute Werte sein können, schließlich sind die Wachstumsbedingungen im Frühling so unterschiedlich wie sonst nie im Jahr. Was man als Kunde aber wissen möchte, sind *relative* Zeitangaben zur Blühperiode der einzelnen Sorten. Denn wenn man die gleichen Standortbedingungen annimmt, schwankt die Blütezeit zwischen dem einen und dem nächsten Jahr trotzdem nur um wenige Tage. Wäre es nicht möglich, dass Zwiebelhändler eine Art Blühplan erstellen, der von Tag 1 bis Tag 40 reicht und anzeigt, welche Sorte an welchem Tag vermutlich in die Blühsaison startet? Die Zahl 1 stünde dann etwa hinter der *Tulipa kaufmaniana*, die traditionell die Tulpensaison eröffnet, während oben erwähnte 'Breitner' und 'Dillenburg' erst 40 Tage später dran sind. Alle anderen würden sich dann entsprechend in die Tage dazwischen einreihen.

Wie manche Menschen dieser Blume gleichgültig, ja sogar ablehnend gegenüberstehen können, entzieht sich meinem Verständnis, dennoch sind zahlreiche anspruchsvolle Gärtnerinnen und Gärtner nicht meiner Meinung. Tulpen haben viele Gesichter, nicht nur eines, daher kann man sie immer dem eigenen Geschmack entsprechend auswählen und in Szene setzen. Für den Einsatz in formalen Arrangements, wie etwa in öffentlichen Gärten oder Parks, wirken sie in ihren strammen Reihen recht soldatisch. Vielleicht ist es diese Einsatzart, die manche Leute von ihnen Abstand nehmen lässt. Ich persönlich mag das am richtigen Ort eigentlich ganz gern, nicht aber in meinem eigenen Garten. Tulpen eignen sich aber genauso gut für informelle, naturnahe Anordnungen.

Auch innerhalb der Pflanzengattung kann man zwischen formellen und informellen Arten wählen. Darwin-Tulpen sind die formellste Sortengruppe. Doch sie sind, was die Form betrifft, auch die langweiligsten: recht plumpe, breitschultrige Tropfen ohne Eleganz. Aber sie zeichnen sich trotz ihrer Langstieligkeit durch ihre besondere Stabilität und erstaunliche Windfestigkeit aus. Solange die Blüte noch zusammenhält, soll es uns nicht weiter stören, dass der Wind manchmal einen Stängel in Schieflage bläst, zumindest nicht in einem naturnahen Garten. Im Gegensatz zu Narzissen sind Tulpen sehr widerstandsfähig. Wenn eine Narzisse von Wind und Regen niedergedrückt wird, bleibt sie liegen; Tulpen hingegen sind mit schwanenhaften Hälsen gesegnet, die sich immer wieder nach oben strecken.

Die vergleichsweise neue Tulpenklasse der Darwin-Hybriden trägt die Gene der *T. fosteriana* in sich, eine sehr früh blühende Sorte, deren riesige Blüten im Rot englischer Briefkästen leuchten – ein faszinierender Anblick am Frühlingsanfang, aber zweifellos auch ein bisschen vulgär. An die Darwin-Hybriden hat sie die unruhige Farbe vererbt, ihre Größe, die ähnlich frühe Blütezeit und, unglücklicherweise, ihre Empfindlichkeit. Ich besitze eine der weniger monströsen Züchtungen, die den Namen 'Red Matador' trägt. Ich liebe sie sehr mit ihrem strahlenden Rot und dem feinen karminroten Saum an den äußeren Blütenblättern. Doch sobald der Wind auffrischt, zerzaust er die Blütenblätter, und die Blüte ist kaputt. Die Schwachstelle liegt am Ansatz der Kronblätter, hier fallen sie auseinander.

Eine weniger strenge Optik bei Tulpenblüten geht oft, wenn auch nicht immer, auf Kosten der Windtoleranz. Solche Blüten haben meist längere Blätter, die weniger kompakt beisammenstehen, daher bieten sie der Umgebungsluft eine größere Angriffsfläche.

Lilienblütige Tulpen oder Papageientulpen sind immer eine elegante Erscheinung. Die feinen, spitz zulaufenden Blütenblätter scheinen auf den ersten Blick prädestiniert für Windanfälligkeit, doch zum Glück ist das nicht immer der Fall. Die vielleicht beste weiße Gartentulpe ist jene mit dem hässlichen Namen 'White Triumphator'. Sie ist mir in einer »Spezialselektion« von lilienförmigen Tulpen untergekommen, die sich rühmte, »viele verschiedene Sorten mit derselben Blütezeit« zu vereinen. So stand es zumindest im Katalog. Tatsächlich waren es nur sechs Sorten, von denen keine einzige gelb oder orange war. Die 'White Triumphator' überragte alle anderen Sorten um Längen und war somit viel zu dominant für ein gemischtes Blumensortiment, aber allein ist sie unglaublich schön. Zudem hat sich der Bestand nicht nur gehalten, sondern auch vermehrt. Die spannendste lilienblütige Tulpe der letzten Jahre ist die 'Queen of Sheba'. Die Farbe ihrer langgezogenen Blütenblätter ist ein hitziges Braunorange mit hellorangefarbenem Saum und einem sinnlichen Hauch von Grün an der Basis. Sie sieht in jeder Entwicklungsphase gut aus, von dem Augenblick, wenn die Knospe beginnt, Farbe anzunehmen, bis zur vollen Blüte, wenn sich der Kelch zu 25 cm breiten Sternen entfaltet hat.

Lilien

Was auch immer es mit den »Lilien auf dem Felde« auf sich hat, von denen im Evangelium nach Matthäus die Rede ist (und mit großer Wahrscheinlichkeit handelte es sich überhaupt nicht um Lilien), so hatten sie in ihrer Schlichtheit sicher nicht die geringste Ähnlichkeit mit den spektakulären Züchtungen, die wir heute kennen und deren Ursprung größtenteils in Jan de Graaffs »Oregon Bulb Farms« liegt. Lilien sind heute so prachtvoll, dass es nicht einmal den Zwiebelkatalogen mit ihren tollen Farbillustrationen gelingen könnte, sie noch zu übertreiben. Dennoch müssen wir feststellen, dass sich hier bei uns nur sehr wenige als verlässliche Gartenbewohner etablieren können. In den meisten Fällen verkümmern die

Zwiebeln so schnell, dass nach drei Jahren im Freien nichts mehr davon übrig ist.

Nachdem Jan de Graaff sich zur Ruhe gesetzt hatte, wurden seine Betriebe von einem Konsortium übernommen. Der Großteil der Lilienzwiebeln, die wir heute kaufen können, stammt aus den Niederlanden, wo sich das Klima nur unwesentlich von unserem unterscheidet. Dennoch sind etwa 99 Prozent aller gekauften Lilienzwiebeln Importware. Beim Kunden treffen sie selten vor Einbruch des Winters ein, nachdem die Händler das Geschäft mit den profitableren Hyazinthen, Narzissen und Tulpen abgeschlossen haben. Die Wurzeln sind vollends ausgetrocknet. Die losen Schalen, aus denen sich die Zwiebel zusammensetzt, haben an Substanz verloren.

De Graaff selbst schreibt in seinem Buch über Lilien, dass die Pflanzung spätestens im September oder Oktober abgeschlossen sein sollte, solange der Boden noch warm ist. Außerdem sollten die Zwiebeln unter keinen Umständen länger an der Luft sein als zehn Tage. Uns aber erreichen sie mitten im Winter, wenn der Boden so kalt und schwer ist wie sonst im ganzen Jahr nicht. Da ist es kein Wunder, dass die Fehlschläge sich häufen.

Der zweite Grund, warum Lilien oft schlecht wachsen, ist, dass sie anfällig für eine ganze Reihe von Viruserkrankungen sind. Eine infizierte Pflanze wächst krumm, verliert an Kraft, die Blätter bekommen Flecken, Blüten und Knospen sind deformiert. Manche Arten, wie etwa *Lilium candidum* (die Madonnenlilie), *L. auratum* oder *L. formosanum*, werfen schnell das Handtuch. Andere leben noch eine Zeitlang weiter, wachsen und blühen passabel. Beispiele dafür sind *L. lanceolatum* (syn. *L. tigrinum*, die Tigerlilie) und *L. henryi*, doch wenn sie in der Nähe von anfälligen Sorten wachsen, wird ihr schlechter Einfluss schnell zum Problem.

Gesunde Madonnenlilien sind häufig in Cottagegärten anzutreffen, was daran liegt, dass die Gärtnerinnen und Gärtner keinen Wert darauf legen, auch andere Lilien-Arten anzupflanzen. So bleibt der Bestand sauber.

Allerdings lässt sich das Phänomen auf diese Weise nicht vollständig erklären, denn tatsächlich bewohnen die Viren auch andere Pflanzen und können von dort (über Blattläuse) übertragen werden. Aus diesem Grund ist es ein Risiko, beschädigte Tulpenzwiebeln neben Lilien zu pflanzen. Jenes Virus, das für die dekorative Streifenzeichnung von Tulpenblüten verantwortlich ist, zählt bei Lilien zu den schädlichsten Erregern. Dasselbe gilt für das Gurkenmosaikvirus, das viele Wirtspflanzen befallen kann, oder das sogenannte Symptomlose Lilienvirus, das latent in vielen Lilienbeständen vorhanden ist und allein relativ harmlos ist, obwohl es der Pflanze Kraft raubt. Sobald es sich jedoch mit einem der anderen Viren verbindet (oder andere Viren untereinander), wird die Erkrankung wirklich ernst.

Zum Glück können Viren bei der Pflanzenvermehrung über Gewebekulturen ausgeschaltet werden. Wenn die gekauften Zwiebeln zumindest anfangs mit großer Wahrscheinlichkeit virenfrei sind, sind unsere Erfolgschancen deutlich rosiger. Aus der Sprossspitze einer Lilienzwiebel können mit solchen sterilen Kulturen hunderte von kleinen Zwiebelchen herangezogen werden. Etwa die Hälfte davon erweisen sich als virenfrei, selbst wenn die Ausgangspflanze infiziert war. Mit Hilfe von mikroskopischen Untersuchungen können dann die gesunden von den kranken Zwiebeln getrennt werden. Wenn Sie also Lilienzwiebeln einkaufen, halten Sie Ausschau nach dem Prädikat »auf Viren getestet«.

Vor einiger Zeit sah es einmal so aus, als könnte sich eine heimische Zwiebelproduktion etablieren. Unweit unserer Gärten gezüchtete Ware versprach natürlich bessere Resultate und irgendwann würde man diese Erzeugnisse dann auch in Gartencentern oder ähnlichen Verkaufsstellen erwerben können, so hofften wir zumindest. Zu unserem Glück hätten dann nur noch Versandhändler für heimische Zwiebeln gefehlt. Doch wenn es um Pflanzen für den Blumenhandel geht, entwickeln sich die Dinge oft recht rasant (zum Guten wie zum Schlechten). Eine kräftige Nachfrage (im Fall der Lilien durch Floristen oder Händler, die Topfware anbieten) stellt sicher, dass die Situation dynamisch bleibt. (Leider setzte sich das heimische Produkt nicht durch.)

Lilien leiden zusätzlich unter Krankheiten, die Zwiebelfäulnis verursachen, in nassen Jahren auch unter Botrytis, einem Pilz, der die Blätter befällt. Virenfreie Zwiebeln sind üblicherweise stark genug, um sich von diesen Krankheiten nicht unterkriegen zu lassen, am schwersten betroffen sind immer die (schon von Anfang an) schwachen Pflanzen. Dennoch ist es sinnvoll, die Zwiebeln während der Vegetationsphase alle drei bis vier Wochen mit einem systemischen Fungizid zu wässern (oder zu besprühen).

Blattläuse sind verrückt nach den jungen Trieben und Blättern der Lilien, daher sollten Sie ihnen, wenn Sie damit leben können, eine Portion systemische Insektizide der Kategorie Phosphorsäureester verabreichen, deren Wirkung mehrere Wochen lang anhält.

Wo Lilien im Garten wachsen, werden Schnecken schnell zur Plage. Vor allem die kleine schwarze Garten-Wegschnecke, die ihr gesamtes Leben (wie lange lebt eigentlich so eine Nacktschnecke, frage ich mich gerade?) im Boden verbringt und sich zwischen den Schichten der Lilienzwiebeln verkriecht. Sie kommt vorwiegend in schweren, nassen Tonböden vor, wie sie bei mir zu Hause vorherrschen. Es hilft, die Zwiebeln auf eine Schicht Drainagekies zu setzen.

Lilien in Töpfen

Jene Lilien-Arten, mit denen ich in meinem tonigen Gartenboden am meisten Erfolg habe, sind Sorten, die ausschließlich aus der Unterseite der Zwiebel wurzeln, wie zum Beispiel *L. pardalinum*, *L. martagon* und deren hübsche Albinoform, *L. monadelphum* (syn. *L. szovitsianum*) sowie *L. testaceum*. Formen mit Adventivwurzeln gedeihen schlechter und scheinen auch anfälliger für Schneckenfraß zu sein. Adventivwurzeln weisen zusätzlich zu den herkömmlichen, mehrjährigen Wurzeln an der Unterseite der Zwiebel noch einjährige Wurzeln auf, die der Aufnahme von Nährstoffen dienen und sich direkt oberhalb der Zwiebel, d. h. am Ansatz des diesjährigen Stängels befinden. Es ist ein glücklicher Zufall, dass gerade diese Sorten sich am einfachsten in Töpfen ziehen lassen. Der größte Gewinn dabei ist, dass man die Schnecken völlig unter Kontrolle hat.

Topfpflanzungen haben aber noch andere Vorteile: So kann man auch in einem gepflasterten Garten Lilien ziehen, außerdem sind Töpfe oder Pflanzkübel flexibel. Ich positioniere zum Beispiel gern blühende Lilien zu beiden Seiten unseres Verandazugangs. Sobald sie ihre Knospen öffnen, kommen sie ins Rampenlicht, um dann nach der Blüte wieder an ihren privaten Rückzugsort zurückzukehren. So lässt sich das Spektakel ganz leicht von Mitte Juni bis Mitte September fortsetzen. Puristen würden es wahrscheinlich als Mogelei verwerfen, aber ich bin auch dafür bekannt, dass ich Pflanzkübel mit Lilien, die kurz vor der Blüte stehen, einfach in die Lücken stelle, die sich im Lauf der Saison in meinen Beeten auftun.

Die Blühsaison der Lilien startet im Juni und erreicht ihren Höhepunkt im Juli. Im Topf benötigen die meisten Sorten eine dezente Stütze aus dünnen Holzstäben und einer dünnen, weichen Schnur. Ich verwende dazu zweifach gezwirntes Jutegarn. Doch jene Varietäten, die Namen von griechischen Göttern, Göttinnen und Helden tragen, halten aufrecht wie Soldaten allen Witterungen stand. Ende Juli bis Anfang August blühen die apricotfarbene Türkenbund-Lilie *Lilium henryi* und die breitblättrige *L. auratum* var. *platyphyllum*, gefolgt von der eigentlichen *L. auratum*. Die rosa und weiß blühende *L. speciosum*, deren große, nach außen gebogene Blüten einen betörenden Duft verströmen, öffnet sich spät im August und erfreut uns fast den ganzen September hindurch. Die Blütezeit der *L. formosanum* verändert sich je nachdem, wann ihre Samen gesät und bei welchen Temperaturen sie gezogen wurden, jedoch ist es nicht schwer, sie zur gewünschten Zeit zwischen September und Anfang Oktober zu voller Pracht zu bringen. Samen können im Frühbeet bereits im April ausgesät und die Pflänzchen im Sommer einzeln in Töpfe gesetzt werden. Während des darauffolgenden Winters setzen sie ihr Wachstum fort, bis sie schließlich zu dritt in ein 18-cm-Pflanzgefäß umgesetzt werden können, damit sie dann im folgenden Herbst mit jeweils 3 bis 5 Blüten an einem Stamm aufblühen. Die langen, schlanken Trompeten, die innen weiß sind und außen lila-grüne Streifen aufweisen, verströmen nachts einen herrlichen Duft.

Zum Umtopfen meiner Lilien suche ich mir gewöhnlich einen milden Tag im Januar oder Februar aus. Die vorangegangenen drei oder vier Monate haben sie in einem nicht vor Frost geschützten Schuppen verbracht, wo sie relativ trocken gelagert waren, aber nie ganz austrocknen durften. Ich bin immer ganz glücklich, wenn ich sehe, dass meine Lilienzwiebeln an der Unterseite immer noch lange, gesunde Wurzelbüschel aufweisen. So ist ein perfekter Start in die neue Saison garantiert. Doch es ist auch nicht unbedingt ein Todesurteil, wenn die Zwiebeln ohne Wurzeln loslegen, denn wie eingangs erwähnt, sind die meisten Zwiebeln, die wir im Handel kaufen, ebenso wurzellos. Doch wenn Ihre eigenen Zwiebeln in diesem Zustand sind, ist es in den meisten Fällen darauf zurückzuführen, dass sie gegen Ende ihrer Vegetationsphase zu viel Wasser aufgenommen haben. Lilien in Pflanzgefäßen aus Ton zu überwässern ist während des vollen Wachstums im Juni und Juli fast nicht möglich, doch wenn der Herbst naht, sinkt ihr Wasserbedarf rapide, während die Wahrscheinlichkeit ergiebiger Regenfälle steigt. Dies ist der einzige Punkt, der beim Kultivieren von Lilien in Töpfen, die permanent draußen stehen, zum Problem werden kann. Wenn Sie nicht, wie ich, eine alternative Unterbringung in Form eines freien Plätzchens im Gewächshaus haben, ist es ratsam, die Töpfe seitlich umzulegen, wenn es im Herbst stark regnet.

Ich verwende zum Einpflanzen aller Lilien John-Innes-Substrat Nr. 2, eine Universalerde, das sich für diesen Zweck wunderbar eignet, selbst für Arten wie *Lilium auratum*, die saure Erde lieben. Dieses Substrat enthält eine bestimmte Menge an zugesetztem Kalk, jedoch nur so viel, um die Verminderung des pH-Werts, die während der Bodensterilisation entsteht, auszugleichen. Das Substrat wird dadurch nicht alkalisch oder gar lilienfeindlich. Man stößt immer wieder auf allerlei Rezepte für das richtige Liliensubstrat, aber es ist sehr viel einfacher, die John-Innes-Formel zu verwenden, oder alternativ ein erdfreies Substrat, bei dem aber auf regelmäßige Düngung geachtet werden muss.

Ich streife beim Umtopfen alle alten Erdreste ab und lege in der Regel drei große Zwiebeln in einen 25-cm-Topf, oder eine in einen 16-cm-Topf. Tontöpfe eignen sich besser als Plastikgefäße, da ein Überwässern darin kaum wahrscheinlich ist, zweitens sind sie schwerer und kippen nicht so leicht um. Und drittens: Sie sehen einfach besser aus. Nach dem Umtopfen kommen die Lilien zurück unter den Pflanztisch oder an einen vergleichbaren Lagerort, wo sie einmal pro Woche oder, je nach Witterung, alle 14 Tage einmal gegossen werden, bis die ersten Triebe auftauchen. Das ist der Zeitpunkt, an dem sie in ein Frühbeet übersiedeln, idealerweise wähle ich eines an einem geschützten Standort, schließlich sollen die Lilien ja dort ihren gesamten Vegetationszyklus verbringen, bis auf die Zeit der Blüte. Der Frühbeetkasten bleibt geschlossen (aber gut durchlüftet), bis die Triebe gegen das Glasdach stoßen, denn in dieser ersten Phase, bevor die aktivste Wachstumszeit der Zwiebeln beginnt, kann zu viel Wasser recht gefährlich werden. Sollten Sie die Töpfe zur Blütezeit ins Haus stellen wollen, suchen Sie keinen dunklen Ort aus, wie etwa für eine Pyramidenglockenblume (*Campanula pyramidalis*). Denn während Letztere nach der Blüte entsorgt wird und man sich entsprechend nicht um ihre Zukunft sorgen muss, brauchen die Blätter der Lilien alles Licht, das sie bekommen können, wenn die Zwiebeln nicht geschwächt und die Blüte im nächsten Jahr nicht gefährdet werden soll.

Schnäppchen aus dem Supermarkt

Einige der größten Supermarktketten in Großbritannien haben im Frühling und Herbst eine gut sortierte Gartenabteilung, und es ist immer interessant nachzusehen, welche Blumenzwiebeln und Pflanzen dort angeboten werden. Doch Sie sollten sehr kritisch und selektiv sein, bevor Sie der Versuchung nachgeben. Ich frage mich zum Beispiel immer, wie viel Freude diese gigantischen Amaryllisknollen in ihren bunt bebilderten Verpackungen den Käuferinnen und Käufern noch bereiten können. Nicht, dass die Knollen an sich zwangsläufig von schlechter Qualität wären, aber sie sind eben keine anspruchslosen Zwiebeln wie Hyazinthen oder Tulpen, die man einfach in den Garten setzt und dann gewähren lässt. Doch darauf wird selten Rücksicht genommen.

Es beginnt schon damit, dass hier eine Namensverwechslung vorliegt, denn die einzige echte *Amaryllis* ist *A. belladonna*, eine winterharte Zwiebel, die an heißen, sonnenverwöhnten Mauern blüht. Die Zwiebeln, die wir zu kaufen bekommen, mit ihren riesenhaften Blütentrichtern in Zinnoberrot, Weiß oder sämtlichen

Schattierungen dazwischen, sind eigentlich Rittersterne (*Hippeastrum*-Arten). Wenn diese in den ersten Monaten des Jahres blühen sollen, benötigen sie zuvor reichlich Glashauswärme, wenn Sie sich jedoch mit einer Blüte im April begnügen, kann man sie auch in jedem kühlen, frostfreien Gewächshaus überwintern. Woran die meisten Menschen scheitern, ist die richtige Pflege der Pflanzen während der wichtigen, aber ehrlicherweise langweiligen Wachstumsperiode, wenn der Ritterstern immerzu nur breite, zungenförmige Blätter austreibt.

Der Ritterstern beginnt seinen Vegetationszyklus mit der Blüte. Danach folgt die Blattproduktion, daher ist während des gesamten Wachstumsprozesses in den Sommermonaten regelmäßiges Gießen und Versorgen mit Flüssigdünger notwendig. Sobald jedoch die Frostgefahr gebannt ist, können die Töpfe (denn der Ritterstern wird, zumindest in Großbritannien, weitgehend als Topfpflanze gezogen) hinaus in ein Frühbeet gestellt werden, wo sie so viel Sonne bekommen sollen wie möglich. Gegen Ende des Sommers kann man nach und nach die Wassermenge reduzieren, bis das Wachstum zum Stillstand kommt, die Blätter welken und man die Töpfe seitlich umgekippt, begleitet von einem erleichterten Seufzen, im Gewächshaus unter dem Pflanztisch verstauen kann.

Wenn der Frühling einkehrt, gucken bald wieder neue Sprosse aus der Zwiebel. Jetzt muss sie wieder hinaus ins Licht gestellt werden. Ein Umtopfen (ein 15-cm-Gefäß sollte für eine Zwiebel groß genug sein) ist normalerweise nur etwa alle drei Jahre erforderlich. Dabei muss dann einiges an totem Wurzelwerk zwischen den lebendigen Wurzeln, die weiß und fleischig sind, entfernt werden. In den Jahren dazwischen muss nichts weiter gemacht werden, als so viel alte Erde wie möglich oben aus dem Topf zu kratzen, am besten mit einem vorn spitz zulaufenden hölzernen Spatel, und mit frischer Blumenerde aufzufüllen. Die Hauptgefahr besteht nun darin, die Zwiebel zu viel zu gießen, bevor sie stark genug wächst, um mit so viel Feuchtigkeit umgehen zu können. Das Resultat wäre ein matschiges Häufchen Elend.

Danach sind Rittersterne nicht mehr sehr anspruchsvoll, dennoch bestehen sie auf die strenge Einhaltung einer gewissen Routine. Wie man sie in Szene setzt, wenn sie schließlich blühen, ist eine andere Sache, denn in einem durchschnittlichen Wohnzimmer könnte selbst ein Besucher vom Mars kaum mehr auffallen als ein Ritterstern. Ein Fehler, den wir diesbezüglich alle machen, ist, sie einzeln aufzuziehen und so ihre nackte Künstlichkeit noch mehr hervorzuheben. Ich finde es viel hübscher und faszinierender fürs Auge, wenn mehrere Zwiebeln in einem richtig großen Topf wachsen.

Ein anderes Mal musste ich lächeln, als mein Blick im Supermarkt auf Lilienzwiebeln fiel, die als leuchtend blauer Agapanthus (Schmucklilie) beschrieben und bebildert wurden. Nun hat der Agapanthus aber gar keine Zwiebeln, sondern fleischige Wurzeln. Was dort angeboten wurde, waren zweifelsfrei Lilienzwiebeln, und egal welche Farbe sie am Ende hatten, die Käufer haben sicherlich ein Wunder erlebt – nur eben kein blaues. Ein anderes Mal war die Täuschung sogar noch offensichtlicher, weil die Pflanzen schon in blühendem Zustand verkauft wurden: einfach blühende, weiße Gänsekresse (*Arabis*) gaben sich als Blaukissen (*Aubrieta*) aus. Immerhin gehören beide zur gleichen Pflanzenfamilie. In einem anderen Fall sah ich einen Topf mit Mastkraut (*Sagina*), das als *Arenaria balearica* (Balearisches Sandkraut) ausgezeichnet war. Auch diese beiden gehören der gleichen Familie an, doch während Ersteres kleine, grüne Blüten hervorbringt, steht die *Arenaria* voller reinweißer Blütensterne auf hauchdünnen Stängeln.

Noch so ein Supermarkt-Stammgast ist im Frühling die *Clematis tangutica*. Meist werden die noch in ihren Plastikverpackungen ruhenden Pflanzen sehr billig angeboten. Es handelt sich dabei um einjährige Setzlinge, und es gibt keinen Grund zur Annahme, dass sie nicht anwachsen sollten. Die wahrscheinlichste Enttäuschung liegt hingegen darin, dass die Blüte winzig klein ist. Das hübsche Foto auf der Verpackung zeigt imposante gelbe Laternen, jedoch ohne eine Größenangabe. In unserer Vorstellung erreichen sie dann beinahe lampenschirmgroße Ausmaße, während eine Blütenlänge von 2 bis 3 cm der Sache schon näherkommt. Niemand, der die *C. tangutica* kennt, würde diese Tatsache bemängeln, es hängt nur eben immer davon ab, was man erwartet.

Eine großblütige Clematis, die unser Supermarkt manchmal günstig im Angebot hat, ist 'Mme le Coultre', mit richtigem Namen 'Marie Boisselot' – die wohl dramatischste Züchtung unter den weißblühenden, winterharten Sorten. Verkauft werden kleine, mitten im Wachstum befindliche Pflänzchen direkt aus dem Glashaus – nur der Hauch eines Stängels mit blassen, empfindlichen Blättern. Ihre Überlebenschancen bei einem unmittelbaren Umzug in den Garten wären praktisch null. Nach einem Krankenhausaufenthalt mit Spezialbehandlung, gefolgt von einer intensiven Genesungszeit, könnten sie eine glänzende Zukunft vor sich haben, doch von einem durchschnittlichen Pflanzenkäufer kann man wohl kaum erwarten, dass er weiß, was genau hier zu tun ist.

Bei grünen Zimmerpflanzen sind Supermärkte noch am besten aufgestellt. Doch den größten Glücksgriff, den ich dort je gemacht habe, war ein schöner, im Topf gezogener Ginster namens 'Hollandia'. Es handelte sich dabei um eine rosa Hybride von *Cytisus praecox*, dem blassgelben Elfenbeinginster, der dort ebenfalls billig angeboten wurde. Ein doppeltes Schnäppchen!

Sumpf, Teich und Uferzonen

Der Teich im Frühling

Der Frühling ist für Gärtnerinnen und Gärtner eine hektische Zeit, gar kein Zweifel. Eine Sache, die man dabei trotzdem nicht übersehen darf, ist der Teich. Wenn er nicht gut durch den Winter gekommen ist und saniert werden muss, ist nun der richtige Moment. Aber auch wer einen neuen Teich anlegen und bepflanzen möchte, sollte jetzt loslegen.

Die neueste Teichmode sieht den Einsatz einer dicken Schicht schwarzer Butylfolie als Auskleidung für den künstlichen Teich vor, die auch dem sumpfigen Teichrand, in den die Pflanzen zur Teicheinfassung gepflanzt werden, unterlegt wird. Künstliche Wasserläufe werden ebenfalls zur Gänze mit Butyl ausgekleidet. Das Material ist ewig haltbar und unempfindlich gegenüber Angriffen durch Frost und Eis. Wie konnten wir nur jemals ohne es auskommen? Da ist jedoch ein kleiner Haken, für den sich meiner Meinung noch keine befriedigende Lösung abzeichnet. An den Rändern muss die Butylfolie nämlich zutage treten. So dient sie als klare Abgrenzung zwischen dem wassergetränkten und dem nicht wassergetränkten Erdreich. Zwischen den beiden Bodenarten darf es keinen Austausch geben, sonst käme es zu einem ständigen Absickern (und daraus folgenden Wasserverlust) von der nassen auf die trockene Seite. Aus diesem Grund lässt man die Butylabdichtung an den Rändern mehrere Zentimeter aus der Erde ragen. Ich finde, das sieht scheußlich aus. Andere sind offenbar in der Lage, darüber hinwegzusehen. Wenn man dann mit einem Anflug von Vorwurf und Entsetzen in der Stimme ruft: »Aber was ist mit den Butylrändern?«, lautet die ungerührte Antwort: »Ach was, die Pflanzen werden das bald abgedeckt haben.« Aber vollständig gelingt das den Pflanzen tatsächlich nie.

Wenn der Teich Teil eines Steingartens ist, besteht die Möglichkeit, flache Steinplatten leicht über den Rand ragen zu lassen. So wurde es in den Harlow Carr Botanical Gardens der Northern Horticultural Society recht erfolgreich gemacht. Das muss natürlich sehr sorgfältig umgesetzt werden, sonst kommt man vom Regen eines hässlichen Teiches in die Traufe einer unerträglichen Steinwüste. Die Beton- oder Butylränder eines formellen rechteckigen oder mehreckigen Teichbeckens kann man ebenfalls unter einer leicht überhängenden Pflasterung verstecken, aber auch hier sollte man nur qualitativ hochwertige Steine verwenden und nicht die erstbesten, billigen Betonplatten (die noch dazu alle dieselbe Größe und Form haben). York Stone sieht eigentlich immer recht ansprechend aus, doch man muss bedenken, dass dieser Stein bei nassem Wetter rutschig wird. Ich weiß gar nicht, wie oft ich schon in unser formelles Wasserbecken gefallen bin, weil mir dieses kleine Detail wieder einmal kurzzeitig entfallen war. Solche Pflastersteine sind leichter erhältlich, als man denkt. Eines der Pflasterprodukte im Angebot der Atlas Stone Co. in Rye, Sussex, ist ein besonders gelungener Ersatz für das natürliche Original: Es heißt Super Riven und zeichnet sich durch eine ungleichmäßige Oberfläche in Steinoptik aus (wobei das Muster bei jedem Stein anders verläuft), was sehr natürlich aussieht. Als Vorbild dafür nahm der Hersteller Gipsabdrücke von einer echten Natursteinpflasterung. Die Platten sind in vier verschiedenen Formen und Größen sowie in drei schönen Farben erhältlich, wodurch sich verschiedenste Variationsmöglichkeiten ergeben.

Das Wasser in einem Teich ist im Winter am klarsten, jedoch im Frühling am allertrübsten. Unser Teich nimmt dann die Farbe und Konsistenz von abgestandenem Kaffee an. Vermeiden lässt sich das nicht. Die Lichteinstrahlung im Frühling ist stark, das Wasser wärmt sich schnell auf, und es entstehen ideale Bedingungen für das Wachstum von Algen, die ja der Grund sind für das trübe Wasser und die schleimigen Blubberblasen, die an sonnigen Tagen wie Eiter an die Oberfläche treten.

Herrscht in einem Wassersystem ein natürliches Gleichgewicht, löst sich das Problem bis Mitte oder Ende Juni von allein. Im Frühling bekommt das Wasser erst zu viel Licht, doch dann breiten sich die Blätter der Seerosen aus, und unter der Wasseroberfläche entwickelt sich jede Menge Leben, das dann erfolgreich mit den Algen konkurriert. In einem jungen, noch nicht eingewachsenen Teich kann es sein, dass die unansehnlichen Algen während der gesamten Vegetationsperiode im Wasser bleiben. Man kann das Problem vorübergehend in den Griff bekommen, indem man eine entsprechende Menge Kupfersulphatkristalle im Wasser löst. Doch die Wirkung hält nicht lange an: Schon nach kurzer Zeit kehren die Algen mit voller Wucht zurück.

Sobald etwa ein Drittel der Wasseroberfläche mit Seerosenblättern bedeckt ist (aber nicht unbedingt mehr, sonst beraubt man sich der Freude am Anblick des Wassers mit seinen Lichtreflexionen und den Bewegungen durch Regen und Wind) und sich darunter ausreichend Pflanzen befinden, die das Wasser mit Sauerstoff anreichern, sowie zahlreiche Fische, sollten sich die Algenprobleme bald von selbst erledigt haben. Aber leider geschieht das nicht immer, und da frage ich mich, ob es nicht irgendwo einen Fachmann gibt, der diese wenigen, hartnäckigen Fälle lösen kann, bei denen ein Teichbesitzer allem Anschein nach alles Erforderliche getan hat und dann geduldig – aber vergeblich! – auf den Rückzug der Algen wartet.

Wenn wir hier über die Vorteile einer Beschattung für die Teichoberfläche und das Leben unter Wasser sprechen, ist Schatten gemeint, der von den Wasserpflanzen selbst kommt und nicht von Bäumen, deren Zweige sich darüber ausbreiten. Teiche im dunklen

Baumschatten sind selten besonders gesund, da die meisten Wasser- und Sumpfpflanzen volle Sonne bevorzugen. Eine Ausnahme ist die Gunnera, die auch im Halbschatten gedeiht, außerdem die bei uns heimische gelbe Sumpf-Schwertlilie *Iris pseudacorus*, die Sumpfdotterblume *Caltha palustris* und der Amerikanische Stinktierkohl *Lysichiton americanus*, der im April seine leuchtend gelbe, für Aronstabgewächse typische Spatha in die Höhe reckt.

Ein weiterer Nachteil von Weiden (oder anderen Bäumen), die an einen Teich angrenzen, ist der Schaden, den totes, auf dem Teichboden angehäuftes Laub der Flora und Fauna zufügt. Noch dazu saugen angrenzende Bäume, allen voran wiederum die Weiden, im Sommer unglaubliche Wassermengen auf. Setzt man die Weiden (die an und für sich faszinierende Gewächse sind, die mit ihren vielen Arten die Sammlerleidenschaft wecken) jedes zweite Jahr auf den Stock, sind sie einigermaßen unschädlich.

Allzu starkwüchsige Seerosen haben ähnliche Auswirkungen und senken den Wasserspiegel. Manch ein Teich oder kleiner See wurde bereits vernichtet, weil er schon anfangs mit diesen besitzergreifenden Arten bepflanzt wurde, zu denen leider alle weißen oder hellgelben Seerosen (mit Ausnahme der Zwergformen) zählen. Seerosen haben unwahrscheinlich starke Wurzeln und Rhizome. Sind sie erst am Teichboden etabliert, kann man sie nur noch schwer kontrollieren. Wenn es ihnen dann zu eng wird, ragt ihr Blattwerk ab Anfang Juli äußerst unschön aus dem Wasser und verdeckt sowohl die Blüten als auch das Wasser selbst.

Im Dürrejahr 1959 begannen wir mit Hilfe des zuständigen Wasserwirtschaftsamtes und eines Schwimmbaggers, die weiße Seerose aus unserem Pferdeteich (der immer noch das Kiesbett hat, über das man früher die Pferde zum Tränken hineinführte) zu eliminieren, ein Unterfangen, das insgesamt fünf Jahre dauerte. Erst danach konnten wir uns entspannt zurücklehnen.

Ein Teich darf jedoch niemals allzu lange sich selbst überlassen bleiben. Die speziellen Unkräuter darin sind erstaunlich robust, doch wenn man erst die Oberhand gewonnen hat, genügt eine einzige opferbereite Person (ein Familienmitglied mit Schwimmhäuten ist hier von großem Vorteil), die einen Tag im Jahr (Juli oder August bieten sich an) alle übermäßigen Pflanzenwucherungen ausreißt. So behält man die Kontrolle. Abgesehen von Neupflanzungen erfordert der Teichgarten keine weitere Aufmerksamkeit. Das nenne ich zeitsparendes Gärtnern! Und der Lohn ist wesentlich größer als bei allen anderen Projekten, in die man wenig Arbeit hineinstecken will.

Wasserpflanzen ansiedeln

Pflanzen, die *im* Wasser wachsen, sind in meinen Augen generell besser dran als solche, die man *am* Wasser, also im Uferbereich, pflanzen soll. Sobald das Wasser sich zurückzieht, also im Sommer, haben die Pflanzen, die im Teichboden wurzeln, im Normalfall immer noch genügend Feuchtigkeit zur Verfügung, um einigermaßen fit zu bleiben. Nicht so am Ufer. Dieser Standort wird allzu häufig von wechselnden Extremen wie Trockenheit und Überflutung heimgesucht.

Zwölf Jahre lang wuchs die *Zantedeschia aethiopica*, die zur Familie der Aronstabgewächse gehört, an unterschiedlichsten Orten in meinem Garten, auch am Grund des Pferdeteichs und in Töpfen in einem der formalen Wasserbassins. Nach dem eisigen Winter 1962/63 waren alle kaputt, die im Wasser wuchsen, doch diejenigen, die ungeschützt im offenen Beet standen, hatten überlebt. Die Moral der Geschichte ist, dass Wasser ein grandioser Schutz gegen große Kälte ist, solange die Pflanzenkronen sich unterhalb der Eisschicht befinden. Normalerweise sind 30 cm unter der Eisdecke für *Araceae* ausreichend, doch nicht in diesem Fall: Tiefgefroren in einem Eisblock sind die Pflanzen wesentlich schlechter dran als jene, die zwar in einem trockenen Beet stehen, aber von einer weichen Schneedecke eingehüllt werden. Derartig strenge Winter sind jedoch so selten, dass wir sie ohne weiteres ignorieren können, denn nichts sollte uns von dem Versuch abhalten, den unvergleichlichen Aronstab so in Szene zu setzen, dass es ihm – ausnahmsweise – gerecht wird und sich seine reinweißen, sinnlich geformten Blütenstände mit den kaum weniger spektakulären Laubblättern an der Wasseroberfläche spiegeln.

Spät im Frühling oder im Frühsommer ist die beste Zeit, um neue Wasserpflanzen anzusiedeln: Das Wasser ist lauwarm, und man kann ihnen Tag für Tag beim Wachsen zusehen. Wenn man sie in einen Behälter (einen Unterwassertopf oder Pflanzkorb) oder direkt in den Boden eines Naturteiches pflanzt, sollte man eventuell über eine Verankerung nachdenken. Als wir damals den Pferdeteich ausbaggerten, bauten wir eigens für unseren Aronstab eine spezielle Unterwasserinsel, die wir nach der Katastrophe von 1963 im darauffolgenden Sommer neu bepflanzten. Die Pflanzen überwinterten prächtig, doch kaum hatten ihre jungen Blätter im Frühling die Wasseroberfläche erreicht, trieb es die Pflanzen nach oben, und sie schwammen davon – alle neun. Also mussten wir von vorn anfangen. Dieses Mal jedoch beschwerten wir die Pflanzen mit einer Schicht aus grobem Kies, das reichte. Danach gediehen die Aronstäbe prächtig und sind heute so kräftig, dass sie auf dem Höhepunkt ihrer Saison Mitte Juni mehr als 80 Blüten auf einmal tragen. Sie sind erstaunlich widerstandsfähige Pflanzen. Es erfordert schon strengen Dezemberfrost, um ihre Laubblätter zu zerstören, doch kaum macht sich im Winter eine etwas mildere Phase bemerkbar, setzt das Wachstum wieder ein, und neue Blätter beginnen zu sprießen. Im Herbst bilden sie unzählige Samen aus, die im Frühbeet innerhalb weniger Wochen nach der Aussaat zum Keimen gebracht werden können. Im zweiten

Sommer sind die Pflanzen dann groß genug, um wieder Blüten auszubilden.

Ein zweiter Mitbewohner auf der Arum-Insel ist die Goldkeule, *Orontium aquaticum*, die ebenfalls zu den Araceae gehört. Die ganze Schönheit der Pflanze konzentriert sich auf ihre keulenförmigen Blütenkolben, die an der Spitze zunächst gelb und weiter unten dann weiß sind. Dutzende dieser Kolben durchbrechen zwischen April und Anfang Mai die Wasseroberfläche und entfalten dort ihren verführerisch gen Himmel gebogenen Blütenstand. Doch um volle Leistung zu bringen, brauchen sie einen guten, tiefgründigen Lehmboden. Sie können sie mit Nährstoffen versorgen, indem Sie in einem Eimer Knochenmehl mit etwas Wasser verrühren, bis eine dicke Paste entsteht, und dann ein paar Handvoll dieser leckeren Mischung auf den Teichgrund werfen, wo die Pflanze wächst. Jede Wasserpflanze, die in einem Pflanzbehälter wächst, braucht einmal im Jahr eine Nahrungsergänzung dieser Art.

Seerosen werden in spezialisierten Gärtnereien von Mai bis August verkauft. Ich persönlich übergebe sie danach nicht sofort den Fluten – vor allem, wenn es sich um einen großen Teich handelt –, sondern lasse sie in einem angemessenen Pflanzgefäß in einem kleineren Wasserbecken, das man immer im Blick hat, noch weiterwachsen, bis sie sich gut eingelebt hat. Nach ein oder zwei Monaten können sie dann mit hundertprozentiger Erfolgsgarantie an ihren endgültigen Wohnort übersiedeln.

Wenn ich mich für eine einzige Seerose entscheiden müsste, wäre ich versucht, mir die 'James Brydon' auszusuchen. Sie blüht in kräftigem Rosa, und ihre Blüten haben die Form einer Halbkugel. Sie ist eine ausgesprochen anpassungsfähige Wasserpflanze. In etwa 90 bis 120 cm tiefem Wasser wächst sie zu einer relativ großen Pflanze mit eindrucksvollen Blüten heran, setzt man sie jedoch in nur 15 cm tiefes Wasser, scheint sie sich ebenso wohlzufühlen, bildet jedoch Blüten und Blätter in Miniaturform aus. Sie kann auch mit etwas Schatten umgehen, bevorzugt aber volle Sonne. Üblicherweise platzt sie vor lauter Knospen und Blüten aus sämtlichen Nähten, doch die Blühsaison startet relativ spät im Jahr, sie kommt erst Anfang Juli so richtig in Fahrt, endet aber früh. Die Knospen, die nach Ende August entstanden sind, gehen nie mehr ganz auf, auch wenn noch eine Hitzewelle kommt.

Im Gegensatz dazu reicht die Blütezeit der berühmten Sorte 'Escarboucle' von Mitte Juni und bis Oktober. Diese kräftige, satt karminrote Seerose wird gewöhnlich in etwa 1,20 m Tiefe gepflanzt, sie kommt aber auch mit geringerer Pflanztiefe zurecht.

Der junge Teichgärtner wird bald in seiner Karriere über die Erkenntnis stolpern, dass eine gewisse Anzahl an Unterwasserpflanzen für die Gesundheit der ganzen Pflanzengemeinschaft unabdingbar ist. Zu den nützlichen Eigenschaften dieser Pflanzen zählt, dass sie das Wasser mit Sauerstoff anreichern. Vor allem an sonnigen Tagen kann man beobachten, wie sie kleine Luftbläschen absondern. So nützen sie auch den Fischen und sorgen dafür, dass der Teich nicht stagniert. Sauerstoffproduzierende Unterwasserpflanzen brauchen nicht eingepflanzt oder nach irgendwelchen anderen anerkannten Methoden heimisch gemacht zu werden. Man wirft einfach ein paar in den Teich, und die Natur erledigt den Rest. Tatsächlich neigt diese dazu, in vielen Fällen (etwa bei *Elodea*- und *Potamogeton*-Arten) allzu übereifrig zu sein und den Teich mit einem dichten Bewuchs dieser relativ langweiligen und plumpen Vertreter des Pflanzenreiches vollzustopfen. Doch es gibt zumindest zwei submerse Wasserpflanzen, für die ich eine leichte Schwäche hege: Die Wasserfeder, *Hottonia palustris*, ist eine ziemliche Wucherin, das muss ich zugeben, aber auf liebenswerte Art. Im Winter, wenn das Wasser klar ist, kann man beobachten, wie sie aus der Tiefe aufsteigt wie eine smaragdgrüne Wolke, die beinahe, aber nie ganz, durch die Oberfläche bricht. Sie besteht aus unzähligen Rosetten filigranen Laubs. Der englische Trivialname für diese Pflanze lautet

»water violet«, also »Wasserveilchen«, und ist – wie so oft bei Wasserpflanzen – irreführend. Wasserprimel trifft es tatsächlich besser, da die Pflanze zur Familie der Primelgewächse gehört und die Blüte der helllila *Primula malacoides* sehr ähnlich sieht. Für Gärtnereien ist die Art wohl schwierig zu handhaben und zu verkaufen. In einem alten Teich wird man sie aller Wahrscheinlichkeit nach bereits antreffen, ebenso in Wassergräben überall in England.

Die Krebsschere, *Stratiotes aloides* (eine heimische Pflanze, die aber immer seltener wird), benimmt sich immer sehr gemäßigt und macht Freude. Sie bildet große, bräunlich grüne Rosetten aus spitz zulaufenden, schwertförmigen Laubblättern. Große Rosetten bilden Ausläufer, an deren Enden neue, kleine Rosetten wachsen, sodass im Handumdrehen ganze Kolonien von Rosetten unterschiedlichster Größe entstehen. Im Winter ruht die Krebsschere am Grund des Gewässers, doch im Sommer steigt sie an die Oberfläche auf und reckt ihre Blattspitzen aus dem Wasser. Dort zeigt sie – wenn sie Lust dazu hat – ihre weißen, dreiblättrigen Blüten. Meine hatte nie Lust.

Pflanzen für Flachwasserzonen

Ein schöner Aspekt an Wasserpflanzen ist, dass man sie nie gießen muss. Außerdem gibt es sie immer doppelt: im Original und als Spiegelbild im Wasser. Sie sind der Inbegriff von Frische, strahlen zumeist in fröhlichen Farben und tragen mit ihrer Üppigkeit eine Extraportion Opulenz zum Bild des Sommers bei.

Bevor ich hier einige meiner Lieblingspflanzen beschreibe, scheint mir der geeignete Zeitpunkt gekommen, um über das Verhalten und unseren Umgang mit Teichhühnern zu sprechen. Ich mag Teichhühner sehr, daher lasse ich ihnen auch so manchen bösen Streich durchgehen. Es gab Zeiten, als jedes Teichhuhn, sobald es sich blicken ließ, abgeschossen wurde und in einem Pie landete. Ich kann mich noch gut an die nadelartigen Sehnen in den Keulen erinnern. Wir haben auch die Eier gegessen, die genauso gut schmecken wie Kibitzeier und etwa gleich groß sind.

Doch kaum hat man ein Teichhuhn erlegt, kommt schon ein neues aus der ländlichen Nachbarschaft herbeigeflogen. Kein Flecken Wasser, der mit Pflanzen be- und umwachsen ist, wird lange ohne Untermieter bleiben. Alles, was man mit der Schießerei erreicht, ist, dass die Vögel extrem schreckhaft werden und Reißaus nehmen, sobald man sie erspäht. Und dass man sich wie ein Scheusal fühlt – zu Recht. Unsere Teichhühner, die seit Jahren völlig unbehelligt hier leben, sind mittlerweile so zahm, dass sie uns wie Garteninventar behandeln. Es ist eine wahre Freude, sich an den Pferdeteich zu setzen und ihnen zuzusehen, wie sie vorsätzlich über die Blätter der Seerosen latschen, einander anrempeln oder ihre Jungen in Schach halten, diese winzigen, schwarzen Flauschkügelchen, die – wie es den Anschein hat – vom Wind auf der Wasseroberfläche herumgeblasen werden.

Teichhühner bewegen sich nicht nur anmutig, sie sehen mit ihrem olivfarben glänzenden Gefieder, dem blutroten Schnabel und den weißen Schwanzfedern, die unaufhörlich auf und ab wippen, äußerst elegant aus. Natürlich sind sie eine Plage. Sie begnügen sich nicht mit dem einen Nest, das sie zum Brüten benötigen, sondern bauen noch viele weitere, die sie nie benutzen, wofür sie an den Blättern von Pflanzen, die man lieber ungestört wissen würde, emsig reißen und rupfen. Sie trampeln auf dem Aronstab herum, brechen die frischen Triebe der Süßgräser ab, dringen in den Gemüsegarten ein und verspeisen das junge Gemüse – vornehmlich Kohlgemüse und Blattsalate, die deshalb alle Mühe haben, anzuwachsen.

Schermäuse sind eine ebenso lästige Plage, doch wenn man sie in Aktion sieht, sind auch sie schrecklich süß. Besonders großen Schaden richten sie bei den Schwertlilien an, doch wenn man beobachten kann, wie eine Schermaus mit einem grünen Schwertlilienzweig, den sie wie eine Maultrommel zwischen die Zähne geklemmt hat, quer über den Teich schwimmt, ist es schlagartig vorbei mit dem Zorn.

Nun wollen wir uns aber einigen jener Pflanzen zuwenden, die zwar unter Wasser angepflanzt werden können, im Frühling und Sommer jedoch weit über die Wasseroberfläche hinausragen. Unsere heimische Sumpf-Schwertlilie, *Iris pseudacorus*, würde mehr Wertschätzung erfahren, wenn sie nicht so häufig vorkäme. Sie ist eine stattliche Pflanze und braucht einen größeren Teich, um sich in voller Pracht entfalten zu können. Die Blüten erscheinen im Mai und sind hellgelb, während im Herbst zahlreiche Samenkapseln bogenförmig herabhängen. Die Varietät, die unfreundlicherweise *bastardii* genannt wurde, blüht in einem blassen Zitronengelb, was eine schöne Abwechslung darstellt. Eine weitere Variante heißt schlicht »Variegata«: Sie ist sehr hübsch im Frühling mit ihren cremeweiß und blassgrün panaschierten Laubblättern. Später im Jahr wird das Laub durchgehend grün.

Die gelbe Sumpfschwertlilie lässt sich sehr wirkungsvoll mit *Iris laevigata* kombinieren, die typischerweise in dunklem Lavendellila blüht. Die Sorte 'Zambesi' ist hier ein gutes Beispiel. Auch die Albinoform 'Snowdrift' ist hervorragend. Mir gefällt außerdem die rötlich violette Farbgebung der Sorte 'Regal', während 'Rose Queen' recht eindeutig rosa ist.

Bei der aus Japan stammenden *I. ensata* (syn. *I. kaempferi*) handelt es sich um eine wesentlich variablere, extravagantere Art, mit extra breiten Hängeblättern und Domblättern, die weit nach außen ragen und daher ebenfalls wie Hängeblätter aussehen. Zu beachten ist aber, dass sie im Winter im Trockenen stehen muss, während es ihr in der Wachstumsphase auch unter Wasser gefällt. Ein solches Vorgehen ist allerdings eher ungewöhnlich, gängiger ist es, sie gleich außerhalb des Wassers zu pflanzen.

Die Gemeine Sumpfdotterblume, *Caltha palustris*, gedeiht am Teichrand und im sumpfigen Gelände, doch die *C. polypetala*, oder Farrer-Sumpfdotterblume, wie ich sie immer nenne, weil Reginald Farrer es war, der sie in dieses Land gebracht hat, bewohnt das flache Wasser. Farrer selbst erzählte die Geschichte seiner Errungenschaft so: »Eine alte Legende besagt, dass diese Blume in Europa lange Zeit nirgends anders zu finden war als in den Teichen des Vatikans. Der alte Papst jedoch weigerte sich, sie aus ihrer heiligen Abgeschiedenheit hinaus in die ketzerische Welt des Gartenbaus ziehen zu lassen. Eines Tages verschlug es einen Helden auf seiner hehren Suche an diesen Ort, wo es ihm gelang, im Schutze einer Schar geschwätziger Frauen, die er darauf ansetzte, die Wachposten in ein Gespräch zu verwickeln, einige Fragmente der Caltha mit dem Regenschirm aus der Erde zu hebeln.« Im Gegensatz zu *C. palustris* bildet *C. polypetala* keine Horste. Ihre Blütentriebe haben die Tendenz zu wuchern, und überall dort, wohin sie wachsen, wurzeln sie. Auf diese Art breitet sich die Pflanze aus und bildet binnen kurzer Zeit eine stattliche Kolonie. Für ein kleines Wasserbecken ist sie daher möglicherweise nicht geeignet, aber sie ist nicht schwer in Zaum zu halten. Die ersten Blüten, die sich gegen Anfang April öffnen, sind von stattlicher Größe. Je mehr Blüten erscheinen, desto kleiner werden sie.

Ein Hahnenfußgewächs, das eine sehr ähnliche Blüte aufweist, ist *Ranunculus lingua* 'Grandiflorus', eine Sorte, die aus einer Selektion unseres heimischen Großen Hahnenfußes entstand. Die Pflanze blüht von Sommeranfang bis in den Herbst und erhebt sich 90 bis 120 cm über die Wasseroberfläche.

Eine sehr schöne, im August blühende Wasserpflanze ist das Herzblättrige Hechtkraut, *Pontederia cordata*, mit seinen speerförmigen Blättern, aus denen etwa 30 cm lange Blütenstände mit blauen Blüten emporwachsen. Diese sind klein, aber wirkungsvoll, und mit ihrer seltenen Farbgebung sorgen sie für willkommene

Abwechslung im Teich. Die Pflanze breitet sich mühelos aus und bildet schnell kräftige Kolonien.

Die Blätter der Blumenbinse (die gar nicht zu den Binsen zählt), *Butomus umbellatus*, sind dem Schilf so ähnlich, dass man in einem dicht bewachsenen Teich Gefahr läuft, sie mit auszureißen. Ihren Ursprung hat die Pflanze in flachen Wassergräben oder verwaisten Kanälen, mit ihren tellerförmigen, rosa Blütendolden ist sie jedoch so hübsch, dass sie mancherorts schon als Seltenheit gilt. Auch Rinder haben eine Begeisterung für ihre Blätter, die sie bis zur Wasseroberfläche abfressen, wann immer sie Gelegenheit dazu bekommen. Zwingt man die Blumenbinse in einen Topf oder ein großes Pflanzgefäß – ein Vorgehen, das bei kleineren Wasserbecken üblich ist –, verweigert sie nach dem ersten Jahr die Blüte, es sei denn, man teilt sie und pflanzt sie jedes Jahr um. Ihre Wurzeln brauchen viel Freiraum.

Einige üblicherweise in feuchten Rabatten anzutreffende Pflanzen überraschen uns damit, dass sie auch im einige Zentimeter tiefen Wasser prächtig gedeihen. Am Ende ihres Wachstumszyklus bilden sie an der Pflanzenbasis dichte Blattrosetten zur Überwinterung, die auch während der kalten Monate deutlich sichtbar bleiben und mit dem Einzug des wärmeren Wetters wieder neue Triebe hervorbringen. Ein gutes Beispiel ist der Punktierte Gilbweiderich, *Lysimachia punctata*. In meine Rabatten habe ich ihm nie Zutritt gewährt, weil er ziemlich plump aussieht und invasive Tendenzen hat. Doch dank seiner robusten Natur kann er in einem ausreichend großen Teich mit anderen ähnlich stark oder noch wilder wuchernden Nachbarn in Konkurrenz treten. Seine dichten Stängel voller kräftiger, gelber Blüten sind ein wahrer Blickfang.

Eine verführerische Schönheit ist die *Lobelia cardinalis*, die Kardinals-Lobelie. Wir betrachten sie für gewöhnlich als frostempfindliche mehrjährige Pflanze, doch es gibt auch winterharte geografische Unterarten. Schließlich wächst sie unter anderem in einigen Flusstälern in den kältesten Winkeln Neuenglands. Meiner Erfahrung nach ist die geschmeidige, lilablättrige Hybride, die in meinem Garten wächst, absolut winterhart. Die Ähren mit den leuchtend roten, insektenartigen Blüten öffnen sich im August und September.

Teichpflanzen bestechen nicht notwendigerweise durch Blüten. Die Zebra-Simse, *Schoenoplectus lacustris* subsp. *tabernaemontani* (syn. *Scirpus tabernaemontani*) 'Zebrinus', bildet elegante, röhrenförmige Stäbe mit einer Länge von etwa 90 cm und zeigt grünweiße Querstreifen. *Glyceria maxima* (syn. *G. aquatica*) var. *variegata* ist ein Schilfgras, dessen riemenartige, bis zu 90 cm hohen Blätter der Länge nach grün und cremefarben gestreift sind. Im Frühling, solange sie noch jung sind und auf der Wasseroberfläche liegen, sind die Blätter jedoch rosa. Da die Art recht invasiv ist, sollte man sie im Auge behalten. Es ist auch möglich, sie im Trockenen zu pflanzen, in diesem Fall sieht sie jedoch nicht annähernd so gut aus, weil sie irgendwann unordentlich wird.

Dasselbe gilt auch für das Rohrglanzgras, *Phalaris arundinacea* 'Picta', das grün und weiß gebänderte Blätter hat. In einem Blumenbeet sieht es nur etwa bis zum Hochsommer schick aus, danach zerfällt es nach allen Seiten, im Wasser hingegen bleibt es bis zum Schluss ordentlich. Die Wuchshöhe beträgt etwa 1,20 bis 1,50 m.

Es lohnt sich ebenfalls, das Zypergras *Cyperus involucratus* (syn. *C. alternifolius*) über den Sommer in den Gartenteich zu stellen. Die Art ist nicht winterhart und dient normalerweise als grüne Topfpflanze, doch man kann sie im Frühsommer einfach mitsamt Topf in 8 bis 10 cm tiefes Wasser umsiedeln. Tatsächlich scheint sie diese veränderte Umgebung zu genießen, denn sie beginnt reich zu blühen (wobei es sich bei den Blüten lediglich um ein Bündel pollentragender Staubbeutel handelt, also nichts, worüber man aus dem Häuschen geraten muss), während sie am Fenster in der Küche – oder wo sie sonst stehen mag – normalerweise gar nicht zur

Blüte kommt. Die eng zusammenstehenden, ungefähr einen 50 cm hohen Stängel tragen an der Spitze ein palmenartiges Blattbüschel, das in jeder Umgebung dekorativ aussieht und an einen illustren Verwandten dieser Pflanze erinnert: den Echten Papyrus.

Gunnera manicata: Ein Riese am Wasser

Wenn Ihr Garten weitgehend frei ist von störenden, menschengemachten Geräuschen – verursacht durch Flugzeuge, Straßenverkehr, Radiolärm oder Ähnliches –, kann man in dieser Stille mitunter am besten entspannen, indem man sich ins Gras legt, die Augen schließt und … nein, nicht eindöst. Man würde bloß von einem Regenschauer geweckt und hätte dann schlechte Laune. Legen Sie sich einfach hin und lauschen Sie. Lassen Sie zu, dass Ihre Ohren die Kontrolle übernehmen, die viel hellhöriger und aufnahmefähiger werden, wenn wir nichts sehen. Auf diese Weise nehmen Sie den Gesang der Vögel plötzlich viel intensiver wahr, das Geräusch der Fische, die an die Wasseroberfläche kommen (mein Lieblingsplatz ist in der Nähe des Teichs), und ganz besonders die verschiedenen Geräusche der Blätter. Eichen klingen zum Beispiel wie entferntes Meeresrauschen. Espen hingegen erzeugen ein intimeres Geräusch, ein Rascheln, das ohne jeden Zweifel Menschen im Gespräch ähnelt. Doch das merkwürdigste Geräusch kommt, sobald der Wind ein wenig auffrischt, von der Bewegung der Mammutblätter, der *Gunnera manicata*. Es ist, als würde man einem Riesen beim Rasieren zuhören: Wenn es irgendwann ganz hohl klingt, hat er das Kinn erreicht und klappt zum besseren Gelingen den Unterkiefer nach unten.

Nimmt man die Blätter der *Gunnera manicata* genauer unter die Lupe, erkennt man, dass die gesamte Blattoberseite tatsächlich noch sehr stoppelig ist. Die Blattnerven an der Unterseite sind schwer bewaffnet, während der Stiel stachelig genug ist, um einem Nilpferd den Gaumen zu durchbohren – oder welchem Tier auch immer, das sich in der brasilianischen Heimat der Gunnera über das Blatt hermacht. Das Mammutblatt – die größte in Großbritannien wachsende winterharte, krautige Pflanze – ist in jeder Hinsicht überdimensioniert. Dennoch ist sie keineswegs unförmig oder gar plump, und jeder, der das denkt, hat noch nie in enger Nachbarschaft mit einer Gunnera gelebt. Sie ist eine faszinierende, kräftig gebaute Pflanze, die selbst in exponierten Lagen ständigem Schütteln standhält, ohne Schaden zu nehmen. Die Blätter bleiben stets frisch und ansehnlich, bis ihnen der erste Frost im Herbst schließlich den Garaus macht.

Vielleicht am beeindruckendsten sind sie im Licht der tief stehenden Sonne. Beleuchtet sie die Oberseite der Blätter, erkennt man nun die gewellte Oberfläche und die Blattadern, die in den Rillen verlaufen, während das Blatt in seiner Gesamtheit wie eine Schüssel gewölbt ist. Doch dort, wo die Sonne durch das Blatt scheint, fällt vor allem das Glitzern der Wasseroberfläche auf, das sich darauf spiegelt.

Gunneras wirken neben einem Gewässer am besten, ihre fleischigen Rhizome müssen sich jedoch oberhalb der Hochwasserlinie befinden, weil sie es nicht vertragen, direkt im Wasser zu stehen. Ihre Wurzeln reichen sehr tief in die Erde, so machen Sie nichts falsch, wenn Sie die Pflanze 90 bis 120 cm oberhalb des mittleren Wasserspiegels einpflanzen. Sie wird sich dann selbst nach dem Wasser strecken. Lediglich im ersten Sommer nach der Pflanzung, wenn noch kein effizientes Wurzelnetzwerk ausgebildet werden konnte, sollte sie in Trockenperioden reichlich gegossen werden.

Das Mammutblatt wächst sowohl in voller Sonne als auch in relativ dunklem Schatten unter Bäumen. Eine unserer Pflanzen bildet im Schatten Blätter mit einem Durchmesser von über 1,50 m aus, die auf 2 m langen Stielen stehen. »Was ist denn das? Ein Rhabarber?«, lautet oft der geistreiche Kommentar scherzender Gartenbesucher. Der Witz geht mir ein wenig auf die Nerven, schließlich sind ja auch Rhabarber ausnehmend schöne Pflanzen. An einem sonnigen Standort erreicht die *G. manicata* eine Wuchshöhe von nur 1,50 m und Blattdurchmesser von 1,20 m, dennoch fühlt sie sich in der Sonne wahrscheinlich wohler. Es ist kein Muss, sie in Reichweite des Wassers einzupflanzen. Jeder feuchte oder sumpfige Standort tut es.

Für die Überwinterung bildet das Mammutblatt an der Basis riesige Erneuerungsknospen, die von einem Knäuel aus rotem Geflecht geschützt werden. Ein kräftiges Stück des Rhizoms führt zu dieser Knospe, wenn Sie also eine neue Pflanze abteilen möchten, trennen Sie dieses Rhizom im April, wenn das neue Wachstum einsetzt, mit einem Spaten durch. Achten Sie dabei darauf, ein gutes Stück hinter der Knospe abzuschneiden, sagen wir etwa 15 bis 20 cm, damit einige der Wurzeln, die sich unterhalb des Rhizoms befinden, mitgenommen werden.

Eine weitere Möglichkeit, das Mammutblatt zu vermehren, ist über die Samen. Ich habe auf diese Weise schon einige Pflanzen gezogen. Saatgut ist bei Thompson & Morgan erhältlich, Sie können die Samen aber auch selbst gewinnen. Der Schlüssel zum Erfolg liegt darin, die Samen im Frühling auszusäen und das Pflanzgefäß an einen hellen und gut durchlüfteten Ort zu stellen. Die Blüte der Gunnera ist ein extravaganter, etwa 60 cm langer Kolben, der aus einer Vielzahl fleischiger, mit grünen Noppen übersäter Zäpfchen besteht. Einige davon färben sich später orange, von denen ich im Herbst eine Handvoll absammle und während des Winters auf einer sonnigen Fensterbank abtrocknen lasse. Ende März kratze ich die Noppen von den Zäpfchen und säe sie aus. Sie im Dunkeln zum Keimen zu bewegen, ist mir noch nie gelungen. Außerdem dauert es meist bis Juli, bis die ersten Keimlinge auftauchen. Zu diesem Zeitpunkt können die Pflanzgefäße dann schon draußen stehen. Sobald die Pflänzchen groß genug sind, können sie einzeln in Töpfe übersiedelt werden. Sie sollten in einem frostgeschützten Frühbeetkasten oder Gewächshaus überwintern, bevor sie – vorausgesetzt sie sind groß genug, um einen 12-cm-Topf auszufüllen – im darauffolgenden Juni ausgepflanzt werden. Das ist die beste Zeit, damit sie im Garten gut einwachsen. Sind sie noch nicht groß genug, warten Sie lieber noch ein Jahr.

Eine große Gefahr stellen für die frischen Blätter der Gunnera, egal wie alt die Pflanze ist, die Spätfröste im Frühjahr dar. Besonders eisige Winter oder jene gemeinen Frostepisoden, die im Frühjahr so plötzlich hereinbrechen können, obwohl man wegen der guten Bodenfeuchtigkeit schon fast gewillt war, die Gunnera nach draußen zu setzen, können die gebildeten Knospen umbringen. Gleich nach dem ersten Herbstfrost sollten die alten, eisgeschädigten Blätter geknickt und zum Schutz über die Pflanzenmitte gefaltet werden.

Neben der *G. manicata* gibt es eine ähnliche Art, die hierzulande wächst und oft mit dem Mammutblatt verwechselt wird: die *G. tinctoria* (syn. *G. chilensis*, *G. scabra*). Die Blätter der etwas kleinwüchsigeren Staude sind stärker gewellt und an den Rändern gekräuselt. Der Blütenkolben ist schmaler, leichter gebaut und steht aufrechter. Beide sind ein Gewinn für den Garten.

Sträucher für sumpfiges Gelände: Hartriegel und Weiden

Ein Problem, das viele Gärtner beschäftigt, ist der Umgang mit sumpfigen Bereichen, die präsentabel sein, aber wenig Arbeit machen sollen. Wenn die Möglichkeit einer Drainage besteht, bieten sich vielerlei Arten von Bäumen, Sträuchern und Stauden an. Doch eine Entwässerung ist nicht in allen Fällen zwingend notwendig.

Wir müssen oft gar nicht weiter denken als bis zu gewissen Hartriegel-Arten und verschiedensten Weiden, um einen sumpfigen Gartenbereich höchst zufriedenstellend zu bepflanzen.

Die Hartriegel-Art mit den leuchtend roten Zweigen heißt *Cornus alba. Alba* ist als Bezeichnung etwas irreführend, rechtfertigt sich jedoch, so nehme ich an, durch die kleinen, schmutzig weißen Blüten oder die unscheinbaren weißen Beerenfrüchte. Um sumpfigen Boden zu besiedeln, eignet sich diese Pflanze jedoch hervorragend. Die glänzende Rinde der jungen Zweige sorgt von Spätherbst, wenn die Pflanzen ihr Laub abwerfen, bis hinein in den April für einen farbenfrohen Anblick. Am spektakulärsten sehen sie im Sonnenschein aus, aber sie machen auch etwas her, wenn nachts der Scheinwerfer eines Autos die Zweige eines nahe der Straße gepflanzten Strauches streift oder wenn sie sich in einem Teich spiegeln.

Der Strauch kann ganz einfach vermehrt werden, indem man ein etwa 30 cm langes Stück eines einjährigen Triebes zu zwei Dritteln in die Erde steckt, und zwar gleich an der Stelle, wo er später wachsen soll. Dieser Schritt sollte im Herbst erfolgen. Alternativ wachsen auch aus den Samen neue Sträucher. An Teichrändern stößt man oft auf Pflanzen, die sich selbst ausgesät haben.

Diese Hartriegel-Art sollte recht regelmäßig zurückgeschnitten werden, bevor eine neue Wachstumsperiode beginnt. Dabei ist die Verlockung groß, diesen Schritt Woche für Woche hinauszuzögern, weil die Zweige immer noch so hübsch sind und man sie nicht abschneiden will. Doch dann stehen die Sträucher plötzlich voller Blätter und man erkennt, dass man den Zeitpunkt verpasst hat, weil nun ein Rückschnitt den Strauch beträchtlich schwächen und das Wachstum hemmen würde.

Der Rückschnitt besteht darin, die Zweige etwa 15 cm über dem Boden zu kappen. Es empfiehlt sich, nicht jedes Jahr alle Zweige zu entfernen, weil das dem Strauch auf Dauer schaden und das gewünschte Erscheinungsbild darunter leiden würde. Daher sollte immer nur ein Drittel geschnitten werden. Dazu wählt man die ältesten, dicksten Stämme und lässt die anderen zwei Drittel unangetastet stehen, denn man darf nicht vergessen, dass die jüngsten Triebe die schönste Färbung haben. Ein Hartriegel, den man auf diese Weise pflegt, bildet einen über 2 m hohen, dichten Strauch. In unserem Garten ist die gewöhnliche Art des *C. alba* vertreten, würde ich jedoch noch einmal Hartriegel pflanzen, würde ich darauf achten, die noch intensiver leuchtende Westonbirt-Varietät *C. a.* 'Sibirica' zu wählen.

Als Alternative empfiehlt sich der gelbbunte Hartriegel 'Spaethii' überall dort, wo er einen schönen, dunklen Hintergrund vorfindet. Normalerweise ist das Blatt des Hartriegels so uninteressant, wie ein Blatt nur sein kann, aber die Zeichnung dieser Sorte ist äußerst ansprechend, und ihre winterlichen Zweige leuchten ebenso kräftig wie jene des gewöhnlichen *C. alba*. Die Sorte 'Elegantissima' zeichnet sich durch eine weiß-grüne Blattfärbung aus.

Eine weitere Hartriegel-Art, die mit *C. alba* kombiniert werden sollte, ist *C. stolonifera* 'Flaviramea'. Die Pflanze hat einen fast identischen Habitus (sie treibt allerdings Ausläufer) und erfordert ähnliche Pflege. Ihre Rinde färbt sich in einem hellen, leicht grünlichen Gelb, das aus der Entfernung kräftig gelb leuchtet.

Die wahrscheinlich außergewöhnlichste Hartriegel-Pflanzung, die es hier in England gibt, kann man in Hurstmonceux Castle in Sussex bewundern, wo ein üppiges Gebüsch aus abwechselnd roten und gelben Hartriegeln vor einem Hintergrund aus Silberbirken steht. Diesen Anblick genießt man gern während des gesamten Winters.

Weiden sind faszinierende Gewächse und so vielfältig in Wuchs und Eigenschaften, dass ich wünschte, ein botanisch versierter Gärtner würde ihnen einmal ein ganzes Buch widmen. Unglücklicherweise würde es sich schlecht verkaufen, denn den meisten Weiden fehlt in den Augen des durchschnittlichen Gartenpublikums der nötige Strauch-Appeal. Eingeweihte hingegen teilen ihre Vorzüge in vier Kategorien ein: Wuchsform des Baumes oder Strauchs, Blattfarbe, Zweigfarbe und Kätzchen. Eigentlich sollte man die Blattform noch als fünfte Kategorie dazunehmen. Wem es um die Zweigfarbe als Hauptattraktion geht, der muss bei den Kätzchen eventuell Abstriche machen, denn die schönste Farbe tragen die jungen, einjährigen Triebe, und dafür muss die Weide zeitig im Frühjahr auf den Stock zurückgeschnitten werden. Wenn es sich um eine frühblühende Art handelt, die erst nach der Blüte geschnitten werden muss, umso besser. Aber wenn nicht, hat der Rückschnitt Vorrang.

Die Bandbreite an Farben ist bei jungen Weidenruten immens groß. Gelegentlich wird uns diese Vielfalt fast gewaltsam, doch immer zu unserem Vorteil in einer Ausstellung vor Augen geführt, wie sie zum Beispiel im März vor ein paar Jahren Hillier and Sons aus Winchester ausrichteten. *Salix alba* subsp. *vitellina* 'Britzensis' ist für ihre orangerot gefärbten Triebe bekannt. Bei der *S. a.* subsp. *Vitellina* hingegen sind die Ruten goldgelb. *S. daphnoides*, deren Zweige mit einem bläulichen, wachsartigen Reif überzogen sind, präsentiert sich in rauchigem Lila. Die Teeblättrige Weide, *S. phylicifolia*, hat, ähnlich wie Birkenzweige, eine bräunlich rote Rinde, die spiegelglatt ist. Auch die Blätter haben einen intensiven Glanz, der – auch in der Form – an eine Kamelie erinnert. Bei der Hybride *S. × ehrhartiana* sind die glänzenden jungen Triebe in einem gedeckten Gelbbraun gehalten, von denen sich die schwarzen Blattknospen deutlich abheben. *S. × rubens* 'Eugenei' besitzt hellgrüne Ruten, an denen jede Menge schlanke Kätzchen sitzen. Die kräftig olivgrüne *S. rehderiana* zeichnet sich durch sehr starken Wuchs aus und muss daher besonders gründlich zurückgeschnitten werden.

S. udensis (syn. *S. sachalinensis*) 'Sekka' wird sehr oft gezeigt. Es handelt sich dabei um einen 2 bis 2,50 m hohen, breitwüchsigen Strauch, der als männliche Pflanze gezüchtet wird, da diese schönere Kätzchen trägt. Er blüht im März, manchmal sogar früher (es sei denn, die Vögel rupfen die Kätzchen schon vorher aus). Was den Strauch aber eigentlich zu etwas Besonderem macht, ist seine natürliche Neigung, verbänderte Triebe auszubilden. Er macht aus der Not eine Tugend und zeigt sich mit lauter flachen, zu breiten Bändern verwachsenen Trieben, die oft gekräuselt oder eingedreht sind und so die verrücktesten Formen entstehen lassen, die bei Floristen und allen Freunden des Ungewöhnlichen sehr beliebt sind.

S. cinerea 'Tricolor' ist eine Weide mit gemäßigtem Wuchs, die aufgrund ihrer rosa, creme und weiß panaschierten Blätter sehr populär ist, aber wenn Sie mich fragen, erweckt das deformierte Laub den Eindruck, der Strauch sei krank. Es gibt aber eine Reihe von Weiden, die den Sommer über eine weiche, graue Blattfarbe tragen. Die Grau-Weide oder Lavendel-Weide, *S. elaeagnos* (*incana*), ist besonders auffallend und verdient einen Platz in jedem Strauchgarten, auch wenn es dort nicht nass oder sumpfig ist. Manchmal findet man sie unter den Namen *S. friesiana* oder *S. rosmarinifolia*, was bereits auf die markante Blattform hinweist, die sehr lang und beinahe nadelig ist. Die Färbung ist an der Blattoberseite dunkelgrün und an der Unterseite grau. Insgesamt wird der Strauch, auch ohne Rückschnitt, maximal 2,40 m hoch, wächst aber weiter in die Breite. *S. alba* var. *sericea* (syn. *S. a.* f. *argentea*) besitzt rundum sehr helle, silbrige Blätter. Ich habe diesen Strauch in meinem gemischten Sträucher- und Blumenbeet als Hintergrund für meine Goldulme gepflanzt. Er weist einen moderaten Wuchs auf und benötigt kaum Rückschnitt.

Als Füllpflanzen könnten in diesem Sumpfgebüsch zum Beispiel Echtes Mädesüß (*Filipendula ulmaria*), Wiesen-Storchschnabel (*Geranium pratense)* und das Schmalblättrige Weidenröschen, *Epilobium* (*Chamaenerion*) *angustifolium* wachsen. In der freien Natur Derbyshires etwa bilden diese im Juli ein faszinierendes Farbtrio aus Crème, Blau und Rosa und kommen sicher in Ihrem Garten ebenfalls gut miteinander aus, vorausgesetzt der Storchschnabel erhält das trockenste Fleckchen. Sie könnten auch die Möglichkeit in Erwägung ziehen, einer großen Gruppe Gunneras einen Platz einzuräumen. Oder dem Königsfarn, *Osmunda regalis*. Dem aus Nordamerika stammenden Perlfarn, *Onoclea sensibilis*, kann man völlig freie Hand lassen, denn er bildet Ausläufer, über die er sich in sumpfigem Gelände weit ausbreiten kann.

Pflanzen für nasse Böden

Viele Gärtnerinnen und Gärtner mit Tonböden bewirtschaften wenig Erfolg versprechende Beete voll nasser Pampe, aus der das Wasser schlecht abläuft. An dieser Stelle möchte ich auf die vielen hervorragenden Stauden hinweisen, mit denen solche Beete vorzüglich gefüllt werden können. Die meisten davon sind grobe, jedoch hübsche Pflanzen, die mit riesigen Blättern den Boden abdecken und auf diese Weise Unkräutern keine Chance lassen, außer vielleicht im zeitigen Frühjahr, wenn das Wachstum noch nicht voll im Gange ist. Sie eignen sich gut für schattige Rabatten, fühlen sich aber auch in der Sonne wohl, solange sie nicht austrocknen. Sie wachsen in den Gärten des trockeneren englischen Südostens, gedeihen aber umso besser, je weiter man in den Norden und Osten kommt, sodass sie in den wirklich nassen Landesteilen auf jeder Art Boden glücklich sind, egal ob gut durchlässig oder nicht.

Beginnen wir mit den *Ligularia*-Arten. Sie sind eng verwandt mit der Gattung *Senecio*, zu der das Gewöhnliche Greiskraut und das Jakobs-Greiskraut zählen. *Ligularia* ist eine halbherzige Splittergruppe der *Senecio*, die sich allerdings nicht konsequent abgetrennt hat, daher empfiehlt es sich, auch immer unter *Senecio* zu suchen. *L. wilsoniana* ist eine der größten Vertreterinnen der Gattung (die aber, wie alle hier genannten Arten, ohne Stütze auskommt) mit abgeflachten, herzförmigen Blättern, die ca. 30 cm lang und saftig grün sind. Die breiten, säulenartigen Blütenkolben, voll besetzt mit gelben Blümchen, recken sich im Spätsommer bis zu 2 m hoch in den Himmel. Sie samen eigenständig und reichlich aus, vermehren sich aber auch über kurze unterirdische Rhizome, daher sollte man ihnen ausreichend Platz zur Verfügung stellen. *L. veitchiana* besitzt recht ähnliche Eigenschaften. *L. clivorum* (mittlerweile *L. dentata*) gibt es in Form von verschiedenen Cultivaren, wobei 'Desdemona' sicher eines der besten ist. Seine Blätter sind breit herzförmig, beinahe nierenförmig. Der Wuchs fällt recht unterschiedlich aus, erreicht aber maximal 45 cm in der Breite. Anfangs ist die Pflanze durchgehend violett, wechselt aber später zu gedecktem Grün auf der Blattoberseite. Die Blattadern bleiben violett, und die Blattunterseite behält eine dunkelrote Färbung. Die kräftig ockergelben Blümchen öffnen sich im Spätsommer in ausladenden Dolden auf 90 bis 150 cm hohen Stängeln. Schmetterlinge lieben diese Pflanze!

Den Kerzen-Goldkolben *L. przewalskii* gibt es bei uns noch nicht lange. Seine schlanken, hoch aufragenden Blütenkolben sind übersät mit kleinen, spinnenartigen, gelben Blümchen, was hier aber noch mehr auffällt, sind die schwarzen Stängel. Schwarz und Gelb sehen zusammen immer gut aus. Doch nicht nur die Blüte, sondern auch die Laubblätter verdienen unsere Aufmerksamkeit: Sie sind handförmig, mit einem Durchmesser von bis zu 45 cm, aber tief eingeschnitten, sodass viele schmale Segmente entstehen. Sie sind dunkelgrün mit lila Blattadern. Egal wie feucht der Boden ist, eine Überdosis Sonnenschein lässt sie bemitleidenswert schlaff in sich zusammensinken, doch kaum ziehen Wolken oder die Abenddämmerung ins Land, stehen sie wieder stolz da, als wäre nichts gewesen. Die gut eingewachsene Pflanze erreicht eine Wuchshöhe von 1,80 m und samt im Idealfall selbstständig aus. Eine Weiterentwicklung davon ist 'The Rocket'. Sie ist etwas prunkvoller, die Blätter zeigen jedoch weniger tiefe Einschnitte.

Auch das Chinagreiskraut *Sinacalia tangutica* (syn. *Senecio tanguticus*) wird etwa 1,80 m groß, hat auffällig segmentierte Blätter und welkt bei Hitze. Es ist eine sehr individuelle Pflanze, zum einen wegen ihrer Blattform, die am Spreitengrund breit ist und spitz zuläuft. Die spinnenartigen, gelben Blüten öffnen sich im August und September auf breiten, pyramidenförmigen Blütenständen. Wenn die Samen abreifen, wird der Blütenkopf blassgrau und wirkt äußerst dekorativ. Doch unter der Erde kann es recht dramatisch werden: Weiße Wurzelknollen – eigentlich sind es Rhizome – wachsen dick wie Kartoffeln und wandern so tief und weit, dass die Pflanze sehr schnell eine riesige Kolonie bildet. Das ist ganz wunderbar, wenn man weiß, was man zu erwarten hat und die richtige Stelle im Garten gewählt hat, aber verheerend, wenn die Nachbarn weniger aggressiv sind.

Senecio und *Ligularia* recht ähnlich ist der Großblumige Scheinalant, *Telekia speciosa* (syn. *Buphthalmum speciosum*), eine wild wuchernde, bis zu 1,80 m hohe Staude mit mittelgrünen, breit herzförmigen Blättern, die bis zu 45 cm lang werden können. Ihre stattlichen Blütenkronen setzen sich aus 7 bis 8 cm großen, gelben Korbblüten mit feinen, gedrehten Blütenstrahlen zusammen. Ein hübsches Extra ist, vor allem bei den Knospen, die grüne Hülle aus Hochblättern. So scheint es fast, als blühe die Pflanze zweimal, erst grün, dann gelb. Die Staude samt sehr fleißig aus, wodurch sie etwa in den Gärten von Chatsworth unverhofft für eine hübsche Attraktion gesorgt hat.

Einige Rhabarber-Arten sollten ebenfalls in diese Gruppe aufgenommen werden. Ein Überflieger, selbst unter Riesen, ist der *Rheum officinale*, mit seinen enorm großen, grünen Blättern und dem grünlich weißen Blütenstand, der bis zu 3 m hochragen kann. Menschen, die bisher bei weißem Steinkraut und blauen Lobelien eher kurzgehalten wurden, könnte diese Pflanze möglicherweise überfordern. Sie sollten wahrscheinlich *R. palmatum* den Vorzug geben. Dessen Blätter haben an der Unterseite, vor allem im jungen Stadium, einen matt rötlichen Flor, der sich dem Betrachter immer nur einen kurzen Augenblick zeigt, wenn ein Windhauch das Blatt wie einen Reifrock keck nach oben lupft. Der Blütenstand ist rosarot und wird nur 1,80 m hoch. 'Astrosanguineum' ist eine Klonsorte mit einer schönen Farbe.

In der Nähe der Beetränder ist eine Bepflanzung mit verschiedenen Schaublatt-Arten interessant und schön anzusehen. *Rodgersia aesculifolia* hat ein handförmig zusammengesetztes Blatt mit sieben oder acht Fingern, die der Rosskastanie ähneln. *R. podophylla* bietet sich an, wenn im Frühling Farbe gefragt ist, denn die jungen Blätter zeigen einen schönen, bronzefarbenen Ton. Die fünf Blattfinger, die mittig aus dem Stängel sprießen, verbreitern sich jeweils zur dreigezackten Spitze hin. In komplettem Gegensatz dazu steht das ebenmäßig runde, schildförmige, hellgrüne Laub des Tafelblatts, *Astilboides* (früher *Rodgersia*) *tabularis*. An zu sonnigen oder trockenen Standorten verbrennt es leicht. Wie in allen zuletzt genannten Fällen ist auch die *R. pinnata* mit ihren drei bis fünf Blättchenpaaren, die mittig aus der Blattspindel sprießen, durch ihren wissenschaftlichen Namen gut beschrieben. Die Gattung ist insgesamt etwas sprunghaft, wenn es um die Blüte geht, aber *R. pinnata* ist verhältnismäßig reichblühend. In den meisten Fällen besteht der elegante, rispenförmige Blütenstand aus kleinen, weißen Blüten. Es lohnt sich jedoch, sich auf die Suche nach einer rosa Sorte zu machen, unter denen 'Superba' mit ihren fast schon roten Blüten die schönste ist.

Alle Schaublatt-Arten verbreiten sich über das Rhizom, daher bietet sich eine Vermehrung durch Teilung an, aber wenn sie geblüht haben, ist auch eine erfolgreiche Anzucht aus Samen möglich.

Schaublätter gehören zur Familie der Steinbrechgewächse (*Saxifragaceae*) und sind eng verwandt mit dem Schildblatt, *Darmera peltata* (syn. *Peltiphyllum peltatum*). Üblicherweise ist diese Pflanze am Wasser vorzufinden, sie gedeiht aber auch in jedem feuchten

Beet. Im Frühling, noch bevor die Blätter austreiben, trägt sie außerordentlich hübsche rosa Blütendolden. Dabei sollte man aber darauf achten, eine Pflanze mit guten Anlagen auszusuchen, deren Blütenfarbe nicht verwaschen ist. Nach der Blüte wachsen die Laubblätter 90 bis 120 cm in die Höhe wie trichterförmig aufgerissene Mäuler und erreichen schließlich einen Durchmesser von 30 cm. Die Blattränder sind gelappt. Mit ihrem verzweigten Netzwerk aus Rhizomen und dem dichten Blattwerk ist diese Pflanze ein effizienter und attraktiver Bodendecker. Die Blätter meiner Pflanzen werden bei den ersten Anzeichen herbstlichen Dahinsterbens braun, doch nicht in manch anderem Garten, namentlich in den Inverewe Gardens in der Region Wester Ross, wo sich eine ganze Allee aus Schildblatt im Herbst herrlich rot färbt.

Ebenfalls zur Familie der Steinbrechgewächse gehören die feuchtigkeitsliebenden Astilben (Prachtspieren), die sehr viel mehr Arten umfassen, als man denkt. *Astilbe rivularis* wird bis zu 2,10 m hoch und breitet sich unter der Erde sehr viel aggressiver aus, als man es von einer Prachtspiere erwarten würde. Sie besitzt gesundes Laub und eine elegante, fedrige Blüte grünlich weißer Färbung. Die Blüte ist nicht besonders spektakulär und hat ihre beste Zeit schnell hinter sich, aber sie ist eine gute Füllstaude. Dasselbe gilt auch für die bekanntere *Aruncus dioicus* (*Spiraea aruncus*), deren cremeweiße Blütenstände zwar ansprechender sind, innerhalb einer Woche jedoch ebenfalls braun werden.

Eine auffällige und kräftige Prachtspiere ist die *A. chinensis* var. *taquetii* 'Superba'. Sie wird 1,20 m hoch und verfügt über viel Persönlichkeit. Die kerzenartigen Blütenstände stehen in außerordentlich aufrechter Anordnung, während die stark gefiederten Laubblätter sich breit abspreizen. Die Blütenfarbe ist ein lebhaftes, kompromissloses Mauve (oder helles Rosaviolett, wie es in der Gärtnereisprache oft heißt). Wer damit nicht leben kann, dem ist nicht zu helfen, denn für mich ist diese Pflanze in jeder Hinsicht herausragend. Angepflanzt habe ich sie (und hier schließt sich der Kreis) vor die größte meiner Greiskraut-Arten, die *L.* × *hessei*, die über 2 m hoch werden kann und große, nierenförmige Blätter mit ölig weicher Haptik hervorbringt. Die Blütenstände tragen zahlreiche messinggelbe Blümchen auf breit ausladenden Säulen.

Natürliches Gärtnern auf Wiesenflächen

Ein bisschen Unordnung im Garten ist kein Problem, solange der Besitzer sich dessen bewusst ist und es ihm nichts ausmacht. Anders verhält es sich mit jenem tiefgreifenden, ganzjährigen Chaos, das dem Gartenbesitzer ununterbrochen solche Sorgen bereitet, dass er schon gar keine Lust mehr hat, sich dem Problem zu stellen. Die anfallende Arbeit übersteigt das, was er bereit ist zu geben, und so wird der Garten zur Last und das Gärtnern eine Qual. Wie schade, denn er könnte den Aufwand halbieren, wenn er nur einige einfache, aber einschneidende Maßnahmen umsetzen würde: etwa Beete inmitten des Rasens mit Gras zuwachsen zu lassen oder Steinensembles zu entfernen, damit er das Gras und Unkraut rundherum nicht mehr mühsam mit der Hand schneiden muss. Oder er umpflanzt sie gleich mit Erika, damit Unkraut erst gar nicht aufkommt. Außerdem könnte er auf Schwertlilien verzichten, in deren Mitte sich gern Unkraut versteckt. Unkrautvernichter sind andernfalls auch noch eine Option, mit der er den frisch gekeimten Unkräutern zu Leibe rücken kann.

Eine meiner Lieblingstätigkeiten im Garten ist das Bepflanzen von Grasflächen. Der große Vorteil ist, dass man ihr so viel oder wenig Aufmerksamkeit schenken kann, wie man möchte. Wirklich unverzichtbar ist nur, zwei- oder dreimal im Jahr zu mähen und den Grasschnitt aufzusammeln. Natürlich braucht man starke Nerven, um den ersten Schnitt, trotz Kritik von außen, bis in den Juli oder August hinauszuzögern, wenn alle Zwiebelblumen, wilden Orchideen und anderen Pflanzen genug Zeit hatten, ihren Wachstumszyklus abzuschließen oder Samen auszuwerfen. Die zerrupfte Optik einer Wiese drei oder vier Wochen vor dem Schnitt ist eine völlig legitime, geplante Unordnung, die ein Ablaufdatum hat.

Die leuchtenden Farben von Zwiebelblumen und anderen bunten Blüten kommen in der kühlen, meditativen Umgebung einer Graslandschaft am besten zur Geltung. Egal wie wild zusammengewürfelt die Blütenpalette ist, die Wirkung wird immer schön sein, solange alles einen natürlichen Eindruck macht. Einen Gärtner damit zu beauftragen, die Blumenzwiebeln so anzuordnen, dass es natürlich aussieht, ist schwierig, wenn nicht gar unmöglich. Entweder setzt er sie in dichten Klumpen rund um einen Baumstamm ein oder die Blüten tauchen im Frühjahr in schnurgeraden Linien auf. Hier muss man also selbst Hand anlegen, denn nur wenn die Abstände zwischen den Zwiebeln variiert werden, vermeidet man verlässlich das Entstehen gerader Linien.

Sonnige Flächen kommen vor einem dunklen Hintergrund am allerbesten zur Geltung, ein Effekt, der mit Bäumen, Sträuchern und vor allem mit immergrünen Pflanzen erreicht wird. Doch die Wiesenfläche selbst sollte man am besten nicht mit hohen oder klobigen Hindernissen unterbrechen. Einzelne kleinere, luftige Laubbäume lassen zu, dass der Blick weiterhin frei über die Wiese schweifen kann, zudem werfen sie nicht allzu viel Schatten auf das Gras und seine floralen Bewohner. Ein Obstgarten mit Hochstämmen liefert einen wunderbaren Hintergrund, vorausgesetzt der Gärtner ist nicht überehrgeizig und vermeidet Düngemittel.

An Stellen, wo neues Gras angesät werden soll, vermeiden Sie allzu grobblättrige Sorten. Abgesehen davon ist es unerheblich, welche Mischung Sie wählen, denn egal was Sie aussäen, am Ende werden sich immer die Gräser und Pflanzen durchsetzen, die für die Umgebung am besten geeignet sind. Bei bereits bestehender Grasnarbe, die aber zu grobblättrig ist oder zu viel Unkraut enthält, muss etwa ein Jahr lang sehr kurz gemäht werden. Nach mehreren Rückschnitten müsste es möglich sein, das Gras mit dem Rasenmäher zu schneiden. Blumen sollten erst später gepflanzt werden.

Danach besteht die regelmäßige Pflege lediglich aus drei Grasschnitten im Jahr: im Juli, Ende August, kurz bevor die Herbstzeitlosen auftauchen, und zum letzten Mal im November, nachdem die Herbstkrokusse und Herbstzeitlosen ihre Blüte beendet haben, jedoch bevor die Narzissen ihre Spitzen weit genug emporgestreckt haben, um Schaden zu nehmen. Auf leichten Böden kann man den zweiten oder dritten Schnitt möglicherweise auslassen. So oder so muss das Gras zusammengerecht und auf den Kompost gebracht werden.

Sie wundern sich vielleicht, warum überhaupt mehr als einmal gemäht werden muss. Das ist erforderlich, damit das Gras nicht zu grob wird und Rispengräser zurückgedrängt werden. Sogar das Wiesen-Knäuelgras kann mit dreimaligem Schnitt weitgehend unterdrückt werden. Außerdem lässt der zweite Schnitt die herbstblühenden Zwiebelblumen besser zur Geltung kommen, während der dritte Schnitt sicherstellt, dass die niedrigeren Frühlingsblüher wie Reifrocknarzissen, Krokusse und Orchideen nicht zu hart ums Überleben kämpfen müssen.

Mit dem ersten Schnitt zu warten, bis die Pflanzen ausgesamt haben, ist essenziell, denn die Idee ist ja, dass die eingesetzten Pflanzen, meist Zwiebelblumen, große Kolonien bilden. Sie sollen verwildern und das Gärtnern für Sie übernehmen. Ihre vorrangige Aufgabe ist es, sie auf den Weg zu bringen und ihnen zu zeigen, wo es hingehen soll. Wenn Ihre Wiese sich in Hanglage befindet, beginnen Sie mit der Pflanzung Ihrer Krokusse, Blausterne, Narzissen, Schachbrettblumen, Apennin-Windröschen und anderen

Pflanzen, die sich durch Selbstaussaat vermehren, am oberen Ende der Böschung. Die Samen neigen dazu, nach unten zu kullern, so beschleunigt sich die Ausbreitung. Bei uns im Garten war das eindeutig zu beobachten: Ein Wassergraben, den wir trockengelegt hatten, hinterließ eine leere Mulde, die aussah wie die Badewanne eines Riesen. Wir bepflanzten lediglich die Seiten, doch der Boden – den wir damals für zu nass hielten, als dass irgendetwas darin wachsen könnte – ist mittlerweile ein Meer aus Zwiebelblumen.

Egal was wir aktiv in unseren Wiesengarten einpflanzen, die hellsten, am schönsten leuchtenden Farbtupfer, die auch am längsten blühen, kommen stets von den Wildblumen. Eine Almwiese, deren Bild nicht durch Düngemittel oder Unkrautvernichter verdorben wurde, ist dafür das klassische Beispiel. Doch auch eine englische Weide, die man völlig in Ruhe lässt und deren Gras für die Heuernte stehen gelassen wird, kann prächtig blühen. Auf unserem schweren und relativ nassen Boden dominieren folgende Pflanzen das Bild: drei Arten von Butterblumen (*Ranunculus bulbosus, R. repens, R. acris*), Wiesenklee, Herbstlöwenzahn (*Leontodon autumnale*) und Margeriten, *Leucanthemum vulgare* (syn. *Chrysanthemum leucanthemum*). Die Population der Margeriten schwankt mit den Jahren sehr stark, was, wie ich vermute, vom Feuchtigkeitsgehalt im Boden im Frühling und Sommer abhängt. Noch früher im Jahr blühen Scharbockskraut, Löwenzahn, Wiesenschaumkraut (*Cardamine pratensis*) und Gold-Hahnenfuß (*Ranunculus auricomus*). Ich erwähne diese schlichten Gewächse, weil sie mit ihren oft riesigen Kolonien eine fantastische Wirkung erzielen können und man dafür den Grundstein legen kann, indem man sich in der umgebenden Natur nach Ideen umsieht und ausprobiert, was am wahrscheinlichsten funktioniert.

Der Zwiebelpflanzer ist ein hilfreiches Werkzeug, das die Arbeit vereinfacht. Man sticht einen Erdpfropfen heraus, der etwa 15 bis 18 cm tief und nicht mehr als 5 cm breit ist. Pflanzer, die noch mehr Erde ausstechen, sollte man meiden, da sie die Arbeit unnötig erschweren. Sollte eine Pflanze oder eine Zwiebel breiter sein als 5 cm, reichen ein paar schnelle Bissen mit dem Pflanzer rund um das bereits gestochene Loch aus, um den Durchmesser zu erweitern. Beim Pflanzen habe ich immer einen Behälter mit alter Blumenerde dabei, mit der ich jedes Loch 5 bis 8 cm hoch auffülle, um nicht nur unseren gelben Ton zu verwenden.

Narzissen sind die idealen Kandidaten für eine Auswilderung. Tatsächlich kann man sie nur auf diese Weise völlig schmerzfrei anpflanzen, weil man den langsamen, hässlichen Verfall der Blätter nach der Blüte nicht mit ansehen muss. Die meisten Narzissen-Hybriden sind der Konkurrenz von Gras problemlos gewachsen, solange während ihrer Vegetationsperiode im April und Mai ausreichend Feuchtigkeit vorhanden ist. Man kann sogar aus der Blühfreude der meisten Zwiebelblumen immer Rückschlüsse auf das Wetter im vorangegangenen Frühling ziehen. Eine trockene Frühlingszeit führt zu einem Ausfall im folgenden Jahr, passiert das mehrere Jahre hintereinander, können die Zwiebeln absterben. Auf leichten Böden lohnt es sich daher, sie während der Wachstumsphase zu gießen.

Aufgrund ihrer Größe liegt es nahe, Narzissen im hinteren Teil einer Wiesenfläche anzusiedeln, den man nur aus einer Richtung betrachten kann. Handelt es sich um eine Grasinsel, kommen sie in die Mitte. Sollten Sie mehrere Wiesenstücke bepflanzen, empfehle ich, die Narzissen-Hybriden in einem Bereich zusammenzufassen, gemeinsam mit Schneeglöckchen und Krokussen, die sich noch früher im Jahr zeigen, und die anderen, kleinwüchsigeren Narzissen-Arten sowie kleinere Zwiebeln und Blumen, die im April oder später blühen, in einem anderen Bereich anzusiedeln. Zweitere werden auf diese Weise durch die unmittelbare Gegenüberstellung mit Ersteren nicht überrollt.

Oft gibt es billige Narzissenmischungen zu kaufen, die ausdrücklich für die Auswilderung gedacht sind, tatsächlich sehen sie aber wesentlich besser aus, wenn man die verschiedenen Sorten in separaten Grüppchen pflanzt und nicht alle wie ein Rührei durcheinandermischt. Die Sommer-Knotenblume, *Leucojum aestivum*, verfügt weitgehend über die gleichen Eigenschaften wie Narzissen, daher passen beide gut zusammen. Der Name ist allerdings irreführend, denn sie blüht schon im März oder April.

Was das Farbspektrum betrifft, sind Krokusse grundsätzlich etwas bunter, und wenn die Hybriden aus den Niederlanden in der Wärme der ersten Märzsonne ihre Blüten öffnen, dürfen wir uns freuen, dass der Frühling zurück ist. Die noch früheren *Crocus-chrysanthus*-Hybriden sowie *C. tommasinianus* gedeihen sehr gut in der Frühlingswiese, während der *C. speciosus* im Herbst besonders schön ist und fleißig aussamt. Auch *Colchicum autumnale* hat im Herbst Saison.

Und wohin mit den Darwin-Tulpen, wenn sie in die Jahre gekommen sind? Pflanzen Sie sie in den Gemüsegarten, und schon sehr bald werden sie sich wie wild vermehrt haben. Danach kommen sie in die Wiese. Dort brauchen sie zwar mehr Zeit, um blühreife Zwiebeln zu entwickeln, doch wenn man reichlich gepflanzt hat, macht das nichts aus. Auch die Tatsache, dass die Blüten, wenn sie dann erscheinen, eher klein sind, ist in dem natürlichen Umfeld eher ein Vorteil. Die gelb blühende, süß duftende *Tulipa sylvestris* wildert so gut aus, dass man sie in die Liste der in Großbritannien heimischen Pflanzen aufnehmen musste. Sie bildet Ausläufer und verbreitet sich auf diese Weise sehr effizient, ohne dass der Gärtner etwas dazu beitragen muss.

In unserem Garten wachsen einige kontinuierlich größer werdende Kolonien von Schachbrettblumen (*Fritillaria meleagris*), sowohl in der dunkelrot karierten als auch in der weißen Form. Es gibt im April kaum einen erfreulicheren Anblick. Die in der Anschaffung günstigen Zwiebeln verschwinden zwar leicht in sandigen oder kreidehaltigen Böden, doch überall dort, wo sie ihre Zehen in feuchten Ton oder köstlichen Schwemmboden stecken können, sollten unbedingt neue Kolonien angelegt werden.

Die Byzantinische Siegwurz, *Gladiolus communis* subsp. *Byzantinus*, sieht mit ihren leuchtenden magentafarbenen Blütenspitzen nirgendwo anders so gut aus wie inmitten von kühlen Grashalmen, während gleichzeitig, im Mai und Juni, die Holländischen Schwertlilien zu blühen beginnen, gefolgt von den rosafarbenen, grauen und weißen englischen Sorten. Bei den Anemonen ist unser heimisches Windröschen ebenfalls nicht zu verachten. Es gedeiht in der Sonne und im Schatten und verfügt über zahlreiche gute Gartensorten, wie etwa die gefüllt weiße 'Vestal' oder die blassblaue 'Robinsoniana'. Die *Anemone apennina*, die entweder blau oder in rosigem Mauve blüht, richtet sich durch Selbstaussaat gleich häuslich ein.

Das Spanische Hasenglöckchen ist ein unverwüstlicher und seit je gern gesehener Gast in Cottagegärten. Es vermehrt sich zu dicken Horsten und blüht praktischerweise gegen Ende Mai, wenn die Zeit der meisten anderen Zwiebelblumen in der Wiese schon vorbei ist. Der exakte Name lautet mittlerweile *Hyacinthoides hispanica,* doch man findet es auch oft unter der Bezeichnung *Scilla campanulata.* Erhältlich ist es in Hellblau, Rosa oder Weiß. Traubenhyazinthen (*Muscari*) behaupten sich ebenfalls sehr gut im Gras, und ihre tiefblaue Farbe schafft im April einen schönen Kontrast zum Gelb der Reifrock-Narzissen. Der Sibirische Blaustern, *Scilla siberica,* ist ein wenig früher dran und leuchtet noch blauer. Er kommt im Gras gut zurecht, vermehrt sich jedoch nicht sonderlich stark, daher pflanze ich jeden Herbst immer um die 100 Stück dazu. Zur selben Familie wie die Blausterne gehört die Essbare Prärielilie, *Camassia esculenta* (*C. quamash*), die von allen Wiesenbewohnern die intensivste Färbung aufweist. Sie erreicht eine Wuchshöhe von etwa 40 cm und trägt im Mai dichte Trauben aus sternförmigen Blüten. Sie lenkt stets alle Blicke auf sich, was mich keineswegs wundert. Der sehr vermehrungsfreudige Stern von Bethlehem, *Ornithogalum umbellatum*, kann in keinem anderen Teil des Gartens unbeaufsichtigt bleiben, nur hier benimmt er sich und erstrahlt in vollem Glanz.

Aus der Familie der Primelgewächse sollten Schlüsselblumen, Primeln und ausgediente Primel-Hybriden, die ihre Pflicht als Frühlingsbeetpflanzen getan haben, frei in der Wiese verteilt werden. Die Mischung wird mit der Zeit durch wiederholte Kreuzungen immer variantenreicher. Die Sommersaison schließt mit einem blauen Meer aus Wiesen-Storchschnäbeln (*Geranium pratense*), die immer noch blühen, wenn im Juli der Grasschnitt ansteht.

Bis dahin haben auch schon die wilden Orchideen geblüht (von April bis Juni), doch sie verdienen ein eigenes Kapitel (siehe unten).

Sollte Ihre Wiesenfläche in manchen Bereichen etwas schütter sein, weil sie im Baumschatten liegt, und der Boden dort eher feucht sein, dann ist das der richtige Platz für Winterlinge, *Eranthis hyemalis*, Schneeglöckchen oder die Hunds-Zahnlilie, *Erythronium dens-canis*, deren nickende, helllila Blüten mit ihren zurückgeschlagenen Blütenblättern sich bereits im März zeigen. Erst danach bildet die Pflanze ihr stark marmoriertes Laub aus. Auch Gämswurzen gedeihen unter solchen Bedingungen vorzüglich. Ihre Horste können zudem ewig in der Erde bleiben, ohne eine Teilung zu erfordern, wie es in einem normalen Blumenbeet der Fall wäre. Ihre etwa 1 m hoch stehenden, gelben Korbblüten bilden einen effektvollen Kontrast zu den weißen Wolken des Wiesen-Kerbels.

Winterharte Orchideen in Wiese und Beet

Eingeflochten zwischen blühende Gräser, Butterblumen, Gänseblümchen, Klee und Löwenzahn präsentiert unser bunter Teppichgarten im April die deutlich hervorstechenden lila Blütenstände des Männlichen Knabenkrauts (*Orchis mascula*) oder im Mai die etwas gedeckteren Blüten des Kleinen Knabenkrauts (*O. morio*). Das größte Spektakel aber ist die gefleckte Blüte von *Dactylorhiza fuchsii*, Fuchs' Knabenkraut, im Juni. Letztere ist eine sehr anpassungsfähige, an unterschiedlichsten Standorten wachsende Pflanze, die aber, wenn man eine Linie mit guten Erbanlagen findet (wofür wir nur in die umliegenden Wälder gehen mussten), bis zu 75 cm groß wird und Blütenkerzen trägt, die farblich von fast Weiß bis hin zu sattem Mauve schwanken. In einer Ecke unserer Wiese lassen wir das Gras immer bis Ende August stehen, damit sie hier die Chance bekommt, auszureifen und ihre Samen, die so fein sind wie Staubkörner, auszuwerfen. Aus reiner Neugierde zählte ich kürzlich alle Exemplare dieser Orchidee, die auf einer Fläche von einem Quadratfuß (ca. 30 × 30 cm) dort in der Wiese wuchsen, egal wie groß oder klein: Es waren 37. Sie war in diesem Teilstück tatsächlich zur dominierenden Pflanze geworden. Ihre Sämlinge tauchen auch in den Blumenbeeten (besonders gern zwischen den Schwertlilien) und in Pflasterritzen im ganzen Garten auf. Ich habe sie in einem Beet an der Nordseite einer Mauer sogar absichtlich mit *Lilium hansonii* kombiniert, der orange-gelben Türkenbund-Lilie. Dort hat die Orchidee dichte Horste mit einem Dutzend Blütenständen ausgebildet, und das in nur zwei oder drei Jahren. So kann sie den frühsommerlichen Exoten ohne Probleme das Wasser reichen.

Wenn heimische Orchideen – auch bescheidenere Arten wie das grün blühende Zweiblatt – im eigenen Garten gedeihen und sich vermehren, ist die Freude riesengroß. Es fühlt sich an wie ein Kompliment der Natur. Die Faszination, die von diesen Pflanzen ausgeht, muss man nicht erklären: Jeder, der sie einmal gesehen hat, kennt das Gefühl. Doch das ist auch der Grund, warum die selteneren, nur an wenigen Standorten vorkommenden Arten immer bedroht sind. Die schlechten alten Zeiten, als Frauenvereine noch großangelegte Ausflüge zum Orchideensammeln organisierten, sind mittlerweile vorbei, doch leider sieht man immer noch vereinzelt Spaziergänger, die ganze Sträuße geköpfter Orchideenblüten bei sich tragen. Dennoch, finde ich, gibt es Situationen, in denen es moralisch vertretbar (wenn auch illegal) ist, wilde Orchideen auszugraben und in den eigenen Garten zu verpflanzen – nämlich wenn sie in der Gegend häufig vorkommen oder davon ausgegangen werden kann, dass eine Kolonie andernfalls zerstört wird.

Eine sinnlose Verschwendung ist der Versuch, Orchideen ansiedeln zu wollen, die normalerweise auf einem ganz anderen Boden wachsen, als Sie zu bieten haben. Auf den in Sussex vorherrschenden Tonböden würden die Hundswurz oder die Händelwurz, die in den Kreideformationen im Süden gedeihen, niemals anwachsen, obwohl sie in Gärten mit hohem Kalkgehalt die vielleicht anpassungsfähigsten Arten sind. Aus ähnlichen Gründen sollte man nicht erwarten, dass die etwas größere Grünliche Waldhyazinthe, *Platanthera chlorantha*, hier viele Jahre überlebt. Normalerweise wächst diese Art auf Kreide- oder Kalksteinböden. Doch vor ein paar Jahren erfuhren wir, dass es in einem Wald nur zwei Dörfer weiter eine Kolonie gibt, die in unmittelbarer Gefahr schwebte. Der Wald, ein gemischter Laubwald, war mit Nadelbäumen aufgeforstet worden, sodass der Unterwuchs und die krautigen Bodenpflanzen, zu denen die Orchideen zählen, bereits am Absterben waren, als ich an Ort und Stelle eintraf.

In diesem Fall zögerte ich nicht lange, welche mitzunehmen, außerdem wusste ich, dass die Grünliche Waldhyazinthe auf ähnlichen Böden gedeiht wie dem unseren, und hatte daher große Hoffnung auf Erfolg. Zwanzig Jahre später kann ich sagen, dass sie sich bei uns im Gras gehalten hat, jedoch ohne sich zu vermehren. Heute wünschte ich, ich hätte versucht, sie in lichterem Gras, etwa unter Bäumen oder in einem kühlen Blumenbeet ohne Konkurrenz durch andere Pflanzen, anzusiedeln. Das ist oft die beste Methode, um einen Bestand auszubauen, damit man danach, wissend, dass es einen gesunden Kernbestand gibt, an Standorten mit mehr Konkurrenz damit experimentieren kann.

Wenn man die Kolonien, die das Kleine Knabenkraut bei uns gebildet hat, aus heutiger Sicht betrachtet, könnte man meinen, es habe sich, als es vor fast 70 Jahren hier angesiedelt wurde, um eine Rettungsaktion gehandelt, doch tatsächlich war die Situation damals eine ganz andere. Auf den alten Weideflächen in der Umgebung wuchs es überall, bevor neue Ackerbaumethoden, die wesentlich häufigeres Umpflügen vorsehen, zum weitgehenden Aussterben der Art führten.

Orchideen haben die seltsame Angewohnheit, immer wieder den Standort zu wechseln. Kaum eine der frühblühenden, lila Arten wächst heute noch dort, wo wir sie eingepflanzt haben. Stattdessen gründeten sie ausgedehnte Kolonien an anderer Stelle. Das Knabenkraut hat hingegen beschlossen, sich – unter anderem – ausgerechnet in jenen wenigen Zentimetern Land anzusiedeln, die unser unterirdisches Wasserreservoir bedecken, gute 130 m entfernt von der ursprünglichen Pflanzstelle. Die weißblühende Herbst-Drehwurz mit dem klingenden lateinischen Namen *Spiranthes spiralis* ist so launenhaft, dass sie plötzlich irgendwo – sogar auf Rasen, der regelmäßig gemäht wird – auftaucht und dort für mehrere Jahre gedeiht, bis sie dann genauso plötzlich wieder verschwindet. Einen so sprunghaften Charakter zähmen zu wollen, ist ein sinnloses Unterfangen.

Möchte man eine wilde Orchidee in den Garten übersiedeln, ist eine Jätkelle das ideale Werkzeug. Der geeignete Zeitpunkt dafür ist eigentlich immer dann, wenn die Pflanze sichtbar ist; wenn sie gerade in Blüte steht, kann man die schönsten Exemplare aussuchen, was bei stark variierenden Arten wie dem Fuchs' Knabenkraut von großem Vorteil ist. Die knollenförmigen Wurzeln der Orchideen reichen selten sehr tief in die Erde und können daher meist unbeschädigt ausgegraben werden, indem man einen Ballen der umgebenden Erde mit aussticht. Wenn die Pflanze dann noch großzügig eingegossen wird, erleidet sie durch den Umzug keinerlei Rückschläge. An dieser Stelle sollte ich noch einmal darauf hinweisen, dass es (seit 1975) verboten ist, Wildpflanzen jedweder Art auszugraben, ohne die Erlaubnis des Landeigentümers oder Besitzers einzuholen.

Ein paar wenige winterharte Orchideen gibt es auch in Baumschulen zu kaufen, was in unseren Zeiten von Gartencentern und standardisierten Produkten ein wenig Mut macht.

Der Waldgarten

Der Geist des Englischen Waldes

Nur wenige Menschen sind in der glücklichen Lage, ein Stück Wald gärtnerisch gestalten zu dürfen, ab und an kommt so etwas dennoch vor, und vielleicht, in sehr kleinem Maßstab, gar nicht so selten, wie man denkt. Schließlich kann schon ein großer Baum im eigenen Umfeld einen Anreiz zum Waldgärtnern schaffen. Daher ist es immer interessant auszuloten, welche neuen Möglichkeiten ein Wald uns eröffnet.

Ein Wald kann, je nach Bodenbeschaffenheit und Klima, ganz unterschiedlich aufgebaut sein. So stellt sich zuallererst die grundsätzliche Frage, wie weit man bei seiner Zähmung gehen will. Gefällt Ihnen Ihr Wald, wie er da steht? Dann wäre es sicher ein Fehler, ihn bis zur Unkenntlichkeit umzugestalten. Besitzt er jedoch wenig eigene Persönlichkeit, ist es durchaus sinnvoll, ihn als Mittel zum Zweck zu benutzen, um verschiedenen Exoten, allen voran Rhododendren, Schutz und Schatten zu spenden.

Lassen Sie uns zunächst den ersten Fall annehmen: Ihr Wald hat Charakter. Jeden Frühling ist der Boden gesprenkelt mit Anemonen, Schlüsselblumen und Hasenglöckchen, die Ihrer Meinung nach auch das dominante Thema bleiben sollen, jedoch weiter ausgeschmückt werden könnten. Diese frühblühenden Zwiebelblumen und krautigen Pflanzen tolerieren recht viel Schatten, weil sie ihr gesamtes Wachstum absolvieren, solange der Wald noch recht hell ist, also bevor die Laubbäume austreiben. Der Frühling ist im Wald sicherlich die reizvollste Jahreszeit, gefolgt von Winter, Herbst und Sommer, in genannter Reihenfolge. Trotzdem werden selbst angestammte Waldpflanzen im Frühling durch ein zu dichtes Dach aus Geäst in ihrem Wachstum gestört.

Die ersten Überlegungen im Waldgarten müssen den bestehenden Bäumen gelten. Diese sind wahrscheinlich zu dicht und tragen einiges an abgestorbenem Holz. Abgeknickte oder umgekippte Stämme sehen oft wunderschön aus, manchmal sind sie aber einfach nur ungepflegt. Beurteilen kann man das am ehesten im Winter, wenn die Form eines Baumes in ihrer Gesamtheit sichtbar ist und man ihn von allen Seiten auf seine Fehler und Vorzüge hin untersuchen kann. Treffen Sie keine übereilten Entscheidungen, nicht alles Ausdünnen muss gleich am Anfang erfolgen. Ganz und gar nicht. Wahrscheinlich reicht es, Ihren Wald jeden Winter ein bisschen auszuschneiden. Manchmal ist es schon genug, nur die untersten Äste zu entfernen, damit man sich nicht eingeengt fühlt und Form und Struktur eines Baumstammes besser zur Geltung kommen.

Was die Sträucher in Ihrem Wald betrifft, so handelt es sich dabei wohl meist um überflüssigen Bewuchs, zumindest im Sinne der optischen Gestaltung, der entfernt werden sollte. Das gilt vor allem für Brombeeren, aber auch für Brennnesseln. Bei Weißdornsträuchern müssen Sie nicht automatisch davon ausgehen, dass sie zu entfernen sind. Es reicht vielleicht, sie ordentlicher zu gestalten, danach sind sie ausgezeichnete Kletterhilfen für Waldreben, Baumwürger oder Geißblätter. Wenn Sie Pfaffenhütchen (*Euonymus europaeus*) vorfinden, behandeln Sie sie gut. Mit etwas zusätzlichem Licht trägt die Wildform reichlich Beeren und dient opulenteren Cultivaren wie etwa 'Red Cascade' als nützlicher Bestäuber. Stechpalmen sehen in einem Wald immer gut aus, irgendwie »düster und heiter zugleich«, wie Gertrude Jekyll sie einmal beschrieb. Die Blätter vertreiben mit ihrem Glanz jede Tristesse, und der Stamm eines älteren Exemplars ist ein schönes Gestaltungselement, wenn man ihn regelmäßig von überflüssigen Trieben befreit.

Als unkomplizierte Ergänzung eines Waldstücks, dessen Charakter man bewahren will, eignen sich meist Zwiebelblumen oder krautige Pflanzen mit niedrigem Wuchs. Bunte Primeln passen gut ins Bild und kreuzen sich mit den Wildarten. Von unserem heimischen Buschwindröschen (*Anemone nemorosa*) gibt es eine stark wuchernde Kulturvarietät namens 'Robinsoniana', die große, blassblaue Blüten ausbildet, während 'Vestal' rein weiß ist, eine adrette, gefüllte Blütenmitte aufweist und etwas später blüht.

Dann dürfen natürlich die Veilchen nicht fehlen: einerseits die süß duftende *Viola odorata* in ihrer weißen, rosa, aprikosenfarbenen, helllila und violetten Form, aber auch die sommergrünen nordamerikanischen Arten *V. cucullata* und *V. septentrionalis*, mit ihren größeren, sich später öffnenden Blüten. Einen Blick wert sind auch alle Arten von Hundsveilchen, zu denen die *V. riviniana* 'Purpurea' gehört, die manchmal auch unter dem Namen *V. labradorica* zu finden ist und nicht nur violette Blüten, sondern auch violette Laubblätter aufweist.

Winterlinge, *Eranthis hyemalis*, lassen sich am leichtesten unter Bäumen ansiedeln, wo sie nicht mit dichtem Gras in Konkurrenz treten müssen. Mit etwas Glück bilden sie irgendwann einen dichten, gelben Teppich. Auf ihre Blüte folgt sehr bald das Kleine Schneeglöckchen, das ein echter Waldbewohner ist. Wenn man einmal einen Wald voller Schneeglöckchen gesehen hat, ist das ein Erlebnis, das man nicht so schnell vergisst. Pflanzen Sie sie jedoch nicht in leichte, trockene Erde. Die Vorstellung, Schneeglöckchenzwiebeln für eine neue Pflanzung zu kaufen, finde ich haarsträubend. Wenn sie aus der Erde genommen und getrocknet werden, bedeutet das für sie einen schrecklichen Rückschlag. Die meisten Gärtner sollten doch die Möglichkeit haben, sich einen dicken Klumpen frischer Zwiebeln aus einem bestehenden oder verwilderten Garten zu besorgen. Sie sollten unmittelbar nach der Blüte, also bereits im März, ausgehoben, vereinzelt und wieder eingepflanzt werden. Alternativ dazu gibt es auch Gärtnereien, die sich darauf spezialisiert haben, zur eben genannten, richtigen Zeit »grüne« Schneeglöckchen zu verschicken.

Will man Narzissen auf Waldboden auswildern, sollte man die überzüchteten, riesigen Sorten mit den dicken Stängeln, breiten Blättern und pompösen, fleischigen Blüten, die es heute gibt, möglichst meiden. Diese Kultursorten sehen gut aus, wenn sie, wie man es in Holland oft sieht, unter Bäumen in riesigen Freiluft-Gartenschauen zum Einsatz kommen, doch dabei werden im Grunde fertige Blumen in Beete gepflanzt, etwas anderes gibt man auch gar nicht vor. Mit dem Geist des Englischen Waldes hat das jedenfalls rein gar nichts zu tun.

Wer im Frühling schon einmal die Gärten der R. H. S. in Wisley besucht hat, stand dort gewiss neidisch vor den Kolonien von Alpenveilchen-Narzissen, *Narcissus cyclamineus,* die zwischen den Bäumen des Waldgartens blühen. Ein Schauspiel, das nicht einmal besonders viel kostet. Die heimische Osterglocke *N. pseudonarcissus* ist für unseren Zweck eine der besten Arten: Sie ist von Natur aus ein Waldgewächs, obwohl sie sich unter freiem Himmel ebenso wohlfühlt.

Die Hunds-Zahnlilie, *Erythronium dens-canis,* ist teurer, als es zunächst scheint, denn ihre krallenförmigen Knollen schrumpeln während der Lagerung massiv ein und sind meist in einem sehr schlechten Zustand, wenn sie aus der Gärtnerei kommen. Sie sollten sie nach Erhalt sofort einsetzen und mit einer recht hohen Sterblichkeit rechnen. Trotzdem lohnen sie den Aufwand. Ihr idealer Standort ist unter Laubbäumen im Schutz herabgefallener Blätter, oder in lichtem Gras mit Herbstlaub. Doch der Boden sollte nie zu trocken sein. Andere Arten aus der Erythronium-Gattung sind ebenfalls einen Versuch wert. Hat man sie so weit gebracht, dass sie Samen ausbilden, kann der Bestand drastisch (wenn auch nicht im Handumdrehen) erhöht werden, und die Pflanze wird sich auch selbstständig durch Ableger zu großen Horsten vermehren. *E. tuolumnense* ist leuchtend gelb, so auch die widerstandsfähigere Hybride 'Pagoda', die von ihr abstammt. Die Sorte wird bis zu 45 cm hoch und ist preislich fair.

Der Krokus »par excellence« für einen naturbelassenen Waldgarten ist *Crocus tommasinianus*, der im Februar dichte Kolonien aus schlanken lila Blüten ausbildet, wobei die Farbgebung stark variieren kann. Die Sorte samt sich kräftig aus.

Waldlilien sollten Sie unbedingt versuchen, ganz besonders die großblütige *Trillium grandiflorum*, deren auffällige, weiße Blütenblätter im Dreieck angeordnet sind. Für sie lohnt es sich, an einem feuchten, halbschattigen Standort ein Beet mit blätterreicher, torfhaltiger Erde anzulegen. Man sieht diese Pflanze bei uns nur selten, doch sie hat eine unübersehbare Ähnlichkeit mit unserer heimischen Einbeere (*Paris*), die in alkalischen Waldböden wächst und tatsächlich eine Verwandte ist. Als gute Gesellschaft würden sich Salomonssiegel, das recht ähnliche Duftsiegel, *Smilacina racemosa*, oder Maiglöckchen anbieten, die ausgezeichnete Waldsiedler sind. Unter den vielen Farnen, die sich hier eignen würden, bevorzuge ich diejenigen, die sich durch kriechende Rhizome vermehren und ganze Wedelkolonien bilden. Der immergrüne Rippenfarn *Blechnum chilense* (*B. tabulare*) ist besonders effizient.

Wildblumen sorgen immer wieder für neue Ideen. Ich werde zum Beispiel nie das leuchtende Gelb der Sumpfdotterblumen, *Caltha palustris,* vergessen, die in den Wäldern am Rand der Yorkshire Moors in der Nähe von Kirby Moorside gedeihen. Wenn der Boden feucht genug ist, kommen sie auch unter Bäumen gut zurecht. Verschiedene Bestandteile aus Kreide und Kalkstein tragen dazu bei, dass sie sich auf den unterschiedlichsten Böden wohlfühlen. Ein anderes Beispiel ist der Waldmeister, *Galium odoratum* (syn. *Asperula odorata*), der im Mai ganze Teppiche aus weißen Blüten und saftigfrischem Grün bildet. Die Stinkende Schwertlilie, *Iris foetidissima*, hat manchmal etwas schlampig wirkende Blätter, was die orange leuchtenden Samen im Herbst allerdings mit Leichtigkeit wettmachen. Mittlerweile ist auch eine Sorte mit panaschierten Blättern erhältlich. Ebenso sollte man eine Kolonie *Iris japonica* auf den Weg bringen, denn ihre helllila Schmetterlingsblüten sorgen im Mai für elegante Farbtupfer. Auch Christrosen lieben kalkhaltiges Erdreich, und hier zählt unsere heimische *Helleborus foetidus* sicherlich zu den besten Arten. Doch egal welche Christrose – in einem natürlichen Waldgarten sehen sie alle gut aus, besonders aber die Hybriden der Orientalischen Nieswurz *H. orientalis*, auch Lenzrosen genannt.

Der Geaderte Aronstab, *Arum italicum* 'Marmoratum' (syn. *A. i.* 'Pictum'), zeigt sein schlängelndes Laub vom Herbst bis in den Juni, etwa zeitgleich mit dem Herbst-Alpenveilchen, *Cyclamen hederifolium*, das mit der Blüte in die Wachstumssaison startet und erst danach seine marmorierten Blätter ausbildet, die bereits im Mai wieder einziehen. Das duftende Geschweiftblättrige Alpenveilchen, *C. repandum*, das seine fröhlich roten Blüten im Frühling öffnet, lohnt einen Versuch an einem »besonderen Plätzchen«, wie wir Gartenautoren gern sagen und dabei klingen wie Immobilienmakler.

Manche krautigen Pflanzen sind immergrün, zum Beispiel die Elfenblumen (*Epimedium*). Sie sind dezent beblättert, das junge

Laub besitzt oft einen herrlichen Bronzeschimmer. Alte Laubblätter werden mit der Zeit unansehnlich und sollten im Frühling entfernt werden, kurz bevor das neue Laub und die Blüten sich öffnen. Absurderweise gehören diese Pflanzen zur Familie der Berberitzengewächse, doch wenn ich ihre Blüten mit einer bekannten Art vergleichen müsste, würde ich eher auf die Wiesenraute tippen. Die bekannteste Elfenblume ist *Epimedium pinnatum*, deren primelgelbe Blüten sich im April öffnen. Sie wird nur etwa 30 cm hoch, ist aber eine unwahrscheinlich zähe und anspruchslose Pflanze. Insgesamt gibt es an die hundert Arten und Sorten, in allen möglichen Schattierungen von Gelb, Orange, Pink, Lila und Weiß. Sie wären ein sehr interessantes Thema für Sammler.

Bergenien sind für die Waldumgebung zu plump und schwer, doch ein anderes Mitglied der Steinbrech-Familie, die Herzblättrige Schaumblüte, *Tiarella cordifolia*, ist hier ganz in ihrem Element. Ihr niedriges, immergrünes Laub wächst in üppigen Büscheln und verbreitet sich über kurze, oberirdische Wurzelausläufer. Die Bezeichnung »Schaumblüte« ist passend; wenn im April und Mai massenweise verzweigte Rispen mit winzigen, weißen Blüten erscheinen, macht sie ihrem Namen alle Ehre. Die verwandte Falsche Alraunenwurzel, *Tellima grandiflora*, ist eine horstbildende Pflanze, verbreitet sich aber über Selbstaussaat. Die etwa 90 cm hohen Blütentrauben wirken mit ihren grünen Glocken äußerst lieblich und dezent, fast zu dezent für einen Ziergarten, doch in dem gewollt unprätentiösen Umfeld unseres Waldgartens mit Schlüsselblumen, Hasenglöckchen und Buschwindröschen sind sie genau richtig. Die Hauptattraktion der Pflanze ist ihr muschelförmiges Laub, das sich im Winter rötlich mit dunkleren Blattadern färbt. Bei *T. g.* Rubra-Gruppe (syn. *T. g.* 'Purpurea') zeigt sich die Färbung sogar noch deutlicher.

Welche Bodendeckerpflanzen in diese spezielle Waldumgebung einziehen dürfen, muss sehr gut überlegt sein. Ich sorge mich hier nicht um gemäßigte Wucherer wie Maiglöckchen oder Farne wie den bereits beschriebenen *Blechnum chilense*, sondern um echte, alles schluckende Eroberer, die mit ihrem üppigen, ganzjährigen Grün einfach zu aggressiv gegenüber anderen Pflanzen sind. Das gilt zum Beispiel für das Großkelchige Johanniskraut, *Hypericum calycinum*, und das Großblättrige Immergrün, *Vinca major*. Diese Arten wachsen zwar gut im Schatten, blühen aber in der Sonne wesentlich freizügiger und sind daher an einer warmen, schwer zu bepflanzenden Böschung mit freiliegendem Unterboden besser platziert.

Panaschierte Spielarten von grünblättrigen Pflanzen sind weniger kräftig und machen schattige Bereiche tendenziell saurer. Die Versuchung, sich bei der Bodenbepflanzung zu gemischtfarbigen Efeu- und Immergrünsorten hinreißen zu lassen, ist nur allzu verständlich. Doch im gärtnerisch schwierigen, trockenen Schatten einer Birke zum Beispiel werden Sie auf andere Pflanzen zurückgreifen müssen, etwa die Silberblättrige Goldnessel, *Lamium* (syn. *Lamiastrum*) *galeobdolon* 'Variegatum', den Japanischen Ysander, *Pachysandra terminalis*, der zumindest mit hübschem, frisch grünem Laub aufwarten kann, oder die Balkan-Wolfsmilch, *Euphorbia amygdaloides* var. *robbiae*, deren Blätter zwar von allerdunkelstem Grün sind, im Frühling jedoch hellgrün hervorstechende Blüten tragen. Sie alle sind wahre Wucherer.

Unsere heimische, im Wald vorkommende mandelblättrige Wolfsmilch, *E. amygdaloides*, benimmt sich insgesamt vorbildlicher, indem sie einen kompakten, niedrigen Busch bildet und keine sonstigen Unsitten an den Tag legt. Sie ist mit ihren marmorierten Blättern zudem hübsch anzusehen. Einige Vertreter der *E. characias* oder *E. c.* subsp. *wulfenii* wären sicher ebenfalls passend. Sie sind etwas höherwüchsig, bis zu 1,20 m.

Außerdem schweben mir noch drei Seidelbast-Arten vor: Der heimische, kalkliebende Lorbeer-Seidelbast, *Daphne laureola*, ist in seinem immergrünen Kleid stets ein stiller Blickfang, während der sehr ähnliche, etwa 90 cm hohe Pontische Seidelbast, *D. pontica,* im Mai grüne Blütenbüschel trägt, die nachts einen starken Duft verströmen. Wobei man sich nachts nicht unbedingt im Wald aufhält. Der Gewöhnliche Seidelbast, *D. mezereum,* erfüllt die Luft von Februar bis April rund um die Uhr mit seinem Duft, wenn das Wetter mild ist. Manch einer lehnt die Art wegen ihrer nicht durchwegs makellosen rosalila Blütenbüschel ab, doch dieses Merkmal ist typisch für die Pflanze und sieht im Kontext des Waldes und der Jahreszeit absolut passend aus.

Der Stechende Mäusedorn, *Ruscus aculeatus,* (ebenso auf kalkreichen Waldböden beheimatet) ist eher kurios als hübsch, doch seit Floristen ihn für Blumenarrangements entdeckt haben, ist er die Beliebtheitsskala rasant hochgeklettert. Wenn Sie jeweils eine männliche und eine weibliche Pflanze ergattern können, bilden diese hübsche karminrote Beeren auf den dunklen, stacheligen Zweigen. Alternativ können Sie auch eine einhäusige Züchtung (mit Blüten beider Geschlechter an einer Pflanze) kaufen, die unter dem Namen *R. a.* hermaphrodite oder *R. a.* 'Wheeler's Variety' gehandelt wird. Ein enger Verwandter ist der wesentlich attraktivere Traubendorn *Danae racemosa,* dessen Erscheinungsbild ein wenig an Bambus erinnert. Er wächst bis 90 cm hoch, bildet einen kompakten Strauch und bleibt das ganze Jahr über herrlich grün. Alte Zweige sollten im Frühling an der Basis abgeschnitten werden, um für die neuen Triebe Platz zu machen.

Die Gewöhnliche Mahonie, *Mahonia aquifolium,* ist ein Exot, der früher als Unterschlupf für Fasane gepflanzt wurde, und – ganz im Gegensatz zu dem Vogel – in englischen Wäldern aussieht, als wäre er hier zu Hause. Die Pflanze bildet über Ausläufer ein niedriges Dickicht und ist stets ansehnlich. Ihr glänzendes, gefiedertes Laub färbt sich im Winter rötlich. Im Frühling öffnen sich dichte, gelbe, duftende Blütentrauben, die an Berberitzen erinnern.

Abschließend sollte ich vielleicht noch ein paar Worte zum Thema Wildkaninchen sagen. Gärtnerischer Handlungsspielraum dezimiert sich drastisch, wenn zwei oder drei Kaninchen sich zusammentun, um Ihre Gartenpläne zu durchkreuzen. Eine Drahtumzäunung für die einzelnen Pflanzungen sieht fürchterlich aus, und einem solchen Vorwurf wollen wir uns natürlich nicht aussetzen, wo wir doch darauf abzielen, ein attraktives Naturbild zu schaffen. Es gibt einige kaninchensichere Pflanzen, eine vollständige Liste könnte ich Ihnen aber unmöglich nennen. Zum einen habe ich seit dem Ausbruch der Myxomatose nie mehr schlechte Erfahrungen mit hungrigen Kaninchen gemacht, und zum anderen haben Wildkaninchen oft ganz unterschiedliche Gelüste: Möglicherweise rühren sie die wilden Fingerhut-Arten nicht an, dafür aber die Züchtungen, die Sie neu angesiedelt haben. Die gute Nachricht ist, dass viele Rhododendron-Arten immun zu sein scheinen, außerdem habe ich noch nie gehört, dass Kaninchen Schneeglöckchen oder Narzissen fressen. In Graham Thomas' Büchern über Stauden und Sträucher finden sich einige gute Aufzählungen zu diesem Thema.

Waldgärtnern mit Rhododendren

In der Waldlandschaft bestand die Grundidee darin, den Charakter und das Flair, die von Natur aus dort vorhanden waren, auszubauen und nicht zu zerstören. Aspekte wie Winterhärte und Pflanzenschutz sind bisher noch nicht zur Sprache gekommen. Sämtliche bis jetzt besprochenen Pflanzen sind winterhart. Außerdem sind alle, mit Ausnahme des Ysanders, kalktolerant. Viele davon stammen tatsächlich aus kalkhaltigen Böden, kommen aber mit verschiedenen anderen Bedingungen ebenso zurecht.

Wir betreten jetzt ein völlig anderes Terrain: die Welt der Rhododendren und ihrer Begleitpflanzen. In Großbritannien, wo eher in Maßstäben von Hektar gemessen wird als in wenigen Quadratmetern, ist dies die häufigste Form des Waldgärtnerns. Die naheliegende Erklärung dafür ist, dass die Besitzer solcher riesigen Gärten vom Rhododendron-Fieber befallen sind. Sie haben eine Sammelleidenschaft entwickelt und wollen so viele der besten und modernsten Sorten anpflanzen, wie sie herbeischaffen und sich leisten können. Untereinander sind sie in starkem Teamgeist und wohlmeinender Konkurrenz verbunden. Wenn Sie diese Atmosphäre einmal aus nächster Nähe aufsaugen wollen, begeben Sie sich am ersten Tag einer Rhododendren-Ausstellung in die Halle der R. H. S., am besten zur Mittagszeit, und bestaunen dabei nicht unbedingt die Rhododendren, sondern die (mittlerweile weniger gewordenen) Gentlemen, die dort versammelt sind. Hier finden sie noch echte Leidenschaft.

Es heißt, nicht ganz zu Unrecht, dass der Sammelwahn bei Rhododendren das Antlitz britischer Gärten stark verändert und eine Vielzahl von exotischen, aber formlosen »Waldgärten« hervorgebracht habe. Aber tendieren Pflanzenliebhaber jeder Couleur nicht immer schon zu Formlosigkeit in der Gartengestaltung? Es kommt selten vor, dass jemand zugleich ein gutes Pflanzenverständnis und ein Auge für Ästhetik mitbringt.

Dennoch sollten wir vor diesen Sammlern den Hut ziehen, immerhin sind sie die Schutzherren und -frauen einer Gattung, die uns einige der herrlichsten Sträucher beschert, die es gibt. Viele der schönsten Arten brauchen sehr lange, bis sie ausgewachsen sind. Es kann durchaus vorkommen, dass Sie zehn oder gar vierzig Jahre warten müssen, bis Sie Ihren Rhododendron zum ersten Mal blühen sehen. Das erfordert ein selten anzutreffendes Ausmaß an Geduld, aber unter Rhododendron-Fans werden Sie es finden. Ebenso selten ist die Hartnäckigkeit, mit der vorwiegend nicht-professionelle Gärtnerinnen und Gärtner viel Arbeit in neue Rhododendron-Züchtungen stecken, oft mit dem lobenswerten

Ziel, die Schlichtheit und natürliche Schönheit zweier Elternarten zu einem leicht zu kultivierenden, aber widerstandsfähigen Nachwuchs zu vereinen. Die Züchtung von Hybriden zielt auch oft darauf ab, in der nächsten Generation eine größere Blüte mit mehr Blühkraft hervorzubringen, doch im Reich der Rhododendren ist genug Platz für jeden Geschmack.

Tatsächlich ist diese Gattung, der auch alle Azaleen angehören, in ihrer Bandbreite und Vielfalt überaus beeindruckend. Egal welche speziellen Merkmale man sucht, der Rhododendron kann eigentlich alles: Es gibt ihn als Baum; mit spezieller Rindenfarbe und -textur; mit gezielter Farbe, Form oder Struktur des Blattes; mit besonderer Herbstfärbung; einer sich über gut acht Monate erstreckenden Blühsaison; mit einer bestimmten Blütenfarbe, die mit Ausnahme von purem Blau alle anderen Schattierungen annehmen kann; mit besonders großen, speziell geformten oder, last but not least, gut duftenden Blüten. Wahrscheinlich lassen sich in der Sorte Ihrer Wahl mehrere dieser Kriterien vereinen. Aber ich wünschte, die Rhododendron-Enthusiasten wären ein wenig kritischer: Die Lobeshymnen sind für meinen Geschmack stets etwas zu einstimmig. Rhododendren haben beträchtliche Schwachstellen, wie andere Pflanzen auch. Zum Beispiel kann ihr oft recht düsteres Laub tödlich sein, und einige der beliebtesten, grell bunten Azaleen-Arten sollten ähnlich kritisch betrachtet werden wie die zurzeit so modernen Tagetes, nur vielleicht mit noch mehr Zurückhaltung, denn die Tagetes sehen in einem Blumenbeet noch einigermaßen angemessen aus, während das Ansinnen, mit Azaleen einen Naturwald aufstylen zu wollen, einfach zu viel des Guten ist.

Lassen Sie uns nun die Voraussetzungen für einen Waldgarten mit Rhododendren betrachten. In diesem Fall ist der ursprüngliche Wald nicht mehr maßgeblich. Außer den Bäumen, die stehen bleiben dürfen, damit sie genug, aber keinesfalls zu viel Schatten und Schutz gewährleisten, können Sie (und wollen Sie wahrscheinlich) auf alle Gewächse des ursprünglichen Waldes verzichten. Auch die erlesensten Rhododendren brauchen Schatten und einen geschützten Standort. Vor allem Windschutz ist wichtig. Nur wenn die Luftmassen in Bodennähe ruhig sind, während in den Baumwipfeln ein Sturm tobt, kann man auf das erfolgreiche Gedeihen eines *Rhododendron sinogrande* oder einer anderen großblättrigen Rhododendronart hoffen. Daher ist an den Waldrändern eine dichte Bepflanzung mit widerstandsfähigen, windabsorbierenden Sträuchern erforderlich, etwa mit *R. ponticum*, Kirschlorbeer, Eiben oder bestimmten anderen Koniferen, etwa Sitka-Fichten, die mit der Zeit auch zu Bäumen werden können.

Der Boden muss sauer und vorzugsweise durchlässig sein. Wenn er torfig ist, umso besser, ansonsten ist es unerlässlich, Herbstlaub und Farnwedel einzuarbeiten. Zum Beispiel kann man Blätter, die von Gartenwegen oder anderen pflanzenfreien Flächen gekehrt wurden, als Mulchschicht um die Rhododendren häufen. Damit sie vom Wind nicht gleich wieder fortgeblasen werden, sollte man sie befestigen, am besten mit Farnwedeln, die stabil in Position bleiben und dann selbst zum Mulch werden. Auf diese Weise bleiben die Wurzeln der Rhododendren den ganzen Sommer über kühl und feucht und sind vor dem Austrocknen geschützt

Idealerweise eröffnet ein Waldgarten mit Rhododendren verschiedene Blickperspektiven, in denen die Objekte so schmeichelnd angeordnet sind, dass der Betrachter sich niemals eingeengt oder in nicht enden wollenden, hohen Vegetationstunneln gefangen fühlt. In den Sheffield Park Gardens in Sussex dienen die Uferbereiche mehrerer Seen den Rhododendren, Koniferen und anderen Bäumen als Hintergrund und Spiegelfläche. Wenn die Einbettung von Wasserflächen nicht möglich ist, können Lichtungen oder Freiflächen angelegt werden, die unseren Blick über einen Teppich aus wilden Narzissen und vorbei an einigen Weißbirken auf den Rahmen aus Rhododendren lenken.

Versuchen Sie stets, ihre Pflanzen vorteilhaft zu präsentieren. Zu geringe Abstände zwischen den Pflanzungen sind ein häufiger Fehler, der aber keineswegs fatal ist, denn Rhododendren haben zum Glück ein weitverzweigtes Wurzelsystem, das uns ermöglicht, auch ältere, gut eingewachsene Pflanzen erfolgreich umzusiedeln. Solange Sie also bereit sind, die Karten neu zu mischen, wenn es vonnöten ist, besteht kein Grund zur Panik.

Eine weitere Tatsache, die Sie kennen sollten, ist, dass viele speziellere Rhododendren nur jedes zweite Jahr mit einer üppigen Blüte aufwarten, selbst wenn die welken Blütenstände immer sofort und konsequent abgeknipst wurden (was dennoch sicherlich eine gute Idee ist, wenn Sie etwas Zeit übrig haben). Und selbst wenn der Strauch jedes Jahr blühen sollte, ist er dennoch elf von zwölf Monaten blütenlos, insofern zählt eine schöne Blattform, die Ihnen das ganze Jahr über Freude bereitet, zu den wichtigsten Aspekten bei der Auswahl des richtigen Rhododendrons.

Großblättrige Arten erfüllen diesen Anspruch mit Sicherheit: Sie sind äußerst edel und wachsen mit der Zeit zu sehr großen Exemplaren heran. Geben Sie ihnen den geschütztesten Standort, den sie zur Verfügung haben. Zwei recht einfache Arten sind *Rhododendron falconeri* und *R. macabeanum*. Letzterer besitzt Blätter mit einer blassgrauen, filzigen Unterseite. Die einzelnen Blätter können bis zu 30 cm lang werden, doch das Blattwachstum hängt sehr stark vom Klima ab: je feuchter, desto größer. Die Blüten, die sich bereits im März öffnen, sind glockenförmig und blassgelb mit einem roten Punkt in der Blütenmitte.

R. falconeri zählt zu jenen eindrucksvollen Exemplaren, die an der Unterseite des Blattes ein rostbraunes Indument (also eine Behaarung) aufweisen. Ihre Blüten, die sich zeitig im Frühjahr öffnen, sind weiß mit einem dunkleren Punkt. Ein ähnliches, wenn auch wesentlich kleineres Blatt besitzt der *R. mallotum*. Seine Blüten sind jedoch dunkelrot. Eine weitere Sorte mit rostbraun behaarter Blattunterseite, die allerdings nicht übermäßig winterhart ist und daher guten Schutz braucht, ist *R.* 'Sir Charles Lemon'. Er erreicht manchmal Höhen von über 6 m und hat einen aufrechten Wuchs. Die jungen Blätter wachsen zudem schräg nach oben, sodass die warme Farbe ihrer Blattunterseite mühelos bewundert werden kann. Die Blüten (nicht allzu üppig) sind in diesem Fall weiß.

Ganz anders präsentieren sich im Vergleich jene Rhododendren-Arten, deren rundes, weiches Laub oft einen wächsernen Blauschimmer aufweist. Dieser Wachseffekt schwankt jedoch sehr stark von einem Exemplar zum anderen, daher ist es ratsam, die Pflanzen in der Baumschule persönlich auszusuchen. Die Blaufärbung tritt meist am deutlichsten bei jungen Blättern auf, doch der *R. concatenans* (mittlerweile lautet der korrekte Name *R. cinnabarinum* subsp. *xanthocodon* Concatenans-Gruppe) trägt das ganze Jahr über eine besonders deutliche Blauschattierung. Die Art bildet einen schönen, ausladenden Busch mit etwa 1,50 m Höhe, geschmückt mit relativ kleinen, abgerundeten Blättern. Zwischen April und Mai öffnen sich die trompetenförmigen Blüten in einem warmen Aprikosenton. Eng verwandt ist die Art auch mit *R. cinnabarinum*, der ähnlich geformte, typischerweise orangerote Blüten trägt, doch einige ausgezeichnete Cultivare tragen matte oder glänzende Blüten in Rot, Pink, Koralle, Gelb oder Lachs. Sorten, nach denen man Ausschau halten sollte, sind hier *R. cinnabarinum* Roylei-Gruppe, Royal-Flush-Gruppe, 'Lady Rosebery' und 'Lady Chamberlain'. Deren Blätter sind nicht so auffällig gefärbt, aber dennoch schön geformt und überdies duftend.

Auch *R. thomsonii* reiht sich in die Riege jener Rhododendren ein, deren Blatt im jungen Zustand grünblau gefärbt ist. Die blutroten Blütenglocken erscheinen im März. Die Pflanze wächst zu einem hohen Strauch heran, dessen langer Stamm mit einer glatten, rötlichen Rinde besticht. Besonders schön ist die Kombination mit der Kahlen Scheinhasel, *Corylopsis glabrescens*, einem laubabwerfenden etwa 3,5 m hohen Strauch, der im März noch vor dem Austrieb der Laubblätter gelbe, herabhängende Blütentrauben mit Zitronenduft hervorbringt. Apropos gelb: Eine der besten gelben Rhododendron-Arten ist eine Verwandte des *R. thomsonii*, mit herzförmigen Blättern und blauen Blattunterseiten. Sie trägt den Namen *R. campylocarpum* und öffnet im April ihre weit geöffneten, hellgelben Blütenglocken.

R. williamsianum wird lediglich 60 cm hoch und weist zierliche, runde Blätter auf, die im jungen Zustand kupfern gefärbt sind und dem üppigen Strauch ein attraktives Aussehen verleihen. Für eine schöne Blüte aus gleichmäßig verteilten hellrosa Glocken benötigt die Pflanze jedoch eine große Portion Licht. Für mich eine der erlesensten Rhrododendron-Arten überhaupt. Der *R. orbiculare,* der eine Wuchshöhe um die 2 m erreicht, ist die größere Version davon, seine pinkfarbenen Blüten enthalten aber zu viel Mauve. Es gibt jedoch einige ausgezeichnete Hybriden beider Arten, die noch dazu pflegeleicht sind.

Abgesehen von den Blatteigenschaften suche ich tendenziell nach Rhododendren, die entweder besonders früh oder besonders spät blühen, oder solchen, die einen besonders fruchtigen oder süßen Duft verströmen. Aber das ist ein Thema, bei dem ich allzu leicht vom Hundertsten ins Tausendste komme.

Azaleen mit Maß und Ziel

Was ist eigentlich eine Azalee? Wir alle glauben zu wissen, was damit gemeint ist, aber bei dem Versuch, das Wort zu definieren, geraten wir in Schwierigkeiten. Es ist eine simple Tatsache, dass alles, was wir gern Azalee nennen, aus botanischer Sicht ein Rhododendron ist. Doch das Wort »Azalee« ist so viel schöner und wird schon deshalb nie aus dem allgemeinen Sprachgebrauch verschwinden. »Rhododendron« klingt dagegen schwerfällig und plump.

Die Azalee verspricht, die leichte Eleganz eines Vogels, eines Schmetterlings und einer Blume in sich zu vereinen. Damit der Strauch den Erwartungen, die sein Name weckt, gerecht werden kann, sollten seine Blüten nicht zu mickrig, dicht gedrängt oder gar zimperlich sein, sondern mittelgroß, gut verteilt und von heller Farbe. Idealerweise schmücken sie einen Strauch, dessen Blätter sich noch nicht entfaltet haben oder noch recht klein und glänzend grün sind. Jene Art, die diese hohen Anforderungen am besten erfüllt, ist *Rhododendron schlippenbachii*. Was für ein Name! Die Unzulänglichkeit des Menschen ist wahrlich unerschöpflich … Aber lieber arrangiere ich mich mit Baron von Schlippenbach, als noch so eine nichtssagende Plattitüde wie 'Pink Perfection' ertragen zu müssen.

Die Pflanze selbst blüht in reinem, sanftem Rosa. Sie macht einen zerbrechlichen Eindruck und braucht den Schutz des Waldes, damit ihre Aprilblüte nicht von Spätfrösten in Mitleidenschaft gezogen wird. Später nimmt das Laub eine kräftige, facettenreiche Herbstfärbung an. *R. albrechtii* zeigt zur selben Zeit leuchtend karminrote Blüten auf einem großen, lichten, sommergrünen Busch, der besonders frisch wirkt. Die Blüte des lavendelfarbenen *R. mucronulatum* erscheint bereits im Februar oder früher. Es handelt sich dabei nicht um eine Azalee im Sinne der botanischen Definition, doch für Normalsterbliche sieht die Pflanze durch und durch wie eine Azalee aus. Der Strauch an sich ist ausreichend winterhart, seine Blüten sind jedoch von so filigraner Textur, dass sie sehr leicht dem Frost zum Opfer fallen und daher unbedingt einen geschützten Platz brauchen. Mit einer Pflanze wie dieser nimmt man gern ein Risiko in Kauf, schließlich wird man bei milder Witterung überreich belohnt. In Wuchsform und Blatt ist der Strauch eher gewöhnlich.

Das gilt auch für *R.* 'Praecox'. Er trägt zwar das »Prädikat«, immergrün zu sein, was die meisten Gärtner hierzulande voraussetzen, er würde aber besser aussehen, wenn er sein Laub verlöre. Trotz alledem handelt es sich um einen ausgezeichneten, verlässlichen Strauch, dessen rosaviolette Blüten sich in den meisten Jahren bereits im Februar öffnen. Noch besser sieht er inmitten einer größeren Pflanzung aus. Ein Standort unter Bäumen ist nicht erforderlich, hilft aber als Schutz der Blüte vor Frostschäden.

Ähnliche Qualitäten weist die Sorte 'Tessa' auf, nur fällt die Blütenfarbe hier eher violettrosa aus. Für diese frühen Frühlingsboten empfindet man besondere Dankbarkeit. Ich habe irgendwann aus Versehen den leuchtend orangefarbenen *Crocus flavus* (syn. *C. aureus*) unter meine 'Tessa' gepflanzt. Der Anblick dieser Kombination ist geradezu abstoßend. Alle Jahre wieder sage ich mir, dass ich dringend etwas dagegen tun muss, doch am Ende starre ich nur fasziniert hin und tue nichts. *R.* 'Praecox' ist ein Elternteil von 'Tessa', *R. moupinense* der andere, doch die beste Kreuzung, die mit dieser Sorte je gemacht wurde, ist der *R.* 'Cilpinense' (mit *R. ciliatum* als zweiter Hälfte). Das Ergebnis ist ein kompakter, kuppelförmiger bis zu 90 cm hoher Strauch mit immergrünen Blättern, dessen rosa Knospen sich gegen Ende März zu imposanten rosaweißen Blüten entfalten. Eine wahre Schönheit, aber wir schweifen ab. Zurück zu den Azaleen.

Die meisten Azaleen blühen zwischen Mai und Juni. Die kleinen Sträucher werden oft falsch behandelt und viel zu inflationär gesetzt. Aber beginnen wir mit den immergrünen Azaleen: Kurume-Hybriden bleiben meist niedrig und sind im Mai so dicht mit Blüten bedeckt, dass weder Blätter noch Zweige sichtbar sind. Keine künstliche Pflanze könnte je schöner blühen, zu viele verschiedene Farben wetteifern hier miteinander. Meine Lieblingssorte ist die Mutter aller Kurume-Azaleen, *R.* 'Amoenum' (syn. *R. obtusum* f. *amoenum*). Sie bildet einen ausladenden Busch, der bis zu 1,50 m hoch, aber noch viel breiter werden kann und gegen dessen dichtes, düsteres Laub sich die leuchtend magentafarbenen Blüten kräftig zur Wehr setzen. Ein perfekter Anblick unter Bäumen und als Solitärstrauch. Tatsächlich wären viele Sorten sehr lohnend, wenn man sie in einen ruhigen Kontext pflanzen würde, anstatt sie wie Beetpflanzen zusammenzupferchen und alle erdenklichen Farbschattierungen wild durcheinanderzumischen. 'Hinomayo', um nur ein Beispiel zu nennen, blüht in reinem, harmonischem Pink und entwickelt mit der Zeit einen schön anzusehenden, etwa 1,50 m hohen, charaktervollen Strauch. Das Beste an dieser Gruppe von Azaleen sind die langen, geraden Triebe, die oben vertikal aus dem Strauch schießen und ihn davor bewahren, gewöhnlich und klobig zu wirken. *R. kaempferi* ist ein guter Stammvater, wenn eine hohe Pflanze entstehen soll. Er selbst wird bis zu 2,50 m hoch und hat orange, eher späte Blüten. 'Palestrina' ist ein hoher, weißblühender Strauch, der auch in einem lichten Wald voller Hasenglöckchen nicht schlecht aussieht.

Großblättrige, laubabwerfende Azaleen unterteilen sich in verschiedene Gruppen: Gent, Mollis, Knap Hill oder Exbury. Auch hier gilt, dass sie in Maßen eingesetzt sehr viel wirkungsvoller sind. Ihr süßlich schwerer, leicht fauliger Duft ist für Lebewesen mit eingeschränktem Geruchssinn eine Sensation, für mein Empfinden jedoch zu dominant. Seinen Ursprung hat dieser Geruch bei *R. luteum* (*Azalea pontica*), einem Strauch, der mit seinen gelben Blüten im Frühling und seinem leuchtenden Herbstlaub so viele Vorzüge hat, dass man ihm jede Unzulänglichkeit gern nachsieht. Es ist generell kein Fehler, sich wieder auf die Ursprungsarten der beliebten Hybriden zu besinnen. Viel zu selten bekommt man etwa einen *R. arborescens* zu sehen, diese ehrwürdige, bis zu 4,50 m hoch wachsende Azalee, die ein Kleid aus glänzend grünen Blättern mit bläulich grauer Unterseite trägt und zu einem angenehm späten Zeitpunkt, zwischen Ende Juni und Anfang Juli, cremefarbene, duftende Blüten hervorbringt.

Gärtnern mit winterharten Farnen

Es ist erstaunlich, welchen Aufschwung winterharte Farne in den letzten zwanzig Jahren weltweit erlebt haben. Wenn ein Unternehmen wie die Gärtnerei der Familie Bloom (besser bekannt unter der Marke Bressingham Gardens), die mit ihrem Sortiment ein weites Spektrum winterharter Pflanzen abdeckt, über dreißig Farn-Arten anbieten kann, steht außer Frage, dass damit Geld zu verdienen ist.

Nach einer Hochphase zur Zeit Königin Victorias waren Farne – wie so viele Dinge aus dieser Epoche – lange in Vergessenheit geraten, doch die Eleganz dieser Blattschmuckpflanzen gründet auf so vielen, nicht von der Hand zu weisenden Vorzügen, dass ihre Rückkehr nur eine Frage der Zeit war.

Viele Farne sind bei uns heimisch oder haben sich aus heimischen Arten entwickelt. Wahrscheinlich ist sogar die Luft voll mit ihren mikroskopisch kleinen Sporen, denn überall dort, wo sie liegenbleiben und angenehme Bedingungen vorfinden, verweilen sie und beginnen zu wachsen. Wir haben in unserem Garten mindestens zwölf Arten, von denen ich nicht wüsste, dass sie irgendwann aktiv angepflanzt worden wären (obwohl meine Mutter möglicherweise welche mitgebracht haben könnte, von denen ich nichts weiß). Vier verschiedene Arten haben den Platz unter den Pflanztischen meines unbeheizten Gewächshauses in Beschlag genommen. Ich finde es gut, dass sie da sind, weil sie im Sommer zum feuchten Raumklima beitragen. Im Winter schneide ich die Wedel einfach ab.

Farne kommen mit verschiedensten Klima- und Bodenbedingungen zurecht, daher gibt es in jedem Garten wahrscheinlich gleich mehrere Plätzchen, die sich für die ein oder andere Art gut eignen. Doch ein reines Farnbeet ist in meinen Augen ein ebenso großer Fehler wie jede andere Monokultur, egal ob aus ausschließlich Rosen, Zwergkoniferen, Erika, Rhododendren oder Dahlien. All diese Pflanzen kommen im Garten wesentlich besser zur Geltung, wenn sie sich zu anderen Pflanzen unterschiedlichster Gestalt gesellen und sich von ihnen abheben dürfen.

Trockenmauern, Stufen und verwitternder Mörtel zwischen alten Mauersteinen bieten einigen kleineren Farnen (und selbst größeren Arten wie dem Hirschzungenfarn, die in einer solchen Umgebung nur Miniaturexemplare ausbilden) ein ideales Zuhause. Die entzückende kleine Mauerraute, *Asplenium rutamuraria*, kümmert sich wenig darum, wie heiß es auf der Mauer wird, in der sie wächst. Fast immer nistet sie sich selbstständig ein. Bauen Sie ihr einfach eine klapprige Mauer mit etwas altmodischem Mörtel, in dem sie sich festklammern kann. Danach einfach abwarten.

Der Milzfarn, *Asplenium ceterach* (syn. *Ceterach officinarum*), ist so perfekt an Trocken- oder Kalksteinmauern angepasst, dass man sich manchmal fragt, wie er überleben konnte, bevor der Mensch ihm diese Lebensräume baute. Nicht nur die Stare haben davon enorm profitiert, sondern auch wir. Der Zerbrechliche Blasenfarn, *Cystopteris fragilis*, ist noch eine Art, die es sich in den Zwischenräumen von vorzugsweise schattigen Trockenmauern oder ähnlichen Schutz bietenden Pflasterungen gemütlich macht. Sein Name ist durchaus passend, denn seine fein gefächerten Wedel sehen zerbrechlich aus. In Wirklichkeit ist die Pflanze aber äußerst robust.

Die hübscheste Farn-Art, die sich oft in den Ritzen vertikaler Gartenstufen ansiedelt und durch Selbstaussaat vermehrt (es sei denn, Sie haben viel Publikumsverkehr, der nicht widerstehen kann und sich Pflänzchen für zu Hause ausrupft), ist der Braunstielige Streifenfarn, *Asplenium trichomanes*. Er besitzt einfach gefiederte Blätter und einen schwarzen Stiel. Wie ein Seestern streckt er seine Blätter aus dem Kalkputz oder bröckelnden Mörtel einer alten Mauer. Am liebsten würde ich Ihnen als Nächstes seinen engen, sogar noch kalkliebenderen Verwandten *A. viride*, den Grünstieligen Streifenfarn, ans Herz legen, dessen Blätter und Stiele ein so lebhaftes Grün aufweisen, dass sie an die glänzende Färbung bestimmter Grashüpfer oder Eidechsen erinnern. Doch leider fühlt er sich in Sussex nicht besonders wohl, weil er aus Schottland und Nordengland kommt.

Zwar gibt sich der Hirschzungenfarn, *Asplenium scolopendrium*, mit Treppen und Mauern zufrieden, wächst aber wesentlich größer in feuchtem, humusreichem Boden, wo er eine Höhe von über 30 cm erreicht. Bei uns hat er sich durch Selbstaussaat am Fuß einer Richtung Nordwesten ausgerichteten Mauer mit einer vorgelagerten Blumenrabatte eingenistet. Und wenn die Beetpflanzen im Winter absterben, kommen die Hirschzungen zum Vorschein. Durch die Schlichtheit ihrer ungeteilten, länglich zungenförmigen Blätter ist diese Farn-Art verglichen mit den üblichen, gefiederten Formen etwas Besonderes.

An dieser Stelle muss ich noch den Tüpfelfarn erwähnen. In Großbritannien ist er wahrscheinlich die vierthäufigste Farn-Art (obwohl es sich streng genommen um eine Gattung mit drei Arten handelt, aber lassen wir das beiseite). *Polypodium vulgare*, der Gewöhnliche Tüpfelfarn, ist erstaunlich anpassungsfähig und ein kaum zu übertreffender Blickfang, wenn er ein moosbedecktes Ziegeldach besiedelt hat. Er sieht aber auch in einer feuchten Trockenmauer gut aus (was erstaunlicherweise kein Widerspruch ist …). Auf einer derartigen, schattigen Oberfläche bildet er, auch in unserem Garten, einen herrlich grünen Flor. Die Rhizome breiten sich zwischen den Steinen aus. Das Einzige, was wir tun können, ist, einer Invasion und Überwucherung durch Efeu entgegenzutreten. Tüpfelfarne besiedeln auch moosige Baumstümpfe oder horizontale Äste, auf denen sich etwas organische Substanz angesammelt hat. Es gibt aber auch wunderschöne Kulturformen. Die zwei- bis dreifache Fiederung, bei denen die Wedel sich wie ein Geweih verzweigen, steht diesem Farn äußerst gut. Eine meiner Lieblingssorten ist *P. interjectum* 'Cornubiense', mit schlanken Wedeln, die an Spitze erinnern. An der Vorderseite einer schattigen Rabatte wird sich jeder dieser Tüpfelfarne sehr bald zu einem schönen Teppich ausgebreitet haben. Optisch sehr schön sind sie mit Fuchsien, aber besonders ansprechend ist der Kontrast mit den großen, weißen Blütenkelchen von *Colchicum speciosum* 'Album'. Wenn die Herbstzeitlose im Frühling ihr Laub austreibt, sind die Farnwedel alt und kümmern sich nicht mehr um die Konkurrenz. Wenn danach der Tüpfelfarn frische Wedel austreibt, kann die Herbstzeitlose bereits geschnitten werden.

Rippenfarne wachsen überall auf der Welt, doch drei immergrüne Arten verdienen es, in jeden Garten, der sauren Boden aufweist (denn alle Arten meiden Kalk), aufgenommen zu werden. Unser heimischer Rippenfarn, *Blechnum spicant*, sprießt entweder aus Pflasterritzen oder bildet, an eine niedrige Steinkante gepflanzt, ein 30 cm aufragendes Einzelexemplar. Die Sporen tragenden Wedel sind größer und anders geneigt als die übrigen Wedel; im Sommer ein sehr stolzer Anblick. Die Miniatur-Wedel des winzigen, teppichbildenden Seefeder-Rippenfarns, *B. penna-marina*, sind ebenfalls dekorativ, obwohl sie nur maximal 10 cm hoch werden. Bei mir wächst er am Rand einer Rasenfläche (und auch hinein), doch am allerbesten macht er sich im Wechselspiel mit dem herbstblühenden Alpenveilchen, *Cyclamen hederifolium*. Letzteres bildet im Winter seine schön marmorierten Blätter und welkt im Frühling, wenn der Farn das Kommando übernimmt.

Ich habe diese Art bisher immer im Schatten kultiviert, doch die Exemplare, die ich im Garten von John Treasure an helleren oder sogar sonnigen Standorten entdeckte, zeigten bei jungen wie sporenreifen Blättern eine kupferne Färbung, die einen effektvollen Kontrast zum Dunkelgrün der alten Wedel schuf. Genauso verhält es sich mit dem widerstandsfähigen *B. chilense* (*B. tabulare*), der im südlichen Südamerika beheimatet ist. Im Schatten kann er eine stattliche Höhe von 1,20 m erreichen, sofern ein feuchtes Klima vorherrscht, doch auf diese Weise bildet er keine lückenlose Kolonie und zeigt wenig Kontrast in der Blattfarbe. Draußen an der Sonne wird er nur halb so hoch, bildet jedoch massenweise Blätter. Ende März werden alle alten Wedel abgeschnitten, sodass die Kolonie bis in den Herbst hinein nach und nach frische Blätter hervorbringt, die zuerst kupferfarben, dann blassgrün und schließlich dunkelgrün werden. Der Gegensatz von Farbe, Beschaffenheit und Alter der Blätter ist fantastisch.

Die meisten der kräftigeren Farne eignen sich gut für ein Leben im gemischten Beet, obwohl einige Arten mit empfindlicherer Blattstruktur unter der heißen Sonne Verbrennungen davontragen könnten. Ich persönlich würde den winterharten Pfauenrad-Frauenhaarfarn, *Adiantum pedatum*, an die Schattenseite eines nicht allzu großen Strauches pflanzen. Er wird zwischen 30 und 40 cm groß und bildet ein üppiges Büschel graziler Wedel, deren Fiedern an schwarzen, bogigen Stielen angeordnet sind. *A. venustum* ist ebenfalls winterhart, bildet aber einen nur etwa 15 cm hohen Pflanzenteppich. Er ist nicht vollständig immergrün, da sich die Wedel bei Temperaturen unter null Grad rotbraun färben, doch sie behalten weiterhin ihre Form. Bei mir wächst er unter den Hortensien, doch bei John Treasure wachsen sie entlang der Ritzen im Natursteinbelag neben einem Wasserbecken. Worauf man achten sollte, ist, so rüpelhafte Pflanzen wie Waldscheinmohn oder *Campanula persicifolia* nicht in die Kolonie eines wehrlosen Farnes wie diesen aussamen zu lassen. Die beste Zeit, um die Keime ungewollter Eindringlinge zu jäten, ist das zeitige Frühjahr, damit die jungen Wedel, die gegen Ende März auftauchen, nicht beschädigt werden. Gleichzeitig können Sie dabei die alten Wedel entfernen, auch, damit Sie bei der Arbeit freie Sicht haben.

Alle Frauenhaarfarne besitzen die typischen, fächerartigen Fiedern, die man sonst meist von Zimmerpflanzen kennt. Die Pflanzen sind kalktolerant, doch sowohl Eichenfarne als auch Buchenfarne hassen Kalk. Beide bilden jedoch hervorragende Teppiche mit einer Höhe bis zu 25 cm. Der Eichenfarn, *Gymnocarpium dryopteris*, besticht durch ein besonders frisches Grün und bildet über einen langen Zeitraum junge Triebe. Der Buchenfarn, *Phegopteris connectilius* (syn. *Thelypteris phegopteris*) hingegen treibt alle neuen Wedel gleichzeitig aus. Im Frühling ist er ein herrlicher Anblick, doch bereits im Frühsommer wirkt er in die Jahre gekommen.

Vorausgesetzt ihre Wurzeln bekommen genug Feuchtigkeit, fühlen sich die meisten Farne sogar in der vollen Sonne ziemlich wohl. Das gilt auch für den Königsfarn, *Osmunda regalis*, eine Spezies, die bei Sammlern allzu beliebt ist und selbst in den abgelegensten Gegenden wie den Äußeren Hebriden oder im Westen Irlands im Überfluss vorkommt. Im Frühsommer erkennt man ihn schon aus einiger Entfernung, denn am Teichufer leuchtet keine andere Pflanze in so hellem Grün. Am fruchtbaren Gewässerrand bildet er große Büschel, die bis zu 1,80 m hoch werden, und begeistert im Herbst mit einem herrlichen Farbenspiel. Wenn er solche Bedingungen vorfindet, samt er sich selbst aus. Allerdings muss dazu schon alles stimmen: Die Wurzeln müssen nass sein, dürfen aber nicht im Wasser stehen. Die steile Uferböschung meines Pferdeteiches zum Beispiel behagt dem Königsfarn nicht. Vielleicht versuche ich es noch einmal in der Wiese dahinter, wo Binsen und Wasserfenchel wachsen. Königsfarne sind kalkfeindlich. Dasselbe gilt für den Perlfarn, *Onoclea sensibilis*, der eigentlich nur auf Fröste im Frühherbst sensibel reagiert. Sonst ist er vollständig winterhart. Die Pflanze verbreitet sich über Wurzelausläufer, so taucht einmal hier und einmal da ein neuer Wedel auf. Einmalig schön im Frühling!

Noch ein Wurzelausläufer bildender Farn für Gewässerränder oder eine feuchte, relative offene Waldumgebung – etwa in Kombination mit Azaleen – ist der Straußen- oder Trichterfarn, *Matteuccia struthiopteris*. Die trichterförmige Anordnung seiner Wedel sieht am hübschesten aus, wenn sie sich im Frühling gerade ausrollen oder wenn man in bereits reifem Zustand von oben in den spitz zulaufenden Trichter blickt. Diese Art verbrennt schnell, wenn man zulässt, dass sie trockene Wurzeln bekommt.

Unter den größeren, horstbildenden Gartenfarnen stößt man auf drei Gattungen am häufigsten: die Wurmfarne (*Dryopteris*), die Frauenfarne (*Athyrium*) und die Schildfarne (*Polystichum*). Bei ihnen sind die Wedel wie beim Trichterfarn in Rosetten um die Krone angeordnet. Das sieht so schön aus, dass es schade wäre, die Kolonien zu dicht werden zu lassen, denn wenn eine Rosette in die Nachbarrosette hineinreicht, wird das Bild zerstört. So sollte man die Rhizome im Frühling von Zeit zu Zeit teilen und neu pflanzen. Beim Wiedereinpflanzen ist darauf zu achten, ausreichend Platz zwischen den Exemplaren zu lassen, 90 cm sind selten zu viel. Dazwischen können Sie andere Kleinigkeiten setzen, die nicht mit den Farnen konkurrieren, etwa Schneeglöckchen, Schlüsselblumen, Anemonen, Hunds-Zahnlilien, Lungenkraut oder Maiglöckchen. Und über allem könnte wie ein schützender Schirm ein Strauch stehen – etwa eine *Fatsia japonica* oder eine *Olearia macrodonta* –, der in Bodennähe nicht viele, für unseren Zweck störende Äste braucht. Farne pflanzt man daher oft an Standorten, wo ältere Sträucher stehen, deren untere Äste entfernt werden können.

Der mit Abstand spektakulärste Wurmfarn ist der aus dem Himalaya stammende Nepal-Schwarzschuppenfarn, *Dryopteris wallichiana*. Die 90 bis 120 cm hohe Pflanze bildet nur selten Ausläufer, sodass ihre Blattrosette eine perfekte kreisrunde Form hat. Im jungen Stadium hat die Fiederung eine helle grüngelbe Färbung, doch der Stiel ist bereits dicht besetzt mit dunkelbraunen Schuppen. Die frischen, sich ausrollenden Triebe wirken fast wie ein Lebewesen – ein ziemlich fesselnder, reptilienartiger Anblick! Da sich dieser Farn nur sehr widerwillig vegetativ vermehren lässt, war er bisher bei uns Mangelware, in letzter Zeit ist er jedoch vor allem in Deutschland und den Niederlanden recht leicht und günstig zu bekommen. Und da sich Farne gut für eine Vermehrung mittels Gewebekultur eignen, stehen die Chancen für die Zukunft gut.

Neben dem Adlerfarn ist der Echte Wurmfarn, *Dryopteris filix-mas,* die bekannteste aller Farn-Arten. Die Pflanze gehört zu den Highlights der schottischen Natur, wenn sie im Juni die feuchten, steilen Hänge mit Teppichen aus saftig grünen Wedeln überzieht. Die Wedel erscheinen allerdings nicht in zufälliger Anordnung aus kriechenden Rhizomen, wie es beim Adlerfarn der Fall ist, sondern wachsen stets in einzelnen Rosetten. So behalten sie ihr individuelles Bild, auch wenn man aus der Ferne auf eine Kolonie von tausenden Pflanzen blickt.

Meine Mutter legte einst eine schmale Rabatte mit diesen Farnen an der fast ganz im Schatten stehenden Vorderseite unseres Fachwerkhauses an. Mit ihrer in sich ruhenden Würde sind die Farne hier genau richtig aufgehoben, und es war noch nie meine Art, eine funktionierende Pflanzung zu verändern. Gegen Ende des Sommers verlieren sie vielleicht etwas an Glanz, wie alles in den Wäldern ringsum, doch im Herbst setzen sie wieder Farbe an und behalten ihren bunten Schmuck bis in den Dezember hinein bei. Nach dem ersten Frost müssen sie zurückgeschnitten werden. Die Wedel eignen sich danach gut als wärmende Decke für Pflanzen mit fraglicher Winterhärte.

Schildfarne sind immergrün und die wahrscheinlich am vielfältigsten einsetzbare und dekorativste Gattung unter den Farnen, denn vor allem den Weichen Schildfarn, *Polystichum setiferum*, gibt es in diversen Varianten. Die Acutilobum-Gruppe zeichnet sich durch doppelt gefiederte Wedel aus, die leicht gedreht sind und sich so in ihrer kreisrunden Anordnung langsam um die zentrale Krone zu winden scheinen. Die Fiedern unterscheiden sich beträchtlich, sodass der Wedel insgesamt fast wie eine grüne Laubsägearbeit aussieht. Entlang der Rachis (der mittleren Hauptachse des Wedels) wachsen winzige Brutknollen. Befestigt man einen dieser Wedel auf leichter Erde in einer Aufzuchtschale, die man dann in die geschlossene Umgebung eines unbelüfteten Frühbeets stellt, beginnen die Knollen zu wachsen und bilden Wurzeln aus. Sechs Monate später kann man den Wedel in Stücke schneiden und als neue Pflänzchen einsetzen.

Das funktioniert auch mit meinen gefiederten Varietäten, die höchstwahrscheinlich zur Plumosodivisilobum-Gruppe gehören, doch hier herrscht allerlei Verwirrung. Der Wedel jedenfalls hat eine breite, deltoide Form und die fedrigen Blättchen bilden auf dessen Oberseite eine dichte, moosartige Struktur.

Der Gelappte Schildfarn *P. aculeatum* ist ca. 45 cm hoch, sehr robust und besitzt vergleichsweise schmale, aber schön geformte Wedel. Im Winter ist er der schönste Farn von allen. Bis vor kurzem wurde angenommen, dass die berühmte Klonsorte 'Bevis' davon abstammt, mittlerweile wird sie aber *P. setiferum* zugeordnet. Diese Varietät, die erstmals vor 100 Jahren unter einer Hecke in Somerset entdeckt wurde, besitzt fast 1 m lange Wedel, die an den Spitzen schwanzartig zusammenlaufen. Die Nachfrage nach dieser Sorte ist sehr groß, die Pflanze kann allerdings nur sehr langsam durch Teilung vermehrt werden und eignet sich nicht für die Gewebekultur.

Farne sollten eigentlich in allen Bereichen des Gartens zum Einsatz kommen. Die meisten Arten lieben feuchte, humusreiche Böden. Manche bevorzugen sonnige Standorte, während der Rest auch mit Schatten gut klarkommt, wobei ihnen der Schatten eines Gebäudes oder entfernt stehender Bäume lieber ist als ständiges Tropfen von oben. Wenn Sie Ihre Farne im Sommer gießen oder unter einer permanenten Mulchschicht feucht halten, werden die Pflanzen es Ihnen danken und, egal ob im Stadtgarten oder in ländlicher Umgebung, immer ein tolles Bild abgeben.

Zierpflanzen für Kübel und Topf

Bewohner nördlicher Klimazonen packen jede Gelegenheit beim Schopf, draußen zu sein. Und was könnte dann schöner sein, als umringt von einer tropischen Pflanzenschar die eigene Terrasse oder Veranda zu genießen? Die Verfügbarkeit eines geräumigen, beheizten Glashauses ist für die Schaffung einer solchen mediterranen Illusion natürlich von enormem Nutzen: So kann man sich seine Orangen- und Zitronenbäumchen, Bougainvilleae-Kübel, Hibiskuspflanzen, Agaven und Keulenlilien eben mal schnell holen gehen, um sie dann im Herbst wieder in die Sicherheit des Gewächshauses zurückzutransportieren. Wer auch im Winter etwas fürs Auge braucht, kann sich einige frostbeständige Koniferen und Immergrüne in Töpfe pflanzen und dann in die etwas größeren Behälter der Sommergewächse stellen, die zu dieser Zeit leer stehen. Diese Topf-im-Topf-Methode ist genau das Richtige, wenn Sie eine wechselnde Folge von Pflanzen anstreben, dabei sollten Sie jedoch bedenken, dass auch Porzellan- oder Tontöpfe vom Frost geschädigt werden können. Betonbehälter sind hier eine sichere und manchmal optisch annehmbare Alternative. Ich persönlich neige dazu, meine Terrasse nur in den Sommermonaten zu dekorieren, indem ich passende Einjährige und einige leicht zu pflegende Sträucher hinstelle. Den Winter lasse ich einfach Winter sein. Pflanzkübel mit großem Fassungsvermögen können auch auf kleinen Flächen große Wirkung erzeugen, außerdem trocknen die Pflanzen darin nicht so rasend schnell aus.

Die meisten Fuchsien blühen ununterbrochen über einen Zeitraum von vier bis fünf Monaten, doch in Gesellschaft anderer Pflanzenarten werden sie oft überrollt. Eine gute Lösung ist, verschiedene Fuchsien-Arten zu mischen, indem die hängenden vorn an den Rand und die stehenden dorthin gepflanzt werden, wo Höhe gefragt ist. Am Ende der Terrassensaison können sie mitsamt Pflanzgefäß in einem kalten, jedoch weitgehend frostfreien Schuppen oder Keller gelagert werden. In dieser Zeit benötigen sie nicht viel Wasser und sollten nur einmal ungefähr alle zehn Tage gegossen werden. Gegen Ende April kommen sie wieder nach draußen, werden um etwa ein Drittel zurückgeschnitten und umgetopft. Dabei sollte der Großteil der alten Erde aus den Wurzeln geschüttelt werden und die Pflanze danach in frische Erde gepflanzt werden. Wenn Sie die Möglichkeit haben, den Fuchsien den Wachstumsstart in einem ungeheizten Gewächshaus zu ermöglichen, umso besser. Doch ein geschützter Standort im Freien ist genauso in Ordnung, sofern Sie der Pflanze schnell einen Schutz überwerfen können, wenn Nachtfröste drohen. Solange kein starkes Wachstum eingesetzt hat, reicht es, die Pflanzen sparsam zu gießen, doch bei heißem Wetter gilt im Allgemeinen, dass die meisten Kübelpflanzen täglich einmal bis an den Rand gegossen werden müssen. Weil dadurch aber die Nährstoffe recht schnell aus der Erde gespült werden, brauchen sie ab dem Hochsommer zusätzlich jede Woche eine Flüssigdüngergabe. Ein anderer Halbstrauch, der auf die gleiche Weise behandelt wird wie die Fuchsie, ist der Känguruapfel, *Solanum aviculare*, dessen große, helllila Blüten mit ihren verwachsenen Kronlappen und deutlich abgesetzten, gelben Staubblättern Ähnlichkeit mit der Kartoffelblüte aufweisen. Es empfiehlt sich, die welken Blütenstände einmal wöchentlich zu entfernen, da sonst die Energie der Pflanze in die Beerenproduktion anstatt in die Bildung neuer Knospen gesteckt wird. Die orangefarbenen Beeren sehen auf eine schrille Modeschmuck-Art schön aus, reifen aber nur sehr langsam. Da ist es klüger, auf die Blüten zu setzen.

Der nicht völlig winterharte, immergrüne Madeira-Storchschnabel, *Geranium maderense*, ist eine hervorragende Kübelpflanze. Er benötigt ausreichend Wurzelraum, das Pflanzgefäß muss also groß genug sein und dem Storchschnabel zur alleinigen Verfügung stehen, damit er sich ideal entfalten kann. Doch Sie werden es keinesfalls bereuen. Allein schon wegen seiner Blätter wird er der Star in Ihrem Garten werden. Im ersten Jahr bildet der Storchschnabel (der, obwohl er frostempfindlich ist, zur Gattung der echten Geranien und nicht zu den Pelargonien zählt) einen festen, verholzten Stamm, aus dem seine kunstvoll eingeschnittenen, auf langen Blattstielen sitzenden Blätter sprießen, bis eine Kuppel von etwa 90 cm Höhe und 120 cm Breite entsteht. Auch im zweiten Jahr kann es sein, dass die Pflanze dieses Blattwachstum weiter betreibt, wenn sie noch nicht stark genug für eine Blüte ist. Doch irgendwann kommt der Zeitpunkt, an dem sie sich über und über mit magentaroten Blüten schmückt, reichlich Samen ausbildet und möglicherweise abstirbt, denn die Art ist nicht sehr langlebig.

Ihr Laub ist nicht winterhart, außer man lebt in einer milden Gegend und stellt das Pflanzgefäß an eine geschützte Südwand. Doch man kann die Pflanze im Topf in einem ungeheizten Gewächshaus, in einem Anlehngewächshaus oder sogar in einem Keller überwintern, sofern sie dort etwas Licht bekommt.

Ähnliche Pflege erfordert die *Brugmansia* (syn. *Datura*) *suaveolens*, besser bekannt unter dem Namen Engelstrompete. Falls sie im Winter die Blätter verliert, ist das nicht weiter schlimm, solange ihre Stiele gesund bleiben. Die Pflanze benötigt einen großen Topf oder Pflanzkübel, um sich von ihrer besten Seite zu zeigen und die riesigen, weißen Blütentrompeten über einen langen Zeitraum hinweg zu tragen. Engelstrompeten haben einen intensiven Duft, der nachts eine exotische Note annimmt. Je mehr Nährstoffe man der Pflanze zuführt, desto länger dauert die Blüte. Sie ist ein wehrloser Wirt für die Gemeine Spinnmilbe, deren Vermehrung auf der Pflanze Ihnen vielleicht erst dann auffällt, wenn die Blätter der Engelstrompete bereits trockengesaugt, gelb und kurz vor dem Abfallen sind, obwohl die Pflanze inmitten ihrer Wachstumsphase ist. Unter heißen, trockenen Bedingungen häuft sich dieses Problem, es kann aber weitgehend vermieden werden, indem die Blätter regelmäßig mit Wasser abgewaschen werden. Offen gesagt, ist die Engelstrompete eine plumpe Pflanze, doch die prunkvollen Blüten muss man einfach lieben.

Oleander wachsen häufig in Pflanzkübeln oder großen Töpfen, damit sie bei Frost an einen geschützten Ort gebracht werden können. Mein Rat ist, sich am Anfang auf einfach blühende Sorten zu konzentrieren. Die gefüllt blühenden Sorten können schnell zum Flop werden, wenn sie von Schimmelfäule heimgesucht werden, die nicht nur die geöffneten Blüten befällt, sondern sich auch bis in die Knospen vorarbeitet.

Böiger Wind und peitschender Regen erschweren das Kultivieren von Pflanzen mit großen, empfindlichen Blüten im Freien. Doch in einem gut geschützten Innenhof könnten Sie zum Beispiel mit den großen, gerüschten Blüten von Petunien Erfolg haben, sowohl den einfachen als auch den gefüllten, die abends oft einen herrlichen Duft verströmen. Ganz ähnlich verhält es sich mit der Trompetenzunge (*Salpiglossis*), sie wird an die 90 cm hoch, braucht allerdings eine Stütze. Die Trompetenzunge ist eine Verwandte der Petunie, was an der ähnlichen Trompetenblüte leicht erkennbar ist. Ihre Farbgebung ist weniger leuchtend, dafür aber wesentlich feiner und mit starker Äderung zwischen dunklen und hellen Bereichen. Auf meinem tonhaltigen Boden wollen mir die Trompetenzungen als Beetpflanzen nicht so recht gelingen. Sie gedeihen nur gut, wenn ich ihnen Schutz und persönliche Betreuung zukommen lasse. Samen müssen nicht vor April gesät werden, um bis Juli / August ausgewachsene Pflanzen in 18- bis 20-cm-Töpfen heranziehen zu können.

Etwa zur selben Zeit sollten Sie unbedingt die ein oder andere Sorte Ziermais mit buntem Blatt aussäen. *Zea mays* (syn. *Z. japonica*) 'Quadricolor' weist in der Theorie ein spannendes Streifenmuster in verschiedenen Farben auf, kann aber auch eine Enttäuschung werden, wenn die Blätter am Ende doch nur grün sind. Aus den gekeimten Pflänzchen vereinzelt man am besten nur die vielversprechendsten in 18-cm-Töpfe.

Die Zierwinde, *Convolvulus sabatius* (syn. *C. mauritanicus*), ist eine fantastische hängende Zierpflanze für Topfpflanzungen. Sie bringt über fünf Monate hinweg ununterbrochen lichte, abendhimmellila Blüten hervor; nur wenn sie nicht ausreichend mit Nährstoffen versorgt wird, kann es sein, dass sie mitten in der Blühsaison eine Pause einlegt. Sie ist mehrjährig, doch nicht vollständig winterhart, aber es lohnt sich auf jeden Fall, alte Pflanzen von Jahr zu Jahr mitzunehmen. Farblich passt die Zierwinde hervorragend in gemischte Pflanzungen. Man kann sie zum Beispiel mit der Gauklerblume *Mimulus aurantiacus* (syn. *M. glutinosus*) mit ihren apricotfarbenen Blüten kombinieren oder mit deren Varietät *Puniceus*, die kupferfarben blüht. Der Halbstrauch wächst von Natur aus in die Höhe, in die Breite und nach unten. Da seine Zweige leicht brechen, benötigt er einen geschützten Standort. Pflanzen, die eher aufrecht wachsen sollen, müssen gestützt werden. Auch diese Art ist nahezu winterhart, aber je älter die Pflanze ist, desto widerstandsfähiger wird sie.

Als Nächstes fällt mir ein bezauberndes Kapkörbchen ein, das man unter dem Namen *Osteospermum* 'White Pim' (syn. *Dimorphotheca ecklonis* 'Prostrata') kaufen kann. Die Pflanze stammt aus Südafrika und öffnet oder schließt sich je nach Temperatur und Luftfeuchtigkeit. Sie ist nicht vollständig winterhart, wohl auch, weil sie so schnell und üppig wächst, dass ihr Wassergehalt am Ende einer Wachstumsperiode zu hoch ist, um Fröste zu überstehen. Andererseits habe ich einige junge Exemplare schon einmal im Februar ausgepflanzt, die danach heftigen Frost und Schneefall miterleben mussten und alles ohne Nachwirkungen überstanden. Auf durchlässigem Boden oder in Pflanzungen, aus denen Wasser verlässlich abfließt, kann diese Pflanze mehrere Winter überdauern. Sie bildet dichte Teppiche, sodass auf ebenem Untergrund innerhalb eines Sommers bereits ein Kreis von 90 cm Durchmesser entsteht. Die Blüten werden mit der Zeit immer üppiger und erscheinen ohne Unterbrechung von Mai bis zu den ersten Herbstfrösten. Die einzelnen margeritenartigen Blüten werden um 7 cm groß. Die Blütenfarbe ist strahlend weiß mit einem dunkelblauen Auge, an der Unterseite sind die Blütenstrahlen malvenfarben. Stecklinge wurzeln überaus leicht und können Ende September oder sogar noch später abgenommen werden.

Nur wer für weiße Blumen gar nichts übrighat, kann sich dem Zauber dieser Schönheit entziehen. Mit einer Pflanze auf jeder Seite eines großen Pflanzgefäßes ist die ganze Pflanzung rundherum großzügig versorgt. In der Mitte könnten ein bis zwei Pflanzen der Pelargonien-Hybride *Pelargonium × kewense* stehen. Diese »Geranie« ist natürlich nicht jedermanns Sache. Ihre Kronblätter sind schmal, und die Blüte hat etwas Spinnenartiges an sich. Bei nasser Witterung grenzt sie farblich an Magentarot, aber wenn es mild ist, blüht sie in einem warmen Kirschton. So oder so ist die Blüte stets sehr üppig, was ein voluminöses Bild entstehen lässt. *P. × kewense* gesellt sich zu den vielen Zonal-Pelargonien, die dazu neigen, ins Kraut zu schießen, sobald sie sich in einem Beet mit uneingeschränkter Wurzelfreiheit befinden. Das Leben im Pflanzgefäß sagt ihnen ebenfalls zu, Flüssigdüngung ist dennoch ratsam. Eine andere Pelargonie, die ich erfolgreich mit meinem Kapkörbchen kombiniert habe, war die Sorte 'Crimson Unique'. So stellt sich jeder Mensch eine Pelargonie vor: leicht geneigte, karminrote Blüten mit einem markanten dunkleren Fleck in der Mitte. Ihre Blütenkelche sind jedoch wesentlich kleiner als jene der gängigen Edelpelargonien, ein Trick, der sie wetterfest macht. Viele Edelpelargonien haben eine wesentlich längere Blühperiode, als ihrer Art gewöhnlich zugeschrieben wird. Nach einem kräftigen Blütenschub im Frühling und Frühsommer wachsen sie im Sommer weiter und erfreuen uns ab August noch einmal mit einer recht hübschen Blüte. Doch die Blütenblätter sind oft so empfindlich, dass sie schon nach einem leichten Regen verwelken. In den Gärten von Sissinghurst Castle, in der Grafschaft Kent, fand man heraus, dass 'Lord Bute' (syn. 'Purple Robe') die einzige großblütige Varietät ist, die auch in Innenräumen gedeiht. Es handelt sich dabei um eine sehr alte Edelpelargonien-Sorte, die einzelne Blüten mit sehr robuster Konsistenz trägt. Farblich tendiert sie zu dunklem Rotbraun mit deutlich helleren, violetten Rändern. Es ist nicht leicht, für sie einen Platz zu finden, an dem sie zur Geltung kommt.

Die Eichenblättrige Pelargonie, *Pelargonium quercifolium*, mit ihren gekräuselten, frisch duftenden Blättern benötigt eine nährstoffreichere Ernährung als die meisten anderen, dafür belohnt sie uns danach mit einer schönen Pflanze, die reichlich kirschrote Blütendolden mit einem dunkleren Auge trägt.

Zonal-Pelargonien haben die Eigenheit, Blüten und Blätter in verblüffender Farbintensität hervorzubringen, was dazu führt, dass man es in großen Pflanzungen schnell damit übertreibt. Heutzutage, da die Floribunda-Rose diese unrühmliche Rolle übernommen hat, können wir Pelargonien langsam wieder für ihre wirklich herausragenden Qualitäten schätzen. 'Maxime Kovalevski' ist ein typisches Beispiel für eine gute Pflanze, bei der ein schlechter Gärtner viel falsch machen kann. Es ist meist keine gute Idee, sie in Massen an einen Fleck zu pflanzen, doch als Leuchtfeuer in einem Meer aus Lakritz-Strohblumen, *Helichrysum petiolare*, ist diese Pelargonie unübertroffen. Tatsächlich verändert sich ihre Wirkung im Verlauf der Jahreszeiten. Bei kühlen Frühlings- und Herbsttemperaturen blüht sie in weichem, hellem Orange, während ihre Blüte im Hochsommer immer intensiver glüht, bis sie schließlich fast scharlachrot leuchtet.

Viele Hobbygärtner, die keinen Garten, sondern nur einen gepflasterten Außenbereich haben, erwarten von ihren Pflanzkübeln, dass sie ihnen im Frühling, im Sommer und im Herbst gleichermaßen Freude bereiten. Sie stopfen die Gefäße voll mit Goldlack und Vergissmeinnicht, Primeln, Stiefmütterchen oder Kulturgänseblümchen, Hyazinthen, Tulpen und Narzissen. Mit den eigens behandelten Blumenzwiebeln, die mittlerweile erhältlich sind, können sie sogar im tiefsten Winter Narzissen und Tulpen blühen lassen.

Das ist natürlich verständlich. Der einzige Haken an der Sache ist in meinen Augen, dass Frühlingsblüher meist kurzstielig sind und / oder aufrecht in die Höhe wachsen. Daher sehen sie in einem hohen Pflanzgefäß, wie etwa einem Holzfass, irgendwie albern und fehl am Platz aus, während dasselbe Gefäß im Sommer ideal ist, wenn einige Pflanzen darin über den Rand wuchern oder hinabhängen. Das Frühlingsprogramm hingegen wirkt in niedrigen flachen Gefäßen, zum Beispiel einem Trog, am harmonischsten, und auch lange Balkonkästen machen sich am Boden oder in Bodennähe gut, obwohl man sie eventuell mithilfe eines niedrigen Sockels oder einer anderen Stützkonstruktion ein wenig anheben sollte. Solche Tröge und andere niedrige Pflanzgefäße können im darauffolgenden Sommer wirkungsvoll in Szene gesetzt werden, indem man sie mit efeublättrigen Pelargonien, Petunien, Hänge-Lobelien und den bereits erwähnten, unverzichtbaren Lakritz-Strohblumen, *Helichrysum petiolare,* bepflanzt. Keine dieser Arten ist übermäßig unverschämt, was den Wasserbedarf betrifft.

Hecken, Kräuter und Beetränder

Immergrüne, sommergrüne oder blühende Hecken

Im Zusammenhang mit Hecken machen Gärtner wohl mehr eklatante Fehler als bei irgendeinem anderen Gartenthema. Noch dazu sind die Konsequenzen daraus besonders ärgerlich, weil langfristig.

Man unterschätzt zum Beispiel sehr leicht, wie viel Platz eine Hecke benötigt bzw. wie viel ihr zugestanden werden sollte. Die Höhe lässt sich leicht bestimmen und kontrollieren, die Breite jedoch muss von Anfang an richtig berechnet werden. Für die meisten Hecken, die 2 bis 2,50 m hoch werden, sollte an der Basis eine Breite von 1,50 m veranschlagt werden. Der Schnitt sollte eine Schrägung aufweisen, das heißt, von unten nach oben leicht verjüngend geschnitten werden, damit sichergestellt ist, dass die gesamte Oberfläche ausreichend Licht bekommt und die Hecke in Bodennähe nicht ausdünnt. Heckenpflanzen wachsen oben immer am stärksten, dennoch ist eine solide Basis eine Grundvoraussetzung, die der Gärtner bereits von Anfang an fördern muss.

Wo man die Pflanzen bezieht, sollte ebenfalls gut überlegt sein. Wenn es eine Weißdornhecke sein soll, wird nicht die Herkunft der Pflanzen entscheidend sein, sondern ein günstiger Preis. Weißdorn eignet sich sehr gut als Abgrenzung: Er sieht ansprechend aus, und sein dichtes Geäst sorgt selbst im Winter für ausreichend Sichtschutz. Außerdem treibt Weißdorn schon bei den ersten Anzeichen von Frühling neue Blätter aus. Die Kehrseite ist, dass er pro Vegetationsperiode mindestens zweimal zurückgeschnitten werden muss, besser sogar dreimal. Heckenschneiden ist eine langweilige Arbeit, außer jemand anderes macht es für Sie. Tagelang muss man ununterbrochen wie mit Scheuklappen in eine Wand schauen und darf sich keinesfalls ablenken lassen, damit man nicht das Kabel durchschneidet oder alles vermasselt.

In meiner Ecke von England – also in Sussex und Kent – zählt die Hainbuche zu den besten Heckensträuchern. Sie wächst als gängigstes Unterholz wild in unseren Wäldern. Daher müsste ich keine Pflanzen kaufen, sondern könnte mir aus einem beliebigen Wald, der etwa zwei Jahre zuvor verjüngt wurde, Pflänzchen besorgen. Bevor das Myxomatose-Virus um sich griff, hätte es hier rein gar nichts zu holen gegeben, aber die Kaninchenpopulation ist noch klein, und es wachsen reichlich Jungsträucher. Die Hainbuche gehört eigentlich zur Familie der Birkengewächse. Echte Buchen sind in unseren Wäldern nirgends anzutreffen, außer sie wurden angepflanzt. Doch beide Arten bilden auf jedem Boden eine widerstandsfähige Hecke. Im Winter behalten sie ihr welkes Laub, was ihnen meist als Tugend ausgelegt wird, mir aber doch eher eine trostlose Eigenschaft zu sein scheint.

»Die letzten Blätter, die an Büschen hängen,
zerrauft ein Wind mit monotonem Wort …«*

Brrr …

Die meisten Menschen möchten lieber eine immergrüne Hecke. Wer nur wenig Platz zur Verfügung hat, sollte den Efeu als Option heranziehen. Als Erstes muss man dafür einen Zaun errichten, wofür sich Kastanienholz gut eignet: Es ist billig und funktional. Danach lässt man den Efeu darüber wachsen, und wenn der Zaun dann morsch wird, hat der Efeu längst eine Hecke gebildet, die keine Stütze mehr benötigt, denn er bildet mit der Zeit starke, verholzte Stämme aus. Der Efeu kann ein- bis zweimal im Jahr zurückgeschnitten werden, im Grunde wie jede andere Hecke. Der großblättrige *Hedera colchica* eignet sich für diesen Zweck am besten. Eventuell könnten Sie auch hin und wieder eine Pflanze der panaschierten Form dazwischenpflanzen, um etwas Schwung und Abwechslung in die Sache zu bringen. Efeu gedeiht sowohl im Schatten als auch in der Sonne, daher ist es in diesem Fall nicht notwendig, dass die Hecke an der Basis dicker ist.

* John Keats (1795-1821): Die letzten Blätter, die an Büschen hängen. Übersetzt von Gisela Etzel.

Die Beliebtheit der *Lonicera nitida,* der Heckenmyrthe, ist nach wie vor ungebrochen, obwohl sie ihre Nachteile hat. Eine gut gepflegte Lonicera-Hecke sieht außerordentlich schick aus, braucht jedoch regelmäßige Aufmerksamkeit und muss viermal im Jahr geschnitten werden. Sie darf exponiert stehen, was im Umkehrschluss bedeutet, dass sie nicht als äußere Gartenabgrenzung, sondern nur als innere Trennhecke verwendet werden kann. Sie lässt sich unglaublich leicht vermehren: Jedes Zweiglein, das man in die Erde steckt, schlägt Wurzeln. Und so bildet sich schnell eine dichte Hecke.

Buchsbaum könnte als Hecke viel öfter zum Einsatz kommen. Der *Buxus sempervirens* zählt zu den wenigen immergrünen Sträuchern, die bei uns heimisch sind, und hat daher schon den großen Vorteil, an unser Klima angepasst zu sein. So ist es gar nicht notwendig, den Buchs immer nur auf maximal kniehohe Hecken als Beeteinfassung oder Teilabgrenzung zu reduzieren. Buchsbaum ist in verschiedenen Arten und Züchtungen erhältlich, die sich in der Stärke des Wuchses unterscheiden. Der kräftigste von allen ist der Buchsbaum 'Handsworthiensis', der auf Wunsch eine 3,50 bis 4,50 m hohe Hecke bildet. Der Duft von Buchsbaum hat für viele Menschen einen nostalgischen Charme, was wohl auch für Schnecken gilt. Und es ist leider kein Ammenmärchen, dass überall dort, wo eine Buchsbaumhecke steht, reichlich Schnecken wohnen.

Pflanzen Sie niemals eine Hecke aus Stechpalmen, es sei denn, Sie wickeln Ihre Jät- und Pflanzarbeiten rigoros in dicken Gartenhandschuhen ab, denn die abgestorbenen, trockenen Blätter werden quer durch den Garten geblasen und sorgen für äußerst schmerzhafte Begegnungen.

Koniferen wie Eibe oder Zypresse sind unter den immergrünen Heckensträuchern die beliebtesten. In diesem Fall ist es jedoch von größter Bedeutung, gute Pflanzen zu kaufen, die bis zum Boden hin verzweigt sind. Beim Kauf würde ich eher zu kleineren Pflanzen greifen, etwa 45 bis 60 cm hoch. So müssen sie nicht gestützt werden und wachsen besser an als größere, teurere Exemplare. Als Pflanzzeitpunkt ist der Frühling – Ende März oder April – zweifellos sicherer als der Herbst, vorausgesetzt man kann reagieren, falls im Frühjahr eine Trockenperiode eintritt. Für den Abstand zwischen den einzelnen Pflanzen würde ich immer das Doppelte dessen heranziehen, was Ihnen der Verkäufer in der Baumschule empfohlen hat. Natürlich gibt es in dieser Sache nicht nur eine Meinung (wobei meine natürlich die einzig richtige ist). Ich plane gern auf lange Sicht. Pflanzen, die in einem Abstand von nur 45 cm zueinander stehen, konkurrieren spätestens, wenn sie ausgewachsen sind, um die vorhandenen Nährstoffe. Doch setzt man sie weiter auseinander, ist die Wartezeit, bis eine Hecke entstanden ist, die diesen Namen verdient, natürlich länger. Außer Diskussion steht die Tatsache, dass man spätestens ein Jahr nach der Pflanzung mit dem Schneiden beginnen sollte, wenn man einen dichten, kompakten Wuchs erzielen will. Beginnt man erst mit dem Schneiden, wenn die Pflanzen die lang ersehnten Dimensionen erreicht haben, werden sie bereits so lückenhaft und lose gewachsen sein, dass sie nicht mehr zu retten sind.

Sie können die Zusammensetzung und Farbe Ihrer Hecke abwechslungsreicher gestalten, indem Sie das Pflanzmaterial etwas mischen. Eine Mischung aus Blutbuche und grünblättrigen Arten sieht immer gut aus, wobei das Mischverhältnis nicht so wichtig ist: Man kann genauso gut zehn rote und eine grüne Pflanze oder zehn grüne und eine rote mischen, oder zwei Drittel / ein Drittel oder halb und halb. Goldliguster passt mit der grünen Form weniger gut zusammen, weil das Gold sehr intensiv ist und kaum Grün darin vorkommt. Aber zwischen den grünblättrigen Urformen der Buche sieht hin und wieder eine Pflanze der panaschierten oder goldblättrigen Form des Japanischen Spindelstrauchs, *Euonymus japonicus*, gut aus. Es handelt sich dabei um einen guten Küstenstrauch, der durch seine glänzenden, nicht allzu großen Blätter niemals langweilig oder plump wirkt.

Eine unaufdringliche, aber effektvolle Mischung kann mit *Griselinia littoralis* (einem immergrünen Strauch mit hellen, frischen Blättern, der zu jeder Jahreszeit freundlich aussieht) und dessen panaschierter Form erreicht werden. Letztere ist jedoch eine solche Augenweide, dass man sie vielleicht lieber als buschig wachsenden Solitärstrauch zieht. Die Griseline hat den Ruf, nicht sehr frostresistent zu sein, aber wenn sie im Frühling gepflanzt wird, kommt sie problemlos durch den Winter, immer vorausgesetzt, sie steht auf gut durchlässigem Boden und ist vor eisigen Nord- und Ostwinden geschützt. Gut mischen lassen sich auch Stechpalmen, etwa die grüngelbe Sorte 'Golden King' mit der rein grünen Sorte, die manchmal unter dem Namen 'Polycarpa' firmiert, korrekterweise aber 'J.C. van Tol' heißt. Beide Sorten haben den großen Vorteil, dass sie fast keine Stacheln besitzen. 'Golden King', die weniger Grünanteile hat, wächst auch langsamer, daher sollte man achtgeben, dass sie während des Wachstums nicht von den Nachbarn überwuchert wird.

Angenommen, Sie wünschen sich nicht nur eine gewöhnliche Hecke sondern einen hohen, immergrünen Wall, ein regelrechtes Dickicht, das nicht geschnitten wird und genug Freiraum hat, um sich nach Herzenslust zu entfalten. Die Griseline würde sich in dieser Rolle sehr gut machen, vor allem in einer gemischten Pflanzung mit dem Lorbeer-Schneeball (*Viburnum tinus*), der durch sein sehr dunkles Laub einen schönen Kontrast schafft. Bei großblättrigeren Pflanzen verbessert sich das Erscheinungsbild wesentlich, wenn man sie nicht schneidet. Kirschlorbeer oder die Portugiesische Lorbeerkirsche kommen auf diese Weise erst richtig zur Geltung, während eine Hecke aus dem sehr anpassungsfähigen *Rhododendron ponticum* auch nicht zu verachten wäre, obwohl dessen Blätter über den Großteil des Jahres hinweg eher glanzlos sind. Rindern schmeckt diese Pflanze überhaupt nicht, daher könnte sie an einen Zaun gepflanzt werden, der an eine Weide angrenzt. Interessanterweise rühren Rinder in den Landesteilen, wo Rhododendren häufig vorkommen, sich durch Selbstaussaat vermehren und den Tieren vertraut sind, die Pflanzen nicht an, während Rinder, die sie nicht kennen, sie sehr wohl fressen. Das beweist wieder einmal, wie schwierig es ist, Pflanzen zu empfehlen, die vor Tierfraß sicher sind. Aber darüber haben wir im Kapitel über Waldgärtnern bereits gesprochen.

Wenn Ihnen der Sinn nach einer großen, formellen Hecke steht, gibt es dafür keine geeignetere Pflanze als die Steineiche, *Quercus ilex*, nicht zu verwechseln mit der Stechpalme, deren Gattungsname ebenfalls *Ilex* lautet. Die Steineiche ist vor allem in mediterranen Gärten beliebt, wohl weil sie auch dort beheimatet ist. Für die kältesten Gegenden im Landesinneren Großbritanniens ist die Steineiche sicherlich nicht zu empfehlen, doch überall im Süden und Westen muss man sich um sie keine Sorgen machen. Besonders gut umgehen kann sie mit rauem Küstenklima. In unserem Garten steht eine Steineichenhecke, die um 5 m hoch ist und fast genauso breit. Zum Glück muss sie nur einmal im Jahr geschnitten werden, denn den oberen Rand erreicht man nur, indem man die Leiter mitten hinein ins Gebüsch schiebt.

Steineichen lassen sich ungern verpflanzen, außer wenn sie sehr jung sind, daher ist es wichtig, mit kleinen, im Topf gezogenen Setzlingen zu beginnen. Anfangs geht es mit dem Wuchs scheinbar schleppend voran, doch sind die Pflanzen erst eingewachsen, wachsen sie pro Jahr gut 40 cm. Die einzelnen Pflanzen in unserer Hecke stehen in unregelmäßigen Abständen nebeneinander in einer Reihe, die alles andere als gerade ist. Im Durchschnitt scheinen mir aber 3 bis 3,50 m ein guter Abstand zu sein, um einem zu dicht gedrängten Wuchs in der Zukunft vorzubeugen. Die Blätter der Steineiche weisen ein weiches Olivgrün auf, die Unterseite ist beinahe grau.

Zypressen und die recht ähnlichen Thujen (*Thuja plicata*) sind überall dort als immergrüne Hecke beliebt, wo Tempo gefragt ist. Von der Monterey-Zypresse (*Cupressus macrocarpa*) sind die meisten Gärtner abgekommen, seit sich herausgestellt hat, dass sie einen Schnitt ins alte Holz nicht verträgt und ohnehin nicht besonders frosthart ist. Der große Favorit ist neuerdings (obwohl die Pflanze selbst beileibe nicht neu ist) die Leyland-Zypresse, × *Cupressocyparis leylandii*. Dass sie ihre Aufgabe als Abgrenzung souverän erfüllt, steht außer Zweifel, dennoch ist sie eine grobschlächtige Pflanze. Alternativ liefert Ihnen eine der zahlreichen Formen der Lawson-Scheinzypresse eine ebenso dichte Hecke, aber mit einer wesentlich feineren Struktur. Die bläuliche Färbung der Sorte ‘Alumii’ ist im Winter schrecklich deprimierend, im Gegensatz dazu ist ‘Green Hedger’ eine der freundlichsten Sorten und äußerst zufriedenstellend. Oder, wenn Sie nicht in Eile sind (vielleicht kommt irgendwann der Tag!) ist auch ‘Fletcheri’ mit ihrem dichten, aber federartigen Wuchs eine Möglichkeit. In diesem Fall ist ein minimaler Schnitt in jeder Wachstumsphase der Pflanze vonnöten.

Nun wollen wir uns Heckenpflanzen zuwenden, die hauptsächlich wegen ihrer Blüte zum Einsatz kommen. Zu den Eiben in ihren verschiedensten Formschnitten kehren wir später noch einmal zurück.

Wenn eine Hecke ihren eigentlichen Zweck, nämlich Wind und neugierige Blicke fernzuhalten, einigermaßen erfüllen und gleichzeitig nicht maßlos in die Breite wachsen soll, muss sie jedes Jahr geschnitten werden. Dadurch fällt bei vielen Sträuchern die Blüte sehr bescheiden aus. Etwa beim Weißdorn: Sie werden nie erleben, dass eine Weißdornhecke über und über mit Blüten bedeckt ist, nur ein paar weiße Punkte hier und da. Doch es gibt Sträucher, die trotz – und in manchen Fällen sogar gerade wegen – des jährlichen Rückschnitts eine üppige Blütenfülle entwickeln, vorausgesetzt man schneidet sie zum richtigen Zeitpunkt. Eine häufig verwendete, eher grobe Heckenpflanze – im Stil dem Weißdorn nicht unähnlich – ist die Kirschpflaume oder Myrobalane. Eine Kirschpflaumenhecke, die mehr als eine Handvoll Blüten trägt, sieht man allerdings selten, weil sie ihre jährliche Rasur im Winter erhalten hat, wenn der Boden hartgefroren, nass oder schneebedeckt ist und keine anderen Arbeiten zulässt. Wenn man aber die alten Gewohnheiten nur ein wenig ändern und den Heckenschnitt auf April oder Mai hinausschieben würde, bekäme man im Frühling als Belohnung ein Meer aus weißen Blüten, zumindest in Jahren, die auf einen heißen Sommer folgen. Für die meisten der blühenden Sträucher gilt, dass sie unmittelbar nach der Blüte geschnitten werden sollten.

Die Myrobalane, *Prunus cerasifera*, ist so starkwüchsig, dass sie jährlich mindestens 90 cm zulegt, wahrscheinlich sogar noch mehr. Wenn sie Ihnen eine Blüte schenken soll, braucht sie also Platz. Meiner Ansicht nach gibt es keine Frühlingsblüte, die im Aussehen frischer wirkt als diese, mit Ausnahme vielleicht der später blühenden Schlehe. Trotzdem ist die beliebtere Heckenpflanze die rotblättrige Varietät der Myrobalane, *Prunus cerasifera* 'Pissardii'. Sie ist genauso stark im Wuchs und bleibt kaum unter einer Höhe von 2,50 bis 3 m, vor dem Rückschnitt, wohlgemerkt. Noch auffälliger ist mit ihrem noch dunkleren Laub die Sorte *P. c.* 'Nigra'. Wenn Sie denselben Effekt wünschen, nur eine Nummer kleiner, sollten Sie die Hybride *P.* × *cisterna* pflanzen, die vor dem Jahresschnitt nur 1,20 bis 1,50 m hoch ist, somit als Hecke im eigentlichen Sinne aber nicht taugt. Mir ist diese Pflanze ohnehin ein Rätsel, denn auf manchen Böden verweigert sie einfach den Wuchs, und man zerbricht sich den Kopf, warum. Unter den Kirschen weist *P. incisa* einen stark verzweigten Wuchs auf und bildet eine hervorragende Hecke, die mannshoch wird. Die Blüten sind weiß, die Knospen rosa. Doch eine ganze Hecke davon würde ein Vermögen kosten. Hier müsste man schon einen bestehenden Baum zur Verfügung haben, von dem man sich Stecklinge schneidet und eigene Pflanzen heranzieht.

Die Frühlings-Duftblüte *Osmanthus × burkwoodii* verursacht keine exorbitanten Kosten, vor allem wenn man einen Pflanzabstand von 90 cm wählt, wie ich es empfehlen würde. Der Strauch besitzt immergrünes Laub, das an Heckenkirsche erinnert, jedoch ordentlicher, robuster und dichter ist. Diese Hybride (bis vor Kurzem noch einfach als *Osmarea* bekannt) zeichnet sich wie ihr Elternteil *Osmanthus delavayi* dadurch aus, dass die nächste Blüte nach einem gründlichen, jährlichen Schnitt Ende Mai mindestens doppelt so üppig wird. Die dichten Bündel hinreißend duftender, trichterförmiger, weißer Blüten sprießen im April aus jeder Blattachsel der einjährigen Triebe. Der Strauch wächst mit der Zeit zu einer Höhe von 2 bis 2,50 m heran. Seine Winterhärte ist besser als bei *Osmanthus delavayi,* und somit eignet er sich besser als Heckenpflanze, obwohl ich Letzterem aufgrund seiner wesentlich attraktiveren Blätter dennoch den Vorzug geben würde, wenn der Boden gut ist und die Hecke richtig gepflegt wird. Die Stachelblättrige Duftblüte, *Osmanthus ilicifolius*, ist mit ihren stechpalmenartigen Blättern eine gute Heckenpflanze. Der Strauch blüht im Oktober, was man aber kaum bemerken würde, wenn da nicht dieser Duft in der Luft läge, der sehr stark an unseren Bauernjasmin erinnert.

Nun aber zur Schmalblättrigen Berberitze, *Berberis × stenophylla*, eine hervorragende und, für Berberitzenverhältnisse, nicht allzu stachelige, immergrüne Pflanze, die sich im April mit krokusgelben Blütengirlanden schmückt. Auch in diesem Fall muss unmittelbar nach der Blüte geschnitten werden. Der Strauch bildet ohne Schwierigkeiten eine weit über 2 m hohe Hecke, mitunter sieht sie aber etwas kopflastig aus, weil sie unten zu dünn geworden ist. Seien Sie also von Anfang an streng und schneiden Sie den Strauch so, dass eine breite Basis entsteht.

Wer eine sommerblühende Hecke mit einem dichten Wuchs sucht, wird bei den *Escallonia*-Arten fündig. Die kleinblättrigen, hängenden Sorten sind in den Gärten des Landesinneren, die strengem Frost ausgesetzt sind, am zuverlässigsten. Auf den peitschenartigen Zweigen, die wie Fontänen in die Luft ragen, erstrahlen ab Mitte Juni unzählige sternförmige Blüten einen Monat lang in voller Pracht. Danach sollte die Pflanze (zugleich mit anderen Sträuchern) unverzüglich ihren Schnitt bekommen, damit sie genügend Zeit hat, vor dem Herbst neue Triebe auszubilden. Die hellste Blüte zeigt die rosaweiße Sorte 'Donard Seedling', danach kommen 'Edinensis' in mittelkräftigem Rosa und die *Escallonia* 'Langleyensis', deren pinke Blüte schon ins Rot reicht. Den schönsten Effekt erzielt man womöglich, indem man alle drei Sorten mischt. Diese Hybriden sind nicht vollständig immergrün, bilden aber ein so dichtes Geäst, dass die Hecke nahezu undurchdringlich wird. Keinesfalls sollten Sie weniger als 90 cm Abstand zwischen den Pflanzen einplanen. An der Basis empfiehlt sich eine Breite von mindestens 1,80 m.

Größerblättrige *Escallonia*-Arten sind frostempfindlicher, jedoch gänzlich immergrün. Außerdem kommen sie besser als andere mit dem Küstenklima zurecht. *Escallonia macrantha* heißt die Sorte, die man in Cornwall oft als Windschutzhecke sieht, es gibt aber noch interessantere Hybriden, wie etwa 'Crimson Spire', die mit ihrem aufrechten Wuchs das Zeug zu einer hervorragenden Heckenpflanze hat.

Das struppige Strauch-Fingerkraut, *Potentilla fruticosa*, bildet die am längsten blühende Zwerghecke, die auf 1 bis 1,50 m hohen Sträuchern immer neue gelbe oder weiße Blüten hervorbringt, die wie Miniatur-Rosen von Mai bis in den Herbst hinein blühen. Der Rückschnitt kann im Winter erfolgen. Eine Mischung aus der gelbblühenden Sorte 'Goldstar' und der weißen 'Abbotswood' würde zum Beispiel hübsch aussehen und ein wesentlich gepflegteres und länger anhaltendes Blütenbild schaffen als etwa Lavendel. In Schweden trifft man den Fingerstrauch besonders häufig an, was als Beweis seiner Winterhärte gilt.

Eiben als Heckenpflanzen

Die Eibe gilt gemeinhin als die beste Heckenpflanze für ländliche Gärten (Luftverschmutzung verträgt sie schlecht). Mit ihrem dunklen und würdevollen, aber schlichten Erscheinungsbild schafft sie ein kräftiges Bollwerk, das durch die vielen kleinen Blätter besonders dicht wirkt. Sie entwickelt sich gut auf Sand, auf Ton und, ihrer natürlichen Abstammung entsprechend, auf Kreideböden. Aufgrund der Tatsache, dass sie nur einmal im Jahr geschnitten werden muss, kann sie als zeitsparend eingestuft werden. Wenn der Schnitt im August erfolgt, behält die Hecke ihre Form recht exakt für die nächsten neun oder zehn Monate bei.

Unser eigener Garten ist in Abschnitte unterteilt, die weitgehend von Eiben abgegrenzt sind, was ich nicht bereue. Man könnte Eibenhecken beinahe als Baustoff bezeichnen, als architektonisches Gestaltungselement, das zum Beispiel hier bei uns eine Verbindung zwischen dem Haus und den verschiedenen alten Wirtschaftsgebäuden schafft, die überall im ganzen Garten verstreut stehen. Formale Gestaltung ist in ländlichen Gärten zurzeit nicht besonders gefragt, doch eine formale Einteilung bedeutet nicht zwingend, dass auch die Pflanzungen formal sein müssen. Mein Zugang ist, innerhalb des vorgezeichneten Rahmens völlig informelle Pflanzungen anzulegen. Genauso wenig müssen Eibenhecken schnurgerade sein. Bei uns kommen sie besonders wirkungsvoll als bogig gewellte Einfassung eines semiformalen Rosengartens zum Einsatz.

Der Hauptkritikpunkt, der gegen Eibenhecken vorgebracht wird, ist die langsame Entwicklung bis zur erwachsenen Pflanze. Darin steckt ein wahrer Kern, doch es ist gerade diese Langsamkeit, die sie so pflegeleicht macht. Die immergrüne Heckenkirsche *Lonicera nitida* liefert Ihnen in nur wenigen Jahren eine preiswerte Hecke, benötigt aber mindestens drei Rückschnitte im Jahr, was mit der Zeit ebenso teuer wird. Außerdem ist die Eibe nicht so langsam wie ihr Ruf: Innerhalb von acht Jahren hat sie eine ordentliche Hecke gebildet, mit zehn Jahren ist sie ausgereift und wirkt unbestimmbaren Alters. Am langsamsten wächst sie in den allerersten Jahren, während sie sich noch in der Obhut der Baumschule befindet, was erklärt, warum Jungpflanzen mit derselben Höhe – sagen wir zwischen 45 und 60 cm – acht Mal mehr kosten als Heckenkirschen.

Früher wurden Eiben immer aus Samen gezogen, die vor dem zweiten Frühling noch nicht einmal gekeimt haben. Heutzutage werden oft Stecklinge verwendet, was dazu führt, dass ein standardisiertes Produkt entsteht und alle Pflanzen gleich wüchsig sind. Viele spezialisierte Baumschulen haben mittlerweile ihre eigene Eibenlinie nach Wuchsgeschwindigkeit selektiert. Solche Pflanzen können erfahrungsgemäß 20 bis 30 cm im Jahr wachsen. Es gehört natürlich einiges an Willensstärke dazu, diesen Neuzuwachs im Hinblick auf die Erziehung einer kompakten Hecke um die Hälfte einzukürzen. Eine interessante Eigenart einer Hecke aus Eibensämlingen ist, dass die jungen Triebe im Mai an verschiedenen Pflanzen unterschiedliche Grün- und Bronzetöne annehmen. So kann man zumindest zu dieser Zeit des Jahres selbst bei der ältesten Hecke genau erkennen, wo eine Pflanze endet und die nächste beginnt.

Ein ganz anderes Problem, das manchmal von nutztierfreundlichen Gärtnern vorgebracht wird, ist, dass die Eibe in allen Pflanzenteilen mit Ausnahme des Fruchtfleisches, das den Samen umgibt, hoch giftig ist. Und nicht nur das: Sie schmeckt süß und lecker, wodurch sie Rinder durchaus ins Verderben führen kann. Also ich sehe das so: Wenn Sie Ihre Herde ausgerechnet auf eine Weide stellen, die von einer Eibenhecke umzäunt ist, wird es wohl zu Problemen kommen. Wie in vielen anderen Gärten hat es auch bei uns im Lauf der Jahre so manche Krise im Zusammenhang mit Pferden, Schweinen, Kühen oder Schafen gegeben, die sich hier Zutritt verschafft haben. Die meisten davon haben ein Maul voll Eibe probiert, ohne ernste Nachwirkungen zu erleiden. Einmal sah ich vom Fenster unseres Hauses aus, wie auf einer der Rasenflächen eine Schafherde an den Formschnittsträuchern aus Eibe graste. Aufgebracht ging ich auf sie los wie der Wolf auf die sieben Geißlein – nicht die beste Art und Weise, um eine Schafherde von einem Ort, an dem sie unerwünscht ist, geordnet fortzubegleiten. Die Tiere stoben in alle Richtungen auseinander, sodass ich immer nur kleine Grüppchen von Schafen im Kreis um die Formschnittbüsche jagte, während alle anderen, die vorübergehend nicht gejagt wurden, sich wieder ans Fressen machten. Irgendwie schaffte ich es dann doch, mit einer weitsichtigeren Taktik, die Tiere nach draußen zu führen, und allen ging es nach ihrem giftigen Snack unverändert gut. Abgestorbene Eibenäste führen übrigens sehr viel eher zu tödlichen Vergiftungen als lebendige.

Ein oder zwei Punkte zur Anpflanzung sollten vielleicht Erwähnung finden: Eine gute Bodenentwässerung ist für Eiben essenziell. Mein Vater legte einst Sickerleitungen unter alle Hecken, doch die Rohre waren mit einem Durchmesser von 5 cm einfach zu klein. 7,5- bis 10-cm-Rohre sind auf schweren Böden besser geeignet und verstopfen nicht so leicht. Im Jahr 1960, als wir einen sehr nassen Winter hatten, fiel ein ganzer Abschnitt unserer Hecke der Staunässe zum Opfer. Eine andere Methode, die man früher anwandte, wenn man keine Drainagen legen wollte, war, die Hecke an einen künstlichen Wall zu pflanzen.

Eibenwurzeln sind invasiv und gierig. Daher bin ich meinem Vater heute noch dankbar, dass er damals Vorkehrungen traf. Überall dort, wo die Hecke an ein bepflanztes Gartenstück grenzte, versenkte er 90 cm hohe, verzinkte Stahlbleche (mit doppelt gefalzter Kante, damit sich niemand daran verletzt) als Wurzelbarriere in die Erde. Seit jener Zeit (vor dem Ersten Weltkrieg) erfüllen sie verlässlich ihre Aufgabe.

Jede gut gepflegte Hecke, die regelmäßig geschnitten wird, braucht eine Gabe Langzeitdünger, um die Verluste aus dem Schnitt wiedergutmachen zu können. Grober Stallmist oder Gartenkompost an der Oberfläche sind kaum sinnvoll, da die Stücke von den Vögeln herausgepickt und auf benachbarte Wege und Rasenflächen verteilt werden. Eine Gabe »Fish, blood and bone« im Spätwinter ist hier wahrscheinlich die beste Option, obwohl es auch andere gute, langsam wirkende Düngemittel gibt.

Eiben als Formschnittsträucher

Zwei Kommentare, die man unweigerlich zu hören bekommt, wenn Menschen in Gärten auf Formgehölze stoßen, sind »Ach, wie herrlich altmodisch!« und »Wie in alten Zeiten!«. Und sosehr es auch nervt, dieselben Floskeln dauernd wiederholt zu bekommen, sie haben Recht! Dann gibt es aber noch die anderen, die Formschnitt schlicht als kindisch empfinden. Während die einen davon fasziniert sind, finden die anderen solche Pflanzen abstoßend. Wer Formschnittgehölze als Beleidigung für die Augen empfindet, hat wahrscheinlich eine persönliche Abneigung gegen formales Gärtnern. Es gab eine Zeit, als die formale Gartengestaltung plötzlich auf der ganzen Welt (wenn man Europa kleingeistig als ganze Welt betrachtet) zugunsten »natürlicher« Gärten verpönt war. Doch mittlerweile bilden die verschiedenen Geschmäcker beim Gärtnern ein derart buntes Sammelsurium, dass zahlreiche, höchst unterschiedliche Stile nebeneinander existieren können. Tatsächlich ist ein Mensch, der Formschnitt ablehnt, meiner Meinung nach ein eher strenger Typus, der sich selbst sehr ernst nimmt und gewöhnt ist, auch von anderen ernst genommen zu werden.

Formschnitt ist nicht ernst. Er ist vielmehr ein Ausdruck grünen Übermuts. »Los, wir machen was Verrücktes!«, sagt einer, und heraus kommt ein Formstrauch.

Die allgemeine Annahme, dass Formgehölze schwer zu erhalten seien, ist weitgehend unbegründet. Jeder, der nur einen Funken Intelligenz besitzt und eine Schere bedienen kann – auch in der elektrischen Variante –, muss nur den Umrissen folgen, die er vor Augen hat, und die diesjährigen frischen Austriebe einkürzen. Das Rad des Pfaus wird womöglich mit den Jahren etwas knollig und der Schnabel weniger spitz, aber das ist nicht von Bedeutung. Die größere Schwierigkeit liegt erfahrungsgemäß darin, die Sträucher über die Jahre gesund zu halten, was man, wie bei Hecken auch, am besten dadurch erreicht, dass man die Pflanzen ausreichend düngt, Efeu in Schach hält, der sich selbst ausgesät hat, und vor allen Dingen von Beginn an konsequent eine breite Basis schafft, die allmählich nach oben hin schmäler wird, damit so viel Licht wie möglich die Oberfläche erreicht. Wenn der Strauch auf diese Weise großgezogen wird, verfügt er auch über einen starken und ausgewogenen Sockel, auf dem später eine dekorative Figur gestaltet werden kann. Sind die Pflanzen, die Sie gekauft haben, von Anfang an mit vielen, weit verzweigten Ästen ausgestattet, die bis hinunter zum Boden reichen, müssen Sie sich darum keine Sorgen mehr machen, egal ob die Eiben als Hecken- oder Formschnittpflanzen zum Einsatz kommen sollen.

Eibe eignet sich am allerbesten für den Formschnitt: Sie zeichnet sich durch sattes Dunkelgrün mit einer dichten Textur aus, braucht dabei nicht mehr als den einen Schnitt pro Jahr und verfügt über sehr kleine Blätter, die niemals zerzaust oder unordentlich aussehen, wie es bei anderen Pflanzen wie dem Echten Lorbeer oder anderen Lorbeeren der Fall sein kann, wenn sie geschnitten werden. Außerdem kann man eine verwahrloste Eibe, die einen Rückschnitt bis ins alte Holz erfordert, so lange einkürzen, bis nur noch ein nacktes Skelett übrigbleibt, und doch wird sie sogleich wieder austreiben und einen wahren Wald neuer Triebe aus dem totgeglaubten Stamm bilden.

Buchsbaum ist ebenfalls ein gutes Ausgangsmaterial, zumindest für kleinere Objekte, jedoch besitzt er eine weichere Textur und macht es Ihnen nicht so leicht, die Form Ihrer Figuren zu halten.

Beide Arten, Eibe und Buchsbaum, zählen zu den wenigen immergrünen Pflanzen, die bei uns heimisch sind, daher sagt ihnen unser Klima einwandfrei zu, egal für welche extravaganten Zwecke wir sie verwenden. Doch der altertümliche Charme von Formschnittgehölzen hat eher mit ihrer langen Tradition zu tun als mit dem Alter, das den Pflanzenexemplaren selbst zugeordnet werden kann. Der Formschnitt, der im frühen 18. Jahrhundert so modern war, musste der darauffolgenden Landschaftsgartenbewegung fast vollständig weichen. Der Garten in Levens in Cumbria, angelegt um das Jahr 1689, zählt zu den wenigen Überlebenden.

Die meisten auf den ersten Blick alteingesessenen Formschnittgärten sind tatsächlich recht jungen Datums. Ohne Kenntnis seines Ursprungs ist es extrem schwierig, das Alter eines Exemplars, das man zufällig erblickt, einzuschätzen. Der Formschnittgarten von Compton Wynyates in Warwickshire zum Beispiel wurde erst 1895 angelegt. Dreißig Jahre später (wir haben noch ein paar alte Fotos, die mein Vater gemacht hat) sah die Anlage bereits aus wie zuletzt, bevor sie endgültig stillgelegt wurde. In Packwood, ebenso in Warwickshire, gibt es einen Garten, in dem mit Formschnittsträuchern die Bergpredigt nachgestellt wurde. Dort könnte die »Menschenmenge« ihrem oberflächlichen Aussehen nach sowohl 30 als auch 300 Jahre alt sein. Doch die Annahme, Eibe wachse nur sehr langsam, ist tatsächlich unbegründet. Man spart keine Zeit, wenn man größere Sträucher einpflanzt. Mein Vater, der ein großer Fan von Eiben war, sowohl für Hecken als auch für den Formschnitt, führte Buch über die Ergebnisse seiner Pflanzexperimente und fand heraus, dass er die besten Resultate mit Jungpflanzen erzielte, die er mit nur etwa 30 cm Höhe aus der Baumschule holte. Innerhalb von neun Jahren hatten diese die 90-cm-Pflanzen eingeholt. Bei jenen Eiben, die bei der Pflanzung bereits 1,80 m groß waren, betrug die Ausfallsquote zwischen 30 und 50 Prozent. Aber was ich eigentlich sagen will, ist, dass eine 30 bis 90 cm große Eibe, die in guten Boden gepflanzt wird und jedes Jahr einen starken Rückschnitt erhält, damit sie sich robust entwickelt, innerhalb von 30 Jahren so erzogen werden kann, dass sie einen 6 m hohen Kegel mit reifem Aussehen bildet, den man nicht mehr von den wesentlich älteren Exemplaren der »Menschenmenge« in Packwood unterscheiden könnte.

Die Eiben in Packwood sind weniger figürlich als symbolisch angelegt. Die Menschenmenge, die Apostel und die Evangelisten sind je nach Wichtigkeit unterschiedlich groß und in entsprechender Entfernung zum Berg dargestellt, doch sie versuchen gar nicht, wie Menschen auszusehen. Das ist auch nicht nötig, denn seltsamerweise bevölkern Formschnittsträucher, egal welche Figur man ihnen gibt, jeden Garten mit Menschen. Sie halten mich hoffentlich nicht für völlig meschugge, wenn ich behaupte, dass man sich dadurch weniger allein fühlt. Das hat vielleicht mehr mit dem Schatten der Figur als mit der Figur selbst zu tun. Die abends länger werdenden Schatten in einem Formschnittgarten sind die Requisiten für eine Fantasiewelt, die zugegeben manchmal grotesk wirkt, aber dennoch eine Atmosphäre vertrauter Geselligkeit schafft.

Die einfachste Grundform im Formschnitt ist der Kegel, aus dem sich in Packwood zum Beispiel die »Menschenmenge« zusammensetzt. Varianten davon sind Zylinder, Pyramide oder Tetraeder. Die nächste Schwierigkeitsstufe besteht darin, eine Kugel oben auf den Kegel zu setzen. Sobald der Kegel die erforderliche Höhe erreicht hat, bindet man oben ein Büschel starker, senkrecht wachsender Triebe zusammen, die man fortan als Einheit behandelt. Möchte man daraus einen Vogel schneiden, muss das Büschel in zwei Einheiten unterteilt werden: eine für Hals und Kopf des Vogels und die andere für den Schwanz. Richtung bekommen sie, indem man sie an einem kräftigen Drahtgerüst fixiert. Für den Schwanz formt man daraus eine Schlaufe, an dem die Triebe festgebunden werden. Störende Triebe, die sich nicht in die gewünschte Position bringen lassen, werden abgeschnitten. Der Feinschliff der Figur ergibt sich üblicherweise ganz von selbst. Wichtig ist nur, nicht allzu pedantisch zu werden. Zu viele kleine Details sind nicht nur schwer in Form zu halten, sondern sehen auch übertrieben und geschmacklos aus.

Bevor Sie loslegen, brauchen Sie jetzt nur noch die richtige Einstellung. Unter begeisterten Hobbygärtnern gibt es jede Menge zukünftige Formschnittgärtner mit Potenzial. Das Einzige, was sie oft abschreckt, ist die Vorstellung, dass Formschnitt zu kompliziert sei, was aber einfach nicht stimmt. In alten Zeiten waren einige der schönsten Formschnittkreationen in Bauerngärten zu bewundern, und die wenigen grundlegenden Charaktereigenschaften, die diese Gärtner besaßen, waren viel Geduld und eine klare Vorstellung, eine Begeisterung für ihre Pflanzen und deren Pflege sowie die Marotte, aus allem eine Figur machen zu wollen, egal ob aus Knetmasse, Ton, Holz, Eibe oder Buchsbaum.

Lavendel und duftende Alternativen

Unsere beliebteste Duftpflanze, der Lavendel, eignet sich sehr gut, um formale oder semiformale Abschnitte eines Gartens einzufassen. Sein Duft weckt früheste Kindheitserinnerungen und übt so eine nostalgische Faszination aus, während die Blüten – sogar bei unserem bescheidenen, altbewährten Englischen Lavendel, der nicht von sich behaupten kann, besonders farbintensiv zu sein – meist bezaubernd sind. (Die einzige Ausnahme, die ich hier mache, ist der sogenannte rosa Lavendel, der in kraftlosem, verwaschenem Mauve blüht.)

Man muss Sträucher jedoch beurteilen, wenn sie gerade nicht in Blüte stehen, sie tragen schließlich mehr Verantwortung als krautige Pflanzen, die sich über weite Teile des Jahres überhaupt nicht blicken lassen. Letzten Endes ist es immer noch besser, gar nicht da zu sein, als sichtbar, aber in jämmerlichem Zustand. Die Jammersaison des Lavendels ist leider überaus lang, denn sie dauert bei den meisten Sorten von etwa Ende August, wenn die Blüten welken, bis hinein in den folgenden Mai, wenn ein Schwung neues Grün erscheint. Lavendelsträucher gehören zu unseren liebsten Garten-Schandflecken, die in ihrer Tristesse den Beeten voller dorniger Stängel, die sie meist umranden, kaum nachstehen.

Das Maximum, das wir in diesen neun traurigen Monaten aus dem Lavendel herausholen können, ist, ihm ein adrettes Aussehen zu geben. Aber selbst das ist nicht so einfach. Zum einen verabscheut die Pflanze schwere Böden, die in diesem Land aber oft vorherrschen. Offenbar ist die Abscheu jedoch nicht groß genug, als dass wir aufhören würden, Lavendel zu kultivieren. Ein Ausfall hier und da wird aber fast unvermeidlich sein, denn der Stängelparasit *Phoma Lavendulae* ist weit verbreitet. Zuerst erkrankt ein einzelner Zweig und stirbt ab, dann der halbe Strauch. Interessanterweise stirbt selten der ganze Busch. Zumindest bleibt immer noch genug gesundes Gewebe zurück, damit wir die Hoffnung nicht aufgeben. Auf durchlässigen Böden verhält sich Lavendel wesentlich besser und bleibt das ganze Jahr über einigermaßen präsentabel.

Die nächste Frage ist, wo unsere Prioritäten liegen: Wollen wir lieber intensiven Duft und silbergrüne Blätter, gepaart mit unscheinbarer Blütenfarbe, oder üppige violette Blütenähren mit nur mittelmäßigem Duft und Blättern, die weder grün noch grau sind und im Winter fast vollständig fehlen? Winterhärte ist ein weiterer Aspekt. Die an sich besseren Zwerglavendelsorten sind weniger frostresistent als der hohe, hagere Provence-Lavendel. Wenn er nicht so frostempfindlich wäre (außer auf Böden, die außergewöhnlich durchlässig sind), würde meine persönliche Lavendel-Wahl auf den *L. lanata* fallen, dessen silbriges Laub schon beinahe weiß wirkt. Aber so wie die Dinge stehen, entscheide ich mich meist für die violette Zwergsorte 'Hidcote'.

Der Abwechslung halber pflanze ich auch den Schopf-Lavendel, *L. stoechas*. Er hat den Ruf, eher frostempfindlich zu sein, verdient ihn aber nur unwesentlich mehr als die meisten anderen. Wir haben die meisten Pflanzen 1962/63 verloren, dazu muss aber gesagt werden, dass auch ein Teil der anderen Lavendel jenen Winter nicht überlebte. Die Hauptblüte von *L. stoechas* beginnt relativ früh, bereits im Mai. Die Blütenstände sind im Querschnitt viereckig, und die dunkelvioletten Blütenblätter stehen in den Ecken des Vierecks aufgereiht. Oben aus dem Blütenstand wächst ein kesser Schopf aus verführerischen, lila Hochblättern, die in die Höhe ragen wie Federschmuck. Der kleine Strauch hat einen adretten Wuchs von nur etwa 60 cm Höhe und ist – wie die meisten Lavendel – nicht von kugeliger Form, sondern gezackt wie die Dolomiten.

Lavendel-Stecklinge können zu jeder Jahreszeit geschnitten werden, am besten wurzeln sie jedoch, wenn man Anfang September junge, grüne Triebe von stark und gesund wachsenden Stammpflanzen (nicht solche, die aus dem letzten Loch pfeifen) schneidet und mit der Schnittstelle in ein Bewurzelungspulver tunkt. Danach kommen die Stecklinge in eine Pflanzschale mit grobkörniger Erde. Sie können bis zu 60 Stecklinge in einer mittelgroßen Pflanzschale unterbringen. Angießen und in einem gut durchlüfteten Frühbeet lagern. Im Juni zeigt sich dann, ob sie angewachsen sind, indem sie neue Triebe ausbilden. Nun können sie hinaus ins Freie gestellt werden. Als nächsten Schritt können sie noch im selben Herbst oder im darauffolgenden Jahr an die vorgesehene Stelle im Garten gepflanzt werden. Sollten Sie keine Frühbeete zur Verfügung haben, können die Stecklinge an einem hellen Standort im Freien wurzeln, es ist jedoch ratsam, sie mit einer Glasglocke zu schützen.

Auch aus Samen kann man Lavendelpflanzen ziehen. Auf diesem Wege dauert es ein Jahr länger, bis man ein Produkt gleicher Größe erhält, zudem sind die Pflänzchen sowohl in Größe und Wuchsform als auch in der Blatt- und Blütenfarbe unterschiedlich. Aber solche Variationen haben ebenfalls ihren Reiz. Die Sorte 'Hidcote' bleibt bei der Anzucht aus Samen beinahe unverändert.

Wenn wir uns nur dazu durchringen könnten, Lavendel auf weniger formale Weise einzusetzen, wäre das in vielen Fällen ein Gewinn. Stellen Sie sich zum Beispiel ein großes, kreisrundes Beet mitten in einer Rasenfläche vor (was bei uns in der Familie übrigens »Marmeladentörtchen« heißt). Aber leider sieht die Realität so aus, dass wir solche Flächen normalerweise mit Rosen bepflanzen und dann eine Musterzeile aus Lavendel rundherum setzen. Und in der Mitte schaukelt unweigerlich eine einzelne Hochstammrose im Wind. Sicherlich sähe es weniger verkrampft aus, wenn wir zuließen, dass die Rosen an manchen Stellen bis an den Rand reichen und die Lavendelsträucher in kleinen, leicht vom Rand in die Mitte hineinreichenden Grüppchen zusammenstünden. So könnten wir von mehreren Lavendel-Arten mit unterschiedlichem Wuchs Gebrauch machen, außerdem könnten Lücken, die durch das vorzeitige Ableben eines Exemplars entstanden sind, Stück für Stück repariert werden, ohne dass es groß auffällt. Oder wir könnten hier und da auch verschiedene Alternativen zu Lavendel in Betracht ziehen.

Das Silberblättrige Heiligenkraut, *Santolina chamaecyparissus*, stellt eine starke Konkurrenz dar, sogar als formale Hecke. Sie duftet ganz herrlich und bleibt den ganzen Winter über ansehnlich.

Im Frühling dann (es reicht im April) muss man sich ein Herz fassen und sie auf den Stock zurückschneiden, weil sie ansonsten auseinanderfällt. Doch folgt eine nur zweimonatige Phase der Unansehnlichkeit, verglichen mit den neun Monaten beim Lavendel. Will man das Heiligenkraut auf natürliche Art gestalten, wie ich es für den Lavendel soeben vorgeschlagen habe, wäre meiner Meinung nach *S. pinnata* subsp. *neapolitana* zu bevorzugen. Diese Unterart besitzt längere, filigraner gewebte Blätter, einen stärkeren Wuchs und weißliche Blüten. Unter einem grauen Herbsthimmel scheint es oft sogar, als hätte ihr jemand einen blauen Anstrich verpasst. Auch sie sollte alljährlich im Frühling zurückgeschnitten werden.

Eine ebenso gute, frostresistentere Alternative zum Heiligenkraut ist die Südafrikanische Strohblume, *Helichrysum splendidum*, mit ihrem blassgrauen Laub. Sie strotzt selbst dem frostigen Klima im Herzen Schottlands. Der radikale Frühjahrsschnitt unterdrückt in der anschließenden Vegetationsperiode fast vollständig die Bildung der kleinen, unscheinbaren, gelben Blütenbüschel.

Nicht zu vergessen die Weinraute, *Ruta graveolens*, deren schönste Sorte die 'Jackman's Blue' ist. Sie hat eine interessante stahlblaue Färbung, die noch aus einiger Entfernung ins Auge fällt. Ihr elegantes Laub ist rund gefiedert und bildet eine niedrige formale Hecke, für die ebenfalls ein radikaler Frühlingsschnitt vonnöten ist. Noch besser sieht sie allerdings in kleinen Grüppchen aus, zum Beispiel am höchsten Punkt eines stufig angelegten, informellen Blumenbeets. Es muss jedoch warnend dazugesagt werden, dass Menschen, bei denen manche Pflanzen allergische Hautausschläge hervorrufen, meist besonders empfindlich auf die Weinraute reagieren.

Alle niedrigen Hecken, die zur Einfassung dienen, ziehen tendenziell Unkraut an. Die Tatsache, dass Lavendel, Weinraute und Heiligenkraut alle fünf bis sieben Jahre neu eingepflanzt werden müssen, erscheint Ihnen vielleicht mühsam, doch zumindest bekommen Sie so Gelegenheit, all den mehrjährigen Unkräutern gründlich den Garaus zu machen, die es sich dazwischen gemütlich gemacht haben. Selten stößt man auf eine Buchsbaumhecke, die nicht von Giersch, Ackerwinde oder Quecke durchwachsen ist und diesen Unkräutern nicht als Stützpunkt für ihre Streifzüge in angrenzende Blumenbeete dient.

Warum wird eigentlich nicht viel mehr Rosmarin angepflanzt? Wohl weil seine Schönheit etwas Ungezähmtes an sich hat und jenem übermäßig zahmen Teil unserer Gesellschaft, der sich für die Gärtnerei interessiert, als zu nonkonformistisch aufstößt. Rosmarin wuchert zwar, wird aber niemals zum Ärgernis. Schließlich macht ihn ja gerade seine Wuchsfreudigkeit so charmant. Besonders alte Exemplare mit knorrigen, krummen Zweigen, die irgendwo aus einer alten Mauer ragen, haben etwas sehr Würdevolles, und selbst wenn sie nur noch ein paar Büschel Grün hervorbringen, tragen sie immer noch jeden Frühling ihr Scherflein an blassblauen Blüten bei.

Am besten kommt Rosmarin in einer großen Pflanzung zur Geltung in Kombination mit Strauchrosen und niedrigen, schirmbildenden Wacholdersträuchern (zum Beispiel *Juniperus* × *media* 'Pfitzerana'). Ordnet man alle drei Pflanzengattungen in großen Gruppen an, ist das Ergebnis sowohl in der Struktur als auch in der Farbe ein Gewinn. Lilien können ebenfalls in diese Pflanzung aufgenommen werden. Trotzdem glaube ich, dass Rosmarin nirgends besser wirkt als an einer alten Stützmauer, wo seine Zweige mit den Jahren immer weiter über den Rand hinunterhängen.

Es gibt sehr viele Rosmarinsorten mit unterschiedlichen Wuchsformen, Blütenfarben und Winterhärtegraden. *Rosmarinus officinalis* ist die häufigste Art und in vielerlei Hinsicht immer noch die beste. Ich persönlich habe eine Vorliebe für *R. o.* 'Benenden Blue', eine Sorte, die ich immer *R. corsicus* nenne, weil Vita Sackville-West sie einst so nannte, als sie mir vor vielen Jahren die Stecklinge schenkte. Die Sorte besitzt sehr schlanke, tiefgrüne Blätter, deren Aroma noch intensiver ist, als man es kennt, und Blüten von sattem, leuchtendem Blau. Leider ist sie nicht so frosthart wie die Ursprungsart. Doch egal welche Art man pflanzt (das gilt auch für den Lavendel), man sollte immer auf Nummer sicher gehen und sie im Frühling einpflanzen. 'Tuscan Blue' hat ebenso schön gefärbte Blüten und etwas breitere Blätter. 'Miss Jessopp's Upright' ist für all jene geeignet, die das natürliche Ausbreitungsverhalten des Rosmarins nicht dulden wollen, die Blütenfarbe ist allerdings verwaschen. Kriechender Rosmarin ist meist besonders frostempfindlich, doch die Sorte 'Severn Sea', deren Zweige nur bis zu 60 cm hoch werden, ist eine gute Auslese, die üppig blüht und eine hellblaue, jedoch schön definierte Färbung aufweist.

Kräuter abseits des Kräutergartens

Gartenkräuter können hübsch oder nützlich sein, manchmal beides. Oder keines von beidem. Aufgrund dieser letzten Möglichkeit sind Kräutergärten, in denen viele verschiedene Kräuter zusammengefasst sind, im Allgemeinen ein Fehler. Ihre nostalgische Künstlichkeit steht beispielhaft für Gartengestaltung in ihrer trägsten Form. Kräutergärten sind Blender, und das sieht man auch. Nur selten rechtfertigen sie das Resultat.

Was die praktischen Aspekte zur Anlage eines Kräutergartens betrifft, habe ich bittere Erfahrungen gemacht. Man muss sich nämlich klarmachen, dass alle ehrlichen Gartenkräuter im Grunde nichts anderes sind als Unkräuter. Kaum hat man ihnen den Rücken zugedreht, reifen sie ab und streuen Millionen von Samen aus, und ehe wir's uns versehen, kriechen wir auf allen vieren umher und zupfen die Sämlinge einzeln aus jenen duftenden Kräuterwegen (profanes Gras oder Pflastersteine ersetzend), die wir als

Trennlinie zwischen den Blumenbeeten angelegt haben, so wie es im guten alten Elisabethanischen Zeitalter Sitte war.

In dem Kräutergarten, der eben zur Sprache kam, bestanden einige Wege aus Polei-Minze (*Mentha pulegium*), andere aus Korsischer Polsterminze (*M. requienii*) und wiederum andere aus Römischer Kamille. »Warum macht man so etwas eigentlich nicht öfter?«, trällerten Gartenbesucher begeistert, wenn sie dort zufällig am richtigen Tag im richtigen Jahr entlangliefen. Ich kann Ihnen sagen, warum: Gärtner haben heutzutage eine Reihe von sehr punktgenau einsetzbaren Unkrautvernichtern zur Verfügung, die ihnen die mühsame Arbeit abnehmen, breitblättrige Eindringlinge aus dem Rasen fernzuhalten. Doch bei einem Kamillen- oder Pfefferminzweg wirken diese Killer genau falsch herum, und das hat es bisher noch nie gegeben. Die Kamille und andere Kräuter bilden keinen besonders dichten Rasen, wodurch das Unkrautproblem wirklich zum Alptraum wird.

Zu allem Übel wachsen die Minzen entweder zu schnell und wuchern in die benachbarten Wege und Beete hinein, oder sie gehen ein. Die Kamille bildet eilig Blüten aus, die sehr hübsch anzusehen sind, aber der entscheidende Augenblick kommt danach, wenn der Schnitt ansteht. Dann nämlich ist die Kamille beleidigt, verschwindet und hinterlässt große, kahle Stellen. Mittlerweile gibt es auch eine nicht blühende Sorte, aber geht es bei der Kamille nicht eigentlich um die Blüte?

Meiner Meinung nach sind nur zwei Arten von Kräutern wert, angepflanzt zu werden: solche, die attraktiv genug sind, um im eigentlichen Blumengarten neben Nicht-Kräutern ihren Platz einzunehmen, und solche, die man regelmäßig zum Würzen von Speisen braucht und deshalb in der Nähe der Küche anbauen sollte.

Küchenkräuter sollten nicht allesamt in einem Beet zusammengefasst werden, schließlich haben sie unterschiedliche Wuchsformen und Anforderungen. Was jeder haben sollte, ist ein Lorbeerstrauch.

Er kann auch im Topf wachsen, doch wenn das Platzangebot es erlaubt, sieht er als frei wachsender Baum am schönsten aus. Beim Schnittlauch (siehe S. 198f.) ist die Blüte des *Allium sibiricum* besonders schön, während die Blätter genauso gut schmecken wie jene des normalen, wesentlich unscheinbareren Schnittlauchs. Das einzige Bohnenkraut, dessen Anbau sich lohnt, ist das Bergbohnenkraut *Satureja montana*. Thymian hat einen ähnlichen Geschmack und intensiveren Duft, doch meiner Meinung nach ist er nicht ganz so würzig. Was die verschiedenen Arten betrifft, ist der Echte Thymian oder Gartenthymian, *Thymus vulgaris*, der etwa 45 cm hoch wird, am vielseitigsten. Wenn er im Garten alte Trockenmauern besiedelt und dann im Mai seine unzähligen blasslila Blüten öffnet, sieht er hinreißend aus.

Der Geschmack von Salbei ist ziemlich plump und dominant, während der Strauch selbst langweilig ist, auch weil er nur sehr selten blüht. Es gibt jedoch eine Vielzahl an Varietäten, die violettes oder panaschiertes Laub und eine üppige lila Blüte aufweisen. Auf diese Weise eignen sie sich auch wunderbar als Gartenpflanzen. Beim Estragon (*Artemisia dracunculus*) ist die französische Form der russischen vorzuziehen. Sie ist allerdings weniger winterhart als die meisten anderen Kräuter. Sie sollte recht oft, immer im Frühling, geteilt werden, wobei die alten Triebe immer bis in den nächsten Frühling hinein stehen bleiben sollten. Der Bronze-Fenchel sieht mit der rotbraunen Färbung seiner jungen Blätter so attraktiv aus, dass man ihn der grünen Variante vorziehen würde, doch leider werfen beide Formen ärgerlich viele Samen aus.

Minzen sind meist schreckliche Invasoren, und obwohl viele von ihnen interessante Aromen an den Tag legen, sind sie den Ärger meist nicht wert. Beschränken Sie sich am besten auf Grüne Minze (*M. spicata*) und Apfelminze (*M.* × *villosa*, syn. *M. rotundifolia*). Sie sind geschmacklich am besten. Die panaschierte Form davon ist allein wegen ihres Aussehens ein Muss, zudem wird sie nur 30 cm hoch. Die goldene Varietät des Garten-Dosts zählt zu den schönsten Blattschmuckpflanzen ihrer Art, erreicht eine Höhe von 30 cm und behält ihre leuchtende Farbe über die gesamte Wachstumssaison. Sie ist auch eine gute Gewürzpflanze. Steht sie allerdings an einem zu sonnigen Standort, verbrennen ihre Blätter schnell.

Liebstöckel (*Levisticum officinale*) ist eine im Geschmack dem Sellerie ähnliche (und auch mit ihm verwandte) krautige, mehrjährige Staude, die über 2 m hoch werden kann. Ich zupfe mir gern im Vorbeigehen ein Blättchen davon zum Knabbern ab. Die Blätter machen sich gut im Salat, die Pflanze selbst ist allerdings höchst einfältig.

Immergrüne Beeteinfassungen

Beetränder sind optisch ein harter Bruch. Egal ob gerade oder bogig, sie sind immer irgendwie hässlich. Begrünt man sie mit allzu steifen Pflanzen, wie etwa Zwerg-Herbstastern, Nelken, Pechnelken (*Lychnis viscaria*), Porzellanblümchen oder Grasnelken, hat man eigentlich gar nichts gewonnen, weil keine davon über den Rand hinauswächst. Sie schweifen lieber nicht in die Ferne. Stauden mit weit auseinanderfallendem Laub, wie zum Beispiel Funkien, leisten Ihnen von Mai bis Oktober gute Dienste, doch dann ziehen sie sich für ihr alljährliches Winterschläfchen zurück und versetzen die Beetkante in den ursprünglichen Zustand oder hinterlassen gar, wenn gemähtes Gras angrenzt, große kahle Flecken. Blaukissen oder Polsterphlox würden zur Not passen, sind aber eigentlich zu niedrigwüchsig, sogar für die vordere Beetkante.

Was sich also am besten eignet, sind robuste, teppichbildende, immergrüne Pflanzen oder Sträucher. Die *Anthemis punctata* subsp. *cupaniana* mit ihrem grauen, fiederschnittigen Laub ist genau die Art von Pflanze, die ich meine. Sie braucht nicht viel mehr als Sonne und einen durchlässigen Boden. Ich rate dazu, die Teppiche im Juni, nachdem der erste Schwung weißer Korbblüten verwelkt ist, zurückzuschneiden. Wenn man den einzelnen Blütenstängeln bis ganz nach unten folgt und sie abschneidet, bleiben am Ende nur die frischen Triebe übrig. Die Pflanze wird verjüngt und belohnt Sie für den Rest des Sommers und Herbstes mit freundlichen Blütentupfern.

Zu erwähnen ist hier auch eine altmodische Gruppe von Berufkräutern (*Erigeron*), die ebenfalls immergrüne Teppiche bildet. Ich wünschte wirklich, diese Pflanzen wären heutzutage nicht so selten, denn sie sind die einzigen krautigen Vertreter ihrer Gattung, die so freundlich sind, nicht umzukippen, und daher keine Stütze brauchen. Außerdem blühen sie ohne Unterlass von Juni bis Oktober. Die heutigen Sorten stammen größtenteils von *Erigeron glaucus* ab. Die sternförmigen Blüten zeigen sich in zartem Mauve oder Rosalila. Sollten sie im Frühjahr, wenn es in Richtung April geht, zu kahl und stängelig aussehen, schneiden Sie sie stark zurück. Danach werden sie sich schnell wieder zu einer sauberen Form verdichten.

Eine dritte Pflanze aus der Familie der Korbblütler, die auf die gleiche Art behandelt werden kann, ist das Kapkörbchen *Osteospermum jucundum*. Ich schneide es allerdings nur zurück, wenn es unbedingt nötig ist, denn ungekürzte Pflanzen beginnen ihre Blütezeit im Mai und setzen sie bis zum ersten Frost fort, während getrimmte Pflanzenteppiche erst im Juli in die Gänge kommen. Die aus Südafrika stammende Pflanze mit ihren margeritenähnlichen rosalila Blütenblättern hat die Gewohnheit, sich bei ungemütlichen Wetterverhältnissen zu schließen. Überraschend ist jedoch, dass sie sich scheinbar im Halbschatten oft wohler fühlt als in der prallen Sonne.

Die Polster der *Campanula poscharskyana* sind zugegebenermaßen im Sommer wesentlich voluminöser als im Winter, dennoch ist sie so anpassungsfähig wie keine andere Pflanze. Manche Gärtner halten sie gar für ein Unkraut, was aber nur damit zu tun hat, dass sie sie an die falsche Stelle gepflanzt haben. In einem Steingarten zum Beispiel würde sie sich sehr schnell aller Nachbarn entledigen. Doch am Beetrand müsste sie mit den meisten ihrer Mitbewohner auf Augenhöhe konkurrieren. Ihre lila Sternblüten haben eine blasse, verwaschene Färbung, daher sollte man lieber zu einer farbintensiveren Sorte wie 'Stella' greifen. Im Sonnenlicht leuchten die oft über 30 cm langen Blütenstängel rot. Doch auch im vollen Schatten fühlt sich diese Art wohl. Entfernt man nach der Blühsaison im Juli die verwelkten Blüten (indem man einfach an den Trieben zieht), zeigt sie im Herbst oft noch eine Nebenblüte.

In einem mittelspät oder spät blühenden Beet wäre die Kaukasische Gänsekresse, *Arabis alpina* subsp. *caucasica*, wohl kaum passend, doch in Kombination mit anderen Frühlingsblühern, egal ob Stauden oder Sträucher, ist sie genau die Pflanze, die wir hier suchen. Die einfach blühende Sorte wird Ihnen nur so lange gefallen, bis Sie mit der gefüllt blühenden Bekanntschaft gemacht haben. Danach werden Sie alle guten Vorsätze und Prinzipien, auf denen ihre oft erklärte Vorliebe für die Einfachheit und Schlichtheit und Natürlichkeit einer Blüte basiert, zugunsten dieser zerzausten, gefüllten, menschengemachten Monster über Bord werfen. Die Rosetten der gefüllten Gänsekresse sind einfach ansprechender. Der einzige Vorteil der einfachblühenden Sorte ist, dass die Pflanze einen schöneren Wuchs hat.

Wenn es eine noch weißere Blüte gibt, dann ist es jene der Immergrünen Schleifenblume, *Iberis sempervirens*. Außerhalb der Vegetationsperiode bildet sie einen eher dunklen, wintergrünen Teppich, den ich vermutlich mit etwas Grauem kombinieren würde. Das Sonnenröschen (*Helianthemum*) drängt sich hier förmlich auf, vor allem, weil man es mal mehr, mal weniger oder auch gar nicht schneiden kann – je nachdem, wie üppig es wächst und worauf man selbst Lust hat. Die *Hebe* (*Veronica*) 'Autumn Glory' ist ebenfalls ein ausgezeichneter Schmuck für den Beetrand, weil sie nur äußerst selten *nicht* blüht.

Dort, wo ihr Beet an eine Rasenfläche angrenzt, werden die teppichbildenden Pflanzen, die ich hier vorgeschlagen habe, unweigerlich ein paar Flecken Gras verschlingen. Damit wird die Umrandung, die Rasen und Beet trennt, in vielen Gärten zur heiß umkämpften Frontlinie. Eine Person, meist die Dame des Hauses, kümmert sich um das Beet und würde dessen Inhalt nur zu gern ungezwungen in den Rasen hinauswuchern lassen. Doch die zweite betroffene Partei – der herzlose und praktisch denkende Mann – erkennt Probleme durch erschwertes Mähen und Kantenschneiden. Ich verabscheue struppige Beetkanten in gleichem Maße wie jeder andere: Wenn in einem Garten Kanten vorhanden sind, müssen sie gepflegt sein. Doch eine ewig lange, immer gleich dahinlaufende Rasenkante hat etwas zutiefst Deprimierendes. Daher sollte sie in regelmäßigen Abständen unterbrochen werden, was keineswegs heißt, wie man manchmal hört, dass das Rasenmähen dann nicht mehr möglich wäre. Um das Werk zu perfektionieren, muss man eben mit der Hand einige Stellen sauberschneiden, das ist alles. Sehr viel befriedigender wäre natürlich, Ihren Rasen als Abgrenzung zu den Beeten mit einem gepflasterten Weg einzusäumen. In diesem Fall sollten Sie darauf achten, den Wegstreifen breit genug anzulegen, etwa 90 cm, denn ein großer Teil davon wird sehr bald unter den Polsterpflanzen, die über das Beet hinauswachsen, verschwinden.

Mauersträucher und Kletterpflanzen

Sträucher für Südmauern

Eine Mauer mit Südausrichtung ist in ihrer Wesensart äußerst rätselhaft. Sie lockt mit unendlichen Möglichkeiten, birgt aber zugleich fatale Risiken. Wenn wir uns fragen, was wir an einer Südmauer anpflanzen könnten, das nirgendwo anders gleich gut gedeihen würde, gibt es viele Beispiele, doch die Gefahr, dass diese Pflanzen aus irgendeinem Grund nicht das tun, was sie sollten, schwingt dabei immer mit: Sie blühen vielleicht nur spärlich oder gar nicht, sie wachsen nicht richtig, weil kalte Winter ihnen wiederholt zugesetzt haben, oder sie gehen gleich ganz ein. Viele Gärtner sind einerseits fasziniert von der Vorstellung, eine Südmauer bepflanzen zu können, fürchten jedoch zugleich um die wertvollen Pflanzen, auf denen all ihre Hoffnungen ruhen. So ist es in Wirklichkeit viel einfacher, über eine nordseitige Mauer zu schreiben, bei der Winterhärte eine notwendige Voraussetzung ist und die einzige Überlegung darin besteht, ob eine Pflanze in der Lage ist, auch ohne Sonne zu gedeihen.

Wenden wir uns dennoch tapfer dem Süden zu, behalten dabei aber stets im Hinterkopf, dass jene von uns, die schwache Nerven besitzen, besser beraten sind, Sträucher und Kletterpflanzen, die anderswo genauso zufrieden wären, lieber in westlicher, östlicher oder sogar nördlicher Ausrichtung einzupflanzen.

Wenn Ihnen Fehlschläge jedoch keine schlaflosen Nächte bereiten oder sie bereit sind, Vorkehrungen zu treffen, indem Sie Wackelkandidaten gut schützen oder durch rechtzeitige Vermehrung für Ersatz sorgen, dann ist eine Mauer mit Südausrichtung die reinste Freude. Wir sollten auch nicht vergessen, dass eine größere Lücke, die durch den unvorhergesehenen Tod eines Flanellstrauchs oder einer Säckelblume in die Bepflanzung gerissen wurde, innerhalb weniger Wochen mit einer Glockenrebe, *Cobaea scandens*, oder einer Schönranke, *Eccremocarpus scaber*, die man als Einjährige behandelt, wieder verdeckt werden kann. Sie halten die Stellung, bis ein langfristiger Ersatz herangewachsen ist.

Südseitige Orte im Garten können mitunter die windigsten sein, was zumeist nicht schlimm ist, es sei denn, ein Strauch ist außergewöhnlich brüchig, wie etwa die Caesalpinie oder die *Robinia kelseyi*. Der entscheidende Vorzug dieser Position ist die beschleunigte Verholzung. Sowohl direkte Sonneneinstrahlung als auch von der Mauer abstrahlende Wärme bedingen diesen Reifungseffekt, der, einfach ausgedrückt, in der Pflanze einen hohen Kohlenhydratanteil im Verhältnis zum Stickstoff bewirkt, was wiederum günstige Bedingungen für die Knospenbildung schafft. In Schottland und anderen Teilen Großbritanniens, wo Sonnenintensität und Sonnenstunden empfindlich niedriger sind als im Süden und Südosten, kann es erforderlich sein, Pflanzen wie dem Blüten-Hartriegel, dem Judasbaum, Kamelien oder Forsythien eine Südmauer zur Verfügung zu stellen, um sie zum Tragen einer Blüte, die schließlich unsere ganze Mühe erst rechtfertigt, zu überreden. Solch ein Verwöhnprogramm kommt uns Südengländern ungewöhnlich vor, doch man muss nur den Ärmelkanal überqueren, um zu erkennen, dass die Reifungsbedingungen dort noch einmal um einiges besser sind als hier. Fast überall im französischen Flachland kann man davon ausgehen, dass die Chinesische Klettertrompete, *Campsis grandiflora* (syn. *C. chinensis*), verschwenderisch ihre großen, terrakottafarbenen Blütentrichter öffnet, während man sich hier schon etwas darauf einbildet, sie überhaupt gepflanzt zu haben. Nur in sehr warmen Sommern liefert sie ein annehmbares Resultat.

W. J. Bean schrieb einmal, dass Sträucher von einer Südwand viel stärker profitieren als Kletterpflanzen. Und er hat absolut Recht.

Selbst die normale Blaue Passionsblume, *Passiflora caerulea*, trägt in östlicher oder westlicher Ausrichtung reichlich Blüten, sofern man eine gute Linie gewählt hat. Allem Anschein nach haben schlecht blühende Passionsblumen hier bereits eine anlagebedingte Schwäche, die wenig mit der Pflege zu tun hat. Die Blaue Passionsblume ist als Pflanze völlig in Ordnung und ihre Blütenstruktur wirklich faszinierend. Dennoch ist sie nicht annähernd so schön wie manch andere Art, die im unbeheizten Glashaus wächst. So richtig spektakulär ist sie nie, auch weil sie selten mehr als ein Dutzend Blüten gleichzeitig trägt, die sich jeweils nur einen Tag lang halten. Die Pflanze sieht sechs von zwölf Monaten überaus unordentlich aus, dennoch wagt man es nicht, sie vor dem Frühling zurückzuschneiden.

Ich weiß von einem Jasminblütigen Nachtschatten, *Solanum laxum* (syn. *S. jasminoides*) 'Album', der an einer Westmauer gut gedeiht, dort ist er jedoch durch seinen Standort in einem Innenhof geschützt. Ohne einen solchen Schutz würde man ihn selbstverständlich nach Süden hin ausrichten. Im Gegensatz zu *S. crispum* ist er eine echte Kletterpflanze. Wenn sein Wachstum durch winterliche Frostschäden nicht stark beeinträchtigt wurde, beginnt er im Mai zu blühen und hört erst im November wieder damit auf. Seine reinweißen, kartoffelartigen Blüten mit einem Auge aus gelben Staubblättern sind zu eleganten, frischen Blütensträußen gebündelt und haben dabei nichts von dem deftigen, groben Erscheinungsbild manch anderer Vertreter ihrer Gattung. Das Einzige, was ich an dieser Pflanze nicht mag, ist der säuerliche Geruch, den sie absondert, wenn man sie anfasst. Dieser Weißling ist der Ursprungsart, die durchscheinend weiß wie entrahmte Milch ist, bei weitem überlegen.

Das faszinierende rosa-weiße Farbenspiel im ansonsten grünen Laub des Buntblättrigen Strahlengriffels, *Actinidia kolomikta*, wird durch einen sonnigen Standort noch verstärkt. Ein wunderschön gefärbtes Exemplar dieses schlingenden Kletterstrauches steht jedoch auch bei Crathes Castle im Nordosten Schottlands. Dort scheint generell schon weniger Sonne, doch an seinem aktuellen Standort bekommt er sogar nur Morgensonne ab.

Lassen wir nun die wenigen Kletterpflanzen, die wahrscheinlich in anderen Himmelsrichtungen nicht so gut gedeihen würden, hinter uns und picken einige Nicht-Kletterer heraus, die mit jeder Faser ihrer Zweige von einer maximalen Dosis an südlicher Sonne profitieren. Viele von ihnen werden in reifen Jahren recht wuchtig. Wenn also am Fuß der Wand oder Mauer ein Blumenbeet angelegt ist, sollte es nicht zu schmal sein. Befindet sich dort ein Gehweg, sollte er breit genug sein, um der menschlichen Leibesfülle und jener des Strauches genug Platz zu bieten.

Der Granatapfel, *Punica granatum*, blüht in dem reinsten, leuchtendsten Scharlachrot, das man sich vorstellen kann. Kronblätter, Kelchblätter und jene Blütenteile, die später eine Frucht bilden würden, wenn unser Klima es zuließe, sind in dieser einen, kräftigen Farbe gehalten. Nur selten sind es überwältigend viele Blüten auf einmal, ab Juli jedoch öffnen sich über einen langen Zeitraum von drei Monaten immer wieder neue. Granatapfelblüten machen sich auch schön in der Vase. Unser Strauch ist mittlerweile um die 50 Jahre alt. Einmal wurde er von einem harten Winter und einmal von einem achtlosen Gärtner dem Erdboden gleichgemacht, ein anderes Mal wurde eine Hälfte vom Wind fortgeblasen, doch wie es scheint, ist er jeder Katastrophe überlegen. Er besitzt sehr hübsches, sommergrünes Laub und wird insgesamt ca. 2 m hoch. Es gibt aber auch eine Miniaturform, die nur bis zu 1 m hoch wird. Granatapfelpflanzen lassen sich ohne Weiteres aus Kernen ziehen, die man gekauften Früchten entnimmt, doch die Sämlinge sind im jungen Alter kälteempfindlich. Tatsächlich werden Sie nie wissen, ob Sie eine winterharte Vererbungslinie erwischt haben oder nicht, bis die Zeit es zeigt. Wenn Sie Ihren Granatapfel regelmäßig stark zurückschneiden, damit er dicht an der Wand bleibt, wird er nur sehr spärlich blühen.

Die Zitronenverbene, *Aloysia triphylla* (syn. *Lippia citriodora*), ist ebenfalls sommergrün (die meisten nicht winterharten Pflanzen sind immergrün). Der Strauch mit seinen langen, unordentlichen Trieben und kratzigen Blättern ist wenig ansprechend, doch sein Duft, wenn man die Blätter verreibt, ist so köstlich, dass man ihn einfach im Garten haben muss. Bei mir bekommt die Pflanze keinen Winterschutz, daher rechne ich damit, sie in regelmäßigen Abständen zu verlieren, aber ich weiß von einem Exemplar in Norfolk, das sogar durch den Winter 1962/63 kam und als einzigen Schutz eine Südmauer hatte. Ableger, die man im Sommer von den weichen Triebspitzen nimmt, wurzeln extrem leicht, und die jungen Pflanzen wachsen so schnell, dass meine Versicherung in dieser Reserve besteht. Die Pflanze sieht ordentlicher aus, wenn man sie zurückschneidet. Dazu kürzt man am besten im April die vorjährigen Triebe bis fast an die Stelle ein, wo sie im letzten Jahr begonnen haben zu wachsen.

Die Myrthe, *Myrtus communis*, ist wohl mein Lieblingsstrauch für den Süden. Der herzhafte, würzige Duft, den die zerdrückten Blätter freisetzen, strömt Ihnen zur Blütezeit – die sehr praktisch im August und September liegt – schon durch die Luft entgegen, wenn die bauschigen, weißen Blüten zu Tausenden auf einer reifen Pflanze stehen. Die Unterart *tarentina* weist kleinere, akkuratere Blätter auf, die Blüte kommt jedoch zu spät und zu spärlich, mit recht mickrigen Blümchen.

Viele Vertreter der Familie der Mohngewächse besitzen Blüten mit der Vollkommenheit und Zartheit von durchscheinendem Porzellan. Auch *Dendromecon rigida* macht hier keine Ausnahme. Dieser schnellwüchsige Strauch kleidet sich in kurze, ledrige und speerförmige Blätter, deren blaugrüne Färbung in wunderbarem Kontrast zu den mehrere Monate hintereinander blühenden, hellgelben Mohnblüten steht, die einen Durchmesser von etwa 5 cm erreichen und als Einzelblüte an der Spitze jedes Seitentriebes stehen. Nur selten trifft man auf Exemplare, die größer als 1,50 m sind, außerdem fallen sie dem Winterfrost leicht zum Opfer. Doch es lohnt sich, sie in einen warmen Winterüberzug aus Plastik zu packen. Wenn man im Sommer oder Herbst von kurzen Seitentrieben Ableger schneidet, ist es nicht schwierig, sie zum Wurzeln zu bringen. Anfangs sind die Pflänzchen jedoch extrem empfindlich, daher ist es ratsam, sie nicht vor dem darauffolgenden Frühling auszupflanzen.

Ein anderer gelb blühender Strauch, der Flanellstrauch oder *Fremontodendron californicum*, ist weniger grazil, doch äußerst prunkvoll und erinnert mich, zumindest in der Blüte, an eine riesige Nachtkerze. Seine gelappten, abgerundeten Blätter springen dem Betrachter sofort ins Auge. Sein größtes Manko ist, dass er seinen Blütenkelch, die Calyx, nicht abwirft. Die Calyx ist zwar der edelste Teil der Blüte, wird aber irgendwann braun und bleibt dann an der Pflanze. Der Strauch produziert jede Menge Samen, die bereitwillig keimen. Die Wuchshöhe reicht bis zu 3 m, der Strauch ist dennoch nicht wuchtig. Mittlerweile ist die noch größerblütige, noch prunkvollere Hybride 'California Glory' auf dem Vormarsch. Obwohl die Pflanze Samen ausbildet, muss sie, um die gleichen Erbanlagen zu bekommen, aus Ablegern gezogen werden. Triebspitzen, die man früh im Jahr schneidet, treiben leicht Wurzeln, sogar ohne Wurzelspray.

Bei vielen großblütigen Fuchsien könnte man versuchen, sie als Südwandsträucher zu kultivieren. Hier bilden die an offenen Standorten krautigen Pflanzen vielleicht verholzte Stämme aus, die im Idealfall zu 1,80 m hohen Sträuchern heranwachsen können und bereits sehr früh im Sommer auf den jungen Trieben die ersten Blüten zeigen. Danach setzt sich die Blüte bis zu den ersten Frösten fort. Auch der graublättrige *Senecio viravira* (syn. *S. leucostachys*) mit seinem eingeschnittenen Laub, der normalerweise als mäßig winterharter Kleinstrauch zwischen anderen Beetpflanzen und Stauden nur etwa 60 bis 90 cm hoch wird, klettert an einer warmen Wand in Windeseile auf bis zu 3,50 m hoch, besonders, wenn er sich durch die Zweige eines anderen Strauches schlängeln kann. Eine immergrüne Säckelblume wird hier zur kongenialen Komplizin.

Die bei Floristen beliebte Falsche Mimose, *Acacia dealbata*, lohnt einen Versuch zwischen den Fenstern eines zwei- oder dreigeschossigen Hauses. Das fedrige, graugrüne Laub der äußerst schnellwüchsigen Pflanze ist zu jeder Jahreszeit schön anzusehen. Wenn Sie Glück haben oder klug sind, besorgen Sie sich eine Pflanze mit frühreifen Anlagen, die schon in recht jungen Jahren blüht. Die nach Vanille duftenden, gelben Pompons werden im Herbst an den Zweigspitzen angelegt. Es folgen sechs Monate Vorfreude, gepaart mit einem Quäntchen Sorge, bevor sich die Blüten im März endlich öffnen. Ein extrem strenger Winter wird dem Baum garantiert den Garaus machen, weil er schon nach ein oder zwei Jahren für Winterschutz zu groß ist, doch bis dahin hat er Ihnen sicher schon viel Freude beschert.

Die Gattung der Hammersträucher (*Cestrum*) aus der Familie der Nachtschattengewächse trägt bündelweise röhrenförmige Blüten und wächst meist nur im unbeheizten Gewächshaus. Doch die Pflanzen sind das Risiko wert, es auch an einer warmen Wand mit ihnen zu versuchen. Sie ranken sehr üppig bis zu einer Höhe von 2,50 m und sind trotz ihres etwas grobschlächtigen Wuchses ein schöner Blattschmuck. *C. fasciculatum* trägt an den alten Trieben (wenn sie den Winter überstanden haben) im Frühsommer eine Fülle roter Blüten. Die ähnliche Sorte 'Newellii' blüht in einem rosigen Rotton, ist aber weniger winterhart.

Mit Abstand die frostresistenteste Art, die selbst ohne den Schutz einer Mauer (dann allerdings als krautige Pflanze) viel Freude macht, ist *C. parqui*. Zwischen Sommer und Herbst bringt sie in zwei oder drei Wellen auf dem jungen Holz Rispen voller limettengrüner Blüten hervor. Pflücken Sie ein paar Zweige für die Vase im Haus, wo Sie das exotische, nussige Aroma, das sich erst am Abend entfaltet, am besten auskosten können.

Die Blütenform der *Abelia floribunda* ähnelt einer langgezogenen Bach-Trompete. Mit ihrer leuchtend magentaroten Färbung ist sie mit Abstand die spektakulärste Art ihrer Gattung. Die Blüten sind in Bündeln angeordnet und öffnen sich den gesamten Hochsommer hindurch.

Eine nicht vollständig winterharte Schneeball-Art, die sich einen Platz an der Südmauer verdient hat, ist *V. macrocephalum*. Der Name steht ihr gut, denn die Pflanze trägt im späten Frühling und frühen Sommer tatsächlich riesige Schneeballköpfe aus umwerfenden weißen Blüten, die zuweilen Durchmesser von über 20 cm erreichen.

Die Baumanemone *Carpenteria californica* ist ein Strauch, den ich während seiner langen Ruhezeit als recht störend empfinde. Er ist wesentlich frostresistenter, als manche Gärtner meinen, wird aber vom Winter immer wieder in seinem Wachstum zurückgeworfen, weswegen der immergrüne Strauch mit den Jahren immer verwahrloster aussieht. Doch alles ist vergeben und vergessen, wenn er im Frühsommer in seine Blühsaison startet. Die weißen, körbchenförmigen Blüten mit unzähligen gelben Staubgefäßen werden 7 bis 8 cm groß. Eine Pflanze, die sich sogar im Herzen Schottlands gut macht.

Die *Azara microphylla* ist im Normalfall nicht übermäßig frostempfindlich, doch die panaschierte Form 'Variegata' ist wesentlich anspruchsvoller. Es handelt sich dabei um eine der bezauberndsten panaschierten Pflanzen überhaupt, mit ihren recht winzigen, auf fächerartigen Zweigen sitzenden Blättchen. Wie die Ursprungsform öffnet auch sie ihre dezenten, stark nach Vanille duftenden Blüten bereits im März und April.

Ein weiterer Blattschmuckstrauch für Standorte an warmen Wänden ist der immergrüne Loquat, *Eriobotrya japonica.* Mit seinen auffallend großen, bis zu 30 cm langen Blättern ist er dafür prädestiniert, bemerkt zu werden. Er hat sicherlich seine Vorzüge, doch eigentlich ist er ein recht grobschlächtiges Ding. Zu den besten Blattsträuchern für einen Standort an der Wand zählen Klebsamen (*porporum*), die meisten Arten brauchen noch nicht einmal eine Südausrichtung. *Pittosporum tenuifolium* zum Beispiel wächst in den meisten Gärten problemlos auch als freistehender kleiner Baum. Trotzdem sieht er sehr schön aus, wenn man ihn an den Fuß der Wand pflanzt und regelmäßig schneidet. Die abgeschnittenen Zweige, die sehr lang werden können, lassen sich danach für Blumenarrangements verwenden. Der nicht winterharte, aber mit seinen großen, glänzenden Blättern noch hübschere *P. tobira* braucht allen Schutz, den Sie ihm bieten können. Es gibt davon auch eine silbern panaschierte Sorte. Der Duft ihrer wachsweißen Blüten ist herrlich.

Ich habe eine Schwäche für die *Olearia* 'Henry Travers' (syn. *O. semidentata*), doch zu sehen, wie ungebremst sie in Küstengärten floriert, macht mich fast ein wenig wütend. Ans Meer zu ziehen, reizt mich eigentlich wenig, doch um diese Pflanze (und die *Brachyglottis rotundifolia* syn. *Senecio reinholdii*) ohne Schutz gedeihen zu sehen, könnte ich in Versuchung kommen. Die von den Chatham Islands stammende Olearia-Art besitzt schön geformte, lanzettliche Blätter, die an der Unterseite grau gefärbt sind. Im Sommer entfaltet sie ohne Unterbrechung ihre auffallenden, sternförmigen Blüten, die einzeln auf ihren Stängeln stehen. Ihr pures, kräftiges Mauve wird durch die sehr ungewöhnliche lila Färbung der Röhrenblüten noch verstärkt.

Hebe hulkeana stammt ursprünglich aus Australien und bevorzugt ebenfalls Küstengebiete. Sie ist die Königin ihrer Tribus – der Strauchveronikas – und blüht im Mai auf unzähligen, lockeren Ähren aus helllila Ehrenpreisblüten. Der Strauch selbst ist klein und von unregelmäßigem Wuchs. Wenn Sie ihn direkt an die Wand pflanzen, kann es sein, dass er eine unauffällige Stütze braucht.

Zum Schluss noch eine Pflanze, die eigentlich ein Halbstrauch ist, das heißt, sie stirbt im Winter größtenteils ab. Übrig bleibt nur ein niedriger, verholzter Wurzelstock. Es handelt sich hier um den Korallenbaum, *Erythrina cristagalli*, der zur Familie der Hülsenfrüchtler gehört und im Herbst lange Kerzen voll eindrucksvoller, hummerrot leuchtender Erbsenblüten hervorbringt. An ihrer hohen Mauer in den Savoll Gardens sieht die Pflanze immer prächtig aus. Beim Kauf sollte man der Klonsorte 'Compacta' den Vorzug geben.

Nordwände bepflanzen

Die Palette an Sträuchern und Kletterpflanzen, die man an einer Mauer mit Nordausrichtung pflanzen kann, ist überraschend groß, vor allem wenn in der Nähe oder in nicht allzu großer Entfernung ein Schutz vor nördlichen und nordöstlichen Winden vorhanden ist. Einige Pflanzen bevorzugen tatsächlich einen Standort ohne Sonne, andere wiederum wachsen immer gleich gut, egal in welche Richtung sie schauen, doch wir neigen dazu, die Tatsache, dass sie sich auch mit Schatten zufriedengeben, auszunutzen und reservieren die warmen Wände für Pflanzen, die wirklich Sonne brauchen.

Wir vergessen häufig, wie trocken es am Fuß einer Nordwand werden kann, genau genommen gilt dies für jede andere Mauer auch, denn Mauern saugen Feuchtigkeit auf. Da nordseitige Mauern im Schatten liegen, gehen wir fälschlicherweise davon aus, dass es dort feucht sein muss, doch Nordwinde sind meist trocken. Es sei denn, Sie leben an einer nach Norden ausgerichteten Küste. Die logische Schlussfolgerung ist, dass unsere Nordmauer-Pflanzen zusätzlich gegossen werden müssen, damit sie wachsen. Außerdem glaube ich, dass einige von ihnen das zusätzliche Wasser in den ersten Lebensjahren aus einem anderen Grund brauchen.

Meine Vermutung: Echte Kletterpflanzen haben, wenn sie noch jung sind, die schlechte Angewohnheit, das Klettern zu verweigern. Nachdem wir sie aber vorrangig aufgrund dieser Eigenschaft erworben haben, ärgern wir uns und verfluchen den Mann in der Baumschule dafür, dass er uns übers Ohr gehauen hat. Doch plötzlich, nach zwei, drei oder vier Jahren, beschließt der Strauch, dass er nun doch der waschechte Kletterer sein möchte, den wir uns erhofft hatten, und am Ende sind alle wieder glücklich. Meine Einschätzung ist, dass diese Kletterpflanzen sehr viel schneller aus ihrer Lethargie herausfinden, wenn genug Wasser ihre Wurzeln erreicht. So würde sich die Tatsache, dass sie irgendwann doch einen Geistesblitz haben, dadurch erklären, dass die Wurzeln endlich weit genug von der Mauer weggewachsen sind, um so viel Wasser zu finden, wie sie zum Klettern brauchen. Wir können den Pflanzen auch helfen, indem wir sie mit etwa 30 cm Abstand von der Wand einpflanzen, wo der Boden nicht ganz so knochentrocken ist. Sehr wichtig ist zudem, eine Kletterpflanze sofort nach der Pflanzung stark zurückzuschneiden, damit die Entwicklung neuer Triebe angeregt wird, denn junge Triebe ranken bereitwillig drauflos, während jene alten Triebe, die in der Baumschule an einen Stab gebunden wurden, diese Freiheit nie hatten und das Ranken verlernt haben.

Selbstklimmende Kletterpflanzen haben bei Gärtnern, die keinen Spaß daran haben, mit Nägeln, Stahlösen, Zangen, Seilen, Spalieren und anderen Gerätschaften zu hantieren, einen Stein im Brett. Man muss aber sagen, dass einige der modernen Rankhilfen aus Kunststoff ausgezeichnete Dienste leisten und so leicht sind, dass ein Mann mit mäßigem handwerklichem Talent sie allein und katastrophenfrei montieren kann.

Unter den Selbstklimmern sind die Gattungen *Hydrangea*, *Pileostegia* und *Schizophragma* am interessantesten. Sie alle gehören zur Familie der Hortensiengewächse, blühen weiß und klettern mit ihren Luftwurzeln, wenn sie einen passenden Wirtsbaum finden, in Höhen von 9 bis 12 m.

Die Kletterhortensie, *Hydrangea anomala* subsp. *petiolaris*, ist wahrscheinlich die bekannteste Vertreterin ihrer Gattung. Im Juni, wenn sie ihre tellergroßen Blütenstände öffnet, hat sie ihren großen Moment. Am hinreißendsten sieht sie dabei aus, wenn sie eine sonst eher finstere Gartenecke aufhellt, doch leider ist das Schauspiel nach zwei Wochen schon wieder vorbei. Auf sie folgt, fast noch prunkvoller, die *Schizophragma integrifolium*. Mit ihren bis zu 30 cm messenden Blütenverbänden, die sich aus Grüppchen winziger, fertiler Blüten an einem großen, elliptischen Hochblatt zusammensetzen, das bis zu 10 cm lang und etwa halb so breit wird, gibt sie ein unkonventionelles Erscheinungsbild ab.

Pileostegia viburnoides ist ein imposanter, immergrüner Strauch mit auffälligem Laub, auf dem im September zahlreiche wolkenartige Blüten stehen. Die Blüte selbst ist nicht besonders extravagant, sorgt aber in der Menge für einen schönen Effekt. So dürfen alle Gärtner aus Wolkenkuckucksheim, die nach einem immergrünen, selbstrankenden, blühenden Kletterer gesucht haben, nun endlich aufjubeln: Sie haben ihre Pflanze gefunden. Doch die Blütenfarbe ist Weiß, und das ist, zumindest für diesen Schlag Gärtner, als blühte sie überhaupt nicht.

Ähnlich gefärbt, und auf ihre Weise nicht minder interessant als Blüten, sind die Blätter einiger panaschierter Efeusorten. Und auch sie sind immergrün. Der Gelbbunte Efeu, *Hedera canariensis* 'Gloire de Marengo', zum Beispiel ist im Winter sogar am schönsten. Sein normales Farbspiel reicht von weiß bis zu verschiedenen Grüntönen; er entwickelt aber zur kalten Jahreszeit rosa bis violette Schattierungen, vor allem an den Blatträndern. Die Blätter können bei strengem Frost Schaden nehmen, doch die Pflanze als solches kann als winterhart gelten. Die Blätter sind meist recht stattlich. Der Buntlaubige Kaukasische Efeu, *H. colchica* 'Dentata Variegata', besitzt Blätter unterschiedlicher Größe, kann aber besonders große Blätter ausbilden. In diesem Fall reicht die Farbvariation von Grüntönen bis hinein ins Primelgelb, das manchmal nur minimal aufscheint, manchmal etwas stärker durchkommt und in seltenen Fällen das ganze Blatt dominiert. Die Vorzüge dieses Strauches kann man gar nicht zu viel loben. Sie können seine Wuchsfreude in Zaum halten, indem Sie junge Ranken oder stämmigere, blühende Zweige für die Vase abschneiden.

Sollten Sie an der Nordmauer nur begrenzt Platz zur Verfügung haben, sei Ihnen eine Sorte namens 'Oro di Bogliasco' (syn. 'Goldheart') empfohlen, deren kleine, dreieckige Blätter in der Mitte einen gelben Farbklecks aufweisen. Hier sollten Sie aber darauf achten, dass die Pflanze nicht wieder vergrünt, indem Sie grüne Triebe wegschneiden, sobald sie erscheinen.

Zwei weitere immergrüne Selbstklimmer verdienen es, hier erwähnt zu werden: erstens der Kletter-Spindelstrauch, *Euonymus fortunei* (*E. radicans* lautete früher der glücklichere Name), den es in vielen verschiedenen Sorten zu kaufen gibt und der auch als Bodendecker eingesetzt wird. Findet er sich jedoch in der Nähe einer Mauer wieder, kann er in erstaunliche Höhen klettern. Am schönsten ist er in seiner panaschierten Form. Die Kletterfeige *Ficus pumila* (*F. repens*) schließlich kennt man am ehesten als Bodendecker unter Gewächshausregalen, die Pflanze ist jedoch einigermaßen winterhart und klammert sich außergewöhnlich eng an eine Maueroberfläche. Ihr Laub ist dunkelgrün gefärbt.

Die Tribus der Jungfernreben gehört mittlerweile zur Gattung *Parthenocissus,* und alle Arten daraus sind in jeder Hinsicht ein Gewinn, doch für den Standort an einer Nordwand eignet sich am besten *P. henryana* (auch bekannt als *Vitis henryana*). Das Laub dieser Art ist mittelgroß und palmat (handförmig gefingert). In einer schattigen Position heben sich die Blattadern im Sommer silbern vom grünen Untergrund ab, was einen marmorierten Effekt erzeugt. Im Herbst flammt die Pflanze regelrecht rot auf und ist in ihrer Leuchtkraft kaum zu überbieten.

Auch die Geißblätter gehören zu den Kletterern an Nordwänden, doch damit möchte ich mich in einem eigenen Kapitel beschäftigen. *Berberidopsis corallina* (Chilenischer Korallenstrauch) ist eine herrlich unkonventionelle, jedoch temperamentvolle Pflanze. Als ich sie das erste Mal an einen Standort ohne Sonne pflanzte, war sie mehrere Jahre lang beleidigt, dann ging sie ein. Beim nächsten Versuch kam sie an eine Südwand, jedoch mit Beschattung durch einen Baum. Diesmal klappte es. Doch ich glaube, dass ein guter Standort mit Nordausrichtung ebenso erfolgreich sein kann, wenn der Boden gut ist und die Position nicht zu zugig.

Die im Anblick noch außergewöhnlichere *Schisandra rubriflora* (das Rotblühende Spaltkörbchen) zeigt sich wesentlich kooperativer. Es rankt an Drähten bis zu 6 m Höhe und streckt sich ebenso ausladend in die Breite. Aus Knospen, die optisch an Kirschkerne erinnern, öffnen sich im Mai – auch regelmäßig an noch jungen Pflanzen – ihre hängenden, karmesinroten Blüten, die sich aus sieben beinahe runden Kronblättern zusammensetzen. Meine erste Pflanze war weiblich und hatte in der Blütenmitte ein deutliches grünes Auge, auf dem die Fruchtblätter gebündelt standen. Später erwarb ich ein männliches Exemplar, wodurch die bestäubten weiblichen Blüten sich zu beerenartigen Früchten entwickeln konnten, die im September rot abreiften und noch schöner anzusehen waren als die Blüten selbst. Die Sprossachse, an der die Blüten hängen, verlängert sich auf 15 bis 25 cm. Wer auch immer hier für die Bestäubung zuständig ist (Insekten konnte ich auf meinen Pflanzen bisher nicht bei der Arbeit beobachten), scheint in diesem Land nicht besonders effizient zu sein, denn dort, wo weibliche

Pflanzenteile am weitesten von der männlichen Pflanze entfernt sind, verläuft die Befruchtung sichtbar weniger erfolgreich, während das Ergebnis dort, wo die beiden Pflanzen de facto ineinander wachsen, spektakulär ist.

Als Nächstes seien zwei krautige Kletterer erwähnt. Die Kletternde Kapuzinerkresse, *Tropaeolum speciosum*, ist in den kühlen, feuchteren Gegenden unseres Königreiches am besten bekannt, gedeiht aber auch im Südosten, solange sie in kühler, feuchter, saurer Erde wurzeln kann. Häufig sind in der Nähe von Mauern Reste alkalischen Mörtels verstreut, was problematisch ist. Die dunkelroten Blütengirlanden, die über einen langen Zeitraum geöffnet bleiben und danach blaue Früchte ausbilden, sind eine echte Sensation. Wenn die Pflanze sich wohlfühlt, vermehrt sie sich über ein fleischiges Rhizom und kann dann sogar zum lästigen Unkraut werden.

Aconitum hemsleyanum (syn. *A. volubile*) ist ein Kletter-Eisenhut, der gut aus Samen gezogen werden kann, die Blütenfarbe variiert dabei zwischen dunkelblau und einer undefinierbaren Nicht-Farbe, es könnte demnach gut sein, dass Sie mehr als einen Versuch benötigen. Die Sämlinge blühen ab dem zweiten Sommer. Einmal habe ich die Pflanze in einer Kombination mit der gelbblühenden *Clematis tangutica* gesehen: eine sehr gelungene Mischung.

Die Clematis ist eine gute Kletterin für die Nordseite, wie sich mittlerweile immer öfter herauskristallisiert. So ist es weniger sinnvoll, die geeigneten Sorten aufzuzählen, als vor jenen wenigen zu warnen, die ungeeignet sind. 'Ernest Markham', 'Lady Betty Balfour' und 'Huldine' brauchen definitiv Sonne, sowie in den meisten Fällen auch die *C. tibetana* subsp. *vernayi* von Frank Ludlow und George Sherriff, die fleischige, gelbe Blütenblätter besitzt, die an Zitronenschale erinnern. Ohne Sonne bringen diese Sorten haufenweise Laub hervor, aber keine Blüten. Die etwas frostempfindliche *C. armandii* erfordert wohl ebenfalls ein warmes Plätzchen. Abgesehen von diesen wenigen Ausnahmen geht es vielmehr darum, die Schäfchen vor dem Wind zu schützen. Der Berg-Waldrebe *C. montana* zum Beispiel kann der Nordwind rein gar nichts anhaben, während die größerblütigen Hybriden etwas besser abgeschirmt werden müssen. Die immergrüne, farnblättrige *C. cirrhosa* var. *balearica*, die eigentlich für ihre Eignung für Standorte ohne Sonne bekannt ist, wird nur dann im Winter und zeitigen Frühjahr ihre kleinen, grün-braun gemaserten Blüten tragen, wenn ihre Triebe in den vorangegangenen Monaten vor Wind und Eiseskälte geschützt wurden.

Weiße Blüten sind in einer schattigen Umgebung am eindrucksvollsten. Ein hervorragendes Beispiel dafür ist die großblütige weiße Waldrebe 'Marie Boisselot'. Man könnte sie mit der starkwüchsigen weißen Rambler-Rose 'Mme Alfred Carrière' kombinieren, die als gute Nord-Kletterin bekannt ist. Weiß mit Weiß ist nämlich überaus apart, haben Sie das nicht gewusst, meine Liebe? Ach, Herzchen, Sie können keinesfalls erwarten, dass eine weiße Blume sich selbst gerecht wird, wenn sie nicht in ein weißes *Milieu* eingebettet ist. Sollten da nicht auch die Wände weiß sein? Eine Symphonie in Weiß. Es gibt ja so viele Weißtöne, unendlich viele *Nuancen*. Schade nur, dass man die vielen grünen Blätter in Kauf nehmen muss …

Im Zusammenhang mit nicht kletternden Sträuchern, die sich an einer Nordwand hochziehen lassen, kommen später im Buch noch zwei *Cotoneaster*-Arten zur Sprache, die im herbstlichen Kontext besonders schön sind. Aus demselben Grund möchte ich den beliebten Mittelmeer-Feuerdorn, *Pyracantha coccinea* 'Lalandei', hier ausklammern. Letzterer ist ein sehr starkwüchsiger Strauch, der schnell Ausmaße erreicht, die Sie zwingen, ihn zurückzuschneiden. Alles blühende Holz wird dadurch entfernt und zurück bleibt ein düsteres, dickes, immergrünes Ungetüm voll zankender Sperlinge, die dort Unterschlupf suchen, nisten und den Strauch mit ihren

Hinterlassenschaften zubetonieren, von bunten Beeren kaum eine Spur.

Im Gegensatz dazu ist der Winterjasmin eine gute Wahl. Man kann ihn im Frühling mit der Heckenschere zurückschneiden, was dazu führt, dass die neuen, im Sommer ausgebildeten Triebe im kommenden Winter mit fröhlichen gelben Blüten übersät sind. Forsythien kann man in etwa die gleiche Pflege zukommen lassen, beachten Sie nur unbedingt, die richtige Art auszusuchen: *Forsythia suspensa* var. *sieboldii*. Sie treibt Ruten aus, auf denen die Blüten nacheinander aufgereiht sind und nicht, wie bei den gängigsten Sorten, auf einem Klumpen zusammensitzen.

Japanische Zierquitten (gemeinhin als Japonica bekannt) kann man in einem Garten praktisch überall einpflanzen, es sei denn, der Boden ist hochgradig kalkhaltig. Auch an einer Nordmauer machen sie eine schöne Blüte. Schneiden Sie im Winter die langen, unproduktiven Triebe bis zu dem Punkt ab, an dem die Blütenknospen für den nächsten Frühling bereits angelegt sind. Sauerkirschen werden fast immer auf die Nordseite verbannt, können dort aber bezaubernd aussehen, wenn sich im Frühling die schneeweißen Blütenzweige, die unmittelbar an der Mauer hochgezogen werden, öffnen. Wenn nicht die Gimpel schon alle Knospen abgepickt haben, ist der Rückschnitt eines gesunden Exemplars eine befriedigende Arbeit, weil man weiß, dass es sich am Ende lohnt. Schneiden Sie die alten, schwachen Zweige heraus und binden Sie dann die jungen, blühfreudigen Triebe fächerförmig hoch, sodass kein Zweig den anderen kreuzt. Beginnen Sie dabei an den Außenseiten des Fächers und arbeiten Sie sich dann immer rechts und links abwechselnd nach innen vor.

Camellia reticulata und ihre Cultivare besitzen unter allen Vertretern ihrer Gattung die größten, zerzaustesten und auffälligsten Blüten. Die Art ist weniger winterhart als *C. japonica* und zeigt eine natürliche Wuchsform, die man als etwas ausufernd bezeichnen könnte. Beide Aspekte sowie die Tatsache, dass sie auch im Schatten gut gedeiht, sprechen dafür, sie an die Nordmauer zu pflanzen. Das Spalier-Becherkätzchen, *Garrya elliptica*, das im Januar längliche, grüne Kätzchen trägt, schätzt ebenso einen geschützten Standort an der Wand, ob es dort Sonne bekommt oder nicht, ist ihm gleichgültig. Pflanzen Sie den Strauch an keine allzu prominente Stelle, denn seine immergrünen Blätter sind freundlich ausgedrückt langweilig und über weite Teile des Jahres wirklich unansehnlich, da sie bei Frost Schaden nehmen und anfällig für eine Pilzerkrankung sind, die hässliche Flecken hinterlässt. *G. elliptica* lässt sich auch als freistehender Busch pflanzen und wird an jedem halbwegs geschützten Ort 3 bis 3,50 m hoch.

Rankende Geißblätter

Neben der Clematis sind Geißblätter die beliebtesten Kletterpflanzen. Besonders praktisch ist, dass sie den Schatten lieben, außerdem kann man sie sowohl an einer Nordmauer hochziehen als auch völlig frei durch Bäume oder große Sträucher (zum Beispiel Flieder) ranken lassen, die ihnen genug Schatten spenden.

In manchen Jahren werden sie von schwarzen Blattläusen heimgesucht, die schnell alles Wachstum zum Stillstand bringen können. Seien Sie daher achtsam und versprühen Sie gegebenenfalls frühzeitig, noch bevor ein Schaden entstanden ist, ein Mittel gegen Läuse. Der gefährlichste Monat ist üblicherweise der Mai.

Beginnen wir mit den duftenden Arten und unserem heimischen Waldgeißblatt, *Lonicera periclymenum*. Davon gibt es zwei Kulturvarietäten, die man aufgrund ihrer intensiven Blütenfarbe oft in Gärten findet. Die *L. p.* ‘Belgica’ trägt ab Ende Mai und fast den gesamten Juni hindurch spektakuläre karminrote Blüten. Eine zweite Herbstblüte ist kaum zu beobachten, da die Pflanze offenbar die meiste Energie in die Bildung der Beeren steckt. Die *L. p.* 'Serotina' kommt Ende Juni in Fahrt und läuft im Juli zur Höchstform auf, dann blüht sie großzügig weiter bis September oder Oktober, was ein sehr schönes Zusammenspiel mit der zweiten Blüte der großen, weißen Clematis 'Marie Boisselot' ermöglicht. Außen sind die Blüten dieser späterblühenden Sorte in einem recht dunklen Rot gehalten.

Diese Geißblatt-Arten tragen spiralenförmige Terminalblüten; das gilt auch für die *L. splendida*, die zwischen Juni und Juli in rosa und cremefarbenen Pastelltönen blüht, deren größte Besonderheit jedoch die wunderbare blaugrüne Färbung der jungen Blätter und Triebe ist. Leider ist Letztere eine sehr zimperliche Art, und niemand scheint so recht zu wissen, welche Pflege sie bekommen sollte, um sicherzustellen, dass sie sich gut entwickelt. Ausreichend winterhart ist sie, schließlich gedeiht sie bei Crathes Castle im Osten Schottlands. Das schönste Exemplar, das ich kenne, wächst an der Turmmauer von Sissinghurst Castle in Kent.

Die zweite beliebte Gruppe duftender, kletternder Geißblätter basiert auf *L. japonica*, einer starkwüchsigen, größtenteils immergrünen Art. Doch die Eigenschaft, immergrün zu sein, ist nicht unbedingt ein Vorteil, denn im Winter ist sie nur noch ein lumpiges Gestrüpp. Die Blüten trägt die Pflanze paarweise in den Blattachsen, was kein überragendes Bild ergibt, dafür ist ihr Duft sehr intensiv (in der Nacht sogar noch mehr als am Tag), wenn auch nicht ganz so betörend wie jener der *L. periclymenum*. Die lange Blühsaison reicht ohne Unterbrechung vom Hochsommer bis in den November. Die etwas kleiner ausfallenden Blüten von *L. japonica* sind außen karminrot und innen weiß. *L. j.* 'Halliana', die durchgehend weiß oder cremefarben ist, erfreut sich noch größerer Beliebtheit. Diese Art kann im Frühling stark zurückgeschnitten werden, um ihr eine saubere Form zu verleihen, ohne die Blüte stark zu beeinträchtigen. Das schönste Exemplar in unserem Garten wird jedoch gar nicht geschnitten und schlängelt sich durch die Zweige einer alten Glyzinie, um sie an der Spitze mit einem Blütenhut zu krönen. Eine ebenso bekannte Sorte in dieser Gruppe ist *L. j.* 'Aureoreticulata', deren grüne Blätter eine starke, goldgelbe Äderung aufweisen. Ich glaube, dass viele, die sie kaufen, erst viel später bemerken, dass die Pflanze nur sehr verhalten blüht. Man muss sich hier mit dem schönen Anblick des Laubes begnügen. Für Blumenarrangements sind die Ranken sehr gut geeignet.

Eine meiner Lieblingssorten ist die Hybride *L.* × *americana* (syn. *L. grata*). Ihre rosa-gelben Blüten sprießen in großem Überfluss, nicht nur in Büscheln an den Sprossenden, sondern auch in den Blattachseln auf den vorderen 30 cm jedes Triebes, sodass es wirkt, als schössen Blütenstrahlen in alle Himmelsrichtungen davon. Die Pflanze ist überaus hübsch als Säulenstrauch und fühlt sich auch in der Sonne recht wohl. Doch ein Wort der Warnung: Junge Pflanzen brauchen oft ein Jahr oder zwei, bis sie sich eingelebt haben und zu blühen beginnen. *L. etrusca* ist ein Elternteil der Letzteren und verhält sich ähnlich, was die Blüte, die große Wuchsfreudigkeit und die längere Eingewöhnungsphase betrifft. Was ihr fehlt, ist der rosa Farbanteil von *L.* × *americana,* daher ist sie durchgehend gelb.

Hat man bereits ein oder zwei Exemplare der duftenden Geißblätter gepflanzt, gibt es keinen Grund, die nicht duftenden zu verschmähen. Sie ergänzen die anderen mit ihrem wesentlich glamouröseren Erscheinungsbild. *L.* × *brownii* 'Fuchsioides' blüht leuchtend scharlachrot. Sie trägt ihre Terminalblüten in Bündeln, am schönsten im Mai und Juni. Die Blüten sind nicht übermäßig groß und über die ganze Länge schmal röhrenförmig. Doch ihre Farbe lässt niemanden unberührt. Die Hybride ist aus zwei amerikanischen Arten entstanden und ist am besten unter dem Namen Fuchsienblütiges Geißblatt bekannt.

L. tragophylla bildet unter allen winterharten Geißblättern die größten Blüten aus, mit Bündeln aus fast 10 cm langen und 3 cm breiten Trichtern. Die hellgelbe Färbung entfaltet in der schattigen Umgebung, wo die Pflanze bevorzugt wächst, eine sehr schöne Wirkung. Sie blüht ebenso im Frühsommer wie die Hybride, deren Elternteil sie ist: *L. × tellmanniana*. Diese wiederum trägt üppige Büschel orangefarbener Blüten, die darauf abzielen, jeden, der sie noch nicht kennt, in Begeisterungsstürme zu versetzen. Außerdem ist sie, wenn sie im Schatten steht, eine recht unkomplizierte Pflanze. Wer sie zurückschneiden möchte, kann die abgeblühten Triebe unmittelbar nach der Blühsaison herausschneiden, unbedingt nötig ist ein regelmäßiger Rückschnitt jedoch nicht.

Die Immergrüne Magnolie

Wenn Immobilienmakler ein Haus bewerben, greifen sie gelegentlich auf Gartenelemente zurück, weil sie wissen, dass bestimmte Bäume und Sträucher besonders prestigeträchtig sind und einen gewissen Glamour-Faktor mitbringen, der dabei hilft, das Objekt zu verkaufen. Feigen, Trompetenbäume und Strauch-Pfingstrosen fallen in diese Kategorie, aber auch spezielle Magnolien. Das gilt im Besonderen für die immergrüne *Magnolia grandiflora*.

Der Baum, der aus dem Südosten der USA stammt, ist praktisch immer ein wunderbarer Anblick, in Großbritannien jedoch nur in Form eines Strauches, der im Schutz einer Mauer wächst. In Mittelmeerländern begegnet man dieser Magnolie ebenfalls in Form eines gigantischen, bis zu 20 m hohen, freistehenden Baumes von breitem, kegelförmigem Wuchs. Bei uns sind Exemplare, die ohne Schutz auskommen müssen, trotz der ausreichenden Winterhärte, eine kümmerliche Erscheinung. Die Pflanzung in den Gärten der R. H. S. in Wisley war eine löbliche Ausnahme, aber selbst dort hätten die Magnolien an einer schützenden Mauer wahrscheinlich üppiger geblüht. Mittlerweile gibt es sie gar nicht mehr.

Nun gehört eine Mauer zwangsläufig zu einem Haus. In diesem Fall muss es jedoch ein altmodisches Haus sein und kein Bungalow, denn der Magnolienstrauch reckt sich gern bis zum zweiten oder gar dritten Stockwerk. Solch ein Magnolienexemplar ist der Grund, warum man ein verstaubtes altes Pfarrhaus, egal wie morsch und voller Holzwürmer es ist, mit glühendem Stolz erwerben sollte. Und falls der neue Besitzer zu fragen wagt, wie er seine Magnolie zurückschneiden soll, muss ihm unverzüglich mit einer Denkmalschutzverfügung, die jeden einzelnen Zweig einschließt, Einhalt geboten werden. Soll er doch dankbar sein, in permanent abgedunkelten Zimmern leben zu dürfen, wenn die Dunkelheit von solch illustrer Schattenquelle stammt.

Alle anderen, die eine *Magnolia grandiflora* wirklich zu schätzen wissen, werden von ihr reich belohnt. Unter allen Immergrünen mit lorbeerartigem Laub hat sie wahrscheinlich die lebendigste Ausstrahlung, weil ihr Laub an der Oberseite wie frisch poliert glänzt und das Licht reflektiert. An der Unterseite weist das Blatt manchmal eine braune, filzige Behaarung auf, etwa bei der Sorte 'Exmouth', und es lohnt sich, bei der Auswahl auf diese Eigenschaft Wert zu legen.

Von dieser Magnolienart zirkulieren verschiedenste Sorten. Wenn man neue Pflanzen aus Samen ziehen will – eigentlich die einfachste Art der Vermehrung –, dauert es mindestens 15 Jahre, bis die Pflanze zum ersten Mal blüht, wahrscheinlicher sind sogar 25 Jahre. Ich kenne ein Exemplar, dass mindestens 50 Jahre alt ist und noch nie geblüht hat. 'Exmouth' und 'Goliath' sind verlässliche Sorten, die aus Ablegern entstanden sind. Hier kann man von einer Blüte innerhalb der ersten sieben Jahre ausgehen.

Am schönsten blüht Ihre Immergrüne Magnolie in Jahren, die auf einen heißen Sommer mit langer Reifezeit folgen. Ein mit Knospen und Blüten voll besetzter Baum verströmt unentwegt einen wunderbaren, zitronigen Duft, sowohl bei Tag als auch bei

Nacht. Freunden, die keine eigene Magnolie besitzen, können Sie mit einem Zweig mit einer Knospe ein schönes Geschenk machen. Es ist jedoch wichtig, dass die Knospe schon kurz davor ist, sich zu öffnen, denn im Wasser wird sie das normalerweise nicht tun.

Die Entfaltung von der Knospe zur offenen Blüte verläuft beinahe so schnell und spektakulär wie bei der bekannten Kaktusart 'Königin der Nacht'. Die Kronblätter spreizen sich in mehreren ruckartigen Bewegungen auf, bis sich die Blüte zwei bis drei Stunden später vollständig geöffnet und eine cremeweiße Schale mit einem Durchmesser von bis zu 25 cm gebildet hat. Auch die Staubgefäße sind cremeweiß, erst wenn sie abfallen, sieht man, dass sie an der Basis knallrot sind und aussehen wie Puppenstreichhölzer.

Auch wenn wir voll Neid auf die Baumriesen blicken, die anderswo wachsen, haben unsere Bedingungen zumindest einen Vorteil: In wärmeren Klimazonen öffnen sich im Hochsommer alle Blüten gleichzeitig und schon im August erinnern nur noch die Fruchtstände an die einstige Pracht. Bei uns ist die Blühsaison weniger beständig, zieht sich aber von Anfang Juli bis manchmal in den Oktober hinein, wenn das erste kalte Wetter das Schicksal der letzten ungeöffneten Knospen besiegelt. Wenn Sie Blüten wollen, sollten Sie Ihre Magnolie jedoch nicht schneiden. Nicht dass die Pflanze einen Rückschnitt übelnehmen würde, nur brauchen die vielen weichen, blättrigen Triebe, die als Reaktion auf den Schnitt hervorsprießen, Jahre, um in den verholzten Ruhezustand zurückzufinden, den sie zum Blühen benötigen.

Rosen

Moderne Rosenkriege

Jahrelang befand sich die Rose auf einem Triumphzug. Man musste nur eine neue Züchtung zeigen, und schon strömten und drängelten die Menschen traubenweise herbei, voller Ehrfurcht, als führte man das neueste Automodell vor. Rosen sind ein Geschäft, mit dem sich Geld machen lässt: Der Gewinn aus dem Verkauf von Rosen liegt kaum unter jenem aller anderen Bäume und Sträucher zusammengenommen. Außerdem sind Rosen nahezu die einzigen Sträucher der Baumschulbranche, die sich für Massenproduktionsmethoden eignen, wie man sie sonst bei Kartoffeln oder Blumenzwiebeln anwendet: maschinelles Pflanzen, Schneiden, Ausgraben, und so weiter. Die Folge ist, dass Rosen im Vergleich zu anderen Strauchgehölzen erstaunlich billig sind.

Doch was ist mit der Rose an sich? Rechtfertigt die Pflanze all den Rummel um ihre Weiterentwicklung? Zweifellos sorgt der Wohlstand der Rosenindustrie für beeindruckende Zuchtprogramme, sowohl in Amerika als auch in Europa. Die Zahl der neuen Varietäten, die laufend auf den Markt kommen, ist überwältigend. Das muss auch so sein, will man das öffentliche Interesse halten. Manche Sorten wie 'Peace', 'Super Star' und 'Iceberg' sind so herausragend im Vergleich zu ihren Artgenossen, dass sie sich sogar unter beinhartem Konkurrenzdruck für mehrere Jahre behaupten können. Die meisten jedoch, von denen jede ihre Vorzüge hat, verlieren die Gunst der Gärtner und verschwinden recht rasch aus den Lieferverzeichnissen.

Dreißig oder vierzig Jahre sind in der heutigen Rosen-Zeitrechnung sehr lang. Ganz anders als bei der Clematis zum Beispiel. Viele der allerbesten Clematis-Hybriden, die wir heute in unseren

Gärten haben, entstanden vor 75 oder gar vor 120 Jahren. Sie scheinen in der Zwischenzeit nicht viel an Vitalität eingebüßt zu haben. Doch wo ist heute die Tee-Hybride 'Mme Butterfly'? Sie war in den frühen 1930ern die absolute Nummer eins auf der Beliebtheitsskala. Und heute? Ist sie deklassiert? Ja, zum Teil. Die Blüte ist im Idealfall so hübsch wie eh und je, doch es gibt heute Rosen von viel kräftigerem Wuchs, als 'Mme Butterfly' je an den Tag legte.

Als ich einmal in den Kew Gardens an einem Beet mit dieser Lieblingsrose aus alten Zeiten vorüberkam, hörte ich mich selbst rufen: »Ach, du armes Ding!« Die Büsche waren allesamt von Mehltau gezeichnet. Früher machten wir uns bei 'Mme Butterfly' wegen des Mehltaus keine Sorgen. Es ist die gleiche Geschichte wie mit 'Frensham', der roten Floribunda-Rose, die in den ersten Jahren nach dem Krieg jeder pflanzte. Ihr kräftiger Wuchs und ihre Blühfreudigkeit waren schier nicht aufzuhalten, damals, doch heute ist auch sie meist hoffnungslos vom Mehltau geschwächt.

Doch das ist nur ein Punkt auf der langen Liste von Übeln, die eine Rose heute in viel größerem Maße heimsuchen als je zuvor. In unserer übergroßen Liebe für diese Blume konnten wir Menschen uns wohl nicht davon abhalten, ihr höchstpersönlich den Todesstoß zu versetzen. Ich besitze immer noch dieses Flugblatt eines Pestizid-Vertreters, auf dem steht: »Gärtner, und vor allem Rosenliebhaber, werden sich bestimmt noch an 1966 als ein Jahr erinnern, in dem die Schwarzfleckenkrankheit härter zuschlug als je zuvor, sodass mancherorts im Hochsommer kaum noch Laub an den Sträuchern hing. Bei der Menge an übriggebliebenem infektiösem Material liegt die Annahme nahe, dass uns in der nächsten Saison ein ernstzunehmender Ausbruch bevorsteht. Daher ist es umso wichtiger, schon weit im Voraus einen Behandlungsplan zu erstellen.« Mir riet man damals, Mitte Mai mit dem Spritzen der Rosen zu beginnen und die Behandlungen alle zwei Wochen bis Mitte Oktober zu wiederholen. Doch es änderte gar nichts.

Am Anfang jedes Gartenjahres spornt man uns an, gute Vorsätze zu treffen und uns noch mehr zu bemühen. »Dieses Jahr wird alles anders«, nehmen wir uns folgsam vor, nur um am Ende des Jahres festzustellen, dass sich nichts verbessert hat, höchstens verschlechtert. »Es muss daran liegen, dass wir die Behandlung einmal ausgesetzt haben, als wir im August im Urlaub waren«, versuchen wir eine Erklärung für unser Versagen zu finden. (Und Erklärungen haben wir stets schnell zur Hand.) »Nächstes Jahr fahren wir erst weg, wenn die Gefahr vorüber ist, dann im November.« Auf diese Weise kann ein Garten zur innerlich belastenden Tyrannei werden. Natürlich leisten Pestizidhersteller auf ihre Art eine gute Arbeit, manchmal fällt es jedoch schwer, sie nicht als Parasiten zu betrachten, die sich nicht nur an dem Unglück anderer laben, sondern auch noch geholfen haben, selbiges zu erschaffen. Wenn wir nicht in der Lage sind, unsere Rosen gesund zu halten, ohne sie im Lauf einer Vegetationsperiode ein Dutzend Mal oder öfter zu spritzen, dann müssen wir schlicht und einfach etwas anderes pflanzen. Es macht mir nichts aus, für eine Pflanze, die ich liebe, Mühe auf mich zu nehmen – das Aussäen von Samen zum richtigen Zeitpunkt, das häufige Umtopfen, das Düngen und Hochbinden –, wenn etwas Konstruktives dabei herauskommt. Doch wenn ich das Gefühl habe, dass ich schon von Anfang an mit einer latent kranken Pflanze zu tun habe, die so gezüchtet wurde, dass sie für jede vorbeiziehende Krankheit anfällig ist, dann stelle ich tendenziell auf stur.

Der dritte Kandidat im unseligen Bunde der Rosenkrankheiten ist neben den Schwarzflecken und dem Mehltau der Rosenrost. Es gibt ihn, seit ich denken kann. Die Tee-Hybride 'Betty Uprichard', die um das Jahr 1930 eine der bekanntesten Rosen war, hatte immer schon eine gewisse Empfänglichkeit für Rost, der ihr aber wenig auszumachen schien. Auch auf wilden Hundsrosen ist Rosenrost häufig zu beobachten. Zum ernsthaften Problem wurde der Rosenrost erst in den letzten Jahren, sodass ein starker Befall mittlerweile ganze Rosengärten ausrotten kann, wie es einem befreundeten Rosenliebhaber im Nachbarort passiert ist. Diesem blieb nichts anderes übrig, als zur Schaufel zu greifen und seine Sammlung von rund 200 Tee-Hybriden auf den Müll zu verfrachten. Anschließend pflanzte er neue. Und dann – wie könnte es anders sein – litten die neuen Pflanzen unter der Nachbaukrankheit, auch als Bodenmüdigkeit bekannt.

Ich wurde zum ersten Mal darauf aufmerksam, als ich im Rosenkatalog von E. B. Le Grice folgende Bemerkung las: »Pflanzen Sie neue Rosen niemals in alte Rosenerde. Die alte Erde eines Rosenbeetes sollte etwa 40 cm tief ausgehoben und durch frische Erde ersetzt werden, in der noch keine Rosen wuchsen (zum Beispiel aus dem Küchengarten). Wenn bestehende Beete mit neuen Pflanzen bepflanzt werden sollen, heben Sie an der entsprechenden Stelle für jeden Busch ein etwa 30 cm tiefes und breites Pflanzloch aus, das Sie dann mit neuer Erde auffüllen.«

Die mysteriöse Bodenkrankheit ist bereits seit über 200 Jahren bekannt, doch die Erreger, die dafür verantwortlich sind, konnten bisher nicht identifiziert werden. Bepflanzt man ein Stück Land mit derselben Art, die sieben oder mehr Jahre zuvor an dieser Stelle wuchs, leiden die neuen Setzlinge an schwerer Unterentwicklung. Betroffen sind nur bestimmte Arten, meistens aber, so die aktuelle Studienlage, sind es Bäume und Sträucher: Äpfel, Kirschen, Pfirsiche und Zitrusfrüchte. Pflaumen sind etwas weniger betroffen, auch in Abhängigkeit von der Unterlage, auf die sie veredelt wurden. Birnen und Quitten sind weniger gefährdet.

Unter den Rosen sind Sämlinge der Hundsrose, *Rosa canina* (die im Erwerbsrosenanbau am häufigsten als Veredelungsunterlage benutzt wird), sehr stark betroffen, doch *R. multiflora* (eine weitere beliebte Unterlage) ist resistent.

Das ist schon alles sehr seltsam: Ein Rosenstock ist ein Musterbeispiel an Gesundheit, und dann zeigt seine Nachfolgerin an demselben Standort, unmittelbar nach dem Einpflanzen, akute Zeichen der Unterentwicklung. Das Wurzelsystem ist schwach, klein und färbt sich schwarz; an der Oberfläche sind jedoch keine Symptome zu erkennen, außer, dass es der Pflanze an Wuchsfreude fehlt. Nach diesem anfänglichen Rückschlag erholt sich die Rose nach und nach und kehrt (wenn sie nicht in diesem geschwächten Zustand von einer anderen Rosenkrankheit dahingerafft wurde) zu fast normalem Wuchs zurück. Die erlittenen Defizite wird sie aber nie vollständig ausgleichen können.

Die Nachbaukrankheit breitet sich im Boden nicht aus, so ist eine Neupflanzung unmittelbar neben der ehemaligen Bewohnerin unproblematisch, nicht jedoch an genau derselben Stelle.

Was kann dagegen unternommen werden? Kommerzielle Rosenzüchter suchen Auswege aus der Misere, indem sie die Rosenerde mittels Begasung teilsterilisieren. Oder sie wechseln die Anbauflächen, auf denen die jungen Rosen wachsen, indem sie immer neues Ackerland pachten.

Viruserkrankungen bei Rosen sind in der breiten Öffentlichkeit eigentlich kaum ein Thema, doch ein Grund zur Sorge für all jene, die verstanden haben, wie sehr die Pflanzen dadurch geschwächt werden und wie weit verbreitet das Problem inzwischen ist. Bei Früchten wie Erdbeeren, Himbeeren, Johannisbeeren und mittlerweile auch Äpfeln legt man großen Wert darauf, virenfreie Unterlagen zur Veredelung heranzuziehen, doch bei der Vermehrung von Rosen gibt es solche Kontrollen nicht. Und so verbreitet sich ein Virus innerhalb der Baumschule im selben Tempo wie die Rosen selbst. Diese Praxis hat einen großen Anteil an dem oft beobachteten Phänomen, dass beliebte Sorten über die Jahre an Widerstandskraft verlieren.

Folgende Krankheiten sind die schlimmsten Feinde der Rosen: Mehltau, Schwarzfleckenkrankheit, Rosenrost, Bodenmüdigkeit und Viruserkrankungen. Aber auch eine Reihe von Schädlingen kann ihnen zusetzen: Blattläuse, Rosenzikaden, Schaumzirpen, Thripse, Schildläuse, Weichwanzen und Spinnmilben ernähren sich liebend gern von Rosensaft. Verschiedene Larven und Raupen, wie jene der Miniermotte, der Blattwespe, des Wicklers, der Blattrollwespe oder des Kleinen Frostspanners, um nur eine Handvoll Beispiele zu nennen, warten nur auf ihre große Chance. Maikäferlarven fressen die Rosenwurzeln, während die erwachsenen Käfer sich von Blättern, Trieben und Knospen ernähren. Blattschneiderbienen hinterlassen seltsame runde Löcher in den Rosenblättern, die an die Scherenschnittversuche erinnern, die wir früher als Kinder gemacht haben.

Eine Ironie des Schicksals ist, dass ein Anfänger im Rosenanbau oft die größten Erfolge feiert. Er startet meist mit einem sauberen Flecken Erde und (hoffentlich) mit sauberen, gesunden Pflanzen. Nach und nach jedoch holen ihn die Probleme ein. Er schleppt bei einer Neuanschaffung die Schwarzfleckenkrankheit ein, woraufhin die Sporen unweigerlich im Boden unter seinen Büschen ausharren und garantiert am Anfang jeder neuen Vegetationsperiode für eine Ansteckung sorgen. Er tauscht eine Rosensorte gegen eine andere aus und lernt die Bodenmüdigkeit kennen. Dann entdeckt die Blattrollwespe seine Rosensträucher und lässt sich von dort nie wieder vertreiben. Ich denke, Sie haben erkannt, worauf ich hinauswill.

Die Frage ist nun, wie wir darauf reagieren sollen, wenn wir gleichzeitig die Vernunft und unseren Sinn für Verhältnismäßigkeit wahren wollen. Natürlich könnten wir fröhlich die Sprühpumpe zücken und gegen unsere Feinde alles an Chemikalien auffahren, was die Pestizidhersteller in ihrem Arsenal so haben. Wahrscheinlich ließe sich sogar ein Universal-Sprühmittel finden, das aus einem ganzen Spektrum verschiedenster Chemikalien gemischt ist und von dem wir uns dann erhoffen (ohne wirklich zu wissen, was und wogegen wir spritzen), dass irgendeiner der Inhaltsstoffe gegen Was-auch-immer-es-ist, das unseren Rosenbüschen schadet, eine Wirkung zeigt. »Einige der Blätter sehen ein bisschen kränklich aus, ich glaube, ich sprühe mal ein bisschen Combi-Spray darauf, nur um sicherzugehen.« Damit hätte die blinde Unvernunft gesiegt.

Eine dauerhafte Rundumbehandlung der Rosen mit Pflanzenschutzmitteln ist eine solche Einbahnstraße, dass man beginnt, sich nach alternativen Wegen umzusehen. Eine Möglichkeit wäre, weniger Rosen zu pflanzen. Schließlich ist jede Form der Monokultur eine Gefahrenquelle, weil bestimmte Schädlinge und Krankheiten dort einen idealen Nährboden vorfinden. Je größer die Pflanzung, desto leichter können diese Parasiten sich vermehren. Pflanzen Sie also, wenn Sie sich dazu durchringen können, in Ihrem Garten keinen reinen Rosengarten an oder, noch schlimmer, versteifen Sie sich nicht zu sehr auf Rosenbeete, die Sie nicht gegebenenfalls auch mit anderen Bewohnern befüllen können. Geben Sie Ihren Rosen lieber einen Platz zwischen anderen Sträuchern und Pflanzen, so ist ein ernsthafter Befall mit speziellen Rosenschädlingen und Krankheiten weniger wahrscheinlich.

Sollten Sie nun doch Beete angelegt haben, in denen ausschließlich Rosen stehen, erwägen Sie die Möglichkeit, die Pflanzen das ganze Jahr über mit einer dicken Mulchschicht zu umgeben. Darüber haben wir im Kapitel Kompostieren und Mulchen bereits gesprochen. Die Mulchschicht bewirkt, dass die Sporen des Pilzes, der Schwarzflecken verursacht, darunter erstickt und abgetötet werden. Gärtner, die in Gegenden mit starker Luftverschmutzung aus Industrieabgasen leben, bekommen die Schwarzfleckenkrankheit ohnehin nicht. Dafür aber Bronchitis!

Rosenrost scheint vor allem in Rosenbeeten vermehrt aufzutreten, wo viel gedüngt wird und die Triebe weich und frisch sind. Düngen Sie daher nicht zu viel.

Zum Thema Mehltau ist zu sagen, dass man Varietäten, die dafür bekannt sind, besonders anfällig zu sein, am besten vermeiden sollte. Manche Sorten wiederum werden in einem Garten übel heimgesucht und im nächsten gar nicht. Sie müssen einfach ein wenig herumexperimentieren. Wenn Sie feststellen, dass es eine Rose schlimm erwischt hat, plagen Sie sich nicht mehr damit herum. Reißen Sie sie schonungslos aus.

Und nun stehen Sie vor dem Problem der Bodenmüdigkeit. Wir wissen bereits, dass bestimmte Unterlagen empfänglicher dafür sind als andere, woraus folgt, dass Cultivare, die auf ihrem eigenen Wurzelstock wachsen, wahrscheinlich weniger empfänglich sind. Wer aus Ablegern seine eigenen Setzlinge zieht, kann auch hier das ein oder andere Experiment versuchen.

Solange wir nicht allzu penibel sind, sollte es mit etwas Kompromissbereitschaft möglich sein, ohne irgendwelche Pflanzenschutzmittel auszukommen. Kann sein, dass unsere Rosen einmal eine schlechte Phase haben, aber wie wir Menschen auch, werden sie früher oder später darüber hinwegkommen.

Seit ich die obigen Zeilen geschrieben habe, sind die Rosenverkäufe übrigens in den Keller gesaust, und die Mitgliedschaften bei der Royal National Rose Society ebenfalls. Es lebe der gesunde Menschenverstand!

Rosen, die auf eigenen Wurzeln stehen

Im letzten Kapitel haben wir darüber gesprochen, wie schwierig es ist, Rosen bei Laune zu halten. Einen bestimmten Fluch, der jeden Rosengärtner irgendwann heimsucht, habe ich aber noch nicht erwähnt: Wildtriebe aus Veredelungsunterlagen. Hat eine Pflanze diese bedauerliche Angewohnheit erst entwickelt, kommt sie davon bis ans Ende ihrer aktiven Laufbahn nicht mehr los. Zuletzt kaufte ich zwölf Tee-Hybriden (alle von der gleichen Sorte), von denen neun bereits Wildtriebe ausgebildet hatten, bevor ich überhaupt Gelegenheit bekam, sie in die Erde zu pflanzen.

Allem Anschein nach erwartet die Rosenbranche, dass wir diese Wildtriebe als unvermeidlich hinnehmen, was dazu führt, dass ein Gärtner – solange er nicht von modernen Methoden der Gewebekultur gerettet wird, die über kurz oder lang die handelsüblichen Praktiken revolutionieren könnten – zu eigenen Verteidigungsmaßnahmen greifen muss. Und hat er erst gelernt, wie man Rosen aus Stecklingen zieht, ist der Sieg nicht mehr weit.

Teilverholzte Stecklinge können von Ende Juni bis Anfang Oktober jederzeit geschnitten werden. Doch als Faustregel gilt: Je früher, desto besser. Stecklinge, die Anfang Juli bereits Wurzeln ausgebildet haben, sind bis Herbst schon so kräftig, dass sie einen 12-cm-Topf ausfüllen. Nimmt man sie jedoch erst Ende August ab, erreichen sie dieselbe Stärke erst im darauffolgenden Mai.

Oft kommt es vor, dass man die Rose seiner Träume im Garten eines Freundes erblickt. »Darf ich dich um einen Steckling dieser prächtigen Rose bitten?«, fragt man sogleich. »Aber selbstverständlich«, kommt es höflich zurück, »erinnere mich daran, wenn der richtige Zeitpunkt gekommen ist, dann kannst du dir so viele holen, wie du möchtest.« Sehen Sie, das ist ein grober Fehler. Entweder vergessen nämlich Sie oder Ihr Freund, welcher Rosenstock es war, der die auserwählte Blüte trug, und Ihre nachträgliche, bildhafte Beschreibung des Prachtstücks bringt Ihnen nur verständnislose Blicke ein. Oder Sie treffen Ihren Freund das nächste Mal bei sich zu Hause und er hat vergessen, die Stecklinge mitzubringen. Oder es ist schon wieder die falsche Jahreszeit. Oder er bringt die falschen Pflanzenteile mit. Wenn man Ihnen also eine Pflanze oder einen Steckling anbietet, greifen Sie sofort zu! Verzögerungstaktiken kann man bei Pflanzen anwenden, die man ohnehin nicht will.

Wenn Ihr Blick auf einen Rosenstrauch fällt, der in voller Blüte steht und Sie magisch anzieht, ist das der goldrichtige Moment, um halbverholzte Ableger zu schneiden. In unserem Garten warten wir meistens, bis die Blüten verwelkt sind, aber nur aus dem einen Grund, dass wir gern das Beste aus beiden Welten hätten. Entscheidend ist jedoch, dass wir die Ableger schneiden, bevor eines der Augen in den Blattachseln unterhalb einer blühenden oder verwelkenden Blüte begonnen hat, auszutreiben. Sobald man eine Blüte kappt, starten diese Triebe durch. Normalerweise ruhen sie aber während und bis kurz nach der Blüte.

Wenn Sie Material für Stecklinge von einem Rosenbusch schneiden, entnehmen Sie bitte nicht nur die (welke) Blüte selbst, sondern schneiden auch ein Stück weiter unten von dem älteren Holz ab, aus dem der Blühtrieb sich entwickelt hat. Das Allererste, was ich tue, wenn ich meine Stecklinge vorbereite, ist, sie von den Dornen zu befreien. Doch das mache ich in erster Linie zu meinem eigenen Wohl. Wenn der Zweig den richtigen Reifegrad hat, lassen sich die Dornen ganz einfach abbrechen. Als Nächstes entferne ich die unerwünschten Blätter (die an der Unterseite ihrer Mittelrippe recht gemeine Stacheln haben). Die Stecklinge sollten eine Länge von etwa 15 cm aufweisen und nur noch ein oder zwei Blätter besitzen. Nun können wir beginnen, das untere Ende der Stecklinge am Übergang zwischen jungem und altem Holz zuzuschneiden. Am Anfang kann man eine Rebschere benutzen, doch der Feinschliff sollte mit einem Messer erfolgen, sodass vom alten Holz nur noch eine kurze Verdickung an der Basis des jungen Triebes übrigbleibt. Wer nicht besonders geübt im Schärfen oder Bedienen von Messern ist, kann diesen finalen Schnitt auch ganz wunderbar mit einem Teppichmesser ausführen. Oben wird der Steckling direkt über einem Blatt abgeschnitten. Danach kommen die Hölzchen bis zur Hälfte reihum in einen Topf mit Stecklingssubstrat. Die Erde besteht, falls es Ihnen entfallen sein sollte, aus jeweils einem Teil Lehm, zwei Teilen Torf und drei Teilen Sand (oder 5-mm-Drainagekies). Anschließend gießen und in ein Frühbeet mit hoher

Luftfeuchtigkeit stellen, wo jedoch sichergestellt ist, dass die Blätter nicht verbrennen. Das alte Laub wird irgendwann gelb und fällt von allein ab, während sich bereits neue Triebe bilden. Innerhalb von drei bis vier Wochen – unter Sprühnebel entsprechend weniger – sollten die Stecklinge gewurzelt haben.

Will man Basalstecklinge von einer Rose reißen, kann das zur Folge haben, dass ein Strauch beträchtlich in Mitleidenschaft gezogen wird. Und wenn die Person, von der Sie die Stecklinge erbeten haben, dann auch noch ein Freund ist – höchstwahrscheinlich! –, könnte dieser ob der rabiaten Behandlung des geliebten Pflanzenexemplars einigermaßen irritiert sein. Wenn Sie damit davonkommen können, nehmen Sie natürlich am besten immer Risslinge mit Rindenzunge, aber bitte mit Stil. Dazu fuchteln Sie dem edlen Spender mit dem grünen Strauß vor der Nase herum und sagen: »Herzlichsten Dank, alter Freund. Bei der Gelegenheit habe ich mir die Freiheit genommen, deinem Strauch einen kleinen Pflegeschnitt zu verpassen.« Anschließend führen Sie ihn zügig fort von den verstümmelten Überresten seines Rosenstrauches. Wenn Sie jedoch Gefahr laufen, Ihre freundschaftlichen Beziehungen durch solch ein Vorgehen aufs Spiel zu setzen, wäre es weise, Ihre Stecklinge an den Sprossachsen zu schneiden, was für den Spenderbusch weniger traumatisch ist. Wenn Sie direkt unter dem untersten Nodium (Sprossachse) einen sauberen Rasierschnitt gesetzt haben, können Sie danach mit der Spitze des Messers noch den Tropfen Mark herauspulen, der nun freiliegt. Denn das Mark zieht sich nicht über die Länge des gesamten Triebes, sondern immer nur von Nodium zu Nodium.

Gärtner, die den Winterschnitt bevorzugen (der für unsere Zwecke nicht später als Januar stattfinden sollte), können das Schnittgut für Steckhölzer verwenden. Wählen Sie dafür starke, gut verholzte junge Triebe mit einer Länge von 20 bis 25 cm aus, kürzen Sie sie auf beiden Seiten ein, bis nur noch zwei Nodien übrig sind, und stecken Sie sie draußen in ein Gartenstück mit leichter Erde, wobei nur noch wenige Zentimeter des Holzes aus der Erde ragen sollten. Beachten Sie bei der Wahl des Standortes, dass die Steckhölzer im Sommer keiner Mittagssonne ausgesetzt werden dürfen, da sie sonst leicht vertrocknen. Abgesehen davon müssen sie nun nur noch, vor allem in Trockenperioden, mit reichlich Wasser versorgt werden. Bis zum nächsten Herbst sind sie gut bewurzelt und können ausgepflanzt werden.

Mit Stecklingen lassen sich beinahe alle größeren Strauchrosensorten vermehren. Bei mir wächst zum Beispiel eine 5 m lange Rosenhecke aus der Moschus-Hybride 'Penelope', die ich vor 35 Jahren aus Stecklingen gezogen habe. Sechs Pflanzen wachsen hier in lockerer Reihe nebeneinander. Mit ihrem kompakten Habitus eignet sich diese Varietät besonders gut, wenn man einen Standort entbehren kann, wo sie etwa 1,50 m hoch und 1,80 m breit wachsen kann. Sie neigt aber nicht dazu, überlange Ruten auszubilden, die dann, wie etwa bei 'Buff Beauty', in alle Himmelsrichtungen wehen.

Floribunda-Rosen entwickeln sich wunderbar aus Stecklingen, und viele der stärkerwüchsigen Teerosen-Hybriden ebenfalls. Wenn Sie stolzer Besitzer einer neun Monate alten Tee-Hybride oder Floribunda-Rose sind, die in einem 12-cm-Topf wächst und blüht, könnte man meinen, sie sei mittlerweile genauso stark wie eine Pflanze aus der Baumschule und bereit, als neuer Strauch in den Garten gesetzt zu werden. Das stimmt so allerdings nicht. Das Produkt aus der Baumschule ist Ihrem um ein ganzes Jahr voraus, denn dort wurde es auf eine Unterlage veredelt, die bereits eine Saison zuvor entstand, somit wächst seine Rose auf einem zwei Jahre alten Wurzelsystem, wenn sie beim Kunden ankommt. Aus Stecklingen gezogene Strauchrosen brauchen in den ersten beiden Jahren etwas mehr Fürsorge. Schon im zweiten Jahr können die Pflänzchen an einem freien Platz im Garten oder in großen (15 cm) Töpfen weiterwachsen, bis sie es mit der Konkurrenz eingewachsener Rosen an ihrem finalen Bestimmungsort aufnehmen können. Manchmal hört man, dass Rosen, die auf ihren eigenen Wurzeln stehen, nicht so langlebig seien wie veredelte Pflanzen. Als allgemeine Aussage ist diese Behauptung nicht haltbar. Manchmal stimmt sie, manchmal nicht.

Rosentriebe biegen und durch Absenker vermehren

Eine der schönsten Arten, wie man die mittlerweile etwas aus der Mode geratenen Remontant-Hybriden und Bourbon-Rosen im Garten zur Geltung bringen kann, ist in offenen Beeten, in denen ihre 2 bis 2,50 m langen, peitschenartigen Triebe in eine waagrechte Position gebogen und dort fixiert werden. Mit dieser Methode wird die Rose angeregt, entlang des gesamten Triebes Blüten auszubilden und nicht nur an den Triebenden, wie sie es andernfalls tun würde. Als dritte Möglichkeit, die sehr ordnungsliebenden Menschen wahrscheinlich eher gefällt, kann man all die langen Triebe zurückschneiden, als handele es sich bei diesen Sträuchern um ganz normale Rosen. Auf diese Weise werden sie jedoch nur sehr wenige Blüten und übermäßig viele grüne, unproduktive Triebe entwickeln.

Bei uns im Garten gab es zwei Beete, in denen hauptsächlich ‘Mme Isaac Pereire’ (eine Zentifolie, deren Duft, zumindest für meine Nase, unübertroffen ist), ‘Gruß an Teplitz’ und eine alte, elfenbeinfarbene Rose standen, deren Name längst vergessen ist, aber auch nach 60 Jahren eine ungebrochene Wuchsfreude an den Tag legte. Bei diesen speziellen Rosen muss ein möglichst früher Rückschnitt im Winter vorgenommen werden, am besten noch, bevor die Blätter vollständig abgefallen sind, da sich die jungen Triebe ansonsten bei jedem Windstoß aneinander reiben und mit der Zeit abscheuern.

Der Rückschnitt besteht darin, die gebogenen Triebe aus dem Vorjahr vollständig zu entfernen. Das heißt, der Trieb wird entweder bis an den Punkt zurückgeschnitten, wo ein neuer Treib entsteht, oder gleich ganz bis zum Boden, je nachdem, was zuerst kommt. Als Nächstes kümmern wir uns um das Biegen, wofür es mehrere Methoden gibt. Manche Gärtner befestigen eine Schnur in der Nähe der Triebspitze (die letzten ca. 30 cm werden wie bei Himbeerranken abgeknipst, weil der Trieb an der Spitze zu weich ist, um von Nutzen zu sein) und binden sie an einem Zweig der Nachbarpflanze fest. Andere verwenden Eisenbögen und fixieren die Triebe dort an mehreren Stellen. Eisen ist lange haltbar, sieht aber tendenziell klobig aus. Ein Material, aus dem Sie selbst Bögen herstellen können, sind Haselnussruten (junge Triebe aus Stockausschlag), sofern es in Ihrer Umgebung welche gibt. Sie sind sehr biegsam und eine Saison lang haltbar. Ich schneide meine Befestigungsanker von Eschenstümpfen ab, im zweiten Jahr nach der Rodung, wenn das junge Holz schon genügend, aber noch nicht zu viele Seitentriebe ausgebildet hat. Damit lassen sich dann gute Heringe herstellen. Egal was Sie verwenden, nehmen Sie keine Weide, denn selbst wenn man sie kopfüber in die Erde steckt, wachsen Weiden immer wieder an. Aus Eschentrieben bastle ich mir auch ein paar y-förmige Gabeln. Manchmal passiert es nämlich, dass die Ranken, wenn man sie in eine horizontale Position gebogen hat, in der sie befestigt werden können, mit der Nase im Schlamm landen. Wenn man aber eine Gabel unmittelbar nach der Befestigungsstelle und eine ein Stückchen weiter vorn anbringt, kann der Rosentrieb darauf abgelegt und in Position gehalten werden.

Wenn Rosensträucher so zum Einsatz kommen, brauchen sie sehr viel Platz und sollten mit über 1 m Abstand eingepflanzt werden. Es ist nicht ganz ohne, jeden Strauch so zu biegen, dass die einzelnen Ruten parallel zu jenen der Nachbarn verlaufen und nicht kreuz und quer.

Biegen ist auch eine gute Option für Strauchrosen, die in einer exponierten Position gepflanzt wurden und begonnen haben, im Wind hin und her zu wanken. Nichts ist schlimmer für einen Strauch als ein tiefes Loch mit verdichteten Seitenwänden, das durch diese Bewegung rund um Stamm und Wurzelansatz entsteht und sich mit Wasser füllt. Der kürzeste Ausweg ist, alle Äste radikal zurückzuschneiden, doch wenn die Rose ein großer Strauch werden soll, ist das keine Lösung. Sofern die Triebe nicht gleich abbrechen, wenn man sie hinunterbiegen will (was zum Beispiel bei 'The Queen Elizabeth' der Fall wäre), kann man sie an mehreren langen Stöcken, die im Umkreis des Strauches eingesteckt werden, horizontal befestigen und den Strauch damit absolut stabil halten.

Falls Sie gern ein paar Extraexemplare Ihrer Pflanze hätten, eignen sich Rosen, die lange, peitschenartige Triebe produzieren, perfekt zum Vermehren durch Absenker, und zwar einfach durch eine Erweiterung des eben beschriebenen Biegevorgangs. Beides kann im selben Arbeitsschritt vorgenommen werden. Sie brauchen hierfür einen relativ kurzen Stift, der den Trieb ganz nach unten an den Boden drückt. Dahinter wird der Rosentrieb in möglichst spitzem Winkel (so spitz Sie sich trauen, ohne ihn abzubrechen) in eine längliche Furche gedrückt, aus der er dann so aufrecht wie möglich wieder hervorkommen sollte. Dieses letzte Stück des Zweiges wird schließlich an einem Stab aufgebunden, um es in Position zu halten. Ein Jahr später sollte der Absenker ausreichend Wurzeln ausgebildet haben, um von der Mutterpflanze getrennt und umgesetzt zu werden. Wenn die Mutterpflanze die schlechte Angewohnheit hatte, Wildtriebe auszubilden, kann man auf diese Weise eine neue Pflanze auf dem eigenen Wurzelstock ziehen und die alte wegwerfen oder verschenken. Eine Trennung, die nicht schwerfällt.

Rosen: Sitten und Unsitten

Spätestens Ende Juni kann man ohne Übertreibung sagen, dass ganz England – zumindest der Teil südlich des Flusses Trent – ein einziger Rosengarten ist. Doch der Anblick ist nicht mehr so umwerfend, wie er noch vor siebzig Jahren gewesen sein muss. Bis dahin nämlich waren Rosen in ihrer Farbe zwar oft leuchtend, aber selten grell. Höchstens das Zahnpastarosa einer 'Caroline Testout' oder 'Dorothy Perkins' konnte zuweilen etwas hervorstechen, aber insgesamt war es ein Bild weicher Sanftmut. Mit dem Vormarsch der Rotpigmente der Pelargonie in Rosenzüchtungen wurde alles anders, und verstärkt wurde der Trend noch durch die Entwicklung von Beetrosen, die von Frühsommer bis in den Herbst hinein praktisch durchgehend blühen. Das Resultat ist eine »Revolution der Farben«, ein Ausdruck, der oft als triumphale, nachahmungswürdige Errungenschaft verstanden wird. Doch ich schließe mich Edward Hyams an, wenn er sagt, dass eine Revolution im Garten ebenso hässlich ist wie an jedem anderen Ort. Triumphiert hat am Ende nur der schlechte Geschmack.

Zu unserem Glück sind Rosen so facettenreich, dass sie jedem Geschmack entgegenkommen können. John Ruskin meinte einmal, dass der Charakter eines Mannes von seiner Kunst entlarvt wird. Er könne überall anders versuchen, sich zu verstecken und zu verstellen, doch nicht in seiner Arbeit. Dort werde sein Charakter in seinen besten und schlimmsten Ausformungen intensiviert. Nun sind die wenigsten von uns tatsächlich Künstler, aber es ist ein interessanter Gedanke, dass wir uns selbst mit einer so einfachen Tätigkeit wie dem Arrangieren von Blumen oder Pflegen von Pflanzen verraten können. Tatsächlich bin ich überzeugt, dass man den Charakter eines Menschen allein durch die Auswahl und Anordnung der Rosen in seinem Garten in Ruskins Sinne lesen kann.

Viele Menschen sind irgendwie ins Gärtnern hineingestolpert.

Sie kaufen ein Haus, an dem ein Stück Land hängt, und auch wenn sie noch keine Ahnung haben, wie sie den Garten anlegen oder mit einer Pflanze umgehen sollen, steht eine Anschaffung oft ganz oben auf der Liste: Rosen. Diese Blumen können sie immerhin erkennen, sie werden zu einem Sicherheitsanker in der stürmischen, unbekannten See des Gärtnerns. Entsprechend viele Rosen müssen also her, zu Dutzenden oder gar zu Hunderten, die dann, immer unter sich bleibend, in eigens vorbereitete Beete gesetzt werden. Diese haben gewöhnlich keinerlei Bezug zu ihrer Umgebung. Sie werden aus dem Rasen herausgeschnitten und verlaufen meist rechteckig zwischen bogigen Rasenkanten oder rund, nieren- oder leberförmig neben formalen, geraden Linien.

Wie leicht man sich doch über anderer Leute Unkenntnis und Missbrauch von Rosen ärgern kann. In Wirklichkeit ist die Rose aber auch in den eigenen Garten nicht so einfach einzugliedern. Nehmen wir zum Beispiel die Teerosen-Hybriden. Sie tragen erlesen geformte Blüten auf einem grässlichen, im besten Falle unförmigen Busch. Es geht dabei ausschließlich um die Blüte, daher ist der einzig logische Umgang mit Tee-Hybriden jener, den mein Freund im Nachbardorf pflegt: Er pflanzt sie dutzendweise, immer nach Sorte geordnet, in rechteckige Beete, die fast wie eine Reihe von Gräbern auf dem Friedhof angeordnet sind, mit grasbewachsenen, sich kreuzenden Wegen dazwischen. Die Stelle im Garten ist nicht prominent, denn die Beete sind nicht unbedingt als Gestaltungselement gedacht, sondern sollen leicht zu pflegen sein. Von jeder Sorte sind genügend Pflanzen vorhanden, um sich immer eine Vase voll fürs Haus abschneiden zu können. Darin liegt ihr größter Mehrwert.

Jene Rosen, die meinem Freund wirklich etwas bedeuten – und zwar als blühende Sträucher und nicht nur wegen ihrer Einzelblüten –, stehen näher am Haus in einer großen, naturnah gestalteten Pflanzung, in der sich herrlich buschige Kartoffelrosen wie

'Fru Dagmar Hastrup', 'Roseraie de l'Haÿ', 'Scabrosa', 'Blanc Double de Coubert' und 'Pink Grootendorst' mit den Moschus-Hybriden 'Buff Beauty', 'Penelope' und der weißblühenden 'Moonlight' (deren junges Laub bronzefarben ist) um den besten Platz zanken. Dazwischen ist die *R. sericea* subsp. *omeiensis* f. *pteracantha* so platziert, dass die Nachmittagssonne durch ihre beeindruckend großen, blutrot gefärbten jungen Dornen scheint, dazu einige ältere Sorten wie 'Reine des Violettes' und 'Boule de Neige', beide an sich Sträucher mit schlechter Wuchsform, welche jedoch von ihren bulligen Rugosa-Nachbarinnen gut kompensiert und kaschiert wird. Manche Rugosa-Rosen blühen bereits Mitte Mai bis in den Herbst hinein und setzen mit einer Vielzahl von Hagebutten am Ende noch eins drauf. Immer wieder trägt der Wind ihre intensiven Duftwolken herbei, unterlegt mit dem ständigen Grundaroma der Moschus-Hybriden. Doch aus den Erzählungen meines Freundes weiß ich, dass diese Sträucher für viele Rosenfans nicht als »richtige« Rosen gelten. »Und hier sehen Sie die Rosen«, verkündet mein Freund stolz beim Gartenrundgang, worauf die stirnrunzelnde Reaktion lautet: »Rosen? Wo?«

Aber zurück zu den Tee-Hybriden: Wenn Sie willensstark genug sind, um Ihr Sortenspektrum klein zu halten, und Sie beabsichtigen, die Rosen im Garten richtig in Szene zu setzen, dann ist es meiner Meinung nach am wirkungsvollsten, sie in Beeten, egal ob formal oder naturnah, nach Wuchshöhe und Farbe zu staffeln, mit je mehreren Pflanzen pro Sorte. Auf diese Weise kann man Fehler korrigieren oder stückchenweise gewünschte Veränderungen vornehmen (trotz Nachbaukrankheit), ohne viel Aufsehen zu erregen. Die Beete können danach einem kontinuierlichen, langsamen Wandlungsprozess unterzogen werden und dabei stets ein gut eingewachsenes, reifes Erscheinungsbild beibehalten.

Strauchrosen in gemischten Rabatten

Bei Gärtnerinnen und Gärtnern, die bereit sind, sich auf das Gedankenexperiment einzulassen, Rosen mit anderen Gartenkomponenten zu kombinieren und nicht wie sonst üblich in Rosenbeeten und ganzen Rosengärten einzupferchen, erfreuen sich Strauchrosen mittlerweile großer Beliebtheit.

Diese Rosenkategorie lässt sich eigentlich nicht durch konkrete Fakten von anderen trennen. Vielmehr zieht sie sich quer durch viele Klassen, doch wenn wir von Strauchrosen sprechen, meinen wir im Allgemeinen, dass sie in der Lage sind, üppig zu wachsen, und das auch freizügig tun, ohne dabei viel Rückschnitt zu erfordern, mit Ausnahme der Entfernung alter, schwacher Triebe. Sie entwickeln sich oft zu großen Büschen, wenn auch nicht zwingenderweise. So reicht manchmal ein einzelnes Exemplar, zwei oder drei sind das absolute Maximum.

Manch ein Gärtner begnügt sich tatsächlich damit, eine reine Strauchrosenrabatte mit gemischten Sorten anzulegen. Dabei ist jedoch Vorsicht angebracht, wenn das Projekt ein Erfolg werden soll. Rosen sind relativ formlose Büsche, deren Laub in der Menge oft zusammenhanglos aussieht. Eine gedankenlos zusammengestellte Sammlung ist also meistens unordentlich. Aber man kann auch gut planen, indem man manche Sorten mit ins Boot holt, die andere Qualitäten haben als nur eine schöne Blüte, zum Beispiel die bereits wegen ihrer schönen Dornen erwähnte *Rosa sericea* subsp. *omeiensis* f. *pteracantha*, oder *R. glauca* (*R. rubrifolia*) mit ihrem mattroten Laub. Sie eignet sich besonders gut als Kontrast zu anderen Farben, besonders zu Gelb, außerdem hängen ihre Zweige in den sonnigeren Landesteilen im Herbst voller Hagebutten. Die typischen Rugosa-Rosen, deren Blätter gleichzeitig Glanz und ein schönes Relief haben, bringen als Eigenschaft die Fülle mit, die den meisten anderen Arten fehlt.

Rosen, deren natürliche Wuchsform übermäßig steif oder struppig ist, sind in einer gemischten Rabatte oft am besten aufgehoben, denn dort kann man ihre Blüten bewundern, ohne zu viel von der Pflanze selbst wahrzunehmen, außerdem ist es lohnend, andere Blüten und Blattarten mit den Rosen zu kombinieren. Die blauen Ähren des Rittersporns sind zum Beispiel ein perfekter Begleiter für gefüllte, rosa Rosen wie Zentifolien. Bei mir blüht die gefiederte Moosrose (*R.* × *centifolia* 'Cristata', auch unter 'Chapeau de Napoléon' bekannt) hinter einer Gruppe *Campanula persicifolia* 'Telham Beauty'. Man sagt dieser Rose nach, sie sei keine »echte« Moosrose, doch wer auch immer ihre genauen Vorfahren waren, ihr Blütenkelch ist definitiv moosig genug und verströmt diesen herrlich würzigen, für eine Rose so unerwarteten Geruch, wenn man die Blätter zerreibt. Die Blüte ist stark gefüllt, in samtigem Petticoat-Rosa mit intensivem Duft. Die Glockenblumen dazu werden etwa 1 m hoch, haben einen leicht ährigen Wuchs und erfreuen in leuchtendem Blau.

'Perle d'Or' ist eine gute Wahl für eine gemischte Rosenrabatte, sofern Sie in jungen Jahren ein Auge auf sie haben, damit sie während jener Zeit, in der die Nachbarpflanzen üppig wuchern, nicht unter die Räder kommt. Unsere beiden ältesten Vertreterinnen dieser Sorte sind über 50 Jahre alt und mittlerweile 1,50 bis 2 m groß. Die Blüte gleicht in der Form jedoch eher einer Miniatur-Teerose, was bei Jungpflanzen den (falschen) Eindruck erweckt, dass auch der Strauch klein bleiben müsse. Farblich zeigt sie sich in der Blütenmitte aprikosengelb, im Gegensatz zum reinen Rosa der 'Cécile Brunner', und wäre das der einzige Unterschied, könnte man die beiden leicht verwechseln. 'Cécile Brunner' ist jedoch nicht besonders starkwüchsig, während 'Bloomfield Abundance' eine unbändige Wuchskraft aufweist. Sie wird Sie die ganze Gartensaison über förmlich mit Rosen überschütten und stellt somit eine ausgezeichnete Wahl für die gemischte Rabatte dar. Man erkennt sie an den ziemlich großen, auffallenden Kelchblättern, die sowohl bei der Knospe als auch bei der Blüte über die Kronblätter hinausragen.

Sucht man nach kräftigen Rotakzenten in Spätsommerbeet, gibt es, abgesehen von Dahlien, wenige Blumen von einer gewissen Größe. Als eine mögliche Lösung würde ich 'Florence May Morse' empfehlen, eine klassische Floribunda-Rose, die 1,50 m hoch wird und außergewöhnlich blühfreudig ist. Die einzelnen Blüten sind eher kugelig und können nicht als besonders elegant bezeichnet werden, doch der Effekt als Ganzes ist kaum zu übertreffen.

Im Gegensatz dazu ist die *R. pimpinellifolia* 'William III' ein Zwergstrauch (Höhe etwa 60 cm) und blüht im Frühsommer für einige Wochen lang. Das ist ein typisches Charakteristikum der Bibernell-Rose, ebenso wie die Vermehrung über Schösslinge und die Bildung eines niedrigen Gebüschs. Die Blüten sind gefüllt, blühen leuchtend pink und erfüllen die Luft mit einem köstlichen Duft. Ich habe sie gemeinsam mit dem Limettengrün des Großblättrigen Frauenmantels und dem strahlenden Weiß der *Viola cornuta* 'Alba' in Szene gesetzt.

Geplante und ungeplante Garteneffekte

Einen neuen Garten anlegen

Wenn jemand einen Garten neu übernimmt, steht oft die Frage im Raum, ob sich der frischgebackene Besitzer eigenhändig um die Gestaltung und die Pflanzungen kümmern will oder sich dafür einen Profi zu Hilfe holt. Grundvoraussetzung muss jedenfalls sein, dass der Besitzer großes Interesse an dem Projekt und viel Liebe für Pflanzen mitbringt, auch wenn er nicht vom Fach ist. Gärten, die auf Bestellung angelegt werden – selbst wenn die raffiniertesten, teuersten Berater dafür engagiert werden –, sind von vorneherein zum Scheitern verurteilt, wenn die Besitzer sich nicht einbringen und dazulernen wollen. Ein Gartenspezialist kann sicher eine große Unterstützung sein, indem er Vorschläge zur Anordnung von Bäumen, Rabatten, Gebüschen, Wegen, Rasen- oder Wiesenflächen macht. Doch danach sollten Sie wirklich versuchen, mit dem Anpflanzen selbst klarzukommen und dem Skelett eine Seele einzuhauchen.

Es ist viel besser, seine eigenen Fehler zu machen, denn nur so kann man auch mit Fug und Recht die Erfolge auskosten. Natürlich werden Sie den ein oder anderen Rat einholen müssen, aber arbeiten Sie mit, lesen Sie Bücher und Gartenkataloge, besuchen Sie Gärten und Blumenausstellungen. Machen Sie sich Notizen zu Pflanzen, die es Ihnen angetan haben. Dann sprechen Sie mit einem Pflanzenhändler, der sich wirklich auskennt und noch den persönlichen Kontakt zum Kunden sucht. Solche Leute gibt es auch heute noch, und sie werden Ihnen sicher nicht raten, eine Pflanze zu kaufen, nur weil sie sie auf Lager haben und den Umsatz steigern wollen. Ihr Ziel ist der Aufbau einer vertrauensvollen, dauerhaften Kundenbeziehung. Genau das brauchen wir und wünschen wir uns.

Aber tun Sie mir einen Gefallen: Verschwenden Sie nicht die Zeit des armen Mannes mit überlangen, unnötig detaillierten Ausführungen und sonstigem Geplapper. Ansonsten wird sein Geschäft unter zu vielen zeitraubenden Unterhaltungen zu straucheln beginnen und so teuer in der Führung, dass er irgendwann überlegt, das Handtuch zu werfen und das Feld zu räumen für jene unpersönliche, doch wesentlich lohnendere Massenabfertigung, die in Gartencentern herrscht.

Der Planer und der Chaot

Um ein neues Beet anzulegen, gibt es zwei völlig verschiedene Herangehensweisen: Die eine ist, alles auf kariertem Papier zu skizzieren, die Pflanzungen genau einzuzeichnen und die Anzahl der dafür nötigen Pflanzen festzulegen. Danach wird alles erforderliche Material zusammengesammelt und eine großangelegte Pflanz-Zeremonie organisiert. Die zweite Methode besteht darin, gleich nachdem man den Boden vorbereitet hat, Stück für Stück loszulegen, mit Pflanzen aus den Gärten von Freunden, anderen Ecken des eigenen Gartens und mit Pflanzen, die man sich schon lange gewünscht hat und jetzt kaufen kann, weil man endlich den richtigen Platz dafür gefunden hat.

Ich persönlich finde keine der beiden Methoden besser oder schlechter als die andere, die Wahl hängt am Ende größtenteils vom Charakter des Gärtners ab. So oder so werden Fehler passieren, Verbesserungen erdacht und in einem nie endenden Wandlungsprozess laufend Änderungen gemacht werden. Die zweite, kleinteiligere Methode ist wahrscheinlich eher nach dem Geschmack des Pflanzenkenners und schafft eine Bauerngartenoptik, die – für einen begrenzten Bereich – absolut passend sein kann. Der Ansatz kann aber auch dazu führen, dass das Beet fleckig wirkt. Anfangs werden viele Fehler passieren, was zur Folge hat, dass die Rabatte länger brauchen wird, um einzuwachsen. Der Garten entwickelt sich hier empirisch, nach einem Versuch-und-Irrtum-Prinzip, und das ist nun mal langsam.

Ein Freund von mir, der in seinem kleinen Rahmen ein ausgezeichneter Gärtner ist, legte vor einigen Jahren nach diesem Prinzip ein neues Beet an. Er pflanzte darin alles an, was er gern mochte: Cannas, Heben, buntblättrigen Neuseeländischen Flachs (*Phormium tenax* 'Variegatum'), Gräser, Stauden, graublättrige Pflanzen, Rosen und allerlei verschiedene Sträucher. Unzufrieden mit dem Resultat zeigte er mir das Beet, das, wenig überraschend, nicht wenige kahle Stellen enthielt, obwohl gerade Juli war. Daher musste er die Lücken mit einjährigen Beetpflanzen füllen. Da er aber, wie die meisten Leute, nicht die Zeit hatte, sie selbst zu ziehen, handelte es sich dabei um jene spindeldürren Häufchen Elend, die erst dann vernünftig einwachsen, wenn der erste Frost kurz davor ist, sie wieder dahinzuraffen. Verursacht wurden die kahlen Stellen von Pflanzen, die ihn im Stich ließen, in erster Linie die Heben, die er (wie ich) über alles liebt.

Andere Pflanzen hingegen gediehen gut: ein Horst Zebragras, schlank und mit würdevoll gebogenen Blättern, ein Exemplar des üppigen, violettlaubigen Perückenstrauchs, *Cotinus coggygria* (*Rhus cotinus*) Purpureus-Gruppe (syn. *C. c.* 'Atropurpureus'), und Heiligenkraut, *Santolina chamaecyparissus* (syn. *S. incana*). Keine dieser Pflanzen wurde gezielt mit einer anderen kombiniert, jedoch hatte ich den Eindruck, dass sie gemeinsam einen guten Grundstock abgaben, auf dem man aufbauen konnte. Viele Menschen finden es schwierig, sich vorzustellen, wie eine Pflanze oder Pflanzenkombination aussehen wird, bis sie nicht an ihrem finalen Standort im eigenen Garten steht. Das ist nachvollziehbar. Dennoch muss man irgendwo einmal anfangen. Mit irgendetwas. Selbst wenn widrige klimatische Verhältnisse und eine falsche Bodenbeschaffenheit ihren Tribut gefordert haben oder Pflanzen sich auf andere Art als ungeeignet erwiesen haben, werden immer noch genug Exemplare übrig sein, die es wert sind, weiter gepflegt zu werden. Stehen sie an der falschen Stelle, können sie umgepflanzt werden, und andere gute Pflanzen werden in einem kontinuierlichen Kommen und Gehen ihren Platz einnehmen, bis nach einigen Jahren ein schönes Bild entstanden ist. Dass eine solche Entwicklung möglich ist, wird in den älteren Beeten im Garten meines Freundes offensichtlich: Mit seiner Liebe für Pflanzen bringt er eine grundlegende Voraussetzung mit, um am Ende erfolgreich zu sein. Die Entscheidung, was gedeiht, treffen aber die Pflanzen selbst.

Was man an diesem Vorgehen kritisieren könnte, ist, dass es sich um ein ständiges Improvisieren handelt, das zu Verschwendung führt. Auch der planerische Typ wird noch Fehler machen, je nach seiner Erfahrung, aber er wird wahrscheinlich einen enormen Vorsprung haben: Er kann sich vorstellen, wie sein Plan aussehen wird, wenn er erst umgesetzt ist. Diese Fähigkeit hat er sich erworben, indem er es sich zur Gewohnheit gemacht hat, genau zu beobachten und nun die Einzelheiten dessen, was er in der Vergangenheit gesehen und für gut befunden hat, auf seinen Garten umlegen kann. Auf diese Weise lässt sich sein Weg zum Erfolg massiv abkürzen. Geplante Gärten zeichnen sich oft durch mutige, großzügige Pflanzungen sowie die Wiederholung von Elementen aus, um einen bestimmten Effekt zu erzielen.

In Großbritannien befindet sich das beeindruckendste Beispiel für einen geplanten Garten meines Erachtens bei Crathes Castle, in der Nähe von Aberdeen. Nicht umsonst wird dieser Ort in diesem Buch so oft erwähnt. Jeder der Hauptabschnitte wurde dort eigens gestaltet, um ein bestimmtes Thema zum Ausdruck zu bringen. Als ich das erste Mal dort war, befand sich ein Juni-Staudenbeet, das in zwei Strängen verlief und an einem Ende den Blick auf das Schloss und am anderen auf einen Pavillon lenkte, gerade auf dem Höhepunkt seiner Blütenpracht. Die Rabatten für die späteren Sommermonate standen bereits in den Startlöchern. Es gibt dort einen »grauen« Garten und entlang der Ostseite verläuft eine Rabatte, die Pflanzen mit interessanten Blattformen und Blattmusterungen gewidmet ist (wovon hier in einem späteren Kapitel die Rede sein wird). Im Teichgarten gleich neben dem Schloss besteht das Leitmotiv aus violetten und blassgelben bzw. limettengrünen Farbharmonien. Überall im Garten finden sich botanische Besonderheiten, dennoch sind die Pflanzen zum größten Teil dem gestalterischen Element untergeordnet. Solche Prinzipien streng einzuhalten, erfordert eiserne Disziplin und eine gewisse Distanziertheit – Eigenschaften, über die ich leider nicht verfüge. Bei mir kommen die Pflanzen immer zuerst, doch, und wie ich erkennen muss, ist diese Neigung wohl ein Hindernis, wenn man den Gipfel der Gartenkunst erklimmen will.

Erst planen, dann pflanzen

Pflanzen kann man das ganze Jahr über einsetzen, dennoch spielt sich das meiste im Frühling und im Herbst ab. Das Gefühl des Neubeginns ist für mich im Herbst jedoch stärker ausgeprägt als im Frühling. Man könnte sogar sagen, der Herbst ist das Neujahr des Gärtners, daher möchte ich gleich einen guten Vorsatz in den Raum stellen, den man am Beginn einer neuen Pflanzsaison immer wieder erneuern kann:

Mit jeder neuen Pflanze, die man erwirbt, oder jeder alten Pflanze, die man versetzt, soll man sich überlegen, wie sie in Gesellschaft ihrer unmittelbaren Nachbarn aussehen wird. Werden sie miteinander interagieren oder wird jede von ihnen isoliert in ihrem eigenen kleinen Vakuum existieren?

Wenn Sie ein Beet oder eine Rabatte neu anlegen oder umgestalten, egal ob mit Sträuchern, Stauden, Zwiebelblumen, Zierpflanzen, Einjährigen oder einer Mischung aus allem, bleiben Sie konsequent bei der Schaffung großer, starker Gruppen. In neuen Gärten ist das leichter umzusetzen als in bereits bestehenden, wo sich auf Schritt und Tritt liebgewonnene Schätze angehäuft haben. Ich weiß, wie leicht es ist, eine Sammelleidenschaft für Dinge zu entwickeln, die man faszinierend findet und daher immer um sich scharen will, bis man sogar in einem recht großen Garten kaum noch Platz für mehr als ein Exemplar pro Pflanze findet und Neuankömmlinge überhaupt nur noch schwer unterbringt. Seien Sie also stark und lassen Sie Platz für relativ große Gruppen, das fördert die Breitenwirkung. Die Zwischenräume können Sie dann nach Herzenslust mit ihren Lieblingen auffüllen: Etwa mit der Krötenlilie *Tricyrtis*, die mit ihren violett gesprenkelten Blüten an eine aufgerichtete Türkenbund-Lilie erinnert. Man blickt sie aus kurzer Distanz neugierig an und versinkt augenblicklich in einer Krötenlilienwelt, die keinen Bezug zur Welt ringsum zu haben scheint. Das ist sehr erquicklich, jedoch nur eine Seite der Gartenrealität. Denn sogar eine Krötenlilie sieht besser aus, wenn sie sich über ein Kissen aus rosa-lila Herbstzeitlosen beugt (beide sind ja Herbstblüher), als wenn sie mutterseelenallein in einer Einöde aus welken oder kranken Schwertlilienblättern vor sich hin blüht.

Ein weiterer wichtiger Aspekt für die Planung ist die Pflanzenfolge im Verlauf der Jahreszeiten. In einem Baum- und Strauchgarten zum Beispiel denkt man zuerst an Kamelien, Rhododendren, Heidekraut und verschiedene Arten von Frühlingsblühern, gefolgt von Strauchrosen, Ginstern und Zistrosen, auf die wiederum Hortensien und noch mehr Heidekraut folgen, bevor man schließlich die Herbstfärbung mit einbezieht und abschließend noch für einen Rahmen aus wintergrünen Pflanzen sorgt, in dem die laubabwerfenden Pflanzen ansprechend angeordnet sind und die ein oder andere farblich oder in der Struktur interessante Rinde vorkommt. Bei den krautigen Pflanzen kann man die Hauptakzente erst mit Mohnblumen, Pfingstrosen oder Lupinen setzen, dann mit Rittersporn oder Phlox und schließlich mit Herbstastern. Der Zwiebelblumengarten sollte schon im Januar mit Krokussen, Zwergschwertlilien, *Iris histrioides* 'Major', und Schneeglöckchen erwachen. Im Juni und Juli übernehmen die Lilien das Ruder von den Holländischen, Englischen und Spanischen Schwertlilien, während im Herbst wieder Krokusse und Herbstzeitlose, Sternbergien, Nerinen und weiße Zephirblumen (*Zephyranthes candida*) das Beet dominieren. Eine faszinierende Pflanzenabfolge kann auch mit einjährigen, zweijährigen oder frostempfindlichen Beetpflanzen geschaffen werden, indem man das verwendete Material von Jahr zu Jahr verändert. Winterharte Gewächse wie den Riesensteinbrech, *Bergenia × schmidtii*, kann man ebenfalls als Beetpflanzen verwenden, um die Blühsaison zu verlängern.

Der Frühling und der Frühsommer bemächtigen sich sehr zuverlässig unserer Gärten, ohne dass bewusste Planung unsererseits erforderlich wäre. Pflanzungen von April bis Juni sind im Grunde selbsterklärend, erst Spätsommer und Herbst erfordern unsere besondere Aufmerksamkeit. Meine Theorie ist daher folgende: Wenn Sie von Juli bis Oktober alles gut planen, regelt sich der Rest wie von selbst.

Einen Herbstgarten planen

Es gibt zwei Möglichkeiten, einen Herbstgarten zu planen: Erstens mit Bäumen, Sträuchern und Pflanzen, deren Performance fast ausschließlich auf diese Jahreszeit beschränkt ist, und zweitens mit Pflanzen, die auch schon vor Herbstbeginn ihren Beitrag zur Gartengestaltung geleistet haben. Manche Bäume blühen zum Beispiel sehr hübsch im Frühling und färben sich im Herbst bunt, bevor sie dann das Laub abwerfen. An dieser Stelle möchte ich mich aber auf Beetpflanzen konzentrieren, die zwar im Herbst den Gipfel der Perfektion erreichen, aber das Gesamtbild des Gartens schon seit dem Sommer bereichern.

Viele graublättrige Pflanzen erreichen im Herbst den Höhepunkt ihrer Strahlkraft und wirken besonders schön, wenn morgens Tautropfen darauf glitzern. Zudem bilden sie einen herrlichen Kontrast zu den überwiegend warmen Farben der Jahreszeit. Das Silbrigblättrige Heiligenkraut, *Santolina pinnata* subsp. *neapolitana*, ist heller und stärker gefiedert als das gewöhnliche Graue Heiligenkraut. Das Silberblatt *Senecio cineraria* 'White Diamond' sieht tatsächlich aus wie die Vergrößerung eines Schneekristalls. S. *viravira* hingegen beherrscht das Kunststück, sich um die Stiele benachbarter Pflanzen zu weben. *Centaurea cineraria* (syn. *C. gymnocarpa*) besitzt das am schönsten geschnittene Laub, das ich kenne, schwungvoll angeordnet wie Straußenfedern. *Helichrysum splendidum*, der Name, unter dem die vielstrapazierte Südafrika-Strohblume mittlerweile bekannt ist, nachdem sie zuvor zwischen *H. alveolatum* und *H. trilineatum* schwankte, ist erfreulich winterhart. Der im Frühling immer leicht schmuddelige Strauch präsentiert sich im Herbst als etwa 90 cm hoher Hügel aus steifen, grauen Ähren, deren Spitzen mit Bündeln kleiner, gelber Blütenpunkte besetzt sind, die ewig frisch bleiben. Herrlich dazu passt das opulente Violett der Vanilleblume oder des Patagonischen Eisenkrauts, *Verbena bonariensis*. Unter den nicht winterharten Beetpflanzen, die wegen ihres schönen Laubs kultiviert werden, ist die Lakritz-Strohblume, *H. petiolare*, absolut unverzichtbar. Die herzförmigen, filzigen Blätter sitzen in schöner Anordnung auf den unbändig mäandernden Trieben, die gemeinsam immer neue, überraschende Spitzenmuster weben.

Bleiben wir noch kurz beim Thema Blätter: Die Pflanzen des Wunderbaumes (*Ricinus communis*), die wir erst im April gesät haben, sind in einem halbwegs guten Jahr im Herbst schon um 2 m groß, wobei 'Carmencita' mit ihren violetten Blättern die ansprechendste Varietät ist. Auch einige Gräser entfalten nun eine tolle Wirkung, vor allem jene aus der Gattung *Miscanthus* (*Eulalia*). Das Chinaschilf *M. sinensis* 'Gracillimus' stellt mit seiner Wuchshöhe von über 2 m ein wirkungsvolles Trennelement zwischen Gartenabschnitten dar. *M. s.* 'Variegatus' ist mit seinen grün und weiß gestreiften, bogigen Blättern eine interessante Variante. Jüngst sind noch einige weitere Kulturvarietäten entstanden.

Die auffälligen Blätter der Canna sind immer ein Blickfang, selbst wenn unsere Wetterbedingungen ihren empfindlichen, seidigen Blüten nicht entgegenkommen. Sie lassen sich gut mit anderen Beetpflanzen kombinieren, die lila Varietäten stechen dabei besonders hervor. Was mir in Staudenbeeten oder gemischten Rabatten ebenfalls sehr gut gefällt, sind große Gruppen von Dahlien. Mag sein, dass sie pflegeleichter sind, wenn sie unter sich bleiben, doch in einem Beet, das bereits auf das Ende der Saison zusteuert, spenden sie wertvolle Fülle. Manche Menschen finden Dahlien abstoßend, aber ich glaube, es sind oftmals eher die gewählten Sorten und die Art und Weise, wie die Pflanzen kultiviert werden, die abschrecken, nicht die Blumen selbst. Schließlich gibt es sie in so vielen verschiedenen Blütenformen und Farben, dass sicherlich für jeden Geschmack etwas dabei ist. Eine meiner Lieblingsdahlien ist die kühle, grünlich gelbe 'Glorie van Heemstede', deren Blüten der Seerose ähneln. Besonders hübsch sieht sie hinter der blau-silbernen *Perovskia atriplicifolia* aus.

In der Kategorie der frostempfindlichen mehrjährigen Beetpflanzen verdienen viele Salbeisorten Erwähnung. Am bekanntesten ist der kräftige, samtig blaue Mexikanische Salbei, *Salvia patens*. *S. guaranitica* (*caerulea*), der im Grunde als winterhart gelten darf, erreicht eine Wuchshöhe von 90 bis 120 cm und trägt tiefblaue Blütenähren. Ich kombiniere dazu orange blühende Kapuzinerkresse. Kapuzinerkresse sollte ausdrücklich nicht von der Hand gewiesen werden, solange man die Kontrolle behält und nicht zulässt, dass sie den ganzen Garten erobert. Sie blüht nicht nur unermüdlich, sondern besitzt auch die besondere, viele schöne Überraschungen bereitende Angewohnheit, ihre Triebe quer durch andere Pflanzen zu fädeln und an einer völlig unerwarteten Stelle plötzlich in Blüten auszubrechen. So kann es schon einmal passieren, dass sie oben aus einer 2 m hohen Eibenhecke guckt oder mitten in das Ballett einer weißen Herbst-Anemone platzt.

Kapuzinerkressen blühen mehr als zwei Monate lang, etwa ab Anfang August. Alles, was sie dafür haben müssen, ist ihre Ruhe. Die *Rudbeckia* 'Goldsturm' blüht ungefähr parallel dazu und eignet sich besonders gut, um einem schattigen, aber feuchten Standort etwas Farbe zu verleihen. Die schwarzäugigen Sonnenhüte könnten zum Beispiel vor einer violett blühenden, 90 cm hohen Staudenlobelie *Lobelia × gerardii* 'Vedrariensis', die normalerweise winterhart ist, zum Einsatz kommen. Auch innerhalb der Gattung *Sedum* gibt es einige herbstblühende Arten, doch die Fetthenne 'Herbstfreude' ist für mich definitiv die Gewinnerin, da ihre Blüte von der Knospe bis zum Samenstand bezaubernd ist. Zudem ist sie eine herrlich robuste Pflanze. Zwei Eisenkraut-Arten von ähnlich leuchtendem Violett, die man ebenfalls aus Samen ziehen sollte, blühen vier Monate lang ununterbrochen: *V. rigida* (*venosa*) wird 60 cm hoch und breitet sich über Wurzelausläufer aus. Harte Winter übersteht sie unter Umständen nicht, treibt aber verlässlich wieder aus selbst ausgeworfenen Samen aus. *V. bonariensis* samt sich praktisch überall aus, sodass man nur diejenigen Pflanzen im Beet belassen sollte, die andere nicht stören. Sie wird fast 2 m hoch und bildet lange Stängel aus, dennoch hat sie ihren eigenen Charme. *Dianthus* 'Allwoodii' und einige andere rosa Nelkenhybriden blühen ohne Unterlass, doch ihre verschwenderische Produktivität bezahlen die Pflanzen mit einer recht kurzen Lebensdauer, so sollte man alle zwei oder drei Jahre im April Ableger abschneiden und daraus neue Pflanzen ziehen.

Mit winterharten Fuchsien sollte jeder Gärtner einmal experimentieren. Er wird nicht lange brauchen, um herauszufinden, welche Art für seine Gartenbedingungen am geeignetsten ist. Ganz oben rangiert jedenfalls die *Fuchsia magellanica* 'Versicolor'. Ihre Laubblätter changieren farblich von rosa bis hin zu mattiertem Graugrün, die rote Blüte ist üppig. Andere Sträucher, die über Monate hinweg ohne Unterbrechung blühen, sind die Buschmalve,

Lavatera ‘Rosea’, das Großblütige Johanniskraut *Hypericum* ‘Hidcote’ und *H.* ‘Rowallane’, die hellblaue, mit der Bleiwurz verwandte *Ceratostigma willmottianum*, Fingersträucher und die Großblütige Abelie *Abelia* × *grandiflora* mit ihren rosig weißen Blütentrichtern. Und da sind natürlich auch noch die vielen faszinierenden Ehrenpreis-Arten.

Das kritische Auge schulen

Die Fähigkeit des Menschen, unangenehme Gedanken zu verdrängen, ist wie Öl im Getriebe des Lebens. Ähnlich verhält es sich mit Dingen in unserem Umfeld, die wir nicht sehen wollen. Es ist zum Beispiel viel leichter, in fremden Gärten Unordnung zu erkennen, weil man mit einem frischen Blick hineinschaut, als manche Schandflecke im eigenen Garten.

Einmal, als ich bei einem Gartenbesuch ein gut durchdachtes Staudenbeet betrachtete, hatte ich für eine weiße *Campanula latifolia*, die dort in mehreren, knapp 1 m hohen Büscheln wuchs, so viel Bewunderung übrig, dass ich gleich ein Foto machen musste. (Die Art wird oft als zu grob verschmäht und in den Waldgarten verbannt, allerdings finde ich sie als Beetpflanze trotz ihrer recht kurzen Blüte sehr ansprechend.) Doch das Bild wurde nicht gut, weil darauf überall noch die Stützhölzer zu sehen waren. Nun haben Stützhölzer eigentlich den Vorteil, nützlich und unaufdringlich zu sein, aber nur, wenn man sie in der richtigen Länge abschneidet. Der Anfänger schneidet sie meist zu kurz. Er steckt sie in die Erde, wenn die zu stützende Pflanze noch nicht einmal zur Hälfte ausgewachsen ist, und kann noch nicht abschätzen, wie viel Spielraum sie am Ende brauchen wird. Der Profi lässt sich bei einem solchen Fehler nicht ertappen. Großzügig schneidet er lange Äste aus dem Unterholz, die Folge ist jedoch wie eben beschrieben. Kann man beim Anbringen der Stöckchen den genauen Stützbedarf einer Pflanze noch nicht abschätzen, wäre es ein Einfaches, die vorstehenden Stöckchen einfach abzuschneiden, bevor die Blütezeit beginnt. Dafür benötigt man jedoch ein kritisches Auge, welches das Problem im richtigen Moment erfasst.

Auch Schildchen und Täfelchen können im Garten ein hässliches Bild abgeben. Ich hatte einmal vor, ein elegantes Büschel des gestreiften Süßgrases *Glyceria maxima* var. *variegata* zu fotografieren, doch ich sah keine Möglichkeit, dessen viereckige Plakette aus dem Bild zu bekommen, und da das Gras mitten in einem Teich stand, hätte ich sie für die Aufnahme auch nicht vorübergehend entfernen können. Ich gebe zu, dass ein solches Verhalten äußerst skandalös wäre, weil Leute, die Labels aus Pflanzen entfernen, sie entweder nicht mehr ordentlich zurückstecken oder an der falschen Stelle. Fotografen sind ganz generell eine Bedrohung, weil sie überall durchtrampeln, wo Betreten eigentlich verboten ist, und ständig ihr hässliches Equipment herumliegen lassen. Ich wünschte, ich könnte selbst mit der Fotografiererei aufhören. Doch zumindest etwas Positives kann man dazu sagen: Wer Fotos von den Pflanzen im eigenen Garten macht, schult sein Auge für visuelle Disharmonie.

In der Diskussion über Farbeffekte und Kontraste wird nie das letzte Wort gesprochen sein. Kürzlich sah ich eine recht auffällige Kombination aus Lilien der Sorte 'Enchantment' und pinkfarbenen *Alstroemeria ligtu*-Hybriden. Mein Gastgeber schien sich dafür fast entschuldigen zu wollen, aber im Gesamtkontext betrachtet – und man muss vielleicht dazusagen, dass diese spezielle Lilie, die dort in großen Mengen wuchs, eine besonders leuchtende, kompromisslose Farbe hat: Orange mit einem Schuss Pink darin – war diese Paarung durch und durch wirkungsvoll und gelungen. »Sie beißen sich gut«, wie ein Unikat unter unseren Gärtnern immer zu sagen pflegte. Was das Bild aufmischte, war das Rosaviolett eines Fingerhutes, der sich rundherum selbst ausgesamt hatte und, obwohl er in den letzten Zügen seiner Blüte stand, immer noch solch teuflisch perfekten Schaden anrichten konnte.

Kaum zu Hause angekommen – wie konnte ich das übersehen? –, sprang mir ein banaler Lapsus meinerseits direkt ins Auge: Eine apricotfarbene Primel, die von selbst aufgegangen war, hatte sich zu einer Gruppe rosa-violetter Kapkörbchen gesellt. Eine Sekunde später war die Primel ausgerissen, aber eigentlich hätte ich das schon zwei oder drei Wochen zuvor tun sollen.

Ein Herz für alle Pflanzen

Wenn es um Pflanzen geht, entwickelt sich der Geschmack der Menschen interessanterweise immer in dieselbe Richtung – es sei denn, er bleibt für immer und ewig unerschütterlich gleich. Würde ein Bewunderer wilder Gladiolen bzw. ihrer zwergwüchsigen oder kleinblütigen Hybriden diesen Formen abtrünnig werden und sie für die schweren, protzigen Blütenkerzen der Grandiflora-Sorten im Regen stehen lassen? Oder seine Liebe für Zwergnarzissen und Wildarten der Untergruppe Narcissus verraten, zugunsten jener dickstieligen, breitblättrigen Kulturvarietäten mit ihren wächsernen, überlappenden Perigonblättern und riesigen, gekräuselten Bechern oder Trompeten, die stets in perfekter Symmetrie stehen und den stämmigen Wuchs einer Hybride aufweisen? Oder von einfach blühenden Dahlien zu den bulligen Köpfen der großblumigen Schmuckdahlien überlaufen?

Wenn ein Geschmack sich wandelt, dann wird es immer in die entgegengesetzte Richtung sein, weg vom Protzigen und hin zu einem schlichteren, informelleren und zwangloseren Erscheinungsbild. Es ist ein modernes »Zurück zur Natur«, eine Umkehrreaktion auf die Überladenheit und den Überfluss der Zivilisation.

Ein Protest gegen die Perfektion des menschlichen Tuns, für die beispielhaft die Tagetes steht, mit ihrem Habitus, der in Höhe und Kompaktheit stets einheitlich bleibt, ihrer leuchtenden, ebenfalls stets einheitlichen, sorgfältigen Färbung und ihrer unermüdlichen, über mindestens vier Monate dauernden Produktion riesiger, krauser, gefüllter Blütenbälle, die ihre Form garantiert bei jedem Wetter halten. Wer kann sich da noch über ihre große und stetig steigende Beliebtheit wundern?

Jede Art des Widerstandes oder der Rebellion von Seiten des Gärtners erfolgt auf eigene Gefahr und wird wahrscheinlich im Chaos enden. Einmal sah ich ein Arrangement aus orangefarbenen Tagetes jener Sorte, die ich eben so lobend beschrieb, und einer Gruppe Mittagsblumen. Nun besitzen ja auch Letztere eine strahlende Farbe. Sie sind außerdem wesentlich abwechslungsreicher, und jede einzelne Blüte ist von einer Subtilität, die näher betrachtet werden will. Doch an dem besagten Tag herrschte recht graues, windiges Wetter, und die Mittagsblumen waren mit ihren eingerollten Blütenblättern kaum zu erkennen. Selbst in voll entfaltetem Zustand hätte ich jedoch wenig Hoffnung gehabt, dass sie mit ihren Nachbarinnen mithalten können.

Und was würde in der ohnehin schrumpfenden Welt der glühenden Rhododendrenverehrer passieren, wenn ein Vertreter sich in Abscheu von den unzerstörbaren, immerzu verlässlichen Hybriden abwenden und zu den Arten zurückkehren würde, mit denen die Entwicklung einst begann? Es stimmt (zumindest sind viele von uns der Meinung), dass jene ursprünglichen Arten eine Eleganz und einen Charme besitzen, die den meisten Hybriden verlorengegangen ist, eine Rückkehr zu ihrer Kultivierung würde jedoch bedeuten, auf Gebrechlichkeit zu bauen. Wahrscheinlich würden solche Pflanzen nur alle zwei Jahre oder sogar seltener blühen, und ihre Blüten, wenn sie denn auftauchen, wären extrem anfällig für Frostschäden, ja selbst die Pflanze selbst stünde permanent am Rande der Vernichtung durch Kälte, Wind, Sonnenbrand oder Trockenheit.

Es gibt aber auch jene sehr seltenen Fälle, in denen es geklappt hat – im eigenen Garten oder (eher wahrscheinlich) im Garten eines anderen. Und wenn man dann zum Beispiel vor dem *Rhododendron hodgsonii* in den Inverewe Gardens im Nordwesten Schottlands steht, der eingebettet in sein wettergeprüftes, schützendes Zuhause so überaus prächtig gedeiht, schüttelt man ungläubig den Kopf und stammelt mit Freudentränen in den Augen so banale Dinge wie »Genau das ist es« oder »So muss es sein«, wissend, dass man angekommen ist.

Die Grundlage erfolgreichen Gärtnerns ist und bleibt die Liebe zu den Pflanzen. Hat man diese Liebe einmal gefunden, strahlt man sie auf natürliche Weise aus und vermittelt sie anderen Pflanzenliebhabern weiter. Am ehesten stößt man in privaten Gärten darauf, aber man kann diese Liebe auch in öffentlichen Gartenanlagen entdecken, wenn man plötzlich auf eine untypische Farbzusammenstellung, eine interessante Pflanzenbegegnung oder eine abwechslungsreiche, spannende Auswahl an Pflanzen trifft. Zwei solche Beispiele findet man in London: den Regent's Park unter der Führung von Mr S.M. Gault oder Fred Hilliars Strauchgarten im Holland Park. In den meisten anderen Parks muss man sich jedoch mit einer wild zusammengewürfelten, unreflektierten Mischung nicht winterharter Gewächshauspflanzen begnügen, die für die Sommermonate ausgepflanzt werden. Dabei sind die Pflanzen an sich oft gut, nur werden sie in die Beete gesetzt, ohne dass sich jemand darüber Gedanken gemacht hat, wie sie am besten zur Geltung kommen. Das Einzige, was dabei zählt, ist Farbe (und die Gewächshäuser und Frühbeetkästen leer zu bekommen).

An den allseits beliebten Rhododendronhybriden oder großblumigen Bauernhortensien anstatt Tellerhortensien ist nichts Grundsätzliches auszusetzen. Sogar von den etwas weniger eifrigen

Aufrechten Studentenblumen gibt es akzeptable Formen. Blumengeschmäcker, die für alle Spielarten offen sind, verdienen unsere höchste Bewunderung und die Erkenntnis, dass ein liebevoller Umgang und die Sorge um das Wohlergehen der Pflanzen letztendlich alles sind, was zählt.

Bäume am falschen Ort

Wenn ich mit dem Auto unterwegs bin, sind Bäume, die niemals hätten gepflanzt werden sollen, für mich ein besonderes Faszinosum. Dabei geht es mir aber ausdrücklich nicht um Alleen: Nichts könnte für einen Autofahrer an einem heißen Sommertag erfrischender sein, als nach der glühenden Hitze der offenen Straße in einen kühlen, grünen Blättertunnel einzutauchen. Im entzückenden Dorf Burwash in Sussex, etwas mehr als 20 km von meinem Zuhause entfernt, gibt es eine schmale Straße, die auf einer Seite mit Linden bepflanzt ist. Diese Bäume haben fette Stämme, aber keine Äste. Im Sommer bringen sie schmächtige Büschel belaubter Zweige hervor, die wieder abgeschnitten werden, sobald der Herbst ins Land zieht. Für die folgenden acht Monate verunstaltet diese Reihe aus verstümmelten Monstern die arme Straße. Nun weiß ich natürlich nichts über die Entscheidungsfindung der Kommunalverwaltung oder der Interessensvertretungen in Burwash, was ich aber weiß, ist, dass diese Bäume entfernt und definitiv keine neuen mehr aufgestellt würden, wenn dort auch nur ein Funken Sachverstand an den Tag gelegt würde, denn wie die aktuelle Situation jedem klar beweist, der zwei Augen im Kopf hat, ist diese Straße einfach zu schmal für Bäume.

Auch an anderen Orten müsste eine vernünftige Baum-Politik (oder Baum-Vandalismus, je nach Blickwinkel) zwingend darin bestehen, zu groß gewordene Alleeplatanen, deren Krone immer wieder gekappt werden muss, zu fällen. Man sollte sie durch Bäume ersetzen, die erwachsen werden dürfen, ohne in regelmäßigen Abständen geschlachtet zu werden. Es müssen ja nicht unbedingt blühende Kirschbäume sein.

Auch für Gärten werden oft unpassende Bäume gewählt. Selbstverständlich können Sie einen starkwüchsigen Baum in dem Wissen pflanzen, dass er mit der Zeit zu groß wird, und sich von vorneherein vornehmen, ihn zu entfernen, wenn die Zeit gekommen ist. Das klingt im ersten Moment recht vernünftig und verschafft Ihnen das Vergnügen, einen Baum aufwachsen zu sehen, den sie sonst niemals gepflanzt hätten. Doch wenn der traurige Tag gekommen ist, sind Sie wahrscheinlich nicht mehr Herr oder Frau der Lage. »Das kannst du nicht tun!« (die moderne Weise zu sagen: »Du sollst es nicht tun« …), wird man von allen Seiten auf Sie einreden.

Die Gemeine Fichte *Picea abies* ist in so manchem Vorgarten als 10 bis 15 m hohes, struppiges Ungetüm vertreten, mit vereinzelten toten oder sterbenden Ästen entlang eines Stammes, den an der Spitze ein paar kränkliche gelbgrüne Nadeln schmücken. Jedem ist sofort klar, dass er als süßer kleiner Weihnachtsbaum ins Leben startete und sein Besitzer es am Dreikönigstag nicht übers Herz brachte, ihn zu entsorgen. Also pflanzte er ihn im Garten ein. Vielleicht würde er ja noch ein zweites Weihnachten erleben. Vielleicht hat er das sogar. Doch dann wurde er zu groß oder verlor seine unteren Äste und sah plötzlich nicht mehr so hübsch aus. Und so steht er da bis zum heutigen Tag, als unglückliches Symbol längst vergangener, glücklicher Weihnachtstage. So gesehen ist es gar nicht so schlecht, dass die meisten Weihnachtsbäume heutzutage ohne Wurzeln verkauft werden.

Es gibt drei Arten von Koniferen, die ich niemals pflanzen würde, selbst wenn ich einen Garten hätte, der groß genug ist, um ihnen gerecht zu werden. Die Douglasie ist eine davon. Nicht nur der Baum selbst kam aus der Neuen Welt zu uns, sondern auch der Schädling, der ihn verunstaltet: eine Lausart namens *Adelges cooleyi*, die noch jede Douglasie befallen hat, die ich kenne, und die Nadeln mit weißen, wachsartigen Pfropfen überzieht. Ob es nun daran liegt oder an den klimatischen Bedingungen: Große Pseudotsuga-Exemplare (der wissenschaftliche Name der Douglasie lautet *Pseudotsuga*) sind in diesem Land selten schön.

Um eine Baumart, die von sich behauptet, ewig zu leben (wenn auch zu Unrecht), spinnen sich viele Mythen, was vermutlich dazu geführt hat, dass der Küsten-Mammutbaum, *Sequoia sempervirens*, auch bei uns recht oft vorkommt. Er ist frostresistenter, als man meinen möchte, und sein hübsches Laub ist der Eibe nicht unähnlich. Dennoch deformieren strenge Winter die Bäume so nachhaltig, dass alte Exemplare sichtbare Wunden tragen und aussehen, als hätten Motten daran gefressen. Dasselbe gilt für die Chilenische Araukarie, auch Andentanne oder Affenschwanzbaum genannt. Die Art ist bei uns zwar winterhart, aber unser Klima ist im Durchschnitt zu trocken, was zum Verlust der unteren Äste führt. Ein ausgewachsener Affenschwanzbaum, dessen Äste bis zum Boden hinunter reichen, ist sicherlich ein edler Anblick, aber gesehen habe ich das noch nie.

Bei Trauerweiden kommt es heutzutage am häufigsten zu Fehlgriffen. Als Jungbäume sind diese Gehölze so unnachahmlich hübsch, dass man ihnen nicht widerstehen kann. Auch im Alter sind sie noch schön, wie zum Beispiel entlang der »Backs« hinter den Colleges von Cambridge oder am Ufer irgendeines Sees. Aber sie werden einfach sehr schnell sehr groß und sollten daher keinesfalls in die Nähe eines Hauses kommen. Trauerweiden besitzen ein unersättliches, weitreichendes Wurzelsystem, in dessen Umkreis kaum gärtnerische Aktivitäten möglich sind. Das Beste, was Sie tun können, wenn Ihnen diese Bäume auferlegt wurden und Sie sich mit ihnen arrangieren wollen, ist, sich Samen der parasitischen

Verborgenen Schuppenwurz, *Lathraea clandestina*, zu besorgen (an den Weiden in Cambridge ist die Art oft zu finden), sie im Wurzelbereich der Bäume auszubringen und zu hoffen, dass sie Fuß fassen kann. Ich weiß von einigen Gärtnern, denen dieses Kunststück gelungen ist. Die leuchtend lila Blüten treten gruppenweise wie Krokusse im zeitigen Frühjahr auf. Sie bilden keine Blätter aus.

Ein Pilz, der bestimmte Weiden, darunter auch die Trauerweide, angreift, geht seit einigen Jahren um. Er heißt *Marssonina salicicola* und befällt vor allem im Frühling Blätter und Triebe, was häufig dazu führt, dass das Laub frühzeitig abfällt und der Baum äußerst unansehnlich wird. Das hält so manchen Gärtner von der Pflanzung einer Trauerweide ab, was vielleicht ein Segen ist. Die bezaubernde Korkenzieherweide, *Salix babylonica* var. *pekinensis* (syn. *S. matsudana* 'Tortuosa'), bleibt von diesem Problem leider ebenfalls nicht verschont. Ein bekannter Förster gab mir den Rat, meine Pflanze im Winter radikal zurückzuschneiden, bis etwa 30 cm über dem Boden, und die jungen Triebe, die sich in der Folge bilden, mit einem Kupferfungizid zu schützen. Ich wollte seinen Rat unbedingt befolgen, doch dann war sie schon tot.

Gartenteppiche weben

Das Nonplusultra des Gärtnerns ist, meiner Meinung nach, ein Teppich aus Pflanzen. Alle Elemente darin berühren oder überschneiden sich, sodass der Untergrund nicht mehr sichtbar ist.

Viele sehen das vielleicht anders. Sie definieren erfolgreiches Gärtnern über das Heranziehen »perfekter« Blüten. Die Gänsefüßchen setze ich deshalb, weil die preisgekrönte, vermeintlich »perfekte« Chrysantheme aus einer Blumenausstellung für einen Floristen ein Alptraum ist, während jener krakelige Zweig mit löffelförmig zulaufenden, fedrigen Blüten, der Blumenarrangeure in

Ekstase versetzt, von einem spezialisierten Chrysanthemenzüchter vielleicht nicht einmal als solche erkannt würde. So verhält es sich auch mit Dahlien, Gladiolen, Rittersporn, Nelken und Orchideen. Ein Züchter »perfekter« Blüten hat sich der Monokultur verschrieben, seine Ziele und Methoden sind dabei ähnlich wie jene des Gemüsegärtners, der den größten preisgekrönten Kürbis produziert hat. Zu diesem Zweck muss jedoch jede Pflanze vom Nachbar separiert werden, damit dieser ihre Entwicklung nicht behindert, sie muss speziell genährt und entknospt werden, damit alle verfügbare Kraft in dieses eine Rekordprodukt fließt.

Beim Teppichgarten geht es hingegen immerzu um Konkurrenz. Die Vorstellung, dass er mit einem sorglosen Lächeln in die Welt hinausblickt, ist völliger Humbug. »In diesem Garten genießen die Pflanzen das Leben«, loben wir uns selbst. Nichts davon ist wahr. Wenn eine Pflanze das Leben genießt, dann würde dieser Genuss, in menschliche Kategorien übersetzt, bedeuten, dass sie immerzu danach strebt, die allerstärkste zu sein und bereit ist, dafür ihre Nachbarn um die Ecke zu bringen.

Des Gärtners heikle Aufgabe ist nun, diesen unbarmherzigen Dschungel unter Kontrolle zu halten und die Truppe aus bezaubernden Wilden anzuführen, ohne dass man es dem Garten ansieht. Eine gute Führung kann jedoch nicht immer nur in dieselbe Richtung gehen, denn der feinfühlige Gärtner lernt von seinen Pflanzen. Ihr Verhalten ist oft unerwartet, ungeplant und doch von Erfolg gekrönt, also bleibt ihm keine Wahl, als seinen Stolz hinunterzuschlucken und ihnen die Freiheit zu gewähren, ihren spontan eingeschlagenen Weg fortzusetzen.

Nehmen wir zum Beispiel das Blaukissen. Oft begegnet man ihm in Form von steifen, geschniegelten Polstern, die Löcher in einem Stück Betonmauer verschönern sollen. Gerade deshalb, weil es manchmal mit wenig Gefühl eingesetzt wird, rümpfen versierte Gärtner beim Blaukissen die Nase. Doch eigentlich zu Unrecht, denn gibt man dem Blaukissen eine faire Chance, kann es ganz fantastisch aussehen. Etwa wenn es in der Nähe eines niedrigen Strauches oder anderer Polsterpflanzen wie Sonnenröschen, Schleifenblumen, Hornkraut (*Cerastium tomentosum*) oder Steinginster (*Genista lydia)* gepflanzt wird, sich seinen Weg durch die Nachbarn bahnt und, wenn die Blütezeit übereinstimmt, mit deren Blüte vermischt. Das kalte Weiß der Immergrünen Schleifenblume, *Iberis sempervirens*, zum Beispiel lässt sich mit einem Blaukissen, egal welcher Farbnuance, herrlich auflockern. Außerdem erklimmt sie überraschend couragiert sommergrüne Sträucher wir den *Cotoneaster horizontalis.* Einer meiner schönsten Zufallserfolge war, als ein Blaukissen, das sich selbst ausgesamt hatte, mitten in meinen weißen Persischen Flieder, *Syringa × persica* 'Alba', kletterte. Der Strauch mit seinen schlanken, peitschenartigen Zweigen wird selten höher als 1,50 m und wirft nur wenig Schatten, sodass sich das Blaukissen darunter so richtig wohlfühlt, am Boden ein dichtes Polster bildet und bis zu 30 cm hoch den Stamm des Flieders emporsteigt. Im Mai blühen die beiden dann um die Wette. Andererseits hat das Blaukissen auch meine Schleifenblume erstickt und umgebracht, was ich allein mir selbst zuzuschreiben habe. Hätte ich die Triebe aus der Wirtspflanze jedes Jahr ausgerissen, nachdem sie beide geblüht hatten, wäre das nicht passiert.

Dem Steinsamen *Lithodora* (*Lithospermum*) *diffusa* 'Heavenly Blue' kann kein Gärtner widerstehen. Man muss ihm in der Gärtnerei nur ein blühendes Exemplar in einem Topf vor die Nase halten, und schon fällt er darauf herein. Es ist die Farbe, die ihn willenlos macht. Die Pflanze selbst bildet ein recht stängellastiges Polster, das man jedoch durch einen Rückschnitt nach der Blüte recht ordentlich halten kann. Allein sieht die Pflanze, wie die meisten ihrer blauen Kolleginnen, nur halb so attraktiv aus, als wenn man sie mit einer zweiten durchwebt. Sollten Sie einen solchen Blütenteppich selbst planen, ist es wichtig, auf gleich starken Wuchs zu achten. Würden Sie etwa versuchen, den genannten Steinsamen mit einem starkwüchsigen Sonnenröschen wie dem *Helianthemum* 'Rhodanthe Carneum' (syn. *H.* 'Wisley Pink') zu vermischen, wäre das in etwa so, als legte sich eine Muttersau auf ihre wehrlosen Ferkel, während zum Beispiel die einfach blühende, kleinwüchsige 'Supreme' (syn. 'Red Orient') oder die gefüllt blühende, hellgelbe 'Jubilee' ausgezeichnete Partner wären. Ich persönlich schwöre auf die gefüllte 'Cerise Queen'. Ein großer Vorteil der gefüllten Sonnenröschen ist, dass ihre Blütenblätter viel länger halten als die einfachen. Außerdem schossen sie nicht, was ihre Saison verlängert und ihnen auch an einem grauen Tag ein freundliches Aussehen verleiht, während die einfachen Sonnenröschen vor sich hin schmollen.

Gut als Partnerpflanze eignet sich ebenfalls *Erysimum* (syn. *Cheiranthus*) 'Moonlight', ein polsterbildender, perennierender Goldlack des Sibirischen Typus, der auch im Duft dem Sibirischen Goldlack gleicht. Die Blütenfarbe der nur 25 cm hoch werdenden Pflanze ist ebenfalls schwefelgelb. Eine zwei Jahre alte Pflanze wächst auf leichtem, gut durchlässigem Boden bis zu 60 cm in die Breite, doch nach drei Jahren sterben die Pflanzen nach und nach ab und müssen durch Stecklinge ersetzt werden, die man im Juni von jungen Trieben gewonnen hat. Eine Pflanze führt mich zur nächsten: Besonders hübsch sieht dieser Goldlack mitten in einem Meer aus Hornveilchen, *Viola cornuta*, aus, sowohl in dem typischen Violett als auch in der weißen Albino-Form oder all den Tönen dazwischen, die entstehen, wenn die beiden sich kreuzen und aussamen.

Viola cornuta ist mehrjährig und eine ausgezeichnete Mischpflanze. Eine Stelle davon habe ich mit einem Exemplar des graublättrigen Greiskrauts *Brachyglottis* (syn. *Senecio* 'Sunshine') hinterpflanzt. Das Hornveilchen fädelt sich zwischen die Zweige seines Gefährten und präsentiert seine Blüten vor dem Hintergrund des grauen Laubs. Im Mai ist der Anblick am schönsten. Danach kürze ich die Pflanzen ein, dünge und gieße sie, woraufhin sie gleich wieder loslegen und im Herbst freigiebig blühen. An einem sehr feuchten und schattigen Standort wird das Hornveilchen, vor allem die weiße Sorte, im Verlauf der Saison immer kräftiger und kräftiger, auch wenn man gar nichts macht. Es darf ruhig seinen Samen auswerfen und sich in der Nähe von Stauden oder niedrigen Sträuchern ähnlicher oder größerer Wuchskraft am Beetrand ansiedeln, manchmal klettert es sogar bis zu 60 cm in die Höhe, um die Sonne zu suchen. Eine andere Pflanze, mit der sich das weiße Hornveilchen bei mir eingelassen hat, ist der maximal 90 cm hoch werdende Zwergbambus *Pleioblastus auricomus* (syn. *Arundinaria auricoma*), dessen Laub gelb und grün gestreift ist. Und da beide Pflanzen einen leicht kriechenden Habitus zeigen, ist es oft schwer auseinanderzuhalten, wo eine beginnt und die andere aufhört.

Manche winterharten Geranien-Arten bilden über viele Monate hinweg unermüdlich neue, unendlich lange Triebe aus. Unser heimischer Blut-Storchschnabel, *Geranium sanguineum*, fällt in diese Kategorie und hat sich in meinem Garten sehr wirkungsvoll mit der blass zitronengelben Schafgarbe *Achillea* 'Lucky Break' verbündet. Magenta und Gelb, geht das? Es ist vielleicht gewagt und erfordert etwas Mut, aber es scheint zu funktionieren. Ich habe Storchschnabel und Schafgarbe in Gruppen nebeneinandergepflanzt, und dort, wo sie einander berühren, kriecht der Storchschnabel in den Nachbarn hinein, sodass sie zur Blütezeit fest miteinander verschlungen sind.

Der allerschönste unter den webenden Storchschnäbeln ist die Sorte *Geranium wallichianum* 'Buxton's Variety'. Dessen fünffach gefingertes, spitz gezahntes Laub wirkt durch etwas hellere Einschlüsse, die sich hinter jeder größeren Verzweigung zeigen, besonders lebhaft. Dadurch entsteht das Bild einer dunkelgrünen Fläche mit helleren Flecken. Die Blüten stehen einzeln auf langen Stängeln und sind sehr schön gerundet mit überlappenden Kronblättern. Farblich reicht sie von helllila bis in etwas blauere Töne hinein. Die Blütenmitte zeigt ein helleres Auge, aus dem auffällig die zehn Staubblätter mit ihren dunkelvioletten Staubbeuteln ragen. Die Pflanze hört eigentlich niemals auf zu wachsen und bringt dennoch ständig neue Blüten hervor, von Juli bis November. Von Zeit zu Zeit hangelt sie sich bis in eine Höhe von 75 cm durch die Zweige des immergrauen *Helichrysum splendidum*.

Einjährige Pflanzen, die sich Jahr für Jahr selbst aussamen, können für die Entstehung eines Teppicheffekts in einem Garten äußerst nützlich sein. Es ist unvermeidlich, dass viele Sämlinge dem Jäten zum Opfer fallen, entweder weil zu viele gekeimt haben oder weil sie am falschen Ort auftauchen, oder einfach nur, weil man beim Jäten einen gewissen Grad der Zerstörung nicht vermeiden kann. Dennoch sind immer noch genug übrig, sofern man das Jäten eigenhändig übernimmt und dabei sorgsam vorgeht.

An einem sonnigen Standort in meinem Garten wachsen violette Stiefmütterchen, die schon seit Jahren aus Selbstaussaat nachwachsen, in Kombination mit einer einjährigen Pflanze, die man viel zu wenig kennt: das Köcherblümchen *Cuphea miniata*. Es zeigt sich zu jeder Jahreszeit von seiner besten Seite, blüht drei Monate lang ohne Unterlass und bildet einen kompakten, etwa 30 cm hohen Strauch, der mit leuchtend pinken, in interessanter Unregelmäßigkeit geformten Blüten bedeckt ist. Im Doppelpack mit der leuchtend blauen, mit der Bleiwurz (*Plumbago*) nahe verwandten Chinesischen Bleiwurz, *Ceratostigma willmottianum*, gelang dem Köcherblümchen an anderer Stelle ein weiteres Web-Kunstwerk. Dahinter ragten die Kerzen der Gelenkblume *Physostegia virginiana* 'Vivid' in den Himmel, deren Pink vielleicht etwas lasterhaft wirkt, aber dennoch eher eindrucksvoll als abstoßend ist. Neben dem blauen Polster wuchs an einer Seite die gelbe Zwergdahlie 'Bambi' mit ihren kleinen, in der Blütenmitte anemonenhaften Blüten. Gemeinsam gaben sie in diesem Teil der Rabatte im September ein besonders interessantes Bild ab, was größtenteils der *Cuphea* zu verdanken war, die sich hier niedergelassen hatte. Die Jungfer im Grünen (*Nigella damascena*) zählt ebenfalls zu jenen extrem unkomplizierten, sich selbst aussamenden Einjährigen, die, egal wo sie auftauchen, immer passen.

Wie ich jedoch eingangs bereits erwähnte, muss die Gärtnerin oder der Gärtner stets auf der Hut sein, wenn ein allzu freizügiger Austausch von Umarmungen für den schwächeren Partner kein schlimmes Ende nehmen soll. Mit weinerlicher Stimme berichtete mir einmal ein Freund, dass seine *Clematis alpina* 'Columbine' seine Zierquitte *Pyrus japonica* (auch *Chaenomeles speciosa,* für alle, die ihren häufigen Namenswechseln noch folgen können) umgebracht habe. Zuerst sahen sie noch so hübsch miteinander aus: das Rosa der Quitte und das Blau der Clematis. Aber jetzt war es zu spät, und niemand hatte ihn gewarnt.

Mein Mitleid hielt sich in Grenzen. Man sollte die eigenen Pflanzen eben nicht nur im Blick haben, wenn sie gerade blühen, und sie das ganze restliche Jahr ignorieren. Mein Freund hätte die feindliche Übernahme, die da unter seinen Augen stattfand, bemerken können und während der Strangulationsphase einige der Clematistriebe von der Quitte entfernen können. Am allerschlauesten wäre es jedoch gewesen, die Clematis jedes Jahr gleich nach der Blüte, also Ende Mai, radikal bis knapp über den Boden zurückzuschneiden, bis nur noch wenige nackte Zweigreste übrig sind. Daraus brechen sehr bald neue Triebe hervor, die im nächsten Jahr wieder blühen, ohne den armen Quittenstrauch zu ersticken.

Es war derselbe glücklose Freund, der mir erzählte, sein Feuerdorn sei von einer *Clematis macropetala* auf die gleiche Weise ermordet worden. Ich hatte den Eindruck, dass sich seine Verzweiflung über diesen Todesfall in Grenzen hielt, und es ist auch kein Wunder, denn ein Feuerdorn, der an einer Mauer steht und regelmäßig geschnitten werden muss, damit er nicht zu groß wird, ist ein trauriger Anblick. So ist sein Dahinscheiden für den Besitzer eher eine Erlösung. Die ideale Partnerin für eine Clematis mit durchschnittlicher, kontrollierbarer Wuchsfreude ist die Kletterrose. Sie sehen zusammen äußerst hübsch aus, schätzen dieselben nährstoffreichen Bodenverhältnisse, und die Rose hat den Vorteil, dass sie der klammernden Umarmung der Clematis davonwachsen kann.

Jeder macht irgendwann einmal Fehler, doch zumeist lassen sich diese wieder geradebiegen, bevor ernsthafter Schaden entstanden ist. Wenn es Ihnen nicht gelingt, eine Clematis auf den für sie vorgesehenen Standort zu beschränken, können Sie sie immer noch umpflanzen, selbst in fortgeschrittenem Alter.

Pflanzen überraschen uns entweder durch Widerstandsfähigkeit und Langlebigkeit oder durch das Fehlen derselbigen. In meiner Rabatte gibt es ein Stück, in dem bereits seit Jahren ein erbitterter Kampf zwischen den verschiedenen Bewohnern stattfindet. Es begann nach dem echten Krieg, mit einem Meer aus weißen Herbst-Anemonen, die nach Jahren der Vernachlässigung zu den schönsten Überlebenden meines Gartens zählten. Dazwischen wuchs Schlafmohn, der sich jedes Jahr selbst aussamte, im Juni blühte und danach im Juli seine hübschen blaugrauen Kapseln ausbildete. Danach riss ich den Mohn stets aus, um für die Anemone Platz zu schaffen, die von August bis Oktober Saison hat. Dazu pflanzte ich etwas Türkischen Mohn, um auch von Ende Mai bis Anfang Juni etwas Farbe ins Beet zu bekommen. Er kann nach der Blüte ohne Weiteres bodennah zurückgeschnitten werden. Und dann gelangten noch die Montbretien mit ihren kleinen orangefarbenen und roten Blüten irgendwie in das Beet. Sie sind zwar recht gewöhnliche Blumen, aber ich mag sie und sie harmonieren gut mit den Anemonen. Als letzte Komponente fügte ich noch Schneeglöckchen hinzu. Zwischen Herbst-Anemonen sollte man niemals umgraben, daher erschien mir das der perfekte Ort, um die Schneeglöckchen durch Selbstaussaat verwildern zu lassen. Ihre Wachstumsangelegenheiten wären längst erledigt, bevor die anderen Pflanzen sich den Schlaf aus den Augen gerieben hätten.

Mittlerweile, viele Jahre später, blüht und gedeiht in diesem Beet alles, außer den Herbst-Anemonen, die nach und nach absterben. Ich wusste gar nicht, dass das möglich ist. Aber seitdem im Jahr 1957 ein uralter Apfelbaum dem Honigpilz zum Opfer fiel, werde ich den Verdacht nicht mehr los, dass hier Ähnliches passiert sein könnte. Es wäre aber auch möglich, dass ich der armen Anemone einfach zu viele Rivalen ins Beet gesetzt habe.

Blattmuster

Mit den Jahren stelle ich fest, dass ich in meinem Garten immer häufiger Pflanzen den Vorzug gebe, die ein schönes Blatt haben. Man kann und sollte sich die Wirkung, die bestimmte Blüten erzeugen, wenn sie *en masse* auftreten, nicht entgehen lassen, doch ein Gesamtbild, das auf schönen Blättern basiert, ist auf lange Sicht nachhaltiger. Das hat zwei sehr gute Gründe: Blätter leben länger als Blüten – bei immergrünen Pflanzen bis zu zwei Jahre –, und sie sind in den allermeisten Fällen wesentlich größer als ihre Blüten und können so eindrucksvollere Muster erzeugen, auch wenn ihr Farbspektrum begrenzt ist. Je größer die Blätter, desto größer die Wahrscheinlichkeit, dass die Pflanzen untereinander Schatten werfen. Ich finde es immer ein bisschen schade, dass viele Gartenbesucher im Sommer am frühen Nachmittag vorbeikommen, wenn das Licht hart, weiß und gleißend ist. Ab etwa sechs Uhr abends wird es viel weicher, und die Schatten bekommen einen größeren Stellenwert, indem sie die dritte Dimension akzentuieren und für mehr Tiefe sorgen. Das ist auch einer der Gründe, warum Gärten in Schottland einen so natürlichen Charme besitzen: Das

Licht dort ist in den seltensten Fällen grell, während die Abende unendlich dahinzuschweben scheinen. Besucher des Scottish-National-Trust-Gartens von Crathes Castle in Banchory, etwa 30 km entfernt von Aberdeen, werden sich an die Grüne Rabatte dort erinnern. Sie blickt Richtung Westen und fängt so das Abendlicht ein.

Wenn die Blattschmuckpflanzen die Winter dort gut überstehen, kann man davon ausgehen, dass sie auch im Rest Großbritanniens winterhart sind, wenn sie etwas geschützt stehen. Als Großsträucher wachsen dort verschiedene Buddlejas mit grauem Blatt. Darunter ist die *Buddleja* 'Lochinch' wahrscheinlich die frostbeständigste und mit ihren großen, kerzenförmigen Blütenständen in schönem Lavendellila die wirkungsvollste. Die Hortensien *Hydrangea aspera* subsp. *sargentiana* und *H. a.* Villosa-Gruppe wurden beide für ihr schönes Blatt gezüchtet. Wir sollten aber daran denken, dass die großformatig ovalen, filzigen Blätter der Ersteren schnell verbrennen, wenn nach einem Regenguss die Sonne darauf strahlt. Der Strauch ist zwar winterhart, fühlt sich aber an einem feuchten, geschützten Standort im lichten Schatten umstehender Bäume am wohlsten. *H. villosa* ist die anpassungsfähigere und vielsagendere Gartenpflanze.

Der Schneeball *Viburnum grandiflorum* ist uns meist nur als schöner Winterblüher geläufig, doch die rote Färbung des Blattstiels und der jungen Zweige ist auch im Frühsommer überraschend frisch. Die *Mahonia japonica*, ebenfalls ein winterblühender Strauch, trägt ledriges, fiederförmiges, immergrünes Laub. Genau dieses eher schwere Grün braucht man so dringend als Hintergrund für die spannenden Blätter aus der panaschierten Pflanzenriege. In den Gärten von Crathes ist die größte und beeindruckendste Vertreterin dieser Kategorie die panaschierte Kulturvarietät der Japanischen Aralie, *Aralia elata*. Jedes ihrer grün und cremeweiß gemusterten, zusammengesetzten Blätter ist mindestens 90 cm lang, die getrennten Blättchen lassen sie jedoch wundervoll luftig und elegant wirken. Es handelt sich um eine teure Pflanze, die nur schwer zu vermehren ist, da sie ausnahmslos veredelt werden muss, was, wenn ich mich nicht irre, ausschließlich in den Niederlanden gemacht wird, woher wir die Pflanzen dann importieren. Doch der Aufwand lohnt sich. Es gibt zwei Farbvarianten, die 'Aureovariegata' in Gold und Grün und die 'Variegata' in Weiß und Grün.

Eine der panaschierten Stauden in Crathes ist die *Hosta undulata*, kontrastreich in Szene gesetzt mit dem immergrünen, ledrigen Laub der *Bergenia cordifolia* oder an anderer Stelle mit den gefiederten Blättern der Prachtspiere. Das Laub der rot und karminrot blühenden Prachtspieren hat im jungen Stadium eine kräftige pflaumenrote Färbung, die später zu Grün wechselt, aber stets dunkler bleibt, als das Laub der rosa und weiß blühenden Sorten. In einem anderen Bereich derselben Rabatte wurde die Hosta mit der Wachsglocke, *Kirengeshoma palmata*, kombiniert, deren Blattform an den Ahorn erinnert. Tatsächlich gehört diese etwa 90 cm hohe Staude jedoch zur Familie der Steinbrechgewächse und trägt im September, zumindest in England, Büschel von schlüsselblumengelben Blütenglocken, die wie Federbälle geformt sind. In Schottland kann es oft vorkommen, dass die Blüten zu spät auftauchen und der Frost sie in Beschlag nimmt, bevor sie die Chance hatten, sich zu öffnen.

Leuchtende, gelbe Farbtupfer liefert uns der Goldmajoran, blaugrüne Schattierungen steuern Weinraute und *Hosta sieboldiana* bei. Germer zeigen dort ihre großartigen Bouquets aus breiten, plissierten Blättern, und als extremer Kontrast dazu wachsen daneben die langen Striemen der Taglilien, die im zeitigen Frühjahr immer besonders frisch wirken. Die Gattung *Acanthus* wird vom Dornigen Bärenklau, *A. spinosus*, repräsentiert, der ein stärker eingeschnittenes Blatt besitzt und üppiger blüht als der Wahre Bärenklau, *A. mollis*.

Schön ist auch der Weiche Frauenmantel, *Alchemilla mollis*, mit seinen bläulichen, umgestülpten Blätterschirmen, in deren Mitte sich die Regentropfen wie Quecksilberkügelchen sammeln. Genial kombiniert wurden dessen limettengrüne Blüten in einem anderen Teil des Gartens mit den sattvioletten Sumachblättern des Perückenstrauchs, *Cotinus coggygria* (*Rhus cotinus*), in einer dunkelblättrigen Züchtung.

Gestaltungselemente für Rasen und offene Flächen

Will man große, weite Grünflächen mit Solitärpflanzen oder Pflanzenanordnungen optisch unterbrechen, sind der Fantasie keine Grenzen gesetzt. Ein Baum, ein Strauch oder jede andere Pflanze kann kaum schmeichelhafter in Szene gesetzt werden als allein auf weiter Flur, wo er oder sie von allen Seiten, von fern und von nah bewundert werden kann. Hier möchte ich mich jedoch auf niedrigere Elemente beschränken, jedenfalls niedriger als ein Baum.

Die Fackellilie, *Kniphofia caulescens*, ist in ihrem Aussehen so speziell, dass sie im gemischten Beet mit anderen Sträuchern oder Pflanzen immer irgendwie unpassend aussieht. Doch allein ergibt sie ein aufregendes Bild. Ich kenne ein sehr gelungenes Beispiel, wo entlang eines breiten Kiesweges in regelmäßigen Intervallen Fackellilien stehen. Sie haben einen strauchähnlichen Habitus und bilden immergrüne Rosetten aus breiten, spitz zulaufenden Blättern aus, die mit ihrer blaugrauen Farbe an eine Aloe erinnern. Die Blütenspieße sind, falls und wenn sie dann im September erscheinen, ein erfreuliches, aber nicht zwingendes Extra. Exotisch anmutende Immergrüne wie diese sind in Böden, deren Wasserableitung gesichert ist, bei uns winterhart. Ein Kiesweg erfüllt diese Bedingung natürlich.

In Dundonnell House in Wester Ross kommen Palmlilien (*Yucca*) auf die gleiche Weise zum Einsatz. Kaum hat man den ummauerten Garten durch ein eisernes Flügeltor betreten, fällt der Blick durch die Mittelachse auf eine mächtige, sehr alte Eibe. Doch im Eingangsbereich, wo so viele Füße durchtrampeln wie irgendwo sonst, befindet sich eine große, graue Kiesrotunde, und mittendrin, als Unterbrechung der flachen Monotonie, eine gemischte Pflanzung aus *Yucca filamentosa* und *Y. flaccida*. Die cremeweißen Glocken der Yuccablüten, die sie stolz auf ausladenden, nach oben spitz zulaufenden Blütenständen trägt, sind bei dieser Pflanze ein prächtiges Extra, besonders weil die Pflanzung in Dundonnell in den meisten Jahren ausgiebig blüht. Das ist erstaunlich, denn bei Palmlilien denkt man automatisch an viel Sonne und bei viel Sonne nicht unbedingt an den Nordwesten Schottlands. Vermutlich ist es aber so, dass der Palmlilie ein offener Standort mit optimaler Bodendurchlässigkeit reicht, um zu blühen.

Bestimmt gibt es haufenweise englische Landhäuser mit vorgelagerten Kiesflächen, denen ein derartiges Arrangement gut stehen würde. Bei etwas größeren Maßstäben würde ich eher zur *Y. gloriosa* greifen, die manchmal bis zu 2,50 m hoch werden kann und faltige Stämme ausbildet, die an Elefantenbeine erinnern. Daraus sprießt eine Krone aus teuflisch spitzen Blättern. Keine Pflanze also, um mitten in der Nacht volltrunken hineinzustolpern, sie eignet sich nur für maßvollere, anständige Hausbesitzer. Eine andere Pflanze, die ich gern öfter in solchen Kieswüsten sehen würde, ist *Eryngium pandanifolium*, eine Mannstreu-Art mit üppigen, überlappenden Blattrosetten aus meergrünem Laub und stacheligen Blatträndern. Im Herbst trägt sie bis zu 2,50 m hohe Blütenkerzen.

Ebenso schön (aber auch ganz schön schmerzhaft) wäre eine Pflanzung aus einer oder mehreren Arten der Gattung *Aciphylla*, dem neuseeländischen Speergras. Die Pflanzen sind immergrün, bilden steife, dünne, gräuliche Blätter aus, manchmal goldgelb gerandet, die sich zur Spitze hin in mehrere Spieße teilen. Sie sind winterhart, wenn sie in gut durchlässigem Boden stehen. Manche Sorten sind in britischen Gärtnereien erhältlich, dennoch sollte man sie lieber aus Samen ziehen, die man sich direkt aus Neuseeland schicken lässt. Wenn sie blühen, sind sie ebenso atemberaubend wie *Eryngium pandanifolium*, nicht etwa wegen der Blütenfarbe – diese ist grünlich gelb –, sondern aufgrund der noblen Haltung und Struktur ihrer Verzweigungen. Beide Arten gehören übrigens zur Familie der Doldenblütler oder *Umbelliferae* – wie auch der Wiesen-Kerbel, aber lassen Sie sich davon nicht abschrecken.

Bei Rasenflächen ist es wichtig, nicht übereifrig zu werden und allzu viele Gestaltungselemente hineinquetschen zu wollen. Eine weitere schreckliche Untugend ist, jede Pflanzung mit einer pedantischen Umrandung in Form eines Kreises, eines Quadrats oder einer anderen geometrischen Figur versehen zu müssen. Auch wenn ein wenig Grasschnitt von Hand nötig werden sollte, es ist viel besser, den Rasen mit dem Gestaltungselement, was auch immer es ist, zusammenfließen zu lassen.

Einige der eleganteren Bambussorten eignen sich hervorragend für diesen Zweck. Man kann mit dem Rasenmäher bis an den Stamm heranfahren, sodass eventuelle Schösslinge automatisch geköpft werden. Eine wuchernde Ausbreitung ist also nicht zu befürchten, solange regelmäßig gemäht wird und Sie im Sommer nicht allzu lange weg sind. Der Muriel-Bambus, *Sinarundinaria* (*Arundinaria*) *murieliae*, besitzt zartes Laub und einen aufrechten Wuchs. Die gelben Halme, die im jungen Stadium hellgrün sind, kommen schön zur Geltung. Der Schwarzrohr-Bambus, *Phyllostachys nigra* 'Boryana', hat einen bogigeren Habitus und die jungen, grünen Halme färben sich mit der Zeit gelb mit dunkelvioletten Flecken. Eine sehr individuelle, aber seltene Pflanze ist der *Chusquea culeou* aus Chile. Um jedes Nodium sprießen rund um die Verdickung mehrere kleine, bogige Zweige, wodurch im Gesamtbild ein Flaschenputzer-Effekt entsteht. Die Halme und das Erscheinungsbild der Pflanze insgesamt sind robust. Es wäre schade, sie mit anderen Sträuchern oder Pflanzen zusammenzudrängen. Man braucht hier Platz, um einen Schritt zurücktreten und den Bambus ungestört bewundern zu können. Wenn Sie mehr als einen Bambus in ihren Garten pflanzen wollen, sorgen Sie für einen großen Pflanzabstand, damit nicht einer den Auftritt des anderen stört. Bei 3 bis 4 m Abstand sind sie ineinandergewachsen, bevor Sie bis drei gezählt haben. Mit 12 m kommen wir schon eher hin. Bei Gartenfreunden ist die Begeisterung für Bambus heutzutage jedenfalls groß.

Bambus sowie alle anderen Pflanzen, die ich in diesem Kapitel erwähnt habe, sollten im Frühling gesetzt werden. Allerdings nicht vor April. Das gilt auch für Gräser.

Pampasgras ist oft viel zu groß für seinen Standort, vor allem, wenn es sich um einen winzigen Vorgarten handelt. Andererseits sehen einzelne Exemplare oft sehr kleinlaut aus, daher pflanzt man sie besser in der Gruppe: Ich würde immer drei Pflanzen in einem stumpfwinkligen, ungleichschenkligen Dreieck miteinander kombinieren. *Cortaderia selloana* ‘Pumila’ ist die kleinstwüchsige Kulturvarietät, die wir zurzeit haben, und zum Zeitpunkt der Herbstblüte »nur« etwa 1,80 m hoch. Bei Arten, die bis zu 3 m hoch werden, achten Sie darauf, eine schöne weißblühende Züchtung wie ‘Sunningdale Silver’ auszuwählen. Vermeiden Sie um jeden Preis das rosa Pampasgras. Es zeigt zu Beginn der Blüte zwar einen Hauch von Rosa, wechselt aber schnell zu grau und wirkt aus der Ferne dann gar nicht mehr gut.

Ihr Pflanzdreieck aus Pampasgras könnten Sie zusätzlich noch mit niedrigeren Pflanzen kontrastierender Blattfarbe auffüllen. *Melianthus major* würde sich hier bestens eignen, oder die großblättrige, einjährige Tabakpflanze *Nicotiana sylvestris*. Egal welche Wahl Sie treffen, es muss eine Pflanze sein, die bis in den Herbst hinein, wenn das Pampasgras seinen großen Auftritt hat, in perfektem Zustand bleibt.

Wenn ich nur wenig Platz zur Verfügung hätte, wäre das Gras meiner Wahl ein Vertreter der Gattung *Miscanthus.* Die Gemeinsamkeit der verschiedenen Arten ist ihr springbrunnenartiger Habitus. Meist werden sie um 2 m hoch und bilden im Herbst die Blüte aus, doch auch die abgestorbenen Halme und Blätter sehen mit ihrer strohgelben Farbe bis in die Wintermitte hinein sehr hübsch aus. *M. floridulus* (die Gartenform) ist extrem starkwüchsig und bildet bis zu 3,50 m hohe, zuckerrohrähnliche Halme. Ich habe diese Art nur ein einziges Mal in Blüte gesehen, liebe sie aber dennoch für ihr schönes Blatt.

Die Fackellilie *Kniphofia caulescens* habe ich zuvor schon als Blattschmuckpflanze angepriesen, dennoch werden die meisten Vertreter dieser Gattung für ihre auffälligen Blütenstände gezüchtet (flammend rot, flammend gelb, flammend weiß, je nach Gusto). Sie sind als Pflanzen so individuell, dass sie allein mitten im Rasen oder in einem großen Beet kombiniert mit wenigen geeigneten Begleitern ein schönes Bild abgeben. Denken Sie jedoch daran, dass Fackellilien im Allgemeinen eher auf der frostempfindlichen Seite sind, daher gilt: Einpflanzen im Frühling, rigorose Drainage und Winterschutz für die Wurzeln mit einer dicken Schicht Farnwedel. Um einen spektakulären Anblick zu schaffen, würde ich eine Sorte mit extra großen Blütenständen wählen, wie etwa *K. uvaria* 'Nobilis' oder 'Samuel's Sensation', die beide spätblühend sind (August und September). Es ist fantastisch (vorausgesetzt, Sie sind zu der Zeit nicht im Urlaub), zu dieser Jahreszeit noch eine so dramatische Blütenshow im Garten zu haben.

Die Weißblühende Sommerhyazinthe, *Galtonia* (*Hyacinthus*) *candicans,* die im Spätsommer ihre wachsweißen Glockenblüten in locker angeordneten Trauben öffnet, harmoniert gut mit Fackelblumen. Möglicherweise sagt ihr der Standort nicht zu, den Sie für sie ausgesucht haben, aber sie samt sich selbst aus und blüht dann dort, wo es ihr gefällt, meist am Rand eines Blumenbeetes. Auch Germer habe ich als Solo-Pflanzung im Rasen immer am schönsten gefunden.

Eine Gestaltungsidee, die ich gern einmal auf einem Rasen umsetzen würde, ist eine Kombination aus Bartblumen, der *Lobelia* 'Queen Victoria' (oder einer ähnlichen roten Sorte) und *Senecio viravira*. Damit ginge allerdings jedes Jahr etwas Arbeit einher, da das Greiskraut nicht winterhart ist. Mit dem kräftigen Blau von *Caryopteris × clandonensis* oder *C.* 'Heavenly Blue' entstünde in meinem naturnahen, informellen Beet eine mondsichelförmige Pflanzung, von hinten umarmt von der Kardinalslobelie *L. cardinalis* mit ihren glühend roten, insektenartigen Blüten, deren Blütenstände über 1 m hoch werden (die Bartblume kann bei rigorosem, jährlichem Rückschnitt im Frühling auf einer Höhe von etwa 90 cm gehalten werden) und von Mitte August bis Oktober in voller Pracht stehen. Dort, wo die Pflanzung sich der Rasenfläche nähert, schwebt mir ein Teppich aus silberblättrigem Greiskraut vor, der die dunkelroten Stängel und Blätter der Lobelien noch betont, während er sich seinen Weg mitten hineinbahnt. Lobelien müssen häufig geteilt und im Frühling umgesetzt werden, in manchen Landesteilen müssen sie sogar unter Glas überwintern. Ab Anfang Juli brauchen ihre Zweige überdies eine Stütze. Doch das anschließende Blütenspektakel lohnt die ganze Mühe.

Viele Sträucher eignen sich ausgezeichnet als Gestaltungselemente im Rasen. Meine erste Wahl wäre immer der Perückenstrauch *Cotinus coggygria* (*Rhus cotinus*), der auch Venezianischer Sumach genannt wird, allerdings in seiner gewöhnlichen, grünblättrigen Form. Keine der Kulturvarietäten mit violettem Laub produziert eine so herrliche Blüte wie diese, mit unzähligen, verzweigten Fruchtstielen, die sich rosa färben, nachdem die an sich unauffällige Blüte verwelkt ist. Und wenn dann Tautropfen auf diesen rosa Wölkchen stehen, werden Sie sich fragen, warum Sie frühmorgens nicht öfter Zeit im Garten verbringen.

Mit kriechendem Wacholder kann man jede Rasenfläche schmücken, ohne es je damit übertreiben zu können. Oder mit dem nicht ganz so niedrigen *Juniperus sabina* 'Tamariscifolia', der etwa auf Kniehöhe seine waagerechten Arme ausbreitet. Hinter einer solchen Gruppe könnte ein Ätna-Ginster *Genista aetnensis* in den Himmel ragen, dessen lichtdurchlässige Zweige bis zu 4,50 m hoch werden können und sich im Juli in gelbe Blütenfontänen verwandeln.

Was ich auch immer schon einmal ausprobieren wollte, ist eine Mischpflanzung aus zwei Strauchpäonien: *Paeonia delavayi* mit kastanienbraunen Blüten und *P. d.* var. *ludlowii* (syn. *P. lutea* var. *ludlowii*), deren Blüten die Farbe heller Butterblumen hat. Beide werden etwa 2 m groß, während die gelbe Form etwas ausladender wächst und eine Breite von 3,50 m erreichen kann. Für den absoluten Blütentraum, den man sich davon erhofft, sind beide zu wenig produktiv, aber ihr Laub bleibt ein halbes Jahr lang makellos. Außerdem sind sie gute Begleiter für andere Arten: Darunter könnte eine Kolonie von winter- und frühlingsblühenden Zwiebelblumen stehen, darüber kann ich mir eine kleinblütige, späte Clematis gut vorstellen. Die von Juli bis Oktober blühenden Texensis-Hybriden wären hier besonders geeignet, dazu gehören auch die karminrote 'Gravetye Beauty', die dunkelrosa 'Duchess of Albany', die kirschrote, silbergeränderte 'Etoile Rose' und einige mehr. Erstere öffnet ihre sternförmigen Blüten, während die anderen noch glockige Knospen sind. Man kann sie über den Winter bodennah zurückschneiden, damit sie für ihre Wirtspflanzen nie zu erdrückend werden. Eine der Kulturvarietäten der früh blühenden *Clematis alpina* – entweder die tiefblaue 'Pamela Jackman' oder die katzenäugige 'Columbine' – könnte mit der gelben Strauchpfingstrose harmonieren.

Als Nächstes wollen wir uns Blumenbeeten an offenen, ausgesetzten Standorten widmen, die wir mit pflegeleichten Elementen bepflanzen (was Rosen von schon mal ausschließt). Solche permanenten Pflanzungen brauchen, wenn sie erst eingewachsen sind, nur einmal im Jahr unsere Aufmerksamkeit; alle Akteure darin schließen sich zu einer kompakten Einheit zusammen.

Beete, die nur einer Pflanzenart vorbehalten sind, wären natürlich am einfachsten zu pflegen, aber es mangelt ihnen an Abwechslungsreichtum. Heidekraut ist hier die naheliegende Option. Man könnte manche Beete winter- und frühjahrsblühenden Arten widmen, während in anderen die sommerblühenden wachsen. Manche Heidekräuter besitzen ein wunderbar gefärbtes Laub, doch angesichts der winzigen Blattgröße und der grundsätzlich unregelmäßigen Wuchsform haben sie wenig gartenarchitektonischen Wert. Diese Schwachstelle der Heidekräuter ist normalerweise schnell wettgemacht, indem man einige Exemplare eines säulenförmig wachsenden Wacholders – namentlich *Juniperus communis* 'Hibernica' – an strategischen Stellen zwischen das Heidekraut pflanzt.

Ein weiterer Vertreter aus der Familie der Heidekrautgewächse kann auf dieselbe Art zum Einsatz kommen: die Scheinbeerenart *Gaultheria mucronata* (syn. *Pernettya mucronata*). Ihre Blätter sind zwar klein, aber ordentlich und glänzend, zudem trägt sie hübsche Rispen großer Beeren, die verschiedenste Farbtöne von Weiß über Pink bis hin zu Violett annehmen können. Vorausgesetzt, sie bleiben von den Vögeln verschont, schmücken sie vom Herbst bis in den nächsten Sommer hinein die Sträucher. Durch Ausläufer bildet die Scheinbeere einen dichten Teppich. Die Wuchshöhe beträgt etwa 60 cm, was in kleinen Beeten möglicherweise fehl am Platz wirkt.

Mich begeistert keiner der eben erwähnten Vorschläge, man muss aber auch bedenken, dass Monokulturen dem Gärtner Arbeit und Sorgen ersparen. Ganze Beete voller großblättriger Bergenien würden Unkraut zum Beispiel erst gar nicht aufkommen lassen. Die Herzblättrige Bergenie, *Bergenia cordifolia,* auch Elefantenohr genannt, war bis dato stets die beste Wahl, doch mittlerweile gibt es auch eine Vielzahl attraktiver Cultivare, deren Blüten intensiver gefärbt sind. Beispiele dafür sind die aus Deutschland kommenden Sorten 'Abendglut', 'Morgenröte' und die weißblühende 'Silberlicht'.

Das Großblütige Johanniskraut, *Hypericum calycinum*, wird oft in den Schatten verbannt, obwohl es an sonnigen Standorten eine wesentlich bessere Figur macht. Das einzige an gärtnerischer Pflege, die jedes Jahr im Frühling anfällt, ist ein Rückschnitt bis zum Boden, was auch zu einer stärkeren Blütenbildung anregt. Funkien machen sich ebenfalls gut allein in einem Beet und benötigen keinen Schatten, solange der Boden ausreichend fest ist und die Feuchtigkeit hält. Mit der auffälligsten Blüte können die Arten *Hosta rectifolia* und *H. ventricosa* aufwarten. Die buntlaubigen Formen verbrennen leicht, wenn sie zu viel Sonne ausgesetzt sind. Beete mit Taglilien (*Hemerocallis)* können eine schöne Wirkung erzeugen, wenn die Sorte stark blüht. Gärtnerisch stellen sie keinerlei Ansprüche, vorausgesetzt (das sollte ich vielleicht hinzufügen), ihre Beete werden anfangs von mehrjährigen Unkräutern wie Ackerwinden freigehalten.

Es wäre recht amüsant, ein Beet anzulegen, in dem berühmt-berüchtigte Wucherer ineinanderwachsen, ohne den Versuch zu unternehmen, sie zu trennen. Wenn dann der ein oder andere flöten ginge, würde der Verlust kaum auffallen. Mögliche Kandidaten dafür wären verschiedene Immergrün-Arten (die in der Sonne schöner blühen als im Schatten), Efeu, die Hängepolster-Glockenblume, *Campanula poscharskyana*, mit ihren helllila Blütensternen, die Kriechende Säckelblume, *Ceanothus thyrsiflorus* var. *repens*, die starkwüchsigste unter allen Arten dieser in die Breite wachsenden, blau blühenden Gattung, die Chinesische Brombeere, *Rubus tricolor*, eine kriechende, dornenfreie Kletterpflanze mit glänzendem, immergrünem Laub, oder die Weißbunte Kriechspindel, *Euonymus fortunei* (*radicans*) 'Silver Queen', deren im Sommer grün und cremeweiß panaschiertes Laub in der kalten Jahreszeit einen Hauch von Rosa annimmt.

Dürfte ich mehrere dauerhafte Beete planen, würde ich sehr weitläufige Flächen anlegen und sie dann mit wartungsfreien Pflanzengruppen bestücken, die im Großen und Ganzen sich selbst überlassen bleiben. Voraussetzung wäre, dass sie von Frühling bis Herbst dichtes Laub tragen und einen niedrigen Wuchs aufweisen, dabei spielte es keine Rolle, ob es sich um Sträucher oder mehrjährige Stauden handelt, Sommergrüne oder Immergrüne.

Die meisten Stauden sind in unseren Breiten sommergrün, doch es wäre falsch zu glauben, dass sie deshalb keine guten Bodendecker abgeben. Funkien zum Beispiel ziehen sich im Winter zurück, dennoch haben Unkräuter schlicht nicht genug Zeit oder Durchsetzungsvermögen, um sich in der kurzen Zeit festzusetzen. Die Fetthenne *Sedum* 'Herbstfreude' (syn. 'Autumn Joy') harmoniert mit ihrer rubinroten Farbe ausgezeichnet mit der spät lavendelfarben blühenden *Hosta lancifolia*, dazu passen graublättrige Pflanzen wie niedrige Perlkörbchen-Arten (*Anaphalis*) – zum Beispiel *A. margaritacea* und *A. triplinervis* mit ihren weißen, unendlich beständigen Blüten – und der filigran gefiederte Pontische Beifuß, *Artemisia pontica*. Außerdem würde ich die Gruppe noch durch Balkan-Bärenklau, *Acanthus longifolius* (*A. balcanicus*), ergänzen. Er besitzt weiche und doch attraktiv eingeschnittene Blätter und zeigt an jedem Standort eine üppige Blüte.

Mit dieser farbenfrohen Mischung sind wir auf einer Höhe von knapp 1 m angelangt. Also sollten wir lieber nochmals in die Knie gehen und von vorn beginnen. Eine der niedrigsten, jedoch recht wuchsfreudigen Wacholder-Arten ist der *Juniperus conferta* mit seinem herrlich frischen, blassgrünen Laub. Hinterpflanzen könnten wir ihn mit einem *J. sabina* Cupressifolia-Gruppe, der ein sattes

Lorbeergrün aufweist (für mich schöner als der bekanntere *J. horizontalis*) und dem eher grünblau belaubten *J. sabina* 'Tamariscifolia'. Dazwischen könnten wir die Chinesische Zwerg-Eberesche, *Sorbus reducta*, ansiedeln. Die Pflanze vermehrt sich über Ausläufer und trägt pinkfarbene Beeren.

Ein schöner Kontrast zu den horizontalen Linien der Wacholderpflanzen könnte mit einer Gruppe der Neuseeland-Iris, *Libertia formosa*, erreicht werden, die dichte, schmale Blatthorste aufweist und immergrün ist. Ihre weißen Blüten, die eine dreieckige Silhouette haben, erscheinen im Frühsommer. Etwas mehr Farbe können wir mit einem Sonnenröschen wie etwa *Helianthemum* 'Rhodanthe Carneum' (syn. *H.* 'Wisley Pink') in unseren Teppich einarbeiten. Die graublättrige Pflanze ist starkwüchsig und sollte nach der Blüte zwischen Mai und Juni unbedingt zurückgeschnitten werden, damit sie für den Rest der Gartensaison vorzeigbar bleibt. Fingersträucher erfordern nicht so viel Aufmerksamkeit. Sollten sie einen Rückschnitt benötigen, kann man das gegen Ende des Winters erledigen, wenn sonst im Garten Flaute herrscht. Kulturvarietäten der *Potentilla fruticosa* gibt es in verschiedenen Gelb- und Apricot-Schattierungen. Eine andere Möglichkeit wären niedrig wachsende Skimmien – männliche Pflanzen werden selten höher als 60 cm. Es gibt eine besonders dekorative Sorte, deren Blattränder und Blüten satt pink gefärbt sind. Suchen Sie nach dem Sortennamen 'Rubella'. Manchmal findet man sie unter *Skimmia japonica*, andere Male unter *S. reevesiana*. Sie würde sich gut als Bestäuber für die weibliche *S. japonica* eignen, die an einem offenen Standort um die 90 cm hoch wird und von September bis Juni sehr hübsche, rote Beeren trägt, die von Vögeln verschmäht werden.

Verschiedene niedrig und dicht wachsende, immergrüne Cotoneaster könnten ebenfalls mit einbezogen werden, in erster Linie *Cotoneaster congestus* und *C. microphyllus*. *C. cochleatus* ist eine noch dichter wachsende, niedrigere Form des Zweiteren, die sehr attraktiv ist. Die Rote Zwergberberitze, *Berberis thunbergii* 'Atropurpurea Nana', ist zwar laubabwerfend, aber eine gute Pflanze, die sich wirkungsvoll von dem grünblauen Laub der Weinraute *Ruta Graveolens* 'Jackman's Blue' abheben würde. Der Spanische Ginster, *Genista hispanica*, dem Besenginster sehr ähnlich, weist einen sehr dichten, beinahe undurchdringlichen Habitus auf und blüht im Mai.

Sie sehen also, es gibt da die ein oder andere gute Idee.

Heidekraut in Perspektive setzen

Heidekraut ist zurzeit so en vogue, dass es droht, zur Manie zu werden. Wahrscheinlich werden Gärtner im 21. Jahrhundert über unsere Heidekrautgärten in ähnlicher Weise die Nase rümpfen, wie wir es heute bei Viktorianischen Strauchgärten tun.

Heidekräuter sind ehrbare Zeitgenossen, voller wohlklingender Tugenden. Man könnte sagen, sie sind der Hauptakteur, ja das Rückgrat des sorgenfreien Gartens: immergrün, bodendeckend, unkrautunterdrückend, wirkungsvoll und doch zurückhaltend in ihrem hübschen Erscheinungsbild, das ganze Jahr über. Einzeln sind sie nichts. Das bedeutet, sie müssen in Massen eingesetzt werden, was sie zum Inbegriff der charakterlosen Pflanze macht. Viel zu oft dienen sie lediglich einem Klischee und sind einfach nur kolossal langweilig. Für den durchschnittlichen, kleinen Garten ist ein Beet mit Heidekraut schlichtweg unpassend.

Heidekraut braucht weite, offene Flächen, Bedingungen, die es in einem sehr großen Garten möglicherweise vorfindet, doch selbst dann eher als Statist im Hintergrund als in der Rolle als Hauptdarsteller. Mein Favorit unter den Heidekrautgärten war stets Ladham House, außerhalb von Goudhurst in der Grafschaft Kent. Er bestand aus einer Art offener Arena (auf sandigem Boden), insgesamt knapp einen Hektar groß, mit einem Waldgürtel und einigen klassischen Parkbäumen als Kulisse im Hintergrund. Eigentlich waren es jedoch die Pflanzen, die als Blickfang neben und hinter den Heidekrautbeeten wuchsen, die mir in Erinnerung geblieben sind: der *Rhododendron × mucronatum,* der Ende Mai in Weiß erstrahlt, die knorrigen, alten Zistrosen mit ihrer Blüte im Juni und das gelbe Meer aus Madeira-Ginster und Ätna-Ginster (*Genista tenera* (syn. *G. virgata*) und *G. aetnensis*) im Juni und Juli.

Ich würde nicht behaupten wollen, dass die Heidekräuter in den Burford Gardens in Shropshire in ihrem üppigen Flusstal besonders stimmig sind, dennoch wurden sie sehr ideenreich mit Clematis-Arten kombiniert. Zum Einsatz kommen dort kleinblütige, spätblühende Sorten wie 'Minuet', 'Venosa Violacea', 'Etoile Violette', 'Little Nell', 'Alba Luxurians' und 'Abundance', die von Juli bis September ihren Aufritt haben und danach zurückgeschnitten werden, um die Bühne für winter- und frühlingsblühende Heidekräuter freizugeben. Clematis sieht sehr schön aus, wenn sie nur knapp über dem Boden rankt. Eine andere sehr wirkungsvolle Herbstkombination in diesem Garten ist das Blau des Herbstenzians *Gentiana sino-ornata* vor einer spät blühenden, gefüllten rosa Besenheide.

Natürlich kann man aus verschiedensten Gründen seine Freude an Heidekräutern haben. Wie wunderbar, im Februar die ersten Bienen auf der *Erica carnea* bei der Arbeit zu beobachten. Es ist immer noch Winter, doch sie ist ein erster, greifbarer Vorbote des Frühlings. Ich kann auch jeden verstehen, der sie als Abgrenzung eines sonst grässlich trostlosen Rosenbeets verwendet, einmal für eine Saison. Doch die Rosenstängel geben auch nicht gerade einen schönen Hintergrund für die Heidekräuter ab.

Im April und Mai dürfen wir uns über die Millionen von winzigen weißen Blüten der *E. arborea* var. *alpina* freuen, in denen lauter Bienen summen und die einen köstlichen Honigduft verströmen.

Diese Art zählt zu den frostbeständigsten Baumheiden überhaupt und kann eine Höhe von 3 m erreichen. In Ausnahmefällen kann sie sogar so massig werden, dass ein Solitärbaum entsteht, der mit den Jahren immer knorriger und interessanter wird. Die Pflanze kommt auch im Schatten gut zurecht.

Eine oder zwei der gängigsten Besenheiden (*Calluna vulgaris*) lohnen einen genaueren Blick. Es handelt sich dabei um die gefüllt blühenden Sorten, deren Knospen auf langen Blütenständen stehen wie Perlen auf einer Kette. Hier sind die rosa Sorte 'H. E. Beale' und die etwas niedrigere 'J. H. Hamilton' erwähnenswert. Das einzige Problem ist, dass die Sträucher wesentlich attraktiver sind, solange sie jung sind und sehr lange Blütenstände haben. Später, wenn sie schon öfter zurückgeschnitten wurden, sind die kürzeren Zweige nicht mehr so aufregend.

Zusammengefasst lässt sich also sagen: Heidekräuter können gute Statisten sein, als Hauptdarsteller sind sie jedoch dröge und aufgesetzt. Wenn Ihnen ein zu großer Garten über den Kopf wächst, sind sie ein arbeitssparender Fluchtweg. Wenn Sie Pechvogel einen Steingarten geerbt haben und sich nicht leisten können, ihn abreißen zu lassen, kann man ihn mit Heidekraut verdecken. Und wenn Sie einen viele Hektar großen Garten in einer ländlichen Umgebung besitzen, können Heidekräuter in ihrem Element sein. Aber bitte: Lassen Sie sich nicht von der Erika-Manie anstecken, indem sie diese Pflanze so inflationär verwenden wie Rosen. Andernfalls nehmen Sie sich all die Freude, die das Gärtnern mit sich bringt.

Farben

Gute und schlechte Farbkombinationen

Was eine gute und was eine schlechte Farbkombination ist, darüber lässt sich so vorzüglich streiten, dass es wohl besser wäre, das Thema gar nicht erst anzuschneiden. Doch dann ist da diese sirenenhafte Faszination, die einen wieder anlockt. Es gibt Leute, die für manche Farben einfach blind sind. Orange zum Beispiel ist vielen ein Gräuel, egal welche Beschaffenheit das Orange hat, welche Blume es trägt oder in welcher Umgebung es zu sehen ist. Ich für meinen Teil mag jede Farbe, wenn sie – wie ich es nenne – rein ist oder typisch. Der Aspekt der Reinheit ist in diesem Kontext gar nicht leicht zu definieren, aber ich glaube, die meisten Leser werden verstehen, was ich damit ausdrücken will.

Farben sind auch Moden unterworfen, doch oft ist es nicht so sehr die Farbe selbst, sondern das Wort, das sie beschreibt. »Mauve« und »Magenta« zum Beispiel sind aktuell so out, dass Gärtnereien es gar nicht mehr wagen, sie in ihren Katalogtexten zu erwähnen. *Gladiolus communis* subsp. *byzantinus,* um nur ein Beispiel zu nennen, wird ganz unterschiedlich als purpurrosa, rötlich violett, weinrot oder, wie im Lexikon der R. H. S., schlicht als »rot« bezeichnet. Doch eigentlich kann niemand ernsthaft bestreiten, dass die Blüten dieser Pflanze einfach nur magentarot sind, und in einem wunderschönen Ton noch dazu, mit wenig Blauanteilen darin (aber das ist natürlich Geschmackssache).

Was hier zählt, ist jedoch nicht nur die blanke Farbe, wie wir sie im Malkasten oder vor unserem geistigen Auge sehen. Die Blüten der besagten Gladiole *G. c.* subsp. *byzantinus* sind feingliedrig und elegant, nicht so fleischig und schwer wie die großblütigen Arten. Auch Stängel und Blütenstand sind eher schlank und zierlich. Wenn sie in einer Wiese wächst, wozu sie sehr gut in der Lage ist, lege ich mich mit jedem an, der es wagt, an ihrer Farbe herumzunörgeln.

Vielleicht ist es gar nicht unbedingt eine bestimmte Farbe, die Kritik verdient, sondern die Art und Weise, wie die Natur und der Mensch sie einsetzen. Der Feuersalbei, *Salvia splendens*, zum Beispiel – Liebling der Parks und öffentlichen Gartenanlagen – wurde von der Natur mit einer Blüte ausgestattet, die sich von den Blütenblättern bis zum Blütenkelch in schreiend gleichförmigem Scharlachrot präsentiert, während das Laub grob und nichtssagend ist. Trotzdem könnte diese optisch riskante Pflanze in vernünftigem Ausmaß in einer gemischten Rabatte für einen schönen Effekt sorgen, nur leider kommt sie ausgerechnet auf diese Art niemals zum Einsatz. Der Mensch reduzierte stattdessen den natürlichen Habitus der Pflanze auf einen niedrigen, kompakten Klumpen kondensierter Blüten, um sie dann scharenweise in diese typischen Beetformationen zu pferchen, die wir alle zur Genüge kennen.

Unglücklicherweise beschweren sich oft dieselben Leute am lautesten über diese Park-trifft-Garten-Mentalität, wie sie manchmal genannt wird, die dann jubeln, wenn dasselbe Verbrechen in größeren Gärten an Kurume-Azaleen verübt wird. Ich habe damals, als diese Züchtungen in der Zeit nach dem Zweiten Weltkrieg gerade einen Höhenflug der Popularität erlebten, die Worte eines Experten in Sachen Rhododendren nachgelesen, der sagte, dass sie in großen Schwärmen in einem lichtem Waldambiente am wirkungsvollsten seien. Das Wort »Schwarm« kommt dabei immer wieder vor. Er geht sogar so weit, dass er »keinen Grund sieht, warum die frosthärtesten Varietäten nicht auch in einem *Parterre* gepflanzt werden sollten«, (wobei er statt »Parterre« auch einfach nur »Blumenbeet« hätte sagen können, es klingt bloß weniger schick). Sie sollten als dauerhafte Beetpflanzen eingesetzt werden, was dann auch eins zu eins passierte. Das Problem (oder der Vorteil, je nach Standpunkt) vieler Kurume-Azaleen ist nur, dass sie sehr kleinwüchsig und gedrungen sind, dazu aber so überladen mit Blüten, dass während der Blühsaison nichts anderes mehr sichtbar ist. Außerdem legen sie in vielen Fällen Farben an den Tag, die Frank Kingdon-Ward als »kränklich magenta« oder »schmutzig braun« bezeichnet hätte – Farben, die annehmbar aussehen, solange sie locker auf Zweigen verstreut sind, wie etwa beim Echten Seidelbast, *Daphne mezereum*, die aber schnell an Reiz verlieren, wenn sie eimerweise verschüttet werden.

Ich muss zugeben, mich hat der Anblick eines Meeres aus Kurume-Azaleen beim ersten Mal ebenso umgehauen wie alle anderen. Es war etwas Neues – und Unerwartetes. Doch es ist unvermeidlich, dass sich unser Geschmack in Gartendingen verändert. Wir lernen, zu unterscheiden. Niemand besitzt diese Fähigkeit von Geburt an. Haben wir als Kinder nicht alle über die kurzlebige Frühlingsblütenpracht der Japanischen Blütenkirsche, *Prunus* 'Kanzan', gestaunt? Dieser Überfluss an weichen, luftigen, rosa Pompons war einfach faszinierend. So würden wir auch unseren eigenen Kindern dieses Vergnügen nicht nehmen wollen, indem wir ihnen mitteilen, dass diese Spezies völlig überstrapaziert ist, dass sie viel zu oft am falschen Ort steht, dass ihre dunkelrosa Blüten zu viel Mauve-Anteil haben, der sich mit dem jungen bronzefarbenen Laub auf grausame Weise beißt, dass der Baum im Winter eine steife, hagere Figur macht, während die Blüte selbst nur eine Woche lang hält und in der Folge von Laub ersetzt wird, das in Form und Farbe ausgesprochen langweilig ist.

Ein Lobgesang auf »Mauve«

Es ist eine traurige Tatsache, dass Mauve schon seit längerem in Ungnade gefallen ist. »Frauen«, so bemerkte der Schriftsteller Beverley Nichols einmal, »scheinen zu dem Schluss gekommen zu sein, dass Mauve etwas Unschmeichelhaftes mit ihrem Teint anstellt. Ich vertraue darauf, dass dieses Vorurteil nicht auch auf ihre Gärten übergreift.« Aber natürlich tat es das. Wieder ist es nicht so sehr die Farbe, die die Gemüter erhitzt, sondern das Wort »Mauve«. Es tauchte erstmals vor etwas mehr als hundert Jahren auf, als Beschreibung für einen Anilinfarbstoff, der aus Kohlenteer gewonnen wurde und im Wörterbuch als »leuchtend, aber zart« beschrieben wurde. Welcher exakte Farbton damit gemeint war, weiß kaum noch jemand. Als ich klein war, stellte ich mir Mauve als eine Farbe vor, die zu pink war, um blau zu sein, und zu blau, um sich Pink zu nennen, jedoch nicht dunkel genug für Violett. Abwertende Bedeutungen hatte das Wort für mich nicht. In jungen Jahren befand sich Mauve zweifellos am Gipfel der Popularität. Im Jahr 1861 berichtete das *St James' Magazine* von dem »modischen und wahrlich wunderschönen Mauve und dessen Variationen«. Ich wünschte, Mauve würde bald ein Comeback feiern, dann könnte eine ganze Reihe Gartenblumen auf der Popularitätswelle mitreiten.

Die Kretische Schwertlilie, *Iris unguicularis*, ist für mich der Inbegriff von Mauve, vor allem wenn man sie im gelben Licht der Wintersonne betrachtet. Die Farbe ist tatsächlich leuchtend, aber zart, und sie wird durch die zierliche Gestalt und elegante Haltung der Blüte noch unterstrichen. Eine so gewinnende Pflanze muss keine Konkurrenz scheuen. So verständigen sich ihre Bewunderer, wenn sie aufgerufen sind, die Farbe zu beschreiben, mit Freuden auf »sattes Flieder«.

Etwas schwieriger wird Mauve im Fall von *Rhododendron ponticum*, einer etwas wechselhaften Pflanze, die gewöhnlich sehr viel mehr Pinkanteil besitzt als die Schwertlilie. Die meisten Menschen, und da schließe ich mich ein, wenden sich etwas angewidert von dieser Art ab. Ihre Farbe ist grell, das Blatt trist und der Strauch als Ganzes langweilig. Darüber hinaus trägt die Tatsache, dass die Art häufig als Unterlage für winterharte Hybriden verwendet wird und als solche gern Wildtriebe bildet, zusätzlich zu unserer Abneigung bei. Und doch, eines Tages im Juni in den Wäldern hinter dem Bedgebury Pinetum in der Grafschaft Kent, sah ich diesen Rhododendron in Perfektion. Nachdem wir uns den ganzen Tag an Nadelbäumen sattgesehen hatten, blickten wir über den See auf die Uferböschung, die dahinter sanft emporstieg. Und dort, unter dem sinkenden Licht des Gewitterhimmels, der sich immer wieder in donnernde Regenschauer entlud, standen die verwilderten Büsche dunkel und kaum erkennbar, während ihr Blütenpink sich im Schatten der Bäume in Wolken von Mauve auflöste – nicht in Form von massigen Klumpen, sondern subtil geschichteten Büscheln.

Es gibt zwei Prachtspieren in äußerst fragwürdigem, jedoch aufsehenerregendem Mauve. Die Blütenfarbe der *Astilbe chinensis* var. *taquetii* 'Superba' wird im Katalog taktvoll als »helles Violettrosa« beschrieben. Hell ist die Blüte tatsächlich, und die Pflanze als solche ist ganz hervorragend, mit einer Höhe von mindestens 1,20 m und einem stolzen, aufrechten Wuchs. Das Laub, das bei Prachtspieren immer einen Pluspunkt darstellt, ist herrlich faltig und prächtig gezahnt. Die verzweigten Blütenrispen blühen zur gewöhnlichen Spierensaison im Juli, mit einer Nachblüte im August und September.

A. chinensis var. *pumila* erreicht eine Wuchshöhe von lediglich 60 cm und ist eine ausgesprochen späte Blüherin – von August bis Oktober. Auch sie hat einen ausgezeichneten Habitus und fühlt sich besonders wohl in Gärten mit kompaktem, beinahe nassem Boden. Meiner Mcinung nach passt sie besonders gut als Kontrast zum Goldgelb der schwarzäugigen Sternblüten des Sonnenhuts *Rudbeckia fulgida* var. *sullivantii* 'Goldsturm'. Beide Arten gedeihen unter denselben Bedingungen und kommen mit viel Schatten gut zurecht, wenn es sein muss.

Und schließlich möchte ich noch die Vorzeigehortensie *Hydrangea aspera* Villosa-Gruppe erwähnen, die von einer Baumschule, deren Reklame mir in die Hände fiel, als die einzige Hortensie mit *blauen* Blüten beschrieben wurde, unabhängig von der Bodenzusammensetzung. Tatsächlich ist der innere Kreis aus winzigen fertilen Blüten fast blau, doch die großen, äußeren Blüten zeigen sich in einem warmen Altrosaton. Der insgesamt entstehende Farbeindruck ist ein fantastisches Mauve. Durch den Säuregehalt im Boden ändert sich an dieser Farbgebung nur wenig (ganz im Gegensatz zu anderen Hortensien), zudem ist die Art kreide- und kalktoleranter als die meisten ihrer Verwandten.

Wechselspiel der Farben

Die Art, wie Pflanzen oder Blüten abhängig von Jahreszeit, Bodenbeschaffenheit, pH-Wert des Zellsafts, Alter, Sonneneinstrahlung oder anderen Faktoren ihre Farbe wechseln, hat mich schon immer fasziniert. Das Thema kam mir wieder in den Sinn, als ich bei Graham Thomas über die Bourbon-Rose 'Mme Pierre Oger' Folgendes las: »Wenn sich 'Mme Pierre Oger' an einem kühlen Tag zum ersten Mal öffnet, zeigt sie sich mit weicher, warmer, cremeweißer Haut und bleibt bei grauem Wetter unverändert; bei schönem Wetter erwärmt die Sonne die Blütenblätter oder Teile davon, sodass sie ein helles Rosa annehmen, während bei sehr heißem Wetter eine noch viel intensivere Farbe entsteht.« Was die Lektüre von Mr Thomas' Ausführungen so lohnend macht, ist die Kombination aus breitem Fachwissen und scharfsinnigen, mit Augen und Nase erlebten, persönlichen Beobachtungen. Ohne ihn hätte man eine 'Mme Pierre' unter Umständen ein Leben lang weiter gepflegt, ohne je diesen speziellen Zusammenhang zwischen ihrer wechselnden Blütenfarbe und der Sonne zu bemerken.

Was ich eigentlich sagen will, ist, dass mir das Phänomen danach auch bei anderen Rosen auffiel: 'Peace' zum Beispiel hat die Angewohnheit, sich im Sommer pinke Blütenblattränder zuzulegen; und die Blüten von 'Autumn' leuchten bei ihrem ersten Auftritt im Juni satt orange, verblassen jedoch mit fortschreitender Saison, bis sie im Oktober kaum noch dunkler sind als Schlüsselblumen. Wahrscheinlich ist es die Temperatur bzw. die Folge direkter Sonneneinstrahlung, die diese Veränderungen beeinflusst.

Es interessierte mich, was Mr Thomas wohl zu *R.* × *odorata* 'Mutabilis' zu sagen hätte, und ich blätterte im Stichwortverzeichnis seines Buches nach. Da bemerkte ich erst, dass ich den falschen Band zur Hand hatte, jenen mit den »Historischen Strauchrosen«, anstatt jenen mit den »Strauchrosen von heute«. Es ergibt keinen Sinn, nur eines von Graham Thomas' Rosenbüchern zu besitzen, entweder man hat alle drei (der dritte Band beschäftigt sich mit alten und neuen Kletterrosen) oder keines. Ebenso sinnvoll wäre es, die drei Bände nicht in verschiedenen Teilen des Hauses zu verstreuen, denn es ist unvermeidlich, dass ein Gedankengang von einer Rosenvarietät zur nächsten führt und, wie der Teufel es will, zwei aufeinanderfolgende Eingebungen sich niemals durch Nachschlagen in ein und demselben Band klären lassen.

Als ich den richtigen Band aufgeschlagen hatte, führte mich der Index freundlicherweise von *R. mutabilis* zu *R. chinensis mutabilis*, weil es sich um eine China-Rose handelt. »Die Farbe der Blüten ist bemerkenswert: Sie öffnen sich aus schlanken, spitz zulaufenden Knospen in lebhaftem Orange, die dort, wo die Sonne sie streift, feuerrot werden; die geöffnete Blüte ist innen Chamois-Gelb, während die Flammentöne der Knospe sich an den Blütenrändern fortsetzen. Am zweiten Tag, nach der Bestäubung, wechseln sie in ein weiches, kupfernes Rosa, während sich die Farbe am dritten Tag, wenn die Blütenblätter schon welken und abfallen, weiter intensiviert, bis sie ein kupfernes Karminrot angenommen hat. Am sattesten sind die Farben bei heißen Temperaturen; die unzähligen Blüten wirken wie Schwärme von Schmetterlingen.« Unter dem

Stichwort »Masquerade«, das wie durch ein Wunder im selben Band behandelt wird, finden wir die Vermutung bestätigt, dass ihre Farbkapriolen auf die *R. mutabilis* zurückzuführen sind. Denn China-Rosen werden, wenn sie langsam verwelken, dunkler, nicht heller.

Es wird Ihnen aufgefallen sein, dass Mr Thomas hier einen zusätzlichen Faktor für eine Verfärbung anspricht: Nicht nur Sonneneinstrahlung und Temperatur spielen eine Rolle, sondern auch die Bestäubung. Man könnte Thomas' Theorie hier anzweifeln. Man müsste erst versuchen, den Effekt zu beweisen, indem man die Stigmata einiger offener Blüten dieser clownesken Rosen entfernt, damit sie nicht bestäubt werden können. In diesem Fall müssten die behandelten Blüten weniger stark nachdunkeln als die unbehandelten.

Bei bestimmten anderen Blumen ist eine Farbveränderung nach der Bestäubung tatsächlich bekannt. Das Japanische Geißblatt *Lonicera japonica* 'Halliana' zum Beispiel, dessen Blütezeit im Sommer und Herbst liegt, öffnet sich am ersten Abend als weiße Blüte, ist aber bereits vierundzwanzig Stunden später gelb. Die Wunderblume, *Mirabilis jalapa*, die auch als Vier-Uhr-Pflanze bekannt ist, weil sie die Angewohnheit hat, ihre Blüten zur Teestunde zu öffnen, ist anfangs weiß oder cremefarben, verfärbt sich aber bald über Gelb bis hin zu Karminrot. Als vorwiegende Nachtblüherin liegt bei ihr ebenso wie beim Geißblatt die Vermutung nahe, dass die Veränderung durch die Bestäubung bewirkt wird und nicht durch Licht oder Wärme, wobei physiologische Veränderungen durch den Alterungsprozess von allen Faktoren wohl am meisten Einfluss haben.

Ein weiteres Beispiel für eine tagblühende Blume, deren vorherrschende Faszination darin liegt, dass sie mit dem Alter errötet, ist der tropische Strauch *Lantana camara*, der in warmen Klimazonen als Heckenpflanze zum Einsatz kommt (weil sie zwar freundlich aussieht, aber auch Dornen hat) und bei uns zuweilen als sommerliche Beetpflanze. Die Blüten sind wie beim Eisenkraut (mit dem sie verwandt ist) zu Köpfchen zusammengefasst. Es existiert eine Vielzahl an Kulturvarietäten in verschiedensten Farben, die jedoch alle das gleiche Verhalten zeigen: Sie sind beim Öffnen der Blüte hell – zwischen weiß, creme, gelb oder rosa – und färben sich nach und nach immer dunkler, bis hin zu lila, feuerrot, purpurrot und so weiter. Am dunkelsten erscheinen stets die äußersten Blüten eines Blütenstandes.

Warum einige Tulpen-Arten dieses Verhalten zeigen und andere nicht, ist ein Rätsel. Sie kennen sicher auch einige Sorten, die sich als reinweiße oder gelbe Blüten öffnen und danach einen rosa oder rötlichen Hauch zeigen, der an den Rändern beginnt und dann die ganze Blüte einnimmt. 'Inglescombe Yellow' ist dafür bekannt, während 'Niphetos' anfangs gelb ist und sich dann in die entgegengesetzte Richtung nach fast weiß verfärbt.

Viele weiße Blüten tendieren dazu, rosa zu werden, bevor sie welken. Oft erblickt man gegen Ende Mai Pflanzen in wilden Hecken, die wie rosablühende Weißdorne aussehen, nur um bei genauerem Hinsehen festzustellen, dass die Blüten gerade ihre letzten Atemzüge tun und sich noch schnell etwas Farbe zulegen. Das Buschwindröschen ist zu Beginn und am Ende seines Lebens rosa: sowohl wenn die Knospen sich öffnen als auch unmittelbar bevor die Blütenblätter abfallen. Dieses Verhalten hat einer der hübschesten spätblühenden japanischen Zierkirschen, Prunus *serrulata* 'Albo-rosea', besser bekannt als 'Shirofugen', ihren lateinischen Namen eingebracht. In der Knospe noch pink, faltet sie auf einem langen Stängel ihre reinweiße, gefüllte Blüte auf, die aber am Ende wieder in ein bläuliches Lila wechselt. Weiß blühende Hartriegel haben ebenfalls eine Tendenz zu Rosa, und dann sind da noch die Hortensien.

Ich habe nicht die Absicht, mich bei dieser Gattung allzu lange aufzuhalten, dennoch sind ihre Farbveränderungen höchst bemerkenswert und im Vergleich zu anderen Pflanzen mit Abstand am abwechslungsreichsten, denn sogar dunkelrosa, blaue oder weiße Blüten können auf dem Sterbebett grelle Grüntöne annehmen. Die schweren weißblühenden Rispen der *Hydrangea paniculata* 'Grandiflora' färben sich erst spät rosa, während die etwas elegantere *H. p.* 'Praecox' unmittelbar von Weiß in ein grünliches Blau wechselt. Die beliebte alte Hortensiensorte 'Mme Emile Mouillère', die ausladende, weiße Schirme bildet, wird in der Sonne rosa, doch dort, wo die Blüten im Schatten liegen, verblassen sie zu metallischem Grün. Die auffälligsten Farbspiele kann man bei der *H. serrata* und ihren Kulturvarietäten beobachten, 'Grayswood' ist hier eine der bekanntesten Sorten. Natürlich gedeiht sie auch im Schatten gut, aber die besten Farbeffekte erzielt man, wenn sie an ihrem Standort zumindest etwas Sonne erheischt. Dann nämlich zeigen sich die unfruchtbaren Blüten ihres Blütentellers zuerst in Weiß, erröten dann jedoch schnell zu makellosem Pink. Oder vielleicht sollte man es als Blassrot bezeichnen, denn die Farbe enthält keine Spur von Blau. Nach und nach intensiviert sich ihr Ton zu leuchtendem Rubinrot, bis sie schließlich in ein dunkles, gedecktes Weinrot übergeht. Der ganze Prozess zieht sich über einen Zeitraum von etwa zwei Monaten, sodass man die Schönheit von 'Grayswood' besonders lange genießen kann. Die Farbwechsel der eben beschriebenen, ursprünglich weißen Hortensien sind unabhängig und unbeeinflusst vom Säuregehalt des Bodens.

Im Winter vollziehen sich die interessantesten Farbspiele an den Blättern vieler immergrüner Pflanzen. Sie reagieren auf das kalte Wetter, indem sie von Grün zu einem Richtung Violett gehenden Ton wechseln. Diese Eigenschaft ist bei vielen Koniferen anzutreffen. Der so entstehende Effekt kann etwas unheimlich sein. Etwa beim kriechenden *Juniperus horizontalis*, dessen dunkle, bläulich grüne Triebe ins Lila gehende Spitzen entwickeln. Doch in manchen Fällen besitzt das Lila auch einen erfreulich warmen Ton, wie zum Beispiel bei der zartblättrigen Sicheltanne, *Cryptomeria japonica* Elegans-Gruppe.

Unter den breitblättrigen Immergrünen ist dieses Verhalten am deutlichsten bei Bergenien zu beobachten. Floristen verfallen bei den Winterfarben der *Bergenia cordifolia* in helle Begeisterung, obwohl ich persönlich die leberartigen Töne eher als leblos und bedrückend empfinde. Ganz anders wirken hier die sehr leuchtenden Rottöne, die das Laub kurz vor dem Absterben annimmt.

Immer wenn ein spiegelglattes, glänzendes Blatt sich lila färbt, ist es ein besonderes Spektakel, wie zum Beispiel bei der gewelltblättrigen *Mahonia* × *wagneri* 'Undulata', deren Farbspiel noch durch einen karminroten Mittelnerv verstärkt wird. Ihr niedriger, sich langsam durch Ausläufer ausbreitender Wuchs macht die Traubenheide *Leucothoe walteri* (syn. *L. fontanesiana*) zu einem wertvollen Bodendecker für saure Böden, jedoch das Gestrüpp aus bis zu 90 cm langen Zweigen, auf denen das ledrige Laub zweizeilig angeordnet ist, hinterlässt im Garten optisch wenig Eindruck. Im Haus ist das ganz anders. Dort kann die Pflanze wesentlich wirkungsvoller arrangiert werden, als sie es von Natur aus ist, und die glänzend violetten, eilanzettlichen Blätter bleiben viele Monate lang ein schöner Anblick.

Die Zistrose *Cistus* × *hybridus* (syn. *C.* × *corbariensis*) mit ihrem sauber angeordneten, gewellten Laub färbt sich im Winter weinrot mit einem Bronzeschimmer, während *C.* × *cyprius* ähnlich interessant ist, nur auf ganz andere Art: Aus einem dunklen, fast leblosen Grün wechselt die Blattfarbe in ein helles Bleigrau. Eine kühle Farbe zur frostigen Jahreszeit, aber man kann nicht anders, als sie zu bewundern.

Rote Rabatten

Sie können jede Menge Wärme in ein Blumenbeet bringen, ohne ein Fünkchen Rot zu verwenden, und wenn Ihr Ziel darin besteht, bestimmte Farbharmonien zu schaffen, könnte es sein, dass für Rot kein Platz ist. Die meisten von uns mischen Rot jedoch in die Rabatten hinein und genießen die kräftig leuchtenden Farbkleckse, egal ob Scharlachrot oder Karminrot. In ihrer Intensität dienen sie als Referenzpunkt für andere Farben und heben Kontraste stärker hervor. Außerdem ist Rot eine Abendfarbe, die im Licht des Sonnenuntergangs besondere Tiefe entwickelt, just zu einer Tageszeit, zu der wir besonders empfänglich sind für die Freuden des Gartens.

Wenn man es sich genau überlegt, ist die Vielfalt an rotblühenden Pflanzen, die mehrjährig und winterhart sind, gar nicht so groß. Im Frühsommer haben wir die scharlachrot und blutrot blühenden Arten des Türkischen Mohns. Erstere sind häufiger zu finden, und es gibt Menschen, die ihre Farbe als aufdringlich und derb empfinden. Aber haftet nicht jedem Mohn eine wunderbare Frische und Zartheit in der Textur an? Außerdem wird das typische Scharlachrot von den großen, schwarzen Augen an der Innenseite der Blütenblätter und der Vielzahl an samtigen, schwarzvioletten Staubblättern perfekt ausbalanciert. Ein Beet, dessen Hauptblütezeit nicht vor Juli beginnt, ist für diese von Mai bis Juni blühenden Orientalen der größte Glücksfall. Das Scharlachrot leuchtet vor dem Hintergrund verschiedenster Blattformen, meist in den unterschiedlichsten Spielarten von Grün. Nach der Blüte werden die Mohnpflanzen bis zum Boden zurückgeschnitten, wobei man darauf achten sollte, dass keine Lücken entstehen. In der Nachbarschaft sollte man Stauden pflanzen, die erst spät ins Wachstum starten, jedoch zeitnah einen dichten Busch bilden. Herbstanemonen und die mehrjährigen Gipskräuter eignen sich hierfür wunderbar.

In meinem Hauptbeet fehlt Rot in der zweiten Junihälfte fast völlig. Ich könnte dieses Versäumnis geraderücken, wenn ich mir Gedanken machte, doch es gibt verschiedene Einwände gegen mehrere der Möglichkeiten. Die frühblühenden Fackellilien sind auffällig in Farbe und Form, gedeihen aber am besten auf lockeren Böden, Purpurglöckchen (*Heuchera*) ebenso. Ich habe die Sinnhaftigkeit dieser Pflanzen nie verstanden, außer man setzt sie reihenweise ein wie Gemüse.

Der Juli wird von der grellsten aller scharlachroten Blumen dominiert, der altmodischen Lichtnelke, *Lychnis chalcedonica*, auch »Brennende Liebe« genannt. Sie sollte in üppigen Gruppen gesetzt und diese von jeder Variante von Pink ferngehalten werden; in Kombination mit der weißen Großblümigen Gartenmargerite, mit gelben, blauen oder violetten Blütennachbarn, sieht sie jedoch ganz großartig aus. Am allerbesten machen sich ihre breiten, roten Blütenkuppeln mit den sattvioletten Ähren des Ziersalbeis *Salvia × superba*. Bei den purpurroten Blüten ist in dieser Zeit des Jahres die Indianernessel *Monarda* 'Cambridge Scarlet' mit ihrem kuppelförmig wachsenden Busch nicht zu schlagen. Die schönste Montbretie ist für mich heutzutage die *Crocosmia masoniorum*, obwohl sie immer wieder Gefahr läuft, für die Blumenvase geplündert zu werden. In der Farbe schwankt sie zwischen orange und zinnoberrot. Die Hybride 'Lucifer' erreicht eine Wuchshöhe von 1,20 m, blüht im Juli glühend rot und bildet nach der Blüte schöne Samenstände aus. Mehrere moderne Staudenphlox-Züchtungen kommen farblich dem Rot sehr nahe und sind wunderbar, wenn man sie dazu bringt, gut zu gedeihen. Mir will es irgendwie nicht gelingen. Die guten alten rosa, lila und karminroten Sorten gehen mir viel leichter von der Hand.

Es ist natürlich nicht unbedingt notwendig, für rote Farbakzente auf winterharte Stauden zu bauen. Dennoch würden Gärtner bestimmt häufiger einen Chilenischen Feuerstrauch pflanzen, wenn sie wüssten, dass er in seiner schmalblättrigen Form recht frostresistent ist. Der wissenschaftliche Name des Strauches ist *Embothrium coccineum*. Er ist von hohem, schlankem Wuchs, und die jungen Zweige des Vorjahres tragen auf der gesamten Länge ein Kleid aus flammend scharlachroten Blütentrompeten. Sein Standort darf nur nicht alkalisch sein, abgesehen davon ist er unkompliziert.

Außerdem haben Sie die Wahl zwischen unzähligen Strauchrosen, die Ihnen über einen langen Zeitraum hinweg rote Farbtupfer bescheren. Sie müssen sich nur eine Farbschattierung aussuchen, die Ihnen gefällt, und möglichst eine Sorte wählen, die mit dem rauen Abenteurerleben in einem gemischten Beet klarkommt, ohne dass Sie ihr pausenlos mit Pülverchen und Sprühflasche hinterherrennen müssen. 'Bonn', 'Wilhelm' und sein etwas hellerer Spross 'Will Scarlet' wären mögliche Kandidaten. Dahlien können übrigens auch jede erdenkliche Rotschattierung zu Ihrem Beet beisteuern.

Während ich mir zu diesem Thema Gedanken machte, wandte ich mich mit großem Interesse dem Gestaltungsplan von Gertrude Jekylls berühmtem winterharten Blumenbeet zu. Dort gibt es ebenfalls einen roten Abschnitt, den sie in ihrem Buch *Colour in the Flower Garden* beschreibt. Sie hat sich für jede Menge Fackellilien und Mohnblumen entschieden, im hinteren Teil auch für rote Stockrosen. Bei mir wächst diese Gattung leider nicht, weil sie vom Rost vernichtet wird, aber auf lockereren Böden scheint sie besser damit fertigzuwerden, außerdem gedeiht sie sogar in Gebieten, die eine hohe Luftverschmutzung durch Industrieabgase aufweisen. Das meiste Rot kam bei Gertrud Jekyll von einjährigen Pflanzen oder Beetpflanzen, Kapuzinerkresse zum Beispiel. Diese Blume kommt auch bei mir zum Einsatz, die einzige Herausforderung ist nur, wie man sie davon abhält, das ganze Beet zu erobern. Cannas sind in guten Jahren hervorragende Pflanzen mit einem verlässlich schönen Blatt. Gladiolen ordnet Jekyll bogenförmig in einem dünnen, etwa 3,60 m langen Streifen an. Manche Gladiolen sind tatsächlich nicht plump, das stimmt, aber sie sind so schnell und unwiderruflich welk. Vorn im Beet setzt sie gruppenweise den roten Salbei *Salvia splendens* und den blutroten Brandschopf *Celosia*. Hier würde ich nicht mitgehen: Diese beiden Pflanzen besitzen wirklich hässliches Laub, und nicht einmal eine Plastikblume könnte so künstlich aussehen wie der Brandschopf. Ich würde hier eher zu rotem Eisenkraut (*Verbena*) greifen, bei dem der »hastig vorübereilende Betrachter sich die Augen reibt«, wie George Herbert es einst ausdrückte. Das Laub der Pflanze erinnert zwar entfernt an eine Brennnessel, ist aber nicht unansehnlich.

Vision eines gelben Gartens

Gelb ist eine umstrittene Farbe. Die Menschen lassen sich von »Mauve« als Wort abschrecken, pflanzen aber bedenkenlos eine Vielzahl an mauvefarbenen Pflanzen, solange sie diskret als lavendel- oder fliederfarben bezeichnet werden. Bei Gelb ist es die Farbe selbst, die ihnen Angst einjagt. Ich kenne einige begeisterte Gärtner, die dem Gesprächspartner prompt, wenn das Thema auf Gärten oder Pflanzen fällt, mitteilen, dass sie nicht gewillt sind, gelbe oder orange Blumen zu dulden.

Es gibt nur wenig, was wir für diese Leute tun können. Wir anderen sind uns bewusst, dass Gelb in unseren Beeten schnell das Ruder an sich reißt, speziell im Spätsommer. Zu dieser Zeit locken besonders viele gelbe Korbblütler, und jeder einzelne ist eine Versuchung für sich. Doch wir wissen, wenn wir zu oft nachgeben, wird der Garten irgendwann zu gelblastig.

Die Lösung dieses Problems ist, gleich ganz auf Gelb zu setzen. Je länger ich mich mit dem Gärtnern beschäftige, desto klarer wird mir, dass eine Gegenüberstellung von Komplementärfarben wie Blau und Gelb oder Pink und Grau nicht von größerem Wert ist als eine Komposition aus Farben, die einander nahestehen, sich aber doch voneinander unterscheiden. Versuchen Sie zum Beispiel einmal, eine rein rote Blüte mit einer anderen Blüte zu kombinieren, die ebenfalls rot ist, aber einen Hauch von Blau beinhaltet. »Was soll das sein?«, wundert man sich. »Was haben die beiden nebeneinander zu suchen? Sollte das nicht furchtbar aussehen? Warum stört es mich nicht?«

Es ist ja eigentlich egal warum. Tatsache ist: Die Zusammenarbeit funktioniert. Wenn wir unsere gelben Sonnenblumen, Goldruten, Schafgarben und Greiskräuter unter die Phloxe, Hortensien und Herbstastern mischen, werden wir uns um das farbliche Gleichgewicht in unserem Beet und die herrische Überheblichkeit der Farbe Gelb stets Sorgen machen. Aber wenn wir alle gelben Pflanzen, einschließlich cremefarbene, miteinander kombinieren, werden sich die meisten dieser Bedenken in Luft auflösen.

Zugegeben, gewisse grelle Varianten von Senfgelb müssen immer noch mit sehr viel Umsicht behandelt werden. Das trifft zum Beispiel auf die Goldgarbe *Achillea filipendulina* 'Gold Plate' zu. Die bis zu 1,80 m hohe Schafgarbenart besitzt die unschätzbar wertvolle Eigenschaft, mit ihren flachen Blütenköpfen kräftige horizontale Linien zu ziehen. Auf einer etwas überschaubareren Höhe von 1,20 m übernimmt 'Coronation Gold' diese Aufgabe, doch wir Gärtner warten immer noch auf eine mittel- bis hochwüchsige Schafgarbe mit derselben zartgelben Färbung, wie sie die nur 60 cm hohe *A.* 'Lucky Break' aufweist. Eines Tages wird sie kommen. Doch was sollen wir in der Zwischenzeit neben unsere 'Gold Plate' pflanzen? Vielleicht einen Rittersporn mit seinen kobaltblauen hoch aufragenden Blütentrauben? Definitiv nicht. Der Kontrast ist zwar auffallend, aber viel zu hart.

Sehr viel besser ist es hier, anstatt des Rittersporns hochwüchsige, gelbe Königskerzen einzusetzen. Und wenn die gelben Farbflecken drohen, allzu aggressiv zu werden, sind sie etwa mit den cremeweißen Federbüscheln der Elfenraute *Artemisia lactiflora* oder mit der grünlich gelben, sehr spät blühenden Wolfsmilch *Euphorbia sikkimensis* leicht aufzulockern. Von den unzähligen Möglichkeiten, die uns Blattschmuckpflanzen liefern, gar nicht zu reden: In allererster Linie sind es Sträucher, deren junges Laub anfangs leuchtend gelb ist, jedoch nach und nach in ein weicheres Grün übergeht.

In meiner Vorstellung ist ein gelber Garten herrlich vielfältig: all die verschiedenen Gelbtöne, die alle gut miteinander auskommen. Und in der Dämmerung sticht er fast ebenso deutlich hervor wie ein weißer Garten, nur mit dem Vorteil, dass gelb untertags nicht so flach wirkt wie weiß. Ich würde sogar so weit gehen und sagen, dass sowohl weiße als auch blaue Blüten Kontraste brauchen, um wirken zu können. Rosa, Rot oder Gelb kommen jedoch gut allein klar.

Ich hatte zuerst überlegt, dieses Thema – auch um mich selbst besser zurechtzufinden – in die Unterkapitel »Bäume und Sträucher« einerseits und »Stauden und Beetpflanzen« andererseits einzuteilen, denn das ist die Art und Weise, wie die meisten Leute das Pflanzenmaterial in ihren Gärten auseinanderdividieren. Bei genauerer Betrachtung ist das jedoch nur mentale Faulheit, denn viele der gelungensten Gartenkompositionen bestehen aus einer Kombination aus krautigen Pflanzen und Sträuchern. Bei uns gibt es zum Beispiel eine Pflanzung mit über 2 m hohem Alant, *Inula magnifica* (*I. afghanica*), die vor und unter den hauchzarten Zweigen meines Ätna-Ginsters, *Genista aetnensis*, angelegt ist. Der hellgelbe Farbton ist bei beiden Arten exakt der gleiche, doch während der Ginster locker und durchscheinend ist, weil er nur aus Zweigen und winzigen Blüten besteht, aber keine Blätter hat, die diesen Namen verdienen, ist der Alant ein Korbblütler mit kräftigem Wuchs, riesigen Blättern und imposanten Blütensternen, die einen Durchmesser von bis zu 15 cm erreichen können und mit ihren langen, fein gesponnenen Strahlen alles andere als plump sind. Der resultierende Effekt aus gleichen Farben mit völlig unterschiedlicher Textur ist überaus gelungen.

So nehmen wir also diese beiden Pflanzen als unsere Basis für ein Sommerbeet. Es liegt auf der Hand, dass ein dunkler Hintergrund für ein gelbes Beet von Vorteil ist. Das könnte zum Beispiel mit einer immergrünen Hecke gelingen. Ebenso könnte der Hintergrund aus sommergrünen Bäumen oder Sträuchern zusammengesetzt sein, die jetzt ihr üppiges Sommerlaub tragen, wodurch das Gelb in diesem düsteren Umfeld gewissermaßen zu einer lichten Oase wird. Neben dem 4 bis 5 m hohen Ginster könnte ein kugeliger Busch des gelblaubigen Goldholunders, *Sambucus nigra* 'Aurea', stehen. Für eine perfekte Blattfarbe – Gelb mit einem Hauch von Grün –, die den ganzen Sommer über anhält, braucht er einen Standort in voller Sonne. Alternativ, wenn der Standort schattig ist, könnte man einen anderen Holunder mit elegant geschnittenem Blatt pflanzen, den *S. racemosa* 'Plumosa Aurea', der seine Blattfarbe auch ohne viel Sonne gut hält und unter solchen Bedingungen seltener braune Nekrosen entwickelt. Eigentlich fühlt er sich im sonnenarmen Norden am wohlsten.

Die Pflanzenzusammenstellung, die wir hier gerade entwerfen, wird schon ziemlich mächtig, da würde ich gern ein Exemplar des *Populus canadensis* 'Aurea' einarbeiten, einer goldenen Pappel, die wir jedoch als Strauch ziehen, indem wir sie im Winter radikal zurückschneiden. Auch diese Pflanze behält ihre frischen, grüngelben Blätter bis in den Herbst. Das Schöne an Pappelblättern ist unter anderem, dass sie beim kleinsten Lüftchen anfangen zu flattern und dabei ein Geräusch erzeugen, das auf uns wirken kann wie beruhigend monotones Plätschern von fließendem Wasser.

Kehren wir zu unserem Herzstück, dem Ginsterbaum, zurück. Wir könnten doch einen Kletterer durch seine Zweige wachsen lassen und so dessen Blühsaison von Juli auf September erweitern. Wahrscheinlich wäre dafür die *Clematis tangutica* am besten geeignet, auf deren buttergelbe Laternen fluffige Samenstände nachfolgen, aber auch *C. rehderiana*, die strohgelbe Glockenblüten zeigt, wäre eine schöne Abwechslung, noch dazu mit angenehmem Schlüsselblumenduft. Eine andere Möglichkeit wäre natürlich ein Geißblatt, etwa die gelb und grün geäderte *Lonicera japonica* 'Aureoreticulata', oder die prächtige, im Juni blühende *L. × tellmanniana,* die farblich zu Apricot neigt. Geben Sie Ihrem Ginster jedoch mehrere Jahre Vorsprung, bevor Sie ihm diese zusätzliche Bürde aufladen.

Apropos Kletterpflanzen: Schön wäre in diesem Kontext auch eine Säule des großblättrigen kaukasischen Efeus *Hedera colchica* 'Dentata Variegata'. Wenn er erst einmal seinen 3 bis 3,50 m hohen Stützpfeiler überwuchert hat, wird er zu einem großartigen, vertikalen Blickfang.

Holunder und Pappel, Alant und Efeu haben allesamt breite, auffällige Blätter, daher lassen Sie uns als Gegenstück einen großen Fleck Zebraschilf *Miscanthus sinensis* 'Zebrinus' dazwischenflechten, dessen lange, grüne Blattriemen gelb quergestreift sind. Die Streifen sind am hellsten, wenn die Pflanze in voller Sonne steht, aber im Halbschatten wird sie mit bis zu 2 m am höchsten. Ähnlich, aber winterhärter und aufrechter ist die Sorte 'Strictus', die in Großbritannien oft unter 'Zebrinus' gehandelt wird.

Erst jetzt wird mir klar, dass es ein Leichtes wäre, gelbes Laub zu unserem Hauptthema zu machen. Um der Versuchung zu widerstehen, pflanzen wir am besten gleich eine große Gruppe – etwa sechs Pflanzen im Abstand von je 1,50 m – des Großblütigen Johanniskrauts *Hypericum* 'Hidcote'. Unter normalen Pflanzbedingungen handelt es sich hierbei um das allerbeste winterharte Strauch-Johanniskraut, denn es blüht ohne Unterlass für vier Monate. Nächster Schritt: einige Dahlien. Das giftig grünliche Gelb von 'Glorie van Heemstede' passt hervorragend in die Nachbarschaft unseres Zebraschilfs und des Johanniskrauts.

Dahlien und Johanniskraut liefern eine Menge sehr dunkles Laub, was wir mit silberblättrigen Sträuchern (die mehrheitlich gelbe Blüten ausbilden) gut ausgleichen können. Angesichts unserer bisherigen Größenordnung, in der kein Element niedriger ist als 1,50 m, erscheint mir das Strauchige Brandkraut, *Phlomis fruticosa*, eine gute Wahl. Mit der Zeit wächst es zu einem enormen Strauch heran. Mein uraltes Exemplar ist über 2,50 m breit und hat zahlreiche interessante Ausbuchtungen und Hohlräume entwickelt, da seine Zweige unter schwerer Schneelast leicht abbrechen. Doch wenig übertrifft die mattgelbe Färbung seiner haubenförmigen Blüten. Und die Königskerzen harmonieren gut mit ihnen. Vermutlich ist die bis zu 2,50 hohe *Verbascum olympicum* mein Favorit. Doch die graufilzigen Blätter von *V. bombyciferum* wären auch eine gute Idee. Es gibt keinen Grund, warum man nicht beide nebeneinanderpflanzen sollte.

Bisher haben wir unseren gelben Garten nur im sommerlichen Kontext betrachtet, und zwar in recht groß gedachten Maßstäben. Ebenso gut beraten wären wir, wenn wir unseren Sommergarten mit kleinwüchsigeren Pflanzen ausstatten, die nicht höher als 1,50 m werden. Ich habe jedoch nicht die Absicht, hier sämtliche Möglichkeiten auszuloten. Als Kontrastprogramm gönnen wir uns doch, im Rahmen unseres gelben Gartens auch ein Beet für den Winter, welches die Strahlen der niedrig stehenden Sonne einfängt und unserem Farbkonzept noch zusätzlich Glanz verleiht. Wieder wäre es gut, wenn wir einen kräftigen Hintergrund hätten, vor dem wir ein oder zwei Säulen hochwachsender Koniferen in Szene setzen können. *Chamaecyparis lawsoniana* 'Lanei Aurea' besitzt im Winter das hellste Laub, kann zwischen 12 und 15 m hoch werden und zwischen 3 und 3,50 m breit. Bevorzugt man einen niedrigeren Kegel mit breiterer Basis, sagen wir 5 × 3 m, eignet sich *C. obtusa* 'Crippsii' mit seinem hübschen, eleganten Habitus ganz hervorragend.

Einer der Vorteile dieser Zypressengewächse ist, dass sich der neue Austrieb farblich vom zweijährigen Laub dahinter, das sich bereits grün gefärbt hat, absetzt. So schaffen sie sich gewissermaßen ihren eigenen Hintergrund.

Als schmale, hohe Goldsäule würde mich wahrscheinlich ein *Juniperus chinensis* 'Aurea' überzeugen, doch wenn ein eher breiter, rundlicher Busch gewünscht wird, der unter 2 m bleibt, kann ich nur die *Thuja occidentalis* 'Rheingold' empfehlen. Näher als sie kommt keine andere Pflanze, die wir bisher erwähnt haben, an eine echte Goldfarbe heran. Im Winter bekommt sie einen leicht kupfernen und bronzenen Schimmer.

Ein Strauch als niedriger Unterwuchs, der nicht höher als 1,50 m wird, sich aber sehr viel weiter ausbreitet, einen kompakten Wuchs aufweist und durch und durch gelb ist, könnte die Eibenart *Taxus baccata* 'Semperaurea' sein. Trotz seiner mäßigen Größe macht er auch in großen Arrangements gute Figur. Sollten Sie einen besonderen Platz haben, an dem sie eine Pflanze aus nächster Nähe betrachten können, wird Ihnen die Hinoki-Scheinzypresse *Chamaecyparis obtusa* 'Tetragona Aurea' (die meisten dieser hinreißenden Koniferen kennt man unter den furchtbarsten pseudowissenschaftlichen Namen) immer wieder kleine Schauer der Begeisterung über den Rücken jagen. Ganz abgesehen von ihrem Laub, das zwischen Cremeweiß und Gold changiert, ist ihr Wuchs gleichzeitig fedrig leicht und verworren wie eine Moosflechte. Auch sie wird in etwa 1,50 m hoch und ein wenig breiter, wächst aber nur langsam.

Die großblättrigen Immergrünen, die sich als Begleitung dieser Koniferen anbieten, sind Formen mit panaschiertem Laub, etwa *Ilex altaclerensis* 'Golden King', eine beinahe stachellose Stechpalme, die einen herrlichen Glanz hat, die Wintergrüne Ölweide *Elaeagnus × ebbingei* 'Gilt Edge', die im Winter stets am frischesten aussieht, oder die *Griselinia littoralis* 'Variegata', die im Gegensatz zu den beiden vorgenannten Arten keine harten Blätter besitzt, sondern Laub von weicher, fast seifiger Textur mit ovalem Schnitt und einer Farbgebung, die von Gelbgrün über Blaugrün bis hin zu Cremeweiß, vor allem an den Blatträndern, reicht. Der Strauch wächst mit der Zeit auf eine Höhe von 2,40 bis 3 m heran, sollte aber keinen eisigen Winden ausgesetzt werden.

Auch ein oder zwei gelb panaschierte Kulturformen des Japanischen Spindelstrauches, *Euonymus japonicus*, würden in diesen Kontext passen, vor allem aufgrund ihrer glänzenden Blätter und des Grünanteils darin, der einen schönen Kontrast zu einem fast durchwegs gelben Umfeld darstellt. Gibt es in Ihrem Beet irgendwo einen Absatz oder Vorsprung, so könnte man ihn (vorausgesetzt, es handelt sich um keine ausgesprochen kalte Gegend) nutzen, um dort einen besonderen Blickfang mit den buntlaubigen Formen des pikenden Neuseelandflachses, *Phormium tenax*, oder mit einer *Yucca filamentosa* bzw. *Y. gloriosa* zu gestalten.

Als blühendes Pflanzenmaterial wären die Chinesische Zaubernuss *Hamamelis mollis* eine gute Option oder ihre schwefelgelbe Hybride 'Pallida', dazu am Boden eine blühende Unterlage aus Winterlingen, *Eranthis hyemalis*, gefolgt von Krokussen und einigen weniger klobigen Narzissen-Arten wie *N. cyclamineus* und ihrer Kulturvarietäten 'February Gold' und 'March Sunshine'.

Ich würde die sonst zu Recht sehr beliebte Japanische Mahonie, *Mahonia japonica*, mit ihren hellgelben Blütensträngen, die nach Maiglöckchen duften und den ganzen Winter über immer neue Blüten öffnen, an dieser Stelle ausschließen. Natürlich braucht man irgendwo im Garten ein Exemplar, am besten an einem schattigen Standort, aber hier ist mir das gesamte Erscheinungsbild des Strauches mit seinem matten, glanzlosen Laub zu dumpf.

In einem Frühlingsbeet würde ich jedoch sehr wohl eine Mahonie pflanzen wollen, nämlich *Mahonia* × *wagneri* 'Undulata', deren glänzendes Laub immer ein freundliches Bild abgibt und die im April unzählige leuchtend gelbe, berberitzenartige Blüten bildet. Eine einzelne Japanische Kerrie, unterpflanzt mit Munstead-Primeln in cremeweißen und gelben Tönen, verfehlt niemals ihre Wirkung (es sei denn, die Vögel haben sie zerrupft) und eignet sich besonders gut für kalte, schwere Böden an dunkleren Standorten. Dazu können wir noch Gämswurzen pflanzen. Sie wachsen wirklich überall, bleichen allerdings im Schatten weniger aus und blühen länger.

Die Auswahl an Narzissen ist riesig, ich persönlich würde mich aber auf Sorten mit satter, buttergelber Farbe konzentrieren, wie wir sie bei der Jonquille finden, sowie kleinblütige Sorten in hellem Primelgelb wie 'W. P. Milner' (eine Trompetennarzisse) oder die Reifrock-Narzisse, *Narcissus bulbocodium*. Außerdem ist im Frühling Hochsaison für Vertreter der Hahnenfußgewächse: Butterblumen und Scharbockskraut in ihren gefüllt blühenden Sorten; Sumpfdotterblumen (*Caltha palustris*), einfach und gefüllt blühend, die gar keinen Teichrand benötigen, sondern sich auch mit feuchtem Boden begnügen; Trollblumen (*Trollius*) in ihren verschiedenen Kulturvarietäten blühen zwischen April und Juni. Auch sie sind an feuchten Standorten am allerglücklichsten.

Graulaubige Pflanzen

Unkultivierte Menschen finden Pflanzen mit grauem Laub langweilig. »Nö, ich mag es lieber bunter«, würde man zu hören bekommen, wenn man sie mit grauen oder silbernen Pflanzen konfrontiert. Faszinierend finde ich, wie sich die Vorliebe für Grau mit einem Fortschreiten des Kultiviertheitsgrades linear steigert und in jenen vorzüglichen Geschöpfen ihre Meister findet, die bei allen Graublättrigen in schiere Verzückung geraten. Werfen Sie ihnen als Zugabe noch ein paar Funkienblätter hin, die eine besondere Streifenzeichnung aufweisen, und die Begeisterung kennt keine Grenzen.

Ich für meinen Teil bin der Ansicht, dass ein Gartenabschnitt, der nur aus graublättrigen Pflanzen besteht, etwas flach wirkt, rein farblich betrachtet, nicht in der Beschaffenheit der Pflanzen, denn gerade die Vielfalt der Blattformen ist eine der großen Stärken graulaubiger Pflanzen. Einen willkommenen Farbkontrast kann man mit unablässig blühenden kleinen Nelken erreichen, deren graues oder blaugrünes Blatt sich in die Umgebung einfügt. Eine gute alte Bekannte aus dem Cottage-Garten und Fixstarterin für ein graues Beet ist die Kronen-Lichtnelke *Lychnis coronaria* mit ihrem silbernen, filzigen Laub und den umwerfenden Blüten in einem schönen, klaren Magenta, das nicht zu viele Blauanteile hat. Ein rein graues Umfeld ist für sie perfekt. Ich könnte in einem grauen Garten niemals widerstehen, leuchtende Farbtupfer einzubauen, wie sie etwa die gelben und apricotfarbenen Blütenstände der Schmalblättrigen Steppenkerze, *Eremurus stenophyllus* (syn. *E. bungei*), und ihrer Hybriden oder die feuerrote Türkenbund-Lilie liefern. Die Gelegenheit, ihre Leuchtkraft vor dieser kühlen Kulisse in Szene zu setzen, ist zu verführerisch, um sie aus puristischen Gründen sausen zu lassen.

Viele graulaubige Pflanzen gehören entweder zur Familie der Korbblütler oder, wie der Salbei, zu den Lippenblütlern. Unabhängig davon bevorzugen alle direkte Sonne und einen gut durchlässigen Boden. Dank der filzigen Blätter kommen sie mit starkem Wind und wenig Niederschlag gut zurecht, doch die meisten stammen aus dem Mittelmeerraum und sind daher leider nicht übermäßig winterhart. Gärtner, die über leichte, durchlässige Böden verfügen, werden die wenigsten Schicksalsschläge erleben.

Für den Einsatz in einem geräumigen Beet eignet sich die Wilde Artischocke, *Cynara cardunculus*, besser als die Kulturartischocke. Beide gehören derselben Art an, doch die Wilde Artischocke besitzt größere, tiefer eingeschnittene Blätter. Ihre Blütenköpfe sind zwar kleiner – zu klein und zu stachelig für den Verzehr –, stehen aber dafür in weitaus größerer Zahl auf dem titanenhaften Blattgerüst, das Höhen von bis zu 2,50 m erreicht und ein beeindruckendes Bild abgibt, sowohl vor als auch während und nach der Blüte. Gut eingewachsene Exemplare sind winterhart, doch junge Pflanzen, die erst eine Blattrosette haben, sind empfindlicher. Die Ableger von Artischocken beider Arten, die im Frühling einpflanzt werden, bilden anfangs üppige, wässrige Pflanzen aus dieser einen Rosette, und in diesem Zustand sind sie nicht besonders frostbeständig. Danach, wenn sie es durch den ersten Winter geschafft haben, vermehrt sich die zentrale Rosette und bildet kleinere, etwas weniger üppige Nebenkronen aus, die aber viel frostresistenter sind. Wenn es Ihnen also gelungen ist, eine Artischockenpflanzung in Ihrem Beet anzusiedeln, lassen sie sie lieber für die nächsten 20 Jahre in Ruhe.

Wechseln wir nun von den Größten der Großen zu den Kleinsten der Kleinen, die ganz vorn am Beetrand zum Einsatz kommen: Die Silberraute *Artemisia schmidtiana* übersteht jeden noch so harten Winter mit erhabener Gleichgültigkeit. Sie bildet einen sanften Hügel, dessen graugrünes filigranes Laub besonders hübsch aussieht, wenn sich ein paar Regentropfen darauf gesammelt haben. Am gefährdetsten ist die krautige Pflanze im Frühjahr, wenn die jungen Triebe beginnen, in die Länge zu wachsen. Wenn nämlich eine Horde Haussperlinge zu dieser Zeit Gefallen daran findet, können sie der Pflanze den Garaus machen. So glaube ich, dass viele Verluste, die einer unzureichenden Winterhärte zugeschrieben werden, eigentlich auf das Konto der Sperlinge gehen, die während der Nestbausaison eine besondere Vorliebe für graublättrige Pflanzen entwickeln.

Ein grauer Strauch, dessen Attraktivität im Verlauf einer Saison stark schwankt, ist die Schwarznesselart *Ballota pseudodictamnus*, die man als weitgehend winterhart bezeichnen kann, sobald sie gut eingewachsen ist, auch wenn sie nach sehr langen Frostperioden möglicherweise etwas angeschlagen ist. Die Pflanze ist im Frühling und Frühsommer äußerst hübsch anzusehen, besitzt runde, wollig weiche Blätter und bildet grüne, kranzförmige Blütencluster aus, die wie Bommeln entlang der Blütenstände sitzen. Die Blüten an sich sind wässrig lila und nichts Besonderes, außerdem geben sie der ganzen Pflanze sogleich ein irgendwie staubiges Aussehen, sodass sie im August zurückgeschnitten werden muss, um noch vor dem Winter neue Triebe zu bilden. Um ein schönes Ensemble zu schaffen, benötigt man schon mehr als eine Pflanze (eher drei oder vier).

Der bekannteste unter den graublättrigen Sträuchern ist *Brachyglottis* (syn. *Senecio*) 'Sunshine' (oft wird er mit dem sehr ähnlichen *B.* (*S.*) *greyi* verwechselt). Er genießt mitunter nicht die allerbeste Pflege, sodass er dürr wird und kahle Stellen entwickelt. Grundvoraussetzung ist ein sonniger Standort: Wie alle Graublättrigen entwickelt er die hellste Färbung und den kompaktesten Wuchs, wenn er sich die Sonne auf den Bauch scheinen lassen kann. Außerdem muss er von Zeit zu Zeit bis ins alte Holz zurückgeschnitten werden. Wenn Ihnen die Blüte nicht so wichtig ist, ist der beste Zeitpunkt dafür jedes Jahr Anfang April. Danach wird sich der Strauch schnell wieder mit jungen Trieben bedecken und ist bis zum nächsten Rückschnitt wieder hübsch anzusehen.

Ich mag die Blüten von *B.* 'Sunshine' allerdings sehr gern. Sie haben keinesfalls die gleiche Farbe wie das Jakobs-Greiskraut, sondern sind um einige Nuancen heller, was ihnen manchmal zum Vorwurf gemacht wird, aber sie sind auch wesentlich größer. Die stattlichen Blütenbündel geben im Juni ein fröhliches Bild ab, und schon zuvor steigern die hinreißenden, silbrigen Knospen die Vorfreude. Nach der sehr kurzen Blütezeit steht sofort der Rückschnitt an, indem der Strauch an etwas dicker verholzten Stellen hinter den Blütenständen eingekürzt wird. Der Strauch wird dann bis in den Herbst etwas schäbig aussehen und im darauffolgenden Jahr nur sehr spärlich blühen, wodurch er gar keinen Rückschnitt benötigt.

Salix lanata, die Woll-Weide, ist eine seltene heimische Pflanze, die im bergigen Osten Schottlands zu Hause ist. Der kleine Strauch mit einem kompakten Wuchs von 60 bis 90 cm Höhe trägt gerundete Blätter, die im jungen Stadium besonders silbrig sind (und die Kätzchen der männlichen Blüten sind noch ein hübscher Pluspunkt obendrauf), doch auch im Herbst noch gut aussehen. Mein Eindruck ist, dass dieser Strauch in den Gärten des Nordens leichter zufriedenzustellen ist als hier unten bei mir, und überhaupt finde ich es sehr beruhigend, dass es einen graublättrigen Strauch gibt, der so durch und durch winterfest ist.

Duft

Düfte, die Emotionen wecken

Von manchen Blumen erwarten wir, dass sie duften. Tun sie es nicht, sind sie raus. Andere, von denen wir diese Eigenschaft nicht zwingend einfordern, überraschen uns oft, wenn sie es doch tun. »Wo kommt denn dieser Duft plötzlich her? Das kann doch nicht die Gladiole sein?«, wundern wir uns, während die Gladiole still und leise eine Augenbraue hochzieht und uns ein süffisantes Lächeln schenkt.

Halten Sie einer Person, die auch nur die Spur eines Geruchssinns besitzt, eine Rose hin und sie wird ganz automatisch die Nase hineinstecken. Eine Blume ohne Duft hat zwar immer noch das Zeug, sich als Ausstellungsstück bei Blumenshows einen Namen zu machen, sie wird aber kein Herz erweichen. Eine rote Rose ist nicht nur ein hübsches Arrangement sinnlich gefärbter Blütenblätter. Sie verkörpert alles, was wir seit damals, als wir ihnen als Kinder im Garten erstmals begegneten, über Rosen gelernt und erfahren haben. Weiße Rosen wecken keine großen Dufterwartungen, ziehen den Betrachter aber auch nicht gleichermaßen in ihren Bann. Angesichts der kühlen Keuschheit einer 'Iceberg' ist es ein Leichtes für den Verstand, die Kontrolle über das Herz zu behalten.

Die Anstrengungen, neue Sorten zu züchten, sind bei Rosen intensiver als bei jeder anderen Blume, und dabei ist es schnell passiert, dass ein besonderer Duft aus dem Fokus gerät und für immer verloren ist. Doch obwohl die breite Masse der Rosenliebhaber keinen Satz öfter bedient als »Heute duften Rosen einfach nicht mehr so gut wie früher«, war und ist diese Aussage weitgehend falsch. Zugegeben, wir sind von einer Vielzahl duftloser Rosen umgeben, doch das ist nicht neu. Manche Rosenklassen zeigten in dieser Hinsicht immer schon Defizite. Mich ärgert es jedes Mal ein wenig, wenn eine Rose, die ich für ihre Schönheit bewundere, von einer Person, der ich sie gezeigt habe, als völlig wertlos beiseitegeschoben wird, nur weil sie nicht duftet. Hätte ich derselben Person etwa eine großblumige Clematis gezeigt, wäre die Bewertung mit unparteiischen Augen erfolgt, einfach weil die Nase hier gar nicht erst ins Spiel kommt.

Aber der Mensch hat natürlich Recht, kritisch zu sein. Dasselbe Vorurteil könnte man nämlich auf viele andere Pflanzen ausweiten, die ihre Dufteigenschaften aus Fahrlässigkeit verloren haben. Die Clematis ist ein gutes Beispiel dafür. Einige Clematis-Arten besitzen einen starken Duft: *C. montana* nach Vanille, *C. flammula* nach Mädesüß, *C. rehderiana* nach Schlüsselblumen und *tubulosa* (syn. *C. heracleifolia* var. *davidiana*) nach etwas, das ich nicht benennen kann, das aber sehr stark an etwas erinnert, das aus der Parfümerieabteilung herüberweht. Und es gibt noch weitere Beispiele. Am interessantesten ist hier, vor allem aus Züchterperspektive, eine der Vorfahren einer großen Gruppe großblütiger Clematis-Hybriden, die *C. fortunei*. Es handelt sich dabei um eine gefüllt blühende Clematis, die im frühen 19. Jahrhundert aus China importiert wurde, schon damals als eine Hybride unbekannten Ursprungs, deren nahe Verwandtschaft mit *C. florida* unbestreitbar war. Sie wurde immer wieder für die damals beginnende Züchtung großblumiger Hybriden herangezogen, und sie duftete. Hätte man damals, als die ersten Kreuzungen gemacht wurden, darauf Wert gelegt, diese Eigenschaft zu erhalten, besäßen wir heute eine faszinierende Palette duftender, großblumiger Hybriden. Doch leider gibt es *C. fortunei* schon lange nicht mehr, und so ist die einzige duftende Clematis in dieser Gruppe, die immer noch gezüchtet wird, 'Fair Rosamond'. Ihr Duft ist nicht sehr stark, aber angenehm, irgendwo »zwischen Primeln und Veilchen«, wie es in ihrer Beschreibung hieß, als sie vor fast einem Jahrhundert erstmals auf den Markt kam.

Was dem Zimmer-Alpenveilchen durch seine Weiterentwicklung passiert ist, grenzt an eine Tragödie. Es stammt ausschließlich von *Cyclamen persicum* ab, ohne die Mithilfe anderer Arten; so ist die Zimmerpflanze, die wir heute kennen, das Ergebnis einer geduldigen Auslese von Qualitäten, die der Züchter für erhaltenswert hielt. Eine schön gewachsene Pflanze muss man einfach bewundern. Mit ihren riesigen, wächsernen Blüten und den ledrigen, dunkelgrünen Laubblättern erinnert sie in ihrer Opulenz an die Gloxinie. Doch wenn Sie erst ein schönes Exemplar der Urform *C. persicum* gesehen haben, wird es ihr Herz im Sturm erobern. Ich gebe zu, die weißen oder sehr hellen rosa Blüten mit dem magentaroten Kreis an der Blütenöffnung lösen keine Begeisterungsstürme aus. Aber das Laub ist wunderschön marmoriert und die Blüten sind mit ihren spitz zulaufenden, verdrehten Kronblättern sehr elegant (im Arabischen heißen sie »Gazellenhörner«). Bereits eine einzelne Pflanze verströmt einen überwältigenden Duft, während selbst ein ganzes Gewächshaus voller Kultursorten des Alpenveilchens einfach nur diesen unbestimmten Geruch nach »Grün« verströmt, der dort immer herrscht. Mit neuen Züchtungen von *C. persicum* hat man versucht, dieses Versäumnis bis zu einem gewissen Grad auszugleichen, indem man zugunsten einer attraktiven Marmorierung oder eines besonderen Dufts kleinere Blüten und Blätter in Kauf nahm.

Auch Petunien sind in den Händen der Züchter in Gefahr. Wir sollten aber nicht vergessen, dass ihre Hände am Ende unsere Hände sind, denn die Maßstäbe des Züchters passen sich dem an, was wir als Konsumenten verlangen. Petunien bestimmter Blütenfarbe, vor allem Blau und Violett, besaßen immer einen köstlichen Duft, ganz besonders abends. Erstaunlicherweise konnte diese Eigenschaft die massiven Züchtungsanstrengungen, denen Petunien unterzogen wurden, bis heute überleben, doch es ist nur eine Frage der Zeit, bis sie verschwindet. In Beschreibungen von Petunien taucht der Duft nur sehr selten als erhaltenswerte Eigenschaft auf, in Pflanzenkatalogen wird er nur in allerseltensten Fällen überhaupt erwähnt.

Moralische und unmoralische Düfte

Mein früherer Musiklehrer Kenneth Stubbs, der auch ein versierter Gärtner war, pflegte den Duft von Blumen in die beiden Kategorien »moralisch« oder »unmoralisch« zu unterteilen. Die Unterscheidung erschließt sich, wenn man genauer darüber nachdenkt, eigentlich ganz von selbst: Moralische Düfte sind weich und riechen nach Essen und Tag. Beispiele aus der Pflanzenwelt sind ein nach Kokosnuss duftender Ginster, nach Gewürznelken duftende Gartennelken, die *Azara microphylla* mit ihrem Vanillearoma, Garten-Reseden, Lupinen, Goldlack, Levkojen oder Thymian.

Düfte der unmoralischen Sorte sparen sich ihre Kraft passenderweise für die Abend- und Nachtzeit auf, doch sie bei ihren botanischen Namen zu nennen, würde bedeuten, sie zu entzaubern. Die Erinnerung an den schweren Frangipani-Duft tropischer Nächte ist Bezeichnung genug, und ich kann mir wirklich keine Situation vorstellen, in der eine Spezifizierung der Art mit *Plumeria acutifolia* vonnöten wäre. Doch welche Baumschule hätte auf Anfrage eine »Königin der Nacht« auf Lager? Die Illustration aus Robert John Thorntons *The Temple of Flora* zeigt eine herrliche, weiße Kaktusblüte vor dem möglicherweise etwas zu provinziell gewählten Hintergrund eines englischen Kirchturms, dessen Uhrzeiger auf Mitternacht stehen.

Oft gibt es keine sinnvolle Alternative zu einem wissenschaftlichen Namen und wir müssen uns geschlagen geben. Die sommerblühende *Eucharis* sieht aus wie eine sehr große, reinweiße Narzisse, mit Ausnahme der Staubblätter, die wie die Spitzen einer Tiara aus der Nebenkrone hervorwachsen. Bei *Pamianthe peruviana* ist die Krone massiv vergrößert, während die Kelchblätter dünn und insektenartig abstehen. Beide duften ganz wunderbar, sind aber wärmeliebend und brauchen im Winter Temperaturen von mindestens 15 bis 18 °C. Im Gegensatz dazu ist die nahe Verwandte *Pancratium maritimum*, die an den Küsten des Mittelmeeres zu Hause ist, nahezu winterhart, besitzt einen schönen Duft und blüht im Frühling. Wenn man Zwiebeln ergattern kann, was manchmal der Fall ist, wäre es zumindest im Süden und Osten Englands den Versuch wert, sie an einem perfekt durchlässigen und sehr sonnigen Standort – wie etwa einem südseitigen, erhöhten Blumenbeet – im Freiland einzupflanzen.

Auch die Stephanotis wurde lange als wärmeliebende Zimmer-Kletterpflanze behandelt, und sie blüht definitiv am üppigsten unter warmen Bedingungen. Doch ein Freund kultiviert sie überraschend erfolgreich in seinem Wintergarten, wo eine Mindesttemperatur von 10 °C herrscht. Dort blüht die Pflanze schon seit gut fünf Jahren. Im selben Raum zieht er auch Gardenien und Tuberosen. Es ist jedoch ratsam, zu Gardenien keine allzu enge Bindung aufzubauen. Die Pflanze ist zwar immergrün und entwickelt sich mit der Zeit zu einem sehr großen Strauch, blüht aber wesentlich schöner, solange sie noch jung ist und eine handliche Größe hat. Außerdem kann man in geschlossenen Räumen nicht mehr als ein gewisses Maß an geöffneten Gardenienblüten ertragen. Tuberosen (*Polianthes tuberosa*) sind einigermaßen günstig, jedoch fast immer virusinfiziert, daher überleben die meisten nach dem ersten Jahr nicht mehr lange. Das Beste ist, sie jeden Frühlingsanfang neu zu kaufen. Sie sind hässliche Pflanzen mit unordentlichem, sehnigem Laub, es schadet also nicht, sie ohne Publikum in einem warmen Gewächshaus zu ziehen und abzuschneiden, wenn sie am hübschesten sind. Der Duft ist überwältigend, aber schließlich ist es auch schön, ab und zu überwältigt zu werden.

Viele unmoralische Düfte stammen auch von einwandfrei winterharten Pflanzen, wie zum Beispiel unserer einheimischen Waldhyazinthe (die eigentlich eine Orchidee ist) oder dem wilden Geißblatt. Beide duften bei Nacht, ganz im Gegensatz zu *Osmanthus delavayi*, einem Strauch, dessen Duft der Orchidee ähnelt, aber bei Tage am kräftigsten ausgeprägt ist. Seine Hochsaison ist im April. Jeder seiner Zweige trägt mehrere Dutzend reinweißer, trichterförmiger Blüten, sodass ein großer, in voller Blüte stehender Strauch für die Augen beinahe ebenso beeindruckend ist wie für die Nase. Die Pflanze zeichnet sich jedoch auch durch ihr ordentliches, immergrünes Laub aus, dessen hübscher Anblick leicht zu erhalten ist, indem man sie sofort nach der Blüte leicht zurückschneidet. Das hat den schönen Nebeneffekt, dass die Blüte im nächsten Frühling doppelt so üppig ausfällt. Der Strauch braucht einen sonnigen Standort und gute Erde, um sich wohlzufühlen, andernfalls schmollt er und wächst kümmerlich. Strenge Winter können ihn in seiner Entwicklung zurückwerfen, aber nur vorübergehend.

Duftende Winterblüher

Es ist immer wieder (auf schöne Art) verwunderlich, dass so viele frostharte, winterblühende Pflanzen duften. Welche Insekten hoffen sie zu dieser Jahreszeit anzulocken, um von ihnen bestäubt zu werden? Das Phänomen lässt sich wahrscheinlich so erklären, dass es bei diesen Pflanzen zu Hause ganz anders zuging. Entweder war es dort im Winter so kalt, dass die Blüte sich bis in den Frühling hinein verzögerte, oder es war so viel weniger kalt, dass haufenweise Insekten unterwegs waren. Und sogar in einem Klima wie unserem gelingt es diesen Winterblühern irgendwie, bestäubt zu werden und am Ende fruchtbare Samen auszubilden.

Bei einigen erstreckt sich die Blüte über einen so langen Zeitraum, dass sie mehrere Jahreszeiten umfasst. Zum Beispiel bei den Veilchen und den Schlüsselblumen. In Wäldern, in denen die Bäume erst kürzlich auf den Stock gesetzt wurden, stoße ich zu allen Zeiten des Jahres auf Schlüsselblumen. Der Pflanzenstamm, der hier in Sussex vorkommt, muss wohl anders, irgendwie optimistischer sein als jene im Norden, die generell nur selten blühen, und wenn, dann im April und Mai.

Duftveilchen wachsen in meiner Gegend des Weald* nicht wild, aber im Garten bleiben sie nur selten ohne Blüten. Zudem verströmt die ganze Veilchenpflanze ihren Duft, also auch Blätter, Stängel und so weiter, sodass man niemals ohne ihn auskommen muss, egal ob sie blüht oder nicht.

Bringen Sie ein Sträußchen Schneeglöckchen an einen warmen Ort, und sie werden duften wie frisch geschleuderter Honig. Das Schneeglöckchen ist eine Februarblüte, öffnet sich also zu einer Zeit, in der schon die ein oder andere Biene unterwegs ist. Es bildet

* Der Weald ist ein weitläufiges, bewaldetes Landschaftsschutzgebiet zwischen den North Downs und den South Downs in den Grafschaften Kent und Sussex.

anschließend eine große Anzahl von Samen aus, ganz im Gegensatz zur herbstblühenden Variante, die bei mir im Oktober in voller Pracht steht, aber noch nie eine Kapselfrucht ausgebildet hat. Vielleicht ist das Herbstschneeglöckchen bei mir einfach unfruchtbar.

»Kennst du den himmlischen Duft des *Crocus longiflorus*?«, fragte ich einmal eine Freundin, die noch nie davon gehört, geschweige denn daran gerochen hatte. Zum Beweis pflückte ich ihr eine Blüte. Doch aus meinem Triumph wurde nichts. Es war ein klarer, aber kalter Novembermorgen, und der Krokus duftete einfach nicht. Im Januar haben wir auch den *C. chrysanthus* 'Snow Bunting', der noch mehr nach Honigtopf duftet als jeder andere Krokus.

Ich assoziiere den Winter-Heliotrop *Petasites fragrans* immer mit den Winterspaziergängen, zu denen man uns als Kinder immer zwang. Für uns war die Blume, die entlang des Weges, am Straßenrand und auf den Böschungen des nächstgelegenen Bahnhofes wuchs, eine willkommene Ablenkung. Dort wächst sie heute immer noch, denn den Winter-Heliotrop wird man nicht mehr so leicht los. Man sollte ihn daher niemals im Garten anpflanzen, es sei denn, man hat einen gut isolierten Abfallhaufen (was der ideale Platz dafür ist). Die Pflanze hat, das muss ich wohl nicht dazusagen, mit dem echten *Heliotropium* rein gar nichts zu tun, und der schwache Duft ihrer fahlen, mauvefarbenen Blüten ist auch nicht gerade eine Sensation. Dennoch blüht sie im Januar und verteilt großzügig ihre Süße an die öde Winterlandschaft, in der wir einsamen Wanderer sie dankbar aufsaugen.

Der Duft-Schneeball *Viburnum farreri* hat die ärgerliche Angewohnheit, den Hauptteil seiner Blüte bereits im Herbst zu entfalten, bevor er sein unansehnliches Laub abgeworfen hat. Zusätzliche Blütencluster erscheinen jedoch auch danach über einen langen Zeitraum hinweg, sogar bis in den April hinein. Blüten und Blütenstiel sind dann wesentlich länger, was für ein ganz anderes Erscheinungsbild sorgt. Der Duft erinnert an Mandeln. Der Strauch in meinem Garten, den ich mittlerweile entfernt habe, setzte sehr selten Frucht an, aber mindestens einmal tat er es. An seiner Stelle steht nun ein *V.* × *bodnantense* 'Dawn', eine üppigere, aber ein wenig steif wachsende Hybride aus *V. farreri* als erstem und *V. grandiflorum* als zweitem Elternteil. In milden Klimazonen ist Letzterer die beste Wahl, leider ist er bei uns jedoch nicht vollständig winterhart. Ich habe mein Exemplar in jenem nassen Winter 1960 verloren. Die Knospen und sogar die Blüten der Pflanze sind von intensivem Rosa, was zu einem guten Teil an die Hybride weitergegeben wurde.

Bei manchen Leuten beginnt die *Mahonia japonica* bereits im Oktober zu blühen und setzt ihre Saison dann über ein halbes Jahr fort. Ihr Maiglöckchenduft ist mitten im Winter etwas ganz Besonderes, außerdem sind die langen, hellgelben Blütentrauben ein hübscher Anblick. Der Strauch verträgt jede Art von Boden und ist winterhart, am wohlsten fühlt er sich im Halbschatten. Ich habe auch Exemplare gesehen, die in der vollen Sonne bestens gediehen, meistens aber nehmen sie bei voller Einstrahlung eine hässliche Farbe an. Ein regelmäßiger Rückschnitt ist nicht erforderlich, doch Sie werden feststellen, dass diese und andere Mahonien-Arten nach einigen Jahren lange, vertikale Triebe ausbilden, die sehr viel kahles Holz zeigen. Diese Triebe können Sie im April gnadenlos zurückschneiden, sobald die Blüte vorüber ist. Die Pflanze wird aus dem alten Holz neu austreiben und mit unverminderter Kraft in der folgenden Saison wieder blühen.

Eine Hauptvertreterin der duftenden Winterblüher (obwohl sie noch mehr für ihre Blüten als für ihren Duft geschätzt wird) ist die Chinesische Zaubernuss, *Hamamelis mollis*. In unserem Garten haben wir zwei davon, beide etwa 50 Jahre alt, über 2 m groß und fast noch etwas breiter. Es ist unwahrscheinlich, dass sie noch größer werden, auch weil ich jedes Jahr vor Weihnachten große Zweige abschneide, um sie ins Haus zu holen. Dort öffnen sich bald die

Bündel aus dunklen, kugeligen Knospen und zeigen ihre typischen spinnenartigen, gelben Blüten.

Vor einem dunklen Hintergrund im Garten sehen diese Sträucher besonders schön aus, und selbst Frost kann ihrer Vorstellung nichts anhaben. Indem man freizügig Teile des Strauches für die Vase abschneidet, kann man das Spektakel nicht nur aus der Nähe sehen, sondern auch den einzigartigen Duft genießen, der bei Zimmertemperatur noch intensiver wird. Doch in einem geheizten Raum ist das Schauspiel nach einer Woche schon wieder vorbei, und man ist versucht, neue Zweige zu schneiden, und danach immer wieder. Daher muss ich meine Leserinnen und Leser warnen, dass hier die Gefahr besteht, es mit diesen Raubzügen zu weit zu treiben, denn die Zaubernuss bildet aus altem Holz nur sehr zögerlich neue Triebe aus. Wenn Sie daher im darauffolgenden Jahr zum selben Zweck an Ihren Strauch zurückkehren, werden Sie feststellen, dass die verstümmelten Zweige aus dem Vorjahr – egal wie geschickt oder zurückhaltend Sie Ihre Schnitte gesetzt haben – in den meisten Fällen weitgehend unverändert sind. Hier und da wird ein neuer Trieb sprießen und einen neuen Zweig bilden, doch es ist nicht ungewöhnlich, dass starke neue Triebe sich in der Mitte des Strauches in Bodennähe ausbilden.

Hamamelis mollis ist weniger kalkempfindlich als die meisten ihrer Familienmitglieder. Wenn Sie ihr nicht gerade den allerdünnsten Kreideboden anbieten, lohnt ein Versuch auf jeden Fall, und wenn die Pflanze Stresssignale aussendet, indem sie spärlich wächst oder die Blätter zu früh gelb werden, kann sie mit einem wunderbaren Antidot gegen Kalkchlorose behandelt werden: Eisen-Sequestren. Ein weiterer Defekt, den meine Pflanzen zeigten, war eine verfrühte Braunfärbung (Verbrennung) der Blattränder, die ich mit einer Gabe Holzasche behandelte. Es hat funktioniert. Ich nehme an, dass hier ein Kalimangel das Problem war.

Alle Chinesischen Zaubernüsse entstehen durch Veredelung,

ein sehr mühseliger Prozess, der unweigerlich dafür sorgt, dass die Nachfrage stets größer ist als das Angebot. Ein einschlägig interessierter Gärtner erzählte mir kürzlich von seinem Versuch, eine Zaubernuss auf die Unterlage einer wilden Hasel zu veredeln, was aber nicht funktionierte. Er sagte, er habe den Tipp aus einem Buch. Da sieht man wieder, wie diese praktischen Trivialnamen, die wir unseren Pflanzen geben, uns mit Pauken und Trompeten in die Irre führen können. Denn die *Hamamelis,* die wir im Englischen »Hexenhasel« nennen, ist nicht im Geringsten verwandt mit der Gemeinen Hasel *Corylus avellana.* Die Verwendung der Bezeichnung »Hasel« rührt lediglich von der auf den ersten Blick ähnlichen Blattform. Tatsächlich wird *H. mollis* auf der Unterlage der amerikanischen Art *H. virginiana* veredelt. Diese benötigt unter normalen Bedingungen zwei Jahre, um aus Samen zu keimen, und ein weiteres Jahr, damit die Pflanze groß genug ist, um als Unterlage verwendet zu werden. In späteren Jahren schlägt sie manchmal über die Stränge, indem sie Wildtriebe ausbildet.

Manche Sorten der *H. mollis* tragen regelmäßig Früchte und lassen sich aus Samen ziehen, doch die Sämlinge entwickeln sich meist zu minderwertigen Pflanzen. Nur bei der Sorte 'Pallida' (siehe unten) erreichen die Sämlinge eine annehmbare Qualität in Bezug auf die spätere Blühfreudigkeit.

Wenn Sie nur Platz für eine Zaubernuss haben, geben Sie sich als Entschädigung nicht mit *H. japonica* oder irgendeiner anderen Form zufrieden, die keine *H. mollis* ist. Die anderen Arten haben auch ihren Charme, sind aber entweder optisch weniger attraktiv oder es mangelt ihnen an Duft, oder beides. Die beste der *H. mollis*-Hybriden ist die Sorte 'Pallida', die hellere und somit aus der Ferne deutlicher sichtbare Blütenblätter besitzt als die Urform. Ich muss jedoch zugeben, dass die *H. japonica* 'Zuccariniana' ebenfalls sehr hübsch ist, mit ihren leuchtenden, zitronengelben Blüten, die stärker gekräuselt sind.

Zu den vielen winterblühenden Sträuchern, die im Sommer hässlich und nichtssagend aussehen, gehört auch eine Gruppe von Strauch-Heckenkirschen. Man sollte sie daher immer an Orte pflanzen, wo sie niemand sieht, und hauptsächlich für den Blumenschmuck verwenden. Ich hatte eigentlich gedacht, bei der Auswahl des Standortes für meine Winterblühende Heckenkirsche (*Lonicera fragrantissima*) unter einer Winterkirsche besonders schlau gewesen zu sein. Die wenigsten Pflanzen gedeihen nämlich unter der Krone eines Kirschbaums, diese jedoch schon. Unglücklicherweise blüht sie dort nie, außer der vorangegangene Sommer war außergewöhnlich warm mit einer langen Reifezeit. Anstatt diese Heckenkirsche umzusiedeln, die zumindest einen schwierigen Standort mit immergrünem Laub füllt, kaufte ich eine *L.* × *purpusii* und versteckte sie an einer anderen Stelle im Garten, jedoch in voller Sonne. Diese Hybride hat die seltene Gabe, beide Elternteile, *L. fragrantissima* und *L. standishii*, in ihren guten Eigenschaften zu übertrumpfen. Die Blüte ist üppiger als bei ihren Vorfahren und öffnet sich bei jedem etwas wärmeren Wetter bis zum Frühling. Die paarweise auftretenden Blüten sind weiß und recht klein und verströmen einen sehr schweren, kopflastigen Duft, der nur mit jenem des Seidelbasts *Daphne mezereum* vergleichbar ist. Ein paar kleine Zweige sind für einen normal großen Raum mehr als genug. Zur Blütezeit sind die Blätter meist schon abgefallen und die paar verbleibenden kann man leicht von den gepflückten Zweigen abzupfen.

Die Chinesische Winterblüte, *Chimonanthus praecox*, besitzt einen weit angenehmeren, würzigen Duft. Auch in diesem Fall haben wir es mit einem großen Strauch zu tun, der im Sommerkleid einen elenden Eindruck macht. Zum Glück lässt er dann zur Blüte die Hüllen fallen und ist rund um Weihnachten meist am schönsten. Offene Blüten fallen dem Frost zum Opfer, doch es kommen bis Februar immer wieder neue nach. Ein geschützter, sonniger Standort ist empfehlenswert, obwohl der Strauch winterhart ist.

Ich habe mehrere ungeduldige Gärtner kennengelernt, die ihre Chinesische Winterblüte nach fünf oder sechs Jahren, in denen sie vergeblich auf eine Blüte gewartet hatten, schließlich hinauswarfen. Ich gebe zu, dass es mir ein Fünkchen Genugtuung beschert, wenn ich sage, dass sie nur ein Jahr länger hätten warten müssen, bis sie erstmals und dann in der Folge jedes Jahr mit einer zunehmend üppigeren Blütenpracht belohnt worden wären. Sieben Jahre beträgt nämlich im Durchschnitt die Wartezeit, bis der junge Sämling stark genug gewachsen ist, um sich um sein Hauptgeschäft kümmern zu können. Veredelte Pflanzen beginnen bereits früher zu blühen, sind aber bisher nur sehr selten zu bekommen. Der Strauch eignet sich nicht für die kühleren Regionen Großbritanniens, denn wenn das Holz im Sommer nicht ausreifen kann, wird es niemals eine Blüte hervorbringen.

Die Winterblüte belässt man so gut es geht ohne Schnitt, andernfalls begünstigt man die Bildung wässriger junger Triebe, was zu Lasten der Reifung des blühenden Holzes geht. Wenn Sie Zweige für die Vase abschneiden, sollten Sie dabei beachten, keine Aststümpfe stehen zu lassen, durch die der grausige Zinnoberrote Pustelpilz in die Pflanze eindringen kann. Der Fungus hat nämlich eine Schwäche für diesen Strauch und würde mit großer Wahrscheinlichkeit große Teile davon umbringen. Manchmal bilden die Sträucher der Winterblüte reichlich Früchte aus, und wenn Sie die frischen Samen im September aussäen, werden sie binnen kürzester Zeit keimen. Die kleinen Pflänzchen sehen fast aus wie Birkensämlinge. Auf diese Art kann es jedoch passieren, dass die Pflanzen minderwertig sind und Blüten tragen, die noch kleiner und unscheinbarer sind als ohnehin schon. Wenn es geht, nehmen Sie die Samen also von einem Strauch, von dem Sie wissen, dass er eine schöne Blüte hat.

Jasmin rund ums Jahr

Aus Sicht des Gärtners haben Jasmine als Pflanzengruppe viele Gemeinsamkeiten mit den Geißblättern: Manche sind Kletterer, andere nicht, manche duften, andere nicht, manche sind Winterblüher, andere Begleiter schwüler Sommerabende. Tatsächlich gibt es keine Jahreszeit, in der nicht irgendein Jasmin Saison hätte. Der Winterjasmin, *Jasminum nudiflorum*, öffnet die allerersten seiner Blüten im Oktober, noch bevor die Blätter abgefallen sind, und beendet die Blüte mit den letzten Nachzüglern im April. Der größte Blütenschwall öffnet sich jedoch im Dezember. Ein gut gewachsenes Exemplar, das an der Fassade eines zweistöckigen Hauses hochgezogen wurde, ist ein faszinierender Anblick. Jede einzelne der hunderten stabförmigen Verästelungen trägt um die zwanzig gelbe Blüten. Winterjasmin findet man in fast jedem Garten, nur sind sie meistens verwahrloste, struppige Gesellen voll totem Holz. Er ist an sich keine richtige Kletterpflanze, sondern vielmehr eine, die sich wie die Kletterrose oder die Brombeere an den Zeigen anderer Pflanzen emporhangelt und durchwindet. Wenn Sie dem Winterjasmin also keine Mauer für sich allein geben (und er gedeiht an Mauern jeder Ausrichtung), sieht er sehr hübsch aus, wenn er sich durch einen Blauregen fädelt. Ebenso glücklich ist er aber auch in der Ebene, wo ich ihn zum Beispiel mit dem steifen, kantigen Gesträuch der Fächer-Zwergmispel, *Cotoneaster horizontalis*, kombinieren würde, deren Laub sich pünktlich im November rot färbt, wenn der Jasmin seine goldenen Blüten öffnet.

Vergessen Sie nicht, dass dieser Strauch gefüttert werden will wie jeder andere auch. Außerdem sollte er regelmäßig im April zurückgeschnitten werden, indem man alle Triebe, die den Winter über geblüht haben, mit der Heckenschere einkürzt. Dadurch wird der Stauch zu neuen grünen Trieben angeregt, die dann in der nächsten Saison umso üppiger blühen. Wie Gärtnereien mit dieser

Pflanzenart noch Geld verdienen können, ist mir ein Rätsel, denn jeder Zweig, der irgendwo zufällig die Erde berührt, bildet an der Kontaktstelle innerhalb von wenigen Wochen Wurzeln aus. Diese durch natürliche Absenker entstandenen Pflänzchen sind stets gern gesehene Geschenke.

J. mesnyi, den man lange unter *J. primulinum* kannte, ist ein opulenter Cousin des Winterjasmins. Die Blüten sind nur halb so groß, aber meistens doppelt angelegt, was einen verschachtelten Blüte-in-der-Blüte-Effekt erzeugt. Farblich bleibt es bei dem gewohnten intensiven Gelb, die Pflanze duftet aber nicht. Sie ist einigermaßen winterhart, braucht aber einen sonnigen, südseitigen Standort, wo sie im April blüht. Nirgendwo macht sie jedoch eine so gute Figur wie in einem ungeheizten Gewächshaus. Dort blüht sie bereits einen Monat früher, und in großem Überfluss. Aufgrund des starken Wuchses ist es ratsam, die Wurzelausbreitung zu begrenzen, indem man die Pflanze in einem ausreichend großen Pflanzkübel oder einer kräftigen Holzkiste zieht anstatt in einem Blumenbeet.

In der Gartenliteratur wird diese Art oft mit dem Zimmer-Jasmin *J. polyanthum* verwechselt. Selten macht sich die Vorfreude auf eine Blüte so stark bemerkbar wie beim Anblick dieser Pflanze, wenn sie übervoll mit blassrosa, spitz zulaufenden Knospen beladen ist, die kurz davorstehen, ihren beinahe greifbaren Duft in die umgebende Luft freizusetzen. Auch sie steht am besten in einem kühlen oder gar unbeheizten Glashaus, solange es dort nicht so frostig wird, dass die Blütenknospen abfallen. Diese entwickeln sich früh im neuen Jahr und entfalten etwa im Februar Wolken von weißen Blüten. *J. polyanthum* wird in den allermeisten Fällen in einen großen Topf gepflanzt und die gewundenen Triebe rund um einen Rahmen aus drei oder vier Stöcken gezogen. Nach der Blüte sollte die Pflanze stark zurückgeschnitten werden, damit sie nicht völlig außer Kontrolle gerät. Alternativ dazu können Sie sich auch die Mühe machen, jedes Jahr im späten Frühling Ableger zu ziehen, die im darauffolgenden Winter bereits so stark sind, dass der alte Bestand entsorgt werden kann. Manchmal kommt es vor, dass dieser Jasmin wie wild wächst, aber keine Blüten hervorbringt, obwohl das Wurzelwachstum durch den Topf eingeschränkt ist. Ich habe das auch schon selbst erlebt und konnte keine plausible Erklärung finden, obwohl ich mir den Kopf darüber zermartert habe.

Unser Gewöhnlicher Sommerjasmin, *J. officinale*, weist große Ähnlichkeit mit dem *J. polyanthum* auf, was Habitus und Blühverhalten betrifft. Er besitzt auch den gleichen wunderbaren Duft, der am Abend und in der Nacht immer am intensivsten ist. Aber er ist selbstverständlich winterhart. Die größerblütige Varietät *J. o.* 'Affine' zeigt niemals so viele Blüten gleichzeitig wie die Urform, kann aber mit einer viermonatigen Blütezeit von Juli bis Oktober aufwarten. Allerdings wuchert sie dermaßen, dass es manchmal schon peinlich wird. Doch wenn Sie den Platz entbehren können, würde ich empfehlen, diesen Jasmin mit einer *Clematis montana* zu kombinieren und die beiden den Rest untereinander auskämpfen zu lassen. Was die Wuchsfreude betrifft, sind sie auf Augenhöhe. Gemeinsam überwachsen sie so gut wie alles, was sich ihnen in den Weg stellt. Außerdem können Sie im späten Frühling den Vanilleduft der Clematis genießen und schon kurz darauf das kräftige Aroma des Jasmins. Ein regelmäßiger Schnitt ist nicht möglich – nur eine radikale Entfernung aller sichtbaren Pflanzenteile in einem Intervall von etwa zehn Jahren, wonach man bei beiden Sträuchern ein Jahr lang auf die Blüte verzichten muss.

Die Hybride *J. × stephanense* ist ein mittelwüchsiger rankender Kletterer, der im Hochsommer für nur wenige Wochen blüht, jedoch einen außergewöhnlich hübschen, weichen Rosaton aufweist und so gut duftet, wie man es sich wünscht.

Ich habe eine Schwäche für den italienischen Jasmin *J. humile*, einen wüchsigen, aber freistehenden Strauch. Er ist recht frostresistent und wird bis zu 1,80 m hoch. Den ganzen Sommer über trägt er

Trauben von zartgelben, leicht duftenden Blüten, denen glänzende schwarze Früchte nachfolgen, sodass bei Herbstbeginn Blüten und Früchte gleichzeitig an der Pflanze stehen. *J. parkeri* ist wie eine Steingartenminiatur von *J. humile*, mit einer Höhe von nur 30 cm. Mein Exemplar verschwendete keine Zeit und starb mir schnurstracks weg; und nachdem man sehr selten ausgewachsene Exemplare dieses Jasmins zu Gesicht bekommt, liegt der Verdacht nahe, dass er ein wenig kompliziert ist.

Launenhafter Seidelbast

Es ist schockierend, wie viele Seidelbastpflanzen im Lauf der vergangenen Jahre in meinem Garten schon eingegangen sind. Was mein Ego rettet, ist die Tatsache, dass die meisten anderen Seidelbast-Enthusiasten dieselbe Erfahrung gemacht haben. Diese wunderbare Gattung hat sich einen entsprechenden Ruf als überanspruchsvolle Pflanze erworben, und wenn ein Exemplar das Zeitliche segnet, zucken wir nur mit den Schultern und sagen: »Ach, wie schade. Aber es ist eben ein Seidelbast. Was kann man da erwarten?« Es ist, als zeigte der Finger des Schicksals unabwendbar in seine Richtung und es gäbe nichts, was wir dagegen tun können. Doch da liegen wir mit ziemlicher Sicherheit falsch.

Die häufigste Krankheit, die den Seidelbast befällt, wird von *Marssonina daphnes* hervorgerufen, einem Pilz, der dazu führt, dass die Pflanze alles Laub verliert, oft schon sehr früh im Jahr. Wiederholt sich diese Kahlheit, kann das für die Pflanze so schwächend sein, dass sie innerhalb von etwa drei Jahren abstirbt. Doch das können wir verhindern. Mit zwei oder drei Anwendungen Kupfer-Fungizid im Abstand von zwei Wochen im Frühling, wenn die jungen Blätter sich entfalten, sollte man die Sache in den Griff bekommen. Da der Pilz im abgestorbenen Laub Zuflucht findet, sollten die Blätter unter den Sträuchern aufgesammelt und verbrannt werden. Mir machte die Krankheit besonders bei *Daphne mezereum*, *D. odora* und *D. pontica* Schwierigkeiten, nicht bei *D. tangutica*, doch wie es aussieht, befällt sie innerhalb der Pflanzengruppe ein breites Wirtsspektrum.

Jeder Mensch mit einer minimal funktionierenden Nase will auf Seidelbast nicht verzichten. Der Berg-Seidelbast *D. collina* ist nur schwach duftend; fast alle anderen jedoch, die es normalerweise in Kultur gibt, zeichnen sich durch die unterschiedlichsten Düfte aus. Als ich einmal im Sommer in den Schweizer Alpen war, erklärte mir meine Vermieterin, dass der Duft des Rosmarin-Seidelbasts, *D. cneorum*, sogar giftig sei, daher erlaubte sie nicht, dass man auch nur ein winziges Zweiglein davon ins Haus brachte. Tatsächlich empfinde ich ebenfalls unter all der offenkundigen Süße eine unterschwellige Heimtücke, doch nur in einem Maße, um mir in einem geschlossenen Raum auf Dauer Kopfschmerzen zu bescheren.

Der Duft des Echten Seidelbasts, *D. mezereum*, besitzt einen schweren, betörenden Charakter, ist jedoch ein Genuss, wenn man im Garten eine Brise davon abbekommt. Diese Art ist zweifellos die beliebteste ihrer Gattung, zum einen, weil sie als erste blüht, und zum anderen aufgrund ihrer dichten rosa-lila Blütenkränze, die wirkungsvoll entlang der blattlosen Äste stehen. Die Pflanzen können ein stolzes Alter von 20 Jahren erreichen, ich weiß sogar von einem Seidelbast-Besitzer, der seinen *D. mezereum* immer mitnahm, wenn er umzog, ohne dass die Pflanze etwas dagegen gehabt hätte. Normalerweise lässt sich Seidelbast ungern verpflanzen. Kein einziges der zahlreichen Exemplare des Echten Seidelbasts, die ich in meinem Garten eingesetzt habe, ist heute noch am Leben, doch die Art besteht fort, indem immer wieder von Vögeln verschleppte Samen keimen, offenbar bevorzugt an schattigen Plätzchen, wie zum Beispiel unter einer Eibenhecke oder einem überhängenden *Cotoneaster horizontalis*.

In manchen Bezirken haben Grünfinke die Angewohnheit (die sich zu einem unstillbaren Appetit auswächst), die Samen des Seidelbasts noch unreif und grün zu fressen. Sie picken alles leer, und keine einzige Frucht wird reif. Das ist nicht nur mir passiert, sondern auch Miles Hadfield zu seiner Zeit in Birmingham, wie er in seinem faszinierenden Buch *One Man's Garden* erzählt. Nachdem er einige Jahre keinen Seidelbast mehr gehabt hatte, tauchte eines Tages zufällig ein Sämling auf, und die nächste Generation Grünfinke, die sich nicht mehr daran erinnerte, ließ den Seidelbast fortan in Frieden.

D. odora zählt ebenfalls zur Riege der stark duftenden Seidelbast-Arten und blüht nur unwesentlich später als *D. mezereum*, doch seine lorbeerartigen Blätter sind immergrün, und die Blüten stehen in terminalen Büscheln, sattviolett außen und weißlich innen. Es heißt, dass die panschierte Form 'Aureomarginata' mit gelb geränderten Blättern winterhärter sei. Alles, was sie braucht, ist Schutz vor eisigem Wind. Im Süden kann sie auch im Schatten gut zum Blühen gebracht werden, doch in den Midlands bzw. nördlich oder westlich davon braucht *D. odora* so viel Sonne, wie sie nur bekommen kann, und selbst dann wird sie tendenziell zögerlich blühen, weil das Holz zu wenig ausreift. Die Art kann aber kinderleicht aus Ablegern gezogen werden, die man im Juli aus halbverholzten Triebstücken mit Rindenzunge schneidet, somit steht immer eine Reihe von Ersatzpflanzen bereit, falls etwas schiefgeht. Unglücklicherweise ist der gesamte Bestand in diesem Land virusinfiziert.

Das Laub von *D. odora,* egal ob panaschiert oder nicht, ist wirklich nicht der Rede wert. Wesentlich ansprechender ist das satte Immergrün unseres heimischen Lorbeer-Seidelbasts, *D. laureola.* Er kommt häufig in kreide- und kalkreichem Waldboden vor, doch ich war nie zur rechten Zeit – nämlich nachts – vor Ort, um den Duft seiner kleinen, grünen Blüten beschreiben oder bewerten zu können. Sehr ähnlich ist die Weiterentwicklung als Gartenpflanze

D. pontica. Der hübsche Strauch wächst etwa 90 cm hoch und etwas mehr in die Breite und trägt Rosetten aus breit gerundeten, dunkelgrünen Blättern. Die spinnenartigen, blassgrünen Blüten öffnen sich im April und Mai in solchem Überfluss, dass sie in der Menge ein recht faszinierendes Bild abgeben, doch am meisten bestechen sie mit ihrem Duft. Neben *D. × burkwoodii,* der jedoch zu einer anderen Kategorie gehört, besitzt diese Art den angenehmsten und wohltuendsten unter allen Seidelbast-Düften. Sie sollten die Pflanze an einer Stelle im Garten positionieren, an der Sie vorübergehen, wenn Sie abends nach dem Ausgehen nach Hause kommen. Dort werden Sie von ihrem Duft begrüßt und wie angewurzelt stehen bleiben, um die süße Botschaft aufzusaugen.

Meiner Meinung nach ist *D. tangutica* die unkomplizierteste und idiotensicherste Vertreterin ihrer Tribus. Sie ist so frostresistent, dass sie selbst bei einem heftigen Wintereinbruch kaum mit dem immergrünen Laub zuckt. Der Strauch ist schnellwüchsig und kann mehr als 1 m hoch und 2 m breit werden. Überdies scheint er für typische Seidelbast-Probleme nicht anfällig zu sein. Die Blätter wirken etwas langweilig, sind aber keine Beleidigung für das Auge. Der Strauch blüht zum ersten Mal im Frühling, sollte aber einen sonnigen, offenen Standort haben, wenn er ein wirklicher Hingucker werden soll. Auf jedem Trieb trägt die Pflanze ein terminales Bündel von etwa einem halben Dutzend Blüten, die außen grünlich violett und innen weiß mit lediglich einem Hauch von Grün und Violett sind. Der Duft ist gut und keinesfalls anbiedernd. Auf den neuen Trieben trägt der Strauch dann im Sommer noch eine zweite kleine Nebenblüte. Auffällig sind die großen, orangerot gefärbten Beeren. In jeder Beere befindet sich ein Samen, der frisch eingesetzt werden sollte, wenn man sich diese einfachste Art der Vermehrung zunutze machen möchte. Lassen Sie das Pflanzgefäß an einem Ort stehen, der Frost ausgesetzt ist.

Die geografische Form der *D. tangutica*, *D. t.* Retusa-Gruppe (syn. *D. retusa*) ist ein dichterer Busch mit langsamerem Wuchs, der selten so groß wird wie Erstere, aber die würdevolle Haltung einer Pflanze besitzt, die sich nicht hetzen lässt.

D. × *burkwoodii* ist eine Hybride, die üblicherweise in der Sorte 'Somerset' verkauft wird. Es handelt sich dabei um einen schnellwüchsigen, manchmal jedoch kurzlebigen, sommergrünen Strauch, der schwer zu vermehren ist (aus Ablegern), aber so herrlich, wenn man ihn in voller Pracht sieht, dass man ihn nicht missen möchte. Idealerweise wird er zu einem kuppelförmigen, etwa 90 cm hohen Strauch, der im Mai über und über mit blassrosa Blütenbündeln bedeckt ist, die nach Nelken duften.

Der kriechende, immergrüne Königs-Seidelbast, *D. blagayana*, ist wohl nicht kompliziert, wenn man erst verstanden hat, dass die langgestreckten Zweige mit Steinen beschwert werden müssen, um unterwegs wurzeln zu können. Am Ende der Zweige sitzen im Frühling wundervoll duftende, rein weiße Blütencluster. Angeblich gedeiht der Königs-Seidelbast gut im Schatten. Aber ich halte mich hier bewusst vage, denn mich scheint diese Pflanze nicht gemocht zu haben: Obwohl ich ihr all die traditionelle Daphne-Pflege angedeihen ließ, fiel sie einem Botrytis-Pilz zum Opfer.

Stärken und Schwächen von Buddlejas

Buddlejas sind die Spitzenreiter unter den zweitklassigen Sträuchern. Alle Arten wachsen unfassbar schnell und öffnen bei »Los!« ihre Blüten – ein Segen für ungeduldige Gärtner. Diese schwindelerregende Geschwindigkeit führt aber auch zu einem unvermeidlichen Defizit in der Struktur der Pflanze, mit der sie im Sommer, wenn sie voll beblättert ist, noch gut davonkommt, aber im Winter zu einem traurigen Skelett wird. Dennoch sind Buddlejas als Duftpflanzen unentbehrlich.

Sie sind meist als Kübelpflanzen erhältlich, können also das ganze Jahr über eingepflanzt werden. Nachdem aber nicht alle zu hundert Prozent winterhart sind, ist der Frühling die beste Zeit, um sie im Garten anzusiedeln. Die typischen »Schmetterlingssträucher« – Kulturvarietäten der *Buddleja davidii* oder Hybriden mit dieser Art als einem Elternteil – lassen sich in einem geräumigen Beet ausgezeichnet mit mehrjährigen Stauden kombinieren. Sie blühen ab dem Hochsommer an der Spitze ihrer neuen Triebe, im Habitus sehr ähnlich wie krautige Pflanzen, und wenn Sie im Herbst das Beet zurechtmachen, sollten Sie, wenn Sie gerade dabei sind, die Zweige der Buddleja um die Hälfte einkürzen. So sehen sie ordentlicher und präsentabler aus. Der Rest des Rückschnitts kann dann im Frühjahr erfolgen, indem dieselben Triebe aus dem Vorjahr jeweils bis auf wenige Zentimeter über ihrer Basis zurückgeschnitten werden. Ich erledige den gesamten Rückschnitt sogar manchmal in nur einem Durchgang im Spätherbst, weil ich festgestellt habe, dass meine Buddlejas dadurch um nichts schlechter aussehen. Doch in kälteren Klimazonen als unserer könnte dieses Vorgehen gefährlich werden, wenn danach ein strenger Winter folgt. Jede Gärtnerin und jeder Gärtner muss von den Erfahrungen im eigenen Garten lernen.

Wenn ich hier meine Ansicht darüber kundtue, welche Buddleja die beste ist, müssen Sie das als meine sehr persönliche Meinung verstehen und sind herzlich eingeladen, zu widersprechen. Die populärste Kulturform der *B. davidii* ist aktuell wahrscheinlich 'Royal Red', die eigentlich einen rötlich violetten Farbton besitzt. Als ich sie zum ersten Mal sah, war ich hingerissen, doch mittlerweile langweilt sie mich zu Tode. Farbe und Textur haben etwas Lebloses, Mattes an sich, sodass man dieser Pflanze als Lebensgefährtin bald überdrüssig wird. 'Harlequin' ist ein Nachkomme dieser Sorte und wirkt durch sein gelb und grün panaschiertes Laub etwas lebendiger. Recht neu ist 'Black Knight' mit sehr dunklen, violetten

Blüten, doch der Strauch selbst ist aufgrund seiner langen, dürren Äste schrecklich unförmig. Weiße Sorten wie 'White Profusion' sehen toll aus, wenn ihre großen Blütenstände sich in voller Pracht zeigen, aber wenn eine weiße Blüte braun wird und sie die Blütenblätter dann nicht abwirft (eine unangenehme Angewohnheit der Schmetterlingssträucher), sticht das viel deutlicher ins Auge als bei jeder anderen Blütenfarbe. Denken Sie nur an weißen Flieder oder den Wald-Geißbart *Aruncus dioicus*. Bei der Sorte 'Dartmoor' zeigen die außergewöhnlich breiten, mehrfach verzweigten Blütenstände eine schöne Violettfärbung. Die Blüten sind so schwer, dass die Zweige unter ihrem Gewicht bogig herabhängen. Der Strauch sieht großartig aus, wenn er sich über einen Absatz oder einen Vorsprung im Garten neigt.

'Fromow's Purple' und 'Ile de France' sind zwar beide nicht neu, aber ehrliche, gute Sträucher mit satter Blütenfarbe. Noch lieber mag ich aber 'Glasnevin Blue', vor allem aufgrund des wohlgeformten, breiten Wuchses und der schlanken Eleganz der Blütenkerzen. Und die Farbe würde ich als schönes, sattes Mauve bezeichnen. Doch es besteht keine Veranlassung, nur die allerdunkelsten Sorten zu betrachten. Die Hybride 'Lochinch' zum Beispiel steht keiner anderen Buddleja, die je in unseren Gärten logierte, in etwas nach. Sie besitzt graues Laub und blüht an großen Kerzen in einem hellen Lavendelton. Nach einer langen Versuchsphase in meinem eigenen Garten verabschiedete ich mich von der *B. fallowiana alba,* was ich jedoch bereue. Die Blüten sind nicht besonders strahlend, harmonieren aber mit dem hellen, silbrigen Laub, außerdem werden sie nicht so auffällig hässlich, wenn sie welken. Ein weiteres Plus ist, dass sie eine extrem lange Blühperiode aufweist, sogar bis in den Oktober hinein. Mittlerweile ist der Strauch in meine lange Rabatte zurückgekehrt.

Allen Buddlejas tut es optisch gut, wenn man sofort nach der Hauptblüte die welken Blüten entfernt. Dadurch werden sie zu einer zweiten, wenn auch kleineren Blüte angeregt. Allerdings kann es bei manchen Menschen während der Arbeit zu heftigen Heuschnupfenattacken kommen, ein Schicksal, dem man nur beikommen kann, wenn der Strauch zum Schnittzeitpunkt nach einem Regenguss noch völlig durchnässt ist.

Die halbimmergrüne *B. globosa* wächst zu einem besonders großen Strauch heran, der außerhalb der Blühsaison unansehnlich ist. Er blüht im Frühsommer stets auf dem alten Holz, verweigert aber jegliches Blühen, wenn er im Herbst, im Winter oder im Frühling zurückgeschnitten wird. Die einzige Möglichkeit ist unmittelbar nach der Blüte. Nach diesem strengen Urteil muss ich aber eingestehen, dass der Strauch dennoch etwas Herzerwärmendes hat, wenn er über und über mit Büscheln aus dichten, orangefarbenen Kügelchen bedeckt ist, die zudem herrlich duften. Es gibt eine Hybride aus dieser Art und der *B. davidii,* die den Namen *B.* × *weyeriana* trägt. Sie vereint die schlechtesten Eigenschaften beider Eltern in kränklichem Orange, Pink und Mauve. Aber es gibt auch eine Züchtung, die 'Golden Glow' heißt und *gut* ist: Sie zeigt sich in klar definiertem Orange und Gelb und hat von *B. davidii* die Eigenschaft geerbt, auf dem jungen Holz zu blühen.

Die *B. alternifolia* hat in den letzten Jahren, glaube ich, stark an Beliebtheit gewonnen, und tatsächlich handelt es sich dabei um eine sehr hübsche Kreatur, wenn man sie zur besten Zeit betrachtet. Sie besitzt jedoch zwei befremdliche Wesenszüge: Erstens verträgt sie es manchmal nicht, wenn ihre Wurzeln zur Pflanzzeit gestört werden, und reagiert darauf in der gängigen Art und Weise – indem sie stirbt. Zweitens ist sie extrem wüchsig und fordert sehr viel mehr Platz ein, als Sie ihr eigentlich zugestehen wollten. Auch dieser Strauch blüht im Juni auf den Trieben aus dem Vorjahr, daher darf er nur unmittelbar nach der Blüte zurückgeschnitten werden. In diesem Fall machen Sie sich das Leben leichter, wenn Sie dem Strauch nur einen Stamm lassen und ihn von Anfang an als Hochstamm an einer Stütze ziehen. In Jahren, die auf einen warmen Sommer folgen, blüht er immer am üppigsten, wobei die Blüten auf langen Ruten sitzen, in dem gewohnten Mauveton blühen und den so typischen Schmetterlingsstrauch-Duft verströmen. Schmetterlinge besuchen diese Art leider nie. Bei der *B. a.* 'Argentea' hat das Laub eine attraktive, weiche Graufärbung, und es gibt keinen Grund, warum man diese Form nicht der Urform vorziehen sollte.

B. colvilei trägt im Hochsommer außergewöhnlich große (2 bis 3 cm Durchmesser), pinkfarbene Blüten an locker angeordneten Blütenständen. Wenn der Strauch an einer Wand steht, ist er immergrün und verdient sich diesen privilegierten Standort mit seinen hübschen Blättern. Das ist sein Glück, denn in den ersten Jahren blüht er nur sehr spärlich. In milderen Gegenden kann er auch allein an einem ungeschützten Ort stehen, wo er baumähnliche Proportionen erreicht, jedoch wird er dadurch zu einer hageren Gestalt und trennt sich dann im Winter von seinen Blättern.

Düfte des Spätsommers

Das Augustwetter ist manchmal freundlich, ohne brütend heiß zu werden. Dann bricht die Sonne schon bald durch den dichten, frühmorgendlichen Nebel. Die Maulbeerbäume beginnen schläfrig zu schaukeln, nachdem ein erster Windhauch sie aus ihrem Schlummer geweckt hat, die einzig hektischen Bewegungen im Garten sind den Sperlingen zu verdanken, die auf den Zweigen umherhopsen. An anderen Tagen ist es feucht und wolkenverhangen, aber immer noch ruhig. Das ist die Art von Wetter, die Gärtner genießen können, weil es weiches Licht erzeugt und die Blumen gut aussehen lässt. So oder so versprüht der Garten köstliche Düfte im Überfluss.

Der Duft der einjährigen Nelken liegt satt in der Luft, sobald sie aufgeblüht sind. Alle Farben, sogar die weißen (die in den seelenlosen Züchtungen der Floristen so grausam geruchlos sind) tragen großzügig dazu bei. Bei mir wächst auch immer die ein oder andere Garten-Resede an strategischen Punkten des Gartens, und manchmal setze ich sogar welche in Töpfe, um sie dann nach Bedarf verschieben zu können. »Duften denn die Reseden immer noch so wie früher?«, fragte mich einst ein älterer Gartenbesucher auf eine etwas mürrische Art, als hätten die Atombombe, die hohen Lebenserhaltungskosten und die böse Regierung all solchen Genüssen den Garaus gemacht. Jedenfalls: Sie duften noch immer, man weiß nur nie genau, wann. Einmal überrascht mich ihr würziger Duft bei Nacht, und ein andermal zieht er auf, wenn die Sonne auf die Blüten scheint. Man muss einfach darauf warten, denn wenn man die Nase in die Blume steckt, passiert gar nichts. Wählen Sie immer die ganz normalen, »unverbesserten« Sorten von Garten-Reseden. Die widerstandfähigeren oder aufrechteren oder intensiver gefärbten Züchtungen duften nicht so gut.

Petunien duften abends am stärksten, ganz wie ihre Verwandten, die Tabakpflanzen, die einjährigen Eisenkrautpflanzen hingegen bei Tage. Alle Arten bis auf rein scharlachrote Sorten besitzen einen guten Duft. Auch Levkojen duften bei Tag; die Sorte, die bei Nacht ihr Aroma entfaltet, riecht völlig anders, fast ein wenig nach Mandelöl. Die meisten Varietäten der modernen Duftwicke müssen in großen Gruppen zusammenstehen, bevor sie einen wahrnehmbaren Duft verströmen. Vor ein paar Jahren stieß ich jedoch in den Harlow Carr Botanical Gardens der Northern Horticultural Society in der Nähe von Harrogate auf eine ganze Hecke aus lila Duftwicken. Sie hatten kleine Blüten – nicht wie die modernen Züchtungen mit dem großen, gewellten Fahnenblatt und den offenen Flügeln –, doch ihr Duft besaß diese üppige Fülle, die man früher kannte, aber vergessen hatte. Es handelte sich dabei um die alte Grandiflora-Sorte, die es vor 75 Jahren noch gab, bevor die Spencer-Varietäten den Markt monopolisierten. Die Sorte wird in

Form von Samen oder Jungpflanzen von der Firma Unwins in Histon, Cambridgeshire, vertrieben.

Bei den Sträuchern ist *Hoheria sexstylosa* bis Ende August ein strahlender Anblick, mit perlweißen Knospen und weißen, sternförmigen Blüten, die sich bis in 4,50 m Höhe über das glänzende Laub ergießen. Die Art besitzt den für Hoherien so typischen Honigduft und liefert die ideale Bühne für die frisch geschlüpfte Generation von Admiralen und Pfauenaugen, die sich hier gern niederlassen.

Jeder, der über saure Erde verfügt, kann die Erlenblättrige Zimterle, *Clethra alnifolia*, pflanzen, die im Spätsommer Ähren aus kleinen, weißen Blüten trägt und einen warmen Duft verströmt. Der Strauch liebt Feuchtigkeit. Unter solchen Bedingungen wird er bis zu 2,50 m hoch und breitet sich durch Ausläufer nach und nach aus.

Besser als bei den meisten Rosen, die zu dieser Zwischenjahreszeit blühen, ist der Bratapfelduft der Wein-Rose. Neben meinem Sitzplatz im Garten habe ich ein Exemplar aus Samen gezogen, das ich jedes Jahr radikal zurückschneide, um es von Frühling bis Herbst zu einem üppigen Wachstum anzuregen.

Das Japanische Geißblatt, *Lonicera japonica* 'Halliana', verströmt seinen Duft bei Tag und bei Nacht bereitwilliger als die meisten anderen Geißblatt-Arten, auch als Lonicera periclymenum 'Serotina'. Der Haaröl-Geruch der *Clematis tubulosa* (syn. *C. heracleifolia* var. *davidiana*) ist an manchen Tagen sehr kraftvoll. Binsenginster duftet immer gut, und jene Heben, die mit *H. salicifolia* verwandt sind – 'Miss E. Fittall', 'Hidcote' und 'Midsummer Beauty' –, duften sehr süß. Das würzigste Aroma verströmt die Gemeine Myrte, *Myrtus communis*, am Höhepunkt ihrer Blühsaison im August und September, in einer himmlisch luftigen Version von zerriebenen Myrtenblättern.

Der Duft von Hortensien kommt nicht oft zur Sprache. Er fällt weder besonders positiv noch negativ auf. Es ist eine Art Gemüsearoma, das manchmal etwas beißend und aufdringlich werden kann, aber ich mag es. Phloxe, die in der Kombination mit Hortensien besonders schön sind, sind zu dieser Jahreszeit die freizügigsten Duftstauden.

Eine Pflanze, die mich vor ein Rätsel stellt, seitdem ich sie wegen ihres guten Duftes, der stark an Nelken erinnerte, aus dem Garten eines Freundes mitgenommen habe, ist eine Kugeldistel mit dem wissenschaftlichen Namen *Echinops sphaerocephalus*. Die bis zu 2 m hoch werdende Staude besitzt recht hässliche Blätter und unscheinbare graue Blütenstände. Doch seit ich sie habe, hat sie nie mehr diesen besonderen Duft produziert. Tatsächlich ist es aber nicht ungewöhnlich, dass der Duft von Blumen je nach Zeitpunkt und Standort unterschiedlich ausgeprägt ist, so wie auch Gemüse im Geschmack variiert.

Besondere Standorte

Einige Küstensträucher

Es passiert häufig, dass mir irgendjemand unverblümt diese eine ganz bestimmte Frage ins Gesicht schleudert: Verträgt die Pflanze XY salzigen Küstenwind? Wenn ich es nicht weiß, rette ich mich meist, indem ich die Fragenden auf ein einschlägiges Buch verweise. Wenn ich aber um eine Pflanzenempfehlung für Küstengegenden gebeten werde – meistens sollen es Sträucher sein –, kann ich eher weiterhelfen, denn es gibt eine ganze Reihe von unerschütterlichen Küstenbewohnern, die man bei Besuchen am Meer häufig beobachtet hat. Viele davon sind so schön, dass es eine Freude ist, sie auch im Landesinneren anzupflanzen.

Ein Beispiel ist der Küsten-Sanddorn, *Hippophae rhamnoides*, der oft auf Dünen eingesetzt wird, um sie vom Wandern abzuhalten. Er zählt zu den vielleicht schönsten silberblättrigen Sträuchern, die sich mit den Jahren langsam zu kleinen, knorrigen Bäumen mit interessanten Formen entwickeln. Das schmale, weidenähnliche Laub fällt im Herbst ab, doch die weiblichen Pflanzen halten ihre einzigartigen, leuchtend orangefarbenen Beeren im Winter über viele Monate hinweg fest. Nachdem der Küsten-Sanddorn meist auf die einfachste Weise, nämlich aus Samen, gezogen wird, ist es schwierig, beim Kauf ein bestimmtes Geschlecht zu wählen, was wünschenswert wäre, da eine männliche Pflanze für mehrere weibliche ausreicht. Alles, was Sie tun können, ist, eine kleine, gemischte Kolonie anzupflanzen und zu hoffen, dass einige beerentragende Damen darunter sind.

Einer der hübschesten immergrünen Büsche für den Küsteneinsatz (der aber auch für das Binnenland genug Winterhärte aufweist) ist die *Griselinia littoralis*. Im jungen Stadium mag die Pflanze manchmal etwas dürr erscheinen, doch sie wächst schnell und liefert dann eine ausgezeichnete Schnitthecke. Sie kann auch als naturbelassener Windbrecher zum Einsatz kommen, denn sie erreicht Wuchshöhen von mindestens 4,50 m.

Meiner Meinung nach wird der gute alte Japanische Spindelstrauch, *Euonymus japonicus*, ebenfalls ein Immergrüner, tendenziell unterschätzt. Meist begegnet man ihm in Form einer formalen Hecke; mir gefällt er aber als großer, natürlich wachsender Strauch am besten. Doch egal wie er zum Einsatz kommt, ein immergrünes Blatt, das so glänzt wie dieses, kann nicht langweilig sein. Ich würde mich hier für eine gelb panaschierte Form entscheiden, und selbst wenn Teile des Strauches wieder vergrünen, würde mich das nicht kümmern, denn es sieht bei diesem Strauch schön aus, wenn sich grüne und gemusterte Flecken abwechseln.

Der unkomplizierteste, frosthärteste und meistgepflanzte Strauch aus der Familie der Korbblütler ist der Gänseblümchenstrauch, *Olearia × haastii*. Und es gibt durchaus langweiligere Sträucher. Er kann mit der Zeit ziemlich groß werden, bleibt aber stets dicht belaubt und kompakt. Er bildet reichlich weiße Blüten, und zwar zu einem erfreulichen Zeitpunkt im August. Allerdings dauert die Blüte nur eine oder zwei Wochen an, danach verfärbt sie sich in ein giftiges Braun. Doch das wahre Problem dieser Art ist sein winziges, ligusterartiges Laub, das düster und rußig wirkt.

Wenn wir uns *O. macrodonta* zuwenden, sprechen wir von ganz anderen Größenordnungen. In einigen maritimen Landesteilen, wie etwa in Cornwall oder im Westen Schottlands, wird dieser Strauch riesig, sogar bis zu 6 m hoch und wird deshalb gern als Hecke oder als Windschutz eingesetzt. Dabei besitzt er die freundliche Eigenschaft, sich bei Bedarf radikal bis ins alte Holz zurückschneiden zu lassen, jedoch ebenso hübsch anzusehen zu bleiben, wenn man ihn gar nicht schneidet. Wenn er, wie bei uns, 15 Kilometer weiter landeinwärts gepflanzt, braucht er einen frostgeschützten Standort und wird wahrscheinlich nicht viel höher als 2 m. Die Blätter sind zart graugrün, breit elliptisch und scheinbar stachelig gezähnt, als wollten sie eine Stechpalme nachahmen, doch bei Berührung sind sie erstaunlich weich. Die weißen Gänseblümchen sorgen während der Blüte für ein volles, heiteres Bild. Sie blühen zu Tausenden, stehen jedoch immer noch weit genug auseinander, um in ihrer ordentlichen, symmetrischen Form auch noch einzeln wahrgenommen zu werden.

Der interessanteste Gänseblümchenstrauch ist *O.* 'Henry Travers' (syn. *O. semidentata*). Er ist weniger frosttolerant als *O. macrodonta*, aber ein erstklassiger Küstenstrauch. Wenn er sich an einem Ort so richtig wohlfühlt, bildet er einen Busch mit einem Durchmesser bis zu 3 m, doch in den meisten Gärten sollte man mit nicht mehr als 1 m rechnen. Seine elliptischen Blätter weisen eine graue Unterseite auf und sehen recht hübsch aus, doch die wahre Sensation sind die Sternblüten: Sie sind die größten ihrer Gattung, mit etwa 5 cm großen, satt mauvefarbenen Zungenblüten rund um die dunkelvioletten Röhrenblüten, ein sehr ungewöhnliches und faszinierendes Charakteristikum. Die Blütensterne stehen einzeln auf dem Strauch und öffnen sich über einen langen Zeitraum im Sommer.

»Und dann ist da natürlich auch noch die *Brachyglottis* (syn. *Senecio*) 'Sunshine'«, erkläre ich und erwarte mir lauter lebhaftes, zustimmendes Nicken in den Reihen meiner Gesprächspartner, die sich nach geeigneten Sträuchern für windgepeitschte Küstengärten erkundigt haben. Manchmal ernte ich tatsächlich das eine oder andere Zeichen der Zustimmung, jedoch eher im Sinne von »Ach, stimmt«, und muss feststellen, dass diesen so unentbehrlichen Strauch immer noch nicht jeder kennt, obwohl ich auch die anderen botanischen Namen durchprobiert habe, unter denen die Pflanze bekannt ist: *Brachyglottis greyi* und *B. laxifolia* (*S. greyi* und *S. laxifolius*). Diese Pflanze sollte in jedem einzelnen Garten zu finden sein; ihre Vorzüge und Anforderungen habe ich bereits eingehend auf S. 438 f. beschrieben.

Schon bei der Erwähnung der würdevollen und vornehmen *Brachyglottis rotundifolia* (syn. *S. reinholdii*) ist ehrfürchtiges Schweigen angebracht. Als winterhart gilt sie allerdings nur in unmittelbarer Sicht- und Riechweite des Meeres. In meinem Garten überlebt die Art ohne Winterschutz nicht, daher habe ich es mir zur Gewohnheit gemacht, meine Pflanzen im Herbst aus der Erde zu holen und im Topf unter Glas oder in einem nicht völlig abgedunkelten Kellerraum zu überwintern. Wenn sie dann eine Größe von 1 m übersteigen, wickle ich die Sträucher draußen im Beet mit einer dicken Polyäthylenfolie ein und befestige diese mit robusten Stöcken. Das Innere dieses kuscheligen Nests stopfe ich mit welken, männlichen Farnwedeln aus, die ich erst dann vom Haupt des Strauches lüfte, wenn wirklich warmes Winterwetter herrscht. Das

Laub dieser Art ist hart und steif wie altes Leder, farblich olivgrün an der Oberseite und hellbeige an der Unterseite sowie an den Blatträndern. Die Form der Blattspreite ist bei ausgewachsenen Exemplaren breit elliptisch, etwa 10 cm lang und 7 cm breit. Ein stattlicher Strauch, der immer sofort auffällt. *Brachyglottis elaeagnifolia* ist ihm sehr ähnlich, daher kommt es zwischen beiden Arten oft zu Verwechslungen.

Die Herkunft der beiden Brachyglottis-Arten ist Neuseeland, eine Gemeinsamkeit, die sie mit den Strauchveronikas, den Heben, haben. Wenn wir nun unser Hauptaugenmerk auf Küstentauglichkeit legen, würde ich wegen ihres schönen Blatts die *Hebe dieffenbachii* wählen oder drei ihrer sehr ähnlichen Hybriden 'Miss E. Fittall', 'Hidcote' und 'Midsummer Beauty' aufgrund ihrer Blüten. Weitere Informationen zu den Heben finden Sie auf S. 604-610.

Wie alle Ginster-Arten muss auch der Binsenginster, *Spartium junceum*, im Topf gezogen werden und kann daher jederzeit in den Garten gesetzt werden. Die Art gedeiht an der Küste sehr verlässlich und liefert von allen Ginstern das schönste Ergebnis: Er hat die größten Blüten, den süßesten Duft und die längste Blühsaison, von Ende Juni bis September. Es stimmt natürlich, dass der Strauch etwas schlaksig daherkommt, aber auch in diesem Defizit lässt sich ein gewisser Reiz erkennen. Einige Blütensträucher, die in unseren Binnengärten leicht vom Wind zerzaust werden, haben sich dennoch einen Namen als Küstenpflanzen gemacht. Die Strauch-Lupine, *Lupinus arboreus,* ist ein gutes Beispiel, ein anderes ist die Strauchpappel, *Lavatera* 'Rosea', die beide etwa 1,50 m hoch werden.

Stechginster ist an den Küsten eine häufig vorkommende Wildpflanze, deren gefüllt blühende Form, *Ulex europaeus* 'Flore Pleno', sich einen Platz in Gärten mit leichtem, magerem Boden verdient hat. Niemals wieder ist mir Stechginster in einer derartigen Fülle von dichtem Blütengelb untergekommen wie jenes eine Mal, als

Kaninchen immer wieder und wieder die jungen Triebe der Pflanze mümmelten – vielleicht ein kleiner Trost für kaninchengeplagte Gärtner. Dennoch ist es ratsam, den Pflanzen einen knabberfreien Start zu ermöglichen, indem ein Drahtgitter rundherum aufgestellt wird, bis die verholzte Basis stark genug ist, um nicht ins Jenseits geknabbert zu werden.

Die Stechpalme ist ebenfalls ein wind-, salz- und kaninchenresistenter Strauch. Bei uns in der Nähe, an der Küste zwischen Kent und Sussex, gibt es einen Schotterstrand, der sich »The Hollies« nennt (»Stechpalmenstrand«), was daher rührt, dass er immer wieder von kurios geformten, bis zu 3 m hohen Ansammlungen dieser Sträucher besiedelt wird. An der Seite, die dem Wind zugeneigt ist, wachsen sie schräg landeinwärts, während sie an der geschützten Nordostseite fast senkrecht in die Höhe ragen. Es gibt aber auch eine große Auswahl an herrlich dekorativen Stechpalmensorten, von denen jeder Gärtner sicherlich ein oder zwei besitzen möchte, wenn nicht gar eine ganze Abordnung zum Schutz vor dem Wind.

Vom Kummer des Kreideboden-Gärtners

Die meisten von uns finden allerlei Gründe, um über unseren Gartenboden zu jammern. Entweder trocknet er zu schnell aus oder er trocknet gar nicht, ist voller Steine oder fest wie Beton. Und wenn es nicht der Boden ist, dann sind es eben Wind oder strenge Fröste, die uns jahrein, jahraus heimsuchen. Die Anzahl von Gärtnerinnen und Gärtnern, die allzeit bereit sind, ihre endlose Leidensgeschichte anzustimmen, ist abstrus, doch die einzigen, für die ich manchmal ein Körnchen Mitleid übrig habe, sind jene, die mit Kreideböden klarkommen müssen.

Das klingt erst mal verwunderlich, denn wenn man an unsere natürliche Flora denkt, kommen einige unserer schönsten und spannendsten Pflanzengemeinschaften, einschließlich einer langen Liste an Orchideen, oft in den kreidehaltigen Waldböden oder offenen Kreidelandschaften vor. Doch im eigenen Garten will man einen solchen Boden nicht. Vor allem, weil er zu durchlässig ist. Die Auswirkungen sind nicht so schlimm wie auf sauren, sandigen Böden, wie sie etwa in den Bagshot oder Folkestone Sands vorkommen und die weitgehend unfruchtbar sind. Kreideböden sind eigentlich sehr fruchtbar, nur schlucken sie in atemberaubendem Tempo alles an organischem Material, das wir ihnen untermischen: Stalldung, Kompost aus Gartenabfällen und Laub, Torf, welke Hopfenranken, Kehrgut, Klärschlamm und sämtliche andere Opfergaben, die man sich vorstellen kann. Man darf keine Sekunde nachlassen. Zudem sieht der Boden in einem Kreidegarten meistens fürchterlich aus. Sobald er austrocknet – und das schafft er im Handumdrehen –, nimmt er eine fahle, blassgraue Farbe an, die höchst unappetitlich ist.

Es gibt zwei Möglichkeiten, dagegen vorzugehen: Erstens mit einem ausgeklügelten und nicht zu sparsam eingesetzten Bewässerungssystem und zweitens mit einer lückenlosen Bepflanzung des Bodens.

Kreidehaltige Magerwiesen sind fantastisch, weil sie einige der schönsten Gräser – darunter zum Beispiel das herrliche Zittergras *Briza media* – und Blumen gedeihen lassen, daher würde ich in jedem einigermaßen geeigneten ländlichen Umfeld den Großteil meines Gartens Wildwiesen widmen, die nur zwei- oder dreimal im Jahr gemäht werden. In unseren Beeten müssen wir die Sträucher jedoch näher zueinanderpflanzen, damit sie den Boden abdecken, und auch bei Staudenpflanzungen achten wir auf große Gruppen, die in geringem Abstand zu den Nachbarn stehen. Wer Einjährige und Beetpflanzen einsetzen will, muss besonders darauf achten, sie in ihren Aufzuchtkästen nicht verhungern zu lassen, sie zeitig im Jahr auszupflanzen und in den ersten Wochen ausreichend zu wässern, damit sie bis Mitte Juni bereits einen Gutteil des Bodens abdecken.

Was uns natürlich als Allererstes durch den Kopf geht, wenn wir an Kreideböden denken, sind all die Pflanzen – und hier vor allem Sträucher –, die wir *nicht* anpflanzen können, weil der Boden zu alkalisch ist. Darunter fallen alle Vertreter der *Ericaceae*-Familie – Rhododendren, Heidekräuter und verwandte Arten, mit Ausnahme der winterblühenden Heiden und der Gattung der Erdbeerbäume –, Kamelien sowie sämtliche Scheinmohn-Arten, außer dem Wald-Scheinmohn. Diese Entbehrungen muss man auch auf den meisten Kalkböden hinnehmen, bei Kreideböden kommen aber noch weitere Abstriche hinzu: Lupinen sind aus dem Rennen, und selbst Rittersporne können eine ungesunde gelbe Blattfarbe annehmen, was eine Pflanzung aber nicht grundsätzlich ausschließt.

Hortensien blühen immer nur rosa oder rot, niemals blau, was an sich keine Kopfschmerzen bereitet, nur vergilbt häufig auch ihr Blatt, was mit teurem Eisendünger korrigiert werden muss. Die entzückende *Hydrangea aspera* Villosa-Gruppe ist eine der wenigen Hortensien, die sich den Kreideboden gern gefallen lässt.

Auch viele andere Sträucher werden wahrscheinlich darunter leiden, vielleicht nicht in den ersten Jahren, aber in der Mitte ihres Lebens, wenn sie eigentlich gut eingewachsen sein und sich von ihrer besten Seite zeigen sollten. Hierzu zählen die Japanische Quitte, auch Nordische Zitrone genannt, einige immergrüne Säckelblumen-Arten (*Ceanothus*), einige Zistrosen (*Cistus*) und zahlreiche Rosen. Kurioserweise scheinen die meisten Kletterrosen auf Kreide recht zufrieden zu sein. Dasselbe gilt für die größeren, wüchsigeren Rosensträucher wie Kartoffelrosen oder Moschus-Hybriden. Doch ein Großteil der Floribunda-Rosen und beinahe sämtliche Tee-Hybriden – selbst die sonst so robuste 'Peace' – würden mit großer Wahrscheinlichkeit nicht überleben. Zuerst färbt sich das

Laub gelb, dann verlieren die Sträucher an Wuchskraft und sterben langsam ab.

Es wäre dumm, eine kostspielige Pflanze mit Gewalt am Leben zu erhalten, wenn es selbst für Kreideböden so viele willige, komplikationslose Alternativen gibt. Alle Schneeball-Arten (*Viburnum*) sind auf Kreide die reinste Freude, ebenso die Buddlejas, Deutzien (*Deutzia*), Pfeifensträucher (*Philadelphus*) sowie Vertreter vieler anderer großer Gattungen. Auch manche Überflieger wie der *Osmanthus delavayi* gedeihen hier gut. Pfingstrosen, egal ob Strauch oder Staude, sind durch und durch kreideliebend, wie der Doyen der Päonienzüchter, der verstorbene Sir Frederick Stern, in seinem Kreidegarten in den Sussex Downs eindrücklich bewiesen hat. Dort züchtete und pflanzte er herrliche Exemplare der *Magnolia* 'Highdownensis', mit riesigen, weißen Hängebechern und sich deutlich davon abhebenden purpurnen Staubblättern. Es gibt nur wenige Magnolien-Arten, die auf Kreide verlässlich gedeihen.

Fackellilien (die meiner Meinung nach auf Tonböden schwierig sind, weil Staunässe der Winterhärte entgegenwirkt) sind ganz ausgezeichnete Kreidebewohner, von denen es eine breite Palette an Wuchshöhen, Farben und Blühzeitpunkten zur Auswahl gibt. Schließlich sei noch die graublättrige Fraktion von Stauden und Sträuchern erwähnt, die sich an sonnigen Standorten im Kreideboden pudelwohl fühlen, eben weil es dort trocken ist. Ähnliche Präferenzen haben viele Zwiebelpflanzen, die ursprünglich aus dem Mittelmeerraum, dem Nahen Osten und aus Südafrika stammen, etwa Hakenlilien (*Crinum*) oder Schmucklilien (*Agapanthus*).

Vielleicht müssen uns die Kreidegärtner am Ende doch nicht sonderlich leidtun.

Pflanzen für lockere Böden

Ich gärtnere auf Ton, daher gibt es einige Stauden, von denen ich die Finger lasse. Für alle, die auf gut durchlässigen kalk- oder sandhaltigen Böden leben, stellen diese Pflanzen jedoch keinerlei Schwierigkeit dar, solange sie im Jahresverlauf richtig behandelt werden.

Die Insektenblume ist ein typisches Beispiel dafür. In Gebieten mit lockeren Böden findet man sie praktisch in jedem zweiten Garten, schließlich war sie früher fixer Bestandteil eines klassischen Staudenbeets. Doch sie verabscheut Böden, in denen im Winter das Wasser um ihre Wurzeln nicht abläuft, und sollten Sie so unvorsichtig sein, alte Ballen im Herbst, am Beginn ihrer Ruhephase, auszugraben, zu teilen und wieder einzupflanzen, stehen die Chancen gut, dass Sie sie vollständig gekillt haben, egal welchen Boden Sie haben. Im zeitigen Frühjahr hingegen, kurz bevor die Stauden beginnen, ins Längenwachstum zu starten, ist der perfekte Zeitpunkt, sich den Insektenblumen zu widmen. Oder Sie warten, bis sie ihre Blüte beendet haben, und teilen sie Anfang Juli, parallel zu den Schwertlilien. So bleibt ihnen noch ein gutes Stück der Vegetationssaison übrig, um sich wieder im Boden einzurichten.

Aus botanischer Sicht gehören die Insektenblumen, die früher die eigene Gattung *Pyrethrum* bildeten, heute zur Gattung der Wucherblumen, *Tanacetum*. Ihre Blüte kann aus einfachen, halbgefüllten oder gefüllten gelbäugigen Sternblümchen bestehen, deren breites, frisches Farbspektrum von Weiß über leuchtendes Pink bis Rot reicht. Bei einer gesunden, gut mit Nährstoffen versorgten Pflanze werden die Stängel zwischen 90 und 120 cm hoch und eignen sich somit ideal als Schnittblumen. Die Kehrseite der Medaille ist, dass sie recht schlaffe Gesellen sind und eine unauffällige, aber effiziente Stütze benötigen, um im Garten ein schönes Bild abzugeben. Was bei diesen stängellastigen Stauden gar nicht so einfach ist. Gegen Ende Juni sterben sie einen unschönen Tod, und das Einzige, was hier hilft, ist, die Pflanze bodengleich abzuschneiden, allerdings führt das während der wichtigen Sommermonate zu einer großen, klaffenden Lücke im Beet.

Wenn Ihr Garten groß genug ist, um ein Mai- / Juni-Beet anzulegen, sind diese Insektenblumen eine wichtige Zutat, gemeinsam mit Schwertlilien, Mohn, Pfingstrosen, Lupinen, Nelkenwurzen und Ehrenpreis. Wenn nicht, sollten sie am besten in ein Schnittblumenbeet ausgelagert werden. Viele Argumente sprechen dafür, sie alljährlich zu teilen und neu in gut gedüngte Erde einzupflanzen. Sie wird es Ihnen mit einer Nebenblüte danken, die im Herbst für wertvolles Schnittblumenmaterial sorgt.

Zur eng verwandten Gattung *Leucanthemum* gehören auch die Shasta-Margeriten, Zuchtformen der Hybride *L.* × *superbum*. Die mehrjährigen Beetpflanzen, die ebenfalls gute Schnittblumen sind, übernehmen im Juli den Staffelstab von den Insektenblumen. Doch bis heute ist es leider noch niemandem gelungen, den Shasta-Margeriten etwas Farbe auf die blutarmen Wangen zu zaubern, sie sind immer noch weiß wie eine Wand. Wenn manche Leute sagen, dass sie weiße Blüten nicht mögen, weil sie sie an Begräbnisse erinnern, dann ist diese Margerite genau die Art Blume, an die sie dabei denken. Der Blumenmarkt weiß jedoch genau, was eine gute Schnittblume braucht, und löst dieses Problem kurzerhand durch Einfärben der Blüten, üblicherweise in Rosa oder Hellblau. Das Ergebnis ist erstaunlich gut.

Im Staudenbeet behalten die Margeriten trotzdem ihren Status als weiße Blumen, außerdem gedeihen sie auch gut auf Ton. Am schönsten entwickeln sie sich aber, wenn sie mindestens jedes zweite Jahr geteilt und neu eingepflanzt werden. Bei etwas weniger frostresistenten Sorten wie 'Esther Read' muss dieser Schritt unbedingt im Frühling erfolgen. Sie ist mit ihren regelmäßigen, gefüllten Blüten bei Floristen am beliebtesten, macht sich aber auch großartig als Beetpflanze. Mit einer Wuchshöhe von nur gut 50 cm braucht sie keine Stütze und liefert eine reichliche Herbstblüte, sofern nach der ersten Blüte zurückgeschnitten wurde. Man muss aber vielleicht dazusagen, dass die kräfteraubende Herbstblüte die Überwinterungschancen der Pflanze beeinträchtigt.

Einfache Margeriten wirken durch das gelbe Auge in der Blütenmitte wesentlich lebhafter. Wenn Sie eine ehrliche, einfachblühende Form mit großen, prächtigen Blüten auf über 1 m hohen Stauden suchen, versuchen Sie die Sorte 'Everest'. Doch wenn Ihnen der zerzauste Effekt von gefransten Blütenstrahlen gefällt (als wäre jemand mit der Schere darüber hergefallen), ist 'Phyllis Smith' für Sie die Richtige.

Ein Nachteil der wüchsigeren Shasta-Margeriten ist das leblose Grün der Pflanze, besonders vor der Blüte. Aus diesem Grund ist es klüger, sie nicht in ein rein grau-weißes Beet zu integrieren. Sie sind optisch zu schwer, was tendenziell auch für weißen Phlox gilt. Shasta-Margeriten harmonieren wesentlich besser mit der leuchtend roten Lichtnelke, *Lychnis chalcedonica*, mit dem lila Ziersalbei, *Salvia superba*, oder dem gelben Affodill.

Sollten Sie zu jenen Menschen gehören, die über die Weichwanze *Lygocoris pabulinus* zwar schon einmal gelesen, sie aber noch nie persönlich im eigenen Garten angetroffen haben, könnten einfach blühende Shasta-Margeriten Ihre Chance sein. Diese Wanzen sind sehr scheue Insekten und sprinten in Deckung (denn sie sind blitzschnelle Läufer), sobald sich ein feindlicher Schatten nähert. Doch an sonnigen Tagen sitzen sie liebend gern auf den Margeritenblüten und setzen sich aufgrund ihrer grünen Färbung deutlich von dem weiß-gelben Hintergrund ab. Die sich von Pflanzensaft ernährenden Wanzen sind eine fürchterliche Plage. Sie können Fuchsien, Dahlien, Bartblumen, Blaurauten und viele andere Pflanzen, wie eben auch die Shasta-Margerite, dermaßen schädigen, dass die Blüte verkrüppelt wächst oder gar ganz ausfällt. Man kann sie durch ein zugelassenes Pflanzenschutzmittel bekämpfen.

Eine andere Gattung aus den Reihen der Korbblütler, die sehr durchlässige Böden liebt, sind die Kokardenblumen (*Gaillardia*). Auch hier sollten die mehrjährigen Vertreter, die alle von *G. aristata* abstammen, bereits im Frühjahr eingepflanzt werden. Wie Sonnenbraut und Rudbeckia besitzen auch Kokardenblumen Blütensterne mit hauptsächlich gelben Strahlen, die aber je nach Art mehr oder weniger stark mit einem Bronzeschimmer überzogen sind. Diese rötlich braune Färbung bildet meist an der Basis der Blütenblätter einen dunkleren Bereich, doch bei 'Mandarin' zum Beispiel ist das gesamte Blütenblatt bis zur Spitze hin rötlich. Das Auge ist hier außerdem dunkel, fast lila, was zu der normalerweise gelben Blütenmitte der Korbblütler eine schöne Abwechslung darstellt. Das große Plus bei Kokardenblumen ist, dass sie viele Monate lang blühen, einziger Defekt ist ein dünner, stängeliger Habitus. So sind sie das Gegenteil von bodendeckend, müssen aber bei einer Höhe von etwa 75 cm auch kaum gestützt werden.

Rudbeckien gedeihen auf fast allen Böden, doch die eng verwandten *Echinacea*-Arten brauchen es locker. Auf dem Ton von Wadhurst war es schwer, sie zufriedenzustellen, aber als ich sie auf Kreideboden anpflanzte, samten sie sogar üppig aus. Die wesentliche botanische Unterscheidung zwischen *Echinacea* und *Rudbeckia* ist recht offensichtlich: Erstere besitzt lila (oder weiße) Blütenblätter, Zweitere gelbe oder braune.

E. purpurea ist eine kräftige, aufrechte Pflanze mit einer Wuchshöhe von über 1 m und ergibt in einer größeren Gruppe ein sehr ansprechendes Bild. Die Blütenmitte ist bauchig gerundet und auch deshalb so faszinierend, weil auf dem dunklen Untergrund die orangefarbenen Staubbeutel besonders hell leuchten. Es gibt mittlerweile einige nette Kulturvarietäten, die so selektiert wurden, dass das abgetönte Lila der Blütenblätter durch hellere, leuchtendere Töne ersetzt wurde. 'White Lustre' ist eine attraktive weiße Form.

Auch Skabiosen fühlen sich auf lockerem Boden am wohlsten.

Bereits eingewachsene Stauden sollten zum Teilen und Vermehren ausschließlich im Frühling gestört werden. Die Blüte der Skabiose hat für uns etwas Herzerwärmendes, selbst bei der verhältnismäßig unscheinbaren Wildform, was größtenteils sicher daran liegt, dass sie uns an ein Nadelkissen erinnert. Die *Scabiosa caucasica* ist in jeder Hinsicht prächtig, und obwohl ihr Blau nicht ganz makellos ist, kommt sie der Sache schon sehr nah. Auch die weißen und lavendelfarbenen Sorten sind sehr schön, jedoch, wie ich meine, vor allem als Schnittblumen. Als Beetpflanzen lassen Skabiosen den Gärtner niemals völlig im Stich, sondern tragen durchgehend Blüten von Juni bis Oktober. Dennoch sind es nie genug auf einmal, um einen wirklichen Wow-Effekt zu erzielen.

Es gibt noch eine mehrjährige Skabiosen-Art, die kaum bekannt ist, aber so entzückend, dass sie vielen Gärtnern Freude bereiten würde: die *S. graminifolia*. Sie wird nur etwa 45 cm hoch. Die 2 bis 3 cm großen, mauvefarbenen Nadelkissenblüten erscheinen in großer Zahl, doch das Besondere an der Pflanze ist ihr silbriges Laub.

Manche Salbei-Arten sind leider grenzwertig, was die Winterhärte betrifft. Ein lockerer Boden lässt das Pendel zu Ihren Gunsten ausschlagen. Ein gutes Beispiel ist der Silberblatt-Salbei, *Salvia argentea*, eine zweijährige Pflanze, die für ihre breiten, weißgefilzten und seidigen Blätter gezüchtet wird. Wenig Sinn sehe ich im Sumpf-Salbei, *S. uliginosa*, dessen Name irreführend ist, weil er sumpfigen Untergrund ganz und gar nicht schätzt und bei uns nur selten wirklich gut wächst, außer auf den allerlockersten, aber dennoch nährstoffreichen Böden. Nur dann bildet er einen Wald von etwa 1,50 m hohen Stängeln, die im Herbst kurze Blütenstände mit blauen Blümchen tragen. Und hier handelt es sich wirklich um Blau und keine Übertreibung. *S. guaranitica* weist eine noch sattere, intensivere Schattierung auf, die aber ebenso rein ist. Es gelingt mir einigermaßen, diese Art (die ein knolliges Rhizom besitzt) von Jahr zu Jahr zu halten, doch mein größtes Problem sind auch in diesem

Fall die Schäden, die die Wanzen anrichten. 'Blue Enigma' ist hier die schönste Sorte.

Die verschiedenen Fackelblumen-Arten (*Kniphofia*) variieren beträchtlich, was ihre Winterhärte betrifft. Die ältesten Kulturvarietäten sind eigentlich überall recht verlässlich, doch ein durchlässiger Boden ist die halbe Miete, wenn man einige der aufregenderen Züchtungen anpflanzen will. Gesunde, gut eingewachsene Horste sollte man lieber nicht stören, sie kommen viele Jahre lang ohne Ihr Zutun aus. Sollten Sie sie aber durch Teilung vermehren wollen, ist im Frühling die richtige Zeit dafür.

Das gesunde Gewächshaus

In den meisten Gewächshäusern meiner Freunde ist die Stimmung denkbar schlecht. Die Pflanzen sehen schrecklich unglücklich aus, was nicht daran liegt, dass ihre Besitzer sich nicht rührend kümmern würden, sondern schlicht und einfach, weil sie zu wenig Luftfeuchtigkeit haben. So hängen ihre Blätter glanz- und kraftlos herab. Das Problem des Hausherrn und der Hausfrau ist, dass sie gar nicht wissen, wie eine gesunde Pflanze eigentlich aussehen sollte, und ihnen daher nicht bewusst ist, dass hier etwas im Argen liegt.

Der Fehler hat zu einem großen Teil mit dem Aufbau der handelsüblichen Gewächshäuser und deren Interieur zu tun. Sie sind jedenfalls keine Hilfe, um die Dinge von Anfang an richtig anzupacken. Das größte Sorgenkind ist der Pflanztisch aus Holzlatten. Wir alle brauchen irgendeine Form von Fläche, auf der wir auf einer angenehmen Arbeitshöhe mit unseren Blumentöpfen und Pflanzgefäßen hantieren können. Holzroste sollen den Pflanzen angeblich eine Rundumbelüftung erlauben. Das stimmt auch, nur machen sie es noch schwieriger, eine gute Belüftung mit der hohen Luftfeuchtigkeit zu kombinieren, die wir für üppiges Wachstum von März bis Oktober benötigen.

Der Aufbau für einen Tisch, der den Pflanzen meiner Meinung nach am ehesten entgegenkommt, ist ein starker Rahmen mit ungefähr 90 cm Tiefe von der vorderen bis zur hinteren Kante, auf den Wellblechplatten gelegt werden. Im Idealfall sind diese nicht zu hundert Prozent wasserdicht, damit überschüssiges Wasser ablaufen kann. Darüber kommt eine Schicht aus feinem Drainagekies, aber damit der Kies auf dem Tisch bleibt, benötigen wir natürlich eine etwa 5 cm hohe Umrandung. Ich verwende Gartenkies mit einer 5-mm-Körnung, mit dem ich den Sandanteil für die John-Innes-Erdmischung schon parat habe, der aber auch für viele andere Dinge nützlich ist. Jedenfalls muss das Material grob genug sein, um Wasser ablaufen zu lassen, und fest genug, um Blumentöpfe stabil darauf abstellen zu können.

Nun zu den Trittflächen und zum Boden unter den Pflanztischen: Oft ist hier viel zu viel Beton im Spiel, was wiederum trockene Luft fördert. Man kann den Boden wässern, er wird aber viel zu schnell austrocknen. Ich empfehle daher einen Schotter- oder Kiesweg mit einer Holzeinfassung, um eine Ausbreitung der Steine unter die Tische zu verhindern. Unter den Pflanztischen selbst würde ich die Erde, auf dem das Gewächshaus steht, unbedeckt lassen. Damit es sauber aussieht und die Töpfe einen geraden Untergrund haben, verteilen Sie auch hier eine Schicht feinen Schotter oder Kies.

Der Platz unter den Tischen ist extrem nützlich. Hier können Aronstäbe stehen oder Kisten mit Geraniensteckl ingen, die im Winter sehr wenig Lichtbedarf haben. Außerdem können Sie hier Kisten und Töpfe mit allerlei Inhalt lagern, etwa ruhende Blumenzwiebeln oder Knollen, Rittersterne, Schiefteller, Dahlien und Cannas. Im Sommer, wenn der Lagerbedarf im Gewächshaus minimal ist, erlaube ich den Farnen, die unter dem Pflanztisch wachsen, das Kommando zu übernehmen. Sie alle sind wild gekeimte Adlerfarne, Hirschzungenfarne und Wurmfarne, und ihr Grün ist im Sommer ein wertvoller Feuchtigkeitsspeicher. Im Winter schneide ich alle Wedel ab, denn zu viel Feuchtigkeit ist jetzt nicht mehr erwünscht. Außerdem brauche ich den Lagerplatz nun wieder für andere Dinge.

Nun haben wir uns ein Umfeld geschaffen, in dem nicht nur die Erde in den Pflanzgefäßen Feuchtigkeit hält, sondern auch der gesamte Gewächshausboden und die Arbeitsfläche. Wenn das Haus nun untertags aufheizt, geben diese Bereiche Wasserdampf ab. Die rote Spinnmilbe ist ein ausgezeichneter Indikator dafür, ob die Luft in Ihrem Gewächshaus feucht genug ist. Wenn ja, wird Sie dieser Schädling niemals belästigen (mit Ausnahme von *Brugmansia suaveolens*). Aber wenn nicht, vermehren sich diese Milben, vor allem im Sommer, zu einer riesigen Population. Das winzige, mit freiem Auge gerade noch erkennbare Insekt (aus der Familie der Spinnen) ist fast farblos bis blassgelb und krabbelt üblicherweise an den Blattunterseiten umher. Es liebt vor allem weiche Blätter, wie jene des Pfirsichs, der Primel oder der Passionsblume. Man kann versuchen, sie mit entsprechenden Mitteln zu bekämpfen, aber es wäre wesentlich vernünftiger, die Plage gar nicht erst aufkommen zu lassen.

Die feuchte Luft, die im Gewächshaus ideale Wachstumsbedingungen schafft, sollte niemals stehen, sondern mit frei zirkulierender Frischluft kombiniert werden. Es ist ein weiterer Fehler bei der Konzeption von Gewächshäusern, dass sie nicht mit genug Lüftungen ausgestattet sind. Amateure glauben oft, etwas besonders Schlaues zu tun, wenn sie die Temperatur im Gewächshaus nach oben jagen, vor allem an sonnigen Oktober- oder Märztagen, wenn die Temperaturunterschiede zwischen drinnen und draußen besonders groß sind. Viel klüger wäre es, lieber immer ein bisschen zu viel frische Luft hineinzulassen als zu wenig, und das gilt für jede

Jahreszeit. Halten Sie Ihre Gewächshaustür untertags immer offen, wenn das Wetter mild ist und der Wind nicht gerade mit zwanzig Knoten durchbraust. Und Sie müssen auch bei Nacht nicht unbedingt zumachen. Von April bis November haben wir häufig milde Nächte, an denen wir ein ungeheiztes Gewächshaus gut durchlüften können.

Wenn Ihre Pflanzen allesamt in mobilen Gefäßen stehen, ist es eine gute Idee, jeden Sommer einmal das gesamte Gewächshaus auszuräumen, etwa ab Mitte Juli für einen Zeitraum von zwei Monaten. Draußen ist es zu dieser Jahreszeit für fast alle Pflanzen warm genug, allerdings benötigen Sie trotzdem einen geschützten, praktischen Ort für die Töpfe. Danach können Sie einmal ordentlich saubermachen, Glasflächen putzen und den Kies auf den Pflanztischen durchmischen. Sie können das Gewächshaus verschließen, damit es drinnen einmal so richtig aufbackt. So legen Sie von vorneherein allen Schädlingen das Handwerk, die vielleicht auf dem Vormarsch waren, außerdem gibt Ihnen der Umzug auch Gelegenheit, alle Pflanzen einzeln zu inspizieren, wenn Sie sie schon in der Hand haben. Einige davon müssen wahrscheinlich umgetopft werden. Bei anderen reicht es vielleicht aus, abgestorbene Blätter abzuzupfen, die alte (wahrscheinlich grün gewordene), oberste Erdschicht zu entfernen (indem man mit einem spitz zulaufenden Holzspatel die Erde um die obersten Wurzeln abkratzt) und mit frischer Blumenerde zu ersetzen.

Von Ende Oktober bis März ist die größte Gefahr im Gewächshaus übermäßige Feuchtigkeit. Gießen Sie Ihre Pflanzen nur, wenn sie wirklich trocken sind, doch dann in einer ausreichenden Menge, damit das Wasser sich im gesamten Topf verteilt. »Reichlich, aber selten« lautet die Devise und nicht »wenig, dafür oft«.

Die Grauschimmelfäule *Botrytis cinerea*, die sich wie ein Pelzmantel um Stamm und Blätter einer Pflanze legt, kann im Winter zu einem ernsten Problem werden. Kontrollieren Sie deshalb regelmäßig und entfernen Sie absterbende oder infizierte Blätter, da sich der Pilz sonst schnell ausbreiten kann und empfindliche Pflanzen wie Gauklerblumen (*Mimulus aurantiacus*) oder Mittagsgold (*Gazania*) in großer Zahl dahinraffen kann. Wenn Sie im Herbst geschnittene Ableger dieser Pflanzen unter Glas überwintern, sind jene, die zuletzt gewurzelt haben, die schwächsten und anfälligsten. Manchmal ist es deshalb besser, Ableger schon früher zu schneiden, etwa im Juli, damit sie bis zum Winter bereits kräftiger und besser eingewachsen sind. In anderen Fällen, wie bei einjährigen Eisenkräutern (*Verbena*) oder Lakritz-Strohblumen (*Helichrysum petiolare*), die keiner großen Fäulnisgefahr ausgesetzt sind, ist es besser, so spät wie möglich zu schneiden, Oktober reicht hier aus. Um Schimmelpilze unter Kontrolle zu halten, hilft es auch immens, junges Pflanzenmaterial wöchentlich mit einem schützenden Fungizid zu besprühen. Doch wenn Sie immer dasselbe Mittel verwenden, wird Ihr Gegner schnell resistente Stämme bilden und weiterwachsen, daher sollten Sie ihn auf Trab halten, indem Sie abwechselnd drei verschiedene Zusammensetzungen anwenden.

Eine andere Möglichkeit, um frisch eingewurzelten Stecklingen unter sehr kalten Glashausbedingungen, die gerade so den Frost draußenhalten, durch den Winter zu helfen, ist, sie in dem Topf zu überwintern, in dem sie gewurzelt haben. Dazu stehen um die zehn Stecklinge in einem Gefäß. Anzuchterde ist locker und durchlässig, auch das ist ein Vorteil. Vereinzeln Sie die Pflänzchen dann im März in John-Innes-Substrat Nr. 2, wenn sie das Extra an Nährstoffen schon gut gebrauchen können. Wird dieser Pflanzschritt schon im Herbst vorgenommen, wenn die Tage kürzer und kälter werden, können die Pflanzen die stärkere Erdmischung noch nicht verwerten, ganz im Gegenteil: Sie faulen dadurch leichter.

Paradoxerweise befällt Botrytis, der ja ein Schimmelpilz ist, Pflanzen, die trockene Wurzeln haben, oft viel stärker als andere.

Daher halten Sie im Winter die Blätter Ihrer Pflanzen so trocken Sie können, die Wurzeln hingegen feucht – mit Ausnahme der Sukkulenten natürlich, die oft monatelang ohne Wasser auskommen, besonders Kakteen. Tontöpfe trocknen sehr viel schneller aus als Plastiktöpfe. Greifen Sie aus diesem Grund jedoch nicht ausschließlich zu Letzteren, nur um sich Ärger zu ersparen. Pflanzen, die nur im Topf weiterwachsen sollen, können ohne Probleme in Plastik bleiben, aber solche, die sich später mitsamt Topf öffentlich blicken lassen wollen, sehen in Tontöpfen um Welten besser aus. Leider ist dies ein Punkt, den viele Gärtner und Pflanzenzüchter ausblenden.

Probleme mit Schimmelfäule sind wesentlich unwahrscheinlicher, wenn man die Mindesttemperatur im Winter bei ungefähr 7 °C hält. Halten Sie sich auch vor Augen, dass die Heizkosten sich mit nur wenigen Grad mehr bereits verdoppeln. Wenn Sie Ihr Gewächshaus als Wintergarten nutzen, werden Sie auf etwas mehr Wärme bestehen, schließlich wollen Sie sich dort entspannen und wohlfühlen können, egal welche Präferenzen Ihre Pflanzen an den Tag legen. Doch wenn ein Gewächshaus hauptsächlich dafür genutzt wird, um Pflanzen zu ziehen, egal ob für Haus oder Garten, ist es erstaunlich, wie viel ein aufmerksamer Gärtner erreichen kann, obwohl er gerade genug Wärme nutzt, um den Frost fernzuhalten. Und wie wenig das dann kostet.

Mit dem Rasen Frieden schließen

Zu gewissen Zeiten im Jahr, besonders im Frühling, scheinen es Gartenjournalisten für angebracht zu halten, als Füllmaterial für ihre Gazetten aufmunternde Artikel zum Thema Rasenmanagement zu schreiben. Wenn sie selbst keinen Garten besitzen (und Sie würden staunen, auf wie viele das zutrifft), sind sie in der glücklichen Lage, anderen auf den Punkt genau sagen zu können, was sie tun oder sich vornehmen sollten, ohne die Konsequenzen zu fürchten. Unglücklicherweise habe ich sehr wohl einen Garten, der noch dazu rege besucht wird und dessen Rasen vor beinahe neunzig Jahren eilig auf einem *hoch*qualitativen Unterboden aus Ton angelegt wurde.

Ich habe außerdem Hündinnen. Es ist so: Männliche Hunde sind wählerisch und killen ab und zu einen Strauch, während die Weibchen es auf den Rasen abgesehen haben. Ich habe alles versucht, um meinen Hündinnen die Wiese schmackhaft zu machen, aber wenn das Gras dort höher wird, stören sie die nassen Halme auf dem Bauch (und dafür muss das Gras bei Dackeln nicht allzu hoch werden). Man kann die giftige Brühe natürlich verdünnen, indem man stets mit der Gießkanne hinter den Hunden herrennt, doch das funktioniert nur, wenn die Mädchen in menschlicher Begleitung ausgehen, und zwar zu limitierten, geregelten Zeiten, nicht, wenn sie den halben Tag frei im Garten herumlaufen, wie es bei uns im Sommer der Fall ist. Wie Sie sehen, haben wir alle so unsere speziellen Rasenprobleme, und zwar nicht zu knapp. Je mehr man sich damit auseinandersetzt, desto zahlreicher und schwerwiegender werden sie. Einer meiner eifrigsten und fachkundigsten Gartenfreunde ist in der Lage, das Unkraut in seinem Rasen einfach zu ignorieren. Er ist wohl das, was man einen glücklichen Gärtner nennt. Mich jedoch stört der Wegerich, vor allem, weil er so leicht auszuschalten wäre, ohne die Gänseblümchen in Gefahr zu bringen. Er findet jedoch, das würde hässliche Flecken hinterlassen.

Wüsste ich mehr über die verschiedenen Arten, würde ich lang und breit über Moose im Rasen schreiben. Es gibt ja Moose für alle Rasenbedingungen, nicht nur für saure Böden mit Staunässe. Sogar für sehr durchlässige, kreidehaltige Böden gibt es Moose, die dort gedeihen. Moos ist immer wunderschön, so herrlich weich und schwammig, wenn man darauf tritt. Diesen Aspekt bewundern

Gäste vom Europäischen Festland immer am meisten an unserem englischen Rasen, neben der Tatsache, dass man ihn hier tatsächlich betreten darf.

Als Nächstes stellt sich die spannende Frage, ob man Klee als Unkraut erachtet oder nicht. Der Rasenfetischist muss das natürlich tun, aber was ist mit ganz normalen Leuten, die auch noch ein bisschen Zeit übrig haben wollen, um sich um ihre Beete zu kümmern? Man müsste schon ein sehr hartnäckiger Pedant sein, wenn man sich des wilden, weißen Klees entledigen wollte, warum also nicht die Vernunft walten lassen und das Positive sehen? Klee besitzt ein kleines, aufgeräumtes Blatt, vermehrt sich über Ausläufer und hat einen teppichbildenden Habitus, ist dürrebeständig, fixiert Stickstoff in Wurzelknöllchen und bietet Nahrung für Bienen. Das passt alles so gut zusammen, dass manche Gärtner die Situation (die zu ändern ohnehin nicht in ihrer Macht steht) willkommen heißen und sogar aktiv Klee aussäen, wo noch keiner ist. Doch wie fast alle Lebensformen hat auch Klee seinen eigenen Kopf und bildet nur selten eine gleichmäßige Grasnarbe.

Es ist unglaublich faszinierend, an einem taunassen Abend mit der Taschenlampe den Rasen zu erforschen und zu sehen, wie sich die ringelnde Regenwurmpopulation zwischen den Halmen im Tau suhlt. Wenn Sie den Lichtstrahl dann auf ein einzelnes Exemplar richten, wird der Wurm blitzschnell unter die Erde zurücksausen, denn sein Schwanzende bleibt immer in Kontakt mit dem Loch, aus dem er gekrochen ist. So kann er sich erstaunlich flink wieder in Sicherheit bringen. Würmer sorgen für eine Belüftung des Bodens. Meine, euphemistisch gesprochen, schlecht wasserableitenden Rasenflächen würden ohne die Würmerschar wahrscheinlich endgültig den Geist aufgeben. Auf jüngeren, besser vorbereiteten Rasenflächen sind Würmer nicht unbedingt ein Gewinn und sehr viel störender.

Ich habe die Probleme, die sich im Zusammenhang mit Rasenmanagement ergeben, eingangs nur kurz angesprochen und erst gar nicht versucht, im Detail auszuführen. Es gibt kaum etwas Schöneres im Garten, als Überlegungen zu einem perfekt gepflegten Rasen anzustellen, allerdings nur, wenn es sich nicht um den eigenen handelt, weil man sonst zu tief und schmerzhaft in die Instandhaltungsarbeiten involviert ist. In einem Brief an einen Freund, der den wohl makellosesten Rasen weit und breit besitzt, bemerkte ich einmal, dass dieser wohl mehr Zeit in Anspruch nehmen müsse als eine ähnlich große Fläche gut gepflegter Blumenbeete. »Wie recht du hast«, antwortete dieser. »Abgesehen von allen anderen Arbeiten musste ich allein gegen Corticium und Fusarium fünfmal sprühen, dazu kommt noch die Moosbekämpfung und das Düngen. Ich wünschte, ich könnte einfach alles herausreißen, aber sobald man den Rasen aufgibt, geht alles den Bach runter.« Natürlich will er nicht alles herausreißen, schließlich erzielt er hervorragende Ergebnisse, und ich ziehe meinen sprichwörtlichen Hut vor jedem, der in irgendeinem Bereich des Gartens solche Perfektion erreicht, selbst vor den Gewinnern eines Schönheitswettbewerbs für Chrysanthemen. Solange man mich damit in Ruhe lässt.

Wachstumswunder auf dem Vormarsch

Viele Pflanzen haben Eingang in unseren Garten gefunden, weil sie irgendeinen unerklärlichen Reiz auf uns ausüben, doch kaum haben sie sich eingelebt, erweisen sie sich als unausrottbares Unkraut. Ihren Reiz haben sie zwar immer noch, nur weiß das verbitterte Auge des Gärtners ihn nicht mehr zu schätzen. Es wäre eine lustige Idee, für einen Gärtner, der sich keinerlei Arbeit antun, aber einen ganzen Garten neu anlegen will, alles mit diesen furchteinflößenden, aber wunderschönen Schwerenötern zu bepflanzen. Im Handumdrehen wäre der Garten fertig eingerichtet, und die einzelnen Parteien darin könnten sich ihr Schicksal untereinander ausmachen, während der Herr über den Garten sich einen feuchten Kehricht um den Ausgang der Streitigkeiten kümmert. Nur die Nachbarn würden vielleicht ein Wörtchen mitreden wollen.

Solche Pflanzen werden in Katalogen manchmal als »Wachstumswunder« bezeichnet. Sie verbreiten sich entweder generativ oder vegetativ, selten mit beiden Methoden gleichzeitig. Eine Ausnahme bildet die Acker-Glockenblume, *Campanula rapunculoides*: Über der Erde streut sie zu Tausenden ihre Samen aus, die so klein und leicht sind, dass der Wind sie über erstaunliche Strecken tragen kann, und unter der Erde bildet sie dünne, weiße Rhizome aus, die in jede benachbarte Pflanzengruppe hinein- und hindurchkriechen. Es ist praktisch unmöglich, sie von dort wieder zu entfernen. Im Samenkatalog ist die Pflanze als »blau-violett, mit hängenden Blütentrichtern« sehr sparsam beschrieben, über ihre anderen Eigenschaften verliert man hier kein Wort. Das Risiko eines Fehlgriffs erhöht sich auch noch durch den täuschend ähnlichen Namen der *C. rapunculus*, der durch und durch harmlosen, zweijährigen Rapunzel-Glockenblume, deren fleischige, weiße Wurzeln man sogar in Wintersalaten verzehren kann. Lassen wir die Wurzeln hingegen in Frieden, können wir im darauffolgenden Sommer zahlreiche lila Blütenbündel auf schlanken Stängeln bewundern.

Unter den Pflanzen mit vegetativer Vermehrung haben sich die Knöterichgewächse den schlimmsten Ruf eingehandelt, weil es in ihrer Familie zwei oder drei Arten gibt, die wahrscheinlich den Preis für die Riesen unter den winterharten, mehrjährigen Stauden davontragen. Der Japanische Staudenknöterich, *Fallopia japonica* (früher *Polygonum cuspidatum*), ist so ein Kandidat. Er wird manchmal sogar mit Bambus verwechselt, weil seine Ruten jedes Jahr bis zu 3 m lang werden. Im Herbst trägt die Pflanze Wölkchen aus weißen Blüten und die rotbraunen Stängel sehen sogar im winterlich abgestorbenen Zustand noch hübsch aus. Eine Möglichkeit, diese Pflanze, aber auch übermütige Bambussorten im Zaum zu halten, ist, sie mitten in den Rasen zu setzen. Dort können Sie mit dem Rasenmäher direkt heran und rundherum fahren. Auf diese Weise köpfen Sie sämtliche jungen Triebe, die sich in den Rasen geschlichen haben. Wichtig ist nur, dass regelmäßig gemäht wird. In den Hampton Court Gardens hat man jenseits des Kanals damit eine ganze Hecke angelegt. Dort kann sie keinen Schaden anrichten und die Besucher haben ihre Freude an dieser ungewöhnlichen Heckenpflanze.

Manche Wolfsmilchgewächse sind überraschend invasiv, ganz besonders auf feuchten Böden. Unter trockenen Bedingungen ist es gar nicht so leicht, *Euphorbia sikkimensis* anzusiedeln und gesund zu halten. Bei mir ist sie jedoch mittlerweile über 2 m hoch und breitet sich unterirdisch jedes Jahr um 30 cm in alle Richtungen aus. Ich muss also streng mit ihr sein und mit einem Spaten rundherum stechen, um die Wurzeln zu kappen. *E. griffithii* ist sogar noch unternehmungslustiger und kämpft sich mit den Ellenbogen (und der Nase) voraus einen Weg durch die Menge. Egal wie ihr Umfeld sich darstellt, sie kommt garantiert ziemlich weit. Von der Zuchtform mit dem attraktiven Namen 'Fireglow' heißt es manchmal, sie sei weniger streunerhaft. Aber der Unterschied ist kaum der Rede wert. Die Züchtung hat eine sehr schöne Blütenfarbe, doch ihr Laub ist nicht so interessant gefärbt wie jenes der Sorte 'Dixter'.

Als ich las, dass der Bergwald-Storchschnabel, *Geranium nodosum*, ein »verlässliches Wachstumswunder für alle schattigen Standorte« sei, pflanzte ich ihn unter einige meiner Magnolien. Ich habe normalerweise eine Schwäche für Storchschnabel, aber diese Art, deren Blütenfarbe als »kühles Fliederrosa« beschrieben wurde, ist in Wirklichkeit schmutzig magentafarben und eine Beleidigung für mein Auge. Die eine Pflanze war noch nicht einmal sechs Monate in der Erde, als ich mich daranmachte, sie auszureißen, dennoch brauchte ich drei Jahre, um sie endgültig loszuwerden.

Unter den Steingartenpflanzen ist der Faden-Ehrenpreis, *Veronica filiformis*, der uns aus leuchtend babyblauen Augen so unschuldig anblickt, der allergefährlichste Wucherer. Er bildet oberirdische Wurzelausläufer, sodass man tatsächlich sieht, was er vorhat, aber nichts dagegen tun kann. Es ist wie in einem schlimmen Alptraum. Der Lieblingstrick dieser Veronika ist, sich im Rasen zu verschanzen, wo selektive Unkrautvernichter ihr wenig anhaben können, und sich auszubreiten, indem kleine Pflanzenstücke, die beim Mähen abbrechen, an den Rädern des Rasenmähers hängenbleiben und an eine andere Stelle getragen werden. Dort, am anderen Ende der Rabatte, beginnt sie ihre teuflische Invasion von neuem. Es ist nur zu wahr, dass man jede Pflanzengabe, egal wie gut es der Spender mit einem meint, nicht als geschenkten Gaul betrachten sollte, sondern vielmehr als Trojanisches Pferd. Denn entweder entpuppt sich die Pflanze selbst als Invasor (daher hatte Ihr Freund auch genug davon, um sie zu verschenken) oder der Invasor versteckt sich unbemerkt zwischen den Wurzeln oder Zweigen der harmlosen Wirtspflanze. So gelangt auch der Giersch irgendwann in jeden Garten. Er ist ein Kraut, das in neu angelegten Gärten nicht zu finden ist, aber immer eingeschleppt wird. Daher sollten alle Pflanzen ungesicherter Herkunft für eine Saison als quarantänepflichtige Verdächtige betrachtet werden.

4

FAKTEN, FEHLBARKEITEN UND WIDERSPRÜCHE

Die fehlbare Pflanze

Warum blühen sie denn nicht?

In diesem Buch habe ich immer wieder einmal kurz darüber gesprochen, weshalb Pflanzen manchmal üppig blühen (und bisweilen auch Früchte ansetzen), dann wieder nur spärlich oder gar nicht. Hier möchte ich einige Aspekte dieses ebenso spannenden wie verblüffenden Themas zusammenfassen. Ehe wir ins Detail gehen, können einige allgemeine Punkte genannt werden. Ererbte Anlagen: Bei gewissen Pflanzen, *Kolkwitzia amabilis* etwa, wissen wir, dass es gut und schlecht blühende Linien gibt. Klima: Reichlich Sonne, reichlich Regen oder eine Kombination von beiden in einer entscheidenden Phase oder an entscheidenden Stellen in Ihrem Garten – jeder Garten hat Mikroklimata – begünstigen bei vielen Pflanzen eine Blüte, Frostschäden können diese verhindern. Boden: Einige Pflanzen blühen auf durchlässigem Substrat üppiger als auf wasserhaltendem und umgekehrt. Mechanische Faktoren: Wenn Vögel, Insekten oder andere Lebewesen einen lebenswichtigen Teil einer Pflanze fressen, kann das möglicherweise eine Blüte verhindern. Physiologische Faktoren: Diese sind eng mit Kllima, Witterung und

Nährstoffen verbunden, und bisweilen »erschöpft« sich eine Pflanze in einem Jahr mit üppiger Blüte und vielen Früchten, sodass sie im folgenden Jahr nur spärlich Knospen ansetzt. Alter und Reife einer Pflanze kommen hierbei natürlich ebenfalls ins Spiel.

Leider kann ich an dieser Stelle nicht mit der Autorität eines ausgebildeten Pflanzenphysiologen sprechen, weil ich keiner bin, aber ich kann mit der Erfahrung eines ausgebildeten Gärtners mit relativ guter Beobachtungsgabe schreiben.

Über Erblichkeit habe ich bereits ziemlich viel gesagt, denn auch sie beeinflusst die Blühfreudigkeit, mit besonderem Verweis auf *Magnolia grandiflora* und ihre sehr früh blühenden Klone 'Exmouth' und 'Goliath' (Seite 347). Und ich habe angemerkt, dass ausdauernde Pflanzen, die aus Samen gezogen wurden, gemeinhin langsamer und später reif werden als solche, die durch Wurzelstecklinge vermehrt wurden. Genug davon.

Die Witterung beeinflusst die Blüte auf vielfältige Weise. Es überrascht nicht, dass Pflanzen nach einem heißen Sommer am üppigsten blühen, aber bisweilen zeigt sich diese Folge derart zeitversetzt, dass wir sie auf andere Faktoren zurückführen. Wie bereits erwähnt (Seite 375), blüht *Zephyranthes candida* am schönsten in einem heißen Sommer im August und September, und sie wird vor allem von den Temperaturen direkt vor der Blüte beeinflusst: Ein brutheißer Juni und Juli zeigen die erwünschte Wirkung. *Iris stylosa* (korrekt *I. unguicularis*) offenbart ihre Reaktion auf einen glühenden Sommer – oder dessen Ausbleiben – bei ihrer Winterblüte. Die Blühfreudigkeit des aus Australien stammenden Zylinderputzers, *Callistemon subulatus*, der Anfang Juli blüht, wird vorwiegend durch die zwölf Monate zuvor herrschende Witterung beeinflusst.

Die Stechpalme blüht – unauffällig – im Mai, uns aber interessieren ihre Früchte im folgenden Winter. Die Blüte der weiblichen Stechpalme (männliche Exemplare blühen jedes Jahr üppig, aber das ist für den Gärtner oder Floristen nicht von Belang) hängt zum

Teil mit dem reifenden Einfluss des oder der vorhergehenden Sommer zusammen, zum Teil auch mit ihrer »Erschöpfung«, nachdem sie eine besonders reiche Ernte hervorgebracht hat. Bei gleichbleibenden anderen Faktoren würde man erwarten, dass nach einem heißen Sommer im folgenden Jahr reichlich Blüten und Früchte gebildet würden. Fällt der heiße Sommer aber mit einem Jahr zusammen, in dem die Stechpalme ohnehin viele Früchte trägt, ist sie im folgenden Jahr womöglich nicht in der Lage, das zu wiederholen.

Vielleicht ist es unsinnig, dass ich als Erstes die Stechpalme anführe, die für uns Menschen lediglich ästhetischen Reiz hat, während uns doch Obstbäume (Äpfel, Birnen und Pflaumen) aus kulinarischen Gründen mehr am Herzen liegen. Die irritierende Neigung der Alternanz, die man von bestimmten Sorten nur zu gut kennt, ist womöglich einer zu üppigen Fruchtbildung in einem Jahr geschuldet, auf die im nächsten Jahr eine Ruhepause folgt.

Ein solches Verhalten ist auf das zurückzuführen, was Physiologen das C / N-Verhältnis nennen, das Verhältnis von Kohlenstoff zu Stickstoff. Ein hoher Kohlenstoffgehalt (reichlich Zucker und Stärke) wirkt sich bei Pflanzen günstig auf Blüte und Fruchtbildung aus, ein hoher Stickstoffanteil jedoch fördert das vegetative Wachstum (Blätter und Triebe).

Eine üppige Blüte und Ernte erschöpfen die Kohlenstoffreserven einer Pflanze, beschränken dadurch das Ansetzen neuer Blütenknospen für das folgende (und bisweilen auch das übernächste) Jahr und führen zu einem spärlichen Ertrag, bis die Speicher wieder aufgefüllt sind. Sonne und hohe Temperaturen unterstützen die Bildung von Stärken und Zucker, Regen und eine Zufuhr von stickstoffhaltigem Dünger hingegen fördert das Wachstum zu Lasten des Kohlenstoffs und damit der Blüte. Zwischen den beiden Faktoren muss ein Gleichgewicht herrschen, damit eine idealtypisch kräftige und gesunde Pflanze entsteht, die üppig blüht und trägt.

Was Flieder betrifft, so habe ich bereits darauf hingewiesen, dass allein schon eine sehr reiche Blüte die Pflanze erschöpft und sie daraufhin nolens volens ein Ruhejahr einlegen muss, selbst wenn Sie alles Abgeblühte sofort entfernen, damit sie keine Früchte anzusetzen braucht. Bei Rhododendren hingegen liegen die Dinge etwas anders. Einige der beliebtesten und sehr winterharten Hybriden blühen alljährlich üppig, unabhängig von der Witterung und dem Zeitpunkt, wann Sie das Verblühte abschneiden. Viele der anspruchsvolleren Sorten hingegen blühen im Zweijahres-Rhythmus. Direkt unter jedem Blütenstand stehen eine, zwei oder drei Blattknospen. Diese werden durch die Blüte merklich beeinträchtigt und wachsen später und schwächer als Triebe, die sich an nicht-blühenden Zweigen bilden. Allgemein heißt es – obwohl ich nie gehört hätte, dass das experimentell bewiesen worden wäre, und hege persönlich gewisse Zweifel an der These –, dass es sich bei den meisten Rhododendren durchaus lohnt, Abgeblühtes zu entfernen (so aufwändig und langwierig die Arbeit an großen Sträuchern auch ist), um im folgenden Jahr eine üppigere Blüte zu erzielen.

Die Auswirkungen von Klima, Sonnenschein und Sommertemperaturen zeigen sich auch im Verhalten des gleichen Strauchs, je nachdem, ob er im südlichen Sussex oder im nordschottischen Sutherland wächst. *Camella japonica* und deren Cultivare werden im englischen Südosten gemeinhin in den Schatten gepflanzt und blühen dort reichlich, während sie im Nordwesten Schottlands am besten vor einer sonnigen Südwand gedeihen, sonst bilden sie keine Blütenknospen. Das Gleiche gilt für Forsythien und in gewisser Hinsicht auch für Flieder und die Schwertlilie – sie alle verhalten sich im Norden meist etwas zurückhaltend. Von *Daphne odora* lässt sich Ähnliches behaupten: Im Süden und in East Anglia blüht sie reichlich, ob nun in der Sonne oder im Schatten, aber bereits in den Midlands verlangt sie den sonnigsten und wärmsten Platz.

Bei jungen Sträuchern ist das Verhältnis von Kohlenstoff zu Stickstoff niedrig, was häufig zu einem starken Wachstum mit geringer oder völlig ausbleibender Blüte führt. Das ist nicht unbedingt verkehrt, schließlich soll sich ein Strauch ja gesund und kräftig entwickeln. Blüht er bereits früh sehr üppig, bleibt er möglicherweise bis an sein Lebensende klein und schwach. Allerdings finden sich unter den Gärtnern zahlreiche Ungeduldige, die den Gedanken an eine Wartezeit von sechs oder gar acht Jahren, bis ein junger Strauch schließlich zu blühen beginnt, nicht ertragen. Derartige Menschen sollten die großblättrigen und spannendsten Rhododendren meiden, ebenso viele andere Sträucher wie etwa die Chinesische Winterblüte (*Chimonanthus praecox*), *Sophora tetraptera*, *Magnolia kobus* und einige Glyzinien, insbesondere *Wisteria floribunda* 'Macrobotrys'.

Man sollte die Düngung junger Sträucher nicht vernachlässigen. Manche Gärtner lassen sie regelrecht verhungern, aber es ist durchaus möglich, sie zu überdüngen. Das führt nicht nur zu einem üppigen, weichen Wachstum, das die Pflanze frost- und windanfällig macht, sondern zögert auch unnötig die erste Blüte hinaus. Deswegen empfehle ich, *Cotinus coggygria* (*Rhus cotinus*) und *C. obovatus* (*R. cotinoides*) in den Rasen zu pflanzen. In einer eingewachsenen Strauchgruppe gedeihen sie möglicherweise zu kräftig und wild, sodass sie auf Jahre hinaus entweder nicht blühen oder im Herbst keine attraktive Färbung annehmen. Im Rasen stehend sind sie jedoch automatisch dem sehr dämpfenden Wachstumseinfluss von Grassoden ausgesetzt.

Auch die erste Blüte einer Glyzinie zögert sich durch ein zu rasches Wachstum in der Jugend häufig unnötig hinaus. Ein Rückschnitt zügelt Wachstum und Wuchskraft. Bei Glyzinien ist es üblich, junge Triebe jährlich im Juli auf 2,5 bis 5 cm zurückzuschneiden. Diesen Schnitt mitten in der Wachstumsphase der Pflanze vorzunehmen, verstärkt den hemmenden Effekt. Aus ähnlichen Gründen werden auch Obstbäume vielfach im Sommer beschnitten.

Allzu große Wuchskraft kann bei einem Baum bisweilen auch durch Ringeln gebremst werden, damit er Blüten und folglich Früchte ansetzt: Man entfernt rund um den Baumstamm einen schmalen Rindenstreifen. Ist der Streifen aber zu breit, stirbt der Baum ab (siehe folgendes Kapitel), es ist also ein Spiel mit dem Feuer. Breiter als 1 cm sollte der Streifen in den seltensten Fällen sein, sonst kann er im Lauf einer Wachstumsphase nicht verheilen.

Einen ähnlichen Effekt erzielt man mit dem Wurzelschnitt. Im Abstand von etwa 1,20 bis 1,50 m wird ein Graben rund um den Stamm eines wenig tragenden Strauchs oder Baums ausgehoben, und die Wurzeln werden mit einem scharfen Spaten durchtrennt. Gemeinhin zieht man die erste Hälfte des Kreises in einem Winter und die zweite Hälfte ein Jahr später.

Um das Wachstum zu bremsen, kann man die Wurzeln einer Pflanze auch beengen, etwa in einem Topf. Feigen werden häufig in einem Wurzelschacht angebaut, damit sie früh Früchte ansetzen. Kletterpflanzen, die bei uns nur im Gewächshaus gedeihen, etwa *Jasminum polyanthum*, *J. mesnyi* oder die Bougainvillea, wachsen weniger ausufernd und blühen schöner, wenn ihre Wurzeln sich auf einen Topf oder Kasten beschränken müssen.

Eine weitere Methode, die man gern bei Glyzinien und vielen Gemüsepflanzen (insbesondere Tomaten) anwendet, um das Wachstum zu bremsen und den Fruchtansatz zu steigern, besteht darin, Kalidünger auszubringen, aber keinen Stickstoff. Kali hat den erwünschten Effekt, die Stickstoffaufnahme durch die Pflanze zu verhindern, denn eben der Stickstoff ist für die allzu üppige Wuchskraft verantwortlich.

Wenn man Stecklinge schneidet, nehmen sie keine Nährstoffe und insbesondere keinen Stickstoff auf, bis sie angewurzelt sind. Solche Triebe haben zunächst ein hohes Kohlenstoff-Stickstoff-Verhältnis, was sie häufig dazu veranlasst zu blühen. Ich schneide im Juli oder August stets Stecklinge von einem 3 m hohen

Elaeagnus pungens 'Maculata'. Er hat zeit seines Lebens nicht geblüht (was nicht weiter schlimm ist, da er seines Laubs wegen gepflanzt wurde), doch die Stecklinge im Anzuchtkasten blühen noch im Oktober oder November des Jahres. Die Blüten sind bescheiden, duften aber so süß, dass sie dadurch auf sich aufmerksam machen. Auch *Daphne odora* zeigt dieses Verhalten: Frisch angewurzelte, im Juli geschnittene Stecklinge blühen stets im drauffolgenden März, dann aber tragen die jungen, kräftig wachsenden Pflanzen erst zwei oder drei Jahre später wieder Blüten.

Einige Pflanzen blühen an einem sonnigen Standort im Garten wesentlich üppiger als im Schatten. Immergrün und Großkelchiges Johanniskraut (*Hypericum calycinum*) werden häufig als Bodendecker in Schattenlagen empfohlen, ebenso wie die Herzblättrige Bergenie (*Bergenia cordifolia*), doch wenn Ihnen an Blüten gelegen ist, dann setzen Sie sie in die Sonne, wo sie den Boden nicht minder gut bedecken.

Zahlreiche Zwiebelpflanzen stammen aus wärmeren Klimazonen als die unsere, insbesondere aus dem Mittelmeerraum, dem Nahen Osten und Südafrika. Bei uns bekommen sie gemeinhin nicht nur zu wenig Sonne, sondern in ihrer Ruhephase, wenn sie gar keine Feuchtigkeit möchten, auch zu viel Nässe. Deswegen geben wir ihnen einen warmen Standort mit möglichst wasserdurchlässigem Boden. Auch ein Hochbeet ist für derartige Pflanzen geeignet. Dann besteht die Hoffnung, dass wir sie in Blüte erleben und sie nicht nur Laub bilden oder auch verfaulen.

Allerdings gibt es auch Zwiebeln aus kühleren Klimazonen, die wesentlich mehr Feuchtigkeit vertragen oder gar benötigen. Wenn auf einen kalten Winter eine prächtige Osterglocken-Saison folgt, heißt es häufig, den Osterglocken habe der Schnee zugesagt. Doch wie üppig deren Blüte ausfällt, wurde bereits in der vorangegangenen Wachstumsperiode entschieden, als sie die Speicher in ihren Zwiebeln füllten und Knospen ansetzten. Meine persönlichen, unmaßgeblichen Beobachtungen legen nahe, dass reichlich Feuchtigkeit im Mai eine üppige Blüte im folgenden Jahr mehr befördert als jeder andere Faktor. Die Schachblume ist auf Feuchtwiesen heimisch, und ich habe bemerkt, dass auch sie am schönsten im Frühling nach einem nassen Frühjahr blüht. Nach einer Abfolge regenarmer Frühjahre fällt die Blüte bescheiden aus, und die Zwiebeln schrumpfen. Das Gleiche geschieht wohl, wenn sie auf leichten, sandigen Böden steht und nicht auf den wasserspeichernden Ton- oder Schwemmböden, die sie bevorzugt.

Strenge Winterfröste beeinträchtigen die Blüte im folgenden Jahr ebenso wie ein leichter Frost im Frühjahr. Selbst 2 oder 3 Grad können im April und Mai große Schäden anrichten, sowohl sichtbare als auch unsichtbare. Sichtbare Schäden zeigen sich etwa an blühenden Rhododendren und Azaleen, unbemerkte an frühblühenden Clematis-Arten. Wenn Ihre *Clematis montana*, *C. alpina* oder *C. macropetala* Ende April und Mai nicht blüht, ist gut denkbar, dass die jungen Blütenknospen in ebendem empfindlichen Moment von Frost überrascht wurden, als ihre Blatt-, Blüten- und Triebknospen (die alle eins sind) Ende März oder Anfang April auszutreiben begannen.

Hortensientriebe und -zweige überstehen den Winter oft unbeschadet, nur um im Frühjahr im wahrsten Sinne des Wortes kalt erwischt zu werden. Bei ihnen entfalten sich die Knospen relativ früh, und sie sind dann nicht in der Lage, sich gegen Spätfröste zu wehren. Der unaufmerksame Gärtner wird davon erst dann etwas bemerken, wenn sich im Juli und August keine Blüten, sondern lediglich reichlich Blätter zeigen.

Einige Pflanzen stellen das Blühen ein, wenn sie alt werden und verholzen, etwa die Dianthus-Tribus und die Strand-Grasnelke (*Armeria maritima*). Beim Dianthus müssen Sie einen neuen Anlauf starten und Stecklinge schneiden; bei der Grasnelke reißen Sie die alte Pflanze auseinander und setzen die Risslinge in die Erde.

Ebenso können Sie mit den Purpurglöckchen verfahren. Die beliebte Pflaume *Prunus cerasifera* 'Pissardii' mit dem violetten Laub hört im Alter ebenfalls auf zu blühen. Ich hatte nie die Gelegenheit, mich an einem solchen Exemplar zu versuchen und den Baum kräftig zu beschneiden. Das ist bei Pflaumen und Kirschen ziemlich riskant, da sie sehr anfällig für Bakterien- und Pilzkrankheiten sind. Die beste Zeit, einen solchen Schnitt vorzunehmen, wäre das Frühjahr, wenn neues Wachstum entsteht. Bleibt der Baum gesund, könnte man vermuten, dass er kräftige neue Triebe ausbildet, an denen er im folgenden Frühjahr wieder blühen würde. Einen regelmäßigen Rückschnitt dieser Art, direkt nach der Blüte, nimmt man generell bei Strauchpflaumen vor wie *P. triloba*, *P. × cistena* und *P. tenella*, damit sie genügend junge Triebe ausbilden, an denen sie im folgenden Frühjahr blühen. Ähnliches gilt für *Osmanthus delavayi*, der im Folgejahr drei- oder viermal so üppig blüht, wenn er direkt nach der Blüte zurückgeschnitten wird.

Ein begrenzter Wurzelraum (und die damit einhergehende Mangelernährung) kann die Blüte beschränken oder verhindern, was insbesondere bei bestimmten Zwiebeln der Fall ist. *Scilla peruviana* muss ungefähr alle drei Jahre geteilt und neu gesetzt werden, und auch Zwiebeln wie *Zephyranthes candida* und *Sternbergia lutea* sollten hin und wieder geteilt werden. Einige Sorten der *Narcissus*-Tribus neigen dazu, allzu gedrängt zu wachsen, aber wenn sie einmal ausgewildert sind, ist das Verpflanzen eine höchst aufwändige Angelegenheit.

Vogelschäden an ruhenden oder wachsenden Knospen führen bei Bäumen und Sträuchern häufig dazu, dass die Blüte völlig ausfällt; das ist insbesondere in ländlichen Regionen der Fall. Die *Prunus*-Tribus ist dafür besonders anfällig. Das Ausbleiben der Blüte bei anderen Sträuchern wird fälschlicherweise allerdings häufig nicht Vögeln angelastet. Japanische Zierquitten, Weigelien, Kerrien, Mahonien, Glyzinien und Schneeball der Art *Viburnum carlesii* werden alle hin und wieder und an unterschiedlichen Orten von Vögeln abgeräumt. Beim Schneeball werden die schwärzlichen, wie verbrannt wirkenden Überreste gemeinhin dem Frost oder einer nicht näher identifizierten Krankheit zugeschrieben, dabei sind die Vögel die Übeltäter. Der einzige Ausweg besteht darin, in Stadtnähe zu ziehen, oder alternativ, die dafür anfälligen Sträucher nicht mehr anzupflanzen.

Weichwanzen unterbinden bei ihren empfindlicheren Wirtspflanzen häufig die Blüte, insbesondere bei *Caryopteris* und *Perovskia*, aber auch Fuchsien. Neuerdings macht sich bei der beliebtesten Gruppe von *novi-belgii*-Astern (Herbstastern) zunehmend eine Fadenfußmilbe breit, die die Pflanze ebenfalls am Blühen hindert. Ich verzichte mittlerweile freiwillig darauf, sie überhaupt noch zu setzen. Mit jedem Jahr macht ihnen der Mehltau mehr zu schaffen, und die Verticillium-Welke tritt bei ihnen häufig und mit stets tödlicher Folge auf. Ihre Blüte im Herbst ist von kurzer Dauer, dafür sehen sie den ganzen Sommer hindurch langweilig aus. Kurz gesagt, mein Bedauern hält sich in Grenzen. Es gibt zahlreiche andere, weniger anspruchsvolle Astern, die einen schlichten Charme haben, der den »verbesserten« Kulturvarietäten fehlt, da sie vor allem zu Schauzwecken gezüchtet wurden.

Bei bestimmten Pflanzen gibt es für die ausbleibende oder launische Blüte nach wie vor keine Erklärung. Das gilt allen voran für *Gentiana acaulis* (*G. excisa*). Dass sie einen sonnigen Standort bevorzugt, wissen wir alle, aber davon abgesehen steht man vor einem Rätsel. In einigen Gärten blüht sie aufs Üppigste, ohne großen Einsatz von Seiten des Gärtners, in anderen bildet sie keine einzige Blüte aus. In dem Fall können Sie sie versuchsweise an andere Stellen im Garten versetzen, aber wenn auch das nichts nützt, verzichten Sie einfach darauf und freuen sich am Anblick des Stängellosen Enzians in fremden Gärten oder, noch besser, bei einem Ausflug in die Alpen.

Geheimnisvolle Todesfälle

Wie reagieren Sie, wenn bei Ihnen im Garten eine Pflanze eingeht? Schlüpfen Sie in eine der historischen tragischen Rollen wie Medea, Phaedra, Werther, Macbeth? Schlagen Sie wild um sich? Oder klagen Sie mit der ausdruckslosen Miene der Leidgeprüften, dass Pflanzen bei Ihnen eben eingehen, ja, dass sie quasi unter Ihrem Blick bereits zu welken beginnen? Vielleicht reiben Sie sich aber auch freudig die Hände und sagen: »Gut. Jetzt hat die Platz für eine Alraune gemacht. Die wünsche ich mir doch schon seit Jahren!«

Ich persönlich habe bei den meisten Fällen das letzte Stadium erreicht, obwohl es mir missfällt, wenn eine Pflanze stirbt. Ein Gefühl von Unvollständigkeit bleibt zurück. Jeder Tod sollte mit einer Diagnose abgeschlossen werden – denn sonst könnte »er« jederzeit wieder zuschlagen.

Und es gibt meist auch genügend Indizien, die eine Diagnose ermöglichen. Hier folgt eine Liste mit den acht gängigsten Ursachen:

1. Krankheit
2. Schädlinge
3. Frost
4. Trockenheit
5. Bodendurchlässigkeit und Kanalisation
6. Alkalität des Bodens
7. Schlechte Handhabung im Verlauf des Transports
8. Braune Finger

Beschäftigen wir uns nacheinander mit diesen Punkten, ohne zu vergessen, dass wir uns ausschließlich mit Todesfällen befassen und nicht mit Gebrechen, so gravierend sie auch sein mögen. Bei dem Thema müssen wir Grenzen setzen.

Als Erstes also Krankheiten. Bestimmte Pflanzen bekommen bekannte und bisweilen tödliche Krankheiten, etwa die Clematiswelke oder bei Christrosen die Schwarzfleckigkeit. Wesentlich bedeutsamer sind jedoch Krankheiten, die viele unterschiedliche Pflanzen befallen. Am verbreitetsten und gravierendsten ist diejenige, die vom Pilz *Armillariella mellea*, dem Hallimasch, verursacht wird.

Miss Audrey Brooks von der Pflanzenpathologie der Royal Horticultural Society schreibt dazu, dass dieser Parasit jedes Jahr, unabhängig von der Witterung, einer der schlimmsten ist, »weil er alte, wertvolle Bäume und Sträucher töten kann und auch Stauden und Zwiebelpflanzen befällt. Wir haben Exemplare von *Ballota pseudodictamnus*, Kamelien sowie von Tulpen- und Osterglockenzwiebeln erhalten, die von diesem Wurzelparasiten betroffen waren, aber auch Proben seiner gängigeren Wirtspflanzen wie Heckenkirschen, Rosen und Rhododendren. Im Durchschnitt erhalten wir jeden Tag einen Brief zum Thema Hallimasch, und unser Rat lautet, dass alle von diesem Pilz befallenen Pflanzen mit möglichst vielen Wurzeln ausgegraben werden sollten. Der Erdboden in dem Bereich sollte dann mit zweiprozentigem Formalin sterilisiert oder ganz ausgetauscht werden.«

Glauben Sie nicht, dass diese Krankheit um Sie einen Bogen schlägt. Insbesondere in eingewachsenen Gärten macht sie sich früher oder später unweigerlich bemerkbar. In meinem Garten hat der Pilz eine ganze Reihe alter Obstbäume vernichtet. Aus ebendem Grund heißt es immer, dass ein alter Obstgarten der denkbar schlechteste Platz für einen neuen Garten ist. Allerdings gibt es bei mir im Garten noch drei andere Bereiche, wo der Hallimasch wuchert und es sehr schwierig und mühselig wäre, ihn auszurotten. Jedes Mal war ein Baum zunächst das Opfer und danach die Quelle des Befalls, denn der Pilz kann auf jedem Baumwurzelstück, das im Boden verbleibt, überdauern.

Der misslichste vom Hallimasch betroffene Bereich bei mir ist der obere Teil der langen Rabatte, wo Sträucher, Stauden, Zwiebelpflanzen und Einjährige eine bunte Mischung bilden. An ebender Stelle standen zwei alte Apfelbäume, und mit ihnen begann der Ärger. Als Folge davon sind mir ein Hibiskus, eine Deutzie, mehrere Exemplare von *Euphorbia characias* subsp. *wulfenii*, eine ganze Gruppe *Iris graminea* und eine Vielzahl anderer Pflanzen eingegangen, die ich dankenswerterweise vergessen habe. Nur wenn ich zufällig auf eine Ansammlung alter Etiketten stoße, wird mir bewusst, wie häufig und wie groß meine Verluste sind. Ich glaube auch, dass dieser Pilz eine laufende Auseinandersetzung mit meinen Japan-Anemonen ausfocht sowie wie *Astrantia maxima*, wobei »laufend« durchaus buchstäblich zu verstehen ist, denn diese beiden Pflanzen verbreiten sich durch unterirdische Rhizome, und die Krankheit holt sie nie ganz ein.

Man weiß nie, welche Pflanze man als Nächstes verlieren wird, aber man weiß, dass vieles verschont bleiben wird, weswegen ich den Kampf mit dem Feind nie aufgenommen haben. Ich pflanze einfach immer weiter in der Hoffnung, dass die Pflanze immun ist. Es gibt nur spärliches belastbares Beweismaterial für eine absolute Immunität. Einige erfahrene Gärtner behaupten, dass Magnolien verschont bleiben, auch wenn ich das zu bezweifeln wage.

Am einfachsten erkennt man den Pilz anhand seiner Fruchtkörper im Herbst. Zwar werden sie nicht zwingend ausgebildet, aber wenn doch, wissen Sie eindeutig, womit Sie es zu tun haben. Hallimasch wachsen in Büscheln, gemeinhin aus dem Boden, und haben meist die Farbe von dunklem Honig. Ein weiteres erkennbares Merkmal zu jeder Jahreszeit sind die Rhizomorphen, mit denen sich der Hallimasch vermehrt und ausbreitet. Suchen Sie die Oberfläche von abgestorbenen Teilen des infizierten Holzes unter der Rinde nach schwarzen, schnürsenkelähnlichen Strängen ab; manchmal fallen sie ins Auge, häufiger allerdings nicht.

Ebenfalls tödlich ist *Nectria cinnabarina*, der Zinnoberrote Pustelpilz. Die Fruchtkörper wirken wie ein Ausschlag kleiner, aufgeblähter Pusteln, in der Farbe zinnoberrot (wie der Name besagt), der auf abgestorbenen Ästen und Zweigen wächst. Bisweilen sieht er regelrecht hübsch aus. Dieser Pilz ist stets unter uns und ernährt sich das Gros der Zeit von abgestorbenen Trieben wie Bohnenstangen. Allerdings kann er von Totholz auf lebendes wandern, und dann beginnt die Plage, besonders ausgeprägt bei Sträuchern der Roten Johannisbeere. Da die Beeren an recht kurzen Blütenstandachsen reifen, die nah am alten Holz stehen, schneiden wir beim Rückschnitt die ganzen jungen Seitentriebe bis auf 1 cm zurück. So sauber wir dabei auch vorgehen mögen, hinterlässt jeder Schnitt doch einen Stummel, der abstirbt, und da Totholz unweigerlich ein Einfallstor für den Pustelpilz darstellt, überrascht es nicht weiter, dass die vielen Einladungen einer Roten Johannisbeere früher oder später angenommen werden. Zuerst stirbt ein Ast ab, dann der ganze Strauch. Man kann den abgestorbenen Trieb herausschneiden und hoffen, den Pustelpilz dadurch zu stoppen, doch zumindest bei der Roten Johannisbeere ist diese Hoffnung meist vergebens.

Einige Sträucher sind für einen derartigen Befall offenbar besonders anfällig, und die sollte man gut im Auge behalten, infiziertes Holz gleich nach dem Absterben herausschneiden und Triebe stets plan mit dem lebenden Holz abschneiden, sodass kein Stummel zurückbleibt. Die Chinesische Winterblüte, *Chimonanthus praecox*, ist ein häufiges Opfer des Pustelpilzes, wie auch der Judasbaum, *Cercis siliquastrum*, die Strauchkastanie, *Aesculus parviflora*, und die Dornige Ölweide, *Elaeagnus pungens*. Feigen und Spiersträucher wie *Spiraea* 'Arguta' werden ebenfalls häufig befallen, allerdings nie zu gravierend, da sie aus dem Wurzelstock herauswachsen; stirbt ein Zweig ab, wächst dafür ein anderer aus dem Boden nach – der Pustelpilz tritt nur oberirdisch in Aktion.

Die vom Pilz *Chondrostereum purpureum* hervorgerufene Silberglanzkrankheit kommt am häufigsten bei Pflaumenbäumen und -sträuchern vor, etwa Prunus triloba, sowie bei Schattenmorellen, bisweilen auch bei Äpfeln und gemeinhin bei der Portugiesischen Lorbeerkirsche, Prunus lusitanica. Recht häufig ist sie überdies bei Goldregen, Pappel, Rhododendron, Weide und vielen weiteren Bäumen und Sträuchern, zeigt aber nicht unbedingt immer die so typische und unverkennbare Silberfärbung des Laubs. Gelingt es Ihnen, einen befallenen Ast herauszuschneiden, ehe der ganze Baum oder Strauch befallen ist, können Sie ihn womöglich retten.

Bakterienbrand wird manch einem Kirschbaum zum Verhängnis. Ein erfolgreiches Vorgehen gegen Bakterienkrankheiten ist allgemein schwierig, da sie sich nicht durch Spritzen behandeln lassen. Feuerbrand ist in England bei Birnen, Weißdorn, Zwergmispeln und anderen strauchartigen Mitgliedern der Rosenfamilie mittlerweile endemisch, gravierend macht er sich allerdings nur im wärmeren Südosten sowie in heißen Sommern bemerkbar. Heute ist er nicht mehr meldepflichtig. Wurzelfäule an Schwertlilien-Rhizomen wird ebenfalls von Bakterien hervorgerufen. Das Laub verfärbt sich braun, und zwar häufig zur Blütezeit; der Quell des Übels wird durch den abscheulichen Geruch befallener Rhizome bestätigt. Allerdings wird nicht unbedingt die ganze Schwertliliengruppe angesteckt; dann muss man die befallenen Pflanzen bzw. Pflanzenteile entfernen und die gesunden Teile in nicht kontaminierte Erde pflanzen.

Eine ganze Reihe bodenbürtiger Pilzkrankheiten verursachen bei Sommerblumen mitten in der Wachstumsphase ein plötzliches Absterben. Auf der unvollständigen Liste der Opfer in meinem Garten stehen unter anderem Zinnien, Tithonien, Sommerastern, einjährige Rubeckien, *Gilia* (heute *Ipomopsis*) *rubra*, Lobelien (*Lobelia erinus*) und Spinnenpflanzen. Wechselbepflanzung ist in diesem

Fall die einfachste Lösung, obwohl man das Übel nie ganz ausrotten kann. Primeln (einschließlich der Polyanthus-Primeln) gehen oft an Wurzelfäule ein, die von einem der zwei auf sie abonnierten Pilze verursacht wird. Eine andere Sommerblume, die quasi über Nacht einer bodenbürtigen Krankheit erliegt (meist mitten während des Wachstums im Sommer), ist *Osteospermum jucundum*, die widerstandsfähigste einjährige Art dieser südafrikanischen Tribus. Wenn Sie bemerken, dass ein Exemplar schwächelt, schneiden Sie rasch Stecklinge und pflanzen Sie sie, sobald sie Wurzeln ausgebildet haben, an einer anderen Stelle aus.

Schädlinge beeinträchtigen Pflanzen häufiger, als dass sie ihnen den Tod bringen, doch angesichts der vielen Ausnahmen kann man diese Aussage nicht zur Regel erheben. Schnakenlarven werden in manchen Jahren zu einer wahren Plage, fressen Pflanzenwurzeln an, können aber auch den Stängel einer neu gesetzten Sommerblume direkt über dem Boden durchtrennen und sie damit über Nacht absterben lassen. Bei der wunderschönen ausdauernden Kardinals-Lobelie, *Lobelia cardinalis*, zeigen sie sich von ihrer schlimmsten Seite, insbesondere im Frühjahr und Frühsommer, wenn sie am größten und fressgierigsten sind.

Ameisen können Pflanzen – selbst relativ große Sträucher – häufig allein durch ihre aufstörende Anwesenheit im Boden töten, sofern es sich um große Kolonien handelt. Sie erschweren insbesondere das Arbeiten im Steingarten und zwischen Pflastersteinen.

Auch Maulwürfe können ein zerstörerisches Werk anrichten, indem sie Pflanzenwurzeln aufwühlen oder ganz freilegen. Ich halte nichts davon, mit Hausmittelchen gegen sie vorzugehen. Wenn Sie der Meinung sind, Sie müssten sie unbedingt aus Ihrem Garten verbannen, dann rufen Sie den nächstbesten Schädlingsbekämpfer zu Hilfe.

Rehwild, Hasen und Kaninchen können ebenfalls fatale Schäden verursachen, vor allem, wenn sie im Winter die Rinde von Bäumen abfressen. Wird von einem Baum ringsum ein Streifen Rinde entfernt, stirbt er ab.

Bestimmt schützen Sie Ihre Pflanzen vor Frost, wenn Sie sie der Mühe für wert befinden (in meinem Kapitel über Küstensträucher erwähnte ich eine Methode für *Brachyglottis rotundifolia*), oder Sie überwintern Stecklinge bekanntermaßen empfindlicher Gewächse unter Glas und hoffen für die Elternpflanze im Garten auf das Beste. Wahlweise können Sie Ihre Pflanzen auch ungeschützt den Elementen überlassen und die Lücken füllen, sollte etwas eingegangen sein.

An dieser Stelle sei gesagt, dass Sträucher, die nach einem Schock wie Umsetzen oder Frost alle oder fast alle Blätter verlieren, sich meist erholen. Das Laubabwerfen ist eine Abwehrmaßnahme und verringert die Verdunstung zu einer Zeit, in der die Wurzeln Wasserverlust nicht ausgleichen können. Wenn die Blätter aber am Baum oder Strauch absterben, ist er meist verloren.

Nach einer Dürre zeigen sich die Schäden, ähnlich wie nach Frost, erst mit einer gewissen Verzögerung. Eine kleine Pflanze mag rasch eingehen, aber bei größeren Gewächsen machen sich die Schäden erst im folgenden Winter bemerkbar, wenn es bereits zu spät ist, um noch etwas zur Rettung der Pflanze zu unternehmen. Achten Sie auf die korrekte Bewässerung, das macht sich mehr als bezahlt. In meinem Garten gibt es eine Eibe, die zur Gestalt eines Pfaus geschnitten wurde. Allerdings war der Pfau aus nicht näher untersuchten Gründen abgestorben, während der ihn tragende Sockel (alles ein und dieselbe Pflanze) völlig erhalten blieb. Viele Besucher liebten den toten Pfau mehr als alles andere in unserem Garten, er diente ihnen als bevorzugter Gesprächsstoff. Wenn sie ihn im Frühjahr sahen, sagten sie wissend: »Ah! Bei Ihnen hat im Winter der Frost zugeschlagen.« Im Herbst aber sagten sie: »Sie hatten im Sommer mit der Trockenheit zu kämpfen, das sieht man doch.« Ein vielseitiger Vogel, zumal er mittlerweile genesen ist.

Wenig durchlässiger Boden, auf dem sich zu bestimmten Jahreszeiten das Wasser sammelt, ohne abzufließen, ist für die meisten Pflanzen ein Todesurteil, wobei manche besonders anfällig dafür sind, etwa Flieder. Wenn Sie einen Garten auf einem schweren Boden anlegen, müssen Sie unbedingt als Erstes ein Netz von Entwässerungsgräben planen. Selbst in relativ abschüssigen Beeten kann sich auf Tonböden Staunässe bilden, sofern sie nicht richtig entwässert werden.

Überraschend ist, wie oft eine schadhafte Abwasserentsorgung unbemerkt bleibt oder zumindest der Schaden nicht behoben wird, bis das Wasser eine Reihe wertvoller Sträucher auf dem Gewissen hatte. Ich habe mehrere Gartenbaufreunde, denen das passierte – alle schwere Raucher, denen der Gestank entging, der mir als nicht-rauchendem Besucher unangenehm in die Nase stieg.

Die restlichen der von mir genannten Ursachen für Todesfälle sind schnell abgearbeitet. Wenn man versucht, eine kalkmeidende Pflanze auf einem Kalkboden zu halten, verfärben sich die Blätter knallgelb, und die Pflanze geht ein.

Über die Gefahren beim Pflanzen und Verpflanzen habe ich mich bereits ausführlich ausgelassen (siehe Seite 25-43), und was braune Daumen betrifft – tja, das ist der unglückliche Zustand mancher Menschen, die sich nie mit Gartenarbeit hätten abgeben dürfen. Alles, was sie in die Hand nehmen, wird falsch angefasst und behandelt. Zwischen ihnen und der Pflanze besteht keinerlei Sympathie, keinerlei Verständnis. Solche Menschen sind fast ebenso bedauernswert wie jene, die herausragende Gärtner abgäben, hätten sie nur die Gelegenheit dazu.

Mit »grünem Daumen« meinen wir eine Art praktischer Intelligenz, ein Interesse dafür, wie Pflanzen leben und was sie ausmacht. Für einen Menschen mit braunem Daumen könnte eine Pflanze ebenso gut ein unbelebtes Objekt sein, und wenn sie ihm in die Finger kommt, ist sie das auch.

Der fehlbare Gärtner

Verbreitete Irrtümer

Menschen glauben gern dem, was sie schwarz auf weiß vor sich sehen. Das gedruckte Wort gilt als Siegel der Glaubwürdigkeit, mal ganz zu schweigen davon, dass es wesentlich weniger aufwändig ist, jemand anderem Glauben zu schenken, als mühsam jeden Aspekt eines Tatbestands selbst zu überprüfen. Autoren gehören zu den schamlosesten Plagiatoren, und dadurch tradieren Irrtümer sich sehr schnell – und wie man weiß, ist nichts so schwer zu brechen wie eine Tradition.

Ich weiß noch, mit welcher Überraschung ich das erste Mal las, dass die *Clematis orientalis* duftet. Auf wen immer diese Beobachtung zurückgeht – vermutlich stand seine Ehefrau hinter ihm, als er an der Clematis schnupperte, und der Duft stammte von seiner Frau, nicht von der Blüte. Derlei kann nur allzu leicht passieren, und das wäre weiter nicht tragisch gewesen, wäre der Mann nicht zufällig ein Gartenautor gewesen, und praktisch jede spätere Autorität, die mit einem Buch oder Artikel über die Clematis aufwartete, informierte sich offenbar gerade so weit, um diese kleine Fehlinformation aufzugreifen. Da es sich bei der Pflanze, die wir für *C. orientalis* halten, in Wirklichkeit um *C. tibetana* subsp. *Vernayi* handelt, mag es auch ein Fall von Identitätsverwechslung sein.

Ich spreche das Thema hier vor allem an, um meine eigenen Schuldgefühle zu kompensieren. Als ich in *Country Life* über Pflanzen schrieb, die zwar feuchtigkeitsliebend sind, unter Wasser aber eingehen, erwähnte ich, dass *Iris ensata* (syn. *I. kaempferi*) in der Hinsicht besonders empfindlich ist und während der Ruhephase einen gut durchlässigen Boden braucht. Nun, mit dieser Weisheit sind alle Gärtner groß geworden: *I. laevigata* gehört unter Wasser, *I. ensata* darüber. So einfach ist es. Im Traum würde ich nicht daran denken, dieses Fundamentalgesetz zu hinterfragen. Aber dann, kaum war der Artikel erschienen, erhielt ich einen Brief: »Ihre Bemerkungen über *Iris kaempferi* in *Country Life* diese Woche finde ich sehr interessant.« Dieser Briefanfang klang wenig verheißungsvoll – niemand macht sich die Mühe zu schreiben, es sei denn, er möchte Widerspruch einlegen. Ich wappnete mich. Meine Korrespondentin hatte festgestellt, dass sie ihre Iris nur dazu bringen konnte, zu blühen und zu gedeihen, indem sie sie mit Gewalt im tiefsten Winter unter Wasser hielt. Selbst als die beiden Fische im Teich erfroren oder verhungerten, lebte die Iris herrlich und in Freuden weiter.

Also packte ich drei kräftige Wurzeln in einen Karton und versenkte sie mit einem kleinen Segensspruch bei mir im Teich. Der Karton ging unter, der Inhalt wuchs üppig bis in den Herbst hinein und zog sich dann für den Winter zurück – um danach nie wieder ein Lebenszeichen von sich zu geben.

Etwas später wurde mir in einem anderen Garten eine weiße *I. ensata* gezeigt, die problemlos in einem See wuchs, wo sie schon seit vielen Jahren prächtige Blüten ausbildete – nur, dass es sich nicht um *I. ensata* handelte, sondern um *I. laevigata*. »Ha!«, dachte ich mir. »Jetzt habe ich die Dame erwischt!«, und schrieb Vernichtendes in meiner wöchentlichen Kolumne. Woraufhin meine freundliche Korrespondentin mir ein Foto von der Blüte ihrer abscheulichen Iris mitsamt einiger Blätter schickte, anhand derer man die beiden Sorten gut unterscheiden kann. Ihre war eindeutig *Iris ensata*. Das war schwer erträglich, und ich bin deswegen noch immer vergrätzt.

Eine weitere Frage, bei der Dogmatismus vorherrscht, betrifft die Tiefe, in die Zwiebeln gesetzt gehören. Ich lese ungern, dass sie in 15 cm Tiefe gepflanzt werden sollen, weil die Erdschicht in den meisten unserer Gärten gar nicht so hoch ist, und ich denke, dass es den Zwiebeln besser ergeht, wenn sie näher an der Oberfläche liegen. Diejenigen Zwiebeln aber, die große Tiefen bevorzugen, haben Mittel und Wege, um zum erwünschten Niveau vorzudringen, unabhängig davon, wie tief wir sie einsetzen. Viele Tulpen etwa schicken Zwiebeln bis in eine Tiefe von 23 cm hinab. *Tulipa kaufmanniana* ist hier ein herausragendes Beispiel: Wenn Sie denken, Sie könnten eine eingewachsene Gruppe verpflanzen, ziehen Sie unweigerlich den Kürzeren, denn die Tulpe hat einige ihrer Zwiebeln in eine Tiefe geschickt, bis zu der Sie sich nicht vorgegraben haben.

Andere Zwiebeln und Knollen bilden fleischige Zugwurzeln. Diese sind einjährig und schrumpfen beim Absterben, wodurch sie die Zwiebeln in tiefere Schichten ziehen. Notwendig ist das insbesondere bei Knollen – etwa Krokussen und Gladiolen –, weil neue Knollen oberhalb der alten gebildet werden, und ohne Gegenmaßnahme würden sie bald oberhalb der Erdoberfläche liegen – was bei leichten Böden tatsächlich häufig der Fall ist. Vermutlich finden die Zugwurzeln im lockeren Erdreich keinen Halt, sodass die Knollen ständig an die Oberfläche wandern – wie bei einem Freund, dessen Garten im Nordwesten von Schottland liegt.

Die Lehre daraus heißt offenbar, dass man Zwiebeln in leichten Böden tief setzen soll, in schweren Böden aber näher unter der Oberfläche.

Einmal wurde ich im Herbst von einer Gartenbesitzerin gefragt, welche blühenden Sträucher sie denn als Sichtschutz und Farbtupfer an ein Ende eines exponierten neuen Pools pflanzen könne. Sie meinte, sie würde zu etwas Immergrünem tendieren wegen der Blätter, die im Pool landeten. Ich musste sie darauf aufmerksam machen, dass immergrüne Sträucher im Verlauf von zwölf Monaten ebenso viel Laub verlieren wie laubabwerfende und dass diese, bei Licht betrachtet, im anstehenden Fall sogar besser geeignet wären, weil der Pool etwa von Mai bis September in Benutzung ist, und in den Monaten würden immergrüne Sträucher mehr Blätter verlieren als laubabwerfende. Immergrüne werfen jeden Monat Laub ab, insbesondere aber im späten Frühjahr, weil sie dann neue Blätter bilden.

Was das Gießen betrifft, ist viel Unsinn im Umlauf. »Wenn man einmal gießt, muss man immer weitergießen«, heißt es etwa. Dabei ist es wesentlich klüger, in einer trockenen Phase einmal gründlich zu wässern, als gar nicht, ebenso wie ein ausgiebiger Regen zur rechten Zeit nützlich wäre. »Es ist gefährlich zu gießen, solange die Sonne auf die Pflanze fällt«, lautet ein weiterer uralter gärtnerischer Rat. Aber was, wenn die Sonne gemeinerweise nach einem Regenschauer wieder scheint? Vielleicht werden eine oder zwei Chinesische Hortensien verbrannt, ebenso wie das Weiß der panaschierten *Hosta crispula*. Größere Schäden gibt es nicht.

»Man darf kalkmeidende Pflanzen nie mit hartem Wasser gießen«, wird gesagt. Dazu kann ich nur vermelden, dass nach meiner persönlichen Erfahrung und der anderer Menschen eine gelegentliche Gabe von hartem Wasser keinerlei Nachteile mit sich bringt. Ganz im Gegenteil, es ist besser, den Pflanzen das benötigte Wasser zu geben und sich über dessen Härte später Gedanken zu machen. Das gilt insbesondere für Topfpflanzen, die generell von oben gegossen werden. Ihre Regenwassertonne ist leer, Ihre kostbaren Orchideen haben Durst? Löschen Sie den ruhigen Gewissens mit hartem Leitungswasser.

Meiner Erfahrung nach wird Kalk schnell aus Blumenerde ausgewaschen. Ich verwende für welchen Zweck immer die Erden von John Innes. Wir mischen sie selbst, und der Torf für den Lehm wird von einem Feld neben dem Gartenschuppen abgehoben. Bei uns ist der Boden nur leicht sauer. Das heißt, wo immer im Garten Hortensien gesetzt würden, die je nach Säuregehalt des Bodens rosa oder blau blühen, sind sie rosa. Aber wenn ich sie in Töpfen in John-Innes-Nr. 3 halte, dem 65 g Kalk (Kalziumkarbonat) pro 40 l zugesetzt wurden, sind die Blüten lila oder blau, ein Zeichen für sauren Boden. Deswegen menge ich den Kalk immer dem Substrat bei, unabhängig davon, was ich eintopfe: *Lilium auratum*, *L. speciosum*, frisch angewurzelte Azaleen oder Kameliensteckinge. Was immer es sein mag, sie alle bekommen ihre Dosis Kalk, und keine Pflanze stört sich daran, weil er ohnehin bald ausgespült sein wird.

Selbst Fachleute sind geteilter Meinung bezüglich der Frage, ob man bei einem Baum oder Strauch, der versetzt wurde und dessen Wurzeln dabei in Mitleidenschaft gezogen wurden, die Zweige zurückschneiden soll. Meine Ansicht dazu steht fest, aber der andere Standpunkt ist, um den Autor eines relativ neu veröffentlichten Buchs zum Thema Verpflanzen von Laubbaumen zu zitieren: »Sieht der Wurzelballen mehr oder minder intakt aus, empfiehlt es sich, alle Zweige um etwa ein Fünftel einzukürzen. Sind die Wurzeln jedoch ziemlich beeinträchtigt, würde ich alle Zweige im ersten Jahr nicht beschneiden und sie dafür im folgenden Herbst umso heftiger zurückzuschneiden. Sind die Wurzeln beschädigt, hat der Baum nicht die Energie, frische Knospen und Zweigen hervorzubringen, bis sich das Wurzelsystem erholt hat, und das geschieht am besten, indem die oberirdischen Teile in Ruhe gelassen werden.«

Ich würde den letzten Satz und das dort vorgetragene Argument folgendermaßen umformulieren: Wenn die Wurzeln beschädigt sind, ist das Gleichgewicht zwischen Wurzeln und Krone gestört. Bis der Baum die eingebüßten Wurzeln ersetzt hat, ist er nicht in der Lage, die vorhandenen Zweige mit genügend Wasser und Nährstoffen zu versorgen. Deshalb sollte die Krone nach dem Einpflanzen beträchtlich zurückgeschnitten werden, und zwar so weit, dass sie und der Wurzelballen gleich groß sind.

Und das gilt für jeden Baum oder Strauch, ob sommer- oder immergrün, der versetzt wird, einmal ganz abgesehen vom Schnitt, den er möglicherweise ohnehin braucht, um die Zweige zu sortieren. Er wächst schneller an, wenn die Wurzeln sich um weniger Takelage kümmern müssen.

Kurz erwähne ich noch einen letzten Irrtum, mein persönliches rotes Tuch: dass man nämlich beim Pflanzen von Clematis dem Boden Kalk zusetzen muss. Das ist völlig überflüssig. Die Mär geht darauf zurück, dass man unsere heimische Waldrebe, *Clematis vitalba*, wild auf Kalkböden wachsen sieht. Clematis gedeihen aber auf sehr unterschiedlichen Böden, ob basisch oder sauer. Worauf es ihnen wirklich ankommt, sind Wasser und Nährstoffe. Deswegen sind saure sandige Böden und leichte kreidehaltige Böden gleichermaßen heikel für Clematis, und zwar aus dem gleichen Grund: Sie enthalten wenig Humus und Ton und trocknen somit rasch aus. Zwar schadet es der Clematis nicht, wenn Sie Ihr Blumenbeet mit Kalk versetzen, aber womöglich beeinträchtigt er etwas anderes – eine Kamelie etwa –, das entweder gleichzeitig oder erst Jahre später in der Nähe eingepflanzt wird, lang nachdem der Grund vergessen wurde, weshalb der Bauschutt dort vergraben wurde. Reservieren Sie den Kalk für das Gemüsebeet.

5

SAISONALE HIGHLIGHTS

Winter

Jedes Jahr aufs Neue: Der Winter

In keiner Phase des Jahreszyklus hat man so stark das Gefühl, »jetzt ist es schon wieder so weit«, wie im Winter. Zum einen ist es sehr ruhig, es gibt wenige Ablenkungen und Unterbrechungen. Freunde und Besucher bleiben aus – vermutlich möchten sie nicht der Illusion beraubt werden, dass in Ihrem Garten immerfort Sommer währt. Verwandte bleiben zu Hause.

Am meisten hält der Winter bei mir im Rosengarten Hof. Der ist von Hecken umstanden und liegt etwas abseits, und während es im Sommer dort unerträglich heiß werden kann, gibt es im Winter in dem Teil des Gartens mehr Frost und Schnee als irgendwo anders. Trotzdem kann man die Rosen zurückschneiden und hochbinden. Dabei versuche ich dann meist (da ich einer Annehmlichkeit nicht abgeneigt bin), möglichst in der Sonne zu arbeiten. Bis um etwa halb elf fällt diese Arbeit also eher weg, aber gegen elf Uhr wird die Sonne spürbar wärmer, sofern man an der richtigen Stelle steht. An Wintertagen tut es einem dann regelrecht leid, zur allerschönsten Zeit zum Mittagessen ins Haus zu gehen, denn um drei Uhr verliert die Sonne schon wieder sehr an Kraft.

Wir hören und lesen viel über den Garten im Winter, ich persönlich kann allerdings nicht behaupten, dass er mir dann wirklich Freude bereitet. Wenn, dann besteht sie vor allem darin, in die Zukunft zu blicken, zu bemerken, welche Zwiebeln schon aus der Erde treiben, die Zahl schlafender Blütenknospen an Büschen und Bäumen zu sehen und Ähnliches mehr.

Alles, was blüht, ist natürlich überaus willkommen, aber vor allem mit dem Hintergedanken, die Blüten ins Haus zu holen. Einige Immergrüne nehmen sich im Garten gut aus: Lorbeerbäume etwa, Fatsien und goldgelber Ilex. Doch in meinem Garten mit seiner ausufernden Architektur aus Eibenhecken und Formbäumen gibt es beinahe ohnehin schon zu viel Immergrünes. Eiben, so wird uns immer wieder gesagt (und ich habe es selbst häufig genug erwähnt), geben einen neutralen und würdevollen Hintergrund für farbenfrohe Blumenrabatten ab – aber wo, bitte, sind die bunten Blumen? Nein, die Eiben würden im Winter ausgesprochen trostlos aussehen, gäbe es nicht einen Aspekt, der uns mit ihnen versöhnt, und das sind ihre unwiderstehlich frohsinnigen Konturen. So sehr sie sich auch bemühen, von Menschenhand gemauerte Ziegel- und Steinbauten nachzuahmen, sie scheitern grandios: Immer verbreitern sie sich oder wachsen schief, bis sie freundliche Rundungen annehmen, was einfach entzückend aussieht und alle seriösen Prätentionen unterbindet.

Trotzdem würde ich zu dieser Jahreszeit einen Landschaftsgarten vorziehen. Könnte ich doch nur von meinem Wohnzimmer aus wie in Scotney Castle auf die wunderbar ansprechende und doch differenzierte Färbung der verschiedenen Laubbaumwipfel hinabblicken, Bäume der für die Grafschaft Kent typischen Wälder, und jenseits davon zu einem grasbewachsenen Hügel, auf dem hie und da uralt wirkende Kiefern stehen. Gibt es einen Baum, der im Alter charaktervoller ist als die Föhre?

Oder eine Wasserfläche zu haben – einen See, der wirklich die Bezeichnung verdient. Selbst mein eigener bescheidener Teich bereitet mir im Winter mit den leuchtend roten Hartriegeln und deren Spiegelung mehr Freude als alles andere im Garten. Ist das Wasser gefroren, ist es damit vorbei, und der Hartriegel ist nur noch halb so schön, aber den Großteil eines typisch englischen Winters bildet sich kein Eis. Die Sonne fällt zwischen die Senken, und die ganze Szenerie schimmert vor Licht und Farbe.

Ein passionierter Gärtner sollte nie nach offenem Gelände und einem Blick verlangen. Nicht bei sich selbst. All seine Bemühungen müssen darauf abzielen, die verheerenden Folgen eines Lebens auf einer windigen Insel zu minimieren. Genau das ist in meinem Garten passiert und geht immer noch vor sich, liegt er doch an einer südwestlich ausgerichteten Anhöhe. Kürzlich habe ich auf unserer Windseite weitere acht Leyland-Zypressen eingesetzt. Wir pflanzen immer noch mehr, und die Bäume wachsen immer weiter, und so ist von der Landschaft selbst im Winter recht wenig zu sehen, von sommers ganz zu schweigen. Allerdings gibt es Blicke auf das Fachwerkhaus, die Hopfendarre, die Scheune mit dem großen, warm leuchtenden Ziegeldach und die Dächer anderer alter Gebäude des Hofs, die in die Anlage des Gartens eingebunden wurden: Blicke, die im schmeichelnden Licht der tief stehenden Wintersonne besonders schön sind und um die wir mit Fug und Recht beneidet werden können. Die Gebäude sind voller Wärme. In Gegenden mit Schiefer und flözleerem Sandstein könnte ein vergleichbarer Blick kühl wirken, aber dort haben die Einwohner zum Ausgleich Bergpanorama und plätschernde Bäche und möglicherweise gar einen natürlichen Steingarten.

Koniferen für Winterfarben

Koniferen haben viele Stimmungen. Im Frühjahr wirkt ihr neues Blätterwerk frisch wie der Morgentau, und die »Blüten« der Lärchen und bestimmter Fichten und Tannen wie *Picea likiangensis* nehmen erstaunliche Rottöne an, die Gärtner und Blumenbinder gleichermaßen entzücken. Im Sommer sind die Arten mit blaugrünen Nadeln am überzeugendsten, und die jungen Zapfen der Tannen (*Abies*) sind von hellem Eis über Taubenblau und Mauve bis zu einem satten Marineblau gefärbt. Im Herbst dann sehen wir viele reife Zapfen, und die sommergrünen Koniferen verfärben sich leuchtend, ehe die Nadeln abfallen.

Doch erst im Winter suchen wir bei den Koniferen wirklich Trost, und sie enttäuschen uns nie. Dann ist ihre Stimmung allerdings eine ganz andere. Vergessen darf man nicht, dass Koniferen mit blaugrünen Nadeln alles spiegeln, was am kältesten und nebligsten ist, bleiern und trist durch den für die Jahreszeit so typischen trüben Himmel und die geringe Raumtiefe. Dadurch sieht die Varietät 'Alumni' der Lawson-Zypresse, die gern für Hecken verwendet wird, in ihrem dunklen blaugrünen Gewand besonders trostlos aus, und das Gleiche gilt für die 'Triomf van Boskoop', die sich in der Vegetationsperiode jedoch prächtig ausnimmt. Sie kann rasch zu einer 15 m hohen Säule mit einer ansprechend lockeren, informellen Optik heranwachsen, und die jungen Triebe sind nur ein wenig dunkler als Entenei-Blau.

Gelbe Zypressen wiederum bieten im Winter den schönsten Anblick, wobei man einräumen muss, dass sie vieles davon ihren dunkleren Begleitern verdanken. Der Hintergrund ist bei einer so auffälligen Farbe von größter Bedeutung. Selten sieht man diese Zypressen eindrucksvoller als im Cypress Valley im National Pinetum, über das ich hier unbedingt ein paar Worte verlieren möchte. Es liegt bei Bedgebury im Süden von Kent, zwischen den

Orten Lamberhurst, Flimwell und Goudhurst, und wurde in den 1920er Jahren angelegt, als man feststellte, dass die Sammlung in Kew durch die Nähe zu London litt. Die Anpflanzung in Bedgebury nähert sich mittlerweile ihrer Reifephase und hat ihre ganz eigene Landschaft entwickelt. Trotz fehlender Werbetrommel zieht das Pinetum jedes Jahr Tausende von Besuchern und deren Hunde an. Ich habe das Glück, in gerade einmal zwanzig Kilometer Entfernung davon zu leben, und fahre oft hinüber, insbesondere im Winter. Einmal im Februar schneite es, aber inmitten der Bäume war ich geschützt. Und im Herbst wächst zwischen ihnen eine ungewöhnlich große Anzahl von Pilzen, von denen viele essbar sind.

Leider berichte ich über etwas Vergangenes, wenn ich von dem zypressenartigen Baum schreibe, den man von so vielen Standorten in den Sheffield Park Gardens in Sussex jenseits des zweiten Sees sehen konnte. Es handelte sich um die goldene Form des Chinesischen Wacholders, *Juniperus chinensis* 'Aurea', dahinter stand wunderschön eine doppelte Monterey-Kiefer, *Pinus radiata*. Die bildete in der wintrigen Landschaft die schönste Hintergrundfarbe, dunkel und glänzend zugleich, und fing die schräg einfallende Sonne wunderbar ein. (Der Wacholder starb, und die Hälfte der Kiefer fiel dem Wind zum Opfer.) In einem kleineren Rahmen wäre eine Kiefer, die einen ebenso guten Kontrast bildet, aber ein ungewöhnlich freundliches Flaschengrün hat, die Sorte *P. sylvestris* 'Viridis Compacta'. Sie wächst eher zu einem kuppelförmigen großen Strauch als zu einem Baum heran und ist bis zum Boden belaubt.

In Bedgebury fiel mir mit Überraschung auf, dass *J. chinensis* 'Aurea' im Winter nur unwesentlich heller ist als *J. chinensis* selbst. Bei dem Baum handelt es sich um ein männliches Exemplar, und die rehbraunen Keulen der »Blüten« des folgenden Frühjahrs, die dann üppig über den ganzen Baum verteilt sind, bilden einen unerwarteten und reizvollen Anblick.

Wenn ein Wacholder wie eine Zypresse aussehen kann, nimmt es nicht wunder, dass umgekehrt auch eine Zypresse wie ein Wacholder aussehen kann, und das ist der Fall bei *Chamaecyparis thyoides*, obwohl sie mehr oder minder säulenförmig wächst. Das Blattwerk ist schuppenartig, leicht bläulich und riecht bei Verletzungen sehr aromatisch. Der Baum selbst ist von Tausenden knopfartigen hellbraunen Zapfen übersät, deren Durchmesser keinen Zentimeter beträgt, die aber so zahlreich sind, dass sie eine reizvolle Wirkung erzielen. An Qualitäten hat diese Zypresse eine ausgesprochene Winterhärte zu bieten sowie eine hohe Toleranz gegenüber nassen Böden. Zwar gilt sie als langsam im Wachstum, aber Gärtner neigen ohnehin dazu, Zypressensorten zu wählen, die ihre ideale Höhe und Größe in möglichst wenigen Jahren erreichen. Danach werden sie schlicht zu groß und müssen gestutzt werden, was bei den meisten die Optik entstellt, oder sie müssen entsorgt werden.

Um zu unserem Gelb-Thema zurückzukehren: *Cupressus macrocarpa* 'Goldcrest' (und es gibt andere, ähnliche Cultivare) besitzt für eine derart wuchernde Pflanze viele erlesene Eigenschaften. Selbst mitten im Winter entzückt sie mit ihrer leuchtenden, frischen Farbe. Wer es eilig hat, für den ist dies eine gute Wahl, doch darf man sich dann nicht beschweren, wenn die Pflanze aus ihrem Topf herauswächst – das ist der Preis, den man unweigerlich eher früher als später bezahlen muss. Ein Exemplar in einer Winterausstellung der R. H. S. maß 75 cm in der Höhe und nahm sich gut aus in einem 18-cm-Topf, ein anderes, 2,10 m hoch, in einem 38-cm-Gefäß.

Wegen weiterer Ideen für gelbe Koniferen, die im Winter gut zur Geltung kommen, verweise ich den Leser auf den Abschnitt »Vision eines gelben Gartens« (S. 427-435).

Eine wirklich hohe Konifere, die aber vergleichsweise wenig Platz benötigt, ist die Weihrauchzeder (*Calocedrus decurrens*). Sie kann bis zu 18 m Höhe erreichen und dabei einen Durchmesser von rund 1,80 m haben. Wenn man sie auspflanzt, sollte man vor allem auf oberhalb verlaufende Drähte achten. Die leuchtend gelb-grünen Blätter sind in einer Art lockerer Rosette fächerartiger Farnwedel angeordnet.

Viele Koniferen eignen sich gut als Bodendecker. Wenn es mir aber um eine frische Farbe im Winter geht, würde ich für die *Juniperus-sabina*-Cupressifolia-Gruppe optieren, die selbst bei größter Kälte lorbeergrün bleibt. Oder für *J. procumbens* 'Nana', die im Winter fast genauso fröhlich grün ist wie im Sommer, allerdings mit leichten Anklängen von Gelb und Blau.

Immergrüne

Sechs Monate im Jahr ist es im Gartenbaubetrieb ein mühsames Geschäft, Laubbäume und -sträucher zu verkaufen. Ohne Blattwerk wirkt eine Pflanze nur halb so groß, wie sie es im Sommer tatsächlich ist, und die Fantasie des Impulskäufers genügt nicht, um sie sich zu einer anderen Jahreszeit vorzustellen. »Ich möchte etwas zum Anschauen im Winter haben«, heißt es. Also muss ein immergrünes Gewächs her.

Nun stammt das Gros der immergrünen Pflanzen, und insbesondere derjenigen mit breiten Blättern, aus wärmeren Klimazonen. Zwar ist das Klima bei uns durchschnittlich so weit gemäßigt, dass eine größere Vielzahl an Pflanzen gedeihen kann als sonst in derartigen Breitengraden üblich, dennoch müssen wir bisweilen mit Kälteeinbrüchen rechnen, an die viele unserer beliebtesten Immergrüne aus ihrer Heimat nicht gewöhnt sind. Das große Problem ist, dass eine immergrüne Pflanze nie so tief in die Winterruhe verfällt wie eine laubabwerfende; ein gewisser Austausch von Wasser und Nährstoffen muss zwischen Wurzeln und Blattwerk rund ums

Jahr vor sich gehen. Gefriert der Boden, wird die Wasserversorgung der Blätter unterbrochen. Dann hängen sie vertrocknet herab, und dieses Problem wird durch eisigen Wind noch verschärft.

Das bedeutet für den Gärtner, dass er vor allem seine immergrünen Pflanzen im Winter schützen muss. Indem er die Äste mit Plastikplanen umwickelt, schafft er ein Mikroklima feuchter Luft, dem auch der ärgste Wind nichts anhaben kann, und indem er trockenes Farnkraut und ähnlich Isolierendes um den Stamm wickelt und gleichzeitig dafür sorgt, dass die Plastikplane bis auf den Boden hinabreicht, vermindert er die Gefahr, dass der Frost dort in den Boden eindringt.

Diese Plastikverpackung ist dann das »Etwas zum Anschauen im Winter«, nach dem der Impulskäufer so verlangte. Die Alternative – sollte sein immergrünes Gewächs winterhart genug sein, um ohne Winterschutz auszukommen – ist gemeinhin ein Strauch, ein Rhododendron etwa, mit mattgrünem Laubwerk, das leblos an den Ästen hängt und sich bei jedem Frosteinbruch einrollt. Nichts könnte trostloser aussehen. Schnee stellt ein weiteres Risiko dar, allen voran Schneebruch durch das Gewicht der weißen Pracht. Wird der Schnee nicht sofort entfernt, friert er an den immergrünen Blättern fest – mit verheerenden Folgen.

Nicht alle Immergrüne haben den Vorteil ledriger Blätter. Wenn die zarteren unter ihnen von einigen Winterstürmen zerzaust wurden, werden sie derart zerfetzt, dass man von Weihnachten bis Ostern oder noch darüber hinaus wünscht, sie wären nicht immergrün, sondern hätten ihr Laub freiwillig zu einem früheren Zeitpunkt verloren. Wenn immergrüne Gewächse ihr Laub dann doch abwerfen, passiert das für den Gärtner irgendwie immer zur falschen Zeit. Im Herbst murrt er heftig über das fallende Laub, aber zumindest kann er, am Ende der Gartensaison, innerhalb von acht Wochen die Berge zusammenkehren und entsorgen und darf sich die übrigen vierundvierzig anderen Dingen widmen. Laut und bitter ist dann aber sein Klagen, wenn der Mai nicht nur die erwarteten Eisheiligen und ihre Fröste bringt, sondern auch den Laubabwurf der Immergrünen, der ihn immer völlig überraschend trifft und somit empört. Umso stattlicher und imposanter das Gewächs, desto üppiger die Laubhaufen. Wenn es sich um einen Lorbeerbaum oder, schlimmer noch, um eine Steineiche (*Quercus ilex*) handelt, greifen manche Gärtner lieber zur Axt, als sich diesem Affront jährlich aufs Neue auszusetzen.

Liegen immergrüne Blätter erst einmal am Boden, werden sie immerbraun. Bisweilen hört man die Beschwerde, das Laub von Platanen oder Edelkastanien würde nie vermodern, aber verglichen mit den Blättern von Lorbeer oder Steineiche erkennt man die Müßigkeit des Lamentos. In einigen Gärten gibt es eindeutig eine Tendenz zu einem übermäßigen Einsatz von Immergrünen, mit deprimierenden Folgen für einen Großteil des Jahres.

Dennoch: Auch wenn sie uns im Winter und insbesondere während Frostperioden häufig enttäuschen, bieten einige Immergrüne doch einen recht erquicklichen Anblick, und schließlich friert es bei uns in den drei kältesten Monaten des Jahres gemeinhin nicht einmal die Hälfte der Zeit.

Den Blick durch das Fenster, in dessen Nähe ich sitze und schreibe, beherrscht ein riesiger Lorbeerbaum. Er stand bereits hier, als der Garten zu Beginn des 20. Jahrhunderts angelegt wurde, aber das ist nicht allein der Grund, weswegen er mir ans Herz gewachsen ist, ebenso wenig wie die Tatsache, dass er in nächster Nähe der Küchentöpfe wächst. Das gelbliche Grün seiner Blätter wird durch das Gelb der Wintersonne akzentuiert, und die Zweige stehen wie Altsträuße vom Korpus des Baums ab – wenn nach einem Regenfall die Sonne herauskommt, funkelt er in selbstbewusster Herrlichkeit.

Wer Lorbeerbüsche als Hecke oder Formbäumchen pflanzt, bekommt nie ein Bild von ihrem eigentlich sonnigen Gemüt. Zum einen wird ein beschnittener Lorbeer allzu gern von Schildläusen befallen. Diese sondern einen klebrigen Honigtau ab, auf dem sich Schwarzer Schimmel bildet, so dass die Wirtspflanze nicht nur unglücklich aussieht, sondern das auch ist. Bei unbeschnittenem Lorbeer hingegen taucht das Problem nie auf. Darüber hinaus wird bei einem großblättrigen Strauch oder Baum durch das Beschneiden jedes einzelne Blatt unansehnlich. Aus dem Grund sollten an keinem der Büsche, die wir subsumierend als Lorbeer bezeichnen, jemals Spuren der Gartenschere zu sehen sein. Vielmehr sollte man ihnen reichlich Platz geben und gestatten, sich in ihrer natürlichen »Pracht und Herrlichkeit von Zweigen und Ästen zu entfalten«, wie Joseph Addison so unnachahmlich schrieb.

Der Lorbeer *Laurus nobilis* ist zwar der Echte Lorbeer, aber es gibt mehrere andere Arten, die umgangssprachlich ebenfalls Anspruch auf diese Bezeichnung erheben, *Prunus laurocerasus* etwa, der Kirschlorbeer. Der wird zwar meist entweder beschnitten oder steht allzu gedrängt, ist aber recht ansprechend, sofern man ihm die Gelegenheit dazu gibt. Seine großen, relativ hellgrünen Blätter glänzen ein wenig, was beim Echten Lorbeer fehlt, und das ist einer der Aspekte, der einem immergrünen Gewächs ein freundliches Aussehen verleiht. Diese Eigenschaft fehlt auch dem Lorbeerblättigen Schneeball, *Viburnum tinus*, der zudem sehr dunkelgrünes Laub trägt, und so würde er einen ziemlich trostlosen Anblick bieten, würde er nicht den ganzen Winter hindurch seine weißen trugdoldigen Blütenstände tragen, die als Knospen rosa sind.

Alle immergrünen Schneeball-Arten wirken mehr oder weniger trist, wobei der Runzelblatt-Schneeball, *V. rhytidophyllum*, den Gipfel der Trostlosigkeit erreicht und den Hass vieler Gärtner auf sich zieht. Das Blatt ist groß und lorbeerförmig, unten filzig, oberseits aber glänzend und entlang der vielen Adern sehr stark gerunzelt. Die Blätter hängen meist den ganzen Winter hindurch selbst bei milden Temperaturen senkrecht nach unten. Der Strauch wird häufig unter Bäume gepflanzt, wo er gedeihen kann, aber besonders niedergeschlagen aussieht. Die Blüten sind gemeinhin von einem schmutzigen Weiß, bei der Varietät 'Roseum' allerdings ein schmutziges Rosa, was eine Abwechslung darstellt. Ich würde gar nicht in dieser Ausführlichkeit über *V. rhytidophyllum* schreiben, glaubte ich nicht, dass er trotz seiner Makel ein durchaus passabler Strauch sein kann. Er muss in Gruppen stehen und braucht reichlich Platz auf offenem Gelände, damit er eine richtige Präsenz erreicht, sagen wir rund 4,50 m hoch und 7,50 m im Durchmesser. Dann macht das Laub das Gros des Jahres wirklich etwas her, und im August tragen die Zweige große Mengen roter Beerentrauben, die sich zu einem nicht minder beeindruckenden Rabenschwarz färben und dabei Zwischenstadien höchst ansprechender gemischt rot-schwarzer Büschel durchlaufen.

Die Portugiesische Lorbeerkirsche, *Prunus lusitanica*, hat kleinere Blätter als der echte Lorbeer, und sie sind sehr dunkel. Der Winter ist nicht ihre beste Zeit, aber auch für sie gilt, dass sie mit reichlich Platz eine wunderschöne Pflanze ist und im Frühsommer mit ihren Unmengen weißer, in kerzenartigen Trauben angeordneter Blüten spektakulär wirkt. Von ihr gibt es eine besonders schöne panaschierte Form. Die Blätter sind cremeweiß umrandet, während die jungen Triebe und Blattstiele tiefrot glänzen.

Eine andere große Gruppe der Lorbeerblättrigen Gewächse umfasst die vielen Formen von *Aucuba japonica*. Als Keats 1819 seiner Schwester Fanny schrieb, er würde gern ein Goldfischglas vor ein »schön bemaltes Fenster stellen und es rundum mit Myrten und Japonicas beschatten«, hatte er möglicherweise diese Pflanze im Sinn, schließlich erfreute sie sich damals zunehmender Beliebtheit. Aukuben sind dank einer verdienten Neubewertung durch Floristen wieder in der Gunst der Gärtner gestiegen. Ihr Unglück besteht darin, dass sie Schatten tolerieren. Fast immer sieht man sie spillerig unter Bäumen wachsen oder auch in Stadtgärten, dann meist beschnitten. Keiner dieser Umstände kommt ihnen entgegen. Einem wirklich gut gewachsenen Exemplar begegnet man nur sehr selten.

Der wesentliche Vorzug aller Erdbeerbäume im Winter ist wohl die warm-rote Färbung ihres Stamms – und die wird mit zunehmendem Alter immer kräftiger. Ist dieses Merkmal beim Westlichen Erdbeerbaum, *Arbutus unedo*, schon ausgeprägt genug, fällt es in der Hybride *A.* × *andrachnoides*, von der *A. unedo* eine Elternpflanze darstellt, noch mehr ins Auge. Und dann gibt es *A. menziesii*, den Amerikanischen Erdbeerbaum, mit der wunderschön glatten, abblätternden Rinde. Der kleine Baum wächst rasch und eignet sich für geschützte Lagen, wächst aber nicht besonders gut an – es gibt kaum einen Strauch, der auf Störung empfindlicher reagiert. Ich für meinen Teil kann auf drei erfolglose Versuche verweisen. Er lässt sich mühelos von Samen ziehen, aber man darf nie versuchen, die Sämlinge zu pikieren. Entsorgen Sie alle bis auf einen und versetzen Sie den recht bald direkt aus dem Aussaattopf an seinen endgültigen Standort.

Die erdbeerähnlichen Früchte von *A. unedo* nehmen im November ihre rote Färbung an und machen sich ausgesprochen dekorativ, kommen sie doch zur gleichen Zeit wie die Blüten für die nächstjährigen Früchte. Einige Exemplare jedoch bleiben ihr Leben lang unfruchtbar. Dabei muss es sich eher um eine Frage der Sorte handeln als der Gesellschaft, denn ein einzelner Erdbeerbaum kann bisweilen sehr viele Früchte tragen.

Nieswurz

Von der Christrose, *Helleborus niger*, heißt es gemeinhin, sie sei einfach zu halten, aber man braucht nur eine zufällige Auswahl von Gärtnern nach ihren Erfahrungen zu fragen, um festzustellen, dass die Pflanze ein erstaunlich unterschiedliches Verhalten an den Tag legen kann. In manchen Gärten stellt sie überhaupt kein Problem dar, während ihr in anderen kein einziger Standort behagt. Und doch gibt es keine Regel, an die man sich halten könnte. Generell mögen alle Nieswurz-Arten Kalk, aber ich würde nie für irgendeinen Teil des Blumengartens eine Kalkgabe empfehlen, außer er ist ungewöhnlich sauer, da Kalk Gift für viele Pflanzen ist. Und sogar kalkliebende Pflanzen einschließlich der Christrosen kommen unter Gartenbedingungen gut ohne ihn zurecht. Auch Schatten ist nicht notwendig, selbst wenn man Nieswurz gern unter Bäume oder vor eine Nordwand pflanzen kann. Sie hat eindeutig eine Vorliebe für fruchtbare Böden und als Waldgewächs natürlich insbesondere für Humus. Vor dem Pflanzen von Christrosen große Mengen von Laubmulch auszubringen, ist kein Fehler. Alte Stauden sollten zur Vermehrung am besten im Frühjahr geteilt werden, abgesehen davon gibt es keinen Grund, sie zu stören. In Gärtnereien werden Nieswurz-Arten meist aus Samen gezogen, und die sich daraus entwickelnden Pflänzchen können zwischen September und Mai ausgepflanzt werden.

Die gängigste Christrosen-Art blüht erst im neuen Jahr oder auch im Februar. Ihre Stiele sind kurz, und häufig werden die Pflanzen mit Glasglocken abgedeckt, um Schlammspritzer zu vermeiden und sie zu etwas höherem Wachstum zu verleiten. Allerdings sind derartige Glocken nicht unbedingt schön anzusehen, und es spricht einiges dafür, eigens für die Blumenvase Christrosen in einer Reihe im Küchengarten anzubauen. *H. niger* subsp. *macranthus* (*H. altifolus*) blüht tatsächlich zu Weihnachten, bisweilen erscheinen die ersten Blüten auch bereits einen Monat früher. Die Stiele werden selbst ohne weiteres Zutun 30 cm hoch, und die großen Blüten sind reinweiß mit einem violetten Hauch an der Unterseite der Kelchblätter.

Wenn wir von Lenzrosen sprechen, meinen wir die krautigen Pflanzen mit weicheren Stielen, nickenden Blütenköpfen und der enervierenden Wankelmütigkeit, ob sie nach dem Pflücken Wasser aufnehmen oder nicht. Ich bin dem Tipp von Sybil Emberton (*Garden Foliage for Flower Arrangement*) gefolgt, um dieses kleine Problem zu überwinden, und habe festgestellt, dass er funktioniert – bisweilen. Man hält das Ende der Stiele etwa zwanzig Sekunden in kochendes Wasser und ritzt den Stiel anschließend von oben (direkt unterhalb der Blüte) bis unten mit einem spitzen Messer ein wenig ein. Dann kommen die Lenzrosen mehrere Stunden in ein Wasserbad (in der Wanne oder dem Waschbecken). Und damit hat es sich. Danach ermatten sie nicht einmal im wärmsten Wohnzimmer.

Zur selben Großfamilie gehört die Frühlings-Nieswurz, *H. orientalis* subsp. *abchasicus*. Sie gedeiht offenbar umso prächtiger, je weniger man sie beachtet. Bei mir steht sie vor einer Mauer, wo nie ein Sonnenstrahl hinfällt. Etwas Schutz von oben, wie von einem überhängenden laubabwerfenden Strauch, empfiehlt sich wegen der weichen Stiele und der Blüten mitten im Winter, sonst leidet deren Pracht bei schwerem Frost. Diese Nieswurz blüht zuverlässig zu Weihnachten und häufig bereits Ende November. Die Blüten stehen in Trauben und öffnen sich nacheinander, dabei hat jede Blüte einen Durchmesser von 5 cm und ist wunderschön rosa-lila und lediglich grün überhaucht. Aufgrund ihrer Pflegeleichtigkeit fällt mir nur ein einziger Grund ein, weshalb man diese Nieswurz nicht häufiger in Gärten sieht: Sie vermehrt sich sehr langsam und stellt damit für einen Gartenbaubetrieb keine gute Pflanze dar.

Die Hauptblütezeit der Lenzrosen ist von Februar bis April. Zu ihnen gehört eine ganze Reihe von Sorten, insbesondere *H. orientalis* und *H. guttatu*. Letztere zeichnet sich zur Mitte des Kelchblatts hin durch viele dunkellila Tupfer aus. Sollte ihr altes Blattwerk zur Blütezeit zerrissen und unschön aussehen, kann man es unbesorgt entfernen.

Die Blütenfarben reichen von grün überhauchtem Weiß, Grün

und grünlichem Rosa und Lila bis zu Purpur, in Cultivaren wie 'Ballard's Black' sogar zu einem sehr dunklen Farbton, vor dem die vielen hellen Staubbeutel wie galaktische Lichttupfen wirken. Bei Sammlern von *Helleborus*-Arten haben diese dunklen Sorten einen sehr hohen Stellenwert, doch sind sie im Garten weniger wirkungsvoll als einige der etwas helleren. *H. orientalis* subsp. *abchasicus* etwa zeigt unterschiedliche Farbtöne, doch oft sind sie ein üppiges Rotlila. Die Blüten dieser Lenzrosen haben einen Durchmesser von bis zu 6 cm, und gut eingewachsene Gruppen sind ebenso wirkungsvoll wie entzückend.

Weder die Christ- noch die Lenzrosen zeichnen sich durch ihr Blattwerk aus, bei *H. argutifolius* (syn. *H. lividus corsicus*) und *H. foetidus* hingegen ist das Laub wiederum das Schönste. Bei beiden handelt es sich um niedrige immergrüne Halbsträucher, und ich kann mich nie entscheiden, welche der beiden mir besser gefällt. Vermutlich sehen sie tatsächlich am schönsten aus, wenn sie als Bodendecker auf großen benachbarten Flächen stehen. Sie gedeihen selbst in tiefem Schatten und bieten sich damit für problematische Standorte an. Die etwa neun Blattfinger von *H. foetidus* stehen in einem Dreiviertelkreis an einem bogenförmigen Grund und sind schimmernd dunkelgrün. Bei *H. lividus* subsp. *argutifolius* (früher *H. corsicus*) sind die Blätter eher blaugrün und dreifingrig, wobei die zwei großen äußeren Finger auf der Unterseite wie ein Pelikanschnabel sackförmig ausgebuchtet sind. Der Blattrand wird in meinen britischen Pflanzenbüchern explizit als stachelig beschrieben, bei *H. lividus* subsp. *argutifolius* sind sie leicht stachelig.

Beide Sorten blühen meist ab Januar. Der zartgrün verlaufende Blütenstand bildet bei *H. foetidus* einen starken Kontrast zu den Blättern. Man würde erwarten, dass diese kräftigen Blüten von großem Frost vernichtet würden, und tatsächlich hängen sie dann traurig herab, aber nur, um sich bei milderen Temperaturen wieder aufzurichten. Mit zunehmendem Alter wird der Rand der grünen Blütenbecher von *H. foetidus* lilabraun, was nicht nur wunderschön, sondern auch interessant aussieht. Die größeren schalenförmigen Blüten von *H. argutifolius* sind von einem einheitlichen Hellgrün, das sich gut abhebt. Keine der beiden Sorten ist langlebig, und sie leiden unter einer Blattflecken-Pilzkrankheit, die bis zum Stiel vordringt und der die Pflanze häufig zum Opfer fällt. Aber beide Sorten säen sich bereitwillig von selbst aus, sodass immer Jungpflanzen nachkommen sollten, sofern der Boden nicht zu stark bearbeitet wird.

Sowohl die Halbstrauch-Christrosen als auch die Lenzrosen machen sich wunderbar unter Laubbäumen und -sträuchern. Sie passen zudem gut zu *Narcissus cyclamineus* und ihren Hybriden, zu Szillen und zu Bodendeckern wie der Herzblättrigen Schaumblüte, *Tiarella cordifolia*, sowie zu immergrünen Farngewächsen.

Frühjahr

Menschen, die überlegen, ob es sich lohnt, eine bestimmte Pflanze in ihren Garten zu setzen, fragen mich häufig: »Wie lange blüht sie denn?« Wenn ich in einem freundlich motivierenden Tonfall sage: »Einen guten Monat«, fühlen sie sich ermutigt, sage ich jedoch eher unverbindlich: »Vielleicht drei Wochen«, werden sie skeptisch. In Wahrheit jedoch hält die ganze Blütenpracht beim Großteil der im Frühjahr blühenden Bäume und Sträucher gerade einmal eine Woche. Die Blüten von Mandeln, Pflaumen, Kirschen und Äpfeln kommen und gehen erschreckend schnell, und dann warten wir wieder einundfünfzig Wochen auf die Rückkehr dieser Herrlichkeit. Trotzdem betrachten wir das Ganze nicht in dem Licht, denn wenn wir die Blüten so intensiv vor uns sehen, trägt uns das Bild bis ins nächste und übernächste Frühjahr. Man hat in dieser Jahreszeit gar nicht die Muße, etwas zu bedauern, Bedenken zu haben oder sich zu fragen, ob diese oder jene Pflanze denn eigentlich der Mühe wert ist.

Stadtbäume und -sträucher

Ein Freund sagte zu mir: »Ich habe gerade noch einen Goldregen gepflanzt. Angeblich ist er ja ein Stadtbaum, aber ich liebe Goldregen.« Da stimme ich ihm aus ganzem Herzen zu. Vor dem kühlen Hintergrund großer Parkbäume am Rand seines Gartens wird sein Goldregen zum Blickfang werden. Der Baum wird allzu leicht als Stadtbaum diskreditiert, aber das Problem ist seine ungeschickte Einbindung in die Architektur, nicht das Gewächs an sich. Es ist bei ihm nicht einmal wie bei manchen Kirschen, die sich auf dem Land einfach zu anspruchsvoll und tendenziell kitschig ausnehmen. Wenn man den Goldregen auf dem Land einpflanzt, wirkt er dort natürlicher als eine Trauerweide.

Man vergisst nur zu leicht die interessanten Wuchsformen, die ältere Pflanzen auszeichnet, und das gilt insbesondere für den Alpen-Goldregen, *Laburnum alpinum*. Mir fiel auf, dass der Baum entlang der Autobahn A4 bei Angus, nordöstlich von Forfar, über Meilen hinweg zwischen andere, größere Bäume gepflanzt war und dort einen reizvollen, aber auch robusten Akzent setzte. Der Wuchs der einzelnen Bäume interessierte mich derart, dass vermutlich meine Aufmerksamkeit als Fahrer ein wenig litt. Es war im Juni, der Goldregen stand in voller Blüte, doch was mir bei der Gelegenheit, wie schon einige Male zuvor, insbesondere auffiel, war, dass die leuchtenden herabhängenden »Goldketten« die Struktur jedes Asts betonten, doch dass ihre Länge oder Kürze nichts zur Sache tat.

Generell bevorzugen wir die Sorten mit den längsten Blütentrauben, etwa *L.* × *watereri* 'Vossii'. Doch in der Reife- und Altersphase wird der Alpen-Goldregen mit seinem dicken, untersetzten Stamm und den kurzgliedrigen, knorrigen Ästen dominant, und seine Blütentrauben mögen ziemlich kurz sein, ohne zu enttäuschen.

Eine der gängigsten Pflanzengruppierungen, die wir im städtischen Raum im Mai sehen, ist Goldregen gepaart mit Flieder und rosa- oder rotblühendem Rotdorn. Das ist in der Tat eine prächtige Zusammenstellung, denn nicht nur passen die Farben gut zusammen, es besteht auch ein ansprechender Kontrast zwischen den fallenden Stalaktiten des Goldregens, den aufsteigenden Zapfen des Flieders und den flachen Büscheln des Rotdorns. Derartige Elemente können trotz häufiger Wiederholung die Öde vorstädtischer Siedlungen erheblich lindern.

Im Gegensatz zur Forsythie, leider. Mitte April haben wir uns an diesem Gehölz bereits mehr als sattgesehen und empfinden es als Erleichterung, wenn sich endlich seine Blätter entfalten und eine weitere Epidemie dieser gelben Gefahr überspielen. Gäbe es hier in England nur eine Vorliebe für geweißelte Gebäude, wären die Forsythien zehnmal schöner. Allerdings hat dieser Strauch mal abgesehen von seinem Umfeld ganz intrinsisch Makel.

Seine Wuchsform ist weder elegant noch charaktervoll, seine marktschreierische Farbwucht wird von keinerlei Grün abgesetzt, und bei den beliebtesten Cultivaren wirken die gedrängt stehenden Blüten regelrecht wie Klumpen. Wobei, es gibt natürlich solche und solche Forsythien. Die zartgelbe, früh blühende *Forsythia ovata* ist wirklich hübsch, und mir gefallen auch die schlanken Blütentriebe von *F. suspensa*. Natürlich kann jede Forsythie in der geeigneten Umgebung wunderschön sein, doch muss man Vorsicht walten lassen. Häufig sieht man die entsetzliche Zusammenstellung von Forsythien mit der dunkelrosa blühenden Blut-Johannisbeere, *Ribes sanguineum*.

Der archetypische Stadtbaum ist die Zierkirsche. Häufig ist sie mit ihrer Anmut für ihre Umgebung tatsächlich eine Zier – insbesondere die weniger auffälligen, frühblühenden Sorten wie *Prunus × yedoensis*, *P. hirtipes* (syn. *P. conradinae*), *P. × subhirtella*, *P. sargentii* sowie die Hybride 'Okame' und (ähnlich, aber noch schöner) 'Kursar'. Die gefüllte Form unserer heimischen Vogelkirsche, *P. avium* 'Plena', ist ein prachtvoller Baum, sofern ihr der nötige Platz geboten wird und sie sich richtig entwickeln kann.

Wer eine oder zwei derartige Zierbäume in seinen Garten pflanzen möchte, sollte einiges bedenken. Zum einen die Form des Baums. Die allgegenwärtige 'Kanzan' (*Prunus serrulata* 'Sekiyama') wirkt mit der schräg aufsteigenden Anordnung ihrer Äste unschön storrig; ihre Konturen werden erst beim Älterwerden weicher. 'Shimidsu' (alias 'Okumiyako') andererseits wächst erschreckend langsam, während *P. avium* 'Plena' ein in jeder Hinsicht prachtvoller Baum ist, aber allzu leicht zu groß wird für den Platz, der ihm zur Verfügung steht. Und wenn man bei Kirschen eines vermeiden möchte, dann, an ihnen herumzuschneiden, denn dann haben Bakterien und Pilze leichtes Spiel.

Ein weiterer Punkt ist die Art des Baums. Meist entscheiden sich Menschen für ein Hochstamm-Exemplar, wo ein Strauch vorteilhafter wäre. Alle Kirschen werden auf eine bestimmte Linie der wilden Süßkirsche gepfropft. Dabei entsprechen sich die Vitalität von Unterlage und Edelreis nur selten, was bedeutet, dass das eine oder andere schneller wächst. Dadurch bildet sich an der Veredlungsstelle ein unschöner Klumpen. Bei einem Hochstämmchen befindet sich diese Stelle oben am Stamm, bei einem Strauch aber direkt über dem Boden, wo sie kaum auffällt. Im Lauf der Zeit wächst der Strauch zu einem Baum heran, und dass er mehrere Stämme hat, spielt kaum eine Rolle. Bei beschränktem Platz im Garten, wo ein Säulenbaum mit wenig ausladenden Ästen verlangt ist, wird ein professioneller Berater die einfach gefüllte 'Amanogawa'-Kirsche empfehlen. Die rosafarbenen Blüten sind sehr hübsch, zumindest einige Tage lang, und der Baum erfüllt die an ihn gestellten Erwartungen, aber das Zweigsystem ist dick und unschön und wird mit fortschreitendem Alter zunehmend unförmiger.

Dann gilt es, die Blütezeit zu bedenken. Die im Winter blühende *P.* × *subhirtella* 'Autumnalis' kann jederzeit zwischen Oktober und April blühen, womit sie zweifellos eine lange Blüte aufweist, sofern kein Frosteinbruch diese abbricht. Alle Frühjahrsblüher sind meist innerhalb einer Woche oder zehn Tagen er- und wieder verblüht, bieten aber zusammengenommen eine vertretbare Blühdauer von März bis Mai.

P. sargentii öffnet sich oft vor Ende März. Meines Erachtens ist sie die schönste rosa Kirsche, aber auch die vergänglichste: Ihre ungefüllten Blüten sind innerhalb von sechs oder sieben Tagen verblüht. Da ist das Preis-Leistungs-Verhältnis gefüllter Kirschen zweifellos besser, denn sie behalten ihre Blütenblätter etwas länger. Zum Ausgleich dafür ist *P. sargentii* ungemein zuverlässig, was ihre leuchtende Laubfärbung im Frühherbst betrifft.

Die Blütezeit bestimmt auch, ob die Blüten an fast kahlen Zweigen stehen – wie bei den Frühblühern – oder zwischen jungem Laub. Dieses kann, je nach Sorte, grün sein, leicht messingfarben oder kräftig kupferbraun. Kupferfarbenes Laub zusammen mit rein weißen Blüten macht sich hinreißend, und das bietet 'Taihaku', mit ihren sehr großen weißen Blüten vielleicht die schönste Hybrid-Kirsche überhaupt, und sie entwickelt sich zudem zu einem ansehnlichen Baum. Dieselbe Farbkombination zeigt auch *P. jamasakura* (syn. *P. serrulata* var. *spontanea*), obwohl ihr frischer Reiz von ganz anderer Qualität ist, wie man es von einer Wildform ja erwartet.

Messingfarben zusammen mit einer kräftig rosa Blüte wirkt bisweilen etwas befremdlich. *P. sargentii* kann sich das leisten, denn zum einen sind die Blätter zur schönsten Blüte noch recht klein, und zum anderen ist es ein sauberer Rosa-Ton. Bei 'Kanzan' hingegen ist die Blüte eindeutig bläulich rosa, und das passt nicht zur eher violetten Blattfarbe. Die cremefarbengelb blühende 'Ukon' hat ebenfalls messingfarbenes Laub – was in diesem Fall entzückend wirkt. Als ausgewachsener Baum bekommt sie eine schöne Form. Wenn man die einfach gefüllten Blüten näher betrachtet, stellt man mit einer gewissen Überraschung fest, dass sie gar nicht gelb sind, sondern dass grüne Tupfer im Weiß für den schwefelfarbenen Eindruck verantwortlich sind.

Ein Merkmal, das die am spätesten blühenden Zierkirschen aufweisen, ist der lange Blütenstiel. Der ist auch notwendig, schließlich sind die Blätter zu der Zeit schon ziemlich weit entwickelt, und die 15 bis 18 cm langen Stängel sorgen dafür, dass die Blütentrauben dennoch gut zur Geltung kommen. Die allerspäteste und eine der schönsten ist 'Shirofugen' (*P. s. alborosea*) mit kupfrigem Laub und gefüllten Blüten, die als Knospen rosa und beim Öffnen weiß sind, um dann wieder rosa zu werden. Am allerschönsten ist sie generell in der zweiten Maihälfte.

Diese und die gefüllte Vogelkirsche wären meine Wahl für eine gefüllte weißblühende Kirsche, 'Taihaku' für eine ungefüllte weiße oder auch *P. jamasakura*, wenn es um unaufdringliche Informalität geht. Als ungefüllte Rosablühende würde ich für *P. sargentii* optieren oder für 'Kursar', sofern es ein kleinerer Baum sein soll. Für ein Gefüllte in dieser Farbe würde ich mich für 'Ichiyo' (*P. s.* f. *unifolia*) entscheiden. Sie ist zwar nur einfach gefüllt, aber die dunkelrosa Knospen öffnen sich zu wunderbar schattierten Blüten von einer besonders ansprechenden Form, weit und schalenförmig mit einer sauberen, offenen Mitte.

Aber bevor Sie jetzt kirschversessen werden, denken Sie daran, welche Schäden Dompfaffe bei vielen von ihnen anrichten können, wenn Sie auf dem Land leben; nur 'Kansan' ist da ausgenommen. Vergessen Sie auch nicht, dass viele Kirschen große ovale Blätter haben, die im Sommer tiefen Schatten werfen und einen langweiligen Anblick bieten. Im Winter wirken sie mit ihren dicken Zweigen unförmig. Und schließlich gehören Kirschen zu den hungrigsten Bäumen mit einem weit verzweigten Wurzelsystem, das dicht unter der Oberfläche liegt; nur wenige Pflanzen können dort gedeihen. Zierkirschen stehen in so vielen Gärten, dass vieles dafür spricht, sich zur gegebenen Zeit an der dortigen Blütenpracht zu erfreuen und im eigenen Garten auf sie und all ihre Nachteile zu verzichten.

Magnolien für eine Frühjahrspflanzung

Mit ihren großen, auffälligen Blüten, die sie in aller Pracht und Herrlichkeit vorführen, sind die Magnolien unbestritten die elegantesten und wirkungsvollsten Sträucher oder Kleinbäume, und in jedem Garten ist Platz für mindestens ein Exemplar. Die Luftverschmutzung in Industriestädten kann ihnen nichts anhaben, und sie gedeihen auf fast allen Böden, nur einige meiden Kalk.

Der April eignet sich von allen Monaten im Jahr am besten, um sie zu pflanzen. Ihre fleischigen Wurzeln können nach einer kleinen Beschädigung bei einer herbstlichen Pflanzung im Winter leicht faulen, doch im Frühjahr können sie jede Beeinträchtigung rasch wiedergutmachen. Allerdings ist es wichtig, sie nach dem Einpflanzen kräftig zu gießen, bis sie richtig angewachsen sind. Eine zweite Eigenart der fleischigen Wurzeln ist, dass sie es nicht vertragen, wenn der Boden um sie herum aufgegraben wird; damit kann man selbst ein großes, ausgewachsenes Exemplar leicht töten. Das heißt, man sollte Magnolien nur oberflächlich mit organischem Mulch wie Gartenkompost düngen und darauf verzichten, ihn mit der Forke unterzuheben. Magnolien eignen sich gut als Solitärbäume auf dem Rasen, weil sie dort ungestört sind. Zumindest in den ersten Jahren ist man allerdings gut beraten, den Boden im Umkreis von 1,50 m frei von Rasen zu halten; hier könnte man kleine Zwiebeln oder winterharte Alpenveilchen setzen.

Herausragend als Solitär eignet sich *Magnolia × soulangeana*, die zu einem stattlichen Baum heranwächst. Sie ist eine Hybride und unterscheidet sich ziemlich stark hinsichtlich Wuchsform und Färbung, sodass es eine Reihe von benannten Sorten gibt. Gemeinhin sind die Blüten groß und kelchförmig und weißlich mit violetten Flecken an der Basis. Sie öffnen sich im April an den noch kahlen Zweigen und sind in ihrer Fülle spektakulär. Jedermann bleibt stehen, um sie zu bestaunen. Magnolien gedeihen auch auf recht kalkhaltigen Böden, vertragen aber absolut keinen reinen Kreideboden. Und sie blühen in relativ jungem Alter. Der schönste und auffälligste Cultivar ist 'Lennei', dessen Blüte außen dunkelrosa ist und kugelförmiger als bei *M. × soulangeana* selbst. Auch die Wuchsform von 'Lennei' unterscheidet sich, sie entwickelt sich eher zu einem großen, ausgreifenden Strauch als zu einem kleinen Baum. Die Blütezeit ist vorwiegend der Mai. 'Rustica Rubra' ist etwas rötlich brauner als die Urform, sieht aber leicht schmuddelig aus, als könnte sie sich farblich nicht recht entscheiden. Albino-Formen von *M. × soulangeana* sind generell einfacher und widerstandsfähiger als *M. denudata*, obwohl deren Reinheit unübertroffen ist. Die Schönsten von ihnen sind 'Brozzonii' und 'Lennei Alba' (die aber keine weiße Form von 'Lennei' ist).

Zweifellos die schönste weiße Magnolie ist *M. denudata*, die zu einem kleinen schirmförmigen Baum mit einer Höhe von gerade einmal 3,5 bis 4,5 m heranwächst; im April trägt sie eine Fülle reinweißer, wächserner Blüten mit großen Blütenblättern, die stark nach Zitronen duften. Die Sorte ist nicht kalkverträglich.

Für Anfänger eignet sich insbesondere *M. stellata*. Sie blüht bereits als sehr kleiner Strauch und findet auch in einer Rabatte mit anderen Sträuchern ihren Platz. Die ersten Blüten öffnen sich oft schon vor Ende März, und so setzt man sie am besten an einen Standort, wo ihre Pracht vor Wind und Frost geschützt ist. Die Blüten selbst sind eher klein und haben schmale Blätter, die Knospen sind rosa überlaufen, innen ist die Blüte weiß. Außerdem bildet diese Magnolie viele Blüten, die über eine recht lange Zeit hinweg aufblühen. Sie ist leicht kalktolerant. Beim Cultivar 'Water Lily' sind die Blüten größer.

Die eng mit ihr verwandte *M. kobus* gedeiht auf Kreideböden hingegen recht gut. Sie entwickelt sich zu einem stattlichen Baum und ist als ausgewachsenes Exemplar regelmäßig mit weißen Blüten übersät, allerdings blüht sie erstmals erst nach sieben oder mehr Jahren. In den meisten Fällen sollte der kompakt wachsenden und frühblühenden *M. × loebneri* (*M. kobus × M. stellata*) 'Merrill' der Vorzug gegeben werden. Eine der besten Magnolien für kleinere Gärten und auch von Floristen geschätzt ist *M. liliiflora* 'Nigra'. Der Strauch wird nicht zu groß, er blüht im jugendlichen Alter, und die Blüten haben eine elegante Form mit schmal zulaufenden Blütenblättern und einer üppig weinroten Farbe. Er blüht im April oder Mai.

Es gibt eine Gruppe von mehreren Sorten und Hybriden, deren schalenförmige Blüten sich Ende Mai und im Juni nach unten öffnen, zeitgleich mit dem jungen Laub. Die beste Wahl ist hier wohl die Hybride *M. × highdownensis*, die auch auf Kreideböden gedeiht. Ihre Blüten haben einen Durchmesser von 12,5 bis 15 cm und in der Mitte karminrote Staubgefäße; zudem duften sie angenehm. Als Magnolie für einen eher schattigen Standort in der Nähe von Bäumen bietet sich die ähnliche *M. wilsonii* an. *M. sieboldii* ist mit ihren violett-braunen Samenkapseln und den leuchtend roten Samen im September fast ebenso schön wie bei der Blüte im Frühsommer – die einzelnen Blüten sind wieder weiß mit einer dunkelrötlichen Mitte. Diese Magnolie blüht gemeinhin im fünften Jahr.

Ginster

Im Mai lässt der Besenginster unsere Waldlichtungen und sämtliche Brachen, auf denen er sich ansiedeln kann, goldgelb erstrahlen. In Schottland ist er im Juni noch spektakulärer und verwandelt riesige Flächen in einen betörenden Blickfang, wobei er allerdings einen merkwürdig beißenden Geruch verströmt, der beim Vorbeifahren bis zum Autofahrer vordringt.

Der mit einem sauren Boden gesegnete Gärtner ist dem Besenginster *Cytisus scoparius* (syn. *Sarothamnus scoparius*) zu Dank verpflichtet, ist dieser doch die Elternpflanze zahlreicher beliebter Hybriden, allerdings haben sie von ihr auch das stakige Wachstum und die kurze Lebensdauer geerbt. Die Scoparius-Hybriden werden im Garten am besten als verzichtbare Lückenfüller zwischen dauerhafteren Gehölzen verwendet. Gehen sie nach vier oder fünf Jahren schöner Blüte unvermittelt ein, sollte uns das weder überraschen noch zu Tränen rühren. Allerdings muss man beim Kauf darauf achten, dass sie aus ihren eigenen Wurzeln wachsen. Heutzutage ist das meist der Fall, denn generell werden sie von Stecklingen gezogen. Werden sie allerdings auf Sämlinge von Goldregen gepfropft, ist ihre Lebensdauer allzu kurz. Die unwiderstehlich hübschen Ginster, die man als Hochstämmchen bei der Chelsea Flower Show bewundert, sind immer aufgepfropft und gehen ebenso unvermittelt wie unweigerlich nach zwei Jahren ein.

Was die stakige Wuchsform des Besenginsters betrifft, gibt es zweierlei Möglichkeiten, damit umzugehen. Die eine ist, sie einfach hinzunehmen – soll er doch wachsen, wie es ihm beliebt. Allerdings sollte man ihn dann außer in einer wirklich sehr geschützten Lage seine ganze Lebensdauer über gut abstützen. Die andere Möglichkeit ist, ihm jedes Jahr zur rechten Zeit mit einer Hecken- oder Gartenschere zu Leibe zu rücken: Gleich nach der Blüte kürzt man alle langen, dünnen grünen Triebe vom vergangenen Jahr um die

Hälfte ein. Das verleiht dem Strauch eine ordentliche Optik, wiewohl er vermutlich dennoch eine Stütze braucht.

Es gibt viele verlockende Varietäten, aber wenn Sie Ihre Wahl bei einer Blumenschau treffen, wo man die Blüten aus nächster Nähe betrachtet, sollten Sie bedenken, dass die Arten, die zwei oder mehr Farben tragen, aus der Nähe sehr interessant sind, sich aus einer gewissen Entfernung im eigenen Garten betrachtet aber eher verschwommen ausnehmen. Eine einheitliche Blütenfarbe erzielt die größte Wirkung. Überdies sollte man bedenken, dass die Scoparius-Hybriden auf kalk- oder kreidehaltigen Böden kaum glücklich werden – es gibt jedoch Arten, die besser mit solchen Bedingungen zurechtkommen.

Cytisus × praecox etwa ist ein Ginster mit vielen Qualitäten, allen voran einer kompakten Wuchsform. Die typische Hybride, *C. × p.* 'Warminster', bildet einen kugelförmigen, gut ausgestatteten Busch von etwa 1,20 m Höhe und braucht selten eine Stütze. Die kleinen schlüsselblumengelben Blüten stehen zu Tausenden an den Zweigen und riechen recht säuerlich. Dieser Ginster ist selbst eine Hybride und hat mittlerweile mehrere Nachkommen mit der gleichen schönen Form, aber in unterschiedlichen Farben. 'Allgold' ist kräftig gelb, 'Hollandia' rötlich-violett.

Obwohl sich *Cytisus × praecox* bereitwillig aussät, fallen die Sämlinge nicht zuverlässig rein. Eine der Elternpflanzen ist *C. multiflorus* (*C. albus*), die einzige weiß blühende Sorte. Trotz seiner bedauerlichen Kahlheit ist dieser 1,80 bis 2,40 m hohe Strauch ausgesprochen liebenswert, übersät von winzigen Blüten mit einem zurückhaltend süßen Duft. Er lässt sich leicht aus Samen ziehen. Die Sämlinge haben unterschiedliche Wuchsformen, und so kann man, indem man die kompaktesten auswählt, einige relativ wohlgeformte Exemplare heranziehen.

C. × kewensis ist eine weitere Hybride mit der gleichen zartgelben Farbe und dem gleichen Duft wie *C. × praecox*, allerdings sind die Blüten etwas größer und stehen an 30 cm langen Stängeln, die von einer niederliegenden Pflanze emporwachsen. Damit eignet sie sich ideal, um über eine Felsbank oder Trockenmauer herabzuhängen. Im Lauf der Jahre breitet sie sich über eine ziemlich große Fläche aus, aber aufgrund ihres dünnen Wuchses unterdrückt sie Unkraut nicht, eher im Gegenteil. Zur Blütezeit sieht sie sehr hübsch mit Pflanzungen von *Viola cornuta* in ihrer typischen violetten Farbe aus.

Wenn Sie zu Ostern einen Topf *Genista × spachiana* kaufen oder geschenkt bekommen, lohnt es sich, ihn nach der ersten Blüte mit den wunderschön duftenden gelben Kerzen an einen geschützten sonnigen Platz auszupflanzen. Am Meer und in anderen milden Regionen überlebt er mit etwas Glück eine Reihe milder Winter und wird dann 1,50 m hoch und ebenso breit, doch selbst wenn er beim ersten Frosteinbruch abstirbt, hat er in der Zwischenzeit den ganzen Sommer und Herbst hindurch weitergeblüht, und sein Laub ist frisch und wesentlich blattreicher als bei einem der üblichen Ginster. Krautige Stecklinge wurzeln, im Frühsommer geschnitten, erstaunlich mühelos und können als junge Pflanzen im Kalten Kasten überwintern.

Worin sich die Gattung *Genista* (die andere große Ginstergruppe) insbesondere von *Cytisus* unterscheidet, ist, dass die Blüten von Ersterer stets gelb sind und dass die Pflanze Dornen tragen kann wie etwa der Englische Ginster, *G. anglica*, der in Heidelandschaften heimisch ist und dessen Hauptaufgabe offenbar darin besteht, Naturliebhabern einen sonst entzückenden Picknickplatz zu verleiden. Der Strauch sieht so belanglos aus, dass man seinen Fehler erst bemerkt, nachdem man sich darauf gesetzt hat. *Cytisus* sind häufig gelb, können aber auch andersfarbig sein, und sind nie dornenbewehrt. Ein weiterer Unterschied, und zwar ein bedeutsamer, ist, dass die Lebensdauer vieler *Cytisus*-Arten kurz ist, während zahlreiche *Genista*-Sorten bis zu dreißig Jahre alt werden können.

Die größte von ihnen ist auch die schönste: *G. aetnensis*, der Ätna-Ginster, wirkt mit einer Höhe von 4,50 bis 6 m häufig wie ein kleiner Baum und hat sehr schlanke Ruten, deren vorderes Ende sich nach unten neigt. Das Gehölz besitzt so gut wie keine Blätter, und somit wird im Juli die Blütenpracht, die es in eine golden leuchtende Fontäne verwandelt, in keiner Weise beeinträchtigt.

In seiner Heimat an den Hängen des Ätna ist *G. aetnensis* starken Winden ausgesetzt, und so wurzelt er auch in den nährstoffreicheren Böden unserer Gärten meist so fest, dass er keine Stütze benötigt. Der einzig denkbare Nachteil des Ätna-Ginsters ist, dass er erst nach etlichen Jahren eine imposante Gestalt annimmt. Zwar blüht er schon in recht jugendlichem Alter, braucht aber (wie die meisten von uns) eine Weile, um an Masse zuzulegen. *G. tenera* 'Golden Shower' und *G. tenera*, der Madeira-Ginster, sind für Ungeduldige besser geeignet. Sie sind dem Ätna-Ginster recht ähnlich, blühen von Anfang an bereitwillig und wachsen zu 3 bis 3,60 m hohen Sträuchern mit einer Blüte im Hochsommer heran.

Auch bei den *Genista*-Arten gibt es zahlreiche niederliegende Sorten, die sich gut für Steingärten, Trockenmauern und Steinplatten eignen, sofern diese nicht zu häufig betreten werden. Beim ebenfalls heimischen *G. pilosa* lohnt es sich, ihm einen Platz im Garten zu suchen. Seine drahtartigen Triebe erheben sich nie mehr als 5 bis 7,5 cm über den Boden, bedecken im Lauf der Zeit aber eine Fläche von vielen Quadratmetern. Die Blüte ist im Mai.

Der Steinginster, *G. lydia*, hat in den letzten Jahren sehr an Beliebtheit gewonnen. Er stammt aus Südosteuropa und Syrien und ist nicht ganz winterfest, obwohl er bei uns selbst den Winter 1963 überlebte. Im Juni wird er zum Blickfang, denn seine sichelförmigen Ruten machen einen faszinierenden Eindruck. Auf der Ebene wird er gerade einmal etwa 30 cm hoch und sehr ausladend, doch vor einer senkrechten Fläche kann er 90 bis 120 cm hoch wachsen. Seine Lebensdauer beträgt lediglich sechs oder sieben Jahre.

Der Färber-Ginster, *G. tinctoria*, ist ein hübscher, dunkel immergrüner Strauch mit lockerer Wuchsform und einer Höhe von rund 60 cm; er ist häufig auf Brachen anzutreffen, gleichgültig, ob der Boden kalkhaltig, sandig oder tonhaltig ist. Lange Zeit wurde er wegen seines gelben Farbstoffs zum Färben verwendet, insbesondere zusammen mit Färberwaid, um Wolle grün zu färben. Es gibt mehrere Gartenformen, von denen die gefüllte 'Flore Pleno' die prächtigste ist.

Der beliebteste stachlige Ginster ist *G. hispanica*, der zu einem allzu massigen und kompakten immergrünen Strauch heranwächst. Doch während einzelne Exemplare entsetzlich unförmig wirken, macht er sich recht hübsch, wenn mehrere zusammen eine niedrige Hecke von etwa 90 cm Höhe bilden. Ein jährlicher Rückschnitt mit der Gartenschere unmittelbar nach der Blüte ist alles, was sie braucht. Die Blüten stehen im Mai in dichten Büscheln am Ende der kurzen Stiele und sind nach einer guten Woche verblüht.

Ginster werden meist in Töpfen herangezogen und können deshalb zu jeder Jahreszeit ins Beet gesetzt werden.

Frühblühende Stauden

Es gibt eine Reihe reizender Stauden, die bereits im April und Mai blühen. Und auch wenn wir die meisten Stauden im Lauf des Winters teilen und pflanzen, sollten wir uns diesen speziellen Exemplaren zur rechten Zeit widmen, denn ihre Ruhephase geht genau dann zu Ende, wenn sie für die meisten anderen Pflanzen beginnt, nämlich im Spätherbst.

Die dunkelvioletten Triebe von *Mertensia pulmonarioides* (syn. *M. virginica*) schieben sich bereits Anfang Februar aus dem Boden, doch ist die Pflanze schon wesentlich früher aktiv. Ihre knolligen

Wurzeln stehen nach mehreren Jahren häufig dicht gedrängt und neigen dann zur Fäule; dem kann man entgegenwirken, indem man im Herbst den Wurzelhals zerteilt und mindestens eine Knolle an jeder weißen Wachstumszone stehen lässt. Dieses Blauglöckchen ist einer der frühlingshaftesten Frühjahrsblüher, wie ein Lungenkraut ohne das Raue; die frischen, sehr glatten Blätter werden von etwa 45 cm hohen Blüten und Knospen überragt, die reines Himmelblau mit rosa und hellila Tupfern vereinen. Zur Blütezeit suche ich die Umgebung der Pflanzen immer nach selbst ausgesäten Sämlingen ab; wenn man diese in ein Saattöpfchen umsetzt, sind sie im Herbst zu großen Pflanzen geworden und werden im folgenden Frühjahr reichlich blühen.

Dicentra spectabilis, wahlweise als Herzblume oder Tränendes Herz bekannt, ist eine weitere Pflanze mit ziemlich fleischigen Wurzeln, die bisweilen der Aufmerksamkeit bedarf, wenn sie nicht einer Fäule zum Opfer fallen soll. Graben Sie die alten Wurzelstöcke aus und kratzen Sie sich dann am Kopf, während Sie sich die weitere Vorgehensweise überlegen. Die liegt bei Weitem nicht so auf der Hand wie beim Blauglöckchen. Zuerst muss man nach den Vegetationspunkten suchen, die eher rosafarben sind, sofern sie gut ausgebildet sind, aber bisweilen lediglich wie weiße Pickel aussehen und im Durcheinander hier und da auf dem Wurzelstock verteilt sind. Mit einem scharfen Messer schneidet man dann jede Gruppe von Punkten so ab, dass noch einige Wurzeln daran verbleiben. Sollten Sie ein paar praktisch wurzellose Triebe haben, können Sie sie eintopfen und in einen geschlossenen Kasten stellen. Bei Wurzeln ohne Triebe hingegen lohnt es sich, sie in ein freies Beet zu pflanzen, denn bisweilen bilden sie wie aus dem Nichts heraus neue Triebe, allerdings nicht zuverlässig. Aber alle guten Teilstücke können sofort als neue Gruppe zur Blüte im folgenden Frühjahr eingesetzt werden. Auch beim Tränenden Herz lohnt es sich, im Mai nach selbst ausgesäten Sämlingen Ausschau zu halten und sie an eine Stelle zu versetzen, wo sie sich ungestört weiterentwickeln können.

Ranunculus aconitifolius 'Flore Pleno' ist ein Hahnenfußgewächs mit einer Vielzahl gefüllter weißer Blüten. Bei dieser Ranunkel wachsen die weißen Wurzeln seesternartig aus einem kreisrunden Wurzelhals heraus. Fäulnis ist nicht zu befürchten, wohl aber, dass man das Potential der Pflanze beschränkt, denn dann versuchen die jungen Seesterne vergebens, unter dem Mantel der Elternpflanzen hervorzukommen. Dabei lassen sich die Teile mühelos auseinanderziehen. Allerdings muss man erst einmal eine erste Pflanze erstehen, denn die ist relativ teuer – sie ist zwar problemlos in der Haltung, doch kann sie nie rasch genug vermehrt werden, damit Gartenbaubetriebe die große Nachfrage stillen können. Und natürlich bekommt man von dieser dicht gefüllten Pflanze keine Samen. Trotzdem, geben Sie sich nie mit einem ungefüllten Exemplar ab, bei dem lohnt sich die Mühe des Einpflanzens kaum, wenn Sie einmal ein gefülltes gesehen haben.

Die gefüllte *R. constantinopolitanus* 'Plenus' (syn. *R. speciosus* 'Plenus') ist wunderschön, aber selten. Die gerade einmal 30 cm hohe Pflanze trägt sehr große Blüten mit einem Durchmesser von rund 5 cm und besetzt mit Blütenblättern, die wie lackiert glänzen – so, wie es allen Hahnenfußgewächsen (zu denen übrigens auch das Scharbockskraut gehört) eigen ist. Am Rand sind sie tiefgelb, um zur Mitte zu reinem Grün überzugehen. Exemplare können leicht aufgrund von Wurzelläusen eingehen, die weiß sind und eine Vorliebe für diesen Hahnenfuß haben.

Doronicum plantagineum, die Hohe Gämswurz, kennt man in verschiedenen Kulturformen, aber ich persönlich finde 'Miss Mason' erfreulich früh und niedrig. Sie schätzt häufiges Teilen und Verpflanzen, deshalb sollte man sie, wenn sie in einer Rabatte steht, am besten gleich nach der Blüte im Juni teilen und in den Gemüsegarten relegieren, um sie im November wieder an Ort und Stelle zu setzen. Hat sie sich allerdings erst einmal in eher nährstoffreichem, feuchtem Boden unter Bäumen heimisch gemacht, wo das Gras nicht so dicht steht und ihr den Platz streitig macht, blüht, wächst und gedeiht diese Gämswurz jahrelang ohne weitere Pflege.

Sommer

Pfingstrosen

Wann immer man sich über Pfingstrosen kundig macht, sei es in speziellen Gartenkatalogen, in Artikeln oder in Gartenbüchern, liest man unweigerlich das Gleiche im Tenor: »einfachste Kultur«, »wenig arbeitsintensiv« oder »ideal für Sorglos-Gärtner«. Mein Eindruck allerdings ist, auch eingedenk der Bemerkungen vieler anderer Gärtnerinnen und Gärtner, dass Pfingstrosen nicht mehr so einfach sind, wie sie es früher einmal waren. Damals konnte man die Pflanzen in den gut präparierten Boden setzen und sie, bis auf eine jährliche Kopfdüngung mit Mist, im Grunde vergessen. Sofern man darauf achtete, dass die Staude nicht von Ackerwinde oder einem anderen ausdauernden Unkraut überwuchert wurde, das sich nicht aus den Kronen der Pfingstrosen entfernen ließ, gediehen sie fünfundzwanzig oder dreißig Jahre lang bei bester Gesundheit und brachten alljährlich eine üppige Pracht großer seidiger Blüten hervor.

Heute hingegen hört man allzu häufig von Problemen, ob nun mit den verholzenden oder den krautigen Sorten. Insbesondere bei Letzteren geraten die Blütenknospen oft in einem sehr frühen Stadium ins Stocken, sie verkümmern und entwickeln sich nicht weiter. Die Gründe dafür sind noch nicht ganz klar, und es gibt kein zufriedenstellendes Mittel dagegen. Ein weiteres Problem, das häufig, aber nicht immer damit einhergeht, ist Grauschimmel, der ein plötzliches Welken ganzer Triebe hervorrufen kann (aber in keiner Weise mit der Clematiswelke verwandt ist, wie ich rasch betonen möchte, ebenso wenig wie mit der Astern- oder Hopfenwelke); dieser Schimmel wird von dem Pilz *Botrytis paeoniae* hervorgerufen. Hat er sich erst einmal eingenistet, greift er von Frühjahr bis Herbst immer wieder an. Er entstellt das Laub der Pfingstrosen, sodass sie vorzeitig verdorren, und beraubt sie der Herbstfärbung, die Sie bei den *lactiflora*-Hybriden sonst erwarten würden. Und dringt der Pilz in die Haupttriebe ein, wie es bei meinen *Paeonia emodi* häufig und recht früh der Fall ist, welken die ganzen Triebe inklusive der Blütenknospen.

Je früher die Fäule einsetzt, desto größer ist natürlich der Schaden, und wir haben es uns zur Gewohnheit gemacht, alle Pfingstrosen gegen Mitte, Ende März, wenn die jungen Triebe 10 bis 15 cm lang sind, vorbeugend mit einem Fungizid zu besprühen. Und es lohnt sich, diese Behandlung einige Wochen später, wenn sich mehr Blätter gebildet haben, zu wiederholen. Die Pflanzengesundheitsexperten raten auch, alles Abgestorbene und Befallene zu entfernen und die Stängel der krautigen Päonien bis unter die Erde abzuschneiden. In der Praxis finde ich das undurchführbar, denn selbst im Frühherbst liegen die nächstjährigen Knospen schon gut sichtbar in nächster Nähe zu den alten Stielen, sodass man nicht das eine entfernen kann, ohne das andere zu beschädigen.

Auch Strauch-Pfingstrosen fallen dem Grauschimmelpilz zum Opfer, selbst die widerstandsfähigsten Arten wie *P. delavayi*; die Krankheit kann einen ganzen Zweig bis zum Ansatz abtöten oder sich lediglich von ruhenden Knospen aus nach unten vorarbeiten und Seitentriebe befallen. Diese muss man dann entfernen, wobei es schwierig ist zu entscheiden, wie weit man zurückschneiden muss, um wirklich alles Befallene zu beseitigen. Als weiterer Nachteil von *P. delavayi* gilt, dass die Sorte, quasi zur Selbstimpfung, ihr Laub im Herbst nicht abwirft. Es bleibt optisch wenig ansprechend hängen, und selbst wenn man Blatt für Blatt abschneidet, bleibt doch immer ein kleiner Ansatz des Blattstiels zurück, was die Hygiene erschwert. Sosehr ich dieses Gewächs liebe, habe ich mein ältestes Exemplar schweren Herzens entsorgt, weil es so viele Zweige verlor, und obwohl die Pflanze nach Kräften darauf reagierte und von unten her kräftige junge Triebe von 90 bis 120 cm Länge hervorbrachte, war sie dabei, den Kampf zu verlieren. Wenn man eine Pfingstrose ausgräbt, nimmt es allerdings kaum wunder, dass sie Krankheiten so leicht zum Opfer fällt, denn die Wurzeln sind zwar dick, aber fleischig und von fast schwammiger Beschaffenheit. Die ganze Pflanze selbst ist weich, auch wenn sie verholzt, und zieht Krankheiten offenbar auf sich. Wenn sie befallen ist, riecht sie übrigens sehr merkwürdig, wie eine Art ranziger Pfeffer.

Die anderen kräftigen verholzenden Arten, die heutzutage vorzugsweise gepflanzt werden, sind *P. d. lutea* und *P. d.* var. *ludlowii*. Letztere wurde 1938 aus Tibet importiert und für kurze Zeit mit Lob überhäuft, galt sie der *P. d.* var. *lutea* doch als haushoch überlegen: Sie blühte früher, hatte größere Blüten in leuchtendem Gelb, die sich nach außen richteten, sodass sie inmitten des prachtvollen Laubwerks gut zu sehen waren.

Die Folgejahre zeigten, dass des Kaisers neue Kleider doch durchsichtig waren. *P. d.* var. *ludlowii* wächst zu einem sehr großen Strauch heran – gut 2 m hoch und 3,60 m breit – und lohnt sich kaum, es sei denn, er wird in einem weitläufigen Garten eigens zum Füllen großer Lücken benötigt. Angesichts der Größe des Strauchs sind die Blüten nicht groß oder zahlreich genug, ihre Wirkung verpufft. Allerdings ist das Laub recht hübsch, stark schlitzblättrig, und der große Vorteil gegenüber *P. delavayi* ist der, dass diese Sorte die Blätter im Herbst sauber abwirft, häufig an einem einzigen windigen Tag.

Bei über der Hälfte aller ausgepflanzten Päonien handelt es sich um Cultivare von *P. lactiflora*. Ihnen schenkten die Hybridisten die meiste Aufmerksamkeit, und sie bieten die größte Vielfalt an Blütenformen und -farben. Diese Gruppe blüht am spätesten von allen Pfingstrosen, vorwiegend Mitte Juni, sie trägt mehr als eine Blüte pro Stiel, sodass sie mit einer Art Blütenfolge aufwartet, und sie duftet angenehm. Zudem eignen sich diese Sorten sehr gut für die Vase. Keine andere Blume hat zu der Jahreszeit in der Wohnung eine derart auffällige Wirkung, jedoch ohne die Steifheit etwa einer Bartiris oder einer Gladiole.

Bei den diversen ungefüllten und gefüllten Arten ist es schwer zu sagen, ob einem die eine besser gefällt als die andere. Die Ungefüllten stehen für Schlichtheit. Die zentrale Scheibe mit der Fülle goldener Staubblätter nimmt sich in einem Rahmen blutroter Blütenblätter besonders schön aus, wie etwa 'Lord Kitchener', oder vor dem reinen Weiß der ebenso altmodischen wie altbewährten 'Whitleyi Major', eine der blühfreudigsten Varietäten. Andererseits verleitet einen die gefüllte Kostbarkeit wie etwa bei 'Festiva Maxima', reinweiß mit kleinen purpurroten Flecken in der Mitte, regelrecht dazu, die Nase in sie zu stecken, selbst wenn sie nicht duften würde und man wüsste, dass eine Horde Ohrwürmer zwischen ihren Rüschen lauerte.

Der Nachteil der Gefüllten ist die Schwere ihrer Blüten. Sie fassen so viel Wasser und brauchen selbst im Juni so lange zu trocknen, dass man sie einen Monat zuvor bereits gründlich abstützen muss, wenn sie nicht zu Boden sinken sollen. Möchte man Stiele für die Vase schneiden, sollte man das tun, ehe sich die Knospen vollständig geöffnet und mit Wasser vollgesogen haben, sonst verfaulen sie.

Strauchpäonien mit gefüllten Blüten – die zweitgrößte Gruppe bei Floristen – sind meiner Meinung nach ein Irrtum. Sie sind einfach nicht praxistauglich. Einmal sah ich ein prächtiges Exemplar der gefüllten gelbblütigen *P.* × *lemoinei* 'Souvenir de Maxime Cornu', bei der jede einzelne Blüte bis zur Halskrause einzeln gestützt werden musste – in diesem Fall mit Drahtringen. Das Ergebnis war von abgrundtiefer Hässlichkeit, zumal ihr spärliches Wachstum dies nicht verbarg. Mir ist ein Rätsel, wie Gärtner diese aufdringlichen Hilfsmittel übersehen können. Eine bessere Wahl – wenn auch eine der teuersten – ist die ungefüllte *P.* × *l.* 'L'Espérance' mit ihren weit geöffneten Blüten in einem ähnlich reizvollen Apricotgelb. Auch sie lässt den Kopf ein wenig sinken, allerdings nicht wegen des Gewichts, sondern weil sie eine hängende Sorte ist. Hat der Strauch aber im Lauf der Jahre etwas an Höhe gewonnen, ist das kein Nachteil mehr. Neue *P. suffruticosa*-Hybriden aus China sind weitaus kräftiger.

Alle Strauchpäonien-Hybriden wurden auf Wurzelabschnitte krautiger Arten aufgepfropft. Egal wie teuer sie sind, sie sind unweigerlich klein und zart, wenn sie bei Ihnen eintreffen. Wenn ich, sehr selten einmal, eine kaufe, bitte ich immer um eine Lieferung im zeitigen Frühjahr, denn im Herbst gesetzte Pflanzen lösen sich oft einfach auf, ohne je ein Lebenszeichen von sich gegeben zu haben, und dann muss man sich mit dem ganzen Zwist und Hader beschäftigen, ob das Pflänzchen bereits vor der Ankunft am Sterben war oder ob es das Leben erst bei seinem neuen Besitzer aushauchte. Bei direkt aus Japan importierten Pflanzen sind diese Risiken erwartungsgemäß noch größer als bei den heimisch gezüchteten. Exemplare, die im Herbst geliefert werden, verbringen den Winter besser eingetopft im kalten Kasten und werden dann im Frühjahr gesetzt. Dabei sollten Sie darauf achten, dass die Veredlungsstelle gut unter der Erde liegt, damit das Edelreis rasch ein eigenes Wurzelsystem ausbilden kann.

Die altmodische gefüllte, tief purpurrote Pfingstrose 'Rubra Plena', bei der man unweigerlich an Cottage-Gärten Ende Mai denkt, sieht man als einzige *Paeonia-officinalis*-Vertreterin recht häufig, obwohl bisweilen auch die schmutzig rosa-weiße 'Mutabilis Plena' gepflanzt wird.

Manchmal ist es schwierig, eine Bezugsquelle für die ausgefalleneren, aber hinreißenden ungefüllten Päoniensorten zu finden. Wenn sich keine Pflanzen auftreiben lassen, sind möglicherweise Samen erhältlich, am wahrscheinlichsten durch die Hardy Plant Society oder eine andere Organisation von Spezialisten. Solange das Saatgut nicht eingetrocknet und damit nutzlos ist, erzielt man damit sehr gute Ergebnisse. Sicher, schnell ist der Prozess nicht: Die Sämlinge entwickeln das erste Blatt nach eineinhalb Jahren, und Blühgröße erreichen sie erst etliche Jahre später. Allerdings erhält man auf diese Weise wirklich sehr gute Pflanzen. Kürzlich setzte ich vier- und fünfjährige selbst gezogene Sämlinge in eine große Fläche und kann mir kaum eine schönere Beschäftigung vorstellen. Diejenige, die am höchsten wird und die dicksten, fettesten Winterknospen hatte, war *P. emodi*. Die niedrigste mit gerade einmal 45 bis 60 cm Höhe war *P. obovata* var. *alba*. Ihre reinweißen Blütenblätter nehmen sich besonders hübsch vor dem Violett des jungen Laubs aus. Und dann war da *P. mlokosewitschii*, eine früh im Mai blühende krautige Pfingstrose mit buttergelben Blüten. Einige meiner Sämlinge färbten sich durchscheinend rosa. Gelb sieht man zugegebenermaßen seltener, aber das Rosa lässt weitere Möglichkeiten erahnen. Samen der anderen gelben krautigen Art, *P. wittmanniana*, sind ebenfalls erhältlich, und sie ist fast so schön wie ihre Cousine, wenn auch etwas blasser.

Diese ungefüllten Pfingstrosen sollten alle in Halbschatten gepflanzt werden, etwa vor einer Nordmauer, denn in heißer Sonne würden sie innerhalb einer Woche er- und verblühen.

Gazanien

Gazanien sind wie alle südafrikanischen Korbblütler (Kapkörbchen, Ursinien, Arctotis-Arten, Kapastern) der Inbegriff des Sommers – strahlend und wankelmütig, herzerwärmend und enervierend zugleich. Früher einmal standen die Besucher im R. H. S.-Garten in Wisley staunend vor der dortigen schier unglaublichen Sammlung von Gazanien. Die ging großteils auf einen Auswahlprozess bei den Sämlingen zurück, die vor Ort gemacht worden war. Das kann ein jeder von uns auch, denn Gazanien lassen sich mühelos aus Samen ziehen, und die kann man bei einem der diversen Saatgutlieferanten bestellen; danach bekommt man Samen von den eigenen Pflanzen.

Pflanzen, die man von Stecklingen des vorherigen Herbstes gewinnt, beginnen früher zu blühen – im Juni –, und das wird Ihr Mittel der Wahl bei all jenen Sorten sein, die Sie besonders ins Herz geschlossen haben. Zum Glück ist die Nachfrage nach empfindlichen ausdauernden Pflanzen mittlerweile sehr groß.

Gazanien sind nicht ganz einfach, das lässt sich nicht leugnen. Andererseits züchte ich sie seit über fünfzig Jahren und setze rund 90 von ihnen Anfang Mai in ein sonniges Beet (ein paar Frostgrade überstehen sie) und kann aus Erfahrung sagen, dass sie, hat man erst einmal die richtige Routine gefunden, relativ wenig Mühe kosten.

Auf jeden Fall ist die Persönlichkeit der Gazanien so groß, dass man sich bereitwillig zu ihrem Sklaven macht. Die Pflanzen sind kompakt und büschelig, aber die Blätter unterscheiden sich stark zwischen den einzelnen Exemplaren. Manche sind lang, lanzettförmig und grün, andere eher kurz, gefiedert und von weißem Filz überzogen. Letztere werden tatsächlich häufig vor allem wegen der Wirkung ihres Laubs gepflanzt, aber gemeinhin macht man das natürlich wegen der Blüten. Es gibt keine ursprüngliche Gazanienfarbe. Sie können cremefarben sein, schlüsselblumen-, zitronen-

oder chromgelb, apricotfarben, kräftig oder dunkel orange, braun, beige, violett oder intensiv rosa. Außerdem tragen sie am Grund jeder Strahlenblüte eine Zeichnung in kontrastierenden Farbtönen, vorwiegend Schwarz, aber oft auch Tupfer in einem verblüffend leuchtenden Grün.

Was das Wetter betrifft, sind sie extrem empfindlich, und selbst an einem heißen Tag schließen sie die Blüten gewerkschaftsmäßig um 16 Uhr. Eine geschlossene oder auch nur halb geschlossene Gazanienblüte ist so gut wie unsichtbar und ausgesprochen deprimierend, sollte man sie zufällig doch sehen. Es gibt keine Pflanze, die launischer wäre, aber entspannen die Gazanien doch einmal und aalen sich in der Sonne, möchte man sich am liebsten die Kleider vom Leib reißen und zu ihnen gesellen.

Ihre Haltung ist denkbar einfach, von der fehlenden Winterhärte einmal abgesehen. Sie gedeihen auf allen Böden, ob schwer oder leicht, und werden nie von Schädlingen oder Pilzkrankheiten befallen. Sie brauchen einen offenen und sonnigen Standort, aber sie vertragen selbst starken Wind und stören sich in Meeresnähe auch nicht an salziger Gischt.

Im Herbst darf man nicht vergessen, die Sorten zu vermehren, die zu überwintern sich lohnen. Alte Pflanzen auszuheben und einzutopfen ist nicht von Erfolg gekrönt, doch kann man von nicht blühenden Trieben problemlos Stecklinge gewinnen – man nimmt Risslinge mit einem kleinen Keil der Epidermis und schneidet sie jeweils mit einem Messer zurecht. Lange Blätter kann man ebenfalls um ein Drittel einkürzen. Sollte sich im Trieb eine Knospe verbergen, wird sie einfach herausgezwickt.

Es passen etwa neun Stecklinge in einen 9-cm-Topf mit Bewurzelungssubstrat, und den kann man in einen geschlossenen Kasten stellen. Wärme von unten ist nicht nötig, ebenso wenig wie ein Zerstäuber, denn die Stecklinge neigen (wie die allermeisten Ausdauernden mit behaarten oder filzigen Blättern) bei zu großer

Feuchtigkeit dazu, zu faulen. Vermutlich wird das eine oder andere äußere Blatt an den Stecklingen absterben und sollte entfernt werden, bevor die Fäule auf den restlichen Trieb übergehen kann. Man sollte die Stecklinge so bald wie möglich belüften, sofern sie den Kopf deswegen nicht über die Maßen hängen lassen, und es ist empfehlenswert, sie jede Woche mit einem Fungizid zu behandeln, und zwar ab dem Schnitt bis zum Ende des Winters. Am besten verwenden Sie abwechselnd verschiedene Mittel, damit sich keine resistenten Botrytis-Arten entwickeln können.

Früher gewann ich meine Stecklinge in der zweiten Septemberwoche und topfte sie gegen Ende Oktober einzeln aus. Das nimmt aber relativ viel Platz in Anspruch, und mittlerweile bin ich mit noch größerer Zufriedenheit dazu übergegangen, die Stecklinge in den letzten Oktobertagen zu schneiden. Wenn sie im Dezember dann Wurzeln entwickelt haben, kommen die Töpfe auf die Arbeitsbank im Gewächshaus, wo sie bis März bleiben; erst dann werden die Stecklinge in Töpfe vereinzelt und kommen in den kalten Kasten, sechs Wochen später können sie ausgepflanzt werden. Sollte im Frühjahr Platzmangel herrschen, können Sie sie direkt vom Bewurzelungstopf ins Freie pflanzen, allerdings brauchen sie dann wesentlich länger, um zu kräftigen Exemplaren heranzuwachsen.

Lohnen sich Lupinen?

Die meisten Gärtner haben eine Schwäche für Lupinen. Sie versetzen uns in unsere Kindheit zurück. Ihr warmer, pfeffriger Duft ist nostalgisch. Ihre fülligen Kerzen fordern uns regelrecht dazu auf, sie zu tätscheln. Sie sind beliebt bei Bienen, sind fröhlich und farbenfroh und gehören mit dem Türkischen Mohn zu den ersten Boten des Hochsommers. Zudem blühen sie für den durchschnittlichen Gärtner zu einer guten Zeit, hat er doch kurz zuvor den Frühlingsflor entsorgt, aber die ausdauernden Sommerblumen sind noch nicht richtig erblüht.

Warum dann meine Frage, ob sich Lupinen lohnen? Weil ihre Pracht nur zwei Wochen währt, was ziemlich kurz ist für eine Staude, die obendrein ziemlich viel Platz einnimmt und den Rest des Sommers mehr oder mindert unschön aussieht. Man kann die Blütenstände abschneiden und darauf vertrauen, dass die Stiele später einige Seitentriebe bilden, aber optisch machen sie nie mehr viel her und werden im Lauf des Sommers häufig von Mehltau befallen. Alternativ kann man die Pflanze nach der Blüte auch ganz zurückschneiden – was bei den erwähnten Mohnblumen zweifellos das beste Vorgehen ist, Lupinen aber sehr schwächt, die ohnehin dazu neigen, aus nichtigen Gründen einzugehen. Die moderne Russell-Lupine ist eine gute, aufrechte Pflanze mit kräftigen Kerzen in zahlreichen ein- und zweifarbigen Schattierungen. Allerdings lauern irgendwo in ihren Vorfahren die Anlagen einer einjährigen Art, und so sind die verbesserten Lupinen unserer Zeit meist eher kurzlebig.

Meiner Ansicht nach können wir uns mit Pflanzenskeletten im September abfinden, Ende Juni und im Juli aber weniger. Zudem wollen Lupinen, damit sie richtig zur Geltung kommen, in relativ großer Zahl gepflanzt sein und nicht nur hier und da ein vereinzeltes Exemplar. Wie also können wir unsere Liebe zu der Pflanze in ihrer schönsten Phase mit ihrer darauf folgenden Unansehnlichkeit vereinen?

In einem großen Garten oder in Parks bietet sich folgende Lösung an: Man pflanzt die Lupinen in ein eigenes Beet, entweder allein oder zusammen mit Sträuchern und anderen frühblühenden Stauden – wie ich bereits erwähnte, sie bilden wirklich einen wunderschönen Kontrast zu Türkischem Mohn –, und den Teil des Gartens dann vergessen, oder sie durch etwas anderes ersetzen.

Ehe man Lupinen jedoch in einen kleinen Garten pflanzt, sollte man sich überlegen, ob ihr unschönes Erscheinungsbild ab Mitte Juni als Preis dafür nicht doch etwas hoch ist.

Die beste Lösung, wie ich finde, besteht darin, sie als Zweijährige zu behandeln, auch wenn das zusätzliche Arbeit bedeutet. Man sät im Juni, pflanzt die Sämlinge in eine leere Parzelle und hat dann im Herbst große Gewächse, die man an den ihnen zugedachten Standort setzt, wo sie im folgenden Sommer blühen sollen. Nach der Blüte werden sie entsorgt und durch Sommerflor ersetzt, der etwa in der letzten Aprilwoche gesät wurde. Auf die Art wird Ihre Mühe durch eine zweifache Pracht auf einem Beet belohnt. Und da Lupinen ohnehin relativ kurzlebig sind, ist das Prozedere absolut vertretbar. Allerdings braucht man einen Garten, in dem es Platz für die leere Parzelle gibt.

Selbst wenn Sie sie als ausdauernde Staude behandeln, sollten Sie jedes Frühjahr einige Samen aussäen, um im Herbst kräftige Pflanzen zu haben, mit denen Sie alle müde wirkenden Altpflanzen ersetzen können. Der Herbst ist die einzige Jahreszeit, in der man Lupinen setzen kann; da sie sehr früh ausgewachsen sind, ist es im Frühjahr zu spät. Man kann Exemplare schöner benannter Arten käuflich erwerben, was ich persönlich aber nie tun würde, da ich das für unnötige Kosten halte. Man kann aus Samen herausragende Sorten in vielen großartigen Farben ziehen. Wenn Leute sagen, dass ihre Lupinen »zurückgeschlagen« sind, bedeutet das, dass sich die Pflanzen selbst ausgesät haben. Diese Sämlinge wachsen kräftig und verdrängen allmählich die alten Pflanzen, aber da sie keiner Selektion unterzogen wurden, ist ihre Färbung nicht so prächtig, und so kehren sie allmählich zum ursprünglichen Blau ihrer Vorfahren zurück.

Wie alle Pflanzen mit dicken Pfahlwurzeln bevorzugen Lupinen einen wirklich gut durchlässigen, leichten Boden. Von Kalksteinböden jedoch rate ich dringend ab, so leicht sie sein mögen, denn sie verursachen eine akute Chlorose: Die Lupinenblätter färben sich leuchtend gelb, und die Pflanzen welken dahin.

Zur Blütezeit sind Lupinen rund 1,20 m hoch, und es stellt sich die Frage nach dem Abstützen. Ich für meinen Teil mache das nie. Manchmal setzt den Stauden zum Höhepunkt ihrer Blüte ein überraschender Sturm oder Wind mit Regen zu, aber meist ist das Wetter Ende Mai, Anfang Juni recht stabil, und die Lupinen können ihren prächtigen Flor ungehindert zur Schau stellen.

Unproblematische Primeln für den Sommergarten

Viele Primeln sind Spezialisten vorbehalten, aber ebenso viele sind für uns alle da, sofern wir ein paar einfache Grundregeln beherzigen. Eine typische und besonders nützliche Gruppe sind die Etagen-Primeln, die alle zwischen 45 und 100 cm hoch werden und deren Blüten in Quirlen an kahlen Stängeln stehen. Sie brauchen Feuchtigkeit und sind entsprechend gut in Gehölzen und an Bächen aufgehoben, können sich jedoch auch an die meisten Gärten anpassen, sofern ihr Durst während der Wachstumsperiode nicht vernachlässigt wird. Allerdings vertragen sie während der Winterruhe absolut keine nassen Füße durch Staunässe oder Überschwemmungen. Die Blütezeit der Etagen-Primeln, die auch als Kandelaber-Primeln bekannt sind, ist je nach Art von April bis Juli.

Die meisten samen sich kräftig von selbst aus, und man sollte gut darauf achten, dass das nicht wahllos geschieht, denn wenn sie verstreut stehen, wirken sie eher wie Unkraut, zudem zeigen sie sich erst in der Menge von ihrer schönsten Seite. (Ganz anders übrigens als die *Campanula persicifolia*, die kaum je fehl am Platz scheint, wohin auch immer sie sich selbst aussät.) Gegen Selbstaussaat spricht auch, dass sich alle Etagen-Primeln bereitwillig untereinander kreuzen und die Farbe des Nachwuchses oft unschön blass und schmuddelig wird. Was allerdings dafür spricht, diese Primeln hin und wieder aus Samen zu ziehen, ist, einen virenfreien Stamm zu bekommen; die Viruskrankheiten, denen sie zum Opfer fallen, werden nicht durch Samen weitergegeben. Man erkennt den Befall an extrem verkleinerten Blättern, an geringerer Wuchskraft sowie einem untypischen, gezahnten Blattrand.

Primula japonica ist eine der Kandelaber-Primeln mit der frühesten Blüte, und zwei ihrer Cultivare mit den schönsten Farben sind ‘Miller’s Crimson’ und ‘Postford White’. Klugerweise hält man die im Garten gut voneinander getrennt, damit sie sich nicht kreuzen. Praktisch alle Zwischentöne dieser Art haben eine schmutzig rosalila Farbe. Ein weiterer Nachteil von *P. japonica* ist, dass die Blüten rasch versengt oder ausgebleicht werden.

P. pulverulenta ist gemeinhin von einem leuchtenden Karminrot, sicher etwas auffällig, aber wirkungsvoll, und die Farina an den Stängeln bildet einen hübschen Kontrast dazu. Wenn diese Farbe Ihnen nicht gefällt, sagt Ihnen vielleicht die Sorte Bartley zu, bei der die Blüten unterschiedlich helle, pastellige Lachstöne haben. ‘Inverewe’ stellt in größeren Mengen einen wahren Blickfang dar, ist sie doch von einem leuchtenden und klaren, aber nicht grellen Rot.

P. × chunglenta ist eine Hybride von *P. chungensis* und *P. pulverulenta*. Sie wird 90 cm hoch und rosaorange, was beim Lesen unschön klingen mag, sich beim Betrachten aber als ausgesprochen ansprechend erweist. *P. chungensis* ist eine von mehreren rein orangefarbenen Primelarten, aber nicht die beste. Bei wenig Platz würde ich die kleine *P. cockburniana* mit einem leuchtenden, dunklen, klaren Orange wählen, die nur 30 cm hoch wird. Dieselbe Färbung hat *P. aurantiaca*; allerdings wird sie wesentlich größer, und die Stiele und Blütenstängel sind auffällig dunkel und rot überhaucht. *P. bulleyana* ist eine gefällige Sorte, die knapp 1 m hoch wird, relativ spät blüht und als Hybridart in ansprechenden Apricot-Schattierungen vorkommt. Allerdings wird sie bisweilen mit *P. beesiana* (ein hässliches Magenta) sowie *P. pulverulenta* gekreuzt, woraus ein schauriges Durcheinander sich beißender Farben entsteht – Lila- und Gelbtöne, Rosa-, Orange- und Apricottöne. Wenn Ihnen der Sinn nach einem knalligen Farbtupfer steht: Hier werden Sie fündig. So gut mir viele Lila- und Magentatöne gefallen, finde ich *P. burmanica* doch ziemlich abstoßend: Die in dichten Büscheln stehenden großen Blüten in deftigem Lila haben jeweils ein gelbes Auge. Sehr effekthascherisch.

Wer eine rein buttergelbe Blüte an einem anmutigen 1,20 m hohen Stiel sucht, ist mit *P. prolifera* (syn. *P. helodoxa*) bestens bedient. Meiner Ansicht nach sieht sie wunderschön vor blauen Ochsenzungen aus, doch in vielen Gärten – ebenso wie meinem – neigt sie dazu auszusterben, wenn man sie nicht ständig neu pflanzt.

Die bislang genannten Kandelaber-Primeln sind die bekanntesten der größeren spätblühenden Sorten. Ebenso leicht zu halten sind allerdings auch die meisten Mitglieder der *Sikkimensis*-Primeln, die obendrein den Vorzug haben, abends den betörendsten Duft zu verströmen, der nicht im Geringsten süßlich ist. Die trichterförmigen Blüten sind, wie bei den Himmelsschlüssel-Primeln, endständig und stehen in einer großen Dolde, weswegen sie bisweilen auch als Glocken-Schlüsselblumen bekannt sind; das wird ihnen in vieler anderer Hinsicht jedoch nicht gerecht, selbst ihr Duft ist von völlig anderer Qualität.

Am bekanntesten ist die Tibet-Primel, *Primula florindae,* die zudem am leichtesten zu ziehen ist und die größten Blätter sowie den kräftigsten Stängel hat. Die Blüten sind normalerweise von einem klaren Gelb, und in einer Dolde können weit über hundert von ihnen stehen. Sie öffnen sich nacheinander, dadurch zieht sich die Blütezeit dieser Primel bis in den August hinein. Die Blätter sind herzförmig und üppig, schicken bei mangelnder Versorgung mit Wasser aber sofort jämmerlichste Notsignale aus – nur, um sich ebenso rasch zu erholen, sobald sie kräftig gegossen wurden. All diese Primeln eignen sich nur für Gärten, in denen es eine irgendwie geartete Bewässerung gibt, es sei denn, der Boden ist sehr humos.

P. sikkimensis, die der ganzen Untergruppe ihren Namen verleiht, ist ebenfalls gelb, aber weniger kräftig und hat schmale, elliptische Blätter. Auf sie kann man meiner Meinung nach verzichten und gleich zu *P. alpicola* mit ihrer großen Farbpalette greifen. Es gibt sie in einem hellen Gelb, aber auch in frischem, reinem Weiß sowie in vielen blasslila und violetten Tönen, alle unaufdringlich und ausgesprochen geschmackvoll. Ich finde es wirklich überraschend, wie selten man diese Primel sieht, zumal sie keinerlei Nachteile hat und ihr abendlicher Duft hinreißend ist.

P. capitata blüht zuverlässig spät, ist im Wuchs aber zierlicher als die bislang erörterten Arten und in voller Blüte etwa 30 cm hoch. Der Stiel ist stark bemehlt, obenauf sitzt eine Dolde mit recht großen, lavendelfarbenen Glöckchen. Sie lässt sich leicht aus Samen ziehen – sofern diese von guter Qualität sind –, ebenso wie *P. vialii* (*P. littoniana*), eine der ausgefallensten und spannendsten Primelarten. So ausgefallen, dass die meisten Menschen sie bei der ersten Begegnung gar nicht als Primel erkennen, wenn ihr Blick nicht gerade auf die Blätter fällt. Nach einem sehr späten Start im Frühjahr – der einen befürchten lässt, sie habe den Winter nicht überlebt – steht *P. vialii* im Juli in all ihrer Pracht und Herrlichkeit da, mit eleganten, 30 cm langen Blütenähren, die an die Gestalt der Fackellilien erinnern, umso mehr, da sie vor dem Aufblühen rot ist; das geht auf die Farbe der Blütenkelchsegmente zurück. Die Corolla ist blasslila und verdrängt das Rot, doch an einer halb geöffneten Ähre verbinden sich leuchtendes Rot im oberen Teil mit Lila im unteren. Die Wirkung ist ebenso schön wie verblüffend.

Wenn der Spätsommer nicht zu feucht ist, bildet die Primel reichlich Samen aus, doch die beste Aussaatzeit ist mitnichten der

Herbst; kleine Sämlinge sind etwas heikel zu überwintern. Am besten sät man diese mit allen anderen Primeln im März oder April. Dabei besteht eine Tendenz, zu dicht zu säen, weil die Samen winzig sind und man glaubt, dass ohnehin nichts keimen wird. Wenn sich dann aber tausend oder mehr Sämlinge einen Topf mittlerer Größe teilen müssen, wird der Verdrängungswettbewerb groß. Der Situation wird man nur Herr, wenn man sehr früh pikiert. Geschickte Finger und die Bereitschaft, mit sehr kleinen Pflanzen zu hantierten, erweisen sich hier als ausgesprochen vorteilhaft.

Alle Primeln, die mehrere Wurzelhälse ausbilden, können durch Teilen vermehrt werden; dazu gehören die beiden Untergruppen *Candelabra* und *Sikkimensis*. Teilen ist die einzige Möglichkeit, einen guten Cultivar wie 'Inverewe' sortenrein zu erhalten. Die Teilung sollte am besten in der Wachstumsphase unmittelbar nach der Blüte erfolgen. So können die Pflanzen (wie wir es auch von den Schwertlilien kennen) noch vor der Winterruhe einwachsen. Wenn möglich, wählen Sie dazu eine paar Regentage.

Ein Fehler, der mir bei informellen Anpflanzungen von Primeln – selbst bei solchen in Waldgärten – auffällt ist, dass sie angepflanzt wirken. Was ja auch der Wahrheit entspricht, aber den Eindruck möchte man doch gern vermeiden. Säumen Sie den Pfad oder das Bachbett nicht mit paralleler Primelbegleitung – die Pflanzen dürfen hier und da ruhig richtige Horste bilden, um an anderer Stelle wieder auszudünnen, etwa dort, wo ein Strauch näher rückt. Das Pflanzen von Primeln ist keine militärische Übung, Sie setzen keine Geschwader oder Züge aus. Wie ich schon bei den Osterglocken schrieb: Stehen alle Pflanzen im selben Abstand zu ihren Nachbarinnen, erhalten Sie lauter gerade diagonale Linien, auch wenn das überhaupt nicht Ihre Absicht war. Also heißt das Gebot der Stunde, den Abstand zu variieren. Und setzen Sie zwischen die Primeln auch keinen Scheinmohn, so, wie man Vergissmeinnicht zwischen Tulpen pflanzt. Auch hier ist das Pflanz-Klischee unangebracht, und es wirkt besser, wenn Ihre Primeln und Ihr Mohn in getrennten, aber benachbarten Gruppen stehen, die sich hier und da ein klein wenig vermischen dürfen.

Nachtkerzen

Jeder, der auch nur einen Funken Interesse am Gärtnern hat, weiß, wovon die Rede ist, wenn die umgangssprachliche Bezeichnung für die Gattung *Oenothera* verwendet wird, aber wie so oft ist der Trivialname ziemlich irreführend. Die Pflanzen und auch ihre Blüten sehen nicht wie Kerzen aus, und nur einige von ihnen öffnen sich abends. Gewisse Ähnlichkeiten und erkennbare Merkmale teilen sie aber trotzdem: eine regelmäßige, kelchartige Blüte, eine gelbe oder, seltener, weiße Farbe, und schließlich, um subjektiv zu werden, ein einladendes, munteres Auftreten.

Bisweilen fast zu einladend. Meine früheste Erinnerung an *O. biennis* ist, dass sie mir die Nase mit ihrem gelben Pollen puderte, weil ich den Duft der gerade geöffneten Blüten schnuppern wollte. Dies ist die bekannteste aller Nachtkerzen: eine Zweijährige, die in ihrem ersten Jahr eine Rosette schmaler, lanzettlicher Blätter ausbildet, aus der sich im zweiten Jahr ein schlanker, eher schwächlich aussehender Stängel von bis zu 90 cm in die Höhe schiebt. Daran öffnet sich eine scheinbar unendliche tägliche Abfolge von 5 cm großen gelben Blüten, und zwar ein oder zwei pro Stängel vom frühen Abend bis zum nächsten Morgen. Die Blüten öffnen sich auf faszinierende Art und Weise mit kleinen, sichtbar ruckartigen Bewegungen; das kann man beschleunigen, indem man sie zur magischen Stunde mit Wasser besprüht. Diese Art verwildert gern auf Brachen, und ich bringe sie insbesondere in Verbindung mit den Dünen des Paradieses für alle Wildblumen-Freunde, dem Golfplatz Royal St. George's bei Sandwich in der Grafschaft Kent.

Ebenso bekannt ist *O. glaziouana* (syns. *O. erythrosepala* oder *O. lamarckiana*), eine weitere Zweijährige, allerdings mit wesentlich kräftigerem Wuchs, breiteren Blättern, einer Höhe von 1,20 bis 1,50 m und Blüten von mindestens 7,5 cm Durchmesser. Hat man sie erst einmal im Garten, wird man sie kaum wieder los, aber als ernsthaftes Unkraut kann man sie nicht bezeichnen. Auch sie verströmt einen angenehmen Duft.

Eine weitere Nachtkerze, die diesen Namen verdient, ist *O. acaulis*, die aber selten vorkommt. Sie ist ausdauernd und von niedrigem Wuchs mit löwenzahnähnlichen Blättern (was das Synonym *O. taraxacifolia* erklärt). Die etwa 7,5 cm großen weißen Blüten heben sich in der Sommernacht gut von der Umgebung ab, sind aber bis zum nächsten Vormittag zu sehen, wobei sie beim Verwelken zu einem hellen Rosa verblassen.

Leider duften sie süßlich unangenehm nach Seife. Ärgerlich ist, dass mittlerweile eine ganz andere und ausgesprochen mittelmäßige Art als *O. acaulis* angeboten wird. Ich kenne zwar nicht ihren korrekten Namen, aber ich habe sie angepflanzt und wieder entsorgt. Ihre gelben Blüten sind 5 cm groß, öffnen sich erst nach Einbruch der Dunkelheit und sind verblüht, bis jeder normale Mensch sie am nächsten Morgen in Augenschein nehmen kann. Mir wurde glaubhaft versichert, dass sie bereits um fünf Uhr morgens verblüht sind. Sowohl die echte als auch die unechte *O. acaulis* haben im Prinzip keinen Stängel, wie ihr Name ja besagt, aber die Kronröhre ist 10 bis 13 cm lang und erweckt den Eindruck eines solchen, ähnlich wie bei Krokussen. Die Samenkapseln liegen grüppchenweise am Boden.

Verdientermaßen eine der beliebtesten ihrer Tribus ist die glamouröse Missouri-Nachtkerze, *O. macrocarpa* (syn. *O. missouriensis*). Sie ist eine niederliegende, sich ausbreitende krautige Mehrjährige, die ohne Staunässe winterhart ist und jedes Jahr Stängel ausbildet, die sich rund 40 cm lang in sämtliche Richtungen über den Boden verteilen. Somit eignet sie sich ideal als Pflanze der vordersten Front, sozusagen, um etwa den geraden Rand eines Pflasters gefälliger zu gestalten. Im Winter zieht sie sich völlig ins Erdreich zurück und wird von geschäftigen oder unachtsamen Gärtnern leicht vernichtet. Die leuchtend gelben Blüten sind 7,5 cm groß und machen sich an der niedrigen Pflanze wirklich spektakulär. Sie öffnen sich am frühen Abend und bleiben fast 24 Stunden geöffnet, duften aber nicht. Der Name *O. macrocarpa* verweist auf ein ungewöhnliches Merkmal, nämlich die riesigen Samenkapseln mit Flanschen, die wie die Flügel einer Mörsergranate aussehen.

Noch überzeugender als polsterbildendes Gewächs ist *O. fruticosa* (syns. *O. tetragona* subsp. *riparia*, *O. riparia*), obwohl sie sich in vieler Hinsicht deutlich von der zuvor genannten Art unterscheidet. Diese Nachtkerze ist winterhart und ausdauernd und bildet im Winter dichte grundständige Rosetten mit schmalen Blättern. Im Frühsommer wachsen die Blütenstiele daraus 23 bis 30 cm empor, nur um, sobald sie blühen, nach dem ersten Regenschauer oder nach schwerem Tau zu Boden zu sinken, wo sie die nächsten zwei Monate einen sattgelben Teppich bilden. Dabei sind die einzelnen Blüten zwar recht klein, dafür jedoch zahlreich. Allerdings bringt der Name »Nachtkerze« uns hier in arge Bedrängnis, denn kerzengerade aufrecht stehen sie eben nicht, und die Blüten sind nur tagsüber geöffnet, nachts werden sie geschlossen. Am eindrucksvollsten waren sie, als ich sie in einem schmalen Beet beiderseits eines geraden Pfads pflanzte, dahinter eine Hecke aus lila Zwerglavendel. Leider wurde der Boden krank. Nachtkerzen können nämlich von derselben Stängelälchen-Sorte befallen werden, die auch den Staudenphlox infiziert und die Pflanzen absterben lässt.

Es gibt zahlreiche moderne benannte Oenothera-Varietäten, die standfeste, 30 bis 45 cm hohe Stängel bilden, ihre Blüten tagsüber öffnen und damit großartige und auffällige Rabattenstauden sind. Sie blühen allesamt gelb, doch bei *O. fruticosa* ‘Fyrverkeri’ (‘Fireworks') etwa sind die Knospen rot, und bei *O. f.* subsp. *glauca* (syn. *O. cinaeus*) ist das junge Laub im Frühjahr rubinrot überhaucht.

In unserem Tonboden hatte ich mit *O. speciosa* nie Erfolg, denn sie ist nicht hundertprozentig winterhart. Doch dort, wo sie sich wohlfühlt, ist sie reizend mit ihren schlanken, 45 cm hohen Stängeln, an denen 5 cm große weiße Blüten stehen, die sich im Alter rosa färben. Einmal eingewachsen, breitet sich die Pflanze rasch durch unterirdische Rhizome aus. Auf gut durchlässigen Böden lohnt sich ein Versuch allemal.

Staudenphlox

Der August ist eine harte Zeit für Staudenrabatten und gemischte Beete. Wenn der Monat fortschreitet, stellt sich heraus, ob wir einen frühzeitigen, schnellen Niedergang erleben, bei dem Heerscharen senfgelber Sonnenblumen und Goldruten die herbstliche Szene bestimmen, oder ob ein Plan aufgegangen ist, der es der Rabatte ermöglicht, spätsommerlich zu werden und die Illusion zu erzeugen, es herrsche immerwährender Frühling; Keats widmete diesem Phänomen in seinem Gedicht »Ode to Autumn« zwei wunderschöne Zeilen. Die Landschaft sieht zu dieser Jahreszeit selten einladend aus, das Laub allerorten ist schlaff, staubig und von Raupen zerfressen. Umso mehr Grund, dass unsere Gärten eine Augenweide sind!

Staudenphlox ist nicht die einfachste Pflanze, was ihre Haltung betrifft, aber in der spätsommerlichen Rabatte ist sie als Blickfang kaum zu schlagen – ihr zweiter Name »Flammenblume« kommt nicht von ungefähr. Nur Dahlien können ihr vielleicht noch den Rang ablaufen. Es ist nicht schwierig, im August kühle Hintergrundtöne und interessante Formen in der Rabatte zu haben, aber man braucht doch massive Farbtupfer, die sich davor abheben. Aus dem Grund habe ich überhaupt nichts gegen Phlox in den schrillsten Rosa-, Lila- und Magentatönen einzuwenden. Sie fügen sich wunderbar zusammen, solange das Senfgelb zurückgedämmt wird.

Die Namen der meisten meiner Phloxsorten sind mir nicht bekannt. Die sicherste Art und Weise, eine neue Phloxart in den eigenen Garten einzuführen, besteht darin, sich einen Ableger von einer prächtig gedeihenden Staude in einem anderen Garten zu erbitten, aber den bekommt man verständlicherweise ohne Namen. Mit gekauften Phloxstauden hatte ich nie Glück. Die Reize einer modernen Art, die man in Ausstellungen sieht, lassen einen bezüglich Gartentauglichkeit noch ratloser zurück als die meisten anderen Pflanzen. Sie sollte standfest sein, ist es möglicherweise aber nicht, und die Blüten sollten einigermaßen witterungsbeständig sein und nicht zu schnell auszubleichen oder von schwerem Regen niedergedrückt werden.

Die größte Gefahr, wenn man einen Phlox kauft, ist aber, dass man mit ihm auch das gefürchtete Stängelälchen erwirbt. Und wenn Sie es mit diesem Schädling zu tun haben, werden Sie keine Freude an Ihren Phloxen haben. Er ist ein winziger Fadenwurm, der die Stiele und Blätter von Phlox und Nachtkerzen befällt. Wenn sich diese im Winter zurückziehen, überdauern die Nematoden im Boden rund um die infizierte Pflanze und befallen im Frühjahr erneut die jungen Triebe. Man sieht diese Schädlinge nie, erkennt aber sehr bald ihre Anwesenheit an der seltsamen Reaktion der Pflanze: Die jungen Phloxtriebe und das Laub sehen verdreht oder gekräuselt aus, und – eine unfehlbare Diagnose – einige der Blätter an verkümmerten Trieben sind nur noch grüne Fäden.

In solchen Fällen hilft nur eins: Die befallene Staude muss ausgegraben und verbrannt werden, und drei oder vier Jahre lang darf kein Phlox mehr an dieser Stelle gepflanzt werden. In dieser Zerstörungssaga gibt es allerdings ein rettendes Element: Die Älchen befallen nie die Wurzeln der Pflanzen, und da Phlox sich bereitwillig mit Wurzelstecklingen vermehren lässt, kann man die Stängelälchen auf die auf S. 80f. bereits beschriebene Art überlisten.

Phlox paniculata, die wilde Art und Haupt-Elternart der meisten unserer Staudenphlox-Cultivare, ist eine wunderbare Gartenpflanze, die im August mit einer Fülle zierlicher malvenfarbener Blüten an luftigen Rispen aufwartet, deren Leichtigkeit und Anmut sich im Verlauf der Züchtungen verloren haben. Ihr einziger Nachteil besteht darin, dass sie (in meinem Boden) 1,50 m hoch wird und somit abgestützt werden muss. Dieses Problem kann man überwinden, indem man die jungen Triebe im Frühsommer, wenn sie etwa ihre halbe Größe erreicht haben, um 15 bis 30 cm kappt (diese Methode eignet sich auch für die meisten anderen überhohen Staudenpflanzen). Zwar blühen sie dann eine Woche oder auch zehn Tage später, sind aber standfester. Der Nachteil dabei ist, dass die wunderschöne einzelne Rispendolde, die zu ihren besonderen Qualitäten zählt, durch mehrere kleinere Rispen ersetzt wird, die auch weniger Individualität besitzen.

Eine andere Praktik, die sich bei vielen Stauden bewährt hat, musste ich bei diesem Phlox einmal ebenfalls anwenden, als nämlich die Pflanzen vor der Hauptgruppe größer wurden als die dahinterstehenden. Um zu verhindern, dass sich das wiederholte, grub ich die vorderen Pflanzen im Herbst beim Überarbeiten der Rabatte aus und setzte sie sofort (und ohne sie zu teilen) wieder ein. Diese Art des Wurzeleinkürzens verringerte die Wuchshöhe im nächsten Jahr, ohne die Blütenfülle zu beeinträchtigen.

Von *Phlox paniculata* gibt es schöne Albinoform, und wenn man die Augen offen hält, findet man noch andere interessante Arten, *P. maculata* 'Alpha' etwa. Ihre Rispen tragen keine Dolden, sondern sind eher schlank und säulenförmig, was in der Masse eine völlig andere Wirkung hat. 'Alpha' ist von einem hübschen Rosalila und blüht im Juli, *P. carolina* 'Miss Lingard' wiederum ist rein weiß und wird 90 cm hoch. Zauberhaft. Früher einmal wurde *P. paniculata* häufig mit *P. divaricata* gekreuzt, die Hybriden hießen *P. arendsii*. Ihre großen Blüten stehen auf sehr niedrigen Pflanzen und sind als Frühblüher im Juni am schönsten. Viele von ihnen sind im Gartenbau nicht mehr zu finden, aber die vielleicht hinreißendste ist 'Lisbeth': hellblau mit einem dunklen Auge und ca. 60 cm hoch – was nur von Vorteil ist, da die Stängel dünn und schwach sind. Aber sie ist eine wahre Schönheit und sieht bezaubernd aus zusammen mit den hell zitronengelben Schirmrispen von *Achillea* 'Lucky Break'.

Riesen der Rabatte

In der Gartenliteratur wird meist davon ausgegangen, dass niemand mehr Platz für große Pflanzen hat. Hybridzüchter und Gartenbauer teilen diese Ansicht. Bei den Herbstastern etwa muss man auf eine alte Art wie 'Climax' zurückgreifen, um eine Zweimeterpflanze zu bekommen. Sehr wenige Stauden wachsen laut Literatur höher als 1,50 m. Das liegt zum Teil daran, dass Gartenbaubetriebe häufig auf sandigen, kargen Böden stehen und ihre Pflanzen aus dem Grund nicht so sehr hoch werden, zum Teil aber auch daran, dass es viele Käufer abschreckt, wenn eine größere Höhe als 1,50 m genannt wird.

Und doch gibt es genügend Gärtner, die eine Vorliebe für große Rabatten haben, unter anderem auch mich. Ob diese nun einseitig sind, etwa 4,50 m von hinten bis vorn, oder ein großes Inselbeet – man braucht einfach ein paar hohe Gewächse darin. Leider muss man sagen, dass es nur sehr wenige wirklich lohnenswerte geeignete Stauden gibt. Angesichts der Tatsache, dass sie binnen sechs Wochen ein Wachstum von 1,80 m Höhe hinlegen müssen, ist es vielleicht nicht erstaunlich, dass sie optisch häufig ungepflegt und schwächlich wirken und unter den üppigen Bedingungen eines gut gedüngten Beets über ihre Kräfte hinauswachsen und zum

Umfallen neigen. Ich würde meinen Tonbrei ungern gegen einen gut durchlässigen, schnell austrocknenden Sand- oder Kalkboden tauschen, aber er hat bei hohen Stauden doch einen begrüßenswerten Einfluss auf ihre Standfestigkeit. Mir gefällt *Rudbeckia* 'Herbstsonne' mit ihren ölglatten Blättern, den zitronengelben Blüten und der freundlich grünen aufgewölbten Mitte sehr gut. Ihre schwachen Stängel aber haben mich eines Besseren gelehrt, zumal man die Blüten nur aus höher gelegenen Stockwerken richtig bewundern konnte. Aber auf leichten Böden, die gut zu gießen sind – denn dieser Sonnenhut ist sehr durstig –, ist er eine gute Option.

Der Federmohn *Macleaya* (*Bocconia*) *microcarpa* neigt bei mir zum Umfallen an der Basis. Hasenfüßig hatte ich bis vor einigen Jahren vermieden, ihn zu pflanzen, denn wie eine Reihe anderer Stauden mit fleischigen Wurzeln missfällt es ihm, versetzt zu werden, und es dauert ein Jahr, bis er eingewachsen ist, dann aber entfaltet er eine Tendenz zu wuchern. Den alerten Gärtner sollte eine solche Nichtigkeit allerdings nicht abschrecken. Trotzdem habe ich ihn jetzt unter Einsatz großer Mühe und zweijährigem tiefem Graben doch aus meinem Garten entfernt (oder so gut wie). Meiner wurde mir zwar als 'Coral Plume' verkauft – eine warme Farbe, die an *Calomeria amaranthoides* (syn. *Humea elegans*) erinnert –, zeigte sich in der Realität aber als verwaschen. Davon abgesehen war seine Schönheit von sehr kurzer Dauer.

Lange Zeit verzichtete ich wegen seiner kurzen Blütezeit (Juni) und der Lücke, die er danach zurücklässt, auf *Crambe cordifolia*, das Riesen-Schleierkraut. Dann aber erwies sich seine Wolke winziger weißer (nach Abwasser riechender) Blüten als unwiderstehlich, zumal die Blütenstände noch lange, nachdem die Blütenblätter abgefallen sind, einen interessanten Anblick darstellen. Leider beruhte die Unwiderstehlichkeit nicht auf beiden Seiten, das Schleierkraut verschmähte mich und meinen Tonboden, auf dem er von einer übelriechenden Wurzelfäule befallen wurde. Auf leichten, gut durchlässigen Böden jedoch und in einer offenen Lage – so ausgesetzt sie im Winter auch sein mag – ist er ein perfekter Begleiter.

Die im Herbst blühende *Vernonia crinita* mit ihren dunkellilaroten Blüten und der hellere Purpur-Wasserdost, *Eupatorium purpureum*, mit den fedrigen, bei Schmetterlingen so beliebten Schirmrispen sind für eine übliche Rabatte vielleicht etwas zu ruppig, doch als größere Pflanzung in einem naturnahen Umfeld, insbesondere in der Nähe von Wasser, nehmen sie sich eindrucksvoll aus. Der Riesen-Schuppenkopf, *Cephalaria gigantea*, verhält sich bei mir vorbildlich und setzt nie Samen an, obwohl es eine fruchtbare Sorte gibt, die sich bereitwillig selbst aussät. Der sich verzweigende Blütenstand sieht trotz einer robusten Höhe von bis zu 2,10 m grazil aus, und irgendwie sagen mir seine Blüten besonders zu, obwohl die grüngelbe Farbe ziemlich unauffällig ist, sofern man die Pflanze nicht in den Vordergrund rückt. Stockmalven sind großartig für alle, die sie halten können, ohne dass eine Rostkrankheit sie heimsucht. Das Problem wollte ich überlisten, indem ich Einjährige setzte, und sie erreichten auch die erforderliche Höhe und lieferten einfache und gefüllte Blüten in einer schönen Farbenvielfalt, aber die Blätter verbargen die Blüten. Und Rost bekamen sie obendrein!

Eine Pflanze, die sich auf schweren Böden von ihrer schönsten Seite zeigt, ist *Artemisia lactiflora*. Trockenheit verträgt sie gar nicht. Sie wird 1,80 bis 2,10 m hoch und ist eine der wenigen großen Stauden bei mir, die keinerlei Stütze benötigen. Ihre cremefarbenen Rispen bilden eine hübsche Begleitung zu allem, was in ihrer Umgebung wächst. Bei uns steht sie an einer Stelle neben *Thalictrum delavayi* (*dipterocarpum*), der ebenfalls feucht gehalten werden möchte und 1,80 bis 2,40 m hoch wird. Er bildet gewaltige Rispen mit zarten lila Blüten aus, wird auf trockenen Böden allerdings nicht einmal halb so hoch. Auch die in Landhausgärten so beliebte *Leucanthemella serotina* (syn. *Chrysanthemum uliginosum*) hat eine Vorliebe für feuchte Standorte. Ihre weißen Blüten mit dem grünlich gelben Auge, jede etwa 5 cm groß, wirken frisch und freundlich, zumal, da sie Anfang Oktober erscheinen. Die Staude wird gut 2 m hoch, aber keine Rabatte kann viele Pflanzenexemplare vertragen, die den Sommer und Frühherbst hindurch mitgeführt und zudem gut abgestützt werden müssen.

Der Riesen-Bärenklau, *Heracleum mantegazzianum*, ist absolut standfest und erfordert keinerlei Krücken. Er wird über 3 m hoch, und jede seiner Hauptdolden setzt sich, laut *R. H. S. Dictionary*, aus bis zu 10 000 Einzelblüten zusammen. Es hätte mir Spaß gemacht, dem Menschen zuzusehen, der diese Schätzung vornahm. Allerdings samt sich dieser Bärenklau für die meisten Teile eines angelegten Gartens allzu bereitwillig aus, abgesehen davon, dass er starke Hautreizungen hervorruft.

Die am meisten architektonisch wirkende Staude ist wohl zweifellos die Wilde Artischocke, *Cynara cardunculus*. Sie gehört zur selben Art wie die in der Küche verwendete, verzweigt sich aber wesentlich stärker und hat kleinere, stachligere Köpfe – sehr schön anzusehen, aber schmerzhaft und wenig genussreich zu essen. Bei mir im Garten komme ich nicht umhin, sie abzustützen, was eine heikle Aufgabe ist. Man braucht kräftige, 5 cm dicke Stangen, die sich aber nur schwer in den Boden schlagen lassen, da dieser dort, wo sie benötigt werden, bis zum Herbst hart und trocken wird, sobald sich die Artischockenblätter ausgebreitet haben. Außerdem ist eine geteerte Schnur um die Stängel nicht ausreichend stark, um den ganzen Sommer zu halten. Isolierter Telefondraht ist die ideale Lösung, heutzutage aber schwer aufzutreiben.

Sträucher für Laubeffekte

Um den Mangel an interessanten Riesenstauden wettzumachen, die sich in großen Rabatten gut ausnehmen, gibt es eine ganze Reihe von Weichholz-Sträuchern, die Beeten eine exotische, wenn nicht gar tropische Note verleihen.

Die Praxis, den Blauglockenbaum, *Paulownia tomentosa* (*imperialis*), eigens wegen seines Laubs zu pflanzen, ist hinlänglich bekannt; er lässt sich gut aus Samen ziehen. Die jungen Pflanzen setzt man in einem Abstand von 1,20 m aus und schneidet sie jeden Winter bis auf 5 cm oberhalb des Vorjahrestriebs zurück. Wenn das Wachstum wieder beginnt, lässt man an jeder Pflanze jeweils nur einen Trieb stehen, der in einer Saison eine Höhe von 3 bis 3,5 m erreicht und mit vielen pelzigen, herzförmigen Blättern besetzt ist, die 60 bis 90 cm groß werden. Natürlich sollte die Pflanze geschützt stehen. Die Wirkung ist etwas außergewöhnlich, aber üppig auf eine elegante Art, die mehr mit Größe und Form als mit Größe und Farbe zu tun hat. Blätter dieser Massivität bilden einen besonders schönen Kontrast zu einem Horst von zartblättrigem Bambus, *Fargesia nitida* etwa, oder einem hohen Gras aus der *Miscanthus*-Tribus. Ein weiterer Baum, der auf die gleiche Weise wie der Blauglockenbaum als Staude behandelt werden kann, ist *Ailanthus altissima (A. glandulosa*), der Götterbaum. Die Fiederblätter können durch einen ähnlichen Rückschnitt bis zu 1,20 m lang werden. Noch interessanter ist der Essigbaum, *Rhus typhina*, in der geschlitztblättrigen Form 'Dissecta' (syn. 'Laciniata'). Die Gruppe *R. × pulvinata* Autumn Lace ist nochmal schöner.

All diese Pflanzen sind zweifellos effektvoller als die auf schäbige Art prätentiösen winterharten Palmen, die man aus Urlaubsorten kennt. Dabei handelt es sich um *Trachycarpus fortunei* (besser als *Chamaerops excelsa* bekannt, oder auch als »Tessinerpalme«) mit immergrünen fächerförmigen Blättern. Als junge, 1,20 bis 1,50 m hohe Pflanzen sehen sie ansprechend aus, und ich würde sie Ihnen durchaus empfehlen, sofern Sie die Willensstärke aufbringen, sie beim ersten Nachlassen ihrer Jugendlichkeit zu entsorgen. Meist kennt man diese Palme jedoch als hageren Baum mit hässlichem, dicht mit Fasern besetztem Stamm, über dem büschelweise alte, nicht abgeworfene Blätter aufragen, und obenauf schließlich ein Schirmchen neuer grüner Blätter, das sich unproportional klein ausnimmt im Vergleich zu der darunter befindlichen Masse. Der größte Vorteil dieser Palme ist ihre außergewöhnliche Frosthärte.

Was die Ahorngewächse betrifft, ließ der grün-weiße *Acer negundo* 'Variegatum' mich immer kalt, bis ich ihn als Strauch vor einem kräftigen, dunklen Hintergrund sah. Als Baum entwickelt er sich irgendwie immer zu einem langweiligen, schlicht grünen Gewächs, aber das lässt sich bei einem Strauch ohne Weiteres unterbinden. Nicht minder wirkungsvoll sind die golden panaschierte und die rein gelbe Form. Ein weiterer Ahorn, der diese Art gut kontrastieren würde, ist die rotlila-blättrige Form des Spitzahorns, *A. platanoides* 'Schwedleri', der sich ebenso zurückschneiden lässt. Dabei darf man nicht vergessen, dass ein starker jährlicher Rückschnitt einen Strauch, der eigentlich zu einem Baum heranwächst, tendenziell seiner Kraft beraubt, sodass er früher oder später ersetzt werden muss.

Auch andere kräftig wachsende Ahornarten mit reizvollem Laub können derart beschnitten werden, ebenso Pappeln. Eine schöne gelbe Form der Silberpappel, *Populus alba,* ist 'Richardii', allerdings ist die Silberpappel selbst nicht minder wirkungsvoll. Eine Pappel, die in den letzten Jahren als gekappte Form zunehmend an Beliebtheit gewann, ist *P.* × *jackii* (syn. × *candicans*) 'Aurora', deren junges Laub bis Mittsommer auffällig rosa, grün und cremefarben ist.

Als blühender Strauch, der ein jährliches starkes Zurückstutzen verträgt, eignet sich der Kanadische Holunder, *Sambucus canaden-*

sis ‘Maxima’. Mit einer Höhe von 2 bis 2,50 m trägt er von Juli bis Oktober Tausende reizvoller flacher Blütendolden, die bis zu 45 cm groß werden. Nach dem Verblühen färbt sich das kunstvolle Gerüst der Blütenstiele dunkellila, darüber die reifenden Beeren, die sich wie Perlen auf einem Haarnetz ausnehmen. Dieser Strauch braucht sehr viel Platz und verdient ihn auch, verbreitet er doch eine Atmosphäre großzügiger Fülle.

Bei der Holunder-Tribus wird man insgesamt gut fündig. Die Blätter des Gold-Holunders, *S. nigra* ‘Aurea’, kontrastieren an einem offenen, sonnigen Standort besonders schön mit einem dunkel purpurfarbenen Strauch wie etwa *Acer platanoides* ‘Goldsworth Purple’, mit einem purpurblättrigen *Prunus* wie *P. cerasifera* ‘Nigra’ oder mit *Corylus maxima* ‘Purpurea’, der Bluthasel – jeweils jährlich oder alle zwei Jahre stark zurückgeschnitten. Dazu passt gut eine Gruppe von Weiden mit geringem Wachstum, *Salix alba* var. *sericea* etwa mit Blättern, die wie Silberfischchen wirken. Zudem würde ich mir eine *Catalpa bignonioides* ‘Aurea’ wünschen, den Gold-Trompetenbaum, der ebenfalls weit weniger wuchsfreudig ist als sein grünblättriges Geschwister.

Laubabwerfende Bäume im Sommer

Wenn im August der Blick über die Landschaft schweift, beeindruckt einen die einheitliche lastende Schwere oder bedrückt einen gar. Laubabwerfende Bäume blasen im Sommer Trübsal. Viele haben sich ihrer grünen Masse ergeben, die auch von interessanten Blattformen kaum aufgelockert wird. Wenn wir Bäume als gestaltendes Element pflanzen, wird unsere Wahl von vielen Faktoren bestimmt – Form, ausgewachsene Größe, Wintergestalt, Rindenstruktur, Frühjahrsblüte und -blattwerk, Herbstfärbung und derlei mehr. Die Frage nach ihrer sommerlichen Optik wird selten bedacht, und doch müssen wir ein Viertel des Jahres mit ihnen in dem Zustand verbringen.

Das Jahreswachstum eines Baums entsteht gemeinhin auf eine von zwei Arten: Entweder er bildet die neuen Triebe im zeitigen Frühjahr rasch in voller Größe aus und verbringt den Rest seiner belaubten Zeit damit, diese auszureifen, oder er bringt den ganzen Sommer hindurch immer weiter Wachstum hervor, sodass seine Extremitäten bis September jung und frühlingshaft wirken. Die meisten unserer heimischen Bäume fallen in die erste Kategorie, und genau sie gehören zur Sorte der langweiligen Sommerbäume. Rosskastanien, Berg- und Haar-Ulmen, Ahorn, Buchen, Hornbuchen, Linden und selbst Eichen sind von Juli bis September recht eintönig, obwohl einzelne Eichen im Juli öfter einmal einen zweiten Frühling erleben und einen Nachschub junger Blätter entfalten. Das passiert, wenn der erste Austrieb von Raupen vertilgt wurde.

Einige aus dieser Kategorie überspielen das mit ihrem leichten, luftigen Blattwerk – insbesondere die Esche, deren Kontrastreichtum als Baum kaum zu übertreffen ist: kompromisslos in ihrer winterlichen Schmucklosigkeit mit Zweigen, die bis zu den schwarzen Spitzen durchgängig kräftig sind, im Sommer aber fedrig durchscheinend, der Schatten nie tief und drückend. Ähnliches gilt für die Walnuss. Ihre gefiederten Blätter sind zwar dicker, haben aber eine freundliche Färbung, zumal die hellgraue Rinde des Stamms und der Äste immer wieder durchscheint.

Der Japanische Schnurbaum, *Sophora japonica*, ist im Spätsommer zwar dunkelgrün, doch dank seiner gefiederten Blätter mit etwa 13 Blättchen vermittelt er einen hellen, flirrenden Eindruck. Der Pagodenbaum – wie er auch heißt – blüht, sobald er reif ist, doch angepflanzt wird er wegen anderer Qualitäten. Seine Reifephase erreicht er frühestens nach dreißig Jahren. Wenn er dann aber blüht, im August, ist der Boden unter ihm mit einem Teppich von Blüten bedeckt, die wie Reiskörner wirken: in Festland-Europa ein recht häufiger Anblick, im Vereinigten Königreich aber eher selten.

Von allen Bäumen mit gefiedertem Blattwerk sieht die Scheinakazie, *Robinia pseudoacacia*, am frischesten aus. Wenn man durch eine Stadt, einen Vorort oder über Land fährt, erkennt man sie aufgrund ihrer hellgrünen Färbung und der fontänenartigen Anordnung ihres Blattwerks bereits aus großer Entfernung. Die Robinie ist winterhart, aber ihre Zweige brechen leicht, man muss ihr einen Schutz vor starken Winden geben. Davon abgesehen eignet sie sich vorzüglich für Stadt- und Inlandgärten.

Pappeln, einschließlich der Espe oder Zitterpappel (*Populus tremula*), können unabhängig von ihrer Färbung nie wirklich eintönig wirken, weil ihre Blätter an langen Stielen sitzen und deswegen bei der leisesten Brise in Bewegung geraten. Die Schwarzpappel, *P. nigra*, ist zwar nicht besonders aufregend, stellt allerdings eine Futterpflanze für die Raupen einiger interessanter Falter dar. Die Kanadische Pappel, *P. canadensis* 'Aurea', hingegen ist wunderschön. Das Kupfer ihres Austriebs im Frühjahr färbt sich Euphorbiengelb und dann ein freundliches Lindengrün, das sich bis zum Herbst hält. Hätte ich den Platz, würde ich sie vor eine Blutbuche pflanzen. Die Graupappel, *P. canescens*, ist ebenfalls bezaubernd. Die Blattunterseiten färben sich beim Älterwerden von Weiß nach Grau, aber das Wachstum des Baums findet kontinuierlich statt, sodass stets weitere junge helle Blätter nachkommen.

Die herkömmliche Linde wirkt ab Juli, nach der Blüte, eher uninteressant, die Hänge-Silberlinde, *Tilia* 'Petiolaris', hingegen ist durchgängig reizvoll. Bei diesem sehr großen Baum hängen nicht nur die Zweige nach unten, sondern auch die Blätter, die sich an ihren langen Stielen in der Brise drehen, um ihre hellgraue Unterseite zu zeigen. Bäume mit grauem Laub können nie eintönig wirken. Deswegen ist die Silberweide, *Salix alba*, im August eine der schönsten Vertreterinnen ihrer großen Tribus; in kleinerem

Maßstab ist die Weidenblättrige Birne, *Pyrus salicifolia*, reizend. Man sieht sie stets in ihrer hängenden Form.

Laubabwerfende Nadelbäume gibt es wenige. Lärchen sehen mit Vorrücken des Sommers häufig staubig aus. Der Urwelt-Mammutbaum, *Metasequoia*, wächst den ganzen Sommer hindurch, hat jedoch relativ dunkles Laub. Ähnlich fedrig im Erscheinungsbild, aber wesentlich frischer ist die Sumpfzypresse, *Taxodium distichum*. Sie ist eine der schönsten aller Solitärbaume, aber mehr dazu in Kürze.

Einige sommergrüne Bäume verdienen sich ihren Platz im Garten durch eine späte Blüte. So wird der Trompetenbaum allein wegen seiner großen, weit geöffneten, weißlichen Blütenglocken gepflanzt. Der Baum ist von der Form her unbeholfen, die Blätter sind grob, die Blüten jedoch hinreißend. Um schön zu blühen, braucht der Baum jedoch viel Wärme, und da die Äste zudem leicht brechen, eignet er sich besser für Stadtgärten. Bei *Koelreuteria paniculata* zeigen sich im Spätsommer gelbe Blütenrispen, die zwar weniger aufsehenerregend sind als die des Trompetenbaums, dafür an einem schöneren Baum mit ausladender Krone und breitfiedrigen Blättern hängen. Diese Blasenesche kann man gut aus Samen ziehen.

Chile im August-Garten

Den Glanzpunkt unseres Gartens im August bildet (zusammen mit *Hoheria sexstylosa* und der *Hydrangea aspera* Villosa-Gruppe) eine hohe, schlanke Säule von *Eucryphia nymansensis* 'Nymansay'. Sie ist von Kopf bis Fuß in Weiß gehüllt und derart von Blüten übersät, dass man das immergrüne, ledrige Blattwerk nur eben noch erkennt. Die Knospen öffnen sich ab Ende Juli, und dann hat es den Anschein, als wäre der Baum mit Hunderten von Schmetterlingspuppen besetzt, aus denen die fertigen Insekten schlüpfen, zunächst mit hängenden Flügeln, die sich beim Trocknen aber zu großen, seidigen weißen Segeln auffalten.

Die Blüten erinnern an die einer Christrose oder eines Weißen Hibiskus. Jede ist 9 cm groß und besteht aus vier großen Blütenblättern sowie einer erhabenen Mitte mit rund 200 Staubgefäßen, die in roten Staubbeuteln enden. Noch im Moment des Öffnens wirkt die Knospe sehr klein. Die Kelchblätter bilden, wie beim Türkischen Mohn, eine Kapsel, und sobald diese abgestreift wurde, beginnt die wundersame Größenverwandlung. Die Blüten verströmen einen honigartigen Duft und werden den ganzen Tag von Bienen umsummt. Bei Wind und Regen sind nur noch kräftige Flieger wie Hummeln unterwegs, doch sobald sich die Witterung besinnt, kehren die Honigbienen zurück.

Der Strauch ist eine Hybride aus *E. cordifolia* und *E. glutinosa*, die beide aus Chile stammen, und gehört damit zu den Scheinulmen. 'Nymansay' zeigt sich im Süden und Westen Großbritanniens relativ winterhart, ist in der Midlands jedoch schwer zu halten; dort sollte ihr ein möglichst frostfreier Standort gegeben werden. In Kältelöchern wird das junge Wachstum wiederholt beschädigt, sodass der Strauch nie die Chance hat, eine schöne Form auszubilden. Nach dem schlechten Wetter 1962/63 verlor mein Exemplar einen Großteil seiner Blätter, war davon abgesehen aber unbeeinträchtigt und blühte im folgenden Sommer so schön wie eh und je. Bei einigen meiner Gärtnerfreunde hingegen gingen die Sträucher ein. Je älter diese werden, desto größer sind die Überlebenschancen. Die natürliche Wuchsform ist säulenartig, und das kann man unterstützen, indem man alle Seitentriebe entfernt und lediglich einen Haupttrieb stehen lässt. Mein Exemplar setzte ich 1950, als es etwa 15 cm hoch war, jetzt ist es 7,50 m hoch und gerade einmal 1,20 m breit. Damit eignet sich 'Nymansay' ideal für einen kleinen Garten. Im Lauf der Zeit kann er eine Höhe von zwölf oder mehr Metern erreichen.

Warum dann sehen wir Scheinulmen nicht in jedem Vorgarten? Sie haben, von der Winterhärte einmal abgesehen, einen weiteren Haken: Meine 'Nymansay' fing erst nach acht Jahren an zu blühen, und obwohl sie seitdem mit absoluter Regelmäßigkeit blüht, ist dies für eine umziehfreudige Bevölkerung doch eine recht lange Zeit. Das Ganze zu beschleunigen, indem man ein großes Exemplar pflanzt, ist auch nicht möglich, weil größere Exemplare das Umsetzen nicht vertragen und jahrelang trotzig schmollen, wenn man es ihnen aufzwingt. Eine kleine Pflanze, die man im Frühjahr austopft, wächst gut an, und man kann sie großzügig düngen und mulchen. Die Wurzeln sind sehr oberflächennah, deshalb sollte man dort nicht graben. Stecklinge von diesjährigen Trieben können im September einzeln in reinen Drainagekies in kleine Töpfe gesetzt werden. Die Wurzeln reagieren empfindlich auf jede Störung.

Die meisten Scheinulmen gedeihen schlecht auf Kalksteinböden, 'Nymansay' bildet da eine Ausnahme, und diese Toleranz ist dem Elternteil *E. cordifolia* zu verdanken. Wenn es eines gibt, das mir an 'Nymansay' missfällt, dann ist es der öde Anblick ihres Blattwerks in den Monaten vor und nach der Blüte, insbesondere im Winter, nachdem die Hälfte des Laubs abgeworfen wurde. *E. cordifolia* hingegen ist weitaus eleganter, von stämmigem Wuchs mit glänzenden immergrünen Blättern, und sie blüht bereits in relativ jungen Jahren. Allerdings ist sie weniger winterhart. Wie steht es dann mit dem anderen Elternteil, *E. glutinosa*? Sie ist die winterhärteste aller Scheinulmen. Ihr gefiedertes Blattwerk hat eine ansprechende Form, sie ist laubabwerfend, und ihre Blätter nehmen vor dem Abfallen prächtige Orange- und Rottöne an (sofern der Boden bei Ihnen eine Herbstfärbung begünstigt). Allerdings braucht sie einen sauren Boden, und es gibt einen weiteren möglichen Nachteil: Aus Sämlingen bilden sich häufig Pflanzen mit gefüllten Blüten, und diese sind fast durchweg ein Fiasko (vom allgemeinen Mangel an Eleganz abgesehen), weil sie aufgrund der allzu vielen Blütenblätter beim Öffnen zu faulen anfangen. Vor dem Kauf sollten Sie den Gartenbauer also fragen, ob er seine Pflanzen aus Samen gezogen oder vegetativ von ungefüllt blühenden Exemplaren vermehrt hat.

E. glutinosa ist kein Frühblüher, ebenso wenig wie ihre Hybride, wenn sie mit der Tasmanischen Scheinulme, *E. lucida*, gekreuzt wird. Allerdings ist diese Hybride, die *E.* × *intermedia* heißt, ein schöner Strauch und sollte auf jeden Fall gepflanzt werden, wenn Sie zu den sesshafteren Menschen gehören und keinen Kalkboden haben. Der Baum ist immergrün und hat eher kleine Blätter, womit er einen Anblick reizvoller Eleganz bietet. Zudem blüht er ab Ende August, also später als die zuvor genannten Arten, und verlängert damit die Scheinulmen-Saison.

Die Wahl von Hortensien

Wir alle wissen, dass die Auswahl blühender Sträucher für den Garten ab Juli nicht mehr allzu groß ist und wir wohl oder übel auf Hortensien zurückgreifen müssen. Das klingt fast, als müssten wir uns bis zum nächsten Frühjahr auf eine Brot-und-Butter-Diät beschränken, ohne Marmelade oder Kuchen, um die Eintönigkeit aufzuhellen. Aber so sehe ich Hortensien überhaupt nicht, im Gegenteil, sie gehören zu meinen Lieblingssträuchern, die zufälliger- und glücklicherweise genau zu der Zeit blühen, wenn andere Lieblingssträucher in die zweite Reihe treten.

Es gibt Hortensien für jeden Geschmack. Zweifellos sind die Gartenhortensien die beliebtesten, allerdings gelten sie in vornehmeren Kreisen als billig, bäurisch, gewöhnlich, aufdringlich und vulgär. In dem Fall muss sich wohl etwas von all diesen Eigenschaften auch in mir finden. Mir gefallen diese Hortensien nicht ständig und überall, aber sie sind von einer unglaublichen Üppigkeit und Lebendigkeit, die einem Bewunderung abnötigt. Ich weiß, man sieht sie in jedem vorstädtischen Vorgarten, in jedem besseren oder schlechteren Seebad, aber irgendwie gelingt es ihnen, sich von ihrer banalen Umgebung abzusetzen. Sie weigern sich, adrett im Beet zu bleiben, und wuchern über dessen Grenzen hinaus, als wären sie gerade wie ein Laib Hefebrot aufgegangen.

Die Tellerhortensien, die im Englischen den hübschen Namen »lacecaps« (»Spitzenhäubchen«) tragen, haben typischerweise einen flachen Blütenteller, der aus einem mittigen Kreis kleiner fruchtbarer Blüten und einen äußeren Ring großer, auffälliger Scheinblüten besteht. Diese finden beim Gros der Gärtner zwar wenig Anklang, sind aber nach Ansicht der empfindsameren (aber selbstbewussten) Geschmacksgurus die einzigen, die zu pflanzen sich lohnen. Bei der Wahl von Hortensien fühlen Sie sich, je nach Erziehung, entweder zu den prächtigsten Bauernhortensien oder zur relativen Eleganz der Tellerhortensien hingezogen. Wenn Ihnen beide Arten gefallen, kommen wir nicht weiter und müssen uns den anderen wesentlichen Faktoren zuwenden, die unsere Auswahl bestimmen. Das sind Frosthärte, Wuchskraft und Blütenfarbe.

Leider sind viele Hortensien wenig frosthart. Diejenigen, die sich als Topfpflanzen am besten eignen, sind im Garten häufig am wenigsten zuverlässig. Wer mit einer Topf-Hortensie beschenkt wurde und diese dann in den Garten auspflanzt, wird mit großer Wahrscheinlichkeit eine Enttäuschung erleben. Das Problem mit den weniger winterharten Hortensien ist, dass sie einem nie mitteilen, wie man mit ihnen dran ist. Es ist nämlich so, dass sie den Sommer über üppig wachsen und aus dem Boden heraus viele saftige, dicht mit Blättern bestandene Triebe bilden. Diese reifen aber nie genügend aus (das heißt, sie verholzen nicht), um den Winter zu überleben, sondern frieren bis auf Bodenhöhe ab, und im Frühjahr fängt das Spiel wieder von vorn an. Überstehen die im Sommer gebildeten Triebe den Winter, blühen sie in der folgenden Saison, sonst aber nicht, oder nur spärlich.

Man muss sich seine Varietäten also sorgsam aussuchen. Ein erfahrener Gärtner kann Sie bezüglich der Frosthärte seiner Pflanzen beraten, aber viel hängt auch von Ihrem Garten ab, sogar vom Teil des Gartens, denn an einigen Stellen wird es kälter als an anderen. Man kann zumindest vorsorgen und die Hortensien erst im Frühjahr auspflanzen. Vergewissern Sie sich, dass Sie ein Exemplar mit zwei oder drei holzigen Trieben kaufen. Die werden im Verlauf des ersten Sommers in Ihrem Garten noch stärker verholzen und haben dann gute Chancen, den ersten Winter zu überleben. Danach werden ihre Aussichten ständig rosiger, denn mit jedem Jahr wird die Pflanze größer, und die alten Triebe werden kräftiger und frostbeständiger.

Als Nächstes die Wuchskraft. Wenn Sie ein ungeduldiger Gärtner sind (die Chancen stehen fünfzig zu eins), kaufen Sie die Hortensie, die am schnellsten zu einem ansprechend großen Strauch heranwächst. Sie füllt den ihr zugedachten Platz, und der ist zu klein, weil Sie sie als ungeduldiger Gärtner zu nah an die Nachbarpflanzen oder zum Gartenpfad gesetzt haben. Was dann? Sie beschneiden sie. Aber damit entfernen Sie auch alle Triebe, an denen Blüten stehen. Als Reaktion darauf bildet die Pflanze jede Menge saftiger neuer Triebe aus, die im Winter vermutlich alle erfrieren. Keine Blüten. Damit sind wir wieder genauso weit wie vorher.

Nun gibt es aber auch Hortensien, die wesentlicher kleiner bleiben und langsamer wachsen als andere. Wieder mit der Hilfe und dem Rat eines erfahrenen Gärtners kaufen Sie Hortensien so, dass sie mit ihrer künftigen Größe den Platz füllen, den Sie ihnen gewähren.

Wenn man Hortensien beschneidet, sollte man nie Triebe einkürzen (außer bei einigen der Gruppe *H. paniculata* und ein oder zwei anderen weißblühenden Arten), sondern den Strauch stets nur ausdünnen. Im März kriechen Sie unter Ihren Strauch, bis Sie in etwa zu seiner Mitte vorgedrungen sind, und schneiden die schwächsten alten Triebe bis auf Bodenhöhe zurück. Gemeinhin müssen sich Hortensien alle paar Jahre erneuern. Indem Sie die ältesten und am wenigsten vitalen Triebe entfernen, kommen Licht und Platz in die Mitte des Strauchs, was den Wuchs einiger (nicht zu vieler) neuer Triebe fördert.

Hortensien sind ausgesprochen hungrig und reagieren positiv auf kräftige Düngegaben. Mulchen Sie sie im Winter mit einem grobstückigen organischen Dünger, und geben Sie ihnen im Frühjahr einen Allgemeindünger (115 g pro Quadratmeter). Im Sommer sollten sie nicht mehr gedüngt werden, denn das fördert gegen Ende der Wachstumsphase die Entstehung von weichen, frostempfindlichen Trieben. Im Frühsommer möchte man die Bildung neuer Triebe unbedingt begünstigen, im Spätsommer und Herbst aber das Reifen. Und natürlich haben alle Hortensien großen Durst. Ich sage »natürlich«, weil der Strauch sein Bedürfnis deutlichst zu erkennen gibt: Bei Wassermangel lässt er die Blütenköpfe hängen, sodass sie erbärmlich und vorwurfsvoll aussehen. Nur Hartherzige würden diesen Durst nicht stillen.

Die Farbvariationen von Hortensienblüten sind derart außergewöhnlich und launisch, selbst an unterschiedlichen Teilen eines Strauchs, dass mein Rat lautet, sie alle zu akzeptieren, oder so gut wie alle, und sich an dem zu freuen, was kommt. Sonst ist es mit dem Seelenfrieden vorbei. Aber natürlich gefallen uns einige Farben besser als andere.

Lassen wir die Weißen fürs Erste außer Acht. Bei den farbigen Hortensien variiert die Blütenfarbe tendenziell je nach Säuregehalt des Bodens. Eine Pflanze, die auf alkalinen Böden rot blüht, ist auf sehr sauren Böden lila und auf neutralen Böden irgendetwas dazwischen. Eine Pflanze, die auf alkalinen Böden rosa blüht, ist auf sehr sauren Böden blau und auf nur leicht sauren oder neutralen Böden mehr oder minder mauvefarben. Diese Farbspiele sind unabhängig von der Varietät. Wenn Sie einem Gartenbauer sagen:

»Ich möchte eine blaue Hortensie«, verkauft er Ihnen eine mit einem Namen wie 'Blue Wave', kann aber nicht garantieren, dass sie in Ihrem Garten auch tatsächlich blau blüht. »Also gut«, sagen Sie dann, »dann kaufe ich eine im Topf Blühende, die hat garantiert genau den Blauton, der mir vorschwebt.« Gesagt, getan, aber im nächsten Jahr blüht Ihr Musterknabe in Ihrem Garten rosa. Menschen können das entweder mühelos begreifen oder gar nicht, also halte ich mich nicht weiter mit einer Erklärung auf.

Es ist nämlich sehr einfach, die Blütenfarbe Ihrer Hortensien von blau nach rosa oder von lila nach rot zu verändern. Sie brauchen den Boden nur mit Kalk zu versetzen und ihn dadurch alkalin zu machen. Bei der kleinwüchsigen rotblühenden Varietät 'Westfalen' (Kleinwüchsigkeit geht immer mit der intensivsten Färbung einher) gilt ein reines Rot allgemein als attraktiver als ein violettes Blau. Sollte Ihr Strauch sich nach Lila verfärben, geben Sie ihm Kalk, damit er wieder rot wird.

Einen alkalinen Boden sauer zu machen, ist praktisch unmöglich. Wer in einer Region mit Kalkgesteinböden lebt und sich eine blaue Hortensie wünscht, sollte sie in importierter saurer Erde in einen großen Topf pflanzen und mit weichem Regenwasser gießen.

Auf neutralen oder leicht sauren Böden, die bei Hortensien malvenfarbene Blüten hervorbringen, können Sie diese mit etwas Glück nach Blau verfärben, indem Sie die Pflanzen mit Eisen- und Aluminiumsalzen düngen. Man kann bei verschiedenen Gartenzubehörlieferanten ein entsprechendes Pulver mit Dosierungshinweisen kaufen.

Auf Böden, die zu alkalin sind, wachsen Hortensien nur kümmerlich und zeigen das, indem ihre Blätter gelb werden. Das kann man beheben, indem man sie mit Murphy's Iron Sequestrene gießt.

Die Farbe weißer Hortensien kann man nicht verändern, allerdings neigen sie von Natur aus dazu, in der Sonne beim Verblühen rosa, wenn nicht gar rot zu werden. Im Schatten nehmen sie im

Lauf des Sommers eine merkwürdige metallische Grünfärbung an; das ist bei farbigen Varietäten übrigens auch der Fall. Allerdings muss im Herbst dafür gutes Wetter herrschen, sonst verfaulen die verblühenden Blütenköpfe, anstatt die verführerischen Farbtöne anzunehmen, die Floristen so schätzen.

Zu guter Letzt noch ein paar Vorschläge für bestimmte Varietäten, je nach Ihren Anforderungen. Wenn Ihr Hauptaugenmerk der Winterhärte gilt, müssen Sie sich mit bestimmten weißblühenden Hortensien bescheiden. *Hydrangea paniculata* hat kegelförmige Blütenstände mit großen weißen, sterilen Einzelblüten und dazu einen Schopf fruchtbarer weißer Blüten. Es gibt mehrere Varietäten. *H. p.* 'Praecox' blüht im Juli und ist sehr hübsch, dabei wenig förmlich, und braucht nicht zurückgeschnitten zu werden; allerdings bietet sie beim Verblühen und den Herbst hindurch keinen schönen Anblick. *H. p.* 'Floribunda' blüht im August mit eleganten Kegeln fruchtbarer und steriler Blüten. Sie kann man im Frühjahr kräftig zurückschneiden, wie eine einfache Buddleia, und dennoch blüht sie reichlich am Ende der neuen Triebe. Wenn man eine gut eingewachsene Pflanze stark zurückschneidet, bringt sie Blütenkegel von 30 bis 38 cm Länge hervor – ein prachtvoller Anblick. *H. p.* 'Tardiva' ist ähnlich, ihre Blütezeit reicht von August bis Oktober. *H. p.* 'Kyushu' ist der wilde Klon, den Collingwood Ingram aus Japan einführte und dessen Blütenstände wie Schaum wirken, ausgesprochen charmant. *H. p.* 'Grandiflora', die beliebteste in dieser Gruppe, hat im September große Kegel ausschließlich steriler Blüten. Diese Blütenstände werden besonders groß, wenn man das Gehölz stark zurückschneidet. Zwar ist der Rückschnitt nicht zwingend erforderlich, doch sonst kann der Strauch 2,40 bis 2,70 m hoch werden. *H. arborescens* subsp. *discolor* 'Sterlis' und *H. arborescens* 'Grandiflora' fallen mit einer Höhe von 90 bis 120 cm niedriger aus und bilden kugelförmige Blütenstände weißer, steriler Blüten. Sie sind ausgesprochen winterhart und gedeihen in der vollen Sonne ebenso wie im Schatten. Sie passen sehr gut zu Staudenphlox, und in Yorkshire sah ich sie einmal in einer sehr gelungenen Paarung mit den leuchtend gelben Rispen des Gilbweiderichs, *Lysimachia punctata*. 'Annabelle' ist eine spektakuläre Entwicklung von *H. arborescens*.

Bei den großblütigen Hortensien (Formen von *H. macrophylla*) gibt es viele berühmte Namen. Zu den Standardsorten, die auf alkalinen oder neutralen Böden dunkelrosa sind, in saurem Substrat jedoch kräftig blau werden (meiner Ansicht nach bisweilen etwas zu kräftig), gehören 'Europa', 'Générale Vicomtesse de Vibraye', 'Altona' und 'Hamburg'. Letztere hat ausgesprochen große Blütenstände und wächst gemeinhin nicht höher als 90 bis 120 cm, braucht aber Schutz. 'Mme A. Riverain' zeigt auf normalen Böden ein verwaschenes, eher gewöhnliches Rosa, kann auf saurem Boden allerdings ein schönes Hellblau annehmen. Die früh blühende 'Générale Vicomtesse de Vibraye' zeigt ein hübsches Zartrosa, bläut jedoch bereitwillig zu einem klaren Azurblau. Sie eignet sich sehr für den Anbau im Topf.

Wie bereits erwähnt, wird 'Westfalen' 90 cm hoch und hat ein dunkles, sattes Rot, ebenso wie 'Ami Pasquier'. 'Mme Emile Mouillère' ist eine großartige weiße Hortensie mit sehr langer Blühdauer. Sowohl auf jungem als auch auf altem Holz bringt sie Blüten bis zu den ersten Frösten hervor.

'Blue Wave' ('Mariesù Perfecta') hat von allen Tellerhortensien den kräftigsten Wuchs und ist gutwillig; auch wenn sie bei mir rosa blüht, schätze ich sie sehr. Sie wird an einem einigermaßen geschützten Standort bis zu 2 m hoch und blüht von Anfang August bis in den Herbst hinein. *H. serrata* 'Blue Bird' zeigt sich einen Monat früher, ist hinreißend duftig und wird ohne Probleme blau, ist aber selbst malvenfarben reizend. Sie wächst eher steif und erreicht eine Höhe von 1,20 m. 'Lanarth White' eignet sich für vollsonnige Lagen und hat interessante hellgrüne Blätter. Ihre sterilen Blüten sind weiß, begleitet von fruchtbaren blauen Blüten. In weiten Teilen des Landes wird das Gehölz 90 bis 120 cm hoch, in milden Regionen allerdings wesentlich größer.

H. 'Preziosa' ist jüngeren Datums und hat kleine kugelförmige Blütenstände, die beim Aufblühen zartrosa sind, dann rot oder violett werden. Um eine kräftige Farbe zu entwickeln, braucht sie einen vollsonnigen Platz. Ihr Blattwerk färbt sich wie bei 'Blue Bird' im Herbst karminrot und behält diese Farbe wochenlang bei.

Einige der Samt- oder Rau-Hortensien wachsen zu wunderschönen Sträuchern mit rosavioletten Blüten in der Art der Tellerhortensien heran. Die bei weitem Beste – der schönste Anblick, den mein Garten im August zu bieten hat – ist die Gruppe *H. aspera* Villosa, allerdings muss man den besten Klon davon bekommen, und da sie keinen eigenen Klonnamen hat, könnte das etwas schwierig sein. Die Pflanze verträgt Wind nur schlecht und verübelt dem Gärtner späte Frühjahrsfröste, sonst jedoch ist sie wenig anspruchsvoll und wird bis zu 2,40 m hoch und 3 bis 3,60 m breit – das muss man beim Einpflanzen berücksichtigen. Bei mir steht sie an einer 2,4 m hohen Nordmauer.

Herbst

Zapfentragende Gehölze

Wer liebt Tannenzapfen nicht? Zur Weihnachtszeit wird häufig versucht, der Natur nachzuhelfen und sie silbern oder golden zu bemalen. Zapfen sind wunderschön gebaut, haben eine ansprechende Form, und es gibt sie in einer weit größeren Vielfalt als allgemein bekannt.

Wer sich einen Tannenzapfen vorstellt, sieht gemeinhin den einer Kiefer vor sich. Die Zapfen der bei uns heimischen Wald-Kiefer, *Pinus sylvestris*, sind 5 bis 7,5 cm lang, trotzdem machte es uns als Kindern Spaß, aus einem reifen Zapfen eine Art Blumenvase zu basteln. Wurde der getrocknete Zapfen in Wasser gelegt, öffneten sich die fast vollständig geschlossenen Schuppen – denn diese Zapfen reagieren stark auf Feuchtigkeit bzw. Trockenheit –, und wir steckten in die klaffenden Öffnungen jeweils den Stiel einer kleinen Blüte. Wenn sich die Schuppen dann wieder schlossen, hielten sie die Blumen fest.

Ein großer Pinienzapfen ist natürlich weitaus spannender. Bei der See-Kiefer (*Pinus pinaster*) sind die Zapfen bis zu 15 oder gar 18 cm lang und dienen im Sommer häufig als Schmuck für unbenutzte Kamine. Diese Kiefer ist im Süden winterhart und macht sich besonders gut auf kargen, sandigen Böden sowie in Meeresnähe, doch für Tonböden ist sie nicht geeignet.

Die Pinie, *P. pinea*, ist im ganzen Mittelmeerraum geschätzt wegen ihrer anmutigen Schirmkrone; zudem enthalten ihre gewaltigen Zapfen große, nussartige Samen mit essbaren Kernen, die in Frankreich *pignons* heißen und auch bei uns in der Küche gern verwendet werden. 1954 sammelte ich hoch oben im Libanon eine ganze Reihe davon und säte sie bei mir aus, 1968 bescherten die jungen Bäume mir die ersten Zapfen mit entwicklungsfähigen Samen, aus denen ich eine zweite Generation zog. Die Zapfen sind zwar groß und kräftig, doch die Schuppen öffnen sich bei uns kaum von selbst; man muss die Zapfen also künstlich erwärmen, woraufhin sie auseinanderfallen, aber zumindest kommt man dann an die Kerne heran. Meine Bäume sind absolut winterhart (wie 1962/63 bewies), aber nicht besonders windfest. Das Geheimnis besteht, wie ich glaube, darin, die Sämlinge früh auszupflanzen, bevor die Wurzeln vom Topf eingeengt werden. Andererseits lassen sich Sämlinge ungern verpflanzen, wenn man sie nicht im Topf herangezogen hat.

Die Monterey-Kiefer, *P. radiata* (*insignis*), eignet sich in milderen Lagen und in Meeresnähe gut als Schutzbaum. Sie wächst erstaunlich schnell zu einer ausladenden Spezies mit ansprechender Kontur heran; pro Jahr kann sie bis zu einem knappen Meter an Höhe zulegen. Ihre Nadeln sind zu jeder Jahreszeit außergewöhnlich kräftig grün gefärbt, sofern sie nicht von eisigen Winden verbrannt werden. Die Monterey-Kiefer gehört zu den gängigsten Kiefern; sie behält ihre ungeöffneten Zapfen jahrelang, sodass selbst ziemlich alte Zweige noch Zapfen tragen. Die andere gängige Art ist die Bischofs-Kiefer (*Pinus muricata*). Auch sie ist ausgesprochen dekorativ und nimmt sich in Gruppenpflanzungen gut aus. Ihre Borke und Zweige bekommen schon in recht jugendlichen Jahren ein anziehendes, raues Gepräge. Die Bischofs-Kiefer ist winterhärter als *P. radiata* und auch relativ windfest. Die etwa 7,5 cm langen Zapfen haben an der Spitze jeder Schuppe einen Dorn, weshalb sie ungut anzufassen sind, und sitzen derart fest an den Zweigen, dass man sie selbst nach jahrelanger Reife nur unter Einsatz von Muskelkraft entfernen kann.

In der Bibel aller Koniferenliebhaber, Dallimores und Jacksons *Handbook of Coniferae*, lesen wir, dass die Zapfen häufig dreißig oder vierzig Jahre intakt an den Zweigen hängen bleiben und die Samen erst durch Waldbrände freigesetzt werden, sodass anschließend der Boden von Sämlingen übersät ist. Das erscheint mir eine etwas drastische Maßnahme zur Arterhaltung. Bevor der Mensch häufige Waldbrände verursachte, müssen die Kiefern des Wartens auf einen zufälligen Blitzschlag bisweilen überdrüssig geworden sein. Wenn Sie an die Samen dieser fest geschlossenen Zapfen gelangen wollen, die ihre Schuppen nur widerstrebend öffnen, legen Sie sie für zwei Tage entweder in den etwa 43° C warmen Backofen oder neben ein heißes Kaminfeuer. Erstaunlicherweise beeinträchtigt diese Hitzeeinwirkung die Keimfähigkeit der Samen nicht.

Einige der zur Zierde des Gartens begehrtesten Kiefern haben 15 bis 20 cm lange, seidige Nadeln, die so weich sind, dass sie in eleganten Federbüscheln herabhängen und, auf Augenhöhe betrachtet, das Licht spiegeln. Selbst ein recht junges Exemplar, dessen Äste bis zum Boden hinabreichen, nimmt sich entzückend aus. Obendrein tragen sie ab einem Alter von 12 oder 15 Jahren außergewöhnlich lange und interessant aussehende, in Büscheln angeordnete Zapfen.

Die bekannteste – da sie bei R. H. S.-Schauen am häufigsten ausgestellt wird – ist *P. ayacahuite*, deren Zapfen eine Länge von 30 bis 45 cm erreichen. Allerdings kann man diese Art nicht allgemein für Gärten empfehlen, da sie häufig von Blasenrost befallen wird; ihr ist *P. wallichiana* (auch unter dem Namen *P. griffithii* bekannt) vorzuziehen. Selbst wenn deren Zapfen selten länger als 30 cm werden, ist das für das Gros von uns doch spektakulär genug. Als diese beiden Arten im Westonbirt Arboretum nah beieinandergepflanzt wurden, entwickelte sich daraus eine herausragend gute Hybride, *P. × holfordiana*, mit prächtigen Zapfen. Dank ihres *wallichiana*-Elters ist sie rostresistent.

Am auffälligsten wirken die Zapfen der Tannen, der Gattung *Abies*, weil sie an der Astoberseite stolz und aufrecht wie Kerzen nach oben ragen; außerdem sind sie oft sehr groß und im jugendlichen Alter ausgesprochen schön gefärbt. Allerdings – und es gibt eine Menge Einschränkungen, wie bei so manch Schönem – setzen viele erst als relativ reife Bäume die ersten Zapfen an, und auch dann nur ziemlich weit oben, sodass man sie im Grunde nur unter Zuhilfenahme eines Feldstechers und eines beweglichen Nackens entsprechend würdigen kann. Und man braucht sich gar nicht einzubilden, man könnte sie aus der Nähe bestaunen, wenn sie abfallen, weil es in der Natur der Tannen liegt, die Schuppen reifer Zapfen einzeln abzuwerfen, sodass diese sich auflösen.

Einige Vertreter jedoch setzen relativ früh Zapfen an, und das in etwa auf menschlicher Augenhöhe. Die beste Miniaturart ist, unter diesem Aspekt betrachtet, *A. koreana*. Die Zapfen sind zwar nur 5 bis 7,5 cm groß, stehen aber in dichten Kolonien zusammen und sind anfangs blaulila mit einer hellbraunen Querzeichnung. Ein Baum bringt die ersten Zapfen bereits bei einer Höhe von 1,20 bis 1,50 m hervor und wird bei uns selten höher als 6 m, eignet sich also auch für recht kleine Gärten.

Ein Freund in Wester Ross hatte zwei jüngere Exemplare von *A. spectabilis*, auf deren Fruchtbildung wurde er aber erst aufmerksam, als die Frau des Verwalters ihn fragte, ob er die »marineblauen Zapfen« gesehen habe. Nun sind sie zwar eindeutig blau, allerdings ein kräftigerer und schönerer Ton als Marineblau. Die Farbe erscheint einem, am Baum hängend, unglaublich, bis man sich daran gewöhnt hat, wobei sie bei den unreifen Zapfen einiger *Abies*-Arten ganz normal ist. *A. spectabilis* ist in Großbritannien insgesamt nicht allzu winterhart. Unproblematischer und mit Zapfen in derselben Farbe zeigt sich *A. homolepis*, die Nikko-Tanne. Auch bei ihr stehen sie an vertretbar tief sitzenden Zweigen. Allerdings sind alle Tannen recht launisch, was das Ansetzen von Zapfen betrifft, und es gibt häufig Jahre ohne Fruchtbildung.

Zedernzapfen sind fassförmig und lösen sich, wie die der *Abies*-Vertreter, nach der Reife von selbst auf. Aber auch sie sitzen oben auf den Zweigen und Ästen, und zwar relativ weit unten, sodass man sie gut betrachten kann. Und betrachtenswert sind sie in der Tat, denn vor der Reife sind sie hell bereift. Bei den nah mit ihnen verwandten Lärchen sind die Zapfen wesentlich kleiner, doch bleiben sie an den Zweigen hängen und eignen sich gut als häuslicher Schmuck. Im April sind die Zapfen winzig, aber von einem üppigen Rot, das sich wunderschön vor dem hellgrünen Nadelkleid abhebt.

Thuja plicata bildet winzige, maximal 1,2 cm große, längliche Zapfen aus, allerdings in solchen Mengen, dass sie den gesamten Baum verwandeln. Im September, bevor sie reif werden, sind sie gelblich gefärbt und würden sich wunderbar für floristische Zwecke eignen. Das gilt auch für die jungen grünen oder blaugrünen Zapfen der bereitwillig Früchte ansetzenden Cultivare von Lawsons Scheinzypresse, *Chamaecyparis lawsoniana*, wie etwa 'Alumii', 'Triompf van Boskoop' und viele weitere. Die Zapfen sind kreisrund mit nur 0,8 cm Durchmesser, stehen aber in Massen an den aufgefächerten Zweigen.

Sommergrüne Koniferen

Man könnte die Meinung vertreten, der wesentliche Vorteil von Koniferen bestünde darin, dass sie zumeist immergrün sind. Doch die wenigen gängigen laubabwerfenden Koniferen haben als Zierbäume viele Qualitäten, und diese – und insbesondere ihre Herbstfärbung – verdanken sie genau dem Umstand, dass sie ihr Laub verlieren.

Wenige Bäume nehmen sich prachtvoller und eindrücklicher aus als *Ginkgo biloba*, der Ginkgo, sofern er sich in seiner Umgebung wohlfühlt. Die fächerförmigen Blätter mit der mittigen Spreite muten urweltlich an, und in der Tat ist uns dieser Baum auch als Fossil bekannt. Er ist der einzige Überlebende einer früheren Vegetationsform und hat in der heutigen Pflanzenwelt nur sehr entfernte Verwandte.

Im Herbst zieht der Ginkgo mit seiner goldgelben Färbung regelmäßig alle Blicke auf sich, ehe er die Blätter abwirft. Es gibt prächtige Exemplare in ganz Großbritannien, selbst im Ruß und Smog von Industriestädten. Dann wieder sieht man viele Exemplare, vielleicht dreißig bis fünfzig Jahre alt, die nie richtig Fuß gefasst haben. Sie wirken ausgemergelt und lebensmüde, haben Flechten an der Rinde, und jahrein, jahraus bilden sie auf denselben knorrigen alten Spornen Blätterbüschel, aber kein oder kaum neues Wachstum. Es ist nun einmal so, dass ein Ginkgo, um sich in aller

Pracht zu entfalten, wirklich gute Bedingungen braucht. Wenn Sie ein Exemplar etwa an die Stelle eines ehemaligen Gemüsegartens pflanzen, der jahrelang tief umgegraben und gut gedüngt wurde, legt sich der Ginkgo ins Zeug und startet durch. Auch ein Standort, wo Generationen von Schweinen im Boden herumgewühlt haben und Ampfer und Brennnesseln gigantische Größen erreichten, ist gut geeignet, nicht aber eine Rasenfläche von Seggen und Schwingelgräsern und ähnlich kargen Gräsern.

Ginkgos sind problemlos käuflich zu erwerben und auch vollkommen winterhart. Allerdings sind die meisten in Baumschulen angebotenen Exemplare Importware und wurden in einem einheitlichen Substrat aus Torf und Sand mit hohem Wasserspiegel kultiviert; alle Nährstoffe wurden zugesetzt. Dadurch sind die Pflanzen zwar sehr schnell gewachsen, doch die Triebe sind weich, und der Feuchtigkeitsgrad im Holz der jungen Bäume ist so hoch, dass sie nicht als winterhart gelten können, bis sie mindestens ein Jahr unter normalen Bedingungen gehalten wurden. Einige Gartenbaubetriebe tun das, und dann kann man sein Exemplar gefahrlos im Herbst pflanzen, sonst ist es sicherer, auf eine Frühjahrslieferung zu setzen.

Wenn Ihr Ginkgo bei Ihnen ankommt, hat er vermutlich keinen Hauptstamm, sondern mehrere mehr oder minder gleichermaßen kräftige Zweige, die wie bei einem Strauch aus dem Wurzelstock wachsen. Sofern Sie nicht explizit ein Hochstamm-Exemplar gekauft haben, bleibt es Ihnen überlassen, ihn zu einem Baum mit einem Stamm zu erziehen, und das bedingt, dass Sie ihn um mehr als die Hälfte beschneiden müssen. Um diesen Schock verträglicher zu gestalten, empfiehlt es sich, den Schnitt über eine gewisse Zeitspanne hinzuziehen. Wenn der Baum also bei Ihnen eintrifft, können Sie erst einmal überlegen, welchen der Triebe Sie zum Stamm bestimmen; dann sollten Sie die Spitzen aller anderen, die möglicherweise mit dem geplanten Hauptstamm konkurrieren könnten, zurückschneiden. Dieser Prozess des Einkürzens wird die gesamte Wachstumsperiode hindurch wiederholt, bis der Baum am Ende des ersten Jahres einen Stamm hat. Wenn dieser höher wächst, können Sie die untersten abstehenden Zweige zunächst einkürzen und dann entfernen, sodass Sie allmählich einen Stamm von der gewünschten Höhe bekommen – 1,80 m oder was immer Ihnen vorschwebt.

Ginkgos lassen sich auch bereitwillig durch Risslinge vermehren und dann in ein Frühbeet setzen; Juli oder August sind der geeignete Zeitpunkt dafür. Ich finde es sehr überraschend, dass diese einfache Methode in keinem der Ratgeber, den ich zur Hand nahm, erwähnt wird, weder bei Dallimore und Jackson noch bei Beans *Trees and Shrubs Hardy in the British Isles* noch im *R. H. S. Dictionary*. Alle nennen die Vermehrung durch Samen als die übliche Methode, wobei Ginkgos bei uns selten Samen bilden – die Bäume sind zweihäusig, und die meisten Exemplare sind männlich.

Der andere Baum, den wir als Fossil kennen und bis zur dramatischen Entdeckung eines tatsächlich lebenden Exemplars 1945 in China ausschließlich in dieser Form kannten, ist der Urwelt-Mammutbaum, *Metasequoia glyptostroboides*, auch als Chinesisches Rotholz bekannt. Sequoien werden seit ihrer Einführung vielfach gepflanzt, und offenbar sind sie ausgesprochen problemlose und attraktive sommergrüne Nadelbäume. Ihre Blätter sind wie bei der Eibe in zwei Reihen angeordnet und nehmen im Herbst eine wunderschöne rostrote Färbung an. Zudem stellt der Baum keine besonderen Ansprüche und wächst auf jedem Boden. Alljährlich setze ich Mitte August halbausgereifte Stecklinge in zwei oder drei Töpfe, die zwei Monate später bereits Wurzeln geschlagen haben.

Noch wissen wir nicht, wie viel Individualität die ausgewachsenen Exemplare jeweils besitzen werden. Allerdings kann ich mir kaum vorstellen, dass sie ebenso groß sein wird wie die der im Südosten der USA heimischen Echten Sumpfzypresse, *Taxodium disti-*

chum. In Kent und East Sussex wurden Sumpfzypressen vor rund hundert Jahren aus unerklärlichen Gründen häufig als Solitär in Rasenflächen gesetzt. Jeder reife Baum, den ich gesehen habe, ob er nun einen hohen Stamm hatte oder ob man die Verzweigung bereits weit unten hatte ansetzen lassen, war von unvergleichlicher Schönheit. Es kommt mir kein anderer laubabwerfender Baum in den Sinn, dessen grüne Färbung bis in den Spätsommer hinein so frisch und kräftig bleibt, und im Oktober färbt sich das fedrige Laub in ein leuchtendes Rostrot.

Der Baum ist bekannt dafür, dass er gern auf staunassen Böden steht, die einen Teil des Jahres überflutet werden dürfen. Angeblich jedoch ist es sicherer, ein junges Exemplar an sehr nassen Standorten auf eine kleine Erhebung zu setzen; seine Wurzeln werden bald ins Wasser hinabreichen. Allerdings gedeiht der Baum auch bei normalen Bodenbedingungen. In Senken, wo im Frühjahr Spätfröste sein neues Wachstum abtöten, zieht sich seine Entwicklung womöglich etwas in die Länge, bis es ihm nach einigen frostfreien Frühjahren schließlich gelingt, der Gefahrenzone regelrecht zu entwachsen.

Bekannt sind die Sumpfzypressen zudem wegen der Atemknie, die sie an nassen Standorten oberirdisch bilden. Eine ziemlich beeindruckende Kolonie dieser Bäume – die fast wie Termitendörfer aussieht – kann man im Garten in Syon bestaunen, wo mittlerweile ein Gartencenter steht. Bean erwähnt diese »prächtigen Exemplare« in der Ausgabe seines Buchs von 1914, und sie müssen heute zweifellos noch prächtiger sein, machen sich bei ihnen doch noch keinerlei Anzeichen des Niedergangs bemerkbar.

Vor hundert oder hundertdreißig Jahren wurden Lärchen häufig als Zierbäume gepflanzt, heutzutage leider nur noch selten. Dabei bieten die heranwachsenden Exemplare rund ums Jahr immer wieder einen schönen Anblick. Im Frühjahr ist das Grün ihres Laubs so frisch und hell wie kein zweites, und im Herbst färbt es sich zu einem warmem Gelb, was einen – in meinen Augen – besonders ansprechenden Kontrast zum Blaugrün benachbarter Wald-Kiefern bildet. Bei einer Allee würde sich etwa anbieten, sie abwechselnd zu pflanzen. Das Blattwerk der Lärchen bliebt bis Ende November an den Zweigen. Kürzlich war ich ganz entzückt ob eines zufälligen Zusammenfindens von *Clematis vitalba*, die in die unteren Äste einer ausreifenden Lärche geklettert war. Die Fruchtstände der Waldrebe glänzten aufs Silbrigste vor dem Goldgelb der Lärche, und beide gemeinsam funkelten sie in der Novembersonne.

Eine ausgewachsene Lärche erinnert in ihren Umrissen an eine Zeder, obwohl sie ihre Pyramidenform länger beibehält. Meine einzige Kritik an ihr (und ich wünsche mir sehr, sie würde diese beherzigen) ist, dass sie eher zu viele der mehr oder minder waagrechten Äste ausbildet und dass diese oft etwas richtungslos hierhin und dorthin weisen. Das gilt insbesondere für die Europäische Lärche, *Larix decidua* (*L. europaea*). Seit den 1950er Jahren ist die Beliebtheit der Japanischen Lärche, *L. kaempferi*, für die kommerzielle Pflanzung gestiegen. Ihr Winterkleid ist ausgesprochen reizvoll, sind die jungen Zweige doch leuchtend rot – im Gegensatz zum Hellbraun der europäischen Variante.

Die Wurzeln der Lärchen nehmen Nahrung oberflächennah auf, und zwar reichlich davon (übrigens brauchen sie einen gut durchlässigen Boden), und die Bäume selbst werden zu groß für den durchschnittlichen modernen Garten, aber als Abgrenzungen und in Parkanlagen kann man sie dennoch pflanzen. Spätere Generationen werden es einem danken.

Frostfeste Fuchsien für den Herbst

Mit dem Herbst beginnen die nassesten, windigsten Monate des Jahres, die zarteren Gewächse des Gartens lösen sich endgültig in ihre Bestandteile auf. Und doch bekommen wir in der Zeit oft die allerschönsten Tage: Das Licht ist warm, das ganze Land leuchtet, und der Garten ist mehr denn je ein Ort des Verweilens, wissen wir doch, dass ein beschaulicher Aufenthalt dort bald lange Monate nicht mehr möglich sein wird.

Ob Sie sich in dieser Zeit mehr oder weniger rasch an die Instandhaltung Ihrer Staudenrabatten machen, hängt vermutlich davon ab, wie intensiv Sie sich bislang um sie gekümmert haben. Gärtnerinnen und Gärtern, die ihrer Leidenschaft mit Blick auf den Herbst nachgehen, gelingt es häufig, dass ihr Garten noch Anfang Oktober mit einer großen Blütenfülle aufwartet. Am besten helfen ihnen dabei allerdings nicht die Pflanzen, die jetzt erst ans Blühen denken, sondern die, die im Juli oder noch viel früher an den Start gingen.

Fuchsien sind hier eine großartige Hilfe, auch wenn ihre Eignung als winterhartes Gewächs erst seit Kürzerem wirklich genutzt wird. Natürlich ist Frost ein Problem, wobei ich weniger an den Frost im Winter denke als vielmehr an den im frühen Herbst, der in bestimmten ungünstigen Lagen möglicherweise bereits Ende September Dahlien, Fuchsien und andere vergleichbare Pflanzen schwarz werden lässt. Jeder Gärtner weiß, was er in dieser Hinsicht zu erwarten hat, und plant entsprechend. Mein eigener Garten liegt an einem Abhang kurz unterhalb des Bergkamms, und bei uns kommt der erste Frost gemeinhin in der letzten Oktoberwoche, in den vergangenen Jahren sogar erst im November.

Fuchsien blühen meist umso üppiger, je weiter der Herbst fortschreitet. Sie haben eine Vorliebe für feuchte, kühle Lagen. Im Hoch- und Spätsommer schränken Weichwanzen an den Spitzen der wachsenden Triebe die Blüte oft stark ein, ab Mitte September jedoch verschwinden die Insekten, sodass die Pflanzen sich noch einmal kräftig ins Zeug legen und eine üppige Fülle später Blüten hervorbringen.

Und sie passen so gut in sehr viele Teile des Gartens. Auch wenn es sich, theoretisch gesehen, bei ihnen um Sträucher handelt, verhalten sie sich, wenn sie als winterfest behandelt werden, mehr oder minder wie Stauden und ergänzen in jeder Rabatte sowohl andere Sträucher als auch Stauden. Zwergarten wie 'Alice Hoffman', 'Tom Thumb' und 'Display' eignen sich zur Randbepflanzung oder auch als späte Farbtupfer im Steingarten. Die wuchsfreudigsten können als interne Hecke gesetzt werden, die größerblütigen Varianten, ob nun frosthart oder nicht, nehmen sich sehr schön in großen Töpfen und Kübeln aus.

Die wuchsfreudigste winterharte Fuchsie ist *Fuchsia* 'Riccartonii' mit kleinen lilafarbenen und roten Blüten. Ist der Winter streng, stirbt sie bis zum Boden ab, aber da sie in der Wachstumsphase 1,50 bis 1,80 m lange neue Triebe bilden kann, sollte sie weitaus häufiger als Hecke gepflanzt werden, und nicht nur im West Country, wo wir sie häufig als solche sehen. *F. magellanica* var. *molinae* (auch *F. magellanica* 'Alba') mit hellgrünem Laub und zartrosa Blüten ist ebenso wuchsfreudig, fängt aber, wenn sie im Winter völlig abgefroren war, meist erst sehr spät zu blühen an. Gelingt es ihr jedoch, ein dauerhaftes strauchartiges Zweiggerüst zu bilden, zeigen sich die ersten Blüten bereits im Juni, wenn nicht noch früher.

F. magellanica var. *gracilis* ist etwas bedrückend, aber in ihrer panaschierten Form, 'Versicolor' (oder 'Tricolor'), ist sie eine der hinreißendsten Gartenpflanzen überhaupt. Ihr Blattwerk verändert ständig die Farbe, mal ist es graugrün, dann wieder leuchtend rosa, wobei sich die Färbung entweder als Streifen oder entlang der Stiele und Blattadern zeigt; im Frühjahr und dann wieder im Herbst ist sie am kräftigsten. Und auch die Blüten mit den herabhängenden roten Kelchsegmenten bestechen mit ihrer Vielzahl. Da der Wurzelstock das stärkste Wachstum hervorbringt, sollten die Pflanzen im Frühjahr völlig zurückgeschnitten werden, selbst wenn das alte Holz nicht abgestorben ist. Sie werden im Lauf des Sommers 1,20 m lange neue Triebe bilden. Der einzige Nachteil dieser Sorte ist, dass sie dazu neigt, zu reinem Grün zurückzuschlagen, und jeder derartige Trieb sollte ausgerissen werden, sobald er sich im späten Frühjahr zeigt.

Was die Winterhärte der großblütigen Sorten betrifft, lässt sich schwer Definitives sagen. Das Mikroklima variiert bereits innerhalb eines Gartens sehr stark, ganz zu schweigen von unterschiedlichen Gärten. Ob eine Fuchsie bei uns frostfest ist, können wir also erst dann mit Sicherheit sagen, wenn sie in unserem Garten überlebt hat. Solche Fuchsien sollte man im späten Frühjahr pflanzen und im Herbst ein paar Stecklinge schneiden, damit man nicht pflanzenlos dasteht, sollte die Elternpflanze eingehen. Sobald wir uns aber von deren Winterhärte überzeugt haben, können wir alle Vorsichtsmaßnahmen vergessen.

Ich gebe meinen Fuchsien nie Winterschutz, abgesehen davon, dass ich die Triebe der etwas zarter besaiteten Sorten erst im Frühjahr zurückschneide. In strengeren Klimazonen ist es aber ratsam, den Wurzelhals ziemlich tief einzusetzen und jedes Jahr vor Wintereinbruch mit Drainagekies aufzuhäufeln.

Bei den großblütigen Sorten ist die gefüllte lila- und hellrosafarbene ‘Lena’ eine der prächtigsten und zuverlässigsten. In normalen Jahren zeigt sie die ersten Blüten bereits Mitte Juni und stellt das Blühen erst nach vier oder fünf Monaten wieder ein. ‘Dollar Princess’, karminrot und lila, ist überraschend üppig. Die wächsernen karminroten Blüten von ‘Phyllis’ stehen schräg von den kräftigen, 60 bis 90 cm langen Trieben ab. ‘Mme Cornélissen’ in Rot und Weiß ist mit ihren 90 cm sehr aufrecht, ‘Chillerton Beauty’ (rosa und helllila) wiederum sehr buschig. ‘Uncle Charley’ bezaubert alle, die sie kennen; sie trägt ein langes lila Röckchen, dessen Falten sich tief überlappen, und die Segmente des karminroten Kelchs drehen sich nach oben. ‘Tennessee Waltz’ ist recht ähnlich und ebenso winterhart, aber der Kelch steht horizontal ab.

Hochblüte der Dahlien

Häufig stellt sich ein gewisses Gefühl von Erleichterung ein, wenn sich der Sommer dem Ende entgegenneigt. Nur allzu selten erfüllt er unsere Erwartungen. Der Herbst hingegen ist eine Jahreszeit, von der man sich wenig erhofft und an die man sich auch sonst kaum erinnert, und somit kann sie uns häufig aufs Angenehmste überraschen. Im September dürfen Dahlien endlich blühen, ohne den tragischen Vorwurf zu hören: »Was! Die Dahlien blühen schon?« Heutzutage sollte man Dahlien ebenso als Sommer- wie als Herbstblumen betrachten, insbesondere die Zwergsorten. Doch sie zeigen ihre ganze Schönheit erst im September – das ist die Zeit, in der sie schließlich ihre Stützen überwuchert haben und selbst zu unerlässlichen Stützen des Gartens geworden sind, der sonst allzu leicht in ein Meer von Herbstastern verwandelt würde. Und das goldene Herbstlicht bringt ihre warmen Farben am allerherrlichsten zur Geltung.

Dahlien sind mittlerweile mit derart vielen unterschiedlichen Wuchs- und Blütenformen erhältlich, dass es völlig ungerechtfertigt wäre, sie als vulgär oder ungefüge abzutun. Diese neuen Dahlien, die sich überdeutlich abheben von den stereotypen Vorstellungen der Aussteller, was eine gediegene, preiswürdige Blüte ausmacht, haben wir dem starken Einfluss der Floristenbewegung zu verdanken. Deren Anforderungen – nämlich ein langer, kräftiger Stiel, der nicht entknospt zu werden braucht, sowie eine elegante, ansprechende Blüte von mittlerer Größe – entsprechen genau denen des Gärtners, der die wirkungsvollsten Effekte im Zusammenspiel mit anderen Pflanzen erzielen möchte. Wer sich für Dahlien als Gartenpflanzen interessiert, sollte versuchen, im Herbst die R. H. S.-Trials in Wisley zu besuchen; dort werden erprobte Standardvarietäten neben neuen Sorten ausgestellt, mit denen bislang niemand Erfahrungen gesammelt hat. Diese sind noch rechtshängig und deswegen lediglich mit einer Nummer versehen. Das soll den Besucher aber nicht abschrecken: Er kann im Büro einen Zettel mit den Nummern der ausgewählten Varietäten abgeben, und am Ende der Wachstumsperiode wird ihm deren Namen und Züchter mitgeteilt.*

Diese Dahlien stehen aus praktischen Gründen in einem eigenen großen Block. Die Wirkung, die sie entfalten würden, lässt sich deswegen nur schwer auf Ihren eigenen Garten übertragen, genau so, wie wenn Sie in den gigantischen Gartenschauen lediglich die abgeschnittenen Blüten sehen. Allein schon ihr Blattwerk – bei Dahlien fast immer der Schwachpunkt. Häufig ist es viel zu kräftig und aufdringlich. Die alte sogenannte paeonienblütige Dahlie (die Ähnlichkeit ist mir stets entgangen) 'Bishop of Llandaff' hat blutrote Blüten, besonders ansprechend ist aber ihr ziseliertes rötliches Laub. Mittlerweile gibt es eine ganze Reihe von Dahlien mit interessant bronzefarbenen Blättern.

Die Dahlien mit seerosenartigen Blüten sind bei Floristen besonders beliebt. Sie sind zwar gefüllt, haben aber verhältnismäßig wenige breite und weit auseinanderstehende Blütenblätter und sehen dadurch außergewöhnlich reizvoll aus. Es gibt sie in einer großen Farbpalette.

Früher pflanzte ich immer sehr viele Dahlien in meine gemischten Rabatten, aber irgendwann verzichtete ich darauf – eher aus

* Das funktioniert mittlerweile zwar anders, aber die Trials gibt es immer noch. Siehe https://www.rhs.org.uk/plants/trials-awards/plant-trials [A. d. Ü.]

Faulheit als aus einem triftigen Grund. Die Knollen zu überwintern ist etwas umständlich und unweigerlich riskant, wenn auch nicht schwierig, sofern kräftige Knollen ausgebildet wurden. Sie im Frühjahr wieder austreiben zu lassen – ob man nun dieselben Knollen wieder einsetzt oder sie von Stecklingen erneuert –, ist eine weitere Arbeit mehr, und dann kommen das (hoffentlich diskrete) Abstützen und Hochbinden sowie die Sorge vor starken Winden, denen wir an unserem südwestlichen Hang ziemlich ausgesetzt sind. Außerdem können Weichwanzen großen Schaden anrichten, wenn sie nicht bekämpft werden, und Ohrwürmer müssen ebenfalls unter Kontrolle gehalten werden. Aber alles keine unüberwindlichen Hindernisse, die junge Dahlienliebhaber nicht spielend meistern. Seit Fergus Garrett 1993 nach Dixter kam, haben wir wieder Dahlien für viele Zwecke in Hülle und Fülle.

Heben

Heben sind die strauchartigen Ehrenpreisgewächse. Nur vernünftig, dass sie aus der *Veronica*-Tribus herausgelöst wurden, denn sie bilden eine eindeutig erkennbare eigene Gruppe und stammen alle aus Neuseeland und der dortigen Region. Einige Menschen hegen eine unüberwindliche Abneigung gegen Heben, und es ist aufschlussreich, sich nach den Gründen für dieses Vorurteil zu erkundigen. Meist geht es auf die eine oder andere frühe Erfahrung zurück. In diesem Fall vermute ich eine Assoziation mit einer sehr bescheidenen Strandpension und einer walkürenhaften Vermieterin oder auch mit einem der für ihre Strenge bekannten (der Gesundheit der Kinder aber so zuträglichen) Internate am Meer.

Es handelt sich bei Heben im Wesentlichen also um Strandgewächse, und die gängigsten und widerstandsfähigsten Arten sind zugleich die langweiligsten, haben eintönige ovale Blätter und weiße oder verwaschen mauvefarbene Blüten. Wenn man die aber einmal beiseitelässt, führen die Vielfalt und Schönheit aller anderen Heben von einer hinreißenden Entdeckung zur nächsten. Winterhärte bzw. deren Fehlen ist zweifellos ein großes Problem, und sollten Sie zum wahren Hebe-Fan werden, müssen Sie sich auf häufige und erschreckende Lücken in Ihrem Garten einstellen. Aber die meisten von uns Inland-Gärtnern können, sofern wir nicht in einer Kälteinsel leben, den meisten der von uns erwählten Heben eine angemessene Behandlung angedeihen lassen. Insbesondere zwei Überlebensfaktoren sprechen für sie: ihr problemloses Anwurzeln und ihr außerordentlich schneller Wuchs.

Wenn man empfindlichere Heben in den Garten setzt, sollte man ihnen einen sonnigen Standort geben, der vor Nord- und Ostwinden geschützt ist. Allerdings sind die Sträucher mit einem großartigen System von Faserwurzeln ausgestattet, wodurch sie auch Stürmen aus dem Südwesten standhalten – eine Stelle in der Nähe einer freistehenden Mauer in Südlage wäre mithin ideal. Dank der Faserwurzeln kann man Heben selbst in voller Blüte und im Hochsommer versetzen. Wenn man also einige der Spektakuläreren ab Herbst in einem geschützten Reservebeet belässt, kann man sie im Juni nach kräftigem Gießen herausnehmen und damit in der Rabatte Lücken füllen, die Frühblüher zurückließen.

Einige der winterhärtesten Heben sind ausgesprochen reizvoll, und zu ihnen zähle ich auch diejenigen, die im Englischen »whipcord veronicas« (wörtlich übersetzt »Peitschenschnur-Ehrenpreisarten«) genannt werden und merkwürdig schuppenartige Blätter haben, weshalb man sie auf den ersten Blick den Zypressen zuordnen würde. Dazu gehört etwa *Hebe cupressoides*, die zu einem 90 bis 120 cm hohen Strauch heranwächst und förmlich genug ist, um wie ein Wacholder als Eckpfeiler eines Beets oder in einen Kübel gepflanzt zu werden. Die graugrünen Blätter sehen ein wenig staubig aus, aber die ganze Pflanze verströmt einen wunderbar aromatischen Duft, den man selbst bei frostigen Temperaturen noch wahrnimmt. Die Blüten, die in ihrer kurzen Frühsommersaison erscheinen, sind winzig klein und blauweiß, bauschen sich aber zu wahren Wolken und sind wirklich entzückend. 'Boughton Dome' wurde von Valerie Finnis gezüchtet und benannt und stammt von einer Spielart ab, die sie in einem schottischen Garten an einem Zweig von *H. cupressoides* entdeckte. Der niedrige, dichte Strauch hat winzige Schuppenblätter und wächst zu einer attraktiven, bis zu 60 cm hohen Kuppel heran. Er ist eine der wenigen Heben, die mit dem R. H. S. First Class Certificate ausgezeichnet wurden.

Die allgemein noch als *H. armstrongii* bekannte »Peitschenschnur« besitzt neben ansprechend goldgrünem Laub auch Persönlichkeit, obwohl sie einen etwas dürren Busch abgibt, hat sie erst einmal ihre ausgewachsene Höhe von 90 cm erreicht. Eine adrettere Kleinversion ist *H. ochracea* 'James Stirling'. Heben wie diese landen meist zusammen mit Erika und Zwergkoniferen in Vorstadtgärten, haben aber ein besseres Schicksal verdient.

Eine Vielzahl der Heben wird vorwiegend wegen ihres Blattwerks gepflanzt, ergänzt diese Qualität aber häufig mit einer Blütenwolke (meist weiß oder blasslila). *H. pinguifolia* 'Pagei' ist mit ihren blaugrünen Blättern der Liebling aller Steingärtner, nur 30 cm hoch, aber 60 bis 90 cm breit. Ich finde sie etwas eintönig und bevorzuge eine, die momentan offenbar den Namen 'Pewter Dome' trägt. Sie bildet eine dichte, eher blaugrüne, 90 cm hohe Kuppel und ist im Hochsommer von einer üppigen Pracht kurzer weißer Blütenkerzen übersät. Dunkellila Staubbeutel verleihen jeder einzelnen Blüte etwas Handfestes. Diese Hebe eignet sich sehr gut zur Randbepflanzung an einem Pfad, über den sie etwas hinauswachsen darf.

'Mrs. Winder' ist typisch für einen von mehreren ähnlichen Klonen mit dunklem Stiel und schmalen violetten Blättern, deren Farbe im Winter am kräftigsten ausgeprägt ist. Wenn sie überhaupt blüht, dann ebenfalls im Winter, und zwar mit kleinen lilaroten Kerzen. Der Strauch wird bis zu 1,20 m hoch.

'Autumn Glory' ist eine alte Favoritin mit lilarötlichem Laub. Man sieht sie selten ohne violette Blüten, aber die ersten und meisten öffnen sich im Juli aus silbernen Knospen. Der Strauch eignet sich zur Bepflanzung in der ersten Reihe und hat wuchernde Neigungen, man muss ihn alle vier, fünf Jahre im April kräftig zurückschneiden, damit wieder Ordnung herrscht, auch wenn man dadurch die Blüte opfert. Eine weitere sehr alte Hebe ist 'Amy' mit größeren, kräftig blauroten Blättern und lilaroten Blüten. Sie erreicht eine Höhe von 90 bis 120 cm und mehr und freut sich über einen sonnigen, aber geschützten Standort.

Auch wenn ich die nähere Beschreibung der Heben in dieses Herbst-Kapitel stelle, sollte mittlerweile klar sein, dass viele im Sommer ebenso wie im Winter und selbst im Frühjahr ein Schmuckstück sind, ob nun ihrer Blüten oder ihres Laubs wegen. Die schönste, aber leider auch eine der empfindlichsten Heben ist *H. hulkeana*, die im Mai blüht. Zwar ist der Strauch weder wegen seiner Wuchsform noch wegen des Laubs unbedingt eine Augenweide, sehr wohl jedoch wegen seiner zartlila Blüten, die in großen, lockeren Rispen von unglaublicher Frische und Unschuld an den Stielen stehen. Diese Sorte ist jeder Mühe wert. Strandnähe bekommt ihr gut (in Neuseeland wächst sie wild an Meeresklippen), und sie kann im Inland vor der sonnigen Südseite einer Mauer zu einer gewissen Willfährigkeit finden. Sie hat eine ausufernde Neigung und wird etwa 60 bis 90 cm hoch. 'Fairfieldii' könnte man als Arme-Leute-Variante der *hulkeana* beschreiben. Sie ist offenbar eine Hybride mit *H. hulkeana* als einem Elter und sieht recht ähnlich aus. Allerdings ist der Strauch niedriger und weniger ausladend, die Stiele sind kürzergliedrig und die Blätter kleiner und rot gerändert. Auch die Blütenrispen sind kleiner. Diese Sorte ist angeblich winterfester.

Die Mutmaßung, dass kein Gärtner eine Pflanze in Betracht ziehen würde, die keine Probleme oder wenig Mühe bereitet, stieß bei mir immer schon auf Befremden. 'Headfortii' ist eine weitere Hebe, die eingeht, sobald man ihr im Winter den Rücken kehrt, aber vielleicht tun Sie das ja nicht. Die Pflanze bleibt niedrig und wird zu einem adretten Strauch mit umgekehrt eiförmigen Blättern, der sich horizontal verzweigt. Die im Mai erscheinenden Blüten sind von kräftigem Lila, aber das Außergewöhnliche an dieser Hebe ist, dass die Blüten auf vielen sich verzweigenden Ähren stehen. Abgesehen davon ist die frühe Blüte ebenfalls ungewöhnlich.

Die Ende Mai oder Anfang Juni blühende *H. macrantha* hat von allen Heben die größten Blüten. Sie sind weiß und stehen an einem eher niedrigen Busch von unauffälligem Wuchs und Laub, der allerdings winterfester ist als vermutet. Die Blüten sind wirklich spektakulär, und kein Hebeliebhaber wird ohne eine *macrantha* auskommen.

Die Heben, die man in britischen Küstengärten am häufigsten antrifft, sind *H. brachysiphon*, *H. dieffenbachii* und *H. salicifolia*. Erstere hat kleine immergrüne Blätter an einem kompakten, kugelförmigen Strauch, der eine Höhe von rund 1,50 m erreicht und im Juni von kleinen Ähren weißer Blüten überzogen ist. Trotzdem ist sie eine der eintönigeren Heben – förmlich, aber bar jeder Persönlichkeit. Sofern *H. dieffenbachii* an weiten Böschungen und in großen Strauchanlagen gepflanzt wird (sie eignet sich sehr gut als Windschutz), kann sie eindrucksvoll sein, doch in kleinen Gärten ist sie fehl am Platz. Die Blätter wären wenig beeindruckend, wären sie nicht in vier Etagen angeordnet, was dem Strauch einen gewissen Charakter verleiht. Blüten bringt er allerdings erst spät als großes, ausgewachsenes Gehölz hervor, 5 cm lange Ähren in zartestem Lila, aber ansprechend.

H. salicifolia schließlich hat schmale, weidenförmige Blätter, besitzt aber als Strauch keine eigene Identität. Dafür bringt sie lange, dünne Blütenähren in großer Fülle hervor, die von einem eher verwaschenen Helllila sind, aber köstlich duften. Sie sät sich überall hin selbst aus, einschließlich an und in alte Mauern.

Diese Sorte ist der wesentliche Elter einer ganzen Reihe von ähnlichen Kulturvarietäten, von denen 'Midsummer Beauty' mit ihren ungewöhnlich langen, eleganten Blütentrauben in einem entzückenden Lavendel zweifellos die schönste ist. Am üppigsten fällt die Blüte im Juli aus, aber sowohl die Farbe aus auch der betörend süße Duft sind im Herbst intensiver. Im Süden Englands stellt sich die zweite, die Oktober-Blüte, mit großer Zuverlässigkeit ein (obwohl es eindeutig hilft, wenn man Verblühtes entfernt), und wenn die Witterung mitspielt, kann man bis ins neue Jahr hinein Blüten pflücken. Diese Hebe wächst von allen Arten zum größten Strauch heran und kann bis zu 2,10 m hoch und wesentlich ausladender werden, dabei ansprechend locker und offen. Wird der Busch zu raumgreifend, ist es gemeinhin vernünftiger, ihn zu ersetzen, als einen Rückschnitt bis ins alte Holz vorzunehmen.

Und damit kommen wir zu den sensationellsten, aber am wenigsten winterharten Heben. Auch bei ihnen zieht sich die Blühdauer über Monate hinweg, insbesondere, wenn Abgeblühtes regelmäßig entfernt wird. Was ihre Namen betrifft, herrscht ein gewisses Durcheinander, und es gibt viele Synonyme.

Die faszinierendste Färbung hat 'Simon Delaux' mit aufrechten, wunderbar hochroten Blütenähren. 'Gauntlettii' ist von einem leuchtenden Lilarosa an einem kompakten, 60 bis 90 cm hohen Busch und ausgesprochen blühfreudig. 'Evelyn' hat einen schmaleren, lilapinkfarbenen Blütenstand und ist etwas winterfester. Die kräftig purpurfarbenen Blütenähren von *H. speciosa* 'La Séduisante' stehen aufrecht an einem 90 bis 120 cm hohen Strauch mit vage lilafarbenen glänzenden Blättern. Da die Blattform bei diesen Sorten insgesamt eher unauffällig oval ist, weiß man die schöne Färbung und den Schliff dieses Cultivars sozusagen zum Ausgleich umso mehr zu schätzen. 'Alicia Amherst' (oder 'Veitchii') hat tiefblaue Blütenähren, aber ihre großen grünen Blätter sind übermächtig. 'Great Orme' bildet lange, schlanke Ähren, die beim Öffnen kräftig rosa sind und dann blasser werden, sodass jede Blütenähre einen für die Sorte typischen Farbverlauf zeigt. Die Blätter sind weidenartig, der Strauch wird 90 cm hoch und ist nicht allzu empfindlich. Bei 'Watson's Pink' (syn. 'Dorothy Peach') stehen relativ kurze, schmale Ähren in reinem Rosa in großer Vielzahl zwischen adrettem, glänzendem Laub an einem 1,20 m hohen Strauch. Von *H. × andersonii* gibt es zwei panaschierte Formen. Bei *H. × andersonii* 'Aurea' sind die großen, weichen Blätter grün-hellgelb panaschiert, die Blütenähren sind kräftig lavendelfarben. *H. × andersonii* 'Variegata' ist silbern panaschiert, ihre Blüten eher verwaschen malvenfarbig.

Und zu guter Letzt gibt es zwei Heben, die in London gern in Blumenkästen verwendet werden: *H. × franciscana* 'Blue Gem' und ihre panaschierte Form 'Variegata'. Sie haben kleinere, ziemlich runde Blätter und ausgesprochen wenig Persönlichkeit. Und da sie überdies sehr frostempfindlich sind, haben sie die Aufmerksamkeit des Hobbygärtners kaum verdient.

Beeren: den Vögeln zum Feste

Jeder Landbewohner, der einen Beeren tragenden Baum oder Strauch pflanzt in der Hoffnung, sich alljährlich im Herbst wochen-, wenn nicht gar monatelang daran zu erfreuen, muss im Herzen ein Stadtbewohner sein. In den Städten und deren Vororten kann man in unseren Regionen mit großem Erstaunen Mispeln sehen, die noch im Frühjahr voller Früchte hängen. Ganz anders auf dem Land. Hier ist *Skimmia japonica* eines der wenigen Gehölze mit roten Beeren, die dem Geschmack und vermutlich auch dem Magen der Vögel nicht behagen.

Wenn wir uns aber schon nicht an der Beerenpracht erfreuen können, können wir zumindest lernen, die Freude an ihr quasi aus zweiter Hand zu haben, indem wir die Vögel beim Fressen beobachten; womöglich stellt sich dann sogar das Gefühl ein, dass dieses Vergnügen schon Grund genug ist, den Baum oder Strauch zu pflanzen. Von meinem Fenster aus sehe ich auf eine *Cotoneaster horizontalis*, eine Fächer-Zwergmispel, und der Besuch der Vögel darauf ist eine überaus vergnügliche Ablenkung. Allein schon die unterschiedlichen Arten des Fressens zu beobachten: Die Amsel verschlingt die ganzen Früchte (und verteilt die Samen später über den ganzen Garten), während die Grünfinken und Haussperlinge die Samen schlucken, das Fruchtfleisch aber seitlich aus dem Schnabel ausspucken. Sehr spannend fand ich, eines Tages ein Dompfaffpaar zu sehen, das die Früchte auf Finkenart fraß – bis zu dem Zeitpunkt hatte ich nie erlebt, dass sie Interesse an Beeren zeigten.

Worauf ich schon lange hoffe und warte, ist einer der Schwärme von Seidenschwänzen, von denen in manchen Jahren so viel in der Zeitung die Rede ist und die in die Gärten von Freunden einfallen. Doch obwohl dieser Garten hier schier überquillt vor Mispeln, ihren Lieblingsbeeren, ist das offenbar noch nicht zu ihnen durchgedrungen. Eibenbeeren stehen ebenfalls bevorzugt auf ihrem Speiseplan; bei einem Freund in Wester Ross wurden seine Säuleneiben von Seidenschwänzen überfallen. Die Früchte der Eibe sind reizend, ein rosa getöntes Rot mit leichtem Flaumbelag, aber sie werden selten in so großer Zahl gebildet, um den Baum zum Schaustück zu machen.

Jeder wie auch geartete regelmäßige Rückschnitt verringert gemeinhin die Fruchtbildung von Sträuchern. Eine Ausnahme davon bildet *Cotoneaster lacteus*, immergrün mit graugrünem Laub und einer hängenden Neigung. Wenn man sie jedoch von Anfang an etwas abstützt, kann sie zu einer hohen Hecke heranwachsen. Ein berühmtes Beispiel hierfür findet sich etwa im botanischen Garten in Glasnevin, etwas außerhalb von Dublin (und andere Exemplare jüngeren Datums im Garten der R.H.S. in Wisley). Die jungen Pflanzen wurden mit einem Abstand von 45 cm gesetzt und ihr Haupttrieb jeweils an eine Stange gebunden, bis er die erwünschte Höhe von 2,40 m erreicht hatte. Dabei werden die seitlichen Triebe beschnitten, um den buschigen Wuchs zu fördern. Ist die Hecke einmal ausgewachsen, braucht man sie nur jährlich im August mit der Gartenschere zu beschneiden; so werden alle nicht blühenden Triebe des diesjährigen Wachstums eingekürzt, um die Beeren freizulegen, die in Büscheln dahinterhängen. Dadurch zeigt sich die Hecke im Herbst und den ersten Wintermonaten als eine einzige Wand roter Beeren.

Spindelsträucher mit ihren entzückenden Früchten tragen vielfach anscheinend am besten, wenn man zwei Exemplare von ihnen pflanzt, als würde damit eine umfassende Bestäubung ermöglicht. So könnte man ein Exemplar des Gewöhnlichen Spindelstrauchs, des Pfaffenhütchens *Euonymus europaeus,* in diskreter Verbindung mit der prächtigeren Kulturvarietät 'Red Cascade' pflanzen. Üppig Früchte von einer wunderschönen korallenroten Färbung bringt *E. phellomanus* hervor. Zu meinen Lieblingen gehört *E. planipes.* Seine Wuchsform ist zwar ungelenker, aber da er wenig von Zweisamkeit hält, präsentiert er sich gut als Solitär. Die karminroten Früchte sind doppelt so groß wie die des Pfaffenhütchens und erinnern an eine Blüte, da sie in blütenblattartige Segmente unterteilt sind. Die Samen selbst sind orangerot umhüllt, zeitgleich färben sich die Blätter zu einem leuchtenden Karminrot, und das selbst auf meinem Tonboden, der eine Herbstfärbung eigentlich nicht begünstigt. Wenn Sie einen Spindelstrauch aus Samen ziehen möchten, ist Geduld vonnöten, denn sie keimen erst nach 18 Monaten.

Ein Gesteck aus Pfaffenhütchenzweigen bildet einen wunderschönen Kontrast zu den Trauben der schwarzen Heckenkirsche. Allerdings braucht man dafür unbeschnittene Sträucher – kein Problem auf den Kalkböden der Downs, wo die Immergrüne Heckenkirsche wild wächst.

Bäume und Sträucher für eine herbstliche Farbenpracht

Großbritannien ist mit heimischen Bäumen und Sträuchern, die im Herbst schöne Farben annehmen, nicht eben gesegnet, und das hängt nicht nur damit zusammen, dass unser Klima der Entwicklung bunter Laubblätter nicht förderlich ist. Pflanzt man hier exotische Arten, die für ihre herbstliche Pracht bekannt sind, stellen sie unsere graumäusigen heimischen Exemplare weit in den Schatten. Sollten Sie jetzt einwenden, dass das gräuliche Rostrot von Eichen, Buchen und Farn besser zu unserer Landschaft passt als die flammende Palette Neuenglands, würde ich Ihnen aber nicht widersprechen.

Trotzdem, ein Garten – selbst ein Garten in der Größe von Sheffield Park, Sussex – ist keine bloße Fortsetzung der Landschaft ins Private. Dessen Sinn und Zweck besteht doch vorrangig darin, ein Schaustück zu sein, gleichgültig, ob nun Stauden, Frühlingsblüher aus Zwiebeln, Rhododendren oder Herbstfärbung ihm dazu verhelfen. Bei all diesen Varianten kann die Pracht überdreht oder kunstvoll wirken, aber einer zurückhaltenden Verwendung leuchtender Farben verdanken wir viele der schönsten Effekte. Das satte Grün und die blaugrünen Töne immergrüner Koniferen werden erst durch ihre Vettern mit goldenem Laub oder durch die Herbstfarben laubabwerfender Bäume richtig zum Leben erweckt.

Bäume und Sträucher ausschließlich wegen ihrer kurzlebigen Herbstschönheit zu pflanzen, kann man sich nur in sehr großen

Gärten leisten. Die Tupelobäume (*Nyssa sylvatica*) in den Gärten von Sheffield Park sind zu Recht berühmt, und die Farbunterschiede zwischen den einzelnen Exemplaren – von gelb bis hochrot – sind wirklich verblüffend, aber ich würde nie empfehlen, auch nur einen einzigen Tupelobaum in einen Garten durchschnittlicher Größe zu pflanzen. Seine Blattform ist uninteressant, der Baum an sich ist zwar nicht formlos, aber nicht besonders ausdrucksstark – von der Herbstfärbung einmal abgesehen; aber auch die ist kapriziös und stellt sich häufig gar nicht ein. *Parrotia persica* wird meiner Ansicht nach als Strauch oder Kleinbaum viel zu häufig empfohlen. Auch bei ihr ist die Blattform unauffällig, und der Strauch neigt zum Wuchern, braucht viel Platz und hat zudem die unschöne Angewohnheit, seine Blätter mit den Triebspitzen beginnend abzuwerfen, sodass just zu dem Zeitpunkt, wenn der Großteil des Busches seine schönste Farbpracht entfaltet, die äußeren Extremitäten bereits kahl sind.

Was wir von Bäumen und Sträuchern insbesondere verlangen, ist, dass sie einen Großteil des Jahres schön sind – dass sie im Winter eine ansprechende Kontur haben oder eine kräftige Farbe an Stamm und Rinde oder eine schöne Blattform – und man die Herbstschau als willkommene Ergänzung gewichtigerer Vorzüge betrachtet. Einen Platz weit oben auf meiner Liste von Bäumen würde ich dem Tulpenbaum, *Liriodendron tulipifera*, und *Ginkgo biloba* geben: Bei beiden hat das Laub eine ungewöhnliche Form, und es färbt sich zu einem reinen Gelb (der Tulpenbaum bisweilen allerdings zu Messing). Auch die meisten Arten und Varietäten der Birke bieten rund ums Jahr einen schönen Anblick, vor allem, wenn sie vor einem immergrünen Hintergrund stehen. Was ihren Farbbeitrag im Herbst betrifft, so gefällt mir am besten W. H. Hudsons Beschreibung von Birkenblättern auf einem weitläufigen Rasen. »Eines Tages Anfang November wehte der südwestliche Wind und trieb Tausende kleiner gelber herzförmiger Blätter über die weite grüne Fläche, was wunderschön anzusehen war. Wenig später kam der Gärtner mit seinem verhassten Reisigbesen und fegte zu meinem großen Entsetzen die entzückende Erscheinung fort. Dann wehte wieder der segensreiche Wind und stürmte die ganze Nacht, sodass die Bäume schwankten und erneut zahllose Wolken leuchtender Blättchen über das monotone Grün streuten, und siehe da! Am Morgen war es wieder wunderschön. Ich stand da und bestaunte den Anblick, es war, als würde man auf einen samtgrünen, mit herzförmigen goldenen Blättern bestickten Teppich treten. Als ich also den Gärtner mit seinem Besen herbeieilen sah, schrie ich laut auf, was die Hausherrin auf den Plan rief, die ihn freundlich des Rasens verwies.« Hudson war einer unserer großen Stilisten.

Die Scharlach-Eiche, *Quercus coccinea*, ist vermutlich die farbkräftigste ihrer Art, insbesondere ihre Varietät 'Splendens'. Noch besser gefallen mir allerdings die großen, markant geschnittenen Blätter von *Q. rubra*, der Rot-Eiche, die sich in ein warmes Rostrot färben. Sie ist ausgesprochen widerstandsfähig und wächst selbst unter schwierigen Bedingungen zu einem ansehnlichen Baum heran. Im Frühjahr ist das austreibende Laub von einem zarten Gelbgrün.

In einigen Gärten flammen Sträucher, bei denen man eigentlich nicht an eine Herbstfärbung denkt, unvermittelt auf, während andere – wie bei mir –, die vorwiegend ihrer Herbstpracht wegen gepflanzt werden, offenbar nicht wissen, was von ihnen erwartet wird. Das hängt zum Teil mit dem Boden zusammen, zum Teil mit dem Alter. Man muss stets damit rechnen, dass eine Pflanze Zeit braucht, um sich einzufinden. Sträucher haben die Neigung, in ihrer Jugend üppig zu wachsen, und das ist nicht von Nachteil, sofern die Tendenz nicht übertrieben wird. Bleibt ein Strauch ein niedriger Kümmerer von geringer Höhe, bietet er wenig Grund zur Freude, so prächtig sich seine fünfzig Blätter alljährlich im Herbst auch verfärben mögen.

Die *Weigela* 'Florida Variegata' braucht gar keine herbstliche

Färbung, um sich als Gartenstrauch zu empfehlen, angesichts ihrer duftenden rosa Blütentrichter im Mai und des reizvollen grüngelben Blattwerks, das sie den Sommer und Herbst hindurch trägt. Verblüffenderweise jedoch bekommen ihre Blätter, oder zumindest einige von ihnen, unter bestimmten Umständen zwischen Rand und Zentrum einen phantastisch karminroten Streifen.

Bestimmte immergrüne Sträucher, insbesondere bei der Berberitzen-Tribus, nehmen unter Stress ein ungemein reizvolles Glutrot an. Allein aus dem Grund erwarb ich auch meine *Mahonia napaulensis*. Eine Reihe Kümmerlinge mit hektischer Farbe darbten in der Rhododendron-Gärtnerei, als ich mein Herz an sie verlor. Vielleicht litten sie unter dem Stigma, keine Rhododendren zu sein. Sobald mein Exemplar sich in guter Gartenerde wiederfand, veränderte sich ihre Farbe zum typischen Grün und ist seitdem nicht mehr davon abgewichen; schließlich ist sie ein immergrünes Gewächs. Das ist auch *Berberis julianae*, die man bei herbstlichen Blumenschauen der R.H.S. häufig hochrot gefärbt sieht; schließlich wurde sie zuvor in einem Topf auf Diät gesetzt.

Ich weigere mich, Callicarpas zu pflanzen, so launisch und oft enttäuschend sind sie. Theoretisch sollten sie, und insbesondere die Chinesische Schönfrucht, *Callicarpa bodinieri* var. *giraldii* (weit häufiger und erinnerungsträchtiger bekannt als *C. giraldiana*), im Herbst Büschel leuchtend violetter Beeren tragen, doch ein einzelner Strauch tut das nicht. Also pflanzt man eine ganze Gruppe, und dennoch tut sich nicht viel. Die Blätter der meisten *callicarpa*-Arten verfärben sich im Herbst zu einem unaufdringlichen Helllila.

Euonymus alatus, ein Spindelstrauch mit merkwürdig korkenzieherartigen Zweigen, ist ein weiterer Strauch, an den sich nur Großgärtner wagen sollten. Er ist storrig und hässlich und die Beeren sind unauffällig, ihr Ruhm beruht einzig und allein auf ihrer sensationellen karminrot-rosa Herbstfärbung, die die richtige Umgebung braucht, um wirklich zur Geltung zu kommen.

Das Gros von uns sollte sich mit gängigeren Spezies bescheiden. *Spiraea prunifolia* etwa ist im Frühjahr mit ihren Ruten voll weißer, in der Mitte grüner Bällchen reizend (sofern die Gimpel nicht ein Wörtchen mitreden); im Herbst nehmen sie ein flammendes Hochrot an.

Grünblättrige Sträucher färben sich meist kräftiger als ihre lilablättrigen Verwandten. Das heißt, *Berberis thunbergii* zeigt sich eher als 'Atropurpurea' vor dem Laubabwurf von ihrer schönsten Seite, doch da weder ihre Blüten noch die Früchte bestechen, würde ich mich eher für *B. wilsoniae* entscheiden, deren Laubfärbung in Konkurrenz zu den Büscheln korallenroter Beeren um Aufmerksamkeit buhlt. Das ist auch eine der Schönheiten von *Cotoneaster horizontalis*: Ihre absterbenden Blätter nehmen eine karminrote Farbe an, was im gewagten Kontrast zu den hochroten Beeren steht.

6

OBST- UND GEMÜSESPEZIALITÄTEN

Das eigene Gemüse anbauen

Viele Menschen sind der Meinung, dass es keinen Sinn hat, selbst Gemüse anzubauen, wenn man ohnehin alles beim Gemüsehändler oder im Supermarkt kaufen kann, wo es weniger Mühe macht und obendrein noch viel billiger ist.

Wenn mein Bruder mich besuchen kommt, übernimmt er zu einem großen Teil das Kochen und lässt dabei keine Gelegenheit aus, zu unterstreichen, welche Verschwendung von Zeit, Platz und Energie es bedeutet, sein eigenes Gemüse zu ziehen. »Der Unterschied zwischen diesem Krautkopf und dem Exemplar, das ich sonst in Bristol kaufen würde, ist, dass man von deinem doppelt so viel wegschmeißen muss.« Dagegen konnte ich nichts einwenden, es war zu offensichtlich, dass er Recht hatte. Die Schnecken hatten sich bis tief ins Innere des Kopfes gefressen. Tatsächlich ernten wir unseren Kohl mit den Schnecken darin, und wenn das Gemüse nicht gleich verarbeitet wird (und man neigt ja dann dazu, es irgendwo liegenzulassen), kommen die Schnecken heraus und kriechen des Nachts auf der Abtropffläche der Küchenspüle herum.

Aber als mein Bruder dann den Lauch sah, zeigte er sich begeistert, wie schön er sei. Dieses Mal machte er keine Vergleiche, aber ich wusste, dass er wohl an die Art von Gemüseprodukt dachte, das mehr als zur Hälfte aus grünen Blättern besteht und nur einen sehr kurzen, weißen Teil hat. Im eigenen Garten kann man es eben richtig machen und eine Furche ausheben, die breit genug für eine Doppelreihe Lauch ist, die man dann hoch genug anhäufelt, um lange, weiße Lauchstangen zu ernten.

Aber selbst wenn der nächste Gemüsehändler hier mehrere Meilen entfernt ist, wollen wir nichts anbauen, das er in der gleichen oder besseren Qualität liefern kann, einfach um uns den Ärger mit ihm zu ersparen. Auch wir sind schließlich froh, dass wir manche Gemüsesorten nicht selbst anbauen müssen. Zwiebeln zum Beispiel. Sie können in mediterranen Ländern voll ausreifen und eignen sich besser zur Lagerung als alles, das wir selbst herstellen könnten. Auch gekaufter Sellerie ist ausgezeichnet und ihn selbst anzubauen sehr mühsam, weil er gefühlt immer von Schnecken oder Insekten vernichtet wird. Was ich aber anbaue, ist Wurzelsellerie, der eine rübenartige Knolle ausbildet. Er hat zwischen Oktober und April Saison und eignet sich großartig zum Verfeinern von Eintöpfen und schmeckt auch als gekochtes Gemüse. Die dicke Knolle sieht an der Außenseite mit ihren vielen Einkerbungen sehr seltsam aus, aber wenn sie schön gewachsen ist, kann man die Knolle einfach großzügig schälen, wonach immer noch ein ausreichend großes, weißes Herz zur Verwendung übrigbleibt.

Je länger man darüber nachdenkt, desto klarer kristallisiert sich heraus, dass jeder, der bei Gemüse den guten Geschmack sucht, es über eine lange Saison hinweg immer zur Verfügung haben möchte, der es gern selbst einfriert und aus einer großen Vielfalt an Arten und Sorten wählen möchte, selbst zur Schaufel greifen muss. Wenn natürlich der nette Gemüsemann, der alles anpflanzt, was man braucht (einschließlich Goldlack-Setzlingen und anderen Beetpflänzchen), gleich um die Ecke ist, ist man fein heraus. Doch solche netten Gemüsemänner findet man immer seltener, denn damit sich das Ganze auch lohnt, benötigt er die unbezahlte

Arbeit einer ganzen Schar williger Angehöriger – heutzutage eher unwahrscheinlich.

Manchmal überlege ich, ob ich mir die Mühe machen soll, draußen Tomaten anzubauen (unter Glas habe ich nicht genügend Platz). Wenn man sich die Tomaten im Handel ansieht, muss sich der Konsument für die Misere selbst die Schuld geben, schließlich verkauft sich nur, was schön und rund, möglichst rot und recht klein ist. Wer sich beschwert, dass diese Tomaten die Konsistenz eines Wattebauschs haben und einen grässlichen Nachgeschmack hinterlassen, soll einfach Zucker darüberstreuen und keinen Aufstand machen. Es ist aber tatsächlich ein Jammer, dass die Tomate auf unserem Speisezettel mittlerweile so wichtig geworden ist und wir uns verpflichtet fühlen, sie rund ums Jahr zu essen. Für jene, die bereit sind, zu gewissen Jahreszeiten darauf zu verzichten, ergibt sich der erfreuliche Vorteil, dass Tomaten am günstigsten sind, wenn sie am besten schmecken, während sie im Frühling und Frühsommer, wenn sie wunderschön aussehen, aber den fürchterlichsten Geschmack haben, am teuersten sind. Trotzdem können Sie, egal ob im Gewächshaus oder im Freiland, Tomaten anbauen, die besser sind als alles, was es in diesem Land zu kaufen gibt. Zum einen haben Sie dann die Möglichkeit, eine dünnhäutige Sorte auszuwählen, die für den Markt nutzlos wäre, weil sie beim Transport Druckstellen bekäme. Manche Köche haben es sich, wie ich kürzlich feststellte, zur Gewohnheit gemacht, Tomaten vor dem Gebrauch immer zu blanchieren, sogar für Salate, aber ich finde das ebenso unnütz, wie einen Apfel oder eine Birne vor dem Verzehr zu schälen.

Ein weiterer Vorteil des eigenen Anbaus ist, dass man die Pflanzen aushungern lassen kann. Eine üppige Ernte ist im kommerziellen Anbau natürlich immens wichtig, lenkt aber unweigerlich vom Geschmack ab. Der Privatgärtner ist solchem Druck nicht unterworfen. Wenn er auf Stickstoffdünger verzichtet und sich mit einem mäßigen oder kleinen Ertrag von jeder Pflanze zufriedengibt, werden sowohl Geschmack als auch natürliche Süße massiv gesteigert.

Schließlich zählt auch noch die Artenvielfalt. Ist es denn wichtig, ob eine Tomate schön aussieht, wenn sie himmlisch schmeckt? Nachdem sich die Gütekriterien eines Durchschnittskunden ausschließlich auf die Optik stützen, muss der Produzent in erster Linie darauf achten. Selbst wir kritischen Esser neigen dazu, uns vom Aussehen eines Nahrungsmittels zumindest teilweise beeinflussen zu lassen. Einige Jahre lang baute ich eine gelbe Tomate an. Sie hatte eine sehr feine Haut und war geschmacklich gut. Aber in gekochter Form sah sie anämisch aus, und man wünschte, sie wäre rot. Lange Zeit hielt ich die riesigen, unförmigen Hässlichkeiten von Tomaten, die man so oft auf südeuropäischen Gemüsemärkten (vor allem in Italien) sieht, für die besten, geschmackvollsten Tomaten von allen. Sie gehören zu den Fleischtomaten. Das beste Saatgut, das man in Großbritannien aus dieser Kategorie angeboten bekommt, ist die Sorte ‘Marmande’. Um abzureifen, braucht sie einen langen, warmen Sommer. Sehr viel verlässlicher und in jeder Hinsicht ebenso geschmackvoll ist ‘Gardener’s Delight’, eine der aromatischsten Tomaten, die ich je probiert habe. Die Früchte sind nicht gerade winzig, aber definitiv klein, was oft lästig ist. ‘Sungold’ ist in dieser Hinsicht ähnlich, schmeckt aber sogar noch besser. Die perfekte Freilandtomate muss leider erst gefunden werden.

Bei den Sommersalaten haben wir dieses Ziel glaube ich bereits erreicht: mit dem Romanasalat ‘Little Gem’. Er zählt zwar zur Cos-Gruppe, hat aber mit den altmodischen, plumpen Vertretern dieser Kategorie wenig gemein. ‘Little Gem’ bildet ein kompaktes Herz und bleibt bei warmem Wetter gut in Form. Die Blätter besitzen eine sehr dicke, knackige Mittelrippe, sind süß und saftig. Ich kenne keine Sorte, die an ihn herankommt, allerdings ist er für die Herbsternte nicht einfach anzubauen. Daher greife ich dafür zu einer recht blassen, zarten Sorte namens 'Suzan', die man im Juli noch aussäen kann und die mit ausreichend Feuchtigkeit (eine Bewässerung ist zu fast allen Jahreszeiten ein Muss) bereits nach zwei Monaten erntereif ist.

Zwischen Herbst und dem späten Frühjahr sollte man, glaube ich, Gartensalaten eine komplette Auszeit gönnen. Andere Salate sind in diesem Zeitraum so viel besser, dass sich der Aufwand nicht lohnt. Selbst wenn sie gedeihen, sind sie nicht besonders schmackhaft.

Man kann hinterfragen, ob es sich lohnt, im Herbst die Sorte 'Suzan' anzubauen, wenn der Zuckerhut, der Anfang Juli ausgesät wurde, bis dahin auch schon reif ist. Von Herbst bis ins neue Jahr hinein, oder in freundlichen Wintern sogar noch länger, ist das mein liebster grüner Salat, den ich allerdings noch nie irgendwo in einem Laden gesehen habe. Es handelt sich dabei um einen Verwandten des Chicorée, der jedoch nicht lichtdicht sprossen muss. Schön gewachsene Köpfe haben dichte, feste Blätter von beachtlicher Größe, die ineinandergefaltet sind.

Er überschneidet sich zeitlich mit dem Chicorée, den ich mittlerweile seit fünfzehn Jahren regelmäßig anbaue. Letzterer macht kaum Arbeit, vorausgesetzt man findet einen dunklen Ort, an dem er austreiben kann. Die Samen werden im Mai im Freiland ausgebracht, die Sämlinge später auf einen Abstand von etwa 20 cm ausgedünnt und die Wurzeln im November aus der Erde geholt. Sie haben die Form eines dicken Stumpfes und müssen kaum eingekürzt werden, um in praktische Kisten oder andere tragbare Gefäße zu passen. Ich verwende dafür die Pflanzkübel, Töpfe und Kisten, in denen im Sommer meine Hänge-»Geranien« und andere Zierpflanzen stehen. Stapeln Sie die Wurzeln nicht allzu eng nebeneinander hinein und verteilen Sie alte Blumenerde dazwischen, sodass keine Zwischenräume frei bleiben. Danach gießen Sie sie so gründlich ein, dass sie später kaum noch Wasser benötigen (denn dadurch würde ein Faulen der entstehenden Chicorée-Knospen begünstigt). Lagern Sie sie möglichst kühl bis zu dem Zeitpunkt, an dem Sie die Wurzeln austreiben lassen wollen. Dazu bringen Sie sie am besten an einen Ort wie dem Schrank unter der Treppe. So können Sie sich portionsweise mit Chicorée versorgen, und zwar von Dezember bis Mai, wenn der Freilandsalat, den Sie Anfang März im ungeheizten Gewächshaus ausgesät, danach vereinzelt und draußen eingepflanzt haben, schon fast wieder zum Verzehr bereit ist.

Der Grund, warum man seine eigenen Gurken anbauen sollte, ist, dass die Freilandexemplare um ein Vielfaches süßer und bekömmlicher sind als alles, was man im Laden kaufen kann. Vor allem, wenn man die Schale dranlassen will. Für den Eigengebrauch kümmert es mich nicht im Geringsten, wie eine Gurke aussieht, ob sie Warzen hat oder krumm ist, kurz oder lang, weil ich sie vor dem Verzehr ohnehin in Stücke schneide. Japanische Züchtungen sind mittlerweile ganz ausgezeichnet, die Sorte 'Burpless' ist ein gutes Beispiel. Ich kann mir keinen guten Grund vorstellen, warum jemand eine Gurke nicht essen wollte, die in ihrem Inneren Samen ausbildet (für solche Menschen gibt es bereits kernlose Züchtungen). Sie sind, wenn wir sie essen, jung, nicht bitter und bilden ein hübsches Muster, wenn man die Gurke in Scheiben schneidet.

Noch ein Beispiel für Gemüse, das Sie selbst anbauen sollten, sind Ackerbohnen. Wahrscheinlich müssen Sie sie auch selbst ernten, um zu verhindern, dass sie in einem viel zu großen, ledrigen Zustand in die Küche kommen, der es notwendig macht, jede einzelne Bohne nach dem Weichkochen zu häuten. Tiefgefrorene Ackerbohnen aus dem Laden sind klein und sehen appetitlich aus, sind aber eine Enttäuschung für den Gaumen. Wenn Sie selbst eine Tiefkühlmöglichkeit haben, gehören Ackerbohnen zu den erfolgversprechendsten Gemüsesorten für diese Art der Konservierung. Und noch eine andere Art des Genusses von Ackerbohnen werden

Sie niemals erleben, wenn Sie sie nicht selbst anbauen: nämlich sie zu ernten, wenn die Schoten erst 7 bis maximal 10 cm lang sind, und sie dann mit der Hülse zu kochen. So schmecken sie köstlich und einzigartig, mit dem Hauch einer bitteren Note, der sie umso interessanter und schmackhafter macht. Ihnen mag das vielleicht als ruchloser Gemüse-Kindermord erscheinen, wenn man Ackerbohnen in einem so frühen Reifestadium erntet, aber keine Sorge: Die Ackerbohnen wachsen immer weiter und blühen schier endlos (außer sie sind von schwarzen Blattläusen befallen). Jede Pflanze bildet etwa sechs Hülsen aus, doch werden diese wie eben beschrieben entfernt, wenn sie noch klein sind, reagiert die Pflanze darauf, indem sie sechs neue hervorbringt. Das Einzige, was man dabei verliert, ist ein klein wenig Zeit bis zu dem Tag, an dem die ersten »normalen« Bohnen auf den Teller kommen.

Erbsen sind besonders lohnend im Eigenanbau, und zwar in großen Mengen, wenn man die Möglichkeit hat, sie einzufrieren. Erbsenprodukte, die es im Handel gibt, haben entweder kaum Geschmack oder sind mit Unmengen Zucker versetzt. So schmecken sie dann auch. Eine gute, zum richtigen Zeitpunkt geerntete Erbse, die gleich gegessen oder weiterverarbeitet wird, enthält große Mengen an natürlichem Zucker und benötigt keine zusätzliche Süße.

Tiefkühlprodukte haben einen schlechten Ruf. Erkundigt man sich bei Freunden nach einem Restaurant, in dem sie kürzlich gegessen haben, heißt es nur: »Alles Tiefkühlgemüse«, was offensichtlich als schlechte Kritik zu werten ist. Aus Sicht des intelligenten Konsumenten liegt das Problem darin, dass es zu wenige Hersteller gibt und folglich zu viel Standardisierung. So trifft man, wohin man auch geht, auf das gleiche Gemüse derselben Marke, immer und immer wieder. Und auch in diesem Fall ist für die Markenhersteller, die es gibt, das beste Produkt jenes, das sich gut verarbeiten lässt und schön aussieht, und nicht jenes, das am besten schmeckt. Bei Erbsen zum Beispiel sehe ich den Vorteil in besonders kleinen

Erbsen nicht, die sich dann »*petit pois*« nennen und extra viel kosten.

Der schlechte Ruf von Tiefkühlprodukten hat also nicht unbedingt mit der Tatsache zu tun, dass die Produkte eingefroren waren, was jeder, der zu Hause Gemüse einfriert, bezeugen kann. Frieren Sie Ihre Erbsen ein, und sie werden Ihnen außerhalb der Erntesaison viel Freude bereiten, weil sie für mindestens ein Jahr ihren vollen Geschmack behalten. Dafür muss man nur eine geeignete Sorte anbauen, wie etwa 'Hurst Green Shaft', die Hülsen jung pflücken, wenn sie zwar schon eine gewisse Größe haben, aber noch nicht zu groß sind, die Erbsen herauslösen, blanchieren und so schnell wie möglich, innerhalb weniger Stunden nach der Ernte, einfrieren.

Wer Erbsen so konserviert, erspart sich auch die Mühe, mehrmals hintereinander frühe, mittelfrühe und späte Sorten auszusäen. Eine große Anbaufläche mit einer mittelfrühen Sorte genügt. Und mittelfrüh, weil die Erbsen zu dieser Zeit am schnellsten und besten wachsen. Wir ernten unsere Erbsen normalerweise gegen Ende Juli. Das Tolle an dieser Zeit ist, dass man am Erntetag alle Hilfe bekommt, die man braucht.

»Calabrese« nennt sich jener grüne Brokkoli, der üblicherweise zu Tiefkühlgemüse verarbeitet wird. Leider büßt er durch den Gefrierprozess unweigerlich etwas von seinem Geschmack ein, egal ob in einem industriellen Verfahren oder zu Hause, und auch bei jeder Sorte, die man dafür verwendet. Doch frisch nach der Ernte zubereitet und auf den Tisch gebracht, ist Brokkoli eines der köstlichsten Kohlgemüse überhaupt. Samen für F1-Hybriden sind teuer, daher wollen wir kein Körnchen davon verschwenden. Im April wird der Brokkolisamen in Anzuchtschalen gesät. Die Sämlinge sollten Sie in eigene Töpfchen vereinzeln, bevor Sie sie ins Freiland pflanzen. Vergessen Sie nicht, sie in jeder Wachstumsphase gegen die Angriffe der Kleinen Kohlfliege zu schützen. Die Ernte beginnt bei frühen Sorten bereits im Juni, spätere Sorten, die

Ende Mai oder Anfang Juni gesät werden, reifen ab August und, wenn das milde Wetter es gut mit uns meint, bis weit in den Winter hinein. In manchen Jahren kann man sogar bis zum Frühling weiterernten. Zu dieser Jahreszeit übernehmen dann die violetten Brokkoli das Ruder.

Lassen Sie Ihre Brokkoli niemals zu groß werden. Sie können natürlich nicht immer verhindern, dass das Gemüse Ihrem Bedarf vorauseilt: allein schon, wenn Sie einmal ein paar Tage nicht da sind. Gehen Sie deshalb bei Gelegenheit alle Pflanzen ab, und schneiden Sie jene Köpfe ab, die schon zur Blüte ansetzen wollen. Dadurch wird die Erntesaison verdoppelt, eine Tatsache, die vor allem beim lila Brokkoli auffällig ist. Eine frühreife Sorte ist zumeist schon gegen Ende Februar erntereif, abhängig vom Garten und der Witterung. Wenn man ihn immer wieder gewissenhaft aberntet, bleibt er bis Ende Mai produktiv. Er lässt sich gut einfrieren.

Nachwachsende Brokkoliblätter stellen im Frühling ebenfalls eine großartige Gemüseüberbrückung dar: nicht nur die mittlere, obere Blattrosette, sondern auch alle Blattsprosse, die aus den alten Pflanzen keimen. Sie schmecken bis dahin ganz und gar nicht mehr nach Sprossen, sondern wie köstliches Blattgemüse. Das gilt auch, und in besonderer Weise, für Speiserüben. Versuchen Sie, Ihren Gemüsevorrat im Beet so zu organisieren, dass zumindest eine Teilreihe über den Winter vor Ort bleiben kann, ohne bei den anstehenden Grabearbeiten im Weg zu sein. Meiner Meinung nach eignet sich die Weiße Speiserübe zu diesem Zweck am besten. Sie können die Blätter abernten, bis die Rüben verkümmern. Alle anderen werden dann Anfang April eine Blüte ausbilden. Wenn man die Blätter fleißig abpflückt, etwa jeden zweiten Tag, können Sie sich sechs bis acht Wochen lang mit Gemüse versorgen, und das zu einer Zeit, wenn sonst kaum noch etwas wächst. Auch die Blattsprosse von Roter Bete und Winterrettich eignen sich als geschmackvolles Blattgemüse im Frühling.

Wenn Sie Kartoffeln schätzen, die ein Minimum an Charakter haben, müssen Sie sie selbst anbauen. Mehlige Kartoffeln treffen in diesem Land wohl den Durchschnittsgeschmack (ganz im Gegensatz zu Frankreich!). Daher kann ich solche Kartoffeln jederzeit kaufen, wenn ich sie für Röstkartoffeln oder Ofenkartoffeln verwenden will. Doch für Pellkartoffeln oder Kartoffelsalate bevorzuge ich Sorten mit festem, wächsernem Fruchtfleisch, daher ziehe ich sie selbst. 'Charlotte' ist eine gute mittelfrühe Sorte, gefolgt von meiner mittelspäten Hauptsorte, der 'Pink Fir Apple'. Letztere ist optisch recht speziell, weil sie mit ihren vielen Knubbeln und Verzweigungen eher wie eine Topinamburknolle aussieht, aber sie lässt sich nach dem Kochen leicht schälen.

Artischocken

Die runde Speiseartischocke erfreut sich in unserem Land zunehmender Beliebtheit. Es ist immer amüsant, mit anzusehen, wie die Haltung der Menschen zu einem Nahrungsmittel variiert. Manche sagen, dass sie mit Artischocken überhaupt nichts anfangen können, weil ihnen die Fummelei beim Essen auf die Nerven gehe, und das alles für nichts und wieder nichts. Diese Meinung kommt zustande, weil die Menschen nicht mit diesem Gemüse aufgewachsen sind, und es ist ja wirklich ein Trauerspiel, einem Neuling bei seinen ersten Essversuchen zuzusehen. Er braucht gefühlt eine halbe Ewigkeit, ohne wirklich weiterzukommen, isst die falschen Teile des Gemüses und hat das zähe, haarige »Heu«, das sich später zu Blüten entwickelt hätte, überall zwischen den Zähnen stecken. Botanisch ausgedrückt, sind die essbaren Teile der Artischocke die Ansätze der Hüllblätter (die beim Verzehr einzeln oder gruppenweise mit den Zähnen abgezogen werden) und die großen, fleischigen Blütenböden: das Artischockenherz. Eingefleischte Artischockenliebhaber halten sich mit den Blättern meist gar nicht lange auf; sie schälen sie ab, ziehen das »Heu« mit einem Ruck heraus und stürzen sich gleich auf die Hauptattraktion: den Artischockenboden. An ihnen könnten wir uns ewig sattessen, ein Überdruss ist schlicht undenkbar. Jeden Tag beißen wir genüsslich in die saftigen Herzen, futtern und schlürfen, bis wir jubelnd und gestärkt von ihnen ablassen, in freudiger Erwartung der nächsten Begegnung.

Die gute Nachricht ist, dass Artischocken nicht schwer anzubauen sind, allerdings nehmen sie im Verhältnis zur Erntemenge im Beet sehr viel Platz ein. Selbst wenn es in einer Familie nur einen einzigen Artischockenjünger gibt, benötigt man mindestens 20 bis 25 Pflanzen, die im Abstand von ca. 1 m gepflanzt werden müssen. Doch Artischocken sind wunderschöne Pflanzen, deren Laub den Boden vom Frühling bis in den August hinein so zuverlässig bedeckt, dass Unkraut über weite Teile des Jahres keine Chance hat. Im April oder in der ersten Maihälfte ist der richtige Zeitpunkt, um ein neues Beet anzulegen. Ziehen Sie Artischocken niemals aus Samen. Das Resultat ist ein fürchterliches Kauderwelsch von Nachkommen, die größtenteils so stachelig sind wie Cardy. Auch die lila Artischocke ist nicht ideal für den Verzehr. Für den Anfang sollten Sie eine dieser beiden berühmten Kultursorten wählen: 'Vert de Laon', deren nach außen abstehende Hüllblätter explosionsartig auseinanderragen, oder 'Camus de Bretagne', mit Knospen rund wie ein Fußball mit nach innen gebogenen Hüllblättern. Was den Geschmack und die Stachelfreiheit betrifft, sind beide etwa gleichauf. Erstere ist etwas winterhärter, doch die Köpfe der Zweiteren bleiben im Topf besser stehen. Manchmal werden auch andere Sorten angeboten, die zum Teil ebenfalls sehr gut sind, in kälteren Gegenden ist jedoch fraglich, ob sie winterhart sind. Stellen Sie sicher, dass Sie einen echten, vegetativ vermehrten Klon erwerben. Zur Zeit der Entstehung dieses Buches gibt es eine Züchtung aus Samen, die sich 'Green Globe' nennt, doch wie alle Sämlinge ist auch diese Züchtung variabel. Doch vielleicht verbessern sich die Samenzüchtungen eines Tages?

Was Sie kaufen, sind natürliche Ableger, die bei uns besser als »Irishman's cuttings« bekannt sind und die manchmal schon Wurzeln gebildet haben. Sie werden mit einem scharfen Messer am Ansatzpunkt des Triebes vom alten Wurzelstock abgeschnitten. Wenn Sie Ihre eigenen Ableger schneiden wollen, kürzen Sie den Trieb sofort um die Hälfte ein, sodass kein voll entfaltetes Blatt mehr übrigbleibt, sondern nur ein Blatt im Entwicklungsstadium und eine noch kaum sichtbare Blattknospe in der Mitte des Triebes. So kann der Wasserverlust durch Verdunstung eingeschränkt werden, bis die neuen Wurzeln ausgebildet sind und die Wasserversorgung selbst in die Hand nehmen. Pflanzen Sie Ihre Ableger gleich an Ort und Stelle ein, und achten Sie dabei darauf, dass sie bis dahin nicht austrocknen. Wählen Sie eine Pflanztiefe von etwa 5 cm, und drücken Sie die Ableger vorsichtig fest, damit sie nicht umfallen. Gründlich eingießen. Nach etwa zwei Tagen erneut gießen und danach weiterhin in kurzen Abständen, bis die Jungpflanzen gut angewachsen sind.

Im ersten Jahr ist die Ernte zwischen Anfang Juli und Oktober reif. Die Artischockenköpfe sind sehr groß und von bester Qualität. In den darauffolgenden Jahren können Sie mit den ersten Artischockenköpfen bereits gegen Ende Mai rechnen. Bei noch älteren Pflanzen hatte ich die erste Ernte auch schon Ende April, aber der meiste Ertrag ergibt sich im Juni. Bis auf ein paar Nachzügler ist die Ernte im August beendet. Sie sehen also: Wenn man Artischocken von Juni bis Herbst (manchmal sogar bis November) ernten will, ist es klug, jeden Frühling eine neue Pflanzung anzulegen und für die zeitige Ernte im Frühjahr auf die alten Pflanzen zu bauen. Artischockenfans, die in den kälteren Gegenden des Landes zu Hause sind, nehmen am besten im September einige Ableger von gut etablierten Altpflanzen ab, setzen sie einzeln in Töpfe und überwintern sie unter Glas, bevor sie im nächsten Frühling ausgepflanzt werden. In der Zwischenzeit kann im Herbst das Beet der Elternpflanzen aufgelöst, umgegraben und gedüngt werden, damit es dann im Frühling für die neuen Pflanzen bereitsteht.

Wenn Sie das alte Beet behalten wollen, werden alte Stängel, nachdem ihre Früchte abgeerntet wurden, bodennah zurückgeschnitten. Um mit den harten, holzigen Stämmen fertigzuwerden, ist die Gärtnerhippe das richtige Werkzeug. Auf diese Weise gelangt genügend Licht in die Krone der Pflanze, wo noch vor Einsetzen des kalten Wetters neues Laub ausgebildet wird. Dieses fällt zwar dem Frost zum Opfer, wirkt aber als Stabilisierung für das Stroh oder die Farnwedel, die Sie als Winterschutz in den Boden eingearbeitet haben. Falls Sie das getan haben. An kahlen, ausgesetzten Standorten geht es nicht ohne, aber vor allem auf schweren Böden locken solche Maßnahmen auch Nacktschnecken und verschiedene Fäulnisarten an, weshalb ich lieber darauf verzichte.

Wenn Freunde sich beschweren, dass ihre Artischocken wenig oder gar keinen Ertrag liefern, liegt es sicher daran, dass die Pflanzen zu eng stehen. Bei der Pflanzung sollte jeder wurzelnde Ableger aus nicht mehr als einem Trieb bestehen. Und man darf auch nicht vergessen, die Kleinen zu füttern. Dazu kann man im zeitigen Frühjahr mit einer Grabegabel vorsichtig etwas Stallmist oder Gartenkompost rund um die alten Pflanzen in den Boden einarbeiten, schließlich liegen ihre Wurzeln nicht sehr nahe an der Erdoberfläche. Düngen Sie dann im April mit einer Gabe Universaldünger von 115 g/m^2 nach. In einem alten Beet kann man die Fruchtbildung von vorneherein anregen, indem man am Anfang der Wachstumssaison alle Triebe entfernt und nur drei der Größten in Form eines gleichseitigen Dreiecks stehen lässt. Damit wird unerwünschte Konkurrenz ausgeschaltet.

Nach drei Jahren sollten die Beete jedoch immer neu bepflanzt werden, da es sonst zu dicht wird und Unmengen dieser kleinen Triebe entstehen, von denen ich immer spreche. Tatsächlich wäre es sogar hier im Süden des Landes besser, jedes Jahr neu anzupflanzen, wenn man die Muße dazu hat: Die Artischocken bilden dann so herrliche Köpfe! Der einzige Nachteil wäre, neben der zusätzlichen Plagerei, dass man im Frühjahr noch nicht ernten kann.

Meerkohl

Crambe maritima, besser bekannt als Meerkohl, zählt definitiv zu den Gemüsesorten, die man selbst anbauen muss, wenn man sie gern mag, denn beim Gemüsehändler findet man ihn praktisch nie. Die Wildpflanze wächst fast überall an den unbebauten Abschnitten unserer Küste und sieht im Frühsommer, wenn ihr hübsches, silbernes Laub mit einer Wolke weißer, nach Honig duftender Kreuzblüten bedeckt ist, wie eine Blumenexplosion aus. Der einzige Fehler, den Mutter Natur hier macht, ist, dass dieses weiß-graue Schauspiel meist vor dem blassen, ebenso grau-weißen Hintergrund von Kies oder Sand aufgeführt wird. Im Garten können wir die Pflanze besser in Szene setzen, denn Meerkohl anzupflanzen lohnt sich allein schon aufgrund seiner dekorativen Eigenschaften, vor allem gemeinsam mit Pflanzen, die im Mai und Juni blühen.

Wilder Meerkohl gedeiht am besten in unmittelbarer Nähe der Flutlinie. So können seine Samen, denen das Salzwasser nichts anhaben kann, vom Meer höchstpersönlich verbreitet werden. Strandbesucher verwechseln die Pflanze manchmal mit der Wildform des Gemüsekohls. Ich muss wohl einer der wenigen Menschen sein, die gekochte grüne Meerkohlblätter schon einmal gegessen oder zumindest einmal hineingebissen haben. Meine Mutter sammelte sie während eines Meerausflugs, in der weit verbreiteten, aber falschen Annahme, dass alles, was Mutter Natur uns schenkt, nahrhafter und gesünder sein muss als alles, was wir im Garten anpflanzen. Also nahm sie diese »Kohlblätter« mit nach Hause und kochte sie, natürlich ohne ein Sterbenswörtchen zu sagen. Solche und ähnliche Scherze erlauben sich die Damen ja allzu oft auf Kosten ihrer unschuldigen Männer, immer in der Hoffnung der Verschwörerinnen, sich am Ende darüber lustig machen zu können, dass er »den Unterschied sowieso nicht bemerkt« habe. In diesem speziellen Fall müsste er es zwangsläufig bemerken, denn er wird noch nie etwas so Bitteres und Kratziges im Mund gehabt haben.

Die Triebe und Blätter des Meerkohls müssen für den Verzehr gebleicht werden. Gegart entwickeln sie dann einen köstlichen Geschmack und eine Textur, die dem Spargel nicht unähnlich sind. Außerdem ist das Gemüse aufgrund der Erntezeit mitten im Winter überaus praktisch. Wenn man die Pflanzen immer nacheinander zum Austreiben bringt, hat man bis in den April hinein immer genug Meerkohl. Die Produktion dieses Gemüses ist ein geschlossener Kreislauf, in den ich nun im Dezember einsteigen will, um Ihnen meine Methode vor Augen zu führen. Wenn die alten Blätter dem ersten Frost ausgesetzt waren, werden die Pflanzen aus dem Gartenbeet ausgegraben und kommen auf den Pflanztisch im Gartenhaus, wo ich mich weiter mit ihnen beschäftige.

Zuerst werfe ich alle weg, die Zeichen von Aderschwärze aufweisen. Dabei handelt es sich um eine bakterielle Infektion, die es auf Kohlpflanzen abgesehen hat. Wurzeln und Pflanzenkronen werden weich und schwarz, und das Bakterium erkennt man daran, dass es fürchterlich stinkt. Danach schneide ich die kleineren, außen liegenden Wurzelstücke ab, die idealerweise nicht breiter sind als ein Bleistift. Diese teile ich in 7 bis 8 cm lange Stücke, bündle sie zu je 25 Stück, während ich darauf Acht gebe, dass die Oberseite der Wurzeln auch oben bleibt, und stecke sie draußen in den Kies.

Zurück zum Pflanztisch. Meerkohl besitzt dickfleischige, seltsam verzweigte Pfahlwurzeln. Im nächsten Schritt kürze ich diese weiter ein, sodass fünf oder sechs Kronen in einem 25-cm-Topf Platz finden. Den Topf fülle ich dann mit alter Blumenerde auf, sodass die Kronen gerade noch aus der Erde ragen. Dann gieße ich sie gründlich ein. Töpfe, die noch nicht austreiben sollen, lasse ich unter dem Pflanztisch im Kalten stehen. Die anderen nehme ich mit ins Haus und stelle sie auf einen Blechuntersetzer in ein kleines Fach unter der Treppe, die in den Keller führt. In jedem Haus gibt es irgendeinen ähnlichen Ort, an dem es dunkel, aber mit etwa 12 °C halbwegs warm ist. Alles, an das Sie jetzt noch denken müssen, ist, den Topf zu gießen, vielleicht alle zehn bis vierzehn Tage. Von einem Topf, den ich im Dezember ins Warme geholt habe, kann ich in der ersten Februarwoche ernten. Nach und nach hole ich dann die anderen Töpfe herein. Man kann sogar noch warten, bis aus Seitentrieben weitere Sprossen treiben, diese sind jedoch eher dürr. Nach der Ernte werden die Wurzeln weggeworfen.

Wenn der April ins Land zieht, haben die Wurzelstecklinge, die ich im Kies versenkt habe, aus der Schnittstelle an der Oberseite Triebe gebildet, die durch die Kiesdecke lugen. Diese kommen im Abstand von etwa 45 cm zueinander in den Küchengarten, jeder Setzling darf aber nur einen Austrieb behalten. Die anderen werden abgebrochen, damit die gesamte Energie der Pflanze in die Produktion eines dicken Triebs fließt. Die Pflanzen brauchen einen sonnigen Standort. Mehr müssen Sie jetzt nicht mehr tun, außer vielleicht das Unkraut fernhalten.

Man kann Meerkohl aber auch anbauen, indem man ihn in festen Beeten im Freiland belässt und die Pflanzen mit umgestülpten Töpfen abdeckt, wenn die Zeit gekommen ist, sie zu bleichen. Früher waren eigens hergestellte Meerkohltöpfe mit Deckeln erhältlich, die so dekorativ und gleichzeitig funktionell waren, dass man zuschlagen sollte, wenn irgendwo welche angeboten werden. Sie werden immer noch hergestellt. Dazu setzt man drei oder vier Stecklinge nahe aneinander, etwa im Abstand von 10 cm, sodass der Topf noch gut darüberpasst. Dann lassen Sie einen Abstand von 60 cm bis zur nächsten Gruppe frei. Auf diese natürliche Art ernten Sie den Meerkohl im April, und die Pflanzen können vier Jahre lang in der Erde bleiben, ohne umgesetzt werden zu müssen.

Die beste Methode, um mit dem Anbau von Meerkohl zu beginnen, ist mittels Wurzelstecklingen. Man kann die Pflanzen auch aus Samen ziehen, die auf dem Markt erhältlich sind. Doch in diesem Fall warten Sie zwei Jahre auf die erste Ernte, bei den Wurzelstecklingen nur eines. Außerdem zeigen Sämlinge immer auch gewisse Abweichungen und könnten zum Beispiel unterschiedlich schnell austreiben. Daher sollten Sie dann die besten Exemplare selektieren und aus deren Wurzeln die nächsten Pflanzen heranziehen.

Pflaumen

Wenn ein Pflaumenbaum keine Früchte trägt, kann das zwei mögliche Gründe haben: Erstens – was heutzutage vor allem in ländlichen Gegenden am wahrscheinlichsten ist – rupfen oft Vögel (meistens Gimpel, manchmal sind es aber auch Meisen) im Winter und Frühling die Knospen ab. Dabei haben sie es nicht nur auf die Blütenknospen, sondern auch auf die Blattknospen abgesehen. Die Folge sind lange, nackte Astabschnitte mit lediglich einem Büschel Blätter am äußersten Ende, wo sich die Vögel nicht so gut niederlassen können, um ihr Unwesen zu treiben. Gäbe es dieses Problem nicht, besäße ich mittlerweile wohl einen Großteil der bei uns erhältlichen Pflaumen- und Reneklodensorten und könnte vergleichend über sie schreiben, vorwiegend aus der Sicht eines leidenschaftlichen Konsumenten.

Vögel haben in meinem Garten den Anbau von Pflaumen über viele Jahre hinweg ad absurdum geführt, doch seit zehn oder fünfzehn Jahren hat sich die Vogelpopulation verändert, und ich kann wieder Pflaumenbäume haben. Gärtner, die in Stadtnähe wohnen, hatten dieses Problem wahrscheinlich von vorneherein nicht. Sie sehen sich eher mit dem zweiten Grund konfrontiert, warum die Bäume keine Früchte tragen, dem man aber leicht vorbeugen oder entgegentreten kann: Viele Pflaumen sind nämlich selbststeril und müssen zur Blütezeit durch eine andere Sorte mit fertilen Pollen fremdbestäubt werden. Wenn Sie sich nur einen Pflaumenbaum für Ihren Garten angeschafft haben, lässt er Ihnen im Frühling beim Anblick der herrlichen Blüte vielleicht schon sehnsüchtig das Wasser im Mund zusammenlaufen, wird jedoch nicht eine einzige Frucht ausbilden, wenn nicht zufällig Ihr Nachbar einen passenden Gefährten für ihn bereithält. Sollten Sie tatsächlich nur Platz für einen einzigen Pflaumenbaum haben, können Sie immer noch aus einer ganzen Palette selbstfruchtbarer Sorten wählen, zum Beispiel 'Victoria'. Wenn ich nur Platz für zwei Pflaumen hätte, dann wären das 'Victoria' und 'Early Rivers', denn Victoria könnte dann sich selbst *und* den anderen Baum bestäuben

Die meisten einschlägigen Kataloge beinhalten praktische Tabellen, die bei der Auswahl zusammenpassender Pflanzen helfen. Dabei spielt die Übereinstimmung der Blütezeit eine wichtige Rolle. Pflaumen und Zwetschgen sind als Buschbaum, als Halbstamm mit einer Stammhöhe von 1,20 m oder als Hochstamm mit einer Stammhöhe von 1,50 bis 1,80 m erhältlich sowie als fächerförmig erzogene Spalierobstbäume. Wenn es erforderlich ist, dass man unter einem Baum hindurchgehen kann, ist der Hochstamm die logische Wahl, doch in vielen Fällen ist ein Buschbaum vernünftiger, denn die niedrigeren Zweige erleichtern die Ernte. Manche Sorten haben einen derart hängenden Habitus, dass sie zwangsläufig auf einem 1,80-m-Stamm starten müssen. Beispiele sind 'Victoria', 'Giant Prune', 'Warwickshire Drooper' und 'Early Laxton'.

Alle Pflaumen, Renekloden und Zwetschgen, mit der einzig möglichen Ausnahme der 'Pershore'-Pflaume (syn. 'Yellow Egg')

und der Kirschpflaume oder Myrobalane, sind veredelt. Es gibt keine ausdrücklich schwachwachsende Unterlage für Pflaumen, daher sollte man als Gärtner darauf achten, dass die Sorte auf einer Unterlage veredelt wurde, die nicht zu viele Schösslinge bildet. Die mittelwüchsige 'St. Julian A' ist eine gute Unterlage, während 'Myrobalan' im Allgemeinen für Hochstämme herangezogen wird und ebenfalls kaum Mätzchen macht.

Wenn es um die Sorten geht, möchte ich hier nur über jene sprechen, mit denen ich im eigenen Anbau Erfahrungen gesammelt habe, obwohl es einige weitere gibt, wie die erst kürzlich eingeführte Dessertzwetschge 'Anna Späth' (ein außerordentlich guter Bestäuber), die ich gern ausprobieren würde.

Am allerfrühesten reift bereits Ende Juli die Kochpflaume 'Early Laxton': eine hübsche, hellgelbe, ovale Frucht mit einem leichten Rotstich. Sie ist süß, saftig und nicht sonderlich geschmackvoll, doch mehr als willkommen, um die neue Obstsaison einzuläuten. Der Zweigwuchs des Baumes ist schlank und schwach, daher sind nur wenige Exemplare auch etwas fürs Auge.

Als Nächste reift Anfang August die 'Rivers's Early Prolific', meist nur 'Early Rivers' genannt. Diese Sorte ist die beste, ganz normale Gartenzwetschge, die ich kenne. Die Frucht ist klein, rundlich, bläulich violett und im ersten Moment fast etwas trocken, bis man sie zerkaut hat. Sie löst gut vom Stein, das heißt, der Stein lässt sich sauber von der Frucht trennen, was ein nicht unwesentliches Merkmal ist. Egal für welchen kulinarischen Einsatz Sie die Früchte eingeplant haben, Sie sollten stets abwarten, bis sie reif sind (einige Tage können sie im Haus nachreifen), damit die Früchte sich leicht mit einem spitzen Messer entlang der Naht halbieren lassen und der Stein entfernt werden kann. 'Early Rivers' ergibt die allerbeste Zwetschgenmarmelade. Die Früchte lassen sich hervorragend in ihrem eigenen Saft dünsten, man braucht nur anfangs einen Schuss Wasser im Topf, damit sie nicht anbrennen (am besten verwendet man ohnehin eine geschlossene Auflaufform im Ofen). Bereiten Sie lieber immer mehr zu, damit Sie etwas davon einfrieren können.

Lassen Sie mich eines noch einmal unterstreichen: Alle Pflaumen-Arten, egal wie Sie sie verwenden wollen – zum Frischverzehr, gedünstet, zum Einfrieren oder Einkochen –, sollten genug Zeit haben, um richtig auszureifen. Es macht geschmacklich einen enormen Unterschied. Das Obst kann ruhig schon eine Woche, bevor es auf dem Baum ausgereift wäre, geerntet werden. Beim Pflücken sollte dabei der Fruchtstängel mitgenommen werden, da die Früchte am Ansatz sonst leichter faul werden. Wenn dieser Stängel sich sauber und problemlos vom Zweig ablösen lässt, wissen Sie, dass der erforderliche Reifegrad für die Ernte erreicht ist. Danach kann das Obst abgedeckt an einem sicheren Ort ausgelegt werden, wo dann etwa jeden zweiten Tag die fertig gereiften Früchte aussortiert werden. Das Aroma in dem Raum, in dem die Pflaumen liegen, ist etwas ganz Besonderes.

Wespen sind zur Pflaumensaison die größten Spielverderber. So liegt einer der größten Vorteile von 'Early Laxton' und 'Rivers's Early Prolific' darin, dass sie oft schon abgereift sind, bevor die Wespen Appetit auf Obst bekommen. Das »Pflücken« eines voll beladenen Obstbaums kann auch erfolgen, indem man ein großes Tuch unter den Baum legt und dann die Zweige kräftig schüttelt.

Mitte August ist 'Czar' an der Reihe: eine große, auffällige, dunkle Zwetschge, die wenig Ansprüche stellt, regelmäßig großen Ertrag bringt und zufriedenstellend schmeckt. 'Ouillins Reneklode' reift etwa zur selben Zeit und ist somit die erste der nicht »echten« Renekloden, die geerntet werden kann. Sie trägt große, runde, goldgelbe Früchte, die keinen schlechten Geschmack haben, wenn man nicht mit zu großen Erwartungen hineinbeißt. Viele Dessertpflaumensorten gehen mit dem Titel Reneklode hausieren, um sich besser zu verkaufen, doch die einzig wirklich echte Reneklode ist die, wie der Name schon sagt, 'Reine-Claude Vraie', die in England

'Old Greengage' heißt und zwischen August und September geerntet wird. In den Läden findet man sie oft etwas früher, wenn es sich um ein Importprodukt handelt. Die kleinen, runden, grünen Früchte zeigen einen gelblichen Schimmer, wenn sie reif sind. Der Stein löst sich leicht, das Fruchtfleisch ist mäßig saftig und der Geschmack außerordentlich aromatisch. Das ist bei einer so unscheinbar wirkenden Frucht extrem spannend und überraschend. Die 'Old Greengage' wirft nicht in allen Jahren verlässlichen Ertrag ab, daher züchtete man aus ihr einst die regelmäßiger tragende, aber sonst sehr ähnliche Sorte 'Cambridge Gage', deren Früchte meiner Meinung nach etwas größer und etwa zehn Tage später reif sind. Und sie ist eben *nicht* genauso geschmacksintensiv.

Eine Reneklode, die meine frühesten Kindheitserinnerungen weckt, ist die 'Graf Anthans'. Ende August wird sie langsam reif, hat aber eine sehr lange Saison. Diese Sorte ist herausragend, sowohl als Baum als auch als Spalierpflanze an einer Mauer, wo die Früchte doppelt so groß werden. Die Schale ist dunkelrot und das Fruchtfleisch gelb bis orange. Geschmacklich hat sie eine deutliche Honignote (recht untypisch für Renekloden).

Die Ende August reifende Nasch-Sorte 'Imperial Gage' (syn. 'Denniston's Superb') ist sehr speziell. Sie trägt verlässlich Früchte und hat die nützliche Eigenschaft, selbstfruchtbar zu sein, sodass man ohne Rücksicht auf Befruchter auch ein einzelnes Exemplar anpflanzen kann. Die elliptische Frucht ist eher klein, grün, später mit einem gelben Schimmer. Das Fruchtfleisch ist außergewöhnlich saftig und süß, doch die Haut ist so bitter, dass man sie ausspucken muss, während der Stein am Fruchtfleisch festklebt, was recht lästig ist.

'Victoria' ist unter den Pflaumen, die man sowohl frisch verzehren als auch zum Einkochen verwenden kann, die berühmteste. Ihr hoher Ertrag und die herrlich rote Farbe der elliptischen Früchte sorgen dafür, dass sie sich gut verkauft. Was den Geschmack betrifft, ist sie mild mit wenig Charakter, jedoch sehr saftig. Man kann mehr rohe Victorias auf einmal essen, ohne es später zu bereuen, als von all den anderen, bitterhäutigen Pflaumensorten.

Eine gute Sorte für Ende August ist 'Giant Prune'. Sie ist eigentlich zum Einkochen gedacht, aber ich esse die reife Frucht auch roh. Sie hat einen kräftig sauren Geschmack, ihre großen, ovalen Früchte mit der typischen Zwetschgenform weisen eine rötlich violette Farbe auf, und sie ist leicht steinlösend. Die Pflanze bildet einen schönen Baum, der bis in die untersten Zweige Früchte trägt.

Die Sorte 'Pershore' (syn. 'Yellow Egg') ist mit ihrem Zweitnamen gut beschrieben. Das Fruchtfleisch ist eher trocken, mehlig, doch eingekocht entwickelt es einen guten Geschmack. Ich sehe heutzutage jedoch keinen Grund, gerade diese Sorte anzubauen.

Feigen im Freien

Im September reifen in unserem Land, das mit einem recht flexiblen Klima ausgestattet ist, die saftigsten Früchte auch ohne den Schutz einer Überdachung: Pfirsiche, Renekloden und Feigen. Als bekennender Feigenfanatiker ist es mir eine Ehre, mit viel *Amore* über mein Lieblingsobst zu referieren.

In einem durchschnittlichen Jahr gehe ich hier in East Sussex davon aus, dass die Feigen in der letzten Augustwoche zu reifen beginnen und die Bäume danach oft bis in die zweite Oktoberwoche fortlaufend wohlschmeckende Früchte liefern. Wenn Sie neidgeplagte Bewunderer für die bevorstehende, reiche Feigenernte beglückwünschen, sehen sie oft nur die hunderte, etwa 5 cm kleinen Früchte, die nachreifen würden, wenn wir uns in einem mediterranen Klima befänden, die sich hier aber tatsächlich nicht entwickeln. Jene Früchte, die bis ins neue Jahr auf dem Baum hängen bleiben, sollten abgenommen werden, damit sie nicht zum Eingangstor für

Botrytispilze oder den Zinnoberroten Pustelpilz werden, die in die jungen Triebe vordringen und sie abtöten. Unsere Hoffnung sollten wir auf jene jungen Früchte konzentrieren, die bereits im späten Frühling gut entwickelt sind. In manchen Jahren fallen viele davon im Juni ab. Es heißt, dies sei einem Wassermangel geschuldet, der zu einer Zeit eintritt, in der es die schnell wachsenden Früchte am meisten brauchen. Daher wird empfohlen, die Bäume zu dieser Zeit kräftig zu wässern. Meine eigene Erfahrung stützt diese Theorie nicht. Ich konnte bisher keine Korrelation zwischen den abfallenden Früchten im Juni und speziellen klimatischen Faktoren feststellen.

In meinem Garten stehen sechs Feigenbäume, fünf davon sind von der Sorte 'Brunswick', die bereits 1912, als der Garten angelegt wurde, gepflanzt wurden, um die Mauer großflächig abzudecken. 'Brunswick' ist eine extrem wüchsige Sorte, mit sehr großen, fünffach gelappten und tief eingeschnittenen Blättern, die an der Oberseite einen herrlichen Glanz aufweisen. Ohne Blatt sind die Zweige weißlich grau und werfen in der Wintersonne ihr Schattenmuster an die Wand. Die drei größten Bäume stehen an einer 6 m hohen Wand unter einem Dach ohne Traufe, sodass sie in manchen Wintern von oben bis unten voller Eiszapfen hängen – ein ganz besonderes Spektakel, wenn die Sonne herauskommt.

Die Feigen wurden damals hauptsächlich wegen ihrer Optik gepflanzt. Ihre Wurzeln dürfen sich unbegrenzt ausbreiten, und die Rabatte davor ist kräftig gedüngt (was auch erforderlich ist, weil die Feigen das meiste der zugeführten Nährstoffe gleich wieder aufbrauchen). Dennoch tragen sie jede Menge Früchte, sofern ihnen die Bedingungen zusagen, was etwa alle drei Jahre der Fall ist. 'Brunswick' ist wahrscheinlich die größte Feige, die es bei uns gibt: Die Früchte sind 7 bis 8 cm lang und sehr saftig. Früchte, die sich hinter dichtem Laub verstecken, bleiben bleich und schmecken auch so. Doch diejenigen, die aus dem vielen Grün herausragen und ein Maximum an Sonne einfangen können (und Feigenbäume brauchen immer den allersonnigsten Standort, den man zur Verfügung hat), nehmen einen markanten Schokoladenton an und schmecken wie Ambrosia.

Feigen benötigen in den meisten (doch nicht allen) Gärten unseren Schutz. In jenen alten Tagen, als es viele Ratten gab, durchstreiften die Nager die Bäume und fraßen jede einzelne Frucht, auch die noch ziemlich grünen. Eichhörnchen können ebenfalls einen üblen Appetit auf Feigen entwickeln. Doch gegen normale Plagegeister, in vorderster Front Amseln, Stare und Wespen, helfen Salattüten aus Plastik meiner Meinung nach am besten. Diese Tüten sind perforiert, wodurch sich im Inneren weniger Feuchtigkeit aufbaut, auch wenn einiges an Wasser kondensiert. Knoten Sie die Oberseite der Tüte um den Zweig hinter der Frucht und befestigen Sie auf dem Ast (nicht an der Feige selbst) einen Blumendraht.

Die Tüten sollten erst im allerletzten Moment in Position gebracht werden, weil sie die Reifung verlangsamen und die Feuchtigkeit erhöhen, was zu Fäulnisbildung führen kann. Doch werden sie über die Frucht gestülpt, wenn deren Farbe gerade von Grün in Richtung Braun wechselt, können Sie Ihren Bäumen, je nach Wetter, jeden dritten oder vierten Tag einen Besuch abstatten und die eingetüteten Feigen pflücken. Feigen reifen nur auf dem Baum vollständig aus. Am allerbesten schmecken sie, wenn sie kurz davorstehen, faul zu werden, und ihre Haut an mehreren Stellen der Länge nach aufplatzt.

Unser sechster Feigenbaum stammt noch aus dem 19. Jahrhundert und steht als 2,50 m großer Buschbaum mit 5,50 m Kronendurchmesser ungeschützt und allein auf weiter Flur. Im Winter 1940 setzte ihm der strenge Frost heftig zu, doch im Winter 1962/63 nahm er, ebenso wie alle anderen Feigenbäume, nicht den geringsten Schaden. Nur sehr selten liefert er nicht den üblichen reichen Ertrag. Die Sorte heißt ‘Black Ischia’, und ich kann sie für den normalen Einsatz nur weiterempfehlen. 'Brown Turkey' ist pflegeleicht, ertragreich und leicht zu beschaffen. Die Sorte trägt schon als junger Baum Früchte, ohne dass die Wurzeln begrenzt werden müssten. Die Früchte der 'Black Ischia' sind eher klein, mit einem langen, dünnen Hals und wechseln im Reifestadium von Grün zu beinahe Schwarz. Das Fruchtfleisch ist rotviolett, trockener als bei 'Brunswick', ist aber besser und markanter im Geschmack. In einem guten Jahr ernte ich um die vierhundert Feigen von diesem einen Baum, und die Vögel holen sich noch einmal doppelt so viele. Außerdem trägt diese Feige besonders früh. Absenker (die übrigens sehr leicht wurzeln) bilden Früchte aus, bald nachdem sie abgetrennt und separat eingepflanzt wurden. Überdies habe ich hier niemals die geringste Notwendigkeit gesehen, die Wurzeln zu begrenzen oder auf andere Weise einzubremsen, wie es die einschlägige Literatur zwingend vorschreibt.

Man kann Feigen auch erfolgreich in einem Pflanzkübel halten, sofern man nicht vergisst, sie stets mit ausreichend Wasser und Nährstoffen zu versorgen. Die ausgehungerten Pflanzen werden schnell unproduktiv, und alles nur, weil ihre Besitzer einmal zu oft gehört haben, dass Feigenbäume mit frei wachsenden Wurzeln unfruchtbar sind. Ich glaube, daran trägt zum Teil die Bibel Schuld.

Je weniger man einen Feigenbaum schneiden muss, desto schneller wird er sich auf die Früchteproduktion einstellen. Mit jedem Schnitt stimulieren Sie die vegetative Aktivität, daher ist es von vorneherein entscheidend, eine Sorte auszusuchen, die für den vorgesehenen Standort nicht zu wüchsig ist. Wenn Feigen an einer Wand stehen, kommt man um einen Schnitt nicht herum, es sollte sich dabei aber eher um ein Ausdünnen als um ein Einkürzen handeln.

Im Schatten des Maulbeerbaums

Wer sein ganzes Leben in Gesellschaft eines Baumes verbracht hat, weiß von ihm sehr viel mehr, als man je in den allgemein gehaltenen Sortenbeschreibungen eines Fachbuchs nachlesen könnte. So ist es auch mit unseren beiden Maulbeerbäumen.

Sie wurden 1912 gepflanzt, als der Garten neu geplant wurde, und stehen bis heute wie Wachposten zu beiden Seiten eines breiten, gepflasterten Treppenabganges, der zu einer stufig angelegten Rotunde führt, von der weitere gebogene Treppen wegführen. Das Gestaltungskonzept stammt von Edwin Lutyens, der zusätzlich vier quadratische Eichenholzkübel, die zu dem einfachen, eleganten Stil passten, auf das Pflaster zwischen die Bäume stellte. Die Kübel bepflanzte er mit *Sedum spectabile*. Sobald die Bäume groß genug waren, mussten die Pflanzkübel weichen, denn der ganze Bereich stand nun im Schatten. Die beiden Bäume wurden in einem Abstand von 9 m gepflanzt. Richtig wäre gewesen, sie mindestens 12 m auseinanderzusetzen, doch heute sind sie im Verhältnis zu ihrer Umgebung ohnehin viel zu groß. Ihre Kronen haben (dort, wo sie einander nicht in die Quere kommen) einen Durchmesser von 12 m, was in etwa der Wuchshöhe entspricht. Die meisten Gärtner, die Maulbeerbäume pflanzen, haben nicht im Blick, wie groß diese mit der Zeit werden, daher bin ich sicher, dass ausgewachsene Maulbeerbäume aus diesem Grund am häufigsten gefällt werden. Ein erwachsener Maulbeerbaum besitzt herzförmiges Laub (bei jungen Bäumen ist das Blatt oft noch tief eingeschnitten, eher wie bei einem Feigenblatt), das je nach Position sehr unterschiedlich groß wird. In einer vorteilhaften Lage werden sie ungefähr 18 × 14 cm groß. Und obwohl die Bäume einen dichten Schatten werfen, wächst das Gras darunter, wenn es gemäht wird, gut. Ich glaube, das hat mit der verhältnismäßig kurzen Saison der voll ausgewachsenen Blätter zu tun. Die Blattproduktion beginnt gegen Ende Mai und ist erst einen Monat später abgeschlossen. Mitte November dann ist der Großteil des Laubs schon wieder abgefallen. Maulbeerbäume sind nicht für ihre Herbstfärbung berühmt, doch wenn das Wetter im Oktober ruhig ist, nehmen die Blätter eine hübsche, gelbe Farbe an. Einer unserer Bäume steht direkt vor dem Fenster meines Badezimmers, das weiß gestrichen ist, für ein paar wenige Tage im Jahr aber »das gelbe Badezimmer« heißen müsste, weil die Maulbeerblätter es mit ihrem gelben Licht fluten, egal ob die Sonne scheint oder nicht.

Eine Eigenheit der Maulbeere, die den Menschen oft Kopfzerbrechen bereitet, ist die Tatsache, dass die Blätter an bestimmten Zweigen bereits ab August beginnen, zu verblassen und gelblich zu werden, während andere Zweige noch üppig grün sind. Die Sorge ist, dass es um die Gesundheit des Baumes nicht zum Besten steht. Auch unsere Bäume verhalten sich in manchen Jahren so, aber ich habe niemals beobachten können, dass es zu langfristigen Auswirkungen geführt hätte. Das Abwerfen des Laubes folgt einem ähnlichen Muster: Jene Zweige, deren Blätter im Spätsommer noch auffällig grün sind, sind die letzten, die im November kahl werden. Wenn diese Phase abgeschlossen ist, stößt man einen Seufzer der Erleichterung aus, denn der Baum ist kahl am allerschönsten. Erst dann kann man die warme, rotbraune Farbe der rauen Rinde bewundern.

Die meisten Menschen pflanzen einen Maulbeerbaum hauptsächlich wegen seiner Früchte. Hierzu muss ich einwenden, dass die Früchte von Ende Juli bis Mitte Oktober herabfallen und auf den Trittsteinen hartnäckige Flecken hinterlassen, die erst im Dezember wieder verschwinden. Drei Monate lang wimmelt es in der Baumkrone von kreischenden Staren und Amseln, von Wespen, Fliegen und Schmeißfliegen. Die einzige Zeit, in der man für einen Monat im Schatten des Maulbeerbaums sitzen kann, ist ab Mitte Juni. Die Wetterbedingungen sind zudem nur selten so, dass die

Maulbeeren unbeschadet ausreifen können und sich für den Verzehr eignen.

Von Zeit zu Zeit kommt es aber vor. Die Früchte bleiben auf dem Baum, bis sie fast schwarz sind, und können direkt von dort mit einer kurzen, eleganten Handbewegung in den Mund befördert werden. Mit höchstem Genuss. Selten wurde sauer und süß auf genialere Weise vereint, sodass der Gaumen sich kribbelnd zusammenzieht und gleichzeitig der Saft nacheinander aus den winzigen Fruchtkügelchen strömt, aus denen die Maulbeere sich zusammensetzt.

Eine andere sinnvolle Art, Maulbeeren zu essen, als unter dem Baum zu stehen und ab und zu die Fruchtstiele auszuspucken, gibt es nicht (und selbst, wenn man einmal zu viele gegessen hat, bereut man es später nicht). Die Stiele kann man immer erst im Mund von den Früchten trennen, daher fallen Marmeladen, Kuchen oder Obsttorten als Verwendungszweck aus. Wir haben einmal versucht, Maulbeerwein herzustellen, der aber nicht als einer unserer größten Erfolge gilt (Stachelbeerwein war mit Abstand der beste, aber ganz allgemein haben selbstgemachte Obstweine immer zu viel Zucker). Die Maulbeere muss also roh sein und direkt vom Baum. Ihre Haut ist so dünn und zart, dass abgefallene Früchte sofort kaputtgehen und obendrein von den Fliegen belagert werden. Versucht man, eine Schale voll ins Haus zu bringen, sieht das Ergebnis erbärmlich aus.

Wenn Sie einen Maulbeerbaum pflanzen wollen, müssen Sie zuerst einmal einen finden. In jedem beliebigen Buch über Obstanbau würde der Beitrag des Autors, der wahrscheinlich über Äpfel, Birnen, Pflaumen und alle anderen kommerziell genutzten Obstsorten bis ins letzte Detail Bescheid weiß, aber keinen blassen Schimmer von Maulbeeren hat, zur Vermehrung von Maulbeeren in etwa folgendermaßen lauten: »Die Maulbeere lässt sich mit Ablegern ausreichender Größe mühelos vermehren, denn diese wurzeln leicht, sofern sie im September oder Oktober geschnitten wurden; Triebe von 30 cm Länge oder mehr bilden im kalten Kasten in sandigem Substrat bereitwillig Wurzeln.« Nur: Wenn die Maulbeere tatsächlich so einfach zu vermehren wäre, dürfte man annehmen, dass jede Baumschule, die Zugang zu einem erwachsenen Baum hat, von dem sie Ableger schneiden kann, diese Möglichkeit auch nutzt, denn an Nachfrage mangelt es nicht. Und doch gibt es wenige Baumschulen, die Maulbeerbäume verkaufen. Bäume (oder Sträucher), die nur zum Zweck der Vermehrung gezüchtet werden, erhalten sich ihre jugendliche Kraft ganz automatisch (außer sie werden zu stark ausgebeutet), indem sie wiederholt zurückgeschnitten werden und dadurch (wie eine Weide, die man auf den Stock schneidet) gezwungen sind, immer wieder neue, starke Triebe auszubilden. Für einen Züchter, der auf ernsthafte Weise Maulbeerbäume für den Gartenmarkt herstellen möchte, wäre also der einzige limitierende Faktor die anfängliche Investition in die erforderlichen Mutterpflanzen.

Zwei Fallen lauern auf den unvorsichtigen Konsumenten: Erstens reicht es nicht, einfach nur *irgendeinen* Maulbeerbaum zu bestellen. Fragen Sie nach der Schwarzen Maulbeere, *Morus nigra*. Andernfalls bekommen Sie höchstwahrscheinlich eine Weiße Maulbeere, *M. alba*, die sich leicht aus importierten Samen ziehen lässt. Doch außer dass er als Futter für Seidenraupen dient, hat dieser Baum wenig vorzuweisen, auch die bleichen weißen Früchte taugen nichts.

Zweitens brauchen Sie einen *weiblichen* schwarzen Maulbeerbaum, der Früchte ausbilden kann. Schwarze Maulbeeren sind manchmal einhäusig, was bedeutet, dass männliche und weibliche Blüten an unterschiedlichen Stellen auf demselben Baum blühen. Das alte Exemplar in den Gärten von Glyndebourne in Sussex fällt in diese Kategorie. Sollten Sie also einmal früh im Jahr dort die Oper besuchen und, was unwahrscheinlich ist, einen Abend erwischen, der warm genug ist, um in den Gärten mit der (nicht kriminellen) Absicht herumzulungern, die Maulbeeren zu studieren, werden Sie dieses Phänomen beobachten können. Die flauschigen männlichen Blüten verfügen über viele Staubgefäße und Pollen. Sie fallen ab, sobald sie ihre Pflicht erledigt haben. Dass es ihnen gelingt, habe ich festgestellt, als ich einmal in einem Riss in der Nähe des Hauses, wo niemand je gejätet hatte, einen Sämling entdeckte.

Sehr viel öfter sind Maulbeeren jedoch zweihäusig. So produzieren die männlichen Exemplare nur Kätzchen (keine Früchte für hungrige Menschen) und die weiblichen zwar, auch ohne Bestäubung, große, essbare Früchte, aber keine keimfähigen Samen. Wenn Sie also an einen Maulbeerbaum geraten, der aus Samen gezogen wurde, kann es leicht sein, dass es eine unproduktive männliche Pflanze ist, daher brauchen Sie eine Pflanze, die aus einer weiblichen Pflanze vegetativ vermehrt wurde.

Wenn Sie erst einmal einen Baum erstanden haben, ist der Rest kein Problem mehr, denn Maulbeeren sind pflegeleicht und wachsen auf gutem Boden recht schnell. Im Normalfall hat der Baum keinen Stamm, sondern entwickelt sich aus einigen Zweigen in Bodennähe weiter. Im Lauf von 60 bis 70 Jahren werden die Äste zu schwer und müssen gestützt werden, was auch recht malerisch aussehen kann, wenn es gut gemacht ist. Der natürliche Habitus des Maulbeerbaums ist hängend, so kann es in manchen Situationen notwendig sein, die untersten Äste regelmäßig abzuschneiden.

Postskriptum. Seit ich Obiges geschrieben habe, was nun schon einige Jahre her ist, hat das Unglück gleich mehrere Male zugeschlagen, und immer im September. Das erste Mal trugen die Bäume außergewöhnlich viele Früchte und waren, wie immer, sehr dicht belaubt. Ein Sturmwind riss einen der Maulbeerbäume an der zentralen Astgabelung buchstäblich entzwei (es handelte sich dabei um eines dieser sehr seltenen Exemplare mit Stamm, die tatsächlich auf einem aufrechten Bein standen). Nach ein oder zwei Tagen der tiefen Trauer entfernten wir den Leichnam, und ich stellte fest, dass ich über seine Abwesenheit eigentlich ganz froh war, und pflanzte an dieser Stelle gar nichts mehr. Der Blick vom Haus auf den Rosengarten ist seither viel offener, und auch das Haus ist vom Garten aus besser sichtbar.

Danach verlor der andere Baum in zwei Etappen einige sehr große Äste. Zuvor hatte ich noch einen Baumchirurgen gerufen, der ihn bestmöglich behandeln sollte. Dieser befestigte in der Baumkrone eine dreieckige Metallseilkonstruktion, die die drei höchsten Äste miteinander verband. Das Seil riss, es war zu dünn. Er setzte ein stärkeres Kabel ein. Doch dann löste sich die Verankerung aus einem der Äste, sodass das Dreieck auf zwei Seiten durchhing. Während ich noch überlegte, was zu tun sei, kam der nächste Sturm und riss weitere Äste ab.

Der Baum steht bis heute an seinem Platz und sieht aus manchen Blickwinkeln sogar recht ordentlich aus. Doch die beste Nachricht ist, dass er rund um die größte Wunde an der Astgabel mehrere neue Zweige austreibt. Es ist eben nur selten alle Hoffnung verloren.

GLOSSAR

ADVENTIV An Stellen wachsend, an denen normalerweise kein Wachstum stattfindet, etwa, wenn ein Spross aus Wurzeln wächst.

ALKALISCH Gegenteil von sauer.

ART Gruppe einzelner Pflanzen mit den gleichen unveränderlichen charakteristischen Eigenschaften. Der Artenname steht an zweiter Stelle und wird kleingeschrieben, etwa *Prunus sargentii*.

AUSGEIZEN Entfernen des oberen Teils eines Sprosses mit den Fingern, damit er Seitentriebe bildet.

BLÜTENBLATT, KRONBLATT, PETALUM Teil der inneren Segmente der Blütenhülle, die in ihrer Gemeinsamkeit die Krone bilden.

BLÜTENHÜLLE, PERIANTH Die Bezeichnung von Blütenkelch und -krone.

BLÜTENKELCH Gesamtheit der Kelchblätter.

BLÜTENSTAND Blüten tragender, vom Stängel selbst abgesetzter Teil des Stängels oder Zweigs, an dem mehrere Blüten stehen.

BLÜTENTRAUBE Eine Anzahl eindeutig gestielter Blüten, die in Abständen an einem Stiel stehen, etwa beim Rittersporn.

AUSTREIBEN (Subst. **AUSTRIEB**) Die Bildung neuer Blätter, Triebe oder Knospen nach einer Wachstumspause.

CHLOROSE Eine unnatürliche Gelb- oder Weißverfärbung grüner Blätter, insbesondere zwischen den Adern.

CULTIVAR Eine gezüchtete Pflanze mit ausgeprägten, einheitlichen und merkmalstabilen Eigenheiten, die diese bei entsprechender Vermehrung beibehält.

DECKBLATT, BRACTEE Umgewandeltes Blatt direkt unterhalb des Blütenkelchs.

DOLDE Blütenstand, deren gestielte Blüten alle an einer Stelle entspringen, etwa bei Zierlauch, Amaryllis, Petersilie.

EDELREIS Spross, der auf die Unterlage aufgepfropft wird.

FAMILIE Eine Pflanzengruppe mit mehreren verwandten Gattungen, zum Beispiel *Cruciferae*, die Familie der Kreuzblütler wie Gänsekresse und Blaukissen, oder *Compositae*, die Familie der Korbblütler, bei denen viele Blütenstände zusammengesetzt sind, etwa die Kapkörbchen.

FORMA Eine Variante innerhalb einer Art mit wenig ausgeprägten Unterschieden.

GATTUNG, GENUS (Pl. **GENERA**) Eine Artengruppe mit gemeinsamen Merkmalen im Aufbau. Der Gattungsname steht bei der Bezeichnung einer Pflanze an erster Stelle und wird mit einem Großbuchstaben geschrieben, etwa *Chimonanthus*. Siehe auch Spezies und var.

GEFIEDERT (von einem Blatt) Die Blätter sind zu zwei Seiten einer Achse angeordnet, etwa bei der Esche.

GELAPPT, FINGERFÖRMIG (von einem Blatt). Alle Blattrippen entspringen an einer Stelle, wie beim Ahorn.

GENERATIVE VERMEHRUNG Fortpflanzung durch Befruchtung, bei der Samen entstehen.

GRUPPE Eine Reihe ähnlich bezeichneter Kultivare.

HUMUS Das unstrukturierte dunkelbraune oder schwarze Substrat, das bei der Zersetzung organischer Substanzen entsteht.

KALKFLIEHEND Nicht auf Kalkböden gedeihend.

KARPELL, FRUCHTBLATT Das weibliche Blattorgan der Blüte.

KELCHBLÄTTER Einer der Teile, die in ihrer Gesamtheit den Blütenkelch bilden; äußerster Quirl der Blüte.

KLON Durch vegetative Vermehrung entstandenes Exemplar eines Individuums.

KNOTEN Stelle am Stängel, an der Blätter oder Sprossen entspringen.

KRONE Gesamtheit der Äste und Zweige eines Baums.

KRONE, KOROLLA Die Gesamtheit der Blütenblätter.

LENTIZELLE Porenartige Öffnung in der Rinde, durch die Luft ins darunterliegende Gewebe vordringen kann. Lentizellen sind auf holzigen jungen Trieben als Flecken sich abhebender Farbe zu erkennen, etwa bei Hortensien und Apfelbäumen.

MONOKARP Pflanzen, die nur einmal blühen und fruchten. Monokarpe Pflanzen können innerhalb eines Jahres zur Reife kommen (Einjährige), nach zwei Jahren (Zweijährige) oder erst nach mehreren Jahren, sterben aber ab, nachdem sie gefruchtet haben.

MOSAIKVIROSE Verursacht das Auftreten von Farbstreifen in den Blüten, häufig etwa bei Tulpen, Levkojen und Reseda.

ORGANISCH Aus lebendem Gewebe entstandenes Material.

PFLANZHOLZ Spitz zulaufendes, meist aus Holz bestehendes Werkzeug, um Vertiefungen ins Erdreich zu machen, in die Sämlinge gepflanzt oder Stecklinge gesteckt werden können.

PIKIERSTAB Rund 18 cm langes, spatelförmiges Edelstahlwerkzeug mit zwei verwendbaren Enden, etwa zum Vereinzeln von Sämlingen, Jäten von kleinem Unkraut und Auflockern der oberen Erdschicht in Töpfen.

PROXIMAL Dem zentralen Teil am nächsten gelegen.

QUIRL Mehr als drei Pflanzenorgane, die aus demselben Punkt entspringen, etwa die Blätter von *Lilium martagon*.

RHIZOM Unterirdisch wachsender Stiel.

RISPE Offener, verzweigter Blütenstand.

SCHAFT Langer, kahler Blumenstängel, der direkt aus der Pflanzenbasis hochwächst, etwa bei *Hemerocallis, Primula*.

SCHIRMRISPE, CORYMBUS Ein Blütenstand gestielter Blüten, die in unterschiedlicher Höhe am Stiel ansetzen, aber auf etwa der gleichen Ebene stehen, zum Beispiel *Achillea filipendulina* und andere Schafgarben.

STAUBBEUTEL, ANTHERE Der Teil des Staubblatts, der die Pollen enthält.

STAUBBLATT, STAUBGEFÄSS, STAMEN Eines der männlichen Fortpflanzungsorgane einer Pflanze.

STIGMA (Pl. **STIGMATA**), **NARBE** Aufnehmende Fläche des weiblichen Teils einer Blüte, nimmt den (männlichen) Pollen auf.

STOLO, STOLON Kriechender Stängel, meist auf der Erde liegend, der an den Enden wurzelt.

SUBSPECIES (abgekürzt **SUBSP.**), **UNTERART** Stufe oberhalb der Varietät, aber unterhalb der Art.

UNTERGRUPPE Taxonomischer Rang innerhalb einer Gattung.

UNTERLAGE Wurzelteil einer Pflanze, auf die ein Edelreis aufgepfropft wird.

VAR. Abkürzung von *varietas*, botanische Varietät. Eine natürlich vorkommende Gruppe innerhalb einer Art. Erhält gemeinhin einen lateinischen Namen, der nach dem Artennamen steht, zum Beispiel *Clematis montana* var. *rubens*.

ZUSAMMENGESETZT Ein Blatt oder Blütenstand, das / der aus mehreren geteilten, aber ähnlichen Einheiten besteht.

ZWEIHÄUSIGKEIT, **DIÖZIE** Männliche und weibliche Blüten erscheinen auf unterschiedlichen Exemplaren.

REGISTER

D

Q

R